纳米材料电化学

[美] 阿里·埃夫特哈利（Ali Eftekhari） 主编
李屹 胡星 凌志远 译

化学工业出版社
·北京·

《纳米材料电化学》共12章，重点介绍电化学在制造业的重要性及电化学在许多纳米结构材料、工艺、制备中的功能性，主要介绍自组织阳极氧化过程制备高有序多孔阳极氧化铝、电化学技术合成纳米结构材料、自上而下法制备纳米图形化电极、模板法合成磁性纳米线阵列、一维纳米结构电化学传感器、振荡电沉积法制备自组织层状纳米结构、纳米晶材料的电化学腐蚀行为、锂离子电极材料力学完整性的纳米工程、机械合金化制备纳米结构储氢材料、纳米钛氧化物的能量存储和转换、基于纳米材料的DNA生物传感器、金属纳米颗粒在电分析领域的应用。本书可以作为纳米材料、电化学技术科学研究人员的参考书。

图书在版编目（CIP）数据

纳米材料电化学／［美］阿里·埃夫特哈利（Ali Eftekhari）主编；李屹，胡星，凌志远译．—北京：化学工业出版社，2016.9
书名原文：Nanostructured Materials in Electrochemistry

ISBN 978-7-122-27458-8

Ⅰ.①纳…　Ⅱ.①阿…　②李…　③胡…　④凌…　Ⅲ.①纳米材料-电化学　Ⅳ.①TB383

中国版本图书馆CIP数据核字（2016）第145189号

Nanostructured Materials in Electrochemistry，1st edition/by Ali Eftekhari
ISBN 978-3-527-31876-6

北京市版权局著作权合同登记号：01-2015-3034

责任编辑：吕佳丽
责任校对：宋　玮　　　　装帧设计：张　辉

出版发行：化学工业出版社（北京市东城区青年湖南街13号　邮政编码100011）
印　　刷：北京永鑫印刷有限责任公司
装　　订：三河市胜利装订厂
787mm×1092mm　1/16　印张21¼　字数482千字　2017年1月北京第1版第1次印刷

购书咨询：010-64518888（传真：010-64519686）　售后服务：010-64518899
网　　址：http://www.cip.com.cn
凡购买本书，如有缺损质量问题，本社销售中心负责调换。

定　　价：128.00元　

序　一　FOREWORD

电化学过程除了能控制离子、电子、半导体、光子和介电材料之间接触面带电粒子的产生和运动，还能控制体相中带电粒子的产生和运动。过去几十年里关于电化学过程的研究进展迅速，其在很大程度上可以归因于多种科研工具和科研方法的创新。由此，电化学过程可以为基础科研提供精确表征系统，其在敏感度、原子分辨率和化学特异性等方面达到了前所未有的高度，并使用新的理论和改进的计算方法来进行行为预测。这些功能不仅有助于加快发现新材料结构、设备和系统的步伐，还彻底改变了一些本质性认识。

《纳米材料电化学》着重说明电化学在制造业的重要性及电化学在许多纳米结构材料、工艺和设备中的功能性，总结了来自世界各地的学术界、工业界、联邦政府和私人研究机构的著名专家所从事的十几个重点课题的权威成果。作者的观点基于跨科学、数学和工程学的大量定律。尤其值得注意的是其引用的最新参考文献超过2100篇，这些文献在1990年代中期后呈指数式增长。

本书包含以下主题，这些主题有机结合，使纳米科学和纳米技术得以相互贯通。

1. 开放式探索和有针对性的设计

对纳米材料进行开放式的、好奇心驱动的探索和研究取得了令人瞩目的成绩，这主要是基于大量实验方法和数据同化/可视化工具来实现的，它们有效促进了知情直觉的获取和发展。有针对性的设计建立在好奇心驱动发现的基础上，涉及从预期的功能和产品到完善基础材料及其制造工艺的整个过程。本书详述了这两种基本方法的共同点。我们知道，为了发展精细科学实验以及建立实用强大的工程化系统，研究人员提出了各种模型，本书的特别之处就是对这些模型系统进行区别分析。

2. 学科内和学科间个人信息的流动

其他研究领域的专家也可以轻松理解这些新成果，这对于跨学科一体化进程来说是非常重要的。在本书中，专家们协同工作，将新思路和见解转化为新产品和新工艺，其关键在于知识的共享。人们可以利用已发表的成果并对它们进行改进以用做其他用途。

3. 多尺度现象

关键性的功能取决于纳米级结构的控制，而材料的具体制备过程又受控于宏观条件的改变，因此，各种新材料和器件的应用将不断被发现。通过本书中的例子可以激发各种新的工艺方法，从而确保产品在复杂、多尺度、多现象系统中的品质。

4. 协同环境

本书中所论述的科学发现极大地促进了新技术的进步，其制造工艺要求在广度、复杂度以及完整度等方面均实现精确的定量化控制，这在当下是极难实现的。学科间的协同探索和解决方案目前还处于初级阶段。本书中所介绍的研究进展为相关材料的具体应用奠定了基础。

本书中设立的各章节，不仅介绍了作者自己所做的一些工作，同时也涵盖了众多的文献资料以及背景介绍。这些章节介绍了纳米材料的电化学制备方法和其他制备方法，并对各种方法的优缺点进行了研究，所制备的纳米材料具有各种不同的结构形式以及特性；此外，这些章节还包括电化学过程条件对目标材料形貌、结构、活性和特性的影响，以及相应机械和器件方面的讨论，包括超小型电极和传感器，储能纳米复合材料和合金，用于电池及太阳能电池的光电化学活性纳米颗粒，用于生物传感器的纳米结构界面，以及用于电分析领域的贵金属纳米颗粒。

本书介绍了当前最为先进的技术，促进了纳米科学技术由单纯的实验室艺术向精细器件和产品的转变。本书中所讨论的方法具有普适性，因而并不仅限于书中所涉及的特定系统。

Richard Alkire

序　二　FOREWORD

纳米结构材料或纳米材料，是一类结构单元至少有一维在纳米尺度的材料，其在过去十年中始终是全球关注的焦点。事实上，以碳纳米管这种纳米结构材料为例，其每年发表的相关论文已从2000年的不到500篇增加到2007年的约3000篇（ISI Web of Science）。由于材料性能在纳米尺度会变得不同，因而研究人员在纳米材料的合成、结构控制和性能提升等方面投入了大量精力。例如，纳米晶体金属的变形机制不同于微米晶体金属的变形机制。而通过调节直径大小可以使一维纳米材料（如纳米管和纳米线）展现出各种新奇的特性。如今，纳米材料在工业领域的应用越来越广，在世界范围内可找到数百种相关产品。即使是在一些原本不指望纳米科技能发挥作用的领域，纳米结构材料也获得了广泛的应用。普通读者通过阅读这本书或许可以知道纳米尺度磁性颗粒是计算机硬盘容量巨大的原因所在，而应用几纳米厚的类金刚石涂层可以对进行硬盘读取的磁头表面进行保护。然而，很少人意识到，无论他们用特氟龙不粘锅还是专业级无特氟龙涂覆厨具，在一个铝制煎锅上做出煎蛋卷将得益于一层不到100nm厚的阳极氧化铝涂层，且涂层上具有直径小于20nm的有序排列圆柱形孔洞。该氧化铝涂层来源于电化学工艺，即铝的阳极氧化技术，其被广泛应用于提供保护层以及对铝表面进行着色。另一方面，阳极氧化铝膜被广泛应用于金属纳米线、碳纳米管和其他细长纳米结构的模板法制备过程。这些例子表明纳米材料和电化学之间存在着明显的协同效应。

纳米结构材料也在电化学储能领域获得了重大进展，例如锂离子电池的相关研究。最近发现的通用“转化反应”机制，包括纳米金属颗粒的变形，就是一个因纳米科技而取得重大突破的极佳范例。此外，纳米尺度使一些传统材料产生了新的应用，而这些材料在过去被认为无法应用于电池领域。例如包覆碳的纳米$LiFePO_4$，其目前已成为研究最为广泛的一种锂离子正极材料。

纳米结构材料还将使超级电容器领域产生重大革新，并由此获得众多应用，比如混合动力汽车（HEV）和便携式电子设备。然而，电化学和材料科学目前并没有形成良好的结合。许多材料学专家在本科期间（甚至是研究生阶段）并没有获得关于电化学知识的系统培训，且大多数化学家对材料结构和性能关系的相关知识有限。因此，本书能同时解决这两类问题，因为本书是由同时具有化学和材料背景的科学家所编写，无论是对使用电化学方法制备纳米材料的人，还是对研究纳米材料电化学特性的人，或者是对那些开发材料电化学应用的人，都是极为有助益的。

这本书的一些章节中描述了铝阳极氧化膜、纳米图案电极的制备，多孔氧化铝和聚碳酸树脂模板合成纳米线的应用，纳米结构氧化层和不同形态金属涂层的电化学沉积，以及纳米颗粒和纳米材料在锂离子电池、储氢、太阳能电池、生物传感器和电分析领域的应用。虽然这本书涉及的领域非常广，但想在一本书里囊括应用于电化学领域的所有纳米材料也是很难做到的。例如在本书中，金属材料比碳纳米材料着墨更多，电池材料占了两个章节的篇幅，而超级电容器和燃料电池的相关内容则相对简略。但总体而言，本书涉及了一系列主题，且内容与标题具有很好的对应性。

这本书为科学家、研究生和工程师们提供了纳米结构材料、电化学技术和应用的概述。全书包括12个章节，作者来自于不同的国家和地区。它汇集了包括美国、西欧和日本的前沿科学，以及来自巴西和东欧的研究成果，这些成果在之前的纳米材料相关书籍中很少受到关注，例如Y. Gogotsi编写的《纳米材料手册》（CRC出版社，2006年）。我们相信读者们可以从这本跨学科书籍中发现各种有趣的观点和评论。

Yury Gogotsi，Patrice Simon

前　言 PREFACE

电化学和纳米科技的结合通常可以分为两个方向：纳米科技在电化学中的应用以及电化学在纳米科技中的应用。尽管从题目上看本书更倾向于前者，但本书的基本理念是力图将这两个方向相结合，从而形成“电化学纳米科技”这一提法。由于相关领域的研究内容浩如烟海，为了引起读者的兴趣以及避免泛泛而谈，我们在本书中精选了一些研究主题并围绕这些主题进行了重点探讨。我们认为，本书可以为读者提供一个全面的视角，从而更好地了解该领域。在过去的几十年里，各专业领域获得了快速的发展，而现在则迎来了跨学科研究和各领域间合作的最佳时期。时至今日，作为一个成功的研究团队，其所进行的研究工作不仅在本领域内是至关重要的，在其他领域也需具有重要意义。以纳米科技为例，这一新兴研究领域之所以取得了巨大成功，其中一个很重要的原因是其研究成果获得了其他领域研究人员的兴趣和关注。

我们之所以在此反复强调“电化学纳米科技”，原因在于这一领域内存在大量有趣的研究内容以及各种极为重要的概念。由于电化学法可以低成本、高效率地合成各种纳米结构，因而目前纳米科技领域的众多研究团队也对电化学领域产生了普遍兴趣。这一新趋势的出现可以归因于其所采用的方法，而利用这些方法也可以进行各种基础研究。由于电化学在方法应用以及基础研究等众多领域获得了广泛应用，因而我们并不能简单地将其归为化学的一个分支。例如，当我们对化学系统中的混沌动力学过程进行研究时，构建一般模型的最佳手段是利用电化学振荡：其可控化参数及系统响应形式均可通过电化学装置来进行设定，而在纳米科技领域也是同样的情况。

作者本人第一次接触纳米领域时研究方向为电化学，当然，并非因为纳米领域太过于热门，实际上在那个时期纳米领域的知名度并不高。当时，我在研究电化学振荡时注意到了一个经典的理论：电极表面的电位分布是不均匀的，因而我就想，如果能寻找合适方法来检测电极表面的局部电流，那一定非常有趣。随后，扫描电化学显微镜（SECM）的出现为这一目标的实现铺平了道路。此外，当我尝试用碳纳米管作为锂电池的阳极材料时，由于石墨层间的固态扩散非常缓慢，我曾考虑过制备石墨烯片（不像纳米管那样卷曲）。虽然这些想法并没有完全实现，但却反映了电化学领域中的纳米科技需求，可见，纳米尺度在电化学系统中扮演了必不可少的角色。

SECM 通常被认为是一种扫描探针显微镜（SPM），电化学家们通常对其非常感兴趣。事实上，SECM是在SPM的基础上研制的，其除了可以作为SPM来使用，还可以对电化学/化学过程进行控制（当然，我们并非在此讨论各种市售显微镜的功能，而是主要讨论所涉及的概念）。令人感到遗憾的是，非电化学工作者由于担心不寻常的电化学过程会影响实验结果，因而很少使用SECM。因此，进行科研合作是非常必要的，这一过程蕴藏良机。例如之前所提到的应用电解法来使石墨电极逐层剥离从而制备石墨烯片，我们就可以在应用电化学方法研究这些纳米材料的过程中获得极大的科研机会，相比之下要远高于研究其具体应用。近来，一些先进的研究方法例如快速伏安法为表面电化学领域的研究提供了新的机会，其主要可以应用于纳米结构的识别。

Richard Alkire对电化学在纳米科技领域的应用历程进行了很好的阐述，并基于这一主题来对本书内容进行了总结。本书将主要围绕电化学纳米科技领域来进行讨论，研究如何将纳米材料应用于电化学系统中。Yury Gogotsi和Patrice Simon对纳米科技在日常生活中的迅猛发展进行了探讨，而电化学在相关应用领域中扮演了重要角色，同时，其也论述了纳米科技在现代电化学领域的需求（例如化学电源）。然而，目前纳米科技与电化学领域间仍缺乏足够的互动。本书将针对电化学系统中构建纳米结构的重要性，以及电化学方法合成纳米结构的重要价值进行论述。

各位读者可能会问为什么你要反复不断的强调“电化学纳米科技”，但本书内容却没有对这一领域进行详尽的涵盖。事实上，本书的写作初衷就是对特定领域内的热点问题进行综述，因为通常情况下，发表于学术期刊上的综述文章不是过于笼统就是过于专业，很难达到合适的要求。在这一领域内，电化学材料科学由于具有庞大的读者群，成为了最引人注目的研究方向。在电化学相关文献中有很多研究都是跟材料科学相关的，而很多电化学研究结果也会在材料科学文献中进行报道。由于电化学过程（应用与合成领域）具有相似性，因而使不同的研究小组熟悉相似的系统是非常重要的。因此，为了解决多方面的问题，本书选取了众多读者感兴趣的研究主题来进行了论述。

如今，快速发展的电化学纳米科技领域所关注的重点，或许是寻找一种新的思维方法。虽然每一个科学领域都有其自己的科研术语，但是最重要的并不是独特的术语，而是形成一致的思维方法。这种协调一致的努力可以促进科学界的统一，从而使各研究领域得到进步。在电化学纳米科技领域，具有不同培训经历和思维方法的研究人员正越来越多地参与进来，这对于整个领域的长期发展是极为有益的。

虽然在此之前已有类似的书籍出版，但我们相信很多致力于将自己的研究领域同“电化学纳米科技”领域相结合的研究小组都会对本书非常感兴趣。借助于电化学纳米科技，他们不仅可以更好地来解决自己领域内的问题，同时还可以提高电化学纳米科技解决问题的能力。

电化学纳米科技领域包罗万象，因此我们邀请了该领域内不同研究方向的顶尖研究人员来参与本书的写作工作。他们的研究成果展示了电化学纳米科技领域的最新研究进展和挑战。虽然本书作者具有不同的研究背景（电化学或材料科学），但却拥有一个共同的信念：电化学和纳米科技之间的本质联系之前一直被忽视，而现在是解决这一问题的时候了。

非常荣幸可以请到三位广受尊敬的科学家来为本书撰写两篇序言，作为一名顶尖的电化学专家，Richard Alkire 因在电化学基础理论方面的巨大贡献而被人们所熟知，此外，其在电化学纳米科技基础领域也做出了很大贡献，尤其是在电沉积等方面。

Yury Gogotsi 是顶尖的纳米材料科学家，其针对各种类型的纳米材料进行了很多开创性的工作，尤其是碳质纳米材料领域。他和 Patrice Simon 之间的合作就是纳米材料与电化学相结合的典型范例，但之前很少有人提到这一点。

最后，我想对 WILEY-VCH 出版社的编辑们表示感谢，感谢他们选中了本书所关注的主题以及在出版过程中所做的努力，他们对本书的最终出版起到了重要作用。

我真诚希望本书内容可以对读者的研究工作起到促进作用。

Ali Eftekhari

LIST OF CONTRIBUTORS 贡献者列表

Katerina E. Aifantis
Aristotle University of Thessaloniki
Lab of Mechanics and Materials
Box 468
54124 Thessaloniki
Greece

Damien W. M. Arrigan
University College
Tyndall National Institute
Lee Maltings
Cork
Ireland

Aurelien Du Pasquier
Rutgers, The State University of New Jersey
Department of Materials Science and Engineering
Energy Storage Research Group
671, Highway 1
North Brunswick NJ 08902
USA

Nelson Durán
Universidade Estadual de Campinas
Instituto de Química
P.O. Box 6154
13083-970, Campinas, SP
Brazil

Omar Elkedim
Université de Technologie de Belfort-Montbéliard
Génie Mécanique et Conception
Rue du Château
90010 Belfort cedex
France

Adriana Ferancová
Slovak University of Technology
Faculty of Chemical and Food Technology
Institute of Analytical Chemistry
Radlinského 9
81237 Bratislava
Slovakia

Renato G. Freitas
Universidade Federal de São Carlos
Departamento de Química
CX.P.: 676
13560-970. São Carlos, SP
Brazil

Stephen A. Hackney
Michigan Technological University
Department of Materials Science and Engineering
1400 Townsend Drive
Houghton, MI 49931
USA

Mieczyslaw Jurczyk
Poznan University of Technology
Institute of Materials Science and Engineering
Sklodowska-Curie 5 Sq.
60-965 Poznan
Poland

Ján Labuda
Slovak University of Technology
Faculty of Chemical and Food Technology
Institute of Analytical Chemistry
Radlinského 9
81237 Bratislava
Slovakia

Yvonne H. Lanyon
University College
Tyndall National Institute
Lee Maltings
Cork
Ireland

Current Address

Stirling Medical Innovations Ltd.
FK9 4NF
United Kingdom

Nathan S. Lawrence
Schlumberger Cambridge Research
High Cross
Madingley Road
Cambridge CB3 0EL
United Kingdom

Han-Pu Liang
Schlumberger Cambridge Research
High Cross
Madingley Road
Cambridge CB3 0EL
United Kingdom

Luiz H.C. Mattoso
EMBRAPA-CNPDIA
Rua XV de Novembro, 1452
São Carlos
13560-970 São Carlos, SP
Brazil

Shuji Nakanishi
Osaka University
Graduate School of Engineering Science
Division of Chemistry
1-3 Machikaneyama, Toyonaka
Osaka 560-8631
Japan

Marek Nowak
Poznan University of Technology
Institute of Materials Science and Engineering
Sklodowska-Curie 5 Sq.
60-965 Poznan
Poland

Cristiane P. Oliveira
Universidade Federal de São Carlos
Departamento de Química
CX.P.: 676
13560-970 São Carlos, SP
Brazil

Arnaldo C. Pereira
Universidade Estadual de Campinas
Instituto de Química
P.O. Box 6154
13083-970, Campinas, SP
Brazil

Ernesto C. Pereira
Universidade Federal de São Carlos
Departamento de Química
CX.P.: 676
13560-970 São Carlos, SP
Brazil

Mattias Strömberg
Uppsala University
Department of Engineering Sciences
Division of Solid State Physics
The Ångström Laboratory
Box 534
Lägerhyddsvägen 1
751 21 Uppsala
Sweden

Maria Strømme
Uppsala University
Department of Engineering Sciences
Division of Solid State Physics
The Ångström Laboratory
Box 534
Lägerhyddsvägen 1
751 21 Uppsala
Sweden

Grzegorz D. Sulka
Jagiellonian University
Department of Physical Chemistry and Electrochemistry
Ingardena 3
30060 Krakow
Poland

Sima Valizadeh
Uppsala University
Department of Engineering Sciences
Division of Solid State Physics
The Ångström Laboratory
Box 534
Lägerhyddsvägen 1
751 21 Uppsala
Sweden

CONTENTS 目录

1 自组织阳极氧化过程制备高有序多孔阳极氧化铝

1.1 引言

近年来，结合表面工程制备各种纳米结构和新材料的纳米技术，引起了研究人员的广泛兴趣，目前已成为相关领域的科研热点。其中，应用低成本制备过程合成周期小于 100nm 的各种有序结构（例如纳米孔、纳米管和纳米线阵列）成为了研究焦点之一。目前，表征仪器的发展使纳米世界变得可视化，从而可以对表面进行纳米级分辨率的研究，结合器件小型化的趋势，使纳米技术获得巨大进步。在对纳米材料和纳米系统进行显像和表征的各种技术中，必须提及扫描探针显微镜（SPM）、扫描隧道显微镜（STM）和原子力显微镜（AFM）[1,2]。近来，STM 和 AFM 设备的核心基础，包括近场成像过程和压电致动器，都已成功应用于各种表征技术中[3]。因此，扫描近场光学显微镜（SNOM）、光子扫描隧道显微镜（PSTM）、磁力显微镜（MFM）和扫描热分析（STP），不仅可以用来纳米材料的表面成像和表征，还可以用来研究纳米材料的表面特性[3]。

由于尺度骤减以及表面形态精确可控，纳米材料在催化、电子、磁、光电子以及机械方面具有新奇的特性。纳米结构或由多个纳米结构组成的功能元具有独特的性质，一组纳米单元之间将会产生相互作用并展现出集体行为，从而作为一个整体来对外界环境进行响应[4]。高有序纳米材料主要在以下技术领域具有潜在应用：纳米光子学、光催化、微流控、传感器件、功能电极以及磁存储介质。

近年来，大量文献对基于纳米材料的纳米器件进行了报道，例如二维（2D）光子晶体作为一种用途广泛的纳米结构，可以用来构建各种重要的功能器件[5]。光子晶体是具有周期性的介电结构，在特定频率范围内，具有禁止电磁波传播的带隙。研究人员对有源光电器件中由图形化半导体纳米器件构成的光子晶体进行了研究[6,7]。光子晶体可以作为小腔长单模半导体激光器的反射器，也可以作为可调谐激光器，其调谐范围超过 30nm[7]。最近，通过对硅进行电化学腐蚀及后续扩孔处理可以制备出三维（3D）光子晶体[8]。这些在硅上制备的直径 30nm 的纳米孔阵列可以用于分离、细胞封装以及药物释放[9]。硅纳米线作为高灵敏生物传感器件，可以对选择性吸附的生物分子进行电检测，例如某些类型癌症的特异性蛋白[10]。Vaseashta 等人对纳米颗粒、纳米线和纳米管进行了广泛研究[11]，来确定它们的生物相容性以及探究它们在DNA、RNA、蛋白质、细胞以及小分子等分子键联检测领域的可能应用。利用与生物分子相结合的半导体量子点（QDs）可以制备新型荧光探针和QD-抗体复合物[12]。这种纳米级半导体QDs具有亲和性，可以与被选的生物结构相结合，从而可以对包括神经过程在内的各种生物动力学过程进行研究[12]。自组装的量子点也可被用来制造量子点场效应器件和量子点存储器件[13]。目前，研究人员已基于碳纳米管[14~16]和其他纳米多孔材料[17,18]制备了具有独特电催化特性的电化学生物传感器，成功应用于电分析领域。此外，高有序纳米多孔材料可应用于气体水分测量领域，目前已成功用于制备湿敏传感器[19,20]。构建高有序的、理想磁介质的2D纳米岛阵列在当今微电子行业中具有重要意义。利用各种光刻技术来制备图案化的磁介质，以及利用模板合成法来制备各种磁点和磁线的规则阵列得到了更为广泛的关注，这些技术可以提高记录和信息存储密度，从而用来制造各种器件[21~26]。除此之外，磁结构也可用来制造纳米级单畴磁阻桥式传感器，以及磁力显微镜的超高分辨率针尖[27]。同时，科学家们也提出了单电子存储器件（一个电子可以存储一比特的信息）[28]，以及基于聚合物纳米线的有机光伏电池[29]和基于钯纳米线阵列的快速响应氢传感器[30,31]。本章仅介绍纳米材料在制造纳米器件中的一些应用。目前已有很多文献对基于纳米线、纳米管和纳米多孔材料的各种器件进行了报道[2,32~36]。

光刻图形技术可用来直接制备各种高有序的纳米颗粒、纳米线和纳米管阵列[37]。应用光刻技术，可以使图案从掩膜到抗蚀膜的转移过程保持超高精度，甚至达到纳米级的分辨率。光刻技术也可用于纳米多孔材料以及各种模板的制备，从而为进一步的金属沉积打下基础[38]。应用传统的光刻技术很难制备出周期性小于50nm的高有序纳米结构[39,40]。而先进的非光学刻印技术，例如电子束[41~45]、离子束[46,47]、X射线[48]、干扰或全息刻印技术[49~51]可以使图案复制的分辨率达到几个纳米，但这些技术依赖于尖端的设备。刻印设备高昂的成本也使研究人员对这些技术望而却步。此外，尽管这些技术具有不可否认的优势，但它们依然存在不足。例如，所制备的纳米结构具有较低的长径比（长度和直径的比值），生产成本高昂，这些不足在很大程度上限制了刻印技术的应用。

因此，为了克服传统刻印技术的不足，研究人员开发了纳米压印术（NIL），作为一种高通量、低成本的方法来构筑纳米级图案[52,53]。纳米压印术需要将纳米结构印模压入衬底上的抗蚀膜中，从而在抗蚀膜中形成具有一定厚度的图案。通过反应离子刻蚀，可以将抗蚀膜中复制的纳米结构转移到衬底上。如今，这种方法已被广泛应用于制备各种材料阵列[27,54,55]。

在各种纳米刻印技术中，扫描探针刻印术利用了STM和AFM，它们被认为是可以在原子水平操纵和形成纳米结构的最佳工具之一[56~59]。利用这种方法来构建表面纳米结构，主要基于化学气相沉积（CVD）过程、局部电沉积或电压脉冲。

纳米球刻印术（NSL）主要应用六角密堆积排列的小球，这些小球在支撑衬底（例如金、硅和玻璃）上形成单层或双层膜。小球在衬底上由溶剂蒸发或干燥过程来进行自组织排列[37,60~62]。将含有亚微米级单分散聚合物小球的溶液涂覆于衬底表面，将会形成致密的单层膜。NSL是一种简单、低成本的制备方法，即便是在曲面上也可以实现高通量制备。六角密堆积自组装排列的纳米胶乳、聚苯乙烯、或硅球可以作为光刻掩膜来制备各种2D金属纳米颗粒阵列。通过后续沉积或刻蚀过程并基于纳米球掩膜，可以得到六角密堆积的

Au[18]、Ni[63]、Fe_2O_3和In_2O_3[64]纳米阵列。应用NSL并结合脉冲激光沉积，可以得到高有序的复杂氧化物纳米阵列，包括$BaTiO_3$和$SrBi_2Ta_2O_9$[65]。

表面离子辐射、光刻或电子束曝光、分子束外延、电弧放电或蒸发、激光汇聚原子沉积都会发生自组织过程，从而在表面形成周期性结构[22,23,37]。利用面和台阶的自发出现或应变的消除，可以在金属或半导体表面形成自组织的纳米图形[22,66～68]。纳米结构仅具有局部周期性，而且有序区域面积有限，是这种方法难以克服的缺点。

通过采用湿化学过程：微乳液系统、反胶束和自组装的六角密堆积单层或双层膜，高有序均匀纳米结构的制备工作进展迅速[23,69,70]。当溶液[71～76]、固体基质[77]、反胶束[78]中的前体发生分解或还原时，具有高度单分散直径的纳米颗粒或纳米线就会进行自组装生长。例如，通过溶液中的还原作用可以制备出直径为6nm的单分散Co纳米颗粒，这些颗粒可以自组织成球形超结构，此外，还可以制备自组织六角密堆积的$Fe_{50}Pt_{50}$阵列[71]。构筑纳米级图案或制备纳米材料并不一定需要复杂的方法和装备，关于纳米颗粒和纳米线的制备目前已有很多报道。通过对银线进行阳极氧化可以制备各种漏斗形、花形氧化银微纳米颗粒[79]。利用简单的紫外（UV）光化学还原法可以在含有表面活性剂的溶液中合成Ag纳米线[80]。单层膜和双层膜可以作为微反应矩阵来制备纳米颗粒和纳米线。研究人员利用电子束对自组装硫醇单层膜进行了图案化处理，其后选择性沉积了Cu和Co[81]。通过这种方法制备的Co或Cu纳米线和纳米点，最小直径可达30nm。表面活性剂和脂类可以在固体支撑物上形成自组装的单层或双层膜，可以利用这一点来制备纳米材料[82,83]。表面活性剂稳定Si和SiO_2纳米线间距可控，相互平行排列形成朗格缪尔膜（Langmuir-Blodgett film），这种膜可以作为模板来将其排列方式转移到Cr衬底上（面积高达20cm^2）[84]。基于溶胶-凝胶技术和湿浸渍法的软化学法经改进后已被成功用于合成各种无机纳米管和纳米柱，例如CeO_2、ZrO_2、HfO_2、TiO_2和Al_2O_3[85～89]。此外，其还可用于制备各种分级有序介孔SiO_2和Ni_2O_5[90]或纳米复合材料[91]。

目前，人们基于电化学方法已经在各种衬底上制备了大量复杂的纳米材料。具有低能电极表面的高取向热解石墨（HOPG）常被用来进行纳米颗粒和纳米线的电沉积，研究人员已将尺寸单分散的Ni[92,93]、Cd、Cu、Au、Pt和MoO_2纳米颗粒[93,94]沉积在HOPG表面。应用电化学台阶边装饰法可以在HOPG的台阶边处对金属进行选择性沉积。利用该方法可以制备各种各样的纳米材料，包括Mo[95,96]、Cu、Ni、Au、Ag、Pd[97～102]、MoO_2[95,96]、MnO_2[103]、MoS_2[104]、Bi_2Te_3[105]纳米线，Co纳米晶3D阵列[106]，Ag纳米片和纳米柱[107]。此外，研究人员也对不同衬底上纳米结构的电化学合成进行了研究。在直流电场作用下可以在包覆CuI薄层的玻璃衬底上制备出直径在10～20nm的铜纳米线[108]。目前，可以在含有二茂铁衍生物晶体的HOPG表面上形成图案化的Si[109]、Pt、Pd、Cu和Ag[110]，也可以在AlN衬底上形成图案化的铜籽晶层[111]，利用自发置换反应可以对这些表面进行化学镀银处理。

模板合成法是一种低成本、工艺简单的制备方法，可以用来合成各种复杂的纳米材料。利用模板在材料、图案、有序度、周期性、单元尺寸和整体尺寸方面的可调性，模板合成法可以在很大程度上克服光刻技术的不足，其通常利用各种多孔膜来合成高密度的有序纳米点、纳米管和纳米线阵列。近年来，两种模板引起了研究人员的广泛兴趣：径迹蚀刻聚合物膜和多孔氧化铝膜[36]。尽管纳米模板起源于光刻工艺，但高昂的制备成本极大的限制了其应用范围。虽然光刻法制备的模板长径比较低，但其材料的种类却明显比多孔膜多。基于膜模板来进行合成，最显著的缺点是所制备纳米结构的长程有序度较低。通过对孔径和取向均匀的多孔单晶云母模板进行电沉积，可以得到镍纳米线阵列[112,113]。以介孔薄膜（MTFs）做模板可以合成有序 Ge[114]、Co 和 Fe_3O_4[115]纳米线阵列。而应用多孔硅做模板可以制备出 Co 点[116,117]、单分散金微米线阵列[118]和 Sn 纳米管[119]。在过去十年里，研究人员应用径迹蚀刻聚碳酸酯膜合成了大量金属纳米线。自从人们发现目标材料会优先在孔壁沉积以来[120,121]，聚碳酸酯膜被广泛用来制备 Co[122~132]、Ni[122,133,134]、Cu[124,134,135]、Pb[136]纳米线，铁磁性 NiFe[133,137]或 CoNiFe[137]纳米线阵列，以及 Co/Cu[124,138~142]、NiFe/Cu[138,140~143]和 Ag/Co[144]多层纳米线。此外，应用电化学沉积和聚碳酸酯膜，可以制备 Co、Fe、Ni[145]、Bi[146]柱，导电聚吡咯纳米管和聚吡咯-铜纳米复合物[146]，而利用聚碳酸酯膜中溶液的挥发过程，可以合成各种基于氧化锰（$La_{0.325}Pr_{0.300}Ca_{0.375}MnO_3$）的纳米线和纳米管[147]。以全氟磺酸离子交换聚合物膜为模板，利用离子交换法可以制备直径为 3.5nm 的钴纳米颗粒[148]。最近，有序二嵌段聚合物薄膜被用来合成周期性的纳米孔阵列[46,149~151]。将自组装二嵌段共聚物薄膜与电沉积技术相结合，可以制备直径为 12 或 24nm 的 Co 纳米线[152]和高有序的纳米电极阵列[153]。以多孔阳极氧化铝膜为模板来制备有序纳米线和纳米管阵列是研究人员普遍使用的一种模板合成法，我们将在 1.5 节中进行讨论。

研究人员花费了很大精力来开发替代性的纳米图案化技术，例如开发制备纳米级有序结构的各种方法，包括物理气相沉积（PVD）[154,155]、催化气相传输过程[156,157]、基于气-液-固（VLS）生长机制的 CVD[4,36,158]、利用图案化掩膜的直接自组装法[159]、激光辅助直接压印法[160]、基于高温热处理下超薄膜不稳定性的自然图案法[161]、结合压力注射填充技术的模板合成法[36]。此外，还可以基于 Al-In 和 NiAl-Re 等偏共晶合金及电化学刻蚀技术来制备 Al 和 NiAl 的纳米多孔阵列[162~164]。

1.2 铝的阳极氧化和多孔阳极氧化铝结构

目前，人们致力于开发一种简单而高效的方法在宏观表面上合成纳米结构，当前的研究焦点是开发具有周期性孔排列的自组织纳米结构材料。通过阳极氧化过程可以得到六角密堆积排列的高密度纳米孔阵列，这是一种相对简单的纳米结构材料制备方法。除了铝以外，对少数半导体或金属材料进行阳极氧化也可以获得自组织的纳米孔结构，例如 Si[165~172]、InP[173,174]、Ti[175~183]、Zr[181,184~186]、Nb[187~190]、Hf[191]和 Sn[192]。近年来，阳极氧化铝由于具有重要的商业意义而成为合成有序纳米结构最重要、最普遍的方法之一。这种有序纳米结构的六边形结构单元呈密堆积排列，在每个结构单元中间存在纳米级的孔洞。

在过去的几十年里，由于铝的阳极氧化具有众多应用，因而吸引了科学界和工业界的广泛关注，例如用于电解电容器的介电薄膜、提高材料的抗氧化性能、密封阳极材料时含有有机或金属颜料的装饰层、增强材料耐磨性等[193~196]。近来，通过在酸性电解液中进行铝的阳极氧化来自组织形成高有序纳米结构已成为最常用的制备方法之一。

1.2.1 阳极氧化膜的种类

一般来讲，对铝进行阳极氧化可以形成两种类型的氧化膜：阻挡型膜和多孔型膜。目前普遍认为铝阳极氧化所使用的电解液是决定所制备阳极氧化膜类型的关键因素[197~199]。最新研究进展表明，电解液对多孔氧化层的形成具有重要影响。有报道认为多孔型阳极氧化膜由阻挡型氧化膜发展而来[200~204]。然而，长期以来人们一直认为在中性溶液（pH＝5～7）中会形成具有强附着力、无孔且不导电的阻挡型阳极氧化铝膜，在此类溶液中形成的阳极氧化膜难以被化学腐蚀和溶解。这些膜非常薄，是致密的介质膜。能够形成这种阻挡型膜的电解液包括硼酸、硼酸铵、酒石酸铵、磷酸水溶液、四硼酸盐乙二醇溶液、高氯酸乙醇溶液以及一些有机电解液，例如柠檬酸、苹果酸、琥珀酸和乙醇酸[200,202,205,206]。最近，研究人员在5-磺基水杨酸中进行铝阳极氧化，制备了致密的阳极氧化层[207]。相比之下，在酸性较强的电解液中进行阳极氧化通常可以得到多孔型的氧化膜，例如硫酸、草酸、磷酸和铬酸溶液，所制备的氧化膜具有微溶性[197,208]。对于多孔型阳极氧化铝来说，其成膜过程伴随着氧化膜的局部溶解，由此在氧化膜中形成孔洞。然而，目前已有报道可以在各种不同酸性的电解液中制备多孔阳极氧化层例如丙二酸[209~211]、酒石酸[211~213]、柠檬酸[214~217]、苹果酸[213]、乙醇酸[213]甚至是铬酸[218]。此外，也可以在一些非常用的电解液中得到多孔阳极氧化膜，包括磷酸、有机酸和铈盐的混合溶液[219]，或草酸、钨酸钠、磷酸和次磷酸的混合溶液[220]。而在含氟草酸电解液[221]和硫酸、草酸混合电解液中[222]进行阳极氧化也可以得到多孔型阳极氧化膜。这些结果表明，电解液的不同并不能决定所形成的阳极氧化铝膜是多孔型还是阻挡型，而阻挡型膜也很容易转变为多孔型膜。阳极氧化时间是阻挡型膜向多孔型膜转变的关键因素[202,222]。目前已有众多文献对阻挡型[200,202,203,205]和多孔型[195,198,200,202,203,205,208,224]氧化膜进行了报道。本章主要对多孔氧化膜的形成以及自组织高有序纳米孔阵列进行探讨。

在电解液中铝的阳极化并不仅限于形成阻挡型膜或多孔型膜，例如在铬酸[225]和硫酸[213,226]溶液中可以得到纤维状的多孔氧化膜。Palibroda 等人发现在草酸或硫酸溶液中可以制备出形态完全不同的氧化膜[227]。通过对氧化层的截面进行观察可以看到，新生凝胶状氧化物生成的同时伴有气体产生，从而形成了半球和球状结构。此外，研究人员也对其他阳极化行为进行了研究和报道，例如在一元羧酸（例如蚁酸和乙酸）中[200]或存在卤素离子的情况下[200,202,228,229]出现的局部点状腐蚀，燃烧[211,216,230]或结晶溶解[231]现象。

1.2.2 多孔阳极氧化铝的结构

在过去几十年里多孔氧化铝膜的特性引起了研究人员的广泛关注，其在纳米科技领域获得了普遍应用。多孔阳极氧化铝的典型结构如图 1.1 所示，六边形的结构单元呈密堆积排列，在结构单元中间存在有孔洞。高有序的纳米结构通常由特定参数来表征，例如孔径、壁厚、阻挡层厚度和孔间距（结构

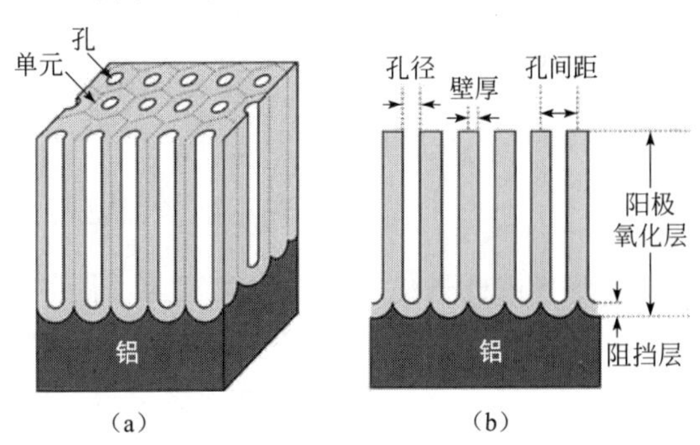

图 1.1 多孔阳极氧化铝的典型结构

注：(a) 多孔阳极氧化铝的理想结构；(b) 断面示意图。

单元尺寸）。其中孔径可以通过调节阳极氧化条件从数纳米到数百纳米进行调节，而平行排列的孔管道长度可以超过 100μm，这些特性使多孔阳极氧化铝成为一种具有高长径比和孔密度的理想纳米结构，其孔洞尺寸可控且相互平行生长于阳极材料表面。

氧化层的生长发生在孔底部金属/氧化物的交界处，表面存在的自然氧化膜会先变为阻挡型膜，然后再进一步转变为多孔氧化膜。在多孔氧化物生长过程中，孔底部/电解液界面处因薄而致密的阻挡层在局部电场的作用下会持续溶解，而同时在金属/氧化物界面处新的阻挡层也会不断生成。在膜的稳态生长过程中，膜的生长速率与场致溶解速率之间存在着动态平衡，阳极氧化膜的主要结构参数取决于阳极氧化电压和多孔氧化膜的稳态生长。在稳态生长模式下，恒电压模式下的电流密度或恒电流模式下的电压几乎保持不变，因而可以形成近乎圆形的孔。

1.2.2.1 孔径

一般来说，多孔阳极氧化铝的孔径和阳极氧化电压之间存在线性关系，比例常数 λ_p 为 1.29nm/V[208]：

$$D_p = \lambda_p U \tag{1.1}$$

式中，D_p 为孔径（nm），U 为阳极氧化电压（V）。孔径对电压的依赖与电解液关系不大。为了描述多孔阳极氧化铝的结构，研究人员通常将其分为靠近表面的氧化物表层和靠近孔底部的氧化物里层。随着阳极氧化时间的延长，里层的孔径并不会出现明显变化[197,203]。孔在起始生长阶段是不规则的，因而在靠近膜片表面的区域孔径较大，随着生长的进行孔会逐渐按照六边形密堆积的方式进行排列。需要指出的是，当电解液温度较高或酸性较强时，会增强对氧化物的化学腐蚀，从而获得更大的孔径[200,203]。溶剂对结构单元壁尤其是氧化物外层的化学作用也会导致阳极氧化膜表层孔径的增大[232]。

在多孔阳极氧化铝结构的早期研究中，人们认为孔径与阳极氧化电压无关[197]。然而，后来的研究表明孔径与电压和电流密度有关[233]。O'Sullivan 和 Wood[208]发现在恒电压阳极氧化过程中孔径可以由以下方程来计算：

$$D_p = D_c - 2W = D_c - 1.42B = D_c - 2W_U U \tag{1.2}$$

式中，D_c 为结构单元尺寸或孔间距（nm），W 为壁厚（nm），B 为阻挡层厚度（nm），W_U 为壁厚与电压的比值。

在恒电压阳极氧化模式下，氧化层壁厚与电压的比值可以用 W_U 来表示。Palibroda 对孔径与阳极氧化电压之间的关系，阳极氧化电压与临界阳极氧化电压（U_{max}）的比值进行了报道[234]：

$$D_p = 4.986 + 0.709U = 3.64 + 18.89 \times \frac{U}{U_{max}} \tag{1.3}$$

其中的临界阳极氧化电压为阳极氧化过程中可以施加的最大电压值，此时铝表面并不会大量释放气体。Nielsch 等人在提出了 10% 的孔隙率规则[235]，认为在最佳有序化条件下孔会形成理想的六边形密堆积排列，孔径可以根据式（1.4）来计算：

$$D_p = \sqrt{\frac{2\sqrt{3}P}{\pi}} \times kU \tag{1.4}$$

式中，P 为孔隙率（$P=0.1=10\%$），k 为比例常数（$k\approx2.5$）。

显然，电解液温度和电解槽内的流体动力学条件都会对孔径产生影响。较高的阳极氧化温度（比如接近室温）会显著加速氧化物表层的化学溶解，在酸性较强的电解液中这种情况尤为明显。另一方面，在恒电压模式下进行阳极氧化，电解液的搅拌会使电流密度以及氧化物里层的局部温度明显增加[236]。局部温度的增加会加速氧化物里层的化学腐蚀和阳极氧化层的形成。电解液搅拌对孔径产生的影响如图 1.2 所示。

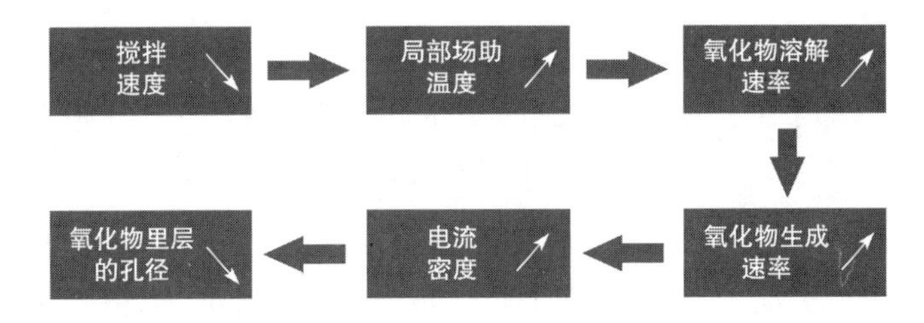

图 1.2 搅拌对多孔阳极氧化铝孔径的影响示意图

这些实验数据表明在恒电压和恒电流模式下，电解液温度和浓度对孔径的影响是完全不同的[208,237,238]。例如在磷酸电解液中进行恒电压阳极氧化时，温度对孔径有影响[208]。随着电解液温度的增加，氧化物表层孔径会随之增大，而里层孔径会随之减小。虽然目前已有研究表明孔径会随溶液 pH 值[239]和温度[240]的降低而减小，但电解液浓度却对孔径影响不大[208]。随着酸性电解液浓度的增加或 pH 值的减小，孔径会随之减小，这可以归因为孔底部氧化物场助溶解阈电位的降低，从而导致阳极氧化物生成速率的增加[235]。最近有报道研究了硫酸电解液体系下温度对孔径的影响[240]。在不同阳极氧化温度下都可以建立相应的线性关系（见表 1.1）。

表 1.1 不同阳极氧化温度下在 2.4mol/L 的硫酸电解液中进行阳极氧化所得到的电压与孔径的对应关系[240]

电压范围/V	温度/℃	$D_p=f(U)$/nm
15～25	−8	$1.06+0.80U$
	1	$12.35+0.53U$
	10	$9.34+0.72U$

图 1.3 总结了恒电压条件下阳极氧化参数对孔径的影响。

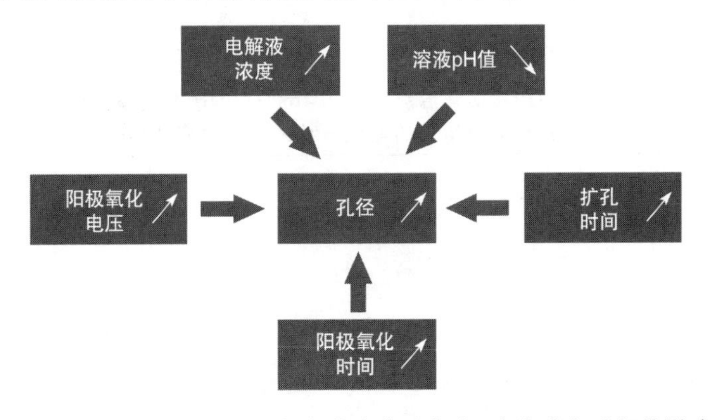

图 1.3 在恒电压模式下阳极氧化参数对多孔阳极氧化铝孔径的影响

当阳极氧化过程在恒电流模式下进行时，电流密度、电解液温度和浓度都会对孔径产生影响，孔径随电流密度的增加而增大[233]。随着磷酸电解液温度的升高，氧化物里层的孔径会减小，而氧化物表层的孔径却只有轻微变化[208]。此外，随着磷酸浓度的增加，孔径逐渐减小。没有明显证据表明在草酸和硫酸电解液中进行阳极氧化时阳极氧化温度会对孔径产生影响[237,238]。多孔阳极氧化铝的最终孔径大小是各种参数叠加作用的结果。因此，文献报道中在相似的阳极氧化条件和电解液下常常会得到孔径明显不同的多孔阳极氧化铝。

1.2.2.2 孔间距

人们普遍认为经稳态生长过程所得到的多孔阳极氧化铝，其孔间距大小和阳极氧化电压之间存在线性的比例关系，比例常数（λ_c）为 2.5nm/V[235]：

$$D_c = \lambda_c U \tag{1.5}$$

Keller 等人的研究表明[197]，结构单元尺寸可以由式（1.6）来精确计算：

$$D_c = 2W + D_p = 2W_U U + D_p \tag{1.6}$$

孔间距与阳极氧化电压之间的线性关系是建立在孔径不受电压影响的假设之上的。O'Sullivan和 Wood[208]的研究表明壁厚是阻挡层厚度的 71%。考虑到这一点，可以得到以下方程：

$$D_c = 1.42B + D_p \tag{1.7}$$

Ebihara 等人对硫酸和草酸电解液体系下的铝阳极氧化过程进行了深入研究[237,238]，并得到了孔间距和阳极氧化电压之间的经验方程：

H_2SO_4[238]： $$D_c = 12.1 + 1.99U (U = 3 \sim 18\text{V}) \tag{1.8}$$

$C_2H_2O_4$[237]： $$D_c = 14.5 + 2.00U (U \leqslant 20\text{V}) \tag{1.9}$$

$$D_c = -1.70 + 2.81U (U \geqslant 20\text{V}) \tag{1.10}$$

Hwang 等人对阳极氧化电压和孔间距之间的关系进行了研究[241]。在草酸电解液中通过施加 20～60V 的阳极氧化电压，可以得到以下线性方程：

$$D_c = -5.2 + 2.75U \tag{1.11}$$

在恒电压阳极氧化模式下，阳极氧化温度对孔间距影响轻微[208]，例如在草酸电解液中电解液温度对孔间距无影响[241]。与此相反，在硫酸电解液中温度会对孔间距产生影响[240]。相比于在 1℃或−8℃下制备的样品，在 10℃下获得的孔间距会增大 8%～10%。表 1.2 为不同阳极氧化温度下电压与孔间距的对应关系。

表 1.2 不同阳极氧化温度下在 2.4mol/L 的硫酸电解液中进行阳极氧化所得到的电压与孔间距的对应关系[240]

电压范围/V	温度/℃	$D_c = f(U)$/nm
15～25	−8	$12.23 + 1.84U$
	1	$12.20 + 2.10U$
	10	$12.72 + 1.87U$

O'Sullivan 和 Wood 发现孔间距随电解液浓度的增加而减小[208]。当在磷酸电解液中进行恒电流密度阳极氧化时，提高阳极氧化温度和电解液浓度可以使孔间距减小[208]，而同样

条件下在硫酸和草酸电解液中孔间距则会保持不变[237,238]。

此外，孔间距也可以通过对多孔阳极氧化铝三角形格子进行二维傅里叶变换来计算。二维傅里叶变换可以在倒空间中提供独特的结构周期性信息。Marchal 和 Demé 指出[242]，具有三角形格子的六边形密堆积排列纳米孔，其孔间距可以根据式（1.12）来计算：

$$D_c = \frac{4\pi}{\sqrt{3}Q_{10}} \tag{1.12}$$

式中，Q_{10}是六边形密堆积排列纳米孔的第一布拉格反射位。

1.2.2.3 壁厚

在 Keller 等人报道的多孔阳极氧化铝各种结构参数中[197]，于常用酸性电解液下进行铝阳极氧化所得到的壁厚与电压的比值是比较重要的（见表 1.3）。

表 1.3 不同电解液下得到的壁厚与电压的比值[197]

电解液	0.42mol/L H_3PO_4	0.22mol/L $H_2C_2O_4$	1.7mol/L H_2SO_4	0.35mol/L H_2CrO_4
阳极氧化温度/℃	24	24	10	38
壁厚与电压的比值/(nm/V)	1.00	0.97	0.80	1.09

通过对方程（1.2）进行变换可以得到以下壁厚计算公式：

$$W = \frac{D_c - D_p}{2} \tag{1.13}$$

O'Sullivan 和 Wood 指出[208]，在磷酸电解液中进行阳极氧化，壁厚和阻挡层厚度具有以下关系：

$$W = 0.71B \tag{1.14}$$

Ebihara 等人发现在草酸电解液中 5～40V 电压下进行阳极氧化时，壁厚与阻挡层厚度之间的比例关系会出现轻微偏差[237]。当阳极氧化电压介于 5V 到 20V 之间时，W 和 B 之间的比例常数约为 0.66，而当阳极氧化电压逐渐升高时，这一比例常数会升高到 0.89。

1.2.2.4 阻挡层厚度

铝的阳极氧化过程会在孔底部形成薄而致密的介电层。阻挡层的特性与空气中自然形成的氧化膜相似，由于存在结构缺陷而允许电流通过。这层位于孔底部的致密层使金属很难被电化学沉积到孔洞中。因此，阻挡层厚度是非常重要的，将对多孔阳极氧化铝的应用产生直接影响。阻挡层厚度与阳极氧化电压直接相关，对于阻挡型氧化膜这一关系为 1.3～1.4nm/V，而对于多孔型氧化膜这一关系为 1.15nm/V[195]。

有报道指出阻挡层厚度会随阳极氧化电压或电解液浓度的变化而变化。表 1.4 中列出了不同电解液下得到的阻挡层厚度和阳极氧化电压的比值（阳极氧化比值 B_U）。

表 1.4 不同电解液中的阳极氧化比值（B_U）

电解液	电流密度①/(mA/cm²)或阳极氧化电压②/V	浓度/(mol/L)	温度/℃	B_U/(nm/V)	参考文献
H_3PO_4	100①；80②	0.4(3.8%)	20	0.89①；1.14②	[208]
			25	0.90①；1.09②	

续表

电解液	电流密度①/(mA/cm²)或阳极氧化电压②/V	浓度/(mol/L)	温度/℃	B_U/(nm/V)	参考文献
			30	1.05①；1.04②	
		1.5(13%)	25	1.10①；1.04②	
		2.5(21%)		1.17①；0.82②	
	20～60②	0.42(4%)	24	1.19②	[197，243]
	87②		25	0.99②	[232]
	103②			0.96②	
	117.5②			1.08②	
	87②	1.70(15%)		0.99②	
	87②	3.10(25%)		0.97②	
$H_2C_2O_4$	20～60②	0.22(2%)	24	1.18②	[197，243]
	3②	0.45(4%)	30	1.66②	[237]
	10②			1.40②	
	20②			1.19②	
	30②			1.10②	
	40②			1.06②	
H_2SO_4	15②	1.70(15%)	10	1.00	[243]
		1.10(10%)	21	1.00②	[244]
		1.70(15%)		0.95②	
		5.6～9.4		0.80②	
		40%～60%			
		12.8(75%)		0.95②	
		16.5(90%)		0.10②	
	3②	2.0(17%)	20	1.45②	[238]
	10②			1.23②	
	15②			1.05②	
	18②			0.92②	
H_2CrO_4	20～60②	0.26(3%)	38	1.25②	[244]
$Na_2B_4O_7$	60②	0.25(pH=9.2)	60	1.3②	[201]
$(NH_4)_2C_4H_4O_6$	25～100②	0.17(3%，pH=7.0)	—	1.26②	[223]
柠檬酸	260～450②	0.125	21	1.1②	[217]

① 恒电流密度阳极氧化。
② 恒电压阳极氧化。

表1.4中的数据显示，当阳极氧化过程在恒电流模式或恒电压模式下进行时，阻挡层厚度和阳极氧化电压的比值是变化的[208]。在恒电压阳极氧化模式下，阳极氧化温度的升高会导致阻挡层厚度减小，而在恒电流阳极氧化模式下却刚好相反。在恒电压或恒电流阳极氧化模式下，随着恒温磷酸电解液浓度的增加，阻挡层厚度会相应减小或增大。其主要原因在于，在恒电流密度下阻挡层处的电场将保持不变。阻挡层厚度随电解液浓度的增加而增大，

这表明，在设定电流密度下离子电导变得更加容易，大部分的离子电流将通过阻挡层中的微晶。另一方面，由于氧化物/电解液界面的氧化物场致溶解作用增强，阻挡层厚度将随电解液浓度和阳极氧化温度的增加而减小。

最近，研究人员对一些非常用电解液中的阻挡层厚度进行了研究，例如乙醇酸、酒石酸、苹果酸和柠檬酸[213]。不同电解液中阳极氧化电压对多孔阳极氧化铝阻挡层厚度的影响如图 1.4 所示。

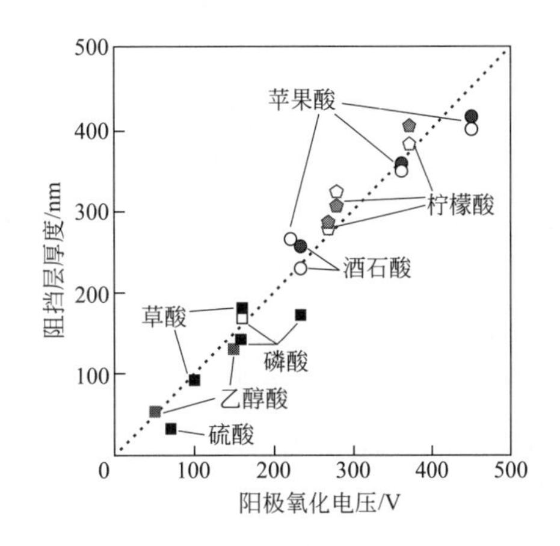

图 1.4　硫酸、草酸、乙醇酸、磷酸、酒石酸、苹果酸和柠檬酸电解液中，阳极氧化电压对多孔阳极氧化铝阻挡层厚度的影响

注：实心数据点为测量值；空心数据点为通过孔壁半厚度得到的计算值。图片经 The Electrochemical Society 许可，翻印自参考文献［213］。

通常来讲，在整个阳极氧化电压范围内不同电解液中的阳极氧化比值（B_U）接近 1nm/V（如图 1.4 中对角虚线所示）。以上结果表明在不同阳极氧化电压下，阳极氧化比值为常数，其不会随电压的变化而变化。

Nielsch 等人认为当阳极氧化在最佳自组织条件下进行时，会形成 10%的孔隙率，同时纳米孔会获得完美的六角形密堆积排列[235]，阻挡层厚度和孔间距之间存在以下比例关系：

$$B \approx \frac{D_c}{2} \tag{1.15}$$

近来，Vrublevsky 等人[245~247]报道了在 0.42mol/L 磷酸和 0.45mol/L 草酸溶液中进行阳极氧化来计算多孔阳极氧化铝阻挡层厚度的经验公式。通过使用二次阳极氧化技术以及假定阳极氧化比值为 1.14nm/V，可以对 20℃下所制备阳极氧化铝的阻挡层厚度进行测定。从这些公式中可以看出阻挡层厚度随阳极氧化电压的不同而发生变化，即 $B=f(U)$，如表 1.5 所示。

表 1.5　在 20℃下阳极氧化电压对阻挡层厚度产生的影响

电解液	阳极氧化电压/V	$B=f(U)$/nm	参考文献
恒电压阳极氧化			
0.42mol/L H_3PO_4	$U<38$	$0.28+1.10U$	［245］
	$U>38$	$1.58+1.03U$	
0.45mol/L $H_2C_2O_4$	$U<57$	$5.90+0.90U$	［246］
	$U>57$	$0.96+0.97U$	
恒电流阳极氧化			
0.45mol/L $H_2C_2O_4$	$U<55$	$0.92+1.09U$	［247］
	$U\geqslant 55$	$5.02+0.92U$	

经阳极氧化过程所制备的各种纳米结构，可以通过后续处理过程来调节壁厚和阻挡层厚度，包括化学腐蚀等各向同性的扩孔过程。

1.2.2.5 孔隙率

经铝阳极氧化过程所形成的纳米结构的孔隙率在很大程度上依赖于酸性电解液中氧化物的生长速率、化学溶解速率，以及各种阳极氧化条件，例如电解液种类、电解液浓度、阳极氧化时间、阳极氧化电压和温度。孔隙率的最重要影响因素是阳极氧化电压和溶液的 pH 值。多孔阳极氧化铝孔隙率实验数据的一致性较差，从 8%到 30%甚至在更大的范围内变化。当在硫酸[238,248]和草酸[237]电解液中进行阳极氧化时，随着阳极氧化电压的增大，孔隙率会呈指数式下降。通常情况下，在硫酸、草酸、磷酸和铬酸电解液中进行恒电压阳极氧化时，孔隙率都会随阳极氧化电压的增大而减小[216,249,250]。但也有研究发现在硫酸电解液中进行阳极氧化时，随阳极氧化电压的增大，孔隙率有略微的增大[251]。而孔隙率也可能受到阳极氧化时间的影响，例如在四硼酸盐[201]和磷酸[252]电解液中，随着阳极氧化时间的延长孔隙率会增大。在草酸电解液中，增加阳极氧化温度会使孔隙率减小[253]，而在硫酸电解液中则刚好相反[240]。

孔隙率可以定义为孔洞所占表面积与整个表面积的比值。对于含有孔的规则六边形而言，孔隙率公式如下所示：

$$\alpha = \frac{S_{\mathrm{pores}}}{S} = \frac{S_{\mathrm{p}}}{S_{\mathrm{h}}} \tag{1.16}$$

假定每一个孔都为理想的圆形，可以对 S_{p} 和 S_{h} 进行进一步展开：

$$S_{\mathrm{p}} = \pi\left(\frac{D_{\mathrm{p}}}{2}\right)^2 \tag{1.17}$$

$$S_{\mathrm{h}} = \frac{\sqrt{3}D_{\mathrm{c}}^2}{2} \tag{1.18}$$

将式（1.17）和式（1.18）带入式（1.16），可以得到六边形密堆积结构单元孔隙率的以下表达式：

$$\alpha = \frac{\pi}{2\sqrt{3}}\left(\frac{D_{\mathrm{p}}}{D_{\mathrm{c}}}\right)^2 = 0.907\left(\frac{D_{\mathrm{p}}}{D_{\mathrm{c}}}\right)^2 \tag{1.19}$$

此外，Ebihara 等人将孔隙率的计算式表达如下：

$$\alpha = 10^{-14} n\pi\left(\frac{D_{\mathrm{p}}}{2}\right)^2 \tag{1.20}$$

式中，n 为孔密度（$1/\mathrm{cm}^2$），代表每平方厘米中的孔数量，D_{p} 为孔径（nm）。

Nielsch 等人的研究表明[235]，当自组织阳极氧化在最佳阳极氧化条件下进行时可以得到完美的六边形密堆积纳米孔，孔径与孔间距的比值近乎为一个常数，约为 0.33～0.34。因此在最佳阳极氧化条件下得到的孔隙率应该为 10%。而最佳阳极氧化条件主要取决于阳极氧化电压，当电解液为硫酸、草酸和磷酸时，获得最佳有序化的阳极氧化电压分别为 25V、40V 和 195V。当所施加的阳极氧化电压偏离最佳阳极氧化电压时，将导致明显更大或更小的孔隙率。孔隙率规则是在最佳阳极氧化条件下导出的，总体而言，自组织多孔阳极氧化铝倾向于获得 10%的孔隙率，与阳极氧化电压、电解液种类和阳极氧化条件无关。

考虑到自有序阳极氧化过程中孔径与结构单元尺寸的比值为常数，Ono 等人[216,249,250]提出了以下孔隙率表达式：

$$\alpha = \left(\frac{D_p}{D_c}\right)^2 \tag{1.21}$$

需要指出的是，式（1.21）是式（1.19）的粗略近似，偏差将近10%，而Bocchetta等人也针对孔隙率提出了不同的公式[253]：

$$\alpha = \frac{S_{pores}}{S} = \frac{S - S_{ox}}{S} = 1 - \frac{m_p}{\rho h S} \tag{1.22}$$

式中，S_{ox}氧化物面积，m_p、h和ρ分别为多孔层的质量、厚度和密度。在0.15mol/L草酸电解液中70V下制备的多孔阳极氧化铝，其密度的估算值约为3.25g/cm^3。除了不同计算式所造成的问题，不同阳极氧化条件下所得到的孔隙率也各不相同。

我们之前提到孔径可以由扩孔过程来进行调节，即在酸性溶液中对多孔阳极氧化铝进行化学腐蚀。研究人员提出了在140V、20℃下0.42mol/L磷酸电解液中进行阳极氧化的孔隙率计算式[252]。阳极氧化过程完成后，在2.4mol/L的硫酸溶液中20℃下进行扩孔，扩孔时间为60～300min：

$$\begin{aligned}\alpha =& 0.196 + 6.54 \times 10^{-4} t_a + 2.62 \times 10^{-4} t_w + 7.27 \times 10^{-7} t_a^2 \\ &+ 4.36 \times 10^{-7} t_a t_w + 8.73 \times 10^{-8} t_w^2\end{aligned} \tag{1.23}$$

式中，t_a和t_w分别表示扩孔时间和阳极氧化时间。

1.2.2.6 孔密度

具有高有序密堆积排列的纳米孔或纳米管的纳米材料是微电子行业所需要的理想材料。由于结构单元具有六边形对称结构，因此多孔阳极氧化铝是一种具有最高堆积密度的纳米结构，而在阳极氧化过程中所形成的孔洞数量也成为了多孔阳极氧化铝的重要特征之一。

对于六边形密堆积分布的结构单元，孔密度可以定义为1cm^{2}中孔的数量，表达式如下：

$$n = \frac{10^{14}}{P_h} = \frac{2 \times 10^{14}}{\sqrt{3} D_c^2} \tag{1.24}$$

式中，P_h为单个六边形结构单元的面积（nm^2），D_c的单位为nm。通过式（1.5）对D_c进行取代可以得到式（1.25）：

$$n = \frac{2 \times 10^{14}}{\sqrt{3} \lambda_c^2 U^2} \cong \frac{18.475 \times 10^{12}}{U^2} \tag{1.25}$$

Palibroda报道了孔密度的另外一种计算式[234,254]：

$$n = 1.6 \times 10^{12} \times \exp\left(-\frac{4.764U}{U_{max}}\right) \tag{1.26}$$

式中，U_{max}与式（1.3）中的U_{max}相同。对于特定的阳极氧化条件，当已知孔径和阳极氧化电压时，临界阳极氧化电压（U_{max}）值可以通过式（1.3）来进行方便的估算。

通过式（1.24）和式（1.25）可以得出，阳极氧化电压或孔间距的增加将会导致孔数量的减少[237,238,255]。在草酸电解液中进行阳极氧化，孔密度随阳极氧化温度的增加而减小[253]。Pakes等人对60℃四硼酸钠溶液中（pH值为9.2）60V电压下的阳极氧化过程进行了研究，结果表明在阳极氧化的起始阶段，孔密度随阳极氧化时间的增加而略有减小[201]，这可以归因于早期孔向稳定孔转化过程中孔的重排。

1.2.3 离子的掺入

阳极氧化层中离子的掺入在很大程度上取决于氧化膜的类型。多孔型阳极氧化铝中的离子含量要高于阻挡型阳极氧化铝。人们普遍认为阳极氧化膜中掺入的电解质在氧化膜中以酸根离子的形式存在[200]。已有研究对氧化层中掺入的酸根离子含量进行了报道，在常用电解液中掺入酸根离子的含量如表 1.6 所示。

表 1.6 多孔氧化层中掺入离子百分比[195,200]

电解液	H_2CrO_4	H_3PO_4	$H_2C_2O_4$	H_2SO_4
离子含量/%	0.1～0.3	6～8	2～3	10～13

在过去几十年里，研究人员致力于获得掺入离子在氧化层中的分布信息。为了对阻挡型氧化层中的掺入离子分布进行深入研究，人们应用了大量技术，包括俄歇电子能谱法（AES）[256]、阻抗测量法[206]、卢瑟福背散射法（RBS）[257～259]、二次离子质谱法（SIMS）[260]、电子探针微量分析（EPMA）[261]、辉光放电发射光谱法（GDOES）[201,261～267]、X 射线光电子能谱（XPS）[268]。Despić 和 Parkhutik 等人对阳极氧化层中掺入离子分布的研究方法进行了很好的综述[202]，文中对氧化膜生长过程中离子掺入的动力学过程进行了讨论。

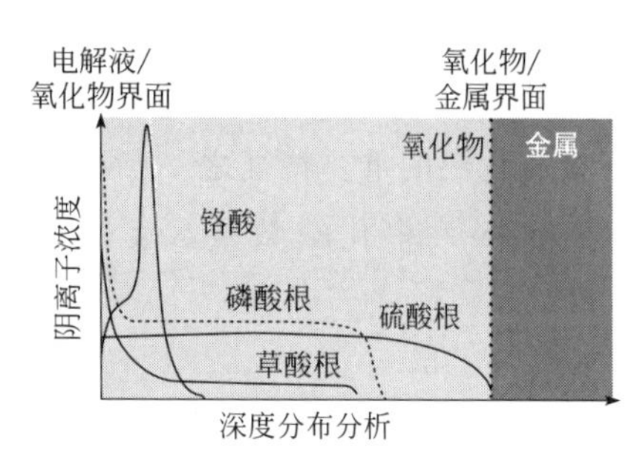

图 1.5 阻挡型阳极氧化铝膜中不同阴离子浓度的典型深度分布

在制备高有序纳米结构的常用电解液中，阻挡型氧化膜中的离子浓度分布示意图如图 1.5 所示。硫酸根离子和铬酸根离子的分布主要基于 GDOES 法所得到的数据[261,262,265,266]，草酸根离子分布则基于 AES 法[265]，而磷酸根离子分布则同时基于 GDOES 法和 AES 法[256,262,265]。

对于阻挡型阳极氧化膜的稳态生长过程，氧化物在电解液/氧化物和氧化物/金属界面同时生成，同时伴随 Al^{3+} 和 O^{2-}/OH^- 的相向运动。然而，一部分 Al^{3+} 并没有参与氧化膜的形成，而是直接进入到电解液中[203,256]。阻挡型阳极氧化铝具有无定形结构，Al^{3+} 和 O^{2-} 的迁移数分别为 0.44 和 0.56[256,259,266,267]。因此，对于高效率生长的氧化膜，大约 40%生长于膜表面而其余的生长于氧化物/金属界面，电解液阴离子则吸附于孔底部的电解液/氧化物界面。对于多孔型阳极氧化膜的稳态生长过程，由于电解质的迁移，阴离子在氧化层中的掺入发生在孔底部。电解质可以带正电、负电或者不带电，其可以固定在氧化物表面或者以固定速率向外和向内迁移，以上各种情况随电解液的不同而各不相同。例如在电场作用下，磷酸根、硫酸根和草酸根离子向氧化膜内部迁移，而铬酸根离子则向外迁移[257]。磷酸根、草酸根和硫酸根离子的迁移速率与 O^{2-}/OH^- 的迁移速率有关[195,200]。铬酸根离子与 Al^{3+} 相似，都是向外迁移，因此研究人员对它们的迁移速率进行了比较。在一些电解液中，所制备多孔阳极氧化铝膜中的成分和离子迁移速率如表 1.7 所示。

表 1.7 在阻挡型无定形结构氧化铝膜中氧化物的成分及电解质的移动

电解液	pH	阴离子	迁移方向	相对迁移速率	$\frac{N_X}{N_{Al}}\times10^{-2}$	测定方法	参考文献
0.1mol/L Na_2CrO_4	10.0	CrO_4^{2-}	外	0.74	0.50±0.01	RBS	[257，269]
0.1mol/L Na_2HPO_4	9.4	HPO_4^{2-}	内	0.50±0.05	3.6±0.3	RBS	[257]
0.1mol/L$(COONH_4)_2$	6.4	COO^-	内	0.67	—	AES	[256]
0.1mol/L Na_2SO_4	5.8	SO_4^{2-}	内	0.32±0.07	7.4±0.6	RBS	[257]
1mol/L Na_2SO_4	—			0.62	—	GDOES	[266]

注：$\frac{N_X}{N_{Al}}$：膜中X与Al原子数之比；

AES：俄歇电子能谱法；GDOES：辉光放电发射光谱法；RBS：卢瑟福背散射法。

在0.25mol/L的$Na_2B_4O_7$溶液中（pH值为9.2），于60℃和60V恒定电压下进行阳极氧化，可以观察到硼的掺入[201]。从阳极氧化层表面算起，电解质的掺入厚度约占总厚度的40%。

多孔型阳极氧化铝膜与阻挡型阳极氧化铝膜相比具有显著的不同。对于多孔型氧化铝膜的生长过程，成膜过程仅发生在氧化物/金属界面，在电场作用下阴离子向阻挡层内部迁移。由于孔底部具有半球形结构，阻挡层处的电场并不均匀，靠近电解液/氧化物界面的孔底部电场要明显高于靠近氧化物/金属界面的结构单元底部电场[270]。因此，电解液阴离子的掺入过程将更为容易。多孔氧化层中高含量的掺入阴离子是氧化物长期暴露于酸活性渗透环境下的直接结果，掺入SO_4^{2-}的浓度随电流密度和温度的增加而增大[271]。此外，研究人员对硫酸电解液下所制备多孔阳极氧化铝膜中SO_4^{2-}阴离子沿孔的掺入，以及在阻挡层和靠近孔底部孔壁中的掺入进行了详细研究[272,273]。所测定掺入物的分布示意图如图1.6所示。

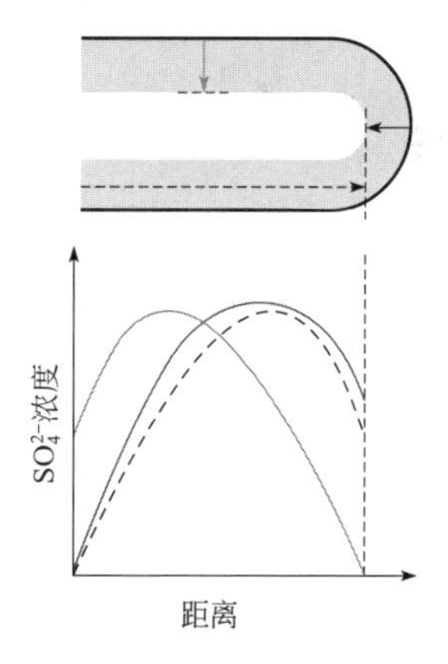

图 1.6 硫酸电解液中所制备多孔阳极氧化铝的SO_4^{2-}浓度分布示意图[272]

在孔底部可以发现大量的掺入阴离子，在阻挡层中的局部区域可以达到极大值，然后会逐渐减少。通过对结构单元壁中的掺入阴离子进行分析可以发现，结构单元壁交界处的掺入阴离子数量微乎其微，但在靠近结构单元壁/电解液界面的区域，SO_4^{2-}的浓度却会逐渐增加并达到极大值，然后会略有减小。阴离子沿结构单元壁的分布（沿氧化物厚度方向）与阻挡层中的结果相似。

1.2.4 结构单元壁的结构

多孔阳极氧化铝膜的性质与氧化物壁中掺入的电解质种类密切相关。例如，在多孔型和阻挡型阳极氧化铝膜中，阴离子的掺入会改变空间电荷积累[202]。此外，阴离子的掺入也可以在很大程度上影响阳极氧化铝膜的机械性能，例如柔韧性、硬度和耐磨性[200]。阴离子掺入种类和分布取决于阳极氧化条件，例如阳极氧化电压/电流密度和温度。因此，在不同阳极氧化条件下可以形成不同的壁结构。Thompson 等人提出了结构单元壁的双层结构［如图 1.7(a) 所示］[200,274]，包括两种不同的区域：含有相对较纯氧化铝的内层以及含有掺入电解液阴离子的外层。研究表明内层厚度按以下顺序递增：

$$H_2SO_4 < C_2H_2O_4 < H_3PO_4 < H_2CrO_4 \tag{1.27}$$

根据 Thompson 的报道[274]，在穿过孔内部结构单元壁的过程中会发生固体材料向凝胶状材料的转变。而内层与外层厚度的比值取决于电解液，在硫酸、草酸和磷酸中分别为 0.05、0.1 和 0.5[274]。最近，有研究报道了磷酸电解液中所制备阳极氧化铝结构单元壁的三层结构［见图 1.7(b)］[275]。外层和中间层中有电解质掺入，主要是阴离子和质子。在外层中富含有阴离子和质子，中间层中则主要含有阴离子，而内层由纯氧化铝所组成。

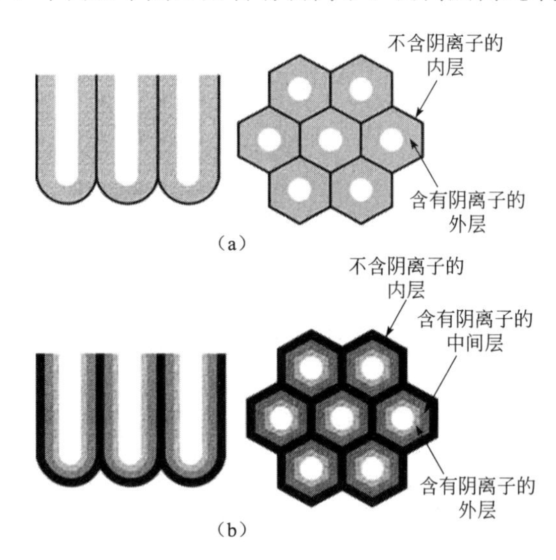

图 1.7　阳极氧化铝结构单元壁双层结构与三层结构示意图

注：(a) 硫酸电解液中制备的多孔阳极氧化铝结构单元壁双层结构示意图；(b) 磷酸电解液中制备的多孔阳极氧化铝结构单元壁三层结构示意图[274,275]。

多孔阳极氧化铝膜中的水含量从 1%到 15%之间变化[200,205]，而目前普遍认为多孔氧化铝中的水含量取决于阳极氧化条件、样品处理和测试技术。在硫酸电解液中制备的多孔氧化膜实质上是无水的[276]。酸性电解液下形成的多孔氧化物中不含有结合水[202]，但多孔氧化层中却可以化学吸附 OH 基团和水分子。Palibroda 和 Marginean 对硫酸下制备多孔阳极氧化铝上的水吸附进行了研究[277]，发现多孔氧化层上吸附水的数量为常数，即每平方纳米 100 个 OH 基团，其与硫酸浓度、阳极氧化温度和电流密度无关。

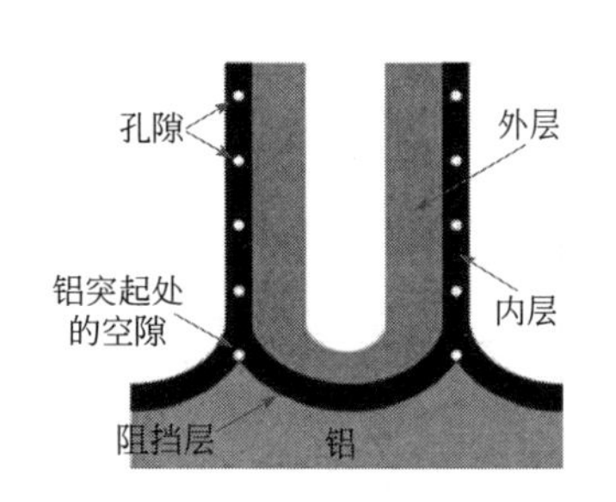

图 1.8　多孔阳极氧化铝膜中的空隙[285]

有研究人员对阳极氧化铝层中的空隙形成进行了报道[278~282]。Ono 等人对结构单元壁内层氧化物/金属界面突起尖顶上方的空隙进行了报道（如图 1.8 所示）[279,280]。作者认为这些空隙的形成可以归因于氧气释放、膜中的拉伸应力或电致伸缩压力。研究表明氧化层中的空隙尺寸随阳极氧化电压的增加而增大[279,280]。此外，在电子束辐照下，所形成的空隙会进一步增大和合并[281]。

Macdonald 对阳极钝化膜的击穿过程以及空隙的形成过程进行了详细解释[283~285]。空隙形成的空位凝聚机理涉及阳离子和金属空位在氧化物/金属界面的局部凝聚，以及随后的空隙分离过程。多孔阳极氧化铝中空隙的形成如图 1.9 所示。当阳极氧化过程开始时，在增强的电场作用下，Al^{3+} 会直接进入电解液中，因此会在氧化物/金属界面产生空位。空位的凝聚起始于含有缺陷的金属晶界相交区域，从而开始形成孔洞。在氧化膜形成过程中氧化物/金属界面不断被后推，从而使形成的空隙不断从突起尖顶上分离。因为铝中空位的迅速饱和，当空隙分离后，在突起的尖顶处会形成新的空隙。新的空隙不断生长，旧的空隙不断分离，这一过程将不断循环进行。

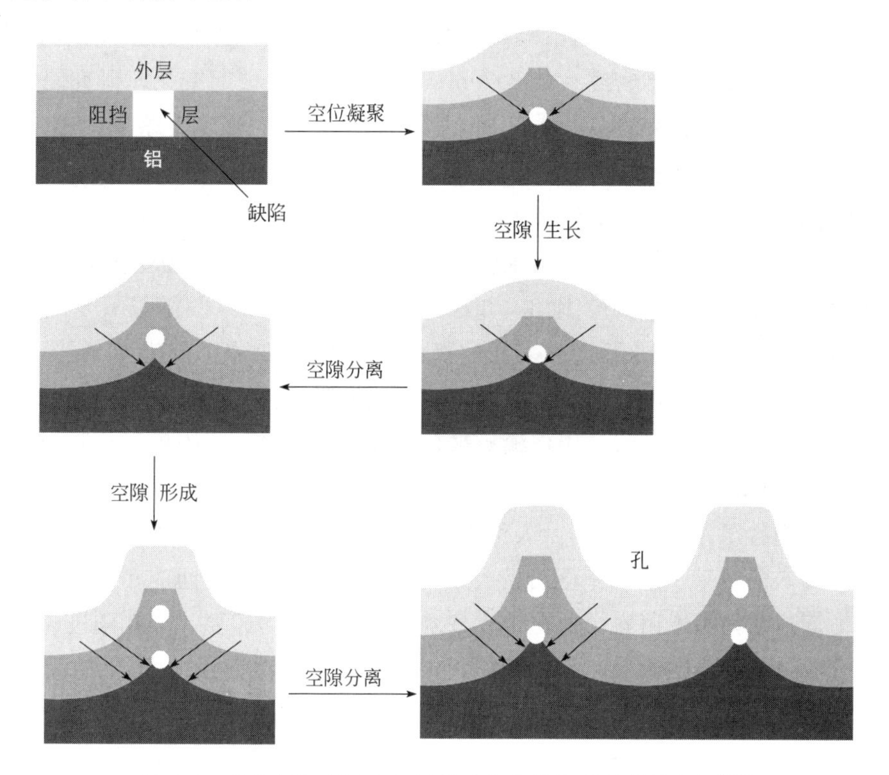

图 1.9 多孔氧化铝层中空隙形成的空位凝聚机理示意图[285]

空位凝聚机理被用于解释氧化层外层和内层中的空隙形成[281]。同 Macdonald 模型的假设不同，扩展模型是基于空位分离后氧化物/金属界面出现的一些突起尖顶。

1.2.5 氧化物的晶体结构

大多数研究者都认为阳极氧化铝膜是无定形结构的氧化物，或者是一些 γ-Al_2O_3 或 γ'-Al_2O_3 结晶形式的无定形氧化物。对不同阳极氧化条件下制备的阳极氧化膜进行研究，结果并不能证实氧化膜中存在晶态氧化铝[200]。在利用扫描电子显微镜对样品进行观察时，电子束辐照可以诱发 γ-Al_2O_3 或 γ'-Al_2O_3 的结晶[277]，结晶将优先发生于不含阴离子的结构单元壁内层[286~289]。Ono 等人发现不同电解液中的结晶速率随阴离子和 H_2O/OH^- 掺入量的增加而减小[290]。结晶速率按照以下顺序增大：

$$H_2SO_4 < C_2H_2O_4 < H_3PO_4 < H_2CrO_4 \tag{1.28}$$

无定形氧化铝在封闭和加热过程中会发生结晶[195,291]。最近，在磷酸[275,292]、草酸[293]和硫酸[291]中制备多孔氧化铝膜的研究表明，所制备多孔阳极氧化铝膜为无定形结构。而另一方面，在铬酸中进行阳极氧化时，所制备无定形氧化铝中含有 γ-Al_2O_3[291]。

1.2.6 氧化物的密度和电荷

阳极氧化铝膜的密度随阳极氧化条件的不同而发生显著变化。当在硫酸电解液中进行30min 的恒电流阳极氧化，所制备氧化膜的密度为 2.78g/cm^3，而当阳极氧化时间为 60min 时密度会升高到 2.90g/cm^3[233]。Ebihara 等人在 2mol/L 的硫酸电解液中进行阳极氧化，获得了具有不同密度的氧化膜[238]。当阳极氧化电压在 3V 到 14V 之间变化，而温度在 10℃到 40℃之间变化时，阳极氧化铝密度在 3.2g/cm^3 到 3.46g/cm^3 之间变化。研究表明当升高阳极氧化温度、电解液浓度和阳极氧化电压时，所制备氧化物的密度会略有减小。根据 Gabe 的研究结果，在硫酸电解液中进行阳极氧化，所制备氧化膜的密度可以在 2.4g/cm^3 到 3.2g/cm^3 之间变化[294]。在草酸电解液中进行恒电流密度阳极氧化，可以发现随着阳极氧化温度的不同，所制备氧化膜的密度会出现轻微变化[237]。当阳极氧化温度在 10℃到 40℃之间变化时，氧化物密度在 3.07g/cm^3 到 3.48g/cm^3 之间变化，并且随阳极氧化电流密度的减小而增大。最近，有研究表明无定形多孔阳极氧化铝的密度估算值为 3.2g/cm^3[235,242,295]，而在含有机溶剂的高温脱水电解液中制备的阳极氧化铝膜，其密度为 2.4g/cm^3[296]。

由于多孔阳极氧化铝膜经常被用作模板来合成各种纳米材料，阳极氧化膜中的电荷成为研究人员所关注的重要参数。目前，已有报道对阳极氧化铝中的空间电荷、空间电荷分布和动力学累积过程进行了详细研究[202]。人们普遍认为空间电荷是阳极氧化过程中的电化学过程以及阴离子掺入的结果。阳极氧化铝膜上的吸附物和溶液与膜之间的相互作用是决定膜在微滤和超滤方面应用的根本因素，这在生物技术分离领域尤为重要。多孔阳极氧化铝中的空间电荷对氧化物的介电参数和氧化物特性的长期漂移也存在负面影响[202]。有研究对多孔阳极氧化铝中的负空间电荷进行了报道[202]，并且与硫酸电解液中制备的吸附 SO_4^{2-} 的带正电氧化铝膜进行了对比讨论[208]。研究人员利用市售多孔阳极氧化膜，对阴离子在水溶液中的自发吸附过程进行了研究[297]，结果表明其吸附点的最大数量要明显多于中性聚碳酸酯或尼龙膜。此外，中性 pH 值下磷酸和草酸电解液中制备的阳极氧化铝膜，其所带正电荷分别为 4.2mC/m^2 和 8.5mC/m^2。最近有研究表明，多孔氧化铝中的正电荷来源于结构中残留的电解质[298]。根据 Vrublevsky 等人的研究，在 0.42mol/L 磷酸电解液中制备的氧化层，当阳极氧化电压低于 38V 时带有负电，而高于 38V 时氧化物表面的正电荷随阳极氧化电压的增加而增大[245]。在 0.45mol/L 的草酸电解液中进行阳极氧化，当阳极氧化电压为 55V 时表面电荷为零[247]。

1.2.7 多孔阳极氧化铝的多种特性

随着对多孔阳极氧化铝膜制备方面，以及应用其作为模板来合成各种纳米材料方面科研兴趣的不断增加，对多孔阳极氧化铝自身特性方面的研究也不断增强。高有序多孔阳极氧化铝的热特性得到了广泛研究[299~306]，利用热分析可以获得耐化学特性[299,300]，结构和光学特性[292,300~303]，沿管道方向的热传导和扩散特性[304]，长期热处理所形成的高有序纳米孔阵列的自修复重排[305]，以及机械特性[306]等方面的数据。研究人员还对其断裂机制、杨氏模量、硬度、断裂韧性[306]以及有序多孔阳极氧化铝的断裂行为[307]进行了研究。同时，还对多孔阳极氧化铝膜的电特性[298,308~311]、电子能量损失、电子束平行于多孔阳极氧化铝膜孔管道时的切伦科夫辐射[312]，以及膜表面粗糙因子[313]进行了研究。还可以用多孔阳极氧化铝的接触角来对纳米级液体/表面的相互作用，以及膜表面与不同溶剂和液体接触时的润湿特性进行表征[314]。研究表明应用水溶液并不能对纳米孔进行完全填充，首选溶剂应该是二甲基亚砜（DMSO）和二甲基甲酰胺（DMF）。当与全氟甲基环己烷接触时，可以用小角X射线散射（SAXS）技术来研究孔径20nm多孔阳极氧化铝膜的填充行为[315]。

对高有序多孔材料进行光学表征后可以得到与其纳米结构特性相关的各种信息，尤其是孔体积分数、孔形状、孔径、阳极氧化层厚度，以及添加剂在阳极氧化过程中的掺入[316~318]。人们普遍认识到多孔阳极氧化铝具有一个蓝色光致发光（PL）带[319~326]，其发射带可以归因于单电离氧空位中的光学跃迁（F^+心）或掺入到多孔阳极氧化铝膜中的电解液杂质。在铝阳极氧化过程中，阳极附近电解液中的OH^-被大量消耗，从而在氧化铝膜中产生氧空位[326]。研究人员研究了各种添加剂，例如磺基水杨酸、Eu^{3+}、和Tb^{3+}对光致发光光谱的影响[322,327~329]。同时，也对酸性电解液中铝阳极氧化过程中的可见光弱光辐射[也称为电流发光（GL）或电致发光]进行了研究[330~332]。结果表明，杂质浓度和铝片的预处理，包括脱脂、化学清洗和电抛光都会对GL强度产生极大影响。此外，GL强度也取决于各种阳极氧化条件，例如电流密度、温度，以及电解液浓度等。同时，电解液的性质也会影响GL强度，在有机或无机电解液中GL有两种不同的发光机制或两种不同类型的发光中心。

1.3　自组织多孔阳极氧化铝的形成动力学

1.3.1　阳极氧化机制以及电流/电压随时间的变化

在恒电流密度或恒电压阳极氧化机制下，可以很容易获得六边形的氧化物结构单元。图1.10展示了在1℃下，20%的硫酸电解液中于进行的铝阳极氧化所获得的典型电流密度/阳极氧化电压随时间变化的曲线。当使用恒电流阳极氧化法来制备多孔阳极氧化铝时，阳极氧化电压随时间呈线性上升直到达到一个最大值，随后电压逐渐下降到一个稳态值。在阳极氧化的起始阶段（图1.10中的a阶段），阳极氧化电压的线性增加伴随着铝表面高阻氧化膜（阻挡型膜）的生长。阳极氧化过程的进一步进行（图1.10中的b阶段）会导致阻挡层中分立通道（孔前身）的形成。当阳极氧化电压达到最大值时（图1.10中的c阶段），致密的阻挡层会发生破裂并开始形成多孔结构。最后，多孔阳极氧化铝的生长在稳态过程中持续进行（图1.10中的d阶段），阳极氧化电压基本保持不变。在恒电压阳极氧化过程的起始阶段，电流密度会迅速减小并很快达到极小值。随后电流密度会线性增大到一个最大值，其后略微减小到一个稳定值，从而实现多孔阳极氧化铝的稳态生长。

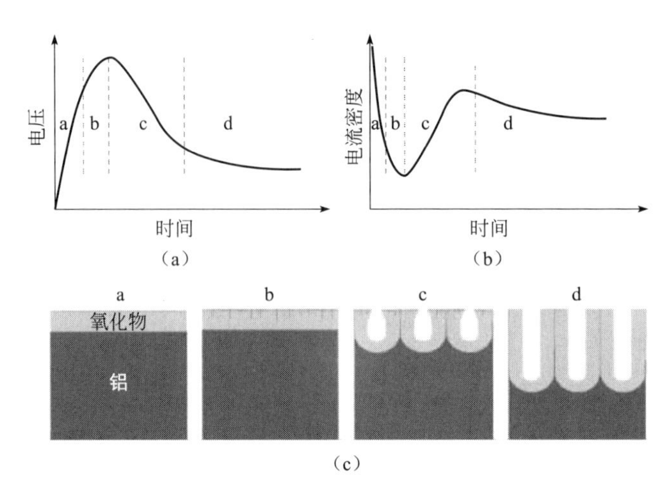

图 1.10 恒电流 (a) 和恒电压 (b) 模式下多孔阳极氧化铝生长动力学示意图，以及多孔阳极氧化铝演变阶段示意图 (c)

电流减小的速率，达到最小电流所对应的阳极氧化时间，以及稳态生长过程对应的电流密度都取决于阳极氧化条件，例如阳极氧化电压、温度、电解液浓度。一般情况下，最小电流密度随电场强度、阳极氧化电压以及温度的增加而减小。而电解液浓度的增大也会导致电流密度最小值的减小。随阳极氧化电压的升高和电解液 pH 值的降低，最小电流密度会出现得更早。

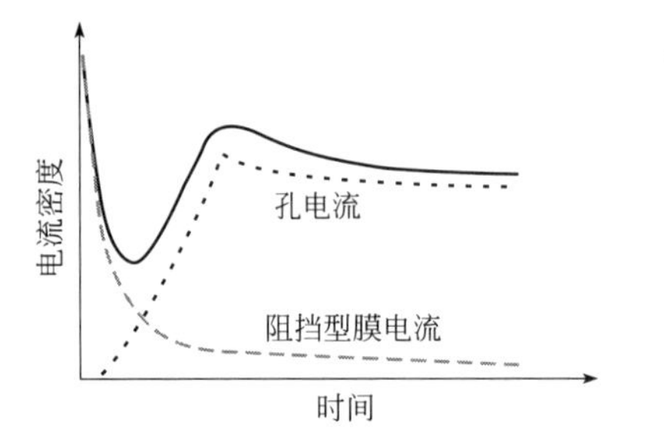

图 1.11 在恒电压阳极氧化模式下多孔氧化物生长过程中两种过程的叠加示意图[333]

最近，研究人员常用恒电压模式而不是恒电流密度模式来制备具有特定孔径的高有序多孔阳极氧化铝膜。根据 Hoar 和 Yahalom 的报道，在恒电压阳极氧化模式下电流密度和时间的关系是两个过程叠加的结果，如图 1.11 所示[333]。阻挡型膜的形成对应着电流密度的指数式下降，而另一条曲线则对应孔形成过程。

Kanankala 等人对电压随时间的变化关系进行了系统研究[334]。所提出理论模型描述了恒电流模式下 0.21mol/L 硫酸或 0.3mol/L 草酸中阳极氧化起始阶段的电压-时间关系，所施加的电流密度为 20～50mA/cm^2。该模型基于氧化物形成速率和氧化物溶解速率来构建，所预测的电压-时间曲线与实验记录值之间吻合度极高。研究人员发现，在电压-时间曲线中电流最大值出现的时间可以由以式 (1.29) 来估算：

$$t_{max} = \frac{75}{i} + 1.5 \tag{1.29}$$

式中，t_{max}为电流最大值，s；i 为电流密度，mA/cm^2。

在恒电压模式下的硫酸电解液中，研究人员研究了合金种类对多孔氧化物生长动力学的影响，即当阳极氧化电压为 15V 和 18V 时各种不同铝合金的阳极氧化电流密度-时间曲线[335]。人们发现在某些合金中，当电流密度达到稳态值之前并不会发生孔的重排。孔的重排通常可以在电流-时间曲线中［图 1.10(b)］得到展现，即 c 阶段中出现的最大值。孔重排之所以不会发生，可以归结为合金元素（例如 Cu、Fe 和 Si）在氧化物/金属界面的累积。

当电解液中存在添加剂时，可以使过程动力学和电流-时间曲线发生轻微改变。研究表明，在阳极氧化过程中磺化三苯甲烷酸染料将集中于孔底部并与 Al^{3+} 发生反应[336,337]。结果，直接喷射进电解液中的 Al^{3+} 受到强烈抑制，氧化物的场助溶解明显减少。因此，在添加剂存在的情况下，孔底部逐渐减小的电流密度会使孔底的曲率半径和孔间距增大。在恒电压阳极氧化模式下（15V），研究人员详细研究了硫酸电解液中作为添加剂对电流密度-时间曲线的影响[338]。随着添加剂浓度的增加，电流密度会减小。此外，添加剂浓度的增加会使起始成孔阶段［图 1.10(b) 中的 c 阶段］电流密度曲线的斜率减小。

最近，有报道通过将恒电流模式和恒电压模式相结合，开发了一种进行高场铝阳极氧化的有效方法[213,223,251,293,339]。首先将样品在恒电流密度模式下进行预阳极氧化，经过一定阳极氧化时间并达到特定电压后，再将阳极氧化模式转为恒电压模式。恒电流密度模式的持续时间从几秒到 10min，取决于所施加的起始电流密度[251]。该方法已成功应用在硫酸、草酸和磷酸电解液下用于铝的阳极氧化。具体阳极氧化条件如表 1.8 所示。

表 1.8 不同电解液中铝的高场阳极氧化条件

电解液	浓度/(mol/L)	温度/℃	预阳极氧化电流密度/(mA/cm^2)	恒电流模式时间/s	阳极氧化电压/V	参考文献
H_2SO_4	1.1(10%)	0.1	160	—	40	[251]
		0	200	420	70	[213]
$H_2C_2O_4$	0.03(0.25%)	1	12	60	160	[213]
H_3PO_4	0.1(1%)	0	16	120	235	[213]
H_3BO_3	0.5(3%)	RT	1	—	1500	[293]
$(NH_4)_2C_4H_4O_6$	0.17(3%)	—	1	—	25～100	[223]

注：RT：room temperature，室温。

对于草酸预阳极氧化，恒电流密度应该小于 $10mA/cm^2$，以避免氧化膜击穿和膜的溶解。而预阳极氧化在磷酸电解液中进行时，起始电流密度不能超过 $15mA/cm^2$，而稳态阳极氧化过程中的电流密度需要保持在 $70mA/cm^2$ 左右，从而使样品在高场阳极氧化过程中避免出现任何可能的过热情况[213]。此外，研究表明增大 Al^{3+} 的浓度可以在预阳极氧化过程中获得更大的电流密度，当阳极氧化模式转变为恒电压模式后可以获得更高的阳极氧化电压。换句话说，新鲜电解液需要在其他电解池中以铝为阳极进行电解过程来实现老化[251]。因此，需要对电解液进行预电解，通过硫酸电解液和其他电解液（草酸和磷酸）的电量分别为 30A・h 和 2A・h。

Inada 等人应用脉冲频率为 100Hz 的顺序脉冲电压开发了一种全新的阳极氧化技术[340]。应用该技术可以在低阳极氧化电压下（低于 3V）实现孔径的严格控制，在这种情况下孔径和阳极氧化电压之间将不再遵从线性关系。需要指出的是，应用传统阳极氧化过程所获得的最小孔径为 7nm，而应用脉冲阳极氧化法，当顺序脉冲电压为 1V 和 2V 时，可以获得的最小孔径分别为 3nm 和 4nm。

在硫酸和磷酸电解液中施加交流电流或电压进行铝的阳极氧化，也可以得到多孔阳极氧化铝膜[341~344]。应用该方法所得到的电压/电流随时间变化的曲线以及膜的形态与传统恒电流密度或恒电压阳极氧化所得到的类似[343,344]，而且氧化膜中所掺入 SO_4^{2-} 的百分比（13%）与直流阳极氧化过程所制备的样品相同[344]。然而，直流阳极氧化和交流阳极氧化依然存在明显不同：交流阳极氧化下，阳极氧化铝表面会在阴极循环周期释放氢气；此外，当在硫酸电解液下进行交流阳极氧化时，SO_4^{2-} 会在阴极半周期中发生二级还原反应，从而导致硫和硫化物的释放[341]。为了降低硫酸盐离子的阴极还原作用，人们对各种添加剂（例如 Fe^{3+}、As^{3+} 和 Co^{3+}）的作用进行了研究[341,342]。与此不同，在磷酸电解液中进行交流阳极氧化时，并没有发现阴离子的阴极还原现象[343]。

1.3.2 孔的起始生长与多孔氧化铝的生长

人们对多孔阳极氧化铝膜的形成已经进行了数十年的研究，如何对多孔层的自组织生长机理进行解释吸引了研究人员的广泛关注。因此，人们提出并发展了几种理论。尽管目前阳极氧化铝已经被广泛应用于合成高有序的纳米结构，人们仍然无法解释究竟是哪些物理因素在氧化膜生长过程中影响了孔的有序化，以及铝的表面状况究竟会对孔的有序化产生何种影响。

1.3.2.1 经典理论

多孔膜生长的早期理论考虑到阻挡层中存在有通道，初生氧在孔中形成[345]，氢氧化铝凝胶分散于铝表面[346]，而电流作用于阻挡层从而导致孔的形成[347]。Baumman[348,349]认为在孔底部活性层上方存在有蒸汽膜，在气体/电解液界面会产生氧离子。同时，氧化物核的生长会在孔底部进行，而之前形成的贯穿处（曲折处）会发生氧化物的溶解，从而导致多孔结构的形成。

Keller 等人进一步发展了这一理论并提出了新的模型[197]，其认为在阳极氧化过程的起始阶段会生成均匀的阻挡型膜，膜中的氧化物发生溶解并伴随有电流，而电流同时也对氧化层具有修复作用。电流的通过会使电解液的局部温度升高，从而加剧氧化物的溶解，产生电流击穿并在氧化层中形成孔洞。电压和电流倾向于在特定点（孔）处形成球面分布，因此形成单元呈六边形密堆积排列的多孔阳极氧化物结构。应该注意的是，六边形密堆积排列的氧化物结构单元是由于位阻因素而形成的。

另一方面，Akahori 关于多孔氧化铝生长的假说认为[350]，当阻挡层和孔形成后，由于极高的局部温度，在孔底部会发生电解液的蒸发和铝的熔融。在孔底部的气态电解液中会形成氧离子，这些氧离子会穿过孔底部的氧化层并与液态铝基发生反应。

Murpgy 和 Michelson 对多孔氧化物的生长过程提出了全然不同的观点[351]。他们认为，铝表面生成的阻挡型膜其外部在与水的相互作用下会转变为氢氧化物和水合化合物。同时，致密的氧化物（内层）将会在氧化物/金属界面持续生成。氢氧化物和水合化合物倾向于结合或吸附电解液中的水和阴离子，从而形成含有亚微米晶氧化铝的凝胶状基质。事实上，氧化发生于阻挡型氧化膜（内层）和水合氧化物外层的交界面。该模型依然假定电流的传输来源于 Al^{3+}，以及氧离子穿过阻挡层向金属基底的移动。该模型认为孔会在缺陷点处形成，而这些缺陷点的溶解性和电击穿特性与其他区域存在不同。

Csokan针对阳极氧化铝形成的起始阶段以及氧化层的进一步形成提出了新的观点[352]。在阳极氧化过程的起始阶段，氧原子或电解液阴离子吸附或化学吸附于铝表面的活性点上（缺陷、瑕疵和晶界），从而形成氧化物成核的单分子或低聚分子层。氧化物在其他部位的生长速率要远低于核边缘的生长速率，这种横向生长趋势将使氧化物覆盖于整个铝表面。氧化膜和结构变形处的化学溶解性存在局部差异（具有不同能态），因而将直接导致孔的形成。Csokan理论不仅可以对多孔阳极氧化铝结构进行解释，也可以对纤维状结构阳极氧化铝的成因进行解释。此外，Csokan还研究了内部应力对氧化物结构的影响[352]，研究表明，氧化膜内部的结构形变源自各向同性和各向异性的机械应力。

Ginsberg等人针对纤维状阳极氧化铝结构的成因给出了不同解释[353~356]，其认为氧化铝管的外部由无定形氧化铝所构成，而内部则由包含氢氧化物和掺入阴离子的凝胶所构成。此外，管的内部充满了电解液，其在电解液和金属的氧交换中具有重要作用。

Hoar和Yahalom对铝阳极氧化过程中孔的起始生长过程进行了广泛研究[333]，其认为当某些区域的场强足够低时，质子将进入到阻挡型膜中导致氧化物的溶解，从而形成孔洞。

1.3.2.2 多孔氧化膜生长的场助机制

人们普遍认为，在阳极氧化的起始阶段，多孔阳极氧化铝膜由阻挡型阳极氧化铝膜发展而来。恒定场强作用下的高场离子电导是形成阻挡型膜的原因，而恒定场强可以用阻挡层膜上的电压与阻挡层厚度的比值来进行定义[203]。在恒定场强作用下，膜在整个表面均匀生长，并且具有均匀的电流分布，如图1.12(a) 所示。

膜的均匀生长会使粗糙的铝表面变得光滑。然而，在表面缺陷、杂质或一些预处理过程（如机械或电化学抛光、腐蚀等）形成的结构例如亚晶界、脊和沟槽处会出现场强的局部差异[200,208,274]。电流的不均匀分布会导致氧化膜场助溶解作用的增强以及局部膜增厚［见图1.12(b)］。金属脊处的高电流会伴随有局部焦耳热，从而形成更厚的氧化层[208,255,274]。同时，增强的氧化物场助溶解作用使氧化物/金属界面变的平滑。最近，有研究人员研究了硫酸电解液下的阳极氧化过程中局部热传输对电流密度的影响[357]。研究发现，局部温度的升高会加剧孔底部氧化物的场助溶解，从而使局部电流密度增大。根据Thompson[200,203]的研究报道，生长于脊上方的氧化层（由杂质、划痕等形成的缺陷点）容易产生高局部应力。由此，在高的局部电流密度下会发生膜的连续破裂和快速修补过程［见图1.12(c) 和 (d)］。因此，随着缺陷点上铝基的不断消耗以及氧化物厚度的不断增加，破裂-修补现象将更加明显，从而使氧化物/金属界面膜的曲率增加［见图

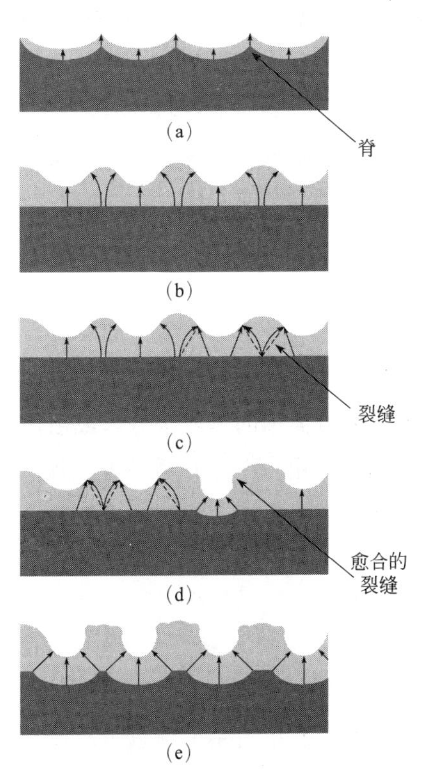

图1.12 阳极氧化铝孔形成和发展过程中电流分布示意图[200,224]

1.12(e)]。Shimizu 等人认为脊表面的拉伸应力会导致裂缝的形成，并使其成为膜生长的导电通道，此外，在该处将会发生快速修补效应[224]。缺陷点上方氧化物的优先生长以及阻挡层的增厚会持续进行，直到电流集中于孔底部氧化膜的较薄区域［见图 1.12(e)］。另一方面，随着孔曲率的增加（孔径增加），通过阻挡层的有效电流密度将会减小。因此，为了使阻挡层保持均匀的场强，其他的初期孔也开始成长为孔。当氧化物/金属界面的氧化膜曲率增大到足够大时将会相交成扇形，从而达到孔生长的稳态条件。对于多孔氧化物的稳态生长过程，存在有氧化物/金属界面氧化物的生长和电解液/氧化物界面氧化物场助溶解之间的平衡[208]。

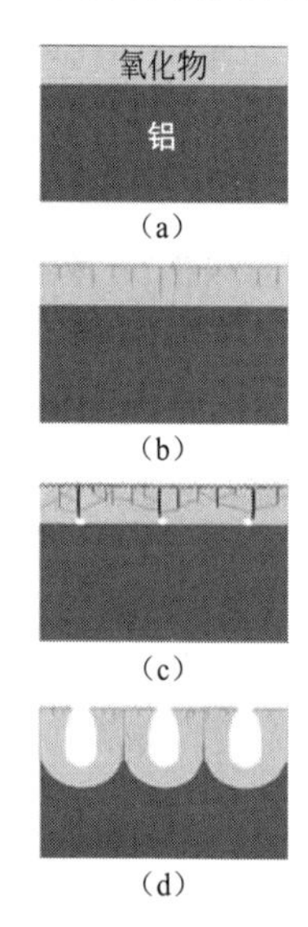

(a)
(b)
(c)
(d)

图 1.13 铬酸电解液中进行阳极氧化，贯穿通道及孔的形成与发展[203]

最近，研究人员在磷酸电解液中利用掺入到阳极氧化铝膜中的钨示踪剂层来对成孔过程进行了研究[358]。在随后的阳极氧化过程中，可以发现钨会从阻挡层区域向结构单元壁区域流动，这可以归因于膜生长过程所伴随的应力以及膜材料的场助塑性。

当阳极氧化过程在铬酸电解液中进行时，Thompson 等人认为电解液与阻挡型膜之间会发生相互作用并形成贯穿通道，从而导致贯穿通道尖端下方局部场强的增大[203]。随着贯穿通道的进一步发展，局部场强会增大并使贯穿通道的场助溶解作用增强，直到在氧化物/金属界面形成胚孔（见图 1.13）。

1.3.2.3 多孔氧化物的稳态生长

尽管铝阳极氧化得到了广泛研究，但由于过程较为复杂，某些方面尚未完全阐明。目前还不清楚是 O^{2-} 或 OH^- 哪一种载氧离子参与了阳极氧化过程。OH^- 可以来源于电解液中的水分解、水的阴极还原反应或溶解氧：

$$H_2O + 2e \longrightarrow 2OH^- + H_2 \qquad (1.30)$$

$$O_2 + 2H_2O + 4e \longrightarrow 4OH^- \qquad (1.31)$$

另一方面，O^{2-} 可以通过氧空位湮没作用由电解液/氧化物界面吸附的 OH^- 所形成[359]，也可以通过简单的界面水分解或由图 1.14 中所示的过程所形成（水与吸附的电解液阴离子发生相互作用）[208]，在后一种过程中也可能产生 OH^-。

在酸性电解液中铝的阳极极化会形成无定形氧化物膜，具体反应如下所示：

$$2Al + 3H_2O \longrightarrow Al_2O_3 + 6H^+ + 6e \qquad (1.32)$$

以及

$$2Al + 6OH^- \longrightarrow Al_2O_3 + 3H_2O + 6e \qquad (1.33)$$

$$2Al + 3O^{2-} \longrightarrow Al_2O_3 + 6e \qquad (1.34)$$

阳极氧化电流主要由以下反应来提供：

$$Al \longrightarrow Al^{3+} + 3e \qquad (1.35)$$

目前已经有报道对各种电解液下进行阳极氧化过程在靠近金属/氧化物界面的氧析出进

行了研究[204,360～362]。这一副反应可以表示如下：

$$2H_2O \longrightarrow O_2 + 4H^+ + 4e \tag{1.36}$$

$$4OH^- \longrightarrow 2H_2O + O_2 + 4e \tag{1.37}$$

或者

$$2O^{2-} \longrightarrow O_2 + 4e \tag{1.38}$$

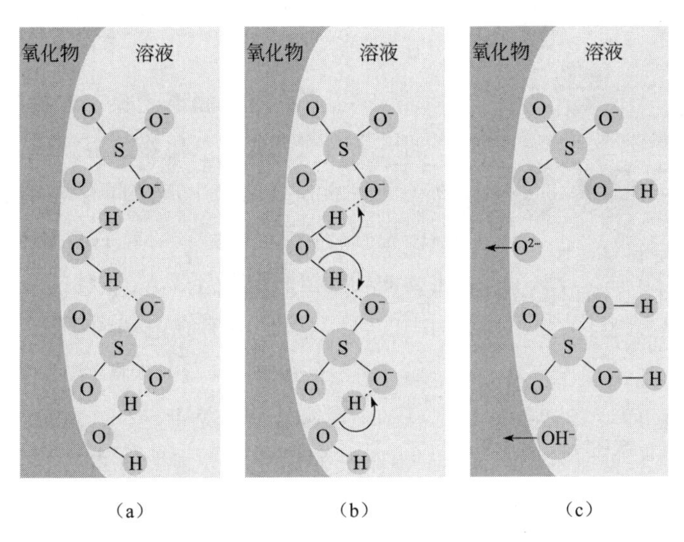

图 1.14 氧化物/电解液界面水和吸附的 SO_4^{2-} 发生相互作用形成 O^{2-} 和 OH^- 示意图[208]

根据 Chu 等人的报道[363]，当铝阳极氧化过程在高电压下进行时，氧气也可能由以下反应所产生：

$$H_2O_2 \longrightarrow O_2 + 2H^+ + 2e \tag{1.39}$$

根据反生在金属/膜界面附近的反应（1.38），在有杂质或第二相粒子存在的情况下，阳极氧化铝中会有氧气泡形成[360,361]。研究表明，氧析出过程与多孔氧化铝膜的生长直接相关，这一过程可以用来测试阻挡型膜向多孔型膜的转变[204]。由于电解液阴离子易于氧化，阳极氧化过程将更为复杂[342]：

$$2SO_4^{2-} \longrightarrow S_2O_8^{2-} + 2e \tag{1.40}$$

人们普遍认为孔底部氧化物的热助溶解和场助溶解是形成孔洞的原因所在。另一方面，对于典型的酸性电解液，氧化物的生长主要发生在氧化物/金属界面，例如硫酸、磷酸和草酸。多孔氧化铝的生长包括电解液含氧离子（O^{2-} 或 OH^-）穿过阻挡层向内的迁移，以及 Al^{3+} 越过氧化层向外的迁移。研究表明，在金属/氧化物界面和氧化物/电解液界面，仅有部分 Al^{3+} 参与了氧化物的形成。氧化物的形成也可以发生于氧化物/电解液界面，主要取决于阳极氧化条件，尤其是氧化物生长的电流效率。在铬酸和磷酸电解液中当电流效率接近100％时，到达氧化物/电解液界面的 Al^{3+} 大部分将参与氧化物的形成[256]。这意味着对于高效率的氧化物生长来说，大约 40％的膜会在氧化物/电解液界面形成。这与不同电解液及不同阳极氧化条件下观察到的 Al^{3+} 和 O^{2-}/OH^- 的相对传输数量相符合，氧离子和阴离子的相对传输数量分别为 0.4 和 0.6。相比之下，当阳极氧化过程在草酸电解液中进行且电流效率较低时，在氧化物/电解液界面不会形成氧化物[256]，相反，Al^{3+} 会直接射入电解液中[256]。到达氧化物/电解液界面的其余 Al^{3+} 会在氧化物场助溶解作用下进入到电解液中[208,274]，或者直接射入到电解液中[359]。多孔氧化铝生长的基本过程示意图如图 1.15 所示。

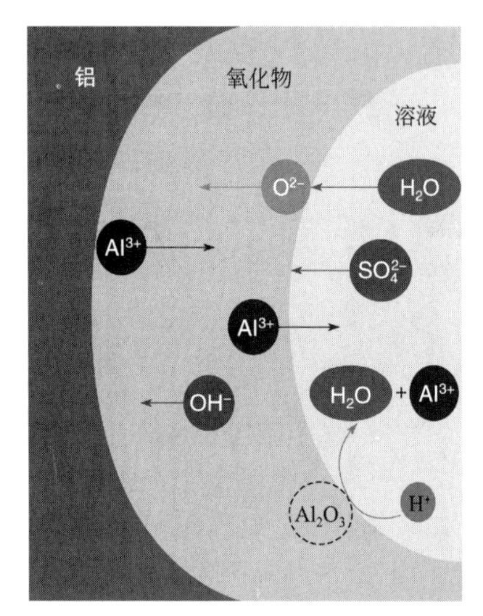

图 1.15 硫酸电解液中离子移动与氧化物溶解示意图

此外，电解液阴离子向阻挡层内部移动，并掺入到氧化膜中。在酸性电解液中氧化物的化学溶解将会导致氧化层的减薄。

对于多孔氧化物的稳态生长，电解液/氧化物界面局部增强的电场会对孔底部氧化物的溶解产生影响[203]。由于氧化物场助溶解和氧化物生成之间存在动态平衡，场助溶解作用的增强将会加快金属/氧化物界面氧化物的生长速率。氧化物的场助溶解起始于 Al—O 键的极化，并去除氧化物结构中的 Al^{3+}[208]。在存在电场的情况下更容易除去 Al^{3+}。

由于焦耳热效应，热量将会增强氧化物的场助溶解[208]。Li 等人的研究表明[236]，在阳极氧化过程的最初 12s，铝阳极的温度会升高大约 25℃。

1.3.2.4 Patermarakis 等人提出的生长模型

Patermarakis 等人在发表的数篇论文中针对多孔阳极氧化铝在不同电解液下的生长提出了一种严密的理论模型[271～273,364～378]。为了获得硫酸电解液中氧化物生长的动力学和相关机理信息，其尝试了各种不同的方法，所得到的主要结论列出如下。

首先其基于氧化物的场助溶解提出了多孔阳极氧化铝生长严格的动力学模型[364～368]。模型假定孔径沿底部到膜表面逐渐变大。结果表明当恒电流密度阳极氧化在 1.53mol/L 硫酸电解液中进行时，孔中氧化物的溶解本质上是场助溶解过程，而结构单元壁的溶解由一级动力学来主导并可以热激活[364]。Patermarakis 等人对硫酸电解液中分别在搅拌[364,365]和不搅拌[366]条件下所制备多孔氧化物膜的主要结构特征进行了研究。根据模型可以估算出致密结构单元壁的密度约为 $3.42g/cm^3$[364]。对于搅拌的电解液，从膜表面到孔底部，孔中电解液的浓度将会线性增加[366]。此外，其还对不同硫酸浓度下（0.20～10.71mol/L）模型的适用性进行了研究[367]。研究表明，多孔阳极氧化铝生长的动力学模型在 0.51～1.53mol/L 的硫酸浓度之间是不适用的[367]。对于较低的酸浓度，会发生氧化物的反常生长（点蚀和燃烧）。该动力学模型的一般公式也适用于其他恒电压阳极氧化过程[368]。

另外，其还提出了硫酸电解液下基于质量和电荷传输的多孔阳极氧化铝自组织生长理论模型[369]。所提出的模型采用了动力学和传输现象方程，结果表明同其他部分相比，孔底部的 $Al_2(SO_4)_3$ 浓度最大；此外，随氧化层厚度、电流密度的增加或温度的降低，其浓度将单调增大[369]。孔底部的电解液浓度取决于电流密度，根据该模型，当沿孔顶部到孔底部来对浓度进行分析时，硫酸浓度会增大、减小或达到最小值[369]。除此之外，其还对传输分析标准进行了研究，利用这一标准可以预测氧化物生长是发生在常规条件下还是在反常条件下[370,371]。影响氧化物反常生长的最重要结构参数是与电流密度相关的孔底部电解液浓度[370]。较低的温度和硫酸浓度，或较高的电流密度及 $Al_2(SO_4)_3$ 等硫酸盐的添加都会对点蚀现象产生促进作用[371,372]。对于 $Al_2(SO_4)_3$ 的硫酸饱和溶液，可以在结构单元壁中观察到掺入的硫酸铝胶体微粒[373,374]，而这些微粒可以在很大程度上影响阳极氧化动力学及相关机制。最近，Patermarakis 等人对草酸电解液中的阳极氧化动力学及相关机制进行了比较研究[375]。草酸电解液中多孔氧化物的生长机理与硫酸电解液相同，但前者更容易形成胶体微粒。

此外，Patermarakis 等人提出了电荷在阻挡层中的传输模型[376~378]。长时间的阳极氧化证实多孔氧化铝稳态生长过程的速率控制在于阻挡层中的电荷传输，氧化铝主要在靠近金属/氧化物界面的区域生成（见图 1.16）。氧化物场助溶解发生的区域在靠近氧化物/电解液界面的氧化膜内部。

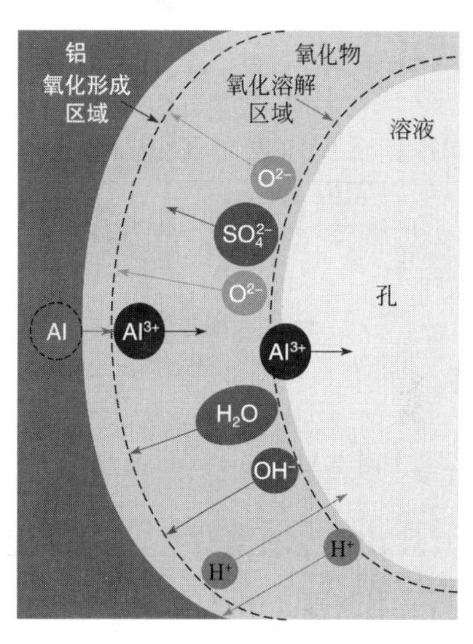

图 1.16　多孔阳极氧化铝阻挡层断面示意图[376]

根据该模型，式（1.35）中所示的铝电离是通过连续单电子传输过程来进行的。阻挡层中的电荷传输是通过 O^{2-}、OH^- 和 SO_4^{2-} 的迁移来实现的。根据模型预测，铝阳极氧化过程中所必须的 O^{2-} 来源于氧化物晶格以及氧化物表面吸附的 OH^-。当场强较小时，Al^{3+} 更容易固定于氧化膜中。在溶解区域，溶剂化的 Al^{3+} 向电解液方向移动。而在氧化膜内部，SO_4^{2-} 通过连续的空位沿微晶界面进行迁移。硫酸盐阴离子要远远大于 O^{2-}，它们向金属/氧化物界面的移动将逐渐被大尺寸的微晶所阻挡。因此，电解质阴离子将不能到达氧化物形成区域，最终将嵌入到氧化物中的微晶上。通过模型计算得到的结果与实验数据相符，这表明源自相同电解液的各种不同阴离子例如 SO_4^{2-} 或 HSO_4^-，其掺入过程并没有显著差异。其他阴离子包括 OH^- 和 O^{2-}，由于具有相近的离子电荷半径比，因而具有相近的迁移速率，具体迁移过程很可能是通过微晶中的空位来实现的。OH^- 可以掺入到氧化物中微晶的表面或内部，或者可以在氧化物中分解成 O^{2-} 和 H^+，但最有可能到达氧化物形成区域并依据式（1.33）来形成氧化膜。根据模型假设[377,378]，氧化物的场助溶解过程和 OH^- 在氧化物晶格中的迁移过程如图 1.17 所示。

由于酸性电解液中氧化物表面具有正电荷，因此水分解将发生在双层氧化物里。由此，OH^- 吸附于氧化物/电解液界面上的 Al^{3+} 上，而这些 Al^{3+} 源自于氧化物晶格［见图 1.17(a)］。在高场强作用下，H^+ 会从双层氧化物处向电解液快速移动。OH^- 在 Al^{3+} 上的吸附会使氧化物晶格中 Al^{3+} 和 O^{2-} 之间的连接变弱［见图 1.17(b)］。因此，O^{2-} 将离开其晶格位并向金属/氧化物界面迁移，从而在晶格中形成阴离子空位，之前所吸附的 OH^- 将很可能占据这些空位［见图 1.17(c) 和 (d)］。同时，Al^{3+} 将缓慢地向电解液方向移动。吸附过程及其他 OH^- 的进一步迁移过程要远快于 Al^{3+} 射入溶液的速度，在 Al^{3+} 离开其位置时这些过程就可以进行数次之多[377]。

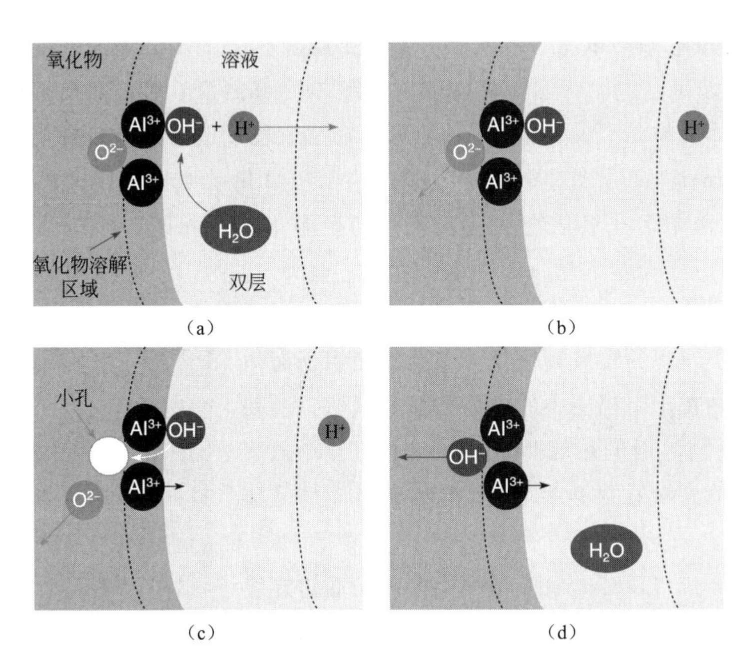

图 1.17 Patermarakis 模型中氧化物的场助溶解过程和 OH^- 在氧化物晶格中的迁移过程示意图

1.3.2.5 多孔氧化铝生长的其他唯象模型

尽管多孔阳极氧化铝的自组织生长通常用氧化物生长的场助机制来解释，研究人员仍然提出了一些其他模型。Heber 在孔形成和膜生长模型中假定在电解液/金属界面处会形成胶体层[379,380]。胶体层中的氢氧化物、电解液以及吸附的水分子之间会发生化学相互作用，从而导致微滴和凹坑的形成，而凹坑中的压力是孔形成和进一步生长的原因。另一方面，其他相关研究也假定了凝胶状初生氧化物的形成[227,274,351,381,382]。在锑酸盐、钼酸盐、硅酸盐和钨酸盐电解液中，凝胶层可以促进阳极氧化铝的形成[382]。在氧化膜上形成的凝胶层消除了 Al^{3+} 向电解液的场助射入。此外，凝胶层在干燥过程中会收缩并很容易产生破裂。

Nelson 和 Oriani 对铝阳极氧化过程中的应力产生过程进行了研究[383]。由于金属离子和氧化物之间存在体积差异，因此拉伸应力会在金属/氧化物界面快速产生，而压应力在整个阳极氧化过程中保持不变。此外，其还提出了铝阳极氧化过程中发生在金属/氧化物以及氧化物/电解液界面的各种可能反应。有模型假定离子仅通过空位交换机制来进行移动，而在氧化膜内部空位浓度保持不变（金属/氧化物界面除外）。Jassensky 等人认为氧化物/金属界面的压应力以及氧化物形成过程中的体积膨胀，是多孔氧化铝结构单元化生长的主要驱动力[384]。所产生的压应力会在相邻孔之间产生排斥力，从而使氧化物结构单元按照六边形密堆积排列进行生长。由于氧化膜的形成包含氧化物/金属界面的氧化过程，因此只有结构单元壁垂直向上生长才能使新生材料得以不断扩展。针对多孔氧化铝的稳态生长会形成高有序纳米孔，有研究人员提出了局部均匀压应力的假设[385]。合适的压应力可以为氧化物的稳态生长提供有利条件，而过高的应力会导致氧化物的破裂。较低的压应力可以改变孔的贯穿方向，从而改变孔的生长。此外，研究人员还研究了外部拉伸应力对自组织阳极氧化孔洞有序度的影响[231]。即便是在具有应力的表面上也可以得到高有序的阳极氧化铝结构，但相对较高的拉伸应力却会对孔排列产生不利影响，过高的表面应力会形成大洞和凹坑而非纳米孔。

Macdonald 的点缺陷模型假定在膜生长过程中，阳离子空位会在氧化物/电解液界面产生而在金属/氧化物界面被消耗[283~285]。相反，阴离子空位会在金属/氧化物界面产生而在氧化物/电解液界面被消耗。在金属脊上方形成的膜含有高空位浓度（空位凝聚）。根据这一模型，金属/氧化物界面处的空位是阳极钝化膜击穿以及膜中阴离子局部高通量产生的原因。根据该模型预测，阻挡层的稳态厚度以及稳态电流密度的对数应该随阳极氧化电压呈线性变化。

根据 Palibroda 等人的研究[227,234,254,386,387]，多孔氧化层的稳态生长是阻挡层电击穿的结果，这种电击穿由一系列非破坏性的雪崩过程所组成，其为铝的阳极氧化提供了通道。该氧化物的生长模型包括三个步骤，第一步具有速率决定特性[254]，包含阻挡层由致密膜向多孔膜的转变过程。在第二步中，将依据方程（1.35）来进行铝的电离，从而在第三步中根据式（1.32）来反应生成新的阻挡层。该模型假设阻挡层为半导体，而阻挡层的电击穿通过非破坏性的雪崩过程来进行[386]，这些过程在之前被用来解释阳极氧化铝的电致发光现象[388]。Shimizu 等人发现，即使阻挡层厚度仅仅变化了几个埃也会使局部电子隧穿概率发生显著改变[389]。总之，氧化物厚度的局部差异会促进阻挡层电击穿的发生。Palibroda 等人对阻挡层质子化的 Hoar-Yaholm 机制[333]以及阻挡层中可能的质子电导率进行了研究[254,386,387]，但没有证据显示这种机制会作用于速率决定步骤。

Li 等人提出了多孔氧化铝的生长模型，认为铝的电离依据式（1.35），将发生在金属/氧化物界面[236]。在氧化物/电解液界面发生的形成 O^{2-} 的水分解反应具有速率决定特性。随着孔底部局部电场的增加，氧化物局部酸催化腐蚀作用增强，从而使阻挡层厚度减小。因此，孔的形成与生长将通过自催化氧化物溶解过程来进行。由于焦耳热和氧化物的酸催化溶解，孔底部的局部温度将会升高约 21℃，这可能导致氢氧化物的局部脱水。随后，小孔进一步发展，并且会在结构单元壳层中部产生非均匀横向压应力。

Zhang 等人提出了自组织多孔阳极氧化铝的结构单元生长机制[390]。氧化膜的生长和扩展发生在弯曲的金属/氧化物界面处，是一个非稳定的平面。铝的溶解以及氧化物的生长由非稳定的电场分布来控制，这将导致弯曲的金属/氧化物界面发生重稳定过程。在稳态条件下，弯曲界面将产生并不断生长。

1.3.2.6 多孔氧化铝生长的其他理论模型

基于有限厚度的非晶态电介质跳跃电导率，Parkhutik 和 Shershulsky 提出了包含或不包含掺入离子的阳极氧化铝电子电导模型[239]，其中跳跃传输被模型化为一个准马尔可夫过程。铝阳极氧化过程中电流密度和电压之间的关系与带负空间电荷电介质的模型计算结果完全相符。研究发现，电流-电压关系曲线的斜率与体限制跳跃电导向面限制电导的转变直接相关。此外，Parkhutik 等人基于电场分布提出了另外的理论模型[202,391]，其基本结论来源于氧化物场助生长模型这一假设。该模型考虑了氧化物溶解的电化学或电场增强机制，以及孔底部阻挡层扇形区域中电场的三维分布。根据这一模型，膜的几何形态会对局部传导率产生很大影响，因此其也成为影响多孔氧化物形成的一个主要参数。此外，该模型认为多孔氧化物的稳态生长是一种与时间无关的现象，孔的形成过程具有自洽性。根据该模型可以建立孔几何形态与阳极氧化条件的关系，例如阳极氧化电压、温度和 pH 值，所得到的理论预测结果与实验结果相一致[239]。Parkhutik 等人还对铬酸和硫酸混合电解液中阻挡型和多孔型氧化物的生长进行了研究[392]，其认为高电场促进了不溶性铬酸铝的形成，这种现象可以由电场可以极大地影响孔的生长速率来解释。

Wu 等人提出了阳极氧化过程中氧化物形态演化的数学模型[393]。该模型的主要假设是基于阳极氧化铝已建立的传导行为以及界面反应。此外，也考虑了表面脊之间近乎同心半球形轮廓上的电流分布。金属/氧化物界面较低的局部电阻可以使金属脊上方的膜生长过程加快，从而导致氧化膜中的电压呈现二维分布。尽管应用该模型可以对多孔氧化物的生长过程进行较好解释，但依然难以解释为何多孔氧化物的生长仅在较窄的窗口条件下进行。此外，在含氯离子溶液中进行阳极浸蚀时，应用该模型还可以对钝化膜的击穿机制以及蚀坑生长和隧道形成过程进行模拟[394,395]。

除了以上所提到的模型，围绕多孔阳极氧化铝生长过程还有很多文献报道。应用三角形网络中结构单元分布的径向函数[396]、氧化铝形成和腐蚀竞争过程的速率方程[334,397]，以及在特定波长扰动方面展现氧化层不稳定度的线性稳定性分析[398]，都可以对多孔阳极氧化铝膜的形态进行模拟。通过对氧化膜中的离子传输和电场分布进行分析，研究人员还提出了电桥模型，这种模型尝试对多孔阳极氧化铝的自组织生长过程进行解释[399]。有研究人员针对多孔阳极氧化铝的生长提出了很有应用前景的多孔层形成分形模型[400]，而通过图灵系统建模可以得到高有序六边形密堆积图案[401,402]。

1.3.3 体积膨胀

多孔阳极氧化铝的体积膨胀因数（R），也被称为 Pilling-Bedworth 比（PBR），是由阳极氧化过程中所生成的氧化铝体积与消耗的铝体积之比来定义的：

$$R=\frac{V(Al_2O_3)}{V(Al)}=\frac{M(Al_2O_3)d(Al)}{2M(Al)d(Al_2O_3)} \tag{1.41}$$

式中，$M(Al_2O_3)$ 是氧化铝的分子量，$M(Al)$ 是铝的原子量，$d(Al)$ 和 $d(Al_2O_3)$ 分别是铝（2.7g/cm^3）和多孔氧化铝（3.2g/cm^3）的密度。当电流效率为 100%时，多孔阳极氧化铝形成过程的 PBR 理论值为 1.6。因此，在阳极氧化过程中铝的体积会显著增大（如图 1.18 所示）。

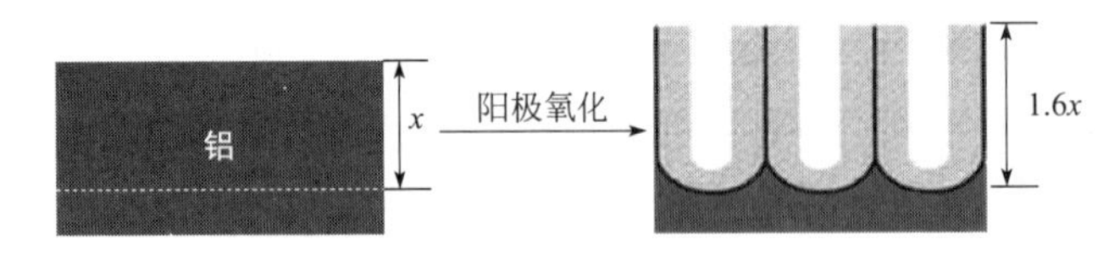

图 1.18 铝阳极氧化过程中的体积膨胀

由于阳极氧化过程中较低的电流效率，体积膨胀的实验值和理论值之间略有差异，通常在 0.9 和 1.6 之间[224,384]。Jassensky 等人发现，在硫酸电解液中最佳条件下进行阳极氧化，增大阳极氧化电压可以使 PBR 值增大，从而得到高有序的多孔阳极氧化铝，并对应适度的率膨胀值（R=1.22）[384]。根据 Li 等人的报道，若想获得六边形密堆积排列的高有序纳米孔，最佳阳极氧化条件下的体积膨胀因数应该接近 1.4，并且与电解液无关[403]。当阳极氧化过程在 40V、0.34mol/L 的草酸电解液中进行时，体积膨胀因数大约为 1.18[236]。而阳极氧化铝 10%的孔隙率保证了纳米孔的最佳有序度，其体积膨胀因数约为 1.23[235]。如果 *PBR* 值增大到 1.3 以上，有序区域的尺寸将会减小。当铝阳极氧化过程在 0.15mol/L 的柠檬酸电解液中进行时，在 $6mA/cm^2$ 和 $10mA/cm^2$ 电流密度下，体积膨胀因数分别为 1.4 和 1.5[217]。

Vrublevsky 等人在恒电流密度铝阳极氧化过程中，研究了阳极氧化电压对体积膨胀因数的影响[247,404,405]。在草酸和硫酸电解液中通过使用带有计算机信号的轮廓仪来进行测试，可以发现 *PBR* 和阳极氧化电压之间存在线性依赖关系（见表 1.9）。

表 1.9　在 20℃ 恒流阳极氧化过程中，阳极氧化电压对 Pilling-Bedworth 比的影响

电解液	阳极氧化电压/V	$R=f(U)$	参考文献
0.45mol/L $H_2C_2O_4$	$22<U<45$	$1.092+0.007U$	[405]
	$U\leqslant55$	$1.144+0.0057U$	[247, 404]
	$U>55$	$1.308+0.003U$	
1.1mol/L H_2SO_4	$13<U<24$	$1.1+0.0217U$	[404]

相比之下，当草酸浓度在 0.22mol/L 到 0.92mol/L（2%～8%）之间变化时，不会对体积膨胀因数产生影响[405]。当阳极氧化在恒电流密度模式下进行时，温度的上升会导致阳极氧化电压以及体积膨胀因数的减小。然而，电流密度的增加却可以使体积膨胀因数增大。这主要是因为 *PBR* 值取决于阻挡层中的电场强度。电流密度的对数与逆体积膨胀因数之间具有线性关系[247,404,405]。

1.3.4　氧化物形成与溶解速率

研究人员使用了多种方法来测量阳极氧化铝层的厚度[205]。近来，主要是应用一些光学和显微技术包括 TEM 或 SEM，来对阳极氧化铝层的厚度进行测试。

对于恒电流密度阳极氧化过程，氧化层厚度可以用孔填充法来进行计算，Takashi 和 Nagayama 提出了以下计算式[406]：

$$h = 10^{-7}B_U V_p - \frac{it_p M(\mathrm{Al})}{nFkd(\mathrm{Al_2O_3})}[1 - T(\mathrm{Al^{3+}})] \tag{1.42}$$

式中，B_U 为阻挡层厚度与电压的比值（nm/V），i 为电流密度（mA/cm^2），$M(Al)$ 是铝的摩尔质量，n 为铝阳极氧化过程中的电子数，F 为法拉第常数，k 为铝在氧化铝中的质量分数（0.529），$d(Al_2O_3)$ 为多孔氧化铝的密度（$3.2g/cm^3$），$T(Al^{3+})$ 为 Al^{3+} 的迁移数（约 0.4），V_p 和 t_p 分别为电压-时间曲线两个平直部分相交点处所对应的电压和时间。

另一方面，氧化层的厚度也可以用法拉第定律来进行计算。由于阳极氧化过程中的电流效率通常不是 100%，因此所记录的电流密度不能直接对氧化物层进行理论估算，电流效率应该由以下公式来确定：

$$m(\mathrm{Al_2O_3}) = k(\mathrm{Al_2O_3})jt\eta = \frac{M(\mathrm{Al_2O_3})}{zF} \times jt\eta \tag{1.43}$$

式中，$m(Al_2O_3)$ 为所形成的氧化铝的质量，$k(Al_2O_3)$ 为氧化铝的电化学当量，j 为通过的电流（A），t 为时间（s），η 为电流效率，$M(Al_2O_3)$ 为氧化铝的摩尔质量（g/mol），z 为氧化铝形成过程中的电子数，F 为法拉第常数（C/mol）。考虑到氧化物的质量可以用氧化物密度［$d(Al_2O_3)$］和氧化物体积［$V(Al_2O_3)$］，或密度、表面积（S）和高度（h）来表示：

$$m(Al_2O_3) = d(Al_2O_3)V(Al_2O_3) = d(Al_2O_3)Sh \tag{1.44}$$

恒电流密度阳极氧化过程中形成的氧化层厚度可以表示如下：

$$h = \frac{M(Al_2O_3)}{zFd(Al_2O_3)} \times \frac{j}{S} \times t\eta = \frac{M(Al_2O_3)}{zFd(Al_2O_3)} \times it\eta \tag{1.45}$$

式中，i 为电流密度。而恒电压阳极氧化过程中的氧化层厚度可以用式（1.46）来表示：

$$h = \frac{M(Al_2O_3)}{zFd(Al_2O_3)} \times \eta\int_0^t i(t)\mathrm{d}t \tag{1.46}$$

目前普遍认为在恒电流密度阳极氧化过程中，氧化层厚度随电流密度的增加而增大：

$$h = kit \tag{1.47}$$

式中，k 是与电流密度和温度无关的常数[364]。因此，在恒电压模式下得到的氧化层厚度可以通过以下公式来进行计算：

$$h = k\int_0^t i(t)\mathrm{d}t \tag{1.48}$$

当恒电流密度阳极氧化过程在 1.53mol/L 的硫酸电解液中进行时，根据估算，k 值约为 $3.09\times10^{-6}\mathrm{cm^3}$/（mA·min）[364,367]。

在 0.3mol/L 草酸电解液下进行恒电压阳极氧化过程，所得到的氧化层厚度可以通过 SEM 断面图和氧化物的生长速率（R_h，单位为 nm）来方便地进行估算，不同温度下的 R_h 可以由式（1.49）～式（1.51）进行计算[241]：

$$(5℃)R_h = 392.30 - 26.92U + 0.63U^2 \tag{1.49}$$

$$(15℃)R_h = 123.43 - 9.19U + 0.23U^2 \tag{1.50}$$

$$(30℃)R_h = 51.33 - 3.71U + 0.095U^2 \tag{1.51}$$

Sulka 等人在恒电压阳极氧化模式下对 2.4mol/L 硫酸电解液中的氧化膜形成速率进行了测定[240,407]。其对经一次、二次和三次阳极氧化处理的铝样品氧化层生长速率进行了计算，阳极氧化过程在 1℃下的溢流电解池中进行［图 1.19(a)］[407]。研究表明这三个阳极氧化过程中的氧化层生长速率并无差异。此外，其还在磁力搅拌的简单电化学电解池中，对不同阳极氧化温度下的氧化层生长速率进行了测定［图 1.19(b)］。结果表明，氧化层的生长速率随阳极氧化电压的增大而呈指数式增大。

通常来讲，氧化物生成速率和溶解速率之间的平衡是阳极氧化铝稳态生长的原因。氧化铝总的溶解过程包括电化学溶解（场助过程）和化学腐蚀过程。因此，氧化层的溶解应该是电解液中氢离子浓度的函数，并随氢离子的吸附而加剧[199,202,254]。在室温下氧化铝的典型场助溶解速率约为 300nm/min，而在不存在电场即化学腐蚀过程中，这一数值约为 0.1nm/min[203]。当阳极氧化过程在 17V(12.9mA/cm^2)、21℃、1.5mol/L 的硫酸溶液中进行时，氧化物的场助溶解速率和化学腐蚀速率分别约为 372.5nm/min 和 0.084nm/min[244]。Nagayama 和 Tamura 的研究表明，当阳极氧化过程在 11.9V、27℃、1.1mol/L 的硫酸溶液中进行时，氧化物的场助溶解速率约为 1040nm/min[408]。

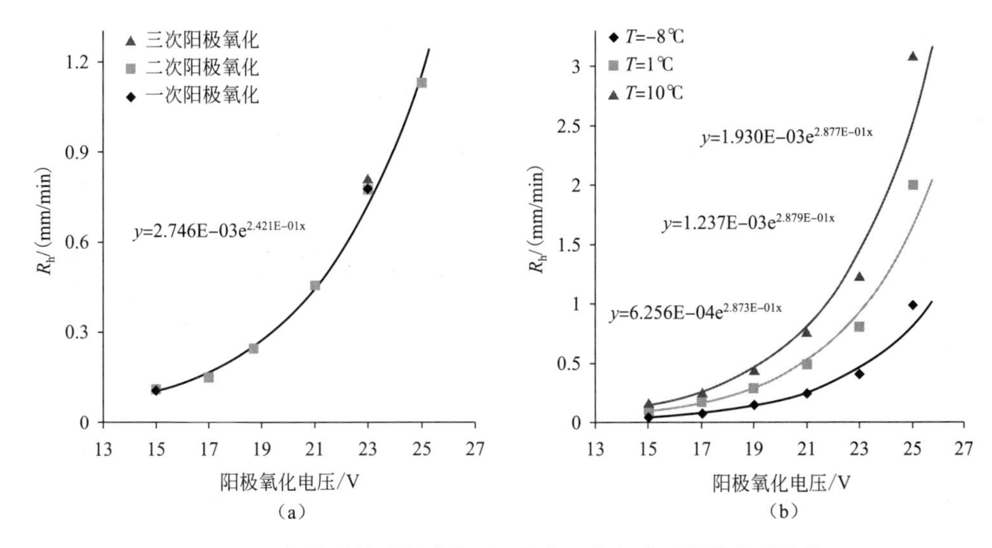

图 1.19 氧化层的生长速率（R_h）与阳极氧化时间的关系曲线

注：恒电压阳极氧化过程在 2.4mol/L（20%）的硫酸电解液中进行：(a) 温度为 1℃，所使用的电解池为溢流电解池；(b) 各种不同温度，所使用的电解池为简单电化学电解池。图片经 The Electrochemical Society 许可，翻印自参考文献 [407]。

若想对纳米多孔阳极氧化铝的形成过程进行严格控制，必须寻找合适的方法来获取酸性电解液中氧化物化学腐蚀速率的相关信息。氧化物的化学腐蚀，尤其是在酸性电解液中的腐蚀，对预处理过程的发展至关重要，这些预处理过程可以实现纳米结构孔径的精密控制。此外，在特定媒质中氧化物的化学腐蚀速率可以作为选择最佳阳极氧化条件的重要参考信息。由于高浓度电解液具有较强的化学腐蚀作用，人们通常在硫酸电解液中来对氧化铝的化学腐蚀过程进行研究。对于铝的阳极氧化过程来说，所使用的磷酸或草酸电解液浓度通常至少要比硫酸电解液浓度低数倍。因此，在磷酸或草酸电解液中氧化铝的化学腐蚀速率明显更低。不同电解液中得到的化学腐蚀速率如表 1.10 所示。

表 1.10 阳极氧化铝的化学腐蚀速率

电解液	浓度/(mol/L)	温度/℃	腐蚀速率/(nm/min)	参考文献
H_2SO_4	1.7(15%)	20	0.076	[244]
		25	0.114	
		30	0.172	
		50	0.873	
		70	4.434	
	0.1(1%)	38	0.25	
	0.21(2%)		0.27	
	1.4～3.1(12%～25%)		0.33	
	7.0(48%)		0.25	
	15.3(85%)		0.125	
	2.4(20%)	20～22	0.05	[252]
	1.53(13.7%)	20～40	0.052～0.41	[364]
	1.1(10%)	27	0.074	[364]
	1.1(10%)	27	0.075	[408]
	2.0(11.1%)	60	1.6	[206]
$H_2C_2O_4$	0.63	40	0.43	[406]
H_3PO_4	0.45(4.25%)	20～22	0.02～0.03	[252]

氧化物在 1.53mol/L 草酸溶液中的腐蚀速率要远低于相同浓度下硫酸溶液中的腐蚀速率[375]。例如，在 35℃下草酸溶液中氧化物的化学腐蚀速率与 25℃下硫酸溶液中氧化物的腐蚀速率相近[375]。在阳极氧化过程中掺入的磷酸阴离子会促进氧化物的化学腐蚀[268]。在 1.4.3 节中将会对阻挡层的腐蚀速率进行进一步详细讨论。

1.4 高有序多孔阳极氧化铝的自组织生长和预刻印诱导生长

利用阳极氧化过程来制备氧化铝模板，其过程非常简单，并可以形成高密度平行排列的纳米孔。因此，阳极氧化铝（PAA）可以作为一种重要模板来合成各种纳米结构材料。通常来讲，有两种方法被广泛用来制备 PAA 模板：① 自组织二次阳极氧化法，用来获得区域性有序孔结构；② 预刻印诱导阳极氧化法，用来获得完美的有序孔结构。应用二次阳极氧化法来制备自组织多孔阳极氧化铝膜的流程如图 1.20 所示。

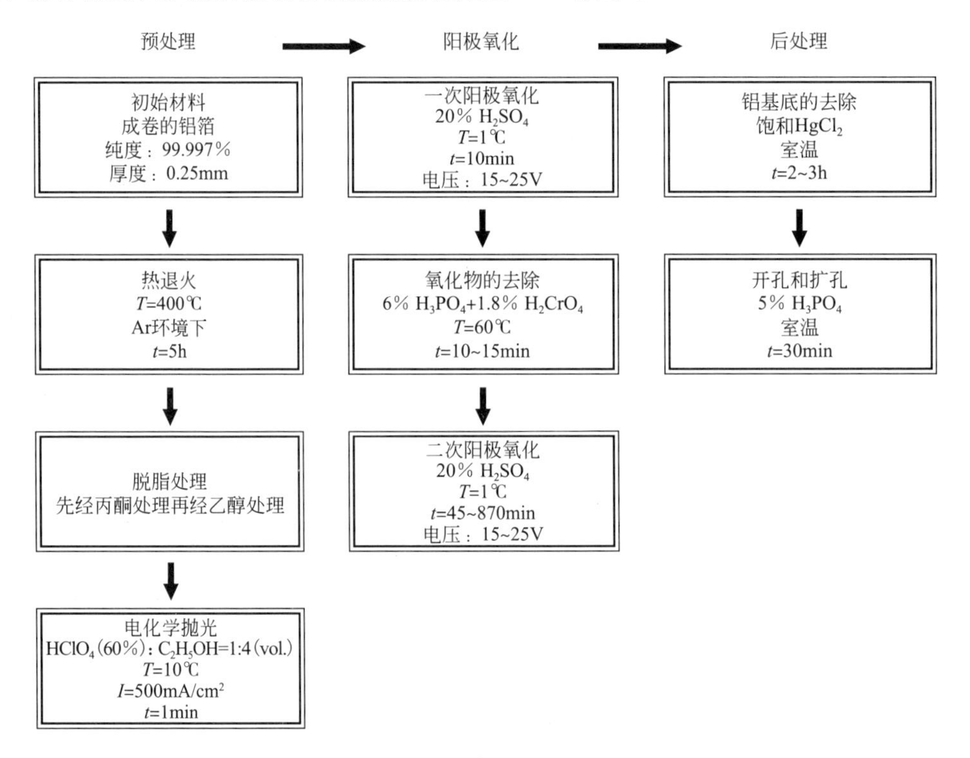

图 1.20 在硫酸电解液中应用二次阳极氧化法制备 PAA 模板的流程图

通过铝的自组织阳极氧化来获得纳米孔是一个多步制备过程，包含预处理、阳极氧化以及后续处理等步骤。预处理过程包括铝的非氧化气氛热处理、去油以及电抛光过程。二次阳极氧化过程包含一次阳极氧化过程及后续氧化膜化学腐蚀过程。当一次阳极氧化生成的氧化膜被除去后，会在铝表面形成周期性三角形排列的凹坑，这些凹坑可以作为第二次阳极氧化的掩膜。第二次和第一次阳极氧化过程具有相同的电压。最终，所得到的多孔阳极氧化铝膜孔洞具有六边形排列，经处理后氧化膜可以从铝基上脱离，所得到的多孔阳极氧化铝膜可以进行进一步的开孔和扩孔处理。

相比之下，预刻印诱导阳极氧化法首先要在经电抛光处理的铝表面进行预刻印，之后才能进行阳极氧化过程来获得高有序的纳米孔。在这些方法中，通过扫描探针显微镜的探针来对铝表面进行直接压痕[410,411]、聚焦离子束曝光术[412～415]、全息光刻术[416]和抗蚀膜辅助聚焦离子束曝光术[417～419]，都可以被用来在铝表面形成图案。在对铝表面进行直接刻印的过程中，如果对每一个样品进行独立刻印，会比较耗时，并且限制了它们在实验室以外的应用。因此，利用印模压印法对铝表面进行预刻印成为应用最广泛的一种方法[420～436]。具有阵列状排列凸点的印模通常采用光刻法来制备，利用印模可以在铝表面进行预压印，并可以重复使用数次。印模可以由 SiC[420～429]、Si_3N_4[430～432]、Ni[433～435]和聚二甲基硅氧烷（PDMS）[436]等材料来制作。利用印模来对铝表面进行压印并基于此来制备多孔阳极氧化铝，具体过程示意图如图 1.21 所示。

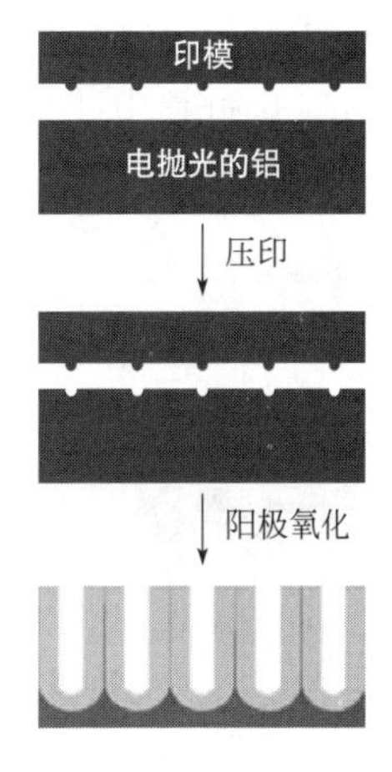

图 1.21 利用压印模来制备高有序多孔阳极氧化铝过程示意图

利用印模来对铝表面进行压印，通常需要使用油压过程。经过压印后，会在铝表面产生刚好和印模凸点相反的凹痕阵列，压印过程凹痕的典型深度约为 20nm[420]。印模凸点的不同形状和排列可以使最终制备的多孔阳极氧化铝具有各种各样的纳米孔阵列。三角形、正方形和类石墨结构的凸点阵排列可以形成六边形、正方形和三角形的结构单元（见图 1.22）[424～427,430,432,434,436]。应用印模压印法还可以制备出具有莫尔图形的多孔阳极氧化铝[431]。

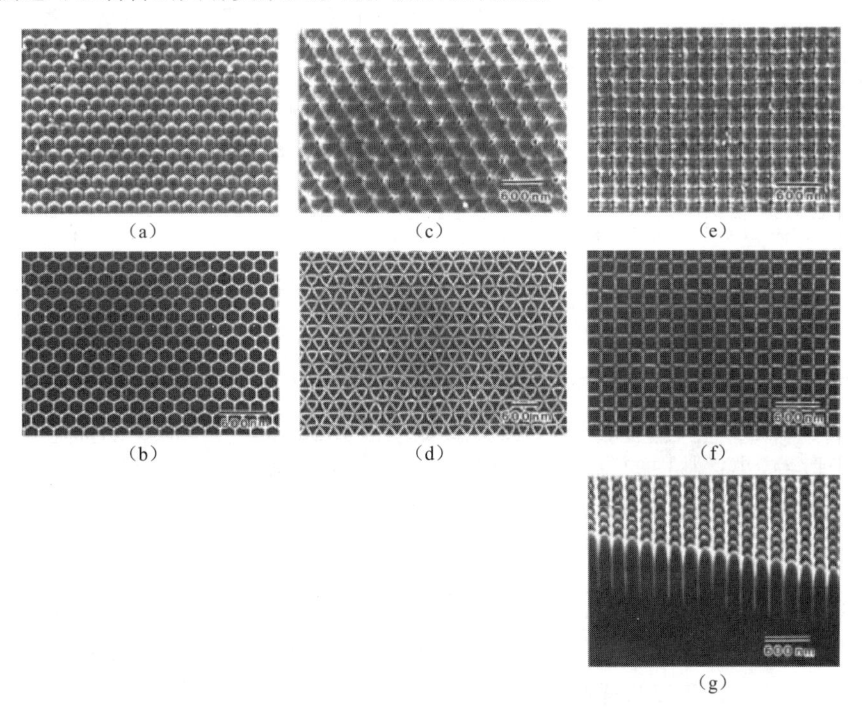

图 1.22 利用三角形、类石墨结构和正方形排列凸点阵印模制备的多孔阳极氧化铝 SEM 图

注：(a)、(c)、(e) 底面未开孔；(b)、(d)、(f) 底面开孔；(g) 断面。图片经 Wiley-VCH Verlag GmbH 许可，翻印自参考文献［427］。

最近，应用以 Si 或玻璃作为支撑体的二维六角密堆聚苯乙烯[433,437]和 Fe_2O_3[438]球，并使用纳米球刻印法（NSL），可以对铝表面进行预刻印处理。首先，通过溅射法在自组织单分散的纳米球阵列上沉积铝层。除去纳米球后，会在铝表面留下较浅的凹痕，而这些凹痕可以作为阳极氧化过程中孔生长的起始点（见图 1.23）。

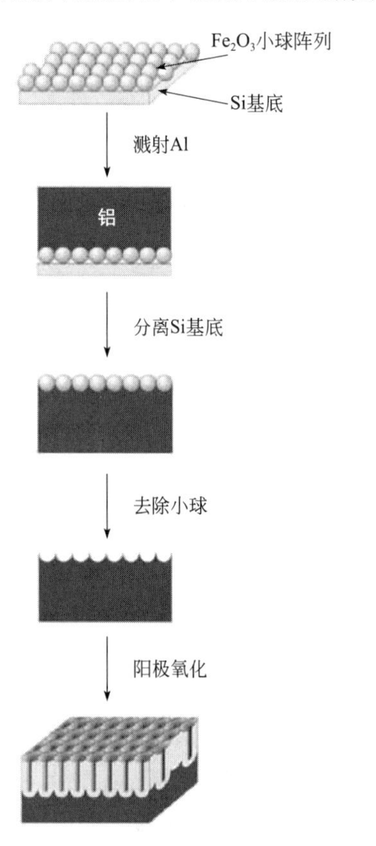

图 1.23 利用二维单分散纳米球作为模板制备高有序多孔阳极氧化铝的过程示意图

注：图片经 Wiley-VCH Verlag GmbH & Co. KGaA 许可，翻印自参考文献 [438]。

此外，还可以利用自组织六角密堆排列的三维有序聚苯乙烯球作为模板，在铝表面制备二维/三维复合多孔阳极氧化铝结构[439]。而利用金属 Ta 作为掩膜，也可以在铝表面形成高度有序的多孔阳极氧化铝膜[440]。

1.4.1 铝的预处理

铝基片的品质及表面预处理会对其自组织阳极氧化过程产生很大影响。铝表面预先存在的膜取决于预处理过程，其可能源自于空气中自然形成，热处理过程或化学和电化学处理过程。在铝的自组织阳极氧化过程中，成孔过程包含随机成孔和表面缺陷成孔。此外，晶界处和铝表面划痕处都是孔优先生长的地方[440]。预处理过程应该致力于减少表面缺陷，或使这些缺陷重复可控的产生，从而形成所需的结构。因此，高纯度、经退火处理的铝箔成为了进行自组织阳极氧化过程的最理想材料。

Terryn 等人研究了起始材料对孔有序度的影响[441]。研究结果表明，应用硫酸和磷酸溶液作为电解液，分别以轧制铝和交流粗化铝作为起始材料来进行阳极氧化过程，所得多孔阳极氧化铝的孔洞均垂直于基底且具有相似的有序度。此外，研究人员在 0℃的硫酸电解液中分别对纯铝以及铝合金的阳极氧化过程进行了研究[442]，结果表明随着铝纯度的增加，氧化物的生长将更为均匀。

退火处理会减小材料中的应力，并且使平均晶粒尺寸增大[393,443]，而平均晶粒尺寸通常会超过 100μm（见图 1.24）。对铝箔进行退火处理的典型条件是，在氩气或氮气中，400℃或 500℃下进行 3～5h 的处理。

在进行阳极氧化之前要对铝样品进行脱脂和抛光，在各种试剂中最常用的脱脂剂是丙酮和乙醇。由于二氯甲烷[387]、三氯乙烯[218]、苯和甲醇[444]具有相当程度或较高的致癌性，因此并不常用。此外，也可以将样品浸入 60℃、5%的 NaOH 溶液中进行 30s 或 1min 的处理，接着在 1∶1 的 HNO_3 和 H_2O 混合溶液中进行几秒钟的中和过程来进行脱脂和清洗[236,309,335,343]。除此之外，也可以用 HF、HNO_3、HCl 和 H_2O 的混合溶液（1∶10∶20∶69）

来对铝表面进行脱脂和清洗，从而用来制备高有序自组织的纳米孔阵列[403]。

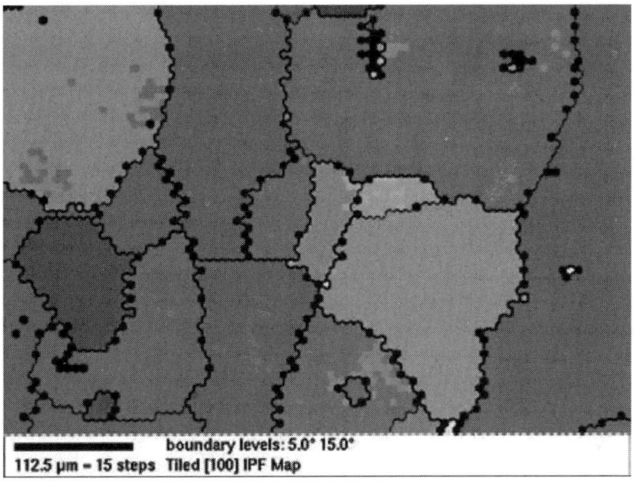

图 1.24 经退火和电抛光处理的具有明显晶界的 Al 表面电子显微取向成像（OIM）图
注：退火过程在 400℃的氩气气氛下进行了 5h。

在进行阳极氧化之前，最重要的一个预处理过程是对样品进行抛光。对于铝来说，可以用机械抛光、化学或电化学抛光。机械抛光只是偶尔使用[252,390,442]，因为 TEM 分析表明，经机械抛光后的铝表面仍然存在显微不光滑和变性，即便是在极小心操作的情况下也无法避免[445]。此外，在进行阳极氧化过程之前，也可以对铝表面进行化学抛光，但是这种方法并未获得广泛应用（见表 1.11）。

表 1.11 阳极氧化之前铝的化学抛光

电解液	温度/℃	时间/min	附注	参考文献
70% HNO_3+85% H_3PO_4(15∶85)	85	2	之后在室温下 1mol/L 的 NaOH 溶液中进行 10min 的搅拌	[278]
3.5% H_3PO_4+45g/L CrO_3	80	10	之后进行电化学抛光	[299]
70mL H_3PO_4+25mL H_2SO_4+5mL HNO_3	85	1.5	首先经过机械抛光	[446]
91% H_3PO_4+98% H_2SO_4+70% HNO_3(75∶11∶11，体积之比)+0.8g/L $FeSO_4 \cdot 7H_2O$	95～100	45～75	轻微搅拌溶液	[333]
70% H_3PO_4+20% H_2SO_4+10% HNO_3+5g/L $Cu(NO_3)_2$	—	—	—	[341]
25% NaOH+20% $NaNO_3$	80	3	—	[220]

有研究人员详细提出了一种利用包含 0.05μm 的 Al_2O_3 颗粒、过氧化氢、柠檬酸和磷酸的混合浆来对铝进行化学-机械复合抛光方法[447]。

值得注意的是，在进行阳极氧化过程之前使用 60%的 $HClO_4$ 和 C_2H_5OH 混合溶液（体积比为 1∶4），在 10℃和 500mA/cm^2 下进行 1min 的电化学抛光是目前最常用的铝抛光方法。其他非常用的电抛光液及抛光条件在表 1.12 中列出。

表 1.12　电化学抛光铝的一些非典型条件

电解液	温度/℃	电流密度或电压	时间/min	参考文献
20% $HClO_4$+80% C_2H_5OH	0～5	15V	2	[259]
20% $HClO_4$+80% C_2H_5OH	10	20V	2	[256]
20% $HClO_4$+80% C_2H_5OH	10	100mA/cm^2	5	[224，262～265]
$HClO_4$+C_2H_5OH(1∶4，体积之比)	7	20V	1.0～1.5	[241]
	30	160mA/cm^2	3.5	[222]
51.7% $HClO_4$+98% C_2H_5OH+Glycerol(2∶7∶1，体积之比)	5	17V	4	[448]
$HClO_4$+CH_3COOH(1∶4，体积之比)	10～15	100mA/cm^2	—	[268]
$HClO_4$+C_2H_5OH+2-butoxyethanol+H_2O(6.2∶70∶10∶13.8，体积之比)	10	500mA/cm^2	1	[236]
$HClO_4$+C_2H_5OH+2-butoxyethanol+H_2O	10	40V 或 170mA/cm^2	4.5	[305]
H_3PO_4+C_2H_5OH+H_2O(40∶38∶25，体积之比)	40	5mA/cm^2	2	[393]
H_3PO_4+$C_4H_{11}OH$(80∶20，体积之比)	60～65	10～40V	10～15	[449]
		30～50mA/cm^2		
H_3PO_4+H_2SO_4+H_2O(4∶4∶2，体积之比)	—	—	—	[384，443]
H_3PO_4+H_2SO_4+H_2O(7∶2∶1，体积之比)+35g/dm^{-3} CrO_3	40	135mA/cm^2	10	[299]

AFM 研究表明在横向长度为 10μm 的标尺下，经电抛光后的样品其典型表面粗糙度约为 20～30nm[443]。此外，研究人员对各种形式的铝表面预处理过程进行了详细研究，包括机械抛光和在高氯酸和乙醇混合溶液中进行的电抛光[450]，同时也研究了铝的电抛光对孔洞有序度的影响[211,443,451]。经高氯酸和乙醇混合溶液电抛光后的铝表面典型 SEM 图片如图 1.25 所示。

(a)　　(b)

图 1.25　铝箔电抛光后表面 SEM 图片

注：(a) 条纹结构；(b) 丘状结构。电抛光过程在 60%的 $HClO_4$ 和 C_2H_5OH 混合溶液（体积比为 1∶4）中，10℃和 500mA/cm^2 条件下进行 1min 的处理。

此外，也有报道对电抛光后在铝表面形成的相似条纹和丘状结构进行了研究[185,452～457]。在铝的（1 1 0）面会出现规则的条纹阵列，而在铝的（1 1 1）和（1 0 0）面则会出现六边形排列的有序图案，这些图案在阳极氧化过程中会起到自组装掩膜的作用。然而，在电抛光后的铝表面偶尔也可以观察到单元式结构[449,450]。

除了高纯铝箔之外，最常用的铝阳极氧化材料是溅射或蒸发在各种基底上的铝，包括覆盖有氧化铟锡（ITO）的钠钙玻璃[213,363,458～468]、Si[298,310～312,321,322,468～485]、Ti[486]、InP[487]和GaAs[488]。将有序纳米孔由多孔阳极氧化铝转移到半导体材料（例如 Si）上，可以将 PAA 引入到硅电路工业中，由此制备出的结构在生物传感器、生物反应器以及磁记录材料领域具有潜在应用价值。采用溅射或蒸发方法的其中一个最主要缺点是制备的铝层厚度有限。因此，即使铝层都已经完全转变为阳极氧化铝了，也可能仍未进入到孔的稳态生长阶段，因而难以获得令人满意的孔洞有序度。

此外，铝的自组织阳极氧化过程也可以在铝合金[489,490]或柱状弯曲的样品[491]表面进行。在后一种情况下，可以成功制备出具有柱状和五棱柱状的三维多孔阳极氧化铝模板，其孔洞呈六边形密堆积排列。

1.4.2 铝的自组织阳极氧化过程

多孔阳极氧化铝有序孔的自组织生长发生在较窄的实验条件窗口范围内。一般来说，制备多孔阳极氧化铝的软阳极氧化过程通常使用硫酸、草酸和磷酸溶液作为电解液，并且在较低温度下进行。对于每一种电解液都存在有特定的电压范围，在该范围内进行阳极氧化不会发生氧化膜的燃烧或击穿现象（见表 1.13）。此外，在自有序机制下存在特定的阳极氧化电压值，在该电压下可以获得最佳的孔排列和有序度，而当阳极氧化过程在其他不同电压下进行时，孔洞的有序度会大大降低。在某些电解液中，电解液的温度和乙醇添加并不会对自有序机制产生影响。在软阳极氧化过程中，较低的电流密度会导致氧化物的生长速率较低，而在硫酸电解液中可以获得最高或最适中的氧化物生长速率[448]。最近，硬阳极氧化（或高场阳极氧化）已被成功用于自组织阳极氧化过程[213,251,499]，其阳极氧化电压范围和自组织阳极氧化电压值具有较大差异（见表 1.13）。

表 1.13 自组织铝阳极氧化过程与自有序机制下的软、硬阳极氧化条件

软阳极氧化				
电解液浓度/(mol/L)	温度/℃	电压范围/V	自有序机制/V	参考文献
0.3 H_2SO_4	10	10～25	25	[403，492，493]
2.4 H_2SO_4	1			[216，226，240]
6.0 H_2SO_4	20		18	[494]
0.3 $H_2C_2O_4$	1～5	30～100	40	[403，493，495]
	15～20			[216，241，496]
0.2～0.3 H_3PO_4	0～5	160～195	195	[216，443，497]
H_3PO_4-CH_3OH-H_2O(1：10：89，体积之比)	−4			[498]

续表

硬阳极氧化				
电解液浓度/(mol/L)	温度/℃	电压范围/V	自有序机制/V	参考文献
1.8 H_2SO_4	0	40～70	70	[213, 251]
0.03～0.06 $H_2C_2O_4$	3	100～160	160	[213]
0.3 $H_2C_2O_4$	1	110～150	120～150	[499]
0.1 H_3PO_4	0	195～235	235	[213]
H_3PO_4-C_2H_5OH·H_2O(1∶20∶79，体积之比)	−10～0	195	195	[339]

硬阳极氧化过程的电流密度要远高于软阳极氧化过程，而氧化物的生长速率也要高2500到3500倍[499]。当软阳极氧化过程在磷酸电解液中进行时，在80V到195V的电压范围内氧化物的生长速率约为0.05μm/min到0.2μm/min，而在195V的硬阳极氧化过程中氧化膜的生长速率为4μm/min到10μm/min，具体取决于所施加的电场大小[339,448]。因此，为了避免硬阳极氧化过程中氧化膜的击穿现象，通常会在恒电流或恒电压模式下进行几分钟的预阳极氧化。应该注意的是，硬阳极氧化过程中的高电场会产生更多的热量，应该及时去除这些热量，以防样品出现燃烧现象。

由于一次阳极氧化法制备的多孔阳极氧化铝孔洞有序度不高，因此自从Masuda和Satoh发明了二次阳极氧化法以来[500]，人们已不再使用一次阳极氧化法。如今，研究人员利用二次阳极氧化法已成功在硫酸、草酸或磷酸电解液中制备了具有高度有序纳米孔的多孔阳极氧化铝。首先在特定电压下进行第一次阳极氧化过程，之后用H_3PO_4(质量分数为6%）和H_2CrO_4(质量分数为1.8%）的混合溶液在60～80℃下除去所生长的氧化铝层[226,231,240,248,318,407,409,493,498]。此外，也可以用0.4mol/L或0.5mol/L的H_3PO_4和0.2mol/L的H_2CrO_4混合溶液来去除氧化铝层[235,496,501]。去除氧化层所需要的时间从几分钟到几小时不等，取决于氧化层的厚度。在这里应该注意的是，阳极氧化过程中氧化物的生长速率明显依赖于电解液，在硫酸电解液中进行阳极氧化可以获得最高的生长速率。Schneider等人应用了一种完全不同的方法来去除氧化层[502]。该方法应用了电压分离过程，其对样品施加了一个反向电压（反向电压的大小与阳极氧化电压相同）。同化学腐蚀法相比，电压分离法可以制备出柔韧性极佳的高机械强度多孔阳极氧化铝膜，这是其优势之一。此外，研究人员应用电化学电压脉冲技术，对不同电解液下氧化层的分离过程进行了系统研究[503]，应用该技术可以得到独立、开孔的PAA膜。脉冲分离机制可以用于氧化物的去除，这与具体实施过程无关，其都会使铝表面形成周期性的凹痕，而这些凹痕可以作为第二次阳极氧化过程的掩膜。在将氧化层去除后，可以施加与第一次阳极氧化过程相同的电压来进行第二次阳极氧化过程。表1.14中展示了铝通过二次阳极氧化法获得高有序纳米孔排列的具体条件。

除此之外，研究人员还应用三次阳极氧化法在草酸[236,390]和硫酸[407]电解液中获得自组织的纳米孔排列，这种方法包含两个完整的阳极氧化-腐蚀过程。每一次阳极氧化的持续时间是不同的，例如在草酸电解液中第一、第二和第三次阳极氧化时间分别为10min、690min和3min[236]。研究表明应用三次阳极氧化法获得的孔洞有序度与二次阳极氧化法相近[390,407]。Brändli等人研究了草酸中多次阳极氧化对孔径长程均匀度的影响，进行了3到4次的阳极氧化-腐蚀过程，然而却得到了无序纳米孔结构[512]。研究表明阳极氧化-腐蚀循环次数过多会导致孔径均匀度降低。

表 1.14 硫酸、草酸和磷酸电解液中的二次阳极氧化过程

电解液	温度/℃	电压/V	第一次阳极氧化时间/min	氧化物的去除			第二次阳极氧化		参考文献
				混合溶液类型①	温度/℃	时间/min	时间/min	氧化物厚度/μm	
0.3mol/L H_2SO_4	10	25	1320	A	60	—	5940	～200	[493]
1.1mol/L H_2SO_4	1	19	1440	A	60	600	5700	200	[504]
2.4mol/L H_2SO_4	1	15～25	10	A	60	10～15	45～870	90	[240，248]
							125～1240	140	[407]
6～8mol/L H_2SO_4	0～20	18	60	A	—	—	5	0.6	[494]
0.2mol/L $H_2C_2O_4$	18	40	1800	A	60	—	50	—	[505]
0.3mol/L $H_2C_2O_4$	0	40	20	B	60	5	120	10	[506]
	0～25		600	C	65	720	60	—	[496]
	1		1440	A	60	600	5700	200	[504]
	10		120	A	60	240	2～10	0.2～1.3	[507]
	15		900	A	65	—	10～600	—	[390]
	17		600	A	60	840	5	0.7	[500]
	20		40	A	65	10～20	120	—	[508]
	24		300	A	60	600	5	1.0	[509]
	5～30	20～60	120～740	A	65	60～240	740	—	[241]
0.5mol/L $H_2C_2O_4$	5	40	1320	A	60	—	5940	～170	[493]
0.15～0.5mol/L $H_2C_2O_4$	5	10～60	1200	D	—	—	30	1.2～1.5	[495]
0.15mol/L H_3PO_4	2	195	1440	A	60	600	1200	110	[510]
0.5mol/L H_3PO_4	0	140	120	A	60	240	5～10	—	[511]
H_3PO_4-CH_3OH-H_2O(1：10：89，体积之比)	－4	195	1200	A	80	—	1200	～100	[498]

①混合溶液类型：A 为磷酸（质量分数为 6%）和铬酸（质量分数为 1.8%）的混合溶液；B 为 0.4mol/L 磷酸和 0.2mol/L 铬酸的混合溶液；C 为 0.5mol/L 磷酸和 0.2mol/L 铬酸的混合溶液；D 为磷酸溶液。

1.4.2.1 自组织 PAA 的结构特征

在恒电压阳极氧化模式下，所制备多孔阳极氧化铝的结构特征取决于电解液及所施加的阳极氧化电压。自组织阳极氧化过程所得到 PAA 的孔间距在很大程度上受阳极氧化电压的影响。图 1.26 为 PAA 经开孔处理后从孔底面拍摄的具有相同倍率的 SEM 图片，以及相应的孔间距大小。在硫酸、草酸和磷酸电解液中分别施加 25V、40V 和 160V 的阳极氧化电压，可以获得高有序的多孔阳极氧化铝膜，所得到的氧化膜分别在质量分数为 5%的磷酸溶液中于 30℃、35℃和 45℃下扩孔 30min。

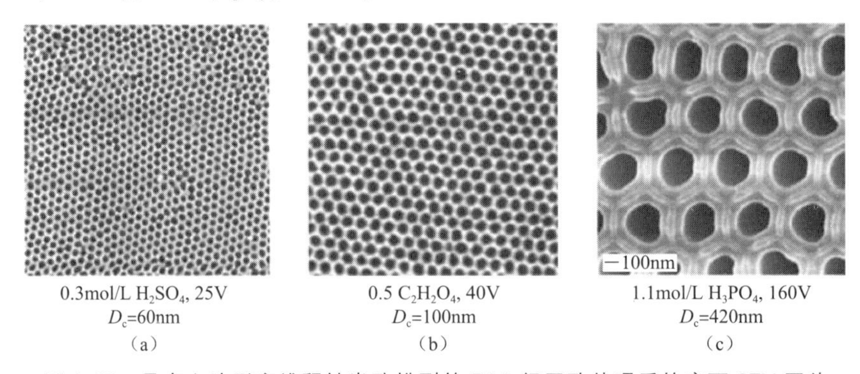

图 1.26 具有六边形密堆积纳米孔排列的 PAA 经开孔处理后的底面 SEM 图片

注：自组织阳极氧化过程在不同电解液中进行：(a) 10℃；(b) 5℃；(c) 3℃。图片经 AVS The Science & Technology Society 许可，翻印自参考文献 [493]。

在相同电解液中不同阳极氧化电压下制备的 PAA 层背面 SEM 图片如图 1.27 所示。可以看到，孔间距随阳极氧化电压的增加而增大。

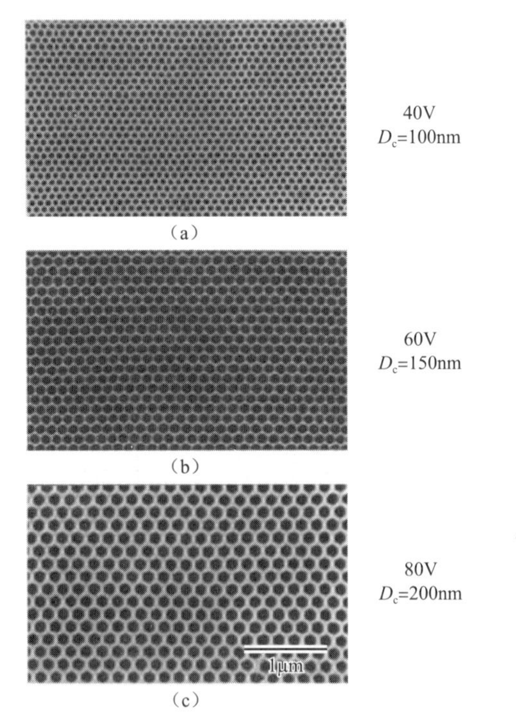

图 1.27 在不同阳极氧化电压下通过对铝进行预刻印所制备的高有序多孔阳极氧化铝 SEM 图

注：(a) 和 (b) 在 17℃下进行；(c) 在 3℃下进行。图片经 American Institute of Physics 许可，翻印自参考文献 [420]。

不同电解液中阳极氧化或硬阳极氧化（虚线箭头）的典型电压范围及其对应的孔间距如图 1.28 所示。图中的对角线表示式（1.5）中阳极氧化电压和孔间距之间的关系。

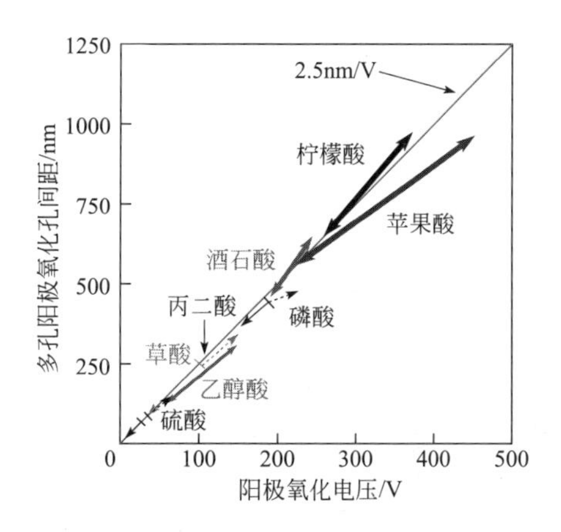

图 1.28　不同电解液中阳极氧化电压对多孔阳极氧化铝孔间距的影响

注：磷酸、草酸和硫酸电解液的虚线箭头对应硬阳极氧化条件。其中乙醇酸、丙二酸、酒石酸、苹果酸和柠檬酸相关数据来源于参考文献［211，213］。

不管使用何种电解液，都可以发现阳极氧化电压和孔间距之间存在线性关系。每一种电解液都具有特定的阳极氧化电压范围，与相应多孔阳极氧化铝膜的孔间距相对应。通过选择合适电解液和阳极氧化电压，可以在整个纳米尺度范围内对所制备 PAA 的孔间距进行控制。需要指出的是，阳极氧化过程中电解液的选择与阳极氧化条件相关，包括阳极氧化电压、电解液浓度以及温度。另一方面，所制备多孔阳极氧化铝的结构特征也与阳极氧化条件有关。表 1.15、表 1.16 和表 1.17 中分别列出了硫酸、草酸和磷酸电解液中进行铝阳极氧化过程的常用条件。

此外，所制备纳米结构的特征，包括孔径、孔间距、孔隙率和孔密度也于表 1.15～表 1.17 中列出。在一些非常用的电解液，例如铬酸、乙醇酸、苹果酸、酒石酸、柠檬酸、丙二酸或硫酸草酸混合酸中进行阳极氧化时，具体阳极氧化条件及所制备多孔阳极氧化铝的结构特征如表 1.18 所示。

表 1.15～表 1.18 中的数据表明在硫酸电解液中进行阳极氧化可以获得最高的纳米孔密度，而在其他电解液中得到的多孔阳极氧化铝膜孔密度较低。值得注意的是同孔间距相比，孔径与阳极氧化电压之间并无严格的对应关系，即使是在相同的阳极氧化条件下也略有差异。因此，即使在相同阳极氧化条件下，所制备纳米结构的孔隙率也难以保持一致，这主要是由阳极氧化过程中电解液浓度的不均匀或多变的流体动力学条件所导致的。人们普遍认为对电解液进行搅拌是获得高有序六边形密堆积纳米结构所必不可少的条件[221,236,366,443]。事实上，如果不对电解液进行搅拌，孔底部的温度会显著升高[236]。由于散热较差，很容易发生氧化膜击穿和阳极溶解现象，尤其是在高电压或高电场（硬阳极氧化）条件下进行阳极氧化的时候。此外，孔底部的电解液组成与电解池中的电解液不同[366,443]。通常来说，随着电解液搅拌速率的增加以及电解液浓度的降低，自有序机制窗口会发生偏移，从而可以施加更高的阳极氧化电压（同表 1.13 中的软、硬阳极氧化过程相比）[494]。另一方面，酸浓度的增加，尤其是在伴随有高阳极氧化温度和较长阳极氧化时间的情况下，将会大大增强氧化物的化学腐蚀作用，从而使孔径显著增大。

表 1.15 在硫酸电解液中不同条件下进行阳极氧化所制备纳米结构的结构特征

浓度/(mol/L)	温度/℃	电压/V	D_p/nm	D_c/nm	α/%	n/(1/cm^2)	附注	参考文献
0.18	10	25	24	66.3	12.0	2.63×10^{10}	二次阳极氧化	[235，493]
0.3	10	25	n. a.	60	n. a.	3.2×10^{10}	一次阳极氧化，体积膨胀因数：1.40	[403]
0.5～4.0	10～40	3～18	12～18	18.1～47.9	13.0～41.0	$0.5\sim3.2\times10^{11}$	一次阳极氧化	[238]
1.1	5	25	36	64	28.7	2.8×10^{10}	二次阳极氧化	[502]
1.0～1.5	20	2～20	9.4～16.0	17.8～50.3	10.5～29.3	n. a.	一次阳极氧化	[249，513]
1.53	18	15	13.5	40.5	10.1	8.1×10^{10}	一次阳极氧化，氧化物生长速率：～330nm/min	[448]
1.7	n. a.	10～15	10～20	n. a.	n. a.	n. a.	一次阳极氧化，较差的周期性	[514]
1.8	0.1～5	15～25	10～20	44.8～65.0	4.5～8.6	$2.7\sim5.8\times10^{10}$	一次阳极氧化	[251]
1.8	0.1	40～70	30～50	90～130	10.0～13.5	$0.7\sim1.4\times10^{10}$	一次阳极氧化，硬阳极氧化	[213，251]
2.4	−8～10	15～25	13.4～27.0	39.7～68.7	10.3～20.5	$2.4\sim7.3\times10^{10}$	二次阳极氧化	[240，248，407，409]
6.0～8.0	0 或 20	18	30	45	40.3	5.7×10^{10}	二次阳极氧化	[494]

注：D_p：孔径；
D_c：孔间距；
α：孔隙率；
n：孔密度；
n. a.：无法提供数据。

表 1.16 在草酸电解液中不同条件下进行阳极氧化所制备纳米结构的结构特征

浓度/(mol/L)	温度/℃	电压/V	D_p/nm	D_c/nm	α/%	n/(1/cm^2)	附注	参考文献
0.03～0.06	3	100～160	50～100	220～440	4.7	0.06～0.24×10^{10}	一次阳极氧化，硬阳极氧化	[213]
0.15	−1	70	90.4	n. a.	26.9	0.42×10^{10}	一次阳极氧化	[253，515]
	16		87.4		21.9	0.36×10^{10}		
0.15	5	10～60	11～39	40.6～141	6.6～6.9	0.6～7.0×10^{10}	二次阳极氧化	[495]
0.5		40	27	95	8.1	1.3×10^{10}		
0.2	18	40	40	103	13.7	1.2×10^{10}	一次阳极氧化，氧化物生长速率：～71nm/min	[448]
0.2	18	40	43.8	104.2	16.0	1.1×10^{10}	二次阳极氧化	[505]
0.3	1	110～150	49～59	220～300	3.3～3.4	−1.3～1.9×10^{10}	硬阳极氧化	[499]
0.3	1	40	31	105	8.0	1.05×10^{10}	二次阳极氧化，氧化物生长速率：28.6nm/min 有序区域：1～5μm^2	[235，493]
0.3	15	20～60 40	n. a. 24	49.8～159.8 109	n. a. 4.4	0.45～4.6×10^{10} 0.97×10^{10}	二次阳极氧化，40V 下的氧化物生长速率：−147.75+125.53t/(nm/min)	[241]
0.3	15	40	63	100	36.0	1.15×10^{10}	三次阳极氧化，有序区域：0.5～2μm^2	[390]
0.3	20	40	50	92	26.8	1.36×10^{10}	二次阳极氧化	[509]
0.3	30	2～40	11.5～34.2	20.3～97.3	12.5～31.4	n. a.	一次阳极氧化	[249，513]
0.34	15	40	60	104	31.6	1.12×10^{10}	三次阳极氧化，有序区域：～4μm^2	[236]
0.45	5	40～50	36～57	105～114	10.7～22.7	0.89～1.05×10^{10}	二次阳极氧化	[502]
0.45～0.9	10～40	3～20	14.5～21.1	20.5～54.5	13.7～45.7	0.4～3.1×10^{11}	一次阳极氧化	[237]
		20～40	21.1～37.7	54.5～110.7	10.6～13.7	0.1～0.4×10^{11}		
0.63	20～40	4～36	7.3～18.5	n. a.	10.4～32.0	0.97～19.1×10^{20}	一次阳极氧化	[406]

注：D_p：孔径；
D_c：孔间距；
α：孔隙率；
n：孔密度；
n. a.：无法提供数据。

表 1.17 在磷酸电解液中不同条件下进行阳极氧化所制备纳米结构的结构特征

浓度/(mol/L)	温度/℃	电压/V	D_p/nm	D_c/nm	α/%	n/(1/cm²)	附注	参考文献
0.04～0.4	−1～16	160	170～200	n. a.	14.0～26.0	5.0×10^{12}	一次阳极氧化	[515]
0.1～0.25	0	195～235	130～n. a.	420～480	8.7～n. a.	6.5～n. a. $\times10^{8}$	一次阳极氧化，硬阳极氧化	[213]
0.1	3	195	158.4	501	9.0	4.6×10^{8}	一次阳极氧化	[235，493]
0.3～1.1	0	195	n. a.	500	n. a.	4.6×10^{8}	一次阳极氧化	[497]
0.4	25	80	80	208	13.4	3.1×10^{9}	一次阳极氧化，氧化物生长速率：～55.6nm/min	[448]
0.4	25	5～40	20.8～74.7	23.5～105.4	80.0～50.5	n. a.	一次阳极氧化	[249]
0.42	23.9	20～120	33	73～274		$0.9\sim18.9\times10^{9}$	一次阳极氧化，孔径不变	[197]
0.42	25	87～117.5	64～79	236～333	n. a.	n. a.	一次阳极氧化	[232]
0.53	n. a.	40～120	60～200	n. a.	n. a.	n. a.	一次阳极氧化，氧化物生长速率：1～2nm/min，较差的周期性	[514]
1.1	3	160	n. a.	420	n. a.	6.5×10^{8}	一次阳极氧化，体积膨胀因数：1.45	[403]
H_3PO_4-CH_3OH-H_2O（1∶10∶89，体积之比）	−4	195	200	460	17.1	5.5×10^{8}	二次阳极氧化，有序区域：1～5μm²	[498]
H_3PO_4-C_2H_5OH-H_2O（1∶20∶79，体积之比）	−10 或 −5	195（电流密度：150～400mA/cm²）	80～140	380～320	4.0～17.4	$8.0\sim11.3\times10^{8}$	二次阳极氧化，硬阳极氧化，氧化物生长速率：4～10μm/min，阳极氧化比值：0.62nm/V	[339]
0.42mol/L H_3PO_4 + 0.5%～1% HTCA + 0.05%～0.1%铈盐	15～20	120～130	100～200	n. a.	9.0～43.3	$1.1\sim1.4\times10^{13}$	一次阳极氧化	[219，516]

注：D_p：孔径；
D_c：孔间距；
α：孔隙率；
n：孔密度；
n. a.：无法提供数据。

表 1.18 非常用电解液中不同阳极氧化条件下进行阳极氧化时，所制备纳米结构的结构特征

浓度/(mol/L)	温度/℃	电压/V	D_p/nm	D_c/nm	α/%	n/(1/cm^2)	附注	参考文献
0.3mol/L H_2SO_4+0.3mol/L $H_2C_2O_4$	3	20～48	n. a	50～98	n. a.	1.2～4.6×10^{10}	一次阳极氧化，36V时有序度最高	[222]
0.026～0.044mol/L H_3PO_4+0.023～0.11mol/L $H_2C_2O_4$+0.023～0.14mol/L H_3PO_2+3.4×10^{-3}mol/L Na_2WO_4	35	120	250～500	350～650	n. a.	3.0～7.0×10^8	一次阳极氧化，研究了电解液的各种成分，氧化物生长速率：2.33μm/min，阻挡层厚度400～500nm	[220]
0.3mol/L 铬酸	40	5～40	17.1～44.8	25.6～109.4	44.6～17.0	n. a.	一次阳极氧化	[249]
0.3mol/L 铬酸	60	45	23～50	17～74	n. a.	2.3～2.8×10^{10}	一次阳极氧化，电压逐步增加，随机孔	[218]
0.44mol/L 铬酸	n. a.	40	70～100	n. a.	n. a.	n. a.	一次阳极氧化	[514]
1.3mol/L(10%) 乙醇酸	10	50～150	35～n. a.	150～320	10.1～n. a.	5.1×10^9	一次阳极氧化或二次阳极氧化	[213]
0.13mol/L(2%) 酒石酸	1～5	235～240	n. a.	630～650	n. a.	2.7～2.9×10^8	一次阳极氧化	[213]
3mol/L 酒石酸	5	195	n. a.	500	n. a.	4.6×10^8	一次阳极氧化	[211]
0.15～0.3mol/L(2%～4%) 苹果酸	10	220～450	n. a.	550～950	n. a.	1.3～3.8×10^8	一次阳极氧化	[213]
0.1～0.2mol/L(2%～4%) 柠檬酸	20	270～370	n. a.	650～980	n. a.	1.2～2.7×10^8	一次阳极氧化	[213]
0.125～0.15mol/L 柠檬酸	21	260～450	130～250	650～1100	n. a.		一次阳极氧化，Si基底上的Al，阳极氧化比值：1.1nm/V	[217]
2mol/L 柠檬酸	20	240	180	600	10.0	3.2×10^8	一次阳极氧化，氧化物生长速率：0.12μm/min	[216]
0.1mol/L 丙二酸	20	150	n. a.	n. a.	10.0	n. a.	一次阳极氧化	[230]
5.0mol/L 丙二酸	5	120	n. a.	300	n. a.	1.3×10^9	一次阳极氧化	[211]
γ-丁内酯+乙二醇（9：1）+0.9% H_2O	室温	250～500	n. a	275～550	n. a.	n. a.	一次阳极氧化，阳极氧化比值：0.8nm/V，随机生长	[295，517]
0.3mol/L $Na_2B_4O_7$	60	60	最高达235	n. a.	32.0	2.5×10^{14}	一次阳极氧化，pH=9.2，随机孔，氧化物生长速率：60nm/min	[201]

注：D_p：孔径；
D_c：孔间距；
α：孔隙率；
n：孔密度；
n. a.：无法提供数据。

图 1.29 展示了当二次阳极过程在 2.4mol/L 的硫酸溶液中进行时，电解液温度对所制备多孔阳极氧化铝孔间距、孔径、壁厚以及阻挡层厚度的影响。这些数据所对应的电压范围为 15～25V，所使用的电解池具有两种不同结构。一种是简单的带有磁力搅拌的双壁电解池[240,248]，另一种是带有泵的溢流电解池[407,409]，铝阳极氧化过程在－8℃到 10℃的温度范围内进行。对于溢流电解池，阳极氧化过程仅在 1℃下进行。随着电解液温度的增加，可施加阳极氧化电压的范围将会变小，例如在 10℃下仅能在 17～25V 的电压范围内获得自有序的纳米孔。

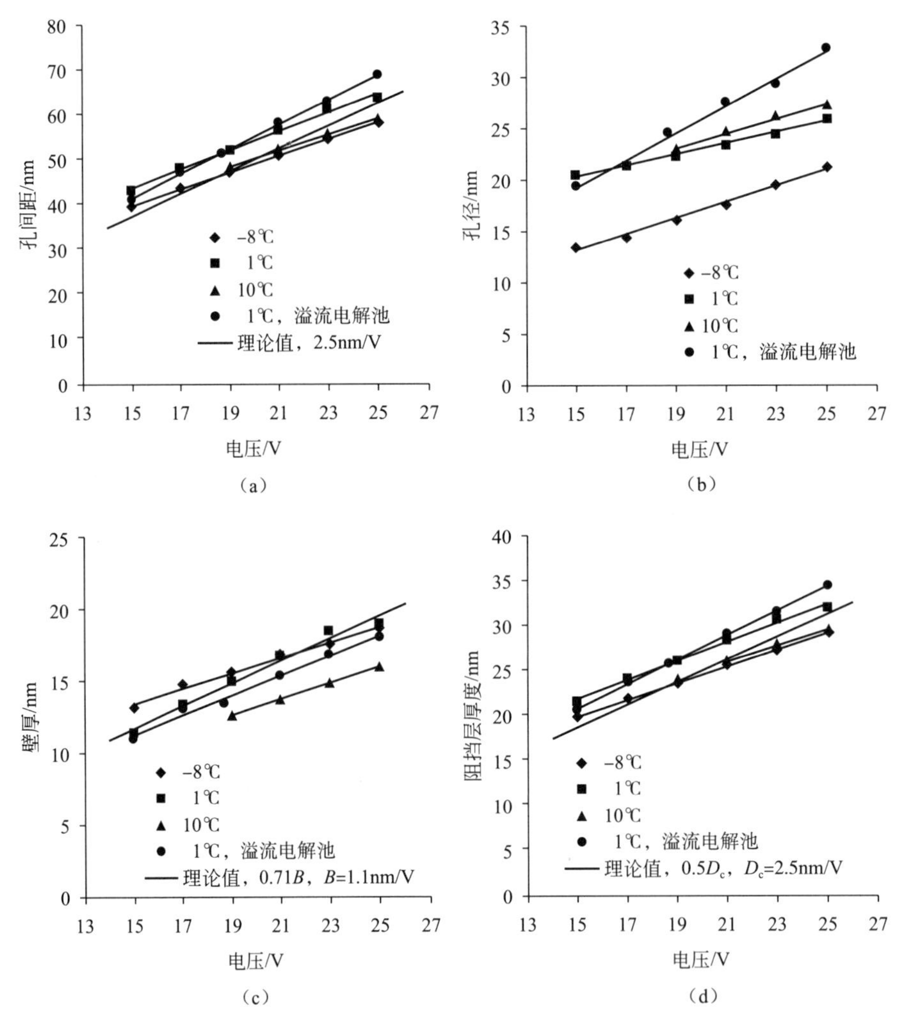

图 1.29 不同温度下 (a) 平均孔间距、(b) 孔径、(c) 壁厚及 (d) 阻挡层厚度与阳极氧化电压之间的关系

注：阳极氧化过程在溢流电解池和磁力搅拌的双壁电解池中进行，电解液为 2.4mol/L 的硫酸溶液。

通过对图 1.29 中的数据进行分析可以发现，随着阳极氧化温度的改变，孔间距和阻挡层厚度并不会发生显著变化。此外，实验装置形状的不同会导致流体动力学条件发生改变，但孔间距和阻挡层厚度并没有受到很大影响。这些实验数据与式（1.5）和式（1.15）的理论计算结果非常吻合。而孔径和壁厚并没有发现很好的一致性，其相关实验值随阳极氧化温度的不同而改变。一般来说，电解液温度的升高将会导致孔径的增大以及壁厚的减小。由于在−8℃下氧化物的化学腐蚀较慢，因此可以得到最小的孔径，而在所使用的最高温度下可以得到最薄的结构单元壁。依据式（1.19），孔隙率的大小取决于孔径，因此在不同阳极氧化温度下孔径的变化也可以换算为孔隙率的变化。

在不同电解池和温度下，温度对所制备自组织多孔阳极氧化铝孔隙率和孔密度的影响如图1.30所示。

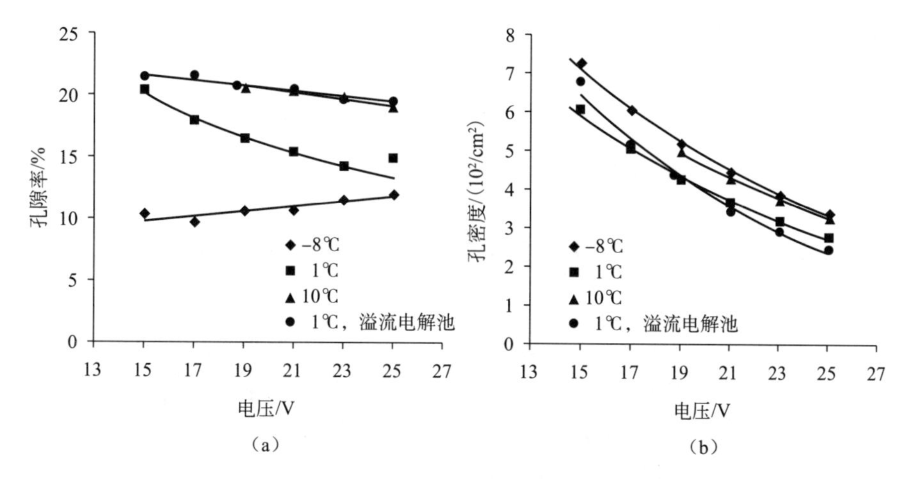

图1.30　不同温度下纳米结构的（a）孔隙率和（b）孔密度与阳极氧化电压之间的关系

注：阳极氧化过程在溢流电解池和磁力搅拌的双壁电解池中进行，电解液为2.4mol/L的硫酸溶液。

图1.30中的数据表明在整个阳极氧化电压和温度范围内，多孔阳极氧化铝的孔隙率会在10%～20%之间变化。随着阳极氧化电压的增大，可以看到孔隙率会随之增大或减小。由式（1.25）可以看出，在整个温度范围内，孔密度都会随电压的增大而减小。

在2.4mol/L的硫酸电解液中进行恒电压阳极氧化，多孔阳极氧化铝到达稳定生长状态时，电流密度与阳极氧化电压之间存在指数关系［见图1.31(a)］。

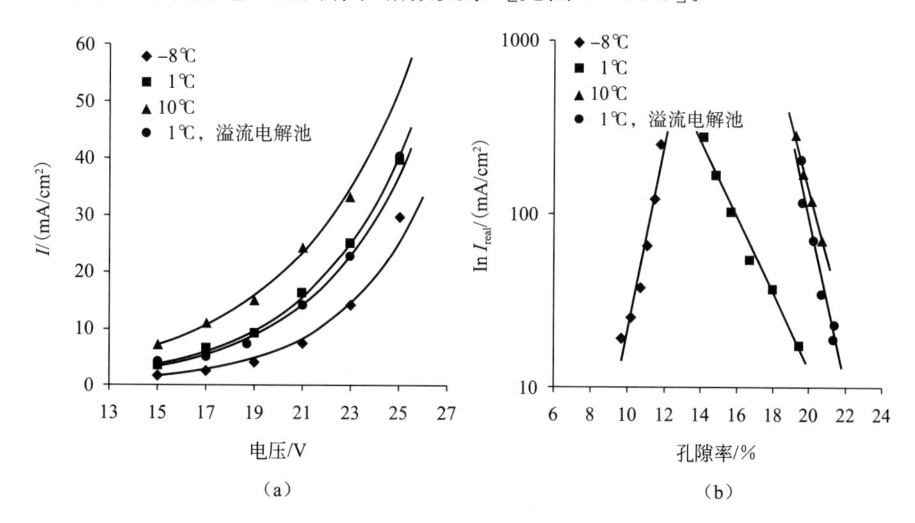

图1.31　在不同温度下：(a) 阳极氧化电压与稳态电流密度之间的关系；(b) 内部实际电流密度与纳米结构孔隙率之间的关系

注：阳极氧化过程分别在溢流电解池和磁力搅拌的双壁电解池中进行，电解液为2.4mol/L的硫酸溶液。I为阳极氧化电流密度；$\ln I_{real}$为内部实际电流密度。

虽然多孔阳极氧化铝生长过程中的电流密度会随着温度的升高而增大，但电解池中不同的流体动力学通量并不会对稳态电流密度产生明显影响。人们普遍认为多孔阳极氧化铝膜稳态生长所对应的电流密度与电场强度之间呈指数关系，而电场强度是由电压与阻挡层厚度的比值定义的。因此，在1℃下不同电解池中所记录的稳态电流密度是相似的。由于阳极氧化铝膜具有多孔性，因此在孔底部的实际电流密度要远高于仪器记录的电流密度。实际电流密度（I_{real}）是在一定阳极氧化电压下平均电流密度与纳米结构孔隙率之间的比值，其同纳米结构的孔隙率呈线性相关［见图 1.31(b)］。

在 2.4mol/L 硫酸电解液中所制备的多孔阳极氧化铝，其结构特征尤其是孔径将取决于电解液温度的变化，因为当温度升高时氧化物的溶解作用会增强（见图 1.32）。

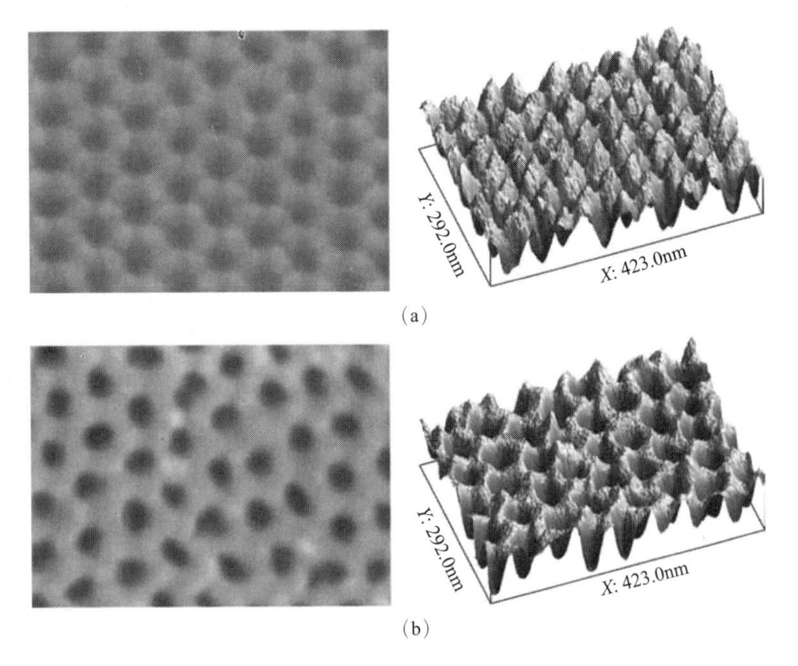

图 1.32　多孔阳极氧化铝顶面 SEM 图及三维图

注：(a) －8℃；(b) 10℃。二次阳极氧化过程在经磁力搅拌的双壁电解池中进行，电压为 25V，电解液为 2.4mol/L 的硫酸溶液。图片经 Elsevier Ltd. 许可，翻印自参考文献［240］。

因此，当阳极氧化电压较高时，可以得到较大的孔。对 25V 下制备的多孔阳极氧化铝进行三维 SEM 顶面表征表明，在这一放大倍率下所得结构的纳米孔排列未出现缺陷。当阳极氧化温度为－8℃时，可以看到视野范围内的孔间距与孔径具有极高的均匀度。而当阳极氧化温度为 10℃时，孔径将变得不再均匀［见图 1.32（b)］。此外，所得到的孔径要比－8℃下得到的孔径大，从三维 SEM 图片中可以很清楚地看到由于氧化物的化学腐蚀作用增强，在 10℃下进行阳极氧化所得到的样品表面将更为平整。在不同的阳极氧化电压和温度下，通过在多孔阳极氧化铝的顶面 SEM 图片中选取 1000 个独立孔径和孔间距的测试数据，研究人员对孔径和孔间距的均匀性进行了分析。在每一个阳极氧化电压下所得到的孔径和孔间距值都被分为了 7 组，并且在不同温度点构建了相应的分布图。在 19V，不同温度下所得到的孔径与孔间距分布图如图 1.33 所示。

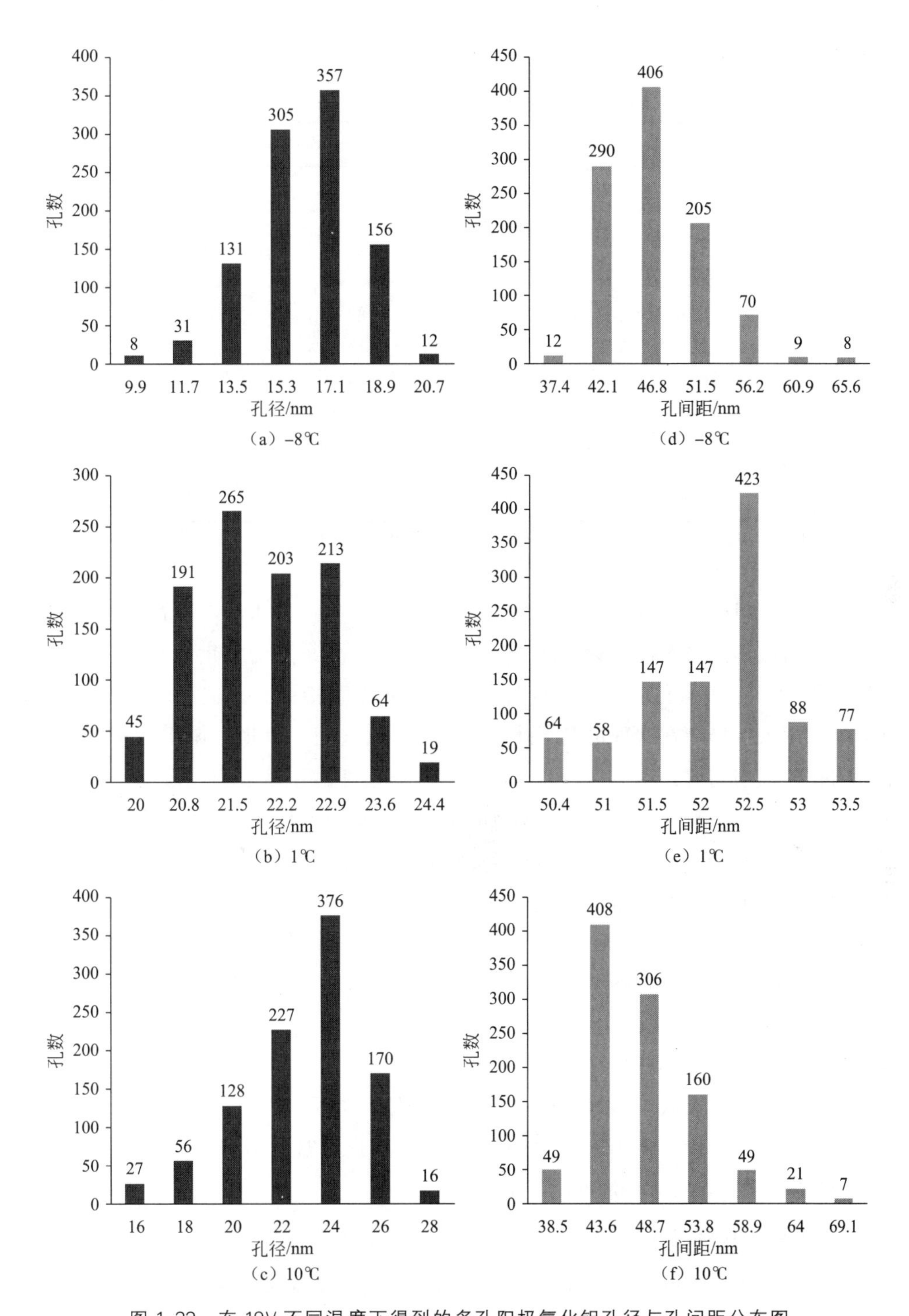

图 1.33 在 19V 不同温度下得到的多孔阳极氧化铝孔径与孔间距分布图

注：(a) 和 (d) 温度为−8℃；(b) 和 (e) 温度为 1℃；(c) 和 (f) 温度为 10℃。二次阳极氧化过程在磁力搅拌的双壁电解池中进行，电解液为 2.4mol/L 的硫酸溶液。

为了更好地认识温度对孔径和孔间距均匀性产生的影响，研究人员对分布图的宽度（极值之间的最大差值）进行了计算，如表 1.19 所示。值得注意的是当阳极氧化过程分别在 10℃，15V 和 17V 下进行时，表面并未出现孔生长，然而，在阳极氧化铝表面会发现纤维状的氧化物或随机孔氧化物结构。

表 1.19 不同温度和阳极氧化电压下分布图的宽度

电压/V	分布图的宽度/nm					
	孔径			孔间距		
	−8℃	1℃	10℃	−8℃	1℃	10℃
15	14.0	5.7	—	35.0	3.7	—
17	14.0	6.3	—	34.6	2.4	—
19	12.6	5.1	13.0	32.9	3.6	35.7
21	10.4	4.9	18.2	32.9	3.1	31.4
23	6.3	4.2	19.6	30.1	2.8	33.6
25	11.5	4.9	15.3	37.0	2.7	34.6

注：1. 二次阳极氧化过程在磁力搅拌的双壁电解池中进行，所用电解液为 2.4mol/L 的硫酸溶液。
2. 经 Elsevier Ltd. 许可，翻印自参考文献 [240]。

通常来讲，当阳极氧化电压为 15～23V 时，在−8℃和 1℃下分布图的宽度会随阳极氧化电压的增加而减小。当阳极氧化电压升高到 25V 时，分布图的宽度略有增加。当阳极氧化温度为 10℃时，阳极氧化电压和分布图宽度之间并无直接关联。这可以由 10℃下增强的氧化物溶解作用来解释，在这种情况下孔径会产生很大改变。因此，酸溶液的化学腐蚀可以极大地影响孔径的均匀度。

人们普遍认为阳极氧化持续时间会对孔径产生影响，而孔间距却不会受到影响[223]。有文献报道指出，随着阳极氧化时间的增加，所得到的孔径将会增大[201,223,233,255,408]。孔径随阳极氧化时间的增加而增大，这不仅与氧化物的化学溶解有关，还要受到稳定孔壁融合和形成的影响[223]。而阳极氧化时间也会改变自组织多孔阳极氧化铝结构的规整性。随着硫酸[216,407,492]、草酸[216,518]、磷酸[216,497]和丙二酸[211]电解液中阳极氧化时间的增加，纳米孔的排列更为有序，从而得到更大尺寸的平均有序区域。因此，延长阳极氧化时间可以提高纳米孔排列的规则性，从而得到理想排列的三角形晶格。此外，延长阳极氧化时间不仅可以使结构单元进行重排，还可以减少纳米结构中缺陷和错位的数量。与此相反，Nielsch 等人的研究发现，当阳极氧化过程在 0.1mol/L 的磷酸电解液中进行时，阳极氧化时间从 24h 延长到 48h，所得到的有序区域尺寸会减小[235]。

1.4.2.2 孔排列的有序度和缺陷

由于高有序自组织多孔阳极氧化铝应用极为广泛，因此需要对自组织多孔阳极氧化铝纳米孔排列进行大面积的精细控制。从纳米工程师的角度来看，具有完美排列密堆积均匀孔的材料是最理想的材料之一。因此，在自组织多孔阳极氧化铝形成过程中避免缺陷的产生以及对纳米结构的有序度进行后续的严密分析是至关重要的。应用铝的二次阳极氧化法，对包括阳极氧化电压所对应的特定自有序机制等反应条件进行精确选择时，可以获得完美排列的纳米结构。阳极氧化条件与自组织机制相偏离，会导致纳米孔的六边形排列被破坏以及缺陷的产生。可以通过阳极氧化铝表面图片或孔底部图片来对纳米孔排列的有序度进行分析。应该注意的是，阳极氧化铝表面有序度要比底面有序度略差。这主要是由多孔阳极氧化铝生长过程中发生于金属/氧化物界面的孔重排过程所导致的。

阳极氧化铝表面和底面的 SEM 图片及其二维（2D）快速傅里叶变换（FFTs）图像，以及 2D-FFTs 图像强度的平均分布如图 1.34 所示。铝的自组织二次阳极氧化过程在 1℃、21V 的阳极氧化条件下进行，所使用的电解液为 2.4mol/L 的硫酸溶液。

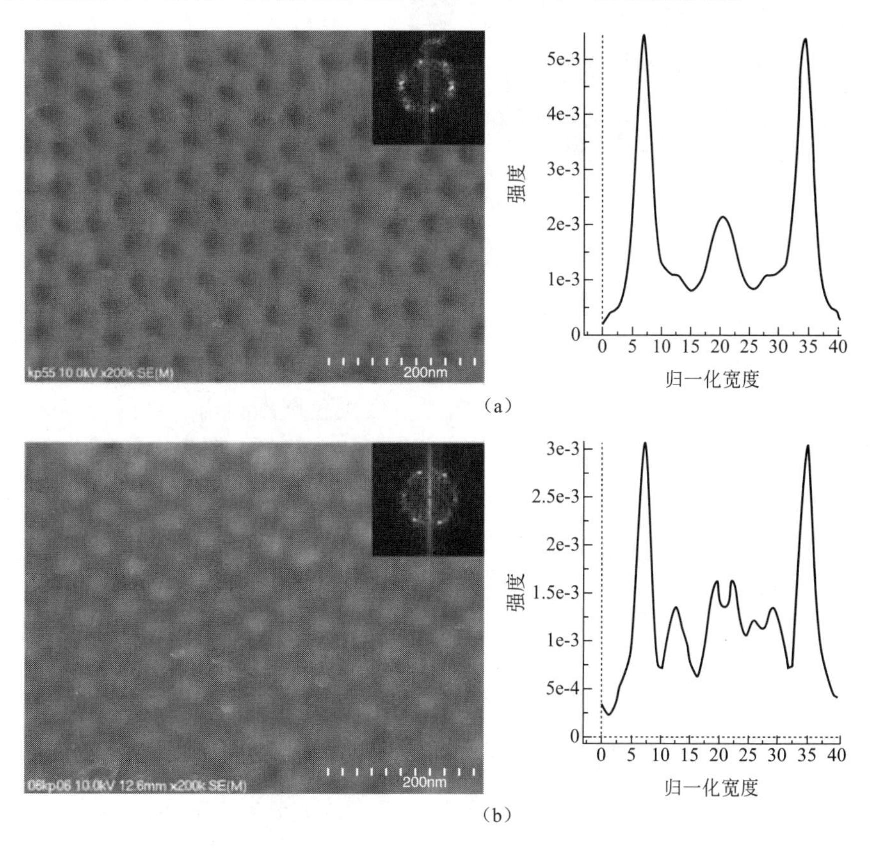

图 1.34 多孔阳极氧化铝层 SEM 图片、二维 FFT 图及 FFT 强度分析

注：(a) 顶面；(b) 底面。二次阳极氧化过程在 1℃、21V 的阳极氧化条件下进行，所使用的电解液为 2.4mol/L 的硫酸溶液。

由 SEM 图片可以看到纳米孔呈规则的三角形排列，缺陷的数量很少，这可以由二维 FFT 图像进一步证实。对晶格进行傅里叶变换可以得到倒空间内的结构周期性信息。对于完美的三角形晶格，FFT 图案应该包含六边形分布的 6 个不同的斑点。当晶格的有序度较差时，FFT 会出现环状甚至是圆盘形图案。图 1.34 中二维 FFT 的环状图案表明，所制备的纳米结构规则性较差。相比较而言，孔底部的有序度要高一些，因为在二维 FFT 图案中可以观察到清晰的斑点［见图 1.34(b)］并且其强度的平均分布图中主峰的宽度更窄。

在 21V、2.4mol/L 的硫酸电解液中应用二次阳极氧化法制备的多孔阳极氧化铝层，可以从其断面图中观察到平行排列的孔管道［见图 1.35(a)］。为了对管道结构进行更好的观察，研究人员在孔中进行了 He^{+} 束的垂直传输，并且对离子束的损耗进行了分析。在损耗图中［见图 1.35(b)］相对较窄的峰进一步证实了阳极氧化过程中所形成的管道是平直的。

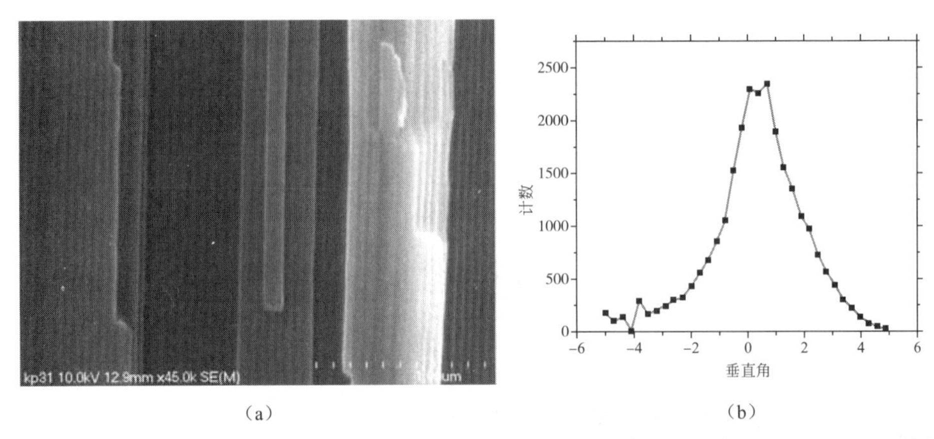

图 1.35 (a) 21V 下制备的多孔阳极氧化铝断面图片；(b) He^+ 束穿过阳极氧化铝（PAA）后的损耗图

注：二次阳极氧化过程在 1℃下搅拌的双壁电解池中进行，所使用的电解液为 2.4mol/L 的硫酸溶液。

在硫酸电解液中进行自组织的铝二次阳极氧化过程可以得到完美的三角形纳米孔排列。图 1.36(a) 为硫酸电解液中－8℃、21V 下所制备的多孔阳极氧化铝顶面 SEM 图。

理想三角形格子排列的纳米孔在 SEM 图片中由黑色圆圈标出，可以看到无论孔径还是孔间距的大小都极为均匀。在阳极氧化铝的表面三维 SEM 图［见图 1.36(b)］中可以看到孔洞呈现完美有序排列，在二维 FFT 图案［见图 1.36(c)］中可以观察到 6 个清晰的斑点。

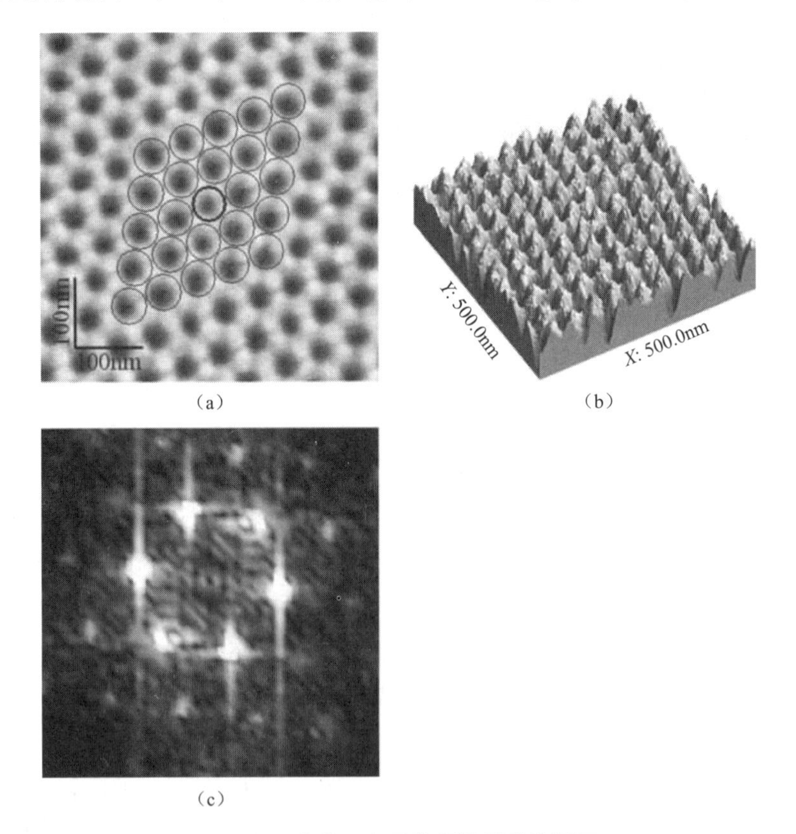

图 1.36 完美三角形格子纳米孔阵列图

注：(a) 顶面 SEM 图；(b) 三维形貌图；(c) 二维 FFT 图。二次阳极氧化过程在－8℃、25V 的阳极氧化条件下进行，所使用的电解液为 2.4mol/L 的硫酸溶液，进行分析的表面积大小为 $0.25\mu m^2$。翻印自参考文献［226］。

研究发现自组织过程所形成的理想孔排列仅发生在有序区域内，面积约为 0.5～5μm^2[236,403,493,498]，而在这些有序区域的界面处存在孔排列缺陷。图 1.37(a) 为所制备多孔阳极氧化铝的顶面 SEM 图片，视野面积为 1μm^2。二次阳极氧化过程在－8℃、25V 下进行，所使用的电解液为 2.4mol/L 的硫酸溶液。在图中依然可以看到高度有序的纳米孔排列，但同时也可以观察到缺陷孔的存在。在三维 SEM 图片中可以明显发现这些缺陷的存在，缺陷中心的突起高度要显著高于周围其他点［见图 1.37(b)］。以上结果表明，所制备多孔阳极氧化铝纳米结构的有序度略有下降，因此 FFT 图像中的 6 个斑点出现了展宽［见图 1.37(c)］。

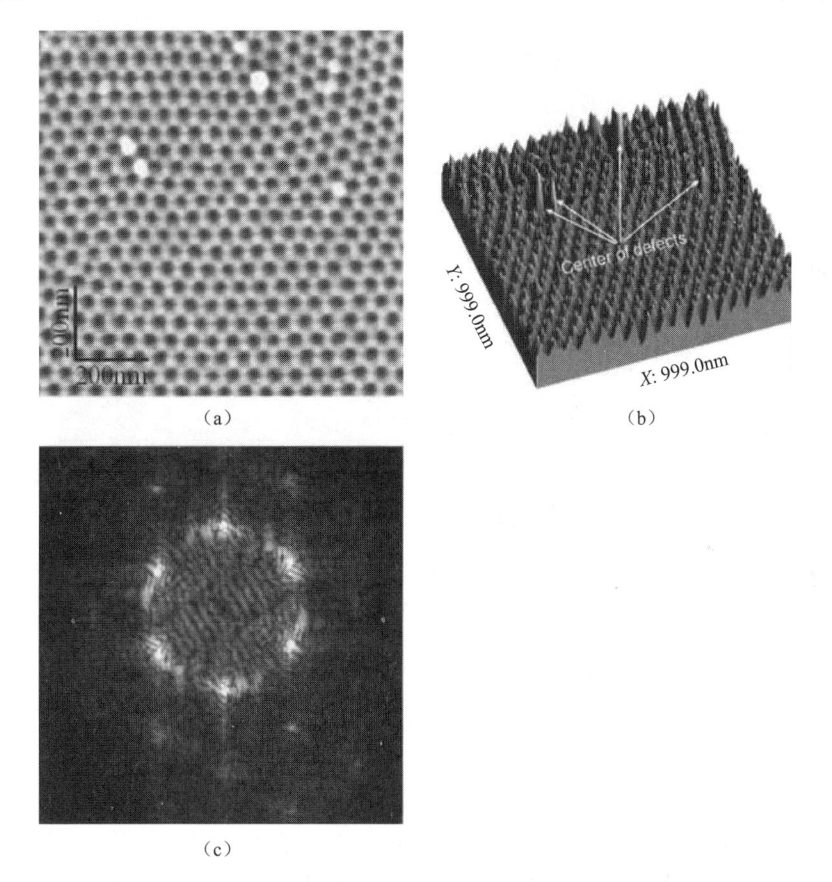

图 1.37 多孔阳极氧化铝规则纳米孔阵列图

注：(a) 顶面 SEM 图；(b) 三维形貌图；(c) 二维 FFT 图。二次阳极氧化过程在－8℃、25V 的阳极氧化条件下进行，所使用的电解液为 2.4mol/L 的硫酸溶液，进行分析的表面积大小为 1μm^2。翻印自参考文献［226］。

此外，研究人员研究了硫酸电解液中，在 15～25V 的电压范围内阳极氧化温度对多孔阳极氧化铝孔洞有序度的影响。典型的顶面 SEM 图片及二维 FFT 图如图 1.38(a) 所示，样品所对应的制备条件为 23V 和 1℃。

为了对自组织纳米结构的有序度进行更好的表征，研究人员在各种温度和阳极氧化电压下对所得到的 FFT 强度分布图进行了定量分析。图 1.38(b) 展示了沿标记实线的 FFT 强度分布图。此外，还对 FFT 图中其他两个方向上的强度分布进行了分析，并在不同阳极氧化电压和温度下对 $H/W_{1/2}$ 值［最大峰强度与最大半峰宽之间的比值，如图 1.38(b) 所示］

进行了计算。平均规则率（$H/W_{1/2}$）与阳极氧化电压之间的关系如图 1.39 所示。

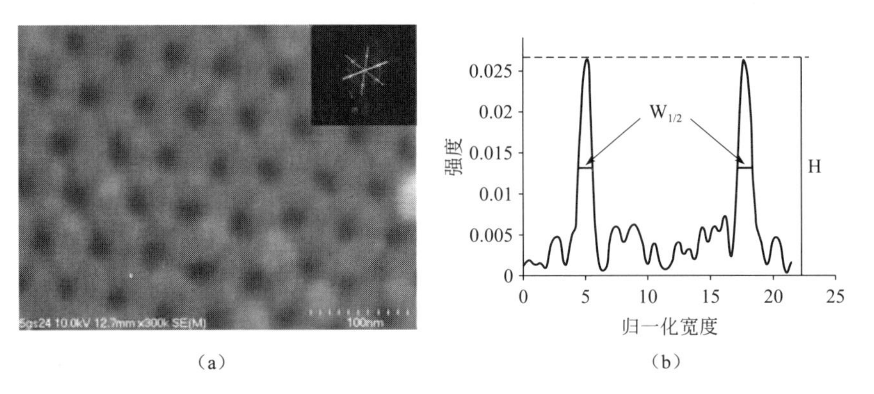

（a）　　（b）

图 1.38　多孔阳极氧化铝层的表征图

注：(a) SEM 顶面图和 FFT 图；(b) FFT 强度沿标记实线的分布分析。二次阳极氧化过程在 1℃、23V 的阳极氧化条件下进行，所使用的电解液为 2.4mol/L 的硫酸溶液。图片经 Elsevier Ltd. 许可，翻印自参考文献 [240]。

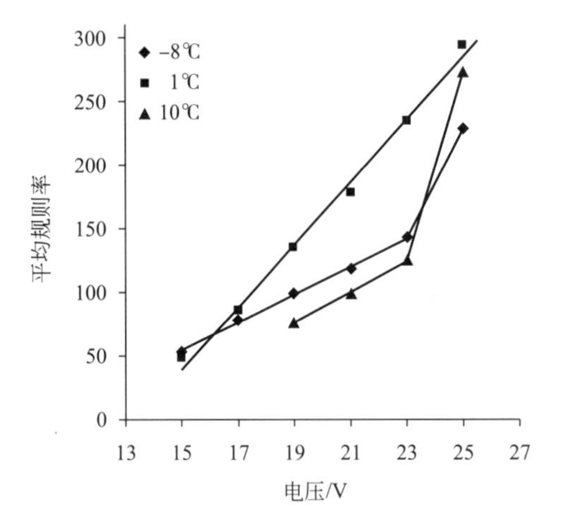

图 1.39　不同温度下阳极氧化电压对平均规则率（$H/W_{1/2}$）的影响

注：图片经 Elsevier Ltd. 许可，翻印自参考文献 [240]。

此外，在硫酸电解液中进行二次阳极氧化自组织过程的研究结果表明，随着阳极氧化电压的增大，纳米孔排列的有序度会得到改善。在 25V 以下时，平均规则率（$H/W_{1/2}$）与温度无关，且会随阳极氧化电压的增加而增大。结果表明当阳极氧化电压为 25V 时所得到的纳米孔可以获得最佳的有序度。

另外，还可以基于缺陷图即 Delaunay 三角剖分来对多孔阳极氧化铝的孔排列进行定量分析。图 1.40 展示了 2.4mol/L 硫酸电解液中不同电压和温度下获得的缺陷图，该缺陷图基于样品的顶面 SEM 图片来构建，包含的孔洞在 1000 个以上。那些周围孔非六边形排列的孔由白色的点标出，缺陷孔的百分比如表 1.20 所示。

当温度保持不变而阳极氧化电压在 15～23V 时，缺陷孔的百分比保持不变。当阳极氧化温度为 1℃时，缺陷百分比为 20%，而当温度为 −8℃或 10℃时缺陷百分比将增大到 30% 左右。研究发现，在 25V 阳极氧化电压下所制备的多孔阳极氧化铝具有最佳的有序度，其缺陷百分比约为 10%。

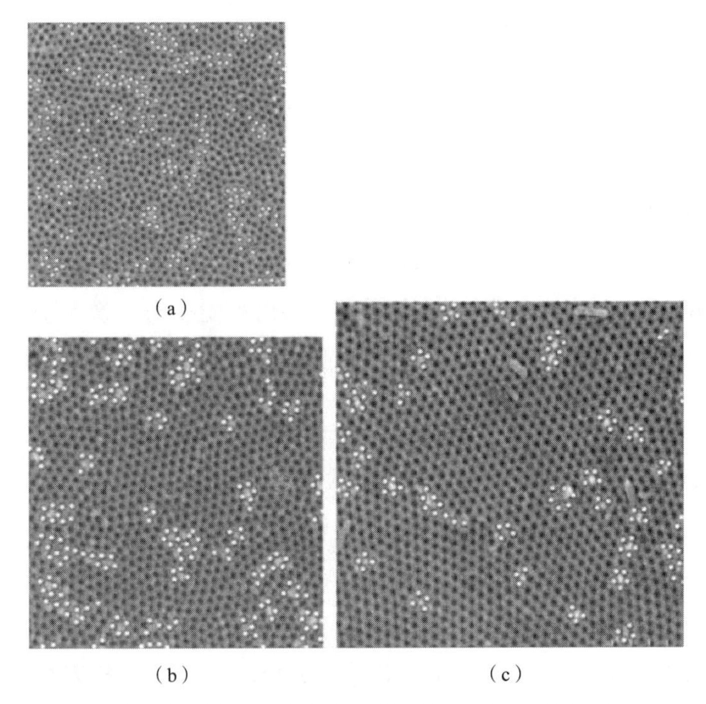

图 1.40 不同阳极氧化电压下得到的 SEM 缺陷图

注：图中孔数量超过 1000 个，电压：(a) 17V；(b) 21V；(c) 25V。二次阳极氧化过程在 1℃、2.4mol/L 的硫酸溶液中进行。图片经 Elsevier B. V. 许可，翻印自参考文献 [248]。

表 1.20 不同温度下纳米孔排列的缺陷百分比

阳极氧化电压/V	表面积/μm	−8℃		1℃		10℃	
		孔数量	缺陷百分比	孔数量	缺陷百分比	孔数量	缺陷百分比
15	1.24×1.24	1230	30.81	1054	20.87	—	—
17	1.32×1.32	1046	29.70	1072	20.43	—	—
19	1.48×1.48	1077	30.18	1040	21.15	1100	30.73
21	1.57×1.57	1111	30.06	1004	20.92	1038	29.67
23	1.76×1.76	1193	30.60	1134	20.99	1249	30.50
25	1.76×1.88 或 1.82×1.82	1268	9.54	1137	11.70	1191	10.75

注：详见参考文献 [226]。

通过对纳米结构的规则性和缺陷进行分析，结果表明，当铝的自组织阳极氧化过程在 1℃、25V 的硫酸电解液中进行时，所制备的多孔阳极氧化铝具有最佳有序度，所获得的纳米孔大小均匀，缺陷孔数量很少。

此外，研究人员以草酸为电解液研究了电解液浓度和阳极氧化时间对所制备纳米结构规则性的影响[241,385,495,496]。在不同温度下进行规则率分析的结果表明，在 5℃、40V、0.5mol/L[495]，或 15～17℃、40V、0.3mol/L[241,496] 的草酸电解液中进行阳极氧化过程，所制备的多孔阳极氧化铝具有最佳的纳米孔排列，所获得的有序区域尺寸最大。而 Ba 等人的研究结果表明，在 0℃、40V、0.6mol/L 的草酸电解液中进行阳极氧化过程，可以获得最佳的有序度[385]。此外，人们在 0℃、40V、0.3mol/L 草酸电解液条件下，研究了阳极氧化时间对有序区域尺寸的影响[236,519]。研究发现，阳极氧化处理 10h 后所得到的有序区域尺寸约为 2.8μm^2，比阳极氧化处理 5h 的样品翻了一倍[519]。在 0℃下有序区域尺寸 $D(\mu m^2)$ 和阳极氧化时间 t(小时) 之间的线性关系如下所示：

$$D = 0.550t^{[519]} \tag{1.52}$$

$$D = 0.195t^{[236]} \tag{1.53}$$

在 15℃时如下所示[236]：

$$D = 0.404t \tag{1.54}$$

此外，人们在 0.3mol/L 草酸电解液中研究了铝退火温度对二次阳极氧化法所制备多孔阳极氧化铝纳米孔有序度的影响[520]。研究发现，随着退火温度的增加，有序区域尺寸将会逐渐增大。

通过使用自适应阈值来对波传播进行分析，可以对 SEM 图中纳米孔排列的结构均匀性进行研究[521]，而六边形百分比可以基于 Veronoi 图来进行计算。计算结果显示，孔径为 20nm 的市售薄膜（Anapore，Whatman），其平均六边形百分比为 37.5%～41.3%，而实验室通过一次或二次自组织阳极氧化过程在草酸电解液中制备的薄膜，该百分比却为 47.2%～54.5%。Sui 和 Sangier 利用 AFM 对多孔阳极氧化铝的纳米孔排列进行了研究[522]。结果表明，当表面积为 0.25μm^2 时，在硫酸和草酸电解液中所制备的多孔阳极氧化铝，其六边形百分比分别为 66%和 100%。

1.4.3 多孔阳极氧化铝的后处理

近来，多孔阳极氧化铝由于具有规则的纳米孔排列，而被广泛用作模板来合成各种纳米材料。因此，所制备的 PAA 膜通常需要经过一定的后处理过程，包括去除铝基底、去除或减薄阻挡层，以及再阳极氧化等。

1.4.3.1 去除铝基底

可以应用电化学分离法来对阳极氧化铝和铝基进行分离，包括应用反向电压和脉冲电压法[502,503]。此外，在 20%的 HCl 溶液中，通过施加 1～5V 的电压进行电化学腐蚀也可以进行阳极氧化铝的分离[302]。但目前应用最广泛的方法，是通过湿化学法来去除剩余的铝。这一过程通常是在饱和 $HgCl_2$ 溶液中进行（例如参考文献 [220，407，409]）。其他一些非常用的除铝溶液及相应实验条件如表 1.21 所示。

表 1.21 铝阳极氧化后进行化学除铝的一些非常用溶液

溶液	温度/℃	时间/min	参考文献
Br_2+CH_3OH	40	10	[252，295]
$CuCl_2$(饱和)	—	—	[523]
$CuCl_2$(饱和) +8% HCl	室温	—	[305，324]
0.08mol/L $CuCl_2$+8% HCl	20	60	[524]
0.1mol/L $CuCl_2$+20% HCl	5～室温	10	[253，299，491，501，515]
$CuSO_4$(饱和)	—	—	[303]
$CuSO_4$(饱和) +38% HCl	0～20	2～5	[318，507]

研究人员详细研究了 $CuSO_4$/HCl 含量以及溶液温度对铝基底化学腐蚀速率的影响[507]。结果表明，当 HCl 溶液浓度为 25%～65%时，若想对 0.2mm 厚度的铝基进行有效去除，反应时间不能低于 2min，而溶液温度对除铝时间产生的影响可以忽略不计。去除铝基后，可以观察到孔底部的球形表面，如图 1.34(b) 所示。

1.4.3.2 去除阻挡层

PAA 模板的制备过程包含去除铝基底之后的开孔过程，或进行金属、半导体沉积之前的扩孔过程。通常情况下，会通过化学腐蚀过程来去除 PAA 膜的阻挡层，例如将样品浸入到 H_3PO_4 溶液中，具体开孔时间取决于阻挡层厚度和阳极氧化条件。表 1.22 列出了去除阻挡层的具体过程条件。

随着开孔时间的延长，也会同时发生扩孔过程[498]，通过改变磷酸溶液中的化学腐蚀时间，可以对开孔直径进行调制。Xu 等人对开孔和扩孔过程进行了深入研究[318]，在进行扩孔处理之前，首先将样品在 12℃、40V、0.3mol/L 的草酸电解液中进行阳极氧化。研究表明，在 0.5mol/L 的磷酸溶液中阻挡层的腐蚀速率约为 1.3nm/min，随着孔深度的增加而减小，且横向、纵向腐蚀速率不等。其中横向腐蚀速率对去除阻挡层起主要作用，而纵向腐蚀速率主要与扩孔过程和纳米孔深度有关。此外，应用反应离子束（主要是 Ar^+）刻蚀技术也可以去除多孔阳极氧化铝的阻挡层[385,524,528]，但基于离子束的干刻蚀过程需要较为复杂的仪器设备。

为了获得具有特定孔径的高有序纳米孔，需要对样品进行扩孔处理（见表 1.23）。

Hwang 等人给出了孔径（nm）与扩孔时间 t_w（min）之间的关系，多孔阳极氧化铝的制备条件为 15℃、40V、0.3mol/L 草酸电解液[241]，扩孔过程在 30℃、0.1mol/L 的磷酸溶液中进行：

$$D_p = 24.703 - 0.116t_w + 0.0221t_w^2 \tag{1.55}$$

Choi 等人的研究结果表明，在 30℃、1mol/L 的磷酸溶液中进行扩孔过程，扩孔速率约为 1.83nm/min[529]，利用 SEM 或 AFM 可以对孔径进行测定[527]。近年来，研究人员利用电容电压法来对薄氧化铝膜的扩孔过程进行表征[530]。此外，在 1.2mol/L 的 NaOH 溶液中进行扩孔，可以得到 PAA 纳米线和纳米管[523]。当扩孔过程在超声条件下进行时，会显著缩短扩孔时间[531]。

1.4.3.3 阻挡层的结构与减薄

研究人员利用原位椭圆偏振光谱仪[532,533]、布里渊光谱法[534]、电化学阻抗谱(EIS)[448,533,535,536]，和再阳极氧化技术[245～247,267,535,537,538]，对多孔阳极氧化铝的阻挡层结构，以及经氧化物溶解或离子注入后的介电特性进行了表征。

人们普遍认为多孔阳极氧化铝的阻挡层包含两个或三个子层，每一层都具有不同的化学溶解特性。此外，子层的厚度、数量，及其在阻挡层厚度中所占的百分比，取决于阳极氧化电压的大小。研究人员在 20℃下，0.4mol/L 的磷酸溶液和 0.45mol/L 的草酸溶液中制备了多孔阳极氧化铝，随后在硫酸溶液中对其进行了腐蚀溶解[246,247,532,537,538]。利用再阳极氧化技术可以对 50℃下、2mol/L 硫酸或磷酸溶液中阻挡层的溶解速率进行研究（见图 1.41 和图 1.42）。

表 1.22 在硫酸、草酸和磷酸电解液中进行二次阳极氧化，之后进行开孔过程的过程条件与结果

阳极氧化条件			开孔过程				参考文献
电解液	温度/℃	电压/V	电解液	温度/℃	时间/min	D_p/nm	
0.3mol/L H_2SO_4	10	25	0.5mol/L H_3PO_4	30	30	—	[403，493]
1.1mol/L H_2SO_4	5	25		30	23	33	[502]
0.2mol/L $H_2C_2O_4$	0	40		25	45	43	[506]
0.3mol/L $H_2C_2O_4$	0	60		RT	120	80	[501]
	1	40		35	30	—	[403，493]
	17	40		30	60	50	[500]
0.45mol/L $H_2C_2O_4$	5	40～50		30	75～85	40～72	[502]
1.1mol/L H_3PO_4	3	160		45	30	—	[403，493]
H_3PO_4-CH_3OH-H_2O(1∶10∶89，体积之比)	−4	195	1.1mol/L H_3PO_4	20	300	350	[498，525，526]
H_3PO_4-C_2H_5OH-H_2O(1∶20∶79，体积之比)	−10～0	195①	0.5mol/L H_3PO_4	45	30	—	[339]

注：RT 为室温。
①硬阳极氧化。

表 1.23 在硫酸、草酸和磷酸电解液中进行二次阳极氧化，之后进行扩孔过程的过程条件与结果

阳极氧化条件				扩孔过程				参考文献
电解液	温度/℃	电压/V	D_p/nm	电解液	温度/℃	时间/min	D_p/nm	
1.1mol/L H_2SO_4	10	20	—	0.1mol/L H_3PO_4	35	20	—	[522]
6.0mol/L H_2SO_4	20	18	—	0.5mol/L H_3PO_4	30	12	30	[494]
0.04mol/L $H_2C_2O_4$	5	85	90	0.5mol/L H_3PO_4	20	30	120	[498，525，526]
0.2mol/L $H_2C_2O_4$	18	40	—	0.1mol/L H_3PO_4	—	40	44	[505]
0.3mol/L $H_2C_2O_4$	—	40	31	0.1mol/L H_3PO_4	30	30	46	[527]
						50	60	
	15	40	24	0.1mol/L H_3PO_4	30	50	74	[241]
	15	40	—	0.1mol/L H_3PO_4	35	50	52～60	[522]
	20	40	25	0.63mol/L H_3PO_4	20	85	75	[305]
	24	40	40	0.5mol/L H_3PO_4	25	60	80	[509]
0.63mol/L $H_2C_2O_4$	20	30	14.5	0.63mol/L $H_2C_2O_4$	40	30	20	[406]
						60	26	
						90	32	
						120	38	
0.3mol/L H_3PO_4	0	195	—	1.1mol/L H_3PO_4	—	240	320	[497]
0.45mol/L H_3PO_4	20～22	140	100	2.4mol/L H_2SO_4	20	60	103	[252]
						80	109	
						300	115	

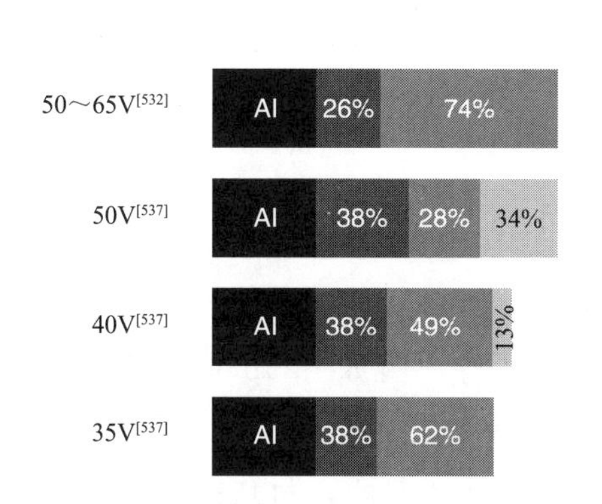

图 1.41 多孔阳极氧化铝阻挡层中具有不同溶解速率的子层

注：阳极氧化过程在 20℃、0.4mol/L 的磷酸电解液中进行[532,537]。

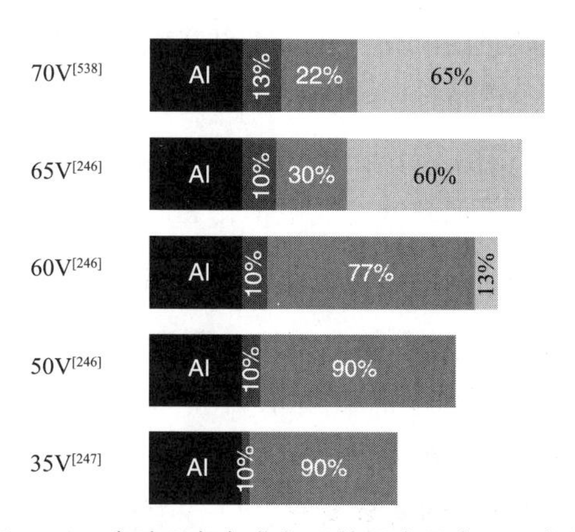

图 1.42 多孔阳极氧化铝阻挡层中具有不同溶解速率的子层

注：阳极氧化过程在 20℃、0.44mol/L 的草酸电解液中进行[246,247,538]。

利用再阳极氧化技术可以对阻挡层的溶解过程进行研究，具体阳极氧化过程在 20℃的己二酸铵溶液中进行，所施加的电压为 5～80V[267]。研究人员对 60℃、2mol/L 硫酸溶液中的溶解速率进行了研究，结果表明，当阳极氧化电压为 20～80V 时溶解速率基本保持不变。尽管阻挡层通常被按照单层结构来处理，但在阳极氧化电压较低时会出现两个明显的子层，具有不同的溶解速率。

为了对多孔阳极氧化铝孔洞中的电沉积成核点进行精确控制，必须对阻挡层进行有效减薄。减薄处理后电子可以隧穿阻挡层，从而为之后的均匀电沉积创造有利条件。多孔阳极氧化铝的阻挡层减薄过程通常伴随扩孔过程。Stein 等人的研究表明，当恒电流密度阳极氧化过程（$2mA/cm^2$）在 20℃、0.4mol/L 的磷酸电解液中进行时，所制备的多孔阳极氧化铝包含两个子层，各自具有不同的溶解速率（见图 1.41）[532]。其中靠近金属/氧化物界面的部分在 2mol/L 的磷酸溶液中不会溶解，而孔底部靠近电解液的部分却很容易被溶解。此外，研究人员在不同温度下对混合溶液中的阻挡层溶解速率进行了研究，该混合溶液由 0.4mol/L 的磷酸溶液和 0.2mol/L 的铬酸溶液所组成[533]。具体阳极氧化过程在 0℃、30V、0.34mol/L 的草酸电解液中进行。研究表明，当温度为 38℃和 60℃时，阻挡层（36nm）的溶解速率分别为 0.3nm/min 和 1.0nm/min，而在该阳极氧化条件下，阳极氧化过程中的溶解速率约为 6nm/min(38℃)。

O'Sullivan 和 Wood 的研究表明，当阳极氧化电压降低后，由于氧化物的场助溶解减弱，因此可以使阻挡层的厚度变薄[208,232]。基于这一假设，可以应用电化学法来对阻挡层进行均匀减薄[539]，逐步减小的电压可以使阻挡层逐渐变薄并完全贯通。当阳极氧化过程在 25℃、0.4mol/L 的磷酸电解液中进行时，可以用 0.3V 或原电压 5%的幅度来进行步进式降压，将电压从 160V 逐步降低至 0.1V[539]。当阳极氧化过程在 195V、0.1mol/L 的磷酸电解液中进行时，可以用类似的指数式降压过程来对阻挡层进行减薄[529]。在不同电压下会应用不同的电解液来进行减薄：当电压为 195～80V 时，所使用的电解液为 0.1mol/L 的磷酸溶液，衰减幅度为 2V，每一个过程持续 180s；而当电压为 80～1V 时，所使用的电解液为 0.3mol/L 的草酸溶液，衰减幅度由 2～0.01V 指数式递减，每一个过程持续 30s。利用该减薄方法可以在 PAA 模板的纳米孔中沉积形成高有序的 Ni 纳米线。当阳极氧化过程在 2℃、40V、0.3mol/L 的草酸电解液中进行时，可以在 $290mA/cm^2$ 和 $135mA/cm^2$ 的恒电流密度下分别进行 15min 的阳极氧化来进行阻挡层的减薄[540]，而在进行减薄之前，需要在 30℃、0.3mol/L 的草酸溶液中扩孔 2h。

1.4.3.4 多孔阳极氧化铝的再阳极氧化

作为一种孔填充方法，再阳极氧化技术广泛应用于多孔阳极氧化铝的表征领域。再阳极氧化过程通常在恒电流密度下的中性电解液中进行，例如 0.5mol/L 的 H_3BO_3 和 0.05mol/L 的 $Na_2B_4O_7$ 混合溶液[245~247,406,537,538]。利用再阳极氧化技术可以研究不同电解液下阻挡层的溶解速率，以及阳极氧化电压对阻挡层厚度的影响，包括己二酸铵[267]、草酸[246,247,406,538]和磷酸[245,537]电解液。应用再阳极氧化技术，可以根据公式（1.42）来对阻挡层厚度进行计算。Girginov 等人的研究表明，可以利用 EIS 来对阻挡层厚度进行估算[533]。此外，研究人员应用再阳极氧化技术制备了复合阳极氧化膜，并对导电性进行了详细研究[541]。当再阳极氧化过程在添加氟化物的草酸电解液中进行时，阻挡层的电阻将会显著减小[536]。

应用再阳极氧化法可以计算多孔阳极氧化铝的孔隙率（α）：

$$\alpha = \frac{T_{Al^{3+}}(m_2/m_1)}{1-(1-T_{Al^{3+}})(m_2/m_1)} = \frac{T_{Al^{3+}}(m_2/m_1)}{1-T_{O^{2-}}(m_2/m_1)} \tag{1.56}$$

其中 $T_{Al^{3+}}$ 和 $T_{O^{2-}}$ 分别为 Al^{3+} 和 O^{2-} 的传输数，m_1 为再阳极氧化过程中电压-时间曲线的斜率，而 m_2 为铝阳极氧化过程中电压-时间曲线的斜率。由于 Al^{3+} 和 O^{2-} 的传输数分别为 0.4 和 0.6，因此很容易对多孔阳极氧化铝的孔隙率进行计算。目前，再阳极氧化过程已被成功用于测定不同电解液下的孔隙率，包括硫酸[216,249]、草酸[216,249,406,541]、磷酸[216,249,336]和铬酸[249]等。

Girginov 等人对再阳极氧化过程中复合阳极氧化铝膜的生长动力学进行了研究[542~545]。结果表明，电流主要通过孔底部来传输，而电流密度的分布与孔底部的曲率直接相关。

1.5 PAA 模板法制备纳米结构

铝经过自组织阳极氧化过程，可以形成包含高有序纳米孔的多孔阳极氧化铝，将其作为模板可以有效而低廉地合成各种纳米结构。通常来讲，利用多孔阳极氧化铝来合成纳米结构可以采取两种方法：① 可以直接用带有铝基底的多孔阳极氧化铝膜来电沉积金属；② 去除铝基后得到多孔阳极氧化铝膜，并将其进行通孔处理。其中第二种方法是目前制备各种高有序纳米结构所重点采用的方法。Liang 等人对基于多孔阳极氧化铝合成各种纳米阵列的方法进行了报道（见图 1.43）[546]。

基于高有序多孔阳极氧化铝可以合成各种各样的纳米材料，包括金属和半导体纳米孔、环、颗粒、纳米柱和纳米线，金属氧化物、金属、硅和金刚石纳米孔阵列，以及碳纳米管和聚合物纳米管等。在本节中将会选取一些材料来进行分析和讨论。

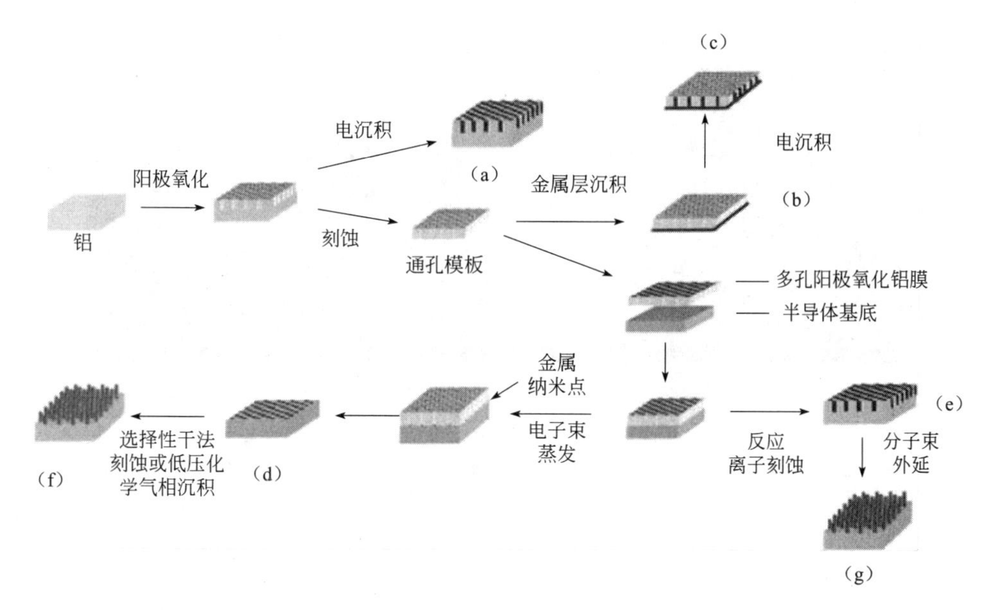

图 1.43 基于多孔阳极氧化铝来合成纳米结构的过程示意图

注：步骤（a），将金属沉积在 PAA 的孔洞中形成金属纳米线阵列；步骤（b），将金属沉积在 PAA 模板的表面；步骤（c），将金属沉积在 PAA 的孔洞中形成金属纳米线阵列；步骤（d），在半导体基底上沉积金属纳米点阵列；步骤（e），带有纳米孔阵列的半导体基底；步骤（f），半导体纳米柱阵列；步骤（g），通过分子束外延（MBE）来制备异质结量子点阵列。图片经 Institute of Electrical and Electronics Engineers，Inc. 许可，翻印自参考文献［546］。

基于多孔阳极氧化铝合成的纳米材料主要可以分为以下几组：

① 金属纳米点、纳米线、纳米柱和纳米管；

② 金属氧化物纳米点、纳米线和纳米管；

③ 半导体纳米点、纳米线、纳米柱和纳米孔阵列；

④ 聚合物、有机、无机纳米线和纳米管；

⑤ 碳纳米管；

⑥ 光子晶体；

⑦ 其他纳米材料（金属和金刚石薄膜以及生物材料等）。

1.5.1 金属纳米点、纳米线、纳米柱和纳米管

基于 PAA 模板和金属蒸发，可以进行金属纳米点阵列的合成（图 1.43 中的步骤 d）。同电化学沉积过程相比，蒸发法更容易对纳米点的生长过程进行控制。目前，已经可以在硅基底上合成各种纳米点阵列，包括 Ni[4]、Cu[547]、Au 和 Au-Ag[548] 等。最近，Park 等人基于 PAA 模板和金属蒸发过程，在硅基底上制备了 Au、Al、Ag、Pb、Cu、Sn 和 Zn 纳米点阵列[549]。此外，也可以通过化学法来进行金属沉积，从而合成各种纳米点和纳米颗粒，例如 Ag[550] 和 Pd[551] 纳米点。

通过对带有铝基底的 PAA 模板（图 1.43 中的步骤 a）或通孔 PAA 模板（图 1.43 中的步骤 b 和 c）进行电沉积，可以合成各种金属纳米线和纳米柱阵列，例如 Ag[529,552,553]、Au[554~556]、Co[557~559]、Cu[560]、Ni[540,556,561~566]、Pb[567] 和 Pd[568] 纳米线（柱）。基于 PAA 模板和电沉积法所制备的高有序银纳米线阵列如图 1.44 所示。

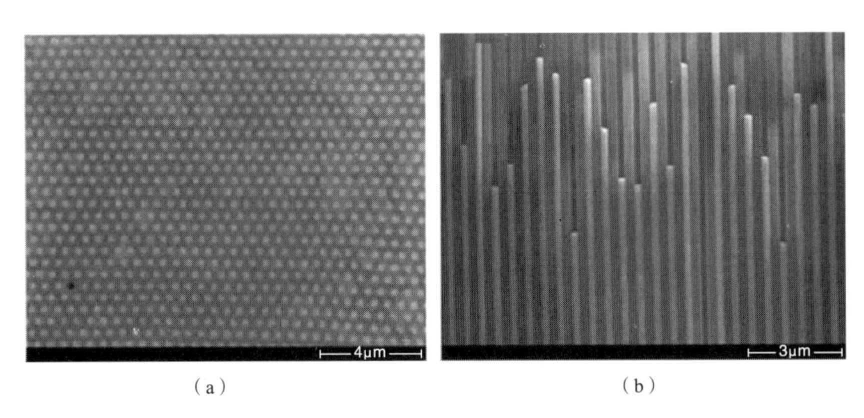

（a） （b）

图 1.44 高有序多孔阳极氧化铝模板中银纳米线的 SEM 图片

注：（a）顶面图；（b）断面图。图片经 American Chemical Society 许可，翻印自参考文献［529］。

基于 PAA 模板和电沉积法不仅可以制备简单的 Ni 纳米线，还可以合成各种复杂的纳米线结构[569]。最近，研究人员利用电化学沉积法和 PAA 模板，制备了多层 Co/Cu[570] 纳米线，以及 Co-Cr[571]、Co-Pt[572,573]、Fe-Pt[573] 和 Fe-Pd[574] 等各种合金纳米线，而利用蒸发法可以合成 Au 纳米线[575]。此外，基于 PAA 模板和化学镀法，可以制备 Ag 纳米线[576] 以及掺有 P 的 Ni 纳米线[577]。

基于通孔 PAA 模板和电沉积过程可以制备 Fe、Co 和 Ni 纳米管，管外径为 50～100nm（图 1.43 中的步骤 b 和 c）[578]。此外，通过 Ag 纳米颗粒的固定过程，及后续的 Au、Ni 电化学沉积过程，可以合成 Au 纳米管和多节 Au-Ni 纳米管[579]。而基于 PAA 模板还可以合成内壁包覆有聚合物层的薄壁 Co[510,580] 或 Pd[581～583] 纳米管。这些复合磁性纳米管基于 PAA 模板和热分解过程来合成，利用该方法也可以合成 Au 纳米管[584]。除此之外，经硅烷处理后的 PAA 模板，Au 纳米颗粒可以在其孔壁上进行自发聚结，从而形成 Au 纳米管[585]。Wang 等人利用化学镀过程合成了 Co、Ni 和 Cu 纳米管[586]，而基于 PAA 模板和物理气相沉积可以合成铝纳米管，之后可以对其进行常压注入[587]。

1.5.2 金属氧化物纳米点、纳米线和纳米管

基于 PAA 模板，通过电化学沉积或化学镀过程可以合成各种金属纳米点和纳米线，经进一步氧化处理后可以得到相应的金属氧化物纳米点和纳米线（图 1.43 中的步骤 a～c），应用该方法可以合成 ZnO 纳米线[588]。而基于电沉积过程，可以直接在 PAA 模板的孔管道中沉积 Cu_2O 纳米线[589]。此外，应用通孔 PAA 模板和金属蒸发过程（图 1.43 中的步骤 d），可以合成 TiO_2 纳米点[546]。近来，相关研究提出应用射频磁控溅射系统，直接将 In_2O_3 纳米柱沉积到硅基 PAA 模板的孔洞中，从而合成了 In_2O_3 纳米点/柱复合结构[590]。通过在 TaN[591] 和 Ta（Nb）[592] 基底上沉积 Al，之后进行阳极氧化过程，可以得到高有序、粒度分布窄的氧化钽纳米点。在阳极氧化过程中，铝层会转化为多孔阳极氧化铝，同时，氧化钽会在氧化铝的下方生长。此外，利用 PAA 模板可以在 GaN 基底上形成高有序的 Au 纳米点，之后应用催化外延晶体生长过程可以合成 ZnO 纳米线[593]，这些纳米线以 Au 为成核点来进行生长，最终得到规则的阵列。应用二次复型过程可以得到 TiO_2[594] 和 WO_3[595] 多孔膜，其

中第一次复型过程需要获得包含聚甲基丙烯酸甲酯（PMMA）的PAA阴模，而第二次复型过程首先要在PMMA阴模上蒸镀Au层，其后在Au层上电沉积WO_3[595]或溶胶-凝胶合成TiO_2[594]。Sander等人应用原子层沉积（ALD）和PAA模板，制备了高有序TiO_2纳米管阵列（见图1.45）[596]。最近，研究人员基于PAA模板渗透和溶胶-凝胶法，制备了PbZr-TiO_3铁电纳米管[597]。

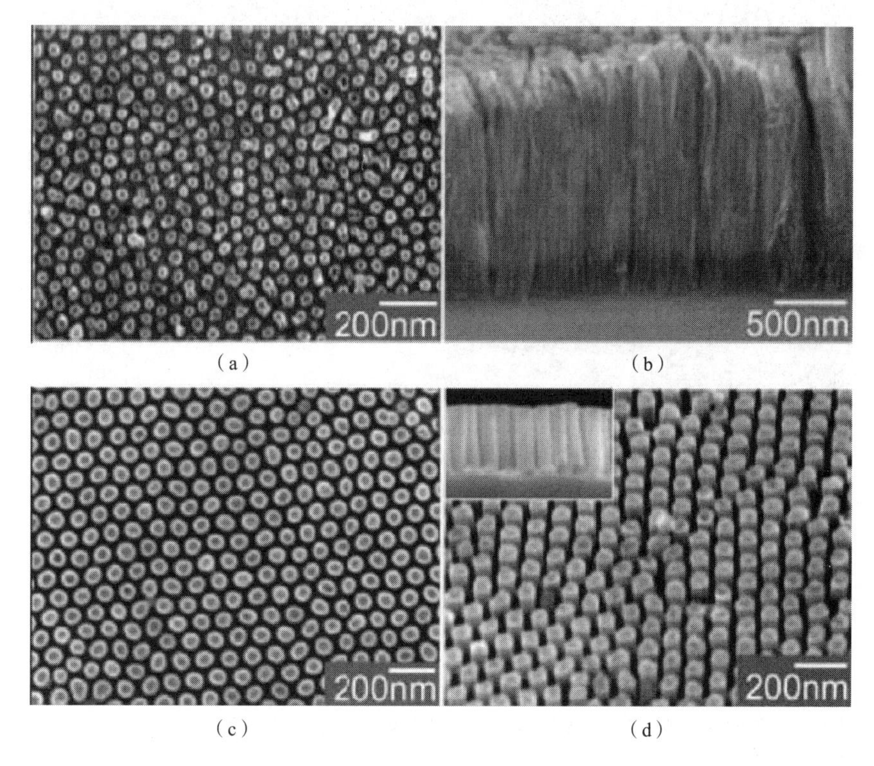

图1.45 硅基底上TiO_2纳米管阵列SEM图

注：(a) 顶面；(b) 侧面，纳米管的外径为40nm，而平均间距约为60nm；(c) 顶面图；(d) 斜视图（插图为纳米管的断面图），六边形密堆积排列纳米管的外径为80nm，而平均间距约为100nm。图片经WileyVCH Verlag GmbH & Co. KGaA. 许可，翻印自参考文献[596]。

1.5.3 半导体纳米点、纳米线、纳米柱和纳米孔阵列

近年来，半导体纳米结构由于具有极高的潜在应用价值，吸引了研究人员的广泛关注。应用干法刻蚀技术，例如等离子刻蚀、离子减薄以及反应离子刻蚀，可以将PAA模板的六边形图案直接复刻在半导体上。应用这些方法可以将纳米孔的形状和排列直接正转移到半导体材料上，形成纳米孔阵列（见图1.43中的步骤e）。而应用分子束外延（MBE）和金属-有机化学气相沉积（MOCVD）（见图1.43中的步骤e和g），或气-液-固（VLS）生长和低压化学气相沉积（LPCVD）（见图1.43中的步骤d和f）的技术，则会将图案反转移到目标材料上，形成量子点或纳米柱。此外，通过在半导体基底上进行铝的过阳极氧化，也可以获得量子点阵列[598]，当铝层完全耗尽后反应会终止，其后多孔阳极氧化铝的阻挡层被溶解，基底会发生氧化并形成半导体量子点。目前，基于PAA模板可以在各种半导体基底上（Si、GaAs或GaN）合成不同材料的量子点阵列，包括InAs[598]、GaN[599]、CdTe[600,601]、In-

GaN[602]、SiO_2[603]和 nc-Si:H[604]量子点。Wang 等人的研究表明，通过对生长时间进行严格控制，可以应用 MOCVD 来合成规则的纳米环和纳米箭头[602]（见图 1.46）。

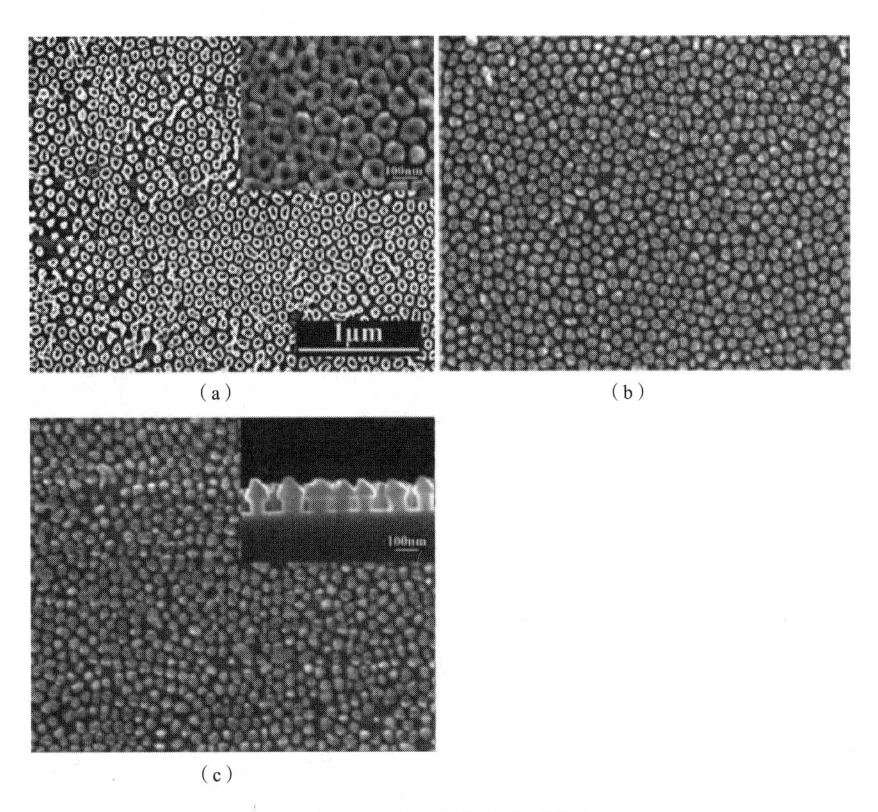

(a) (b) (c)

图 1.46 InGaN 纳米结构 SEM 图

注：(a) 纳米环（插图为放大图）；(b) 纳米点；(c) 纳米箭头（插图为断面图）。图片经 American Chemical Society 许可，翻印自参考文献 [602]。

作为模板材料，多孔阳极氧化铝被广泛用来合成各种半导体纳米线和纳米柱。通过反应离子刻蚀或反应电子束刻蚀（见图 1.43 中的步骤 e），可以合成 Si、InP、GaAs 和 GaN 纳米柱[546,605,606]，所制备的 GaAs 和 InP 纳米孔阵列具有较好的均匀性，使其可以作为二维光子晶体来使用。此外，应用 VLS 过程（见图 1.43 中的步骤 f）也可以制备六角排列的 GaN 纳米线阵列[4]。而基于 PAA 模板和电化学沉积过程，可以合成 PdS[607]、CdS[608~610]和 Se[611]纳米线。通过电沉积过程可以将铟填充在多孔阳极氧化铝的孔洞中，之后在 550～700℃的温度下通氨气进行反应，可以得到半导体 InN 纳米线[612]。而基于 PAA 模板和水热法，可以合成 In_2S_3 纳米纤维[613]。

1.5.4 聚合物、有机、无机纳米线和纳米管

高有序 PAA 膜是合成聚合物纳米线和纳米管的理想模板材料，基于 PAA 模板可以合成高导电性聚吡咯（PPy）纳米线（直径 220nm，长度 20μm），如图 1.47 所示。所制备的纳米线阵列均匀且密度高，电合成过程在 75％的异丙醇、20％的三氟化硼乙醚和 5％的聚乙二醇混合物中进行[614]。

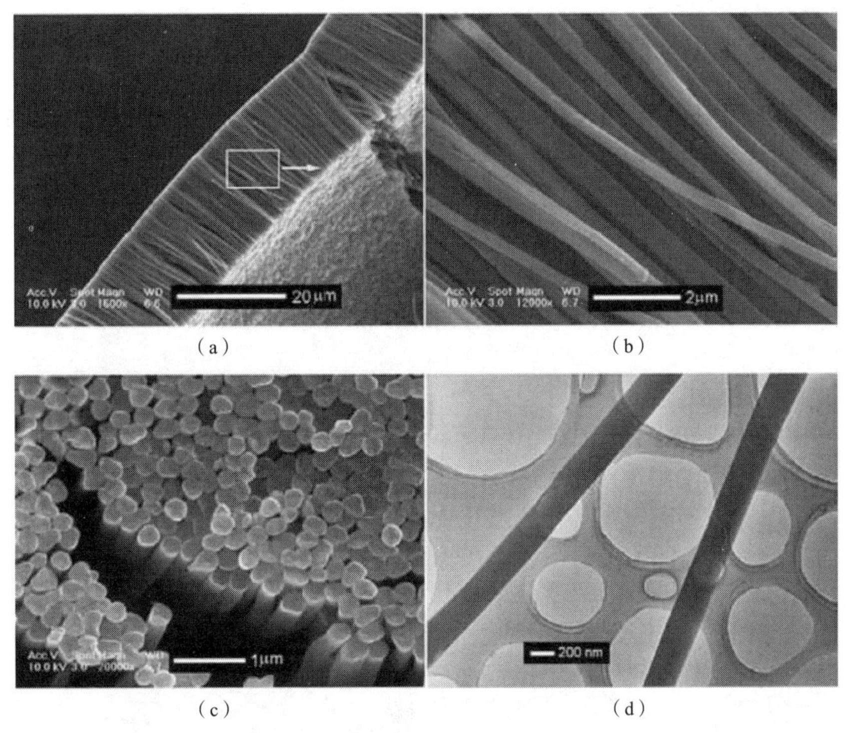

图 1.47 PPy 纳米线的 SEM 图及 TEM 图

注：(a) ～ (c) PPy 纳米线的 SEM 图片；(d) PPy 纳米线的 TEM 图片。图片经 IOP Publishing Ltd. 许可，翻印自参考文献 [614]。

基于 PAA 模板可以制备半导体聚噻吩纳米线[615]，以及含有聚 *N*-乙烯基咔唑、罗丹明 6G 和 TiO_2 纳米颗粒的有机-无机杂化聚合物纳米线[616]。通过对 PAA 模板进行简单浸润，可以制备各种聚合物纳米管，包括二萘嵌苯[617]、聚苯胺[618]、聚苯乙烯[582,619]、聚四氟乙烯 (PTFE)[583,619]、聚偏二氟乙烯 (PVDF)[582,583]和环氧树脂[620]等。而应用 CVD 聚合[621]和聚 2-羟乙基甲基丙烯酸 (PHEMA) 的原子转移自由基聚合[622]，可以合成聚对二甲苯 (PPX) 纳米线。基于 PAA 模板可以制备高有序的 PMMA 纳米孔[594,595,623,624]，在此基础上应用二次复型过程，可以制备各种纳米多孔膜。

近来，研究人员制备了 2，7-二叔丁基芘 (DTBP) 晶态有机纳米柱[625]，并基于二铑氮杂环卡宾混合物合成了有机金属纳米管[626]。

基于高有序 PAA 模板，电化学沉积或化学镀过程，可以制备 AgI[627]、CuS、Ag_2S、CuSe 和 Ag_2Se[628]等各种无机材料纳米线。而应用模板法还可以制备外径为 60nm 的高长径比普鲁士蓝纳米管[629]，以及直径约为 200nm 的硫化镍纳米管[630]。

1.5.5 碳纳米管

近年来，碳纳米管由于具有优良的电学、光学和机械特性而成为相关领域的研究热点。PAA 模板可以用来制备碳纳米管[621,631～638]，配合 CVD 过程可以制备具有不同直径的常规碳纳米管[631～637]，以及截面为三角形的碳纳米管[638]。此外，基于 PAA 模板可以合成直径均匀、呈周期性排列的多壁碳纳米管[4,634,635]。而通过在模板孔内壁上沉积 Pt 纳米颗粒，也可以制备出各种碳纳米管[637]。

1.5.6 光子晶体

二维光子晶体是一种周期性的介电材料，可以控制光的传播。多孔阳极氧化铝模板中高有序的纳米孔阵列可以作为光子晶体，应用于近红外（IR）和可见光波长范围内[639~646]。作为光子晶体来使用的多孔阳极氧化铝，具有高有序的纳米孔和高长径比，通常需要在预刻印处理后的铝箔上进行制备。

1.5.7 其他纳米材料（金属、金刚石薄膜和生物材料）

随着纳米压印技术和规则图形技术的发展，研究人员尝试将 PAA 模板的规则纳米孔转移到其他材料上，从而获得更好的机械强度。基于 PAA 模板可以制备各种不同材料的高有序纳米多孔阵列，Ni 纳米柱[647]，以及 Ni[648]、Au[593,649,650]、Pt[651]和金刚石[652,653]膜。Fan 等人基于高有序 PAA 模板制备了金纳米管薄膜，如图 1.48 所示[593]。

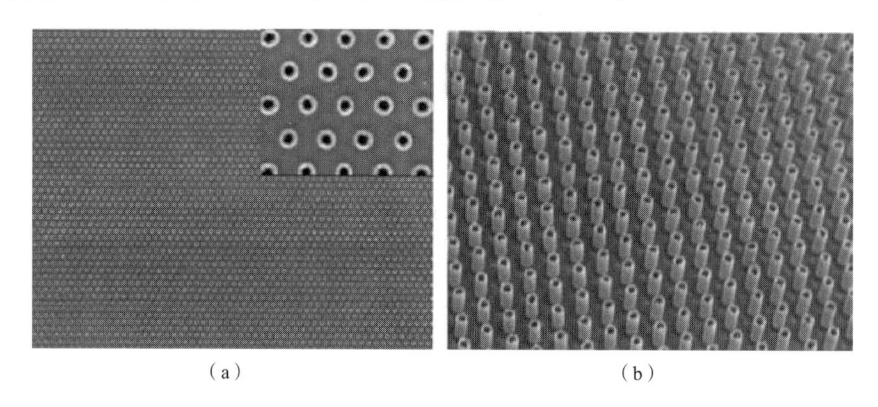

（a） （b）

图 1.48 内径约为 130nm 的金纳米管薄膜 SEM 图

注：（a）顶面图，其中插图为放大图；（b）斜视图，所制备纳米管具有极佳的有序度。图片经 IOP Publishing Ltd. 许可，翻印自参考文献 [593]。

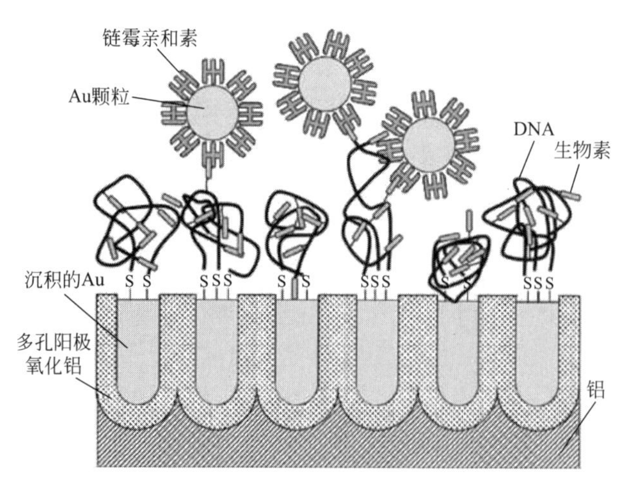

图 1.49 基于多孔阳极氧化铝和 Au 盘阵列制备 Au-颗粒-DNA 阵列示意图

注：图片经 The Japan Society of Applied Physics 许可，翻印自参考文献 [656]。

近来，研究人员基于 PAA 模板合成了各种纳米生物材料[622,654~657]，例如首先用聚合物层对 PAA 模板进行包覆，并使用次氮基三乙酸酯-Cu^{2+} 来进行官能化处理，之后进行蛋白质的结合[622]。这种改性膜可以快速的结合大量蛋白质，可用于组氨酸标记蛋白质的提纯。最近，有研究报道了一种导流 DNA，其将单链 DNA 探针固定于 PAA 模板的内壁上，而模板孔内壁上包覆有 Pt 层[654]。此外，通过在 PAA 模板中预先形成 Au 阵列，也可以制备高有序的 DNA 阵列[655,656]。基于孔径 40nm、孔间距 63nm 的 PAA 模板可以合成 Au 盘阵列，从而实现 DNA 的纳米图形化处理。DNA 序列尾部的巯基可以与 Au 表面结合生成 AuS，从而将 DNA 分子固定于有序 Au 盘阵列上。将 Au 盘阵列浸入到 DNA 溶液后，可以形成 DNA 纳米图案（见图 1.49）[656]。

以上材料在高性能生物器件领域具有潜在应用，例如遗传性疾病分析、DNA 计算机、分子马达、异构传感器、换能器以及反应器。利用二甲基二氯硅烷在多孔阳极氧化铝膜表面的缩聚过程，可以制备电化学生物传感器[658]。此外，多孔阳极氧化铝膜的纳米孔填充生物活性材料后，可以作为植入体来使用，这些生物活性材料使成骨细胞具有高活性，从而可以增强骨结合能力[659]。

参考文献

1 Parades, J.I., Martínez-Alonso, A. and Tascón, J.M.D. (2003) *Micropor. Mesopor. Mater.*, **65**, 93–126.
2 Rosei, F. (2004) *J. Phys. Condens. Matter*, **16**, S1373–S1436.
3 DiNardo, N.J. (1994) in *Materials Science and Technology*, (eds R.W. Cahn, P. Haasen and E.J. Kramer), Vol. 2B, *Characterization of Materials, Part II*, E. Lifshin (Vol. Ed.), VCH Verlagsgesellschaft mbH, Weinheim, Germany, pp. 2–158.
4 Chik, H. and Xu, J.M. (2004) *Mater. Sci. Eng. R*, **43**, 103–138.
5 Noda, S. (2001) *MRS Bull.*, August, 618–620.
6 Polman, A., Wiltzius, P. and Editors, G. (2001) *MRS Bull.*, August, 608–610.
7 Kamp, M., Happ, T., Mahnkopf, S., Duan, G., Anand, S. and Forchel, A. (2004) *Physica E*, **21**, 802–808.
8 Matthias, S., Müller, F., Jamois, C., Wehrspohn, R.B. and Gösele, U. (2004) *Adv. Mater.*, **16**, 2166–2170.
9 Létant, S.E., van Buuren, T.W. and Terminello, L.J. (2004) *Nano Lett.*, **4**, 1705–1707.
10 Cui, Y., Wei, Q., Park, H. and Lieber, C.M. (2001) *Science*, **293**, 1289–1292.
11 Vaseashta, A. and Dimova-Malinovska, D. (2005) *Sci. Technol. Adv. Mater.*, **6**, 312–318.
12 Alexson, D., Chen, H., Cho, M., Dutta, M., Li, Y., Shi, P., Raichura, A., Ramadurai, D., Parikh, S., Stroscio, M.A. and Vasudev, M. (2005) *J. Phys.: Condens. Matter*, **17**, R637–R656.
13 Petroff, P.M., Lorke, A. and Imamoglu, A. (2001) *Physics Today*, May, 46–52.
14 Hazani, M., Hennrich, F., Kappes, M., Naaman, R., Peled, D., Sidorov, V. and Shvarts, D. (2004) *Chem. Phys. Lett.*, **391**, 389–392.
15 Pedano, M.L. and Rivas, G.A. (2004) *Electrochem. Commun.*, **6**, 10–16.
16 Gooding, J.J. (2005) *Electrochim. Acta*, **50**, 3049–3060.
17 Ben-Ali, S., Cook, D.A., Evans, S.A.G., Thienpont, A., Bartlett, P.N. and Kuhn, A. (2003) *Electrochem. Commun.*, **5**, 747–751.
18 Ben-Ali, S., Cook, D.A., Bartlett, P.N. and Kuhn, A. (2005) *J. Electroanal. Chem.*, **579**, 181–187.
19 Mai, L.H., Hoa, P.T.M., Binh, N.T., Ha, N.T.T. and An, D.K. (2000) *Sensors Actuators B*, **66**, 63–65.
20 Islam, T., Mistry, K.K., Sengupta, K. and Saha, H. (2004) *Sensors Mater.*, **16**, 345–356.
21 Fert, A. and Piraux, L. (1999) *J. Magn. Magn. Mater.*, **200**, 338–358.
22 Oepen, H.P. and Kirschner, J. (1999) *Curr. Opin. Solid State Mater. Sci.*, **4**, 217–221.
23 Ross, C.A. (2001) *Annu. Rev. Mater. Res.*, **31**, 203–235.
24 Aranda, P. and García, J.M. (2002) *J. Magn. Magn. Mater.*, **249**, 214–219.
25 Hasegawa, R. (2002) *J. Magn. Magn. Mater.*, **249**, 346–350.
26 Juang, J-Y. and Bogy, D.B. (2005) *Microsyst. Technol.*, **11**, 950–957.
27 Chou, S.Y. (1997) *Proceed. IEEE*, **85**, 652–671.
28 Guo, L., Leobandung, E. and Chou, S.Y. (1997) *Science*, **275**, 649–651.

29 Oh, S-W., Rhee, H.W., Lee, Ch., Kim, Y. Ch., Kim, J.K. and Yu, J-W. (2005) *Curr. Appl. Phys.*, **5**, 55–58.
30 Walter, E.C., Favier, F. and Penner, R.M. (2002) *Anal. Chem.*, **74**, 1546–1553.
31 Yun, M., Myung, N.V., Vasquez, R.P., Lee, Ch., Menke, E. and Penner, R.M. (2004) *Nano Lett.*, **4**, 419–422.
32 Routkevitch, D., Tager, A.A., Haruyama, J., Almawlawi, D., Moskovits, M. and Xu, J.M. (1996) *IEEE Trans. Electron Devices*, **43**, 1646–1658.
33 Samuelson, L. (2003) *Materials Today*, October, 22–31.
34 Forshaw, M., Stadler, R., Crawley, D. and Nikolić, K. (2004) *Nanotechnology*, **15**, S220–S223.
35 Dreselhaus, M.S., Lin, Y.M., Rabin, O., Jorio, A., Souza Filho, A.G., Pimenta, M. A., Saito, R., Samsonidze, Ge.G. and Dresselhaus, G. (2003) *Mater. Sci. Eng. C*, **23**, 129–140.
36 Dresselhaus, M.S., Lin, Y.M., Rabin, O., Black, M.R. and Dresselhaus, G. (2004) in *Springer Handbook of Nanotechnology*, (ed. B. Bhushan), Springer-Verlag, Heidelberg, Germany, pp. 99–145.
37 Martín, J.I., Nogués, J., Liu, K., Vicent, J. L. and Schuller, I.K. (2003) *J. Magn. Magn. Mater.*, **256**, 449–501.
38 Schwarzacher, W., Kasyutich, O.I., Evans, P.R., Darbyshire, M.G., Yi, G., Fedosyuk, V.M., Rousseaux, F., Cambril, E. and Decanini, D. (1999) *J. Magn. Magn. Mater.*, **198–199**, 185–190.
39 Maria, J., Jeon, S. and Rogers, J.A. (2004) *J. Photochem. Photobiol. A*, **166**, 149–154.
40 Lin, B.J. (2006) *Microelectron. Eng.*, **83**, 604–613.
41 Chou, S.Y., Krauss, P.R. and Kong, L. (1996) *J. Appl. Phys.*, **79**, 6101–6106.
42 Duvail, J.L., Dubois, S., Piraux, L., Vaurès, A., Fert, A., Adam, D., Champagne, M., Rousseaux, F. and Decanini, D. (1998) *J. Appl. Phys.*, **84**, 6359–6365.
43 Dumpich, G., Krome, T.P. and Hausmanns, B. (2002) *J. Magn. Magn. Mater.*, **248**, 241–247.
44 Papaioannou, E., Simeonidis, K., Valassiades, O., Vouroutis, N., Angelakeris, M., Ppolopoulos, P., Kostic, I. and Flevaris, N.K. (2004) *J. Magn. Magn. Mater.*, **272–276**, e1323–e1325.
45 Chen, A., Chua, S.J., Chen, P., Chen, X.Y. and Jian, L.K. (2006) *Nanotechnology*, **17**, 3903–3908.
46 Lodder, J.C. (2004) *J. Magn. Magn. Mater.*, **272–276**, 1692–1697.
47 Ji, Q., Chen, Y., Ji, L., Jiang, X. and Leung, K-N. (2006) *Microelectron. Eng.*, **83**, 796–799.
48 Miramond, C., Fermon, C., Rousseaux, F., Decanini, D. and Carcenac, F. (1997) *J. Magn. Magn. Mater.*, **165**, 500–503.
49 Turberfield, A.J. (2001) *MRS Bulletin*, August, 632–636.
50 Ross, C.A., Hwang, M., Shima, M., Smith, H.I., Farhoud, M., Savas, T.A., Schwarzacher, W., Parrochon, J., Escoffier, W., Neal Bertram, H., Humphrey, F.B. and Redjdal, M. (2002) *J. Magn. Magn. Mater.*, **249**, 200–207.
51 Rosa, W.O., de Araújo, A.E.P., Gobbi, A. L., Knobel, M. and Cescato, L. (2005) *J. Magn. Magn. Mater.*, **294**, e63–e67.
52 Chou, S.Y., Krauss, P.R. and Renstrom, P. R. (1996) *J. Vac. Sci. Technol. B*, **14**, 4129–4133.
53 Chou, S. (2003) *Technol Rev.*, February, 42–44.
54 Harnagea, C., Alexe, M., Schilling, J., Choi, J., Wehrspohn, R.B., Hesse, D. and Gösele, U. (2003) *Appl. Phys. Lett.*, **83**, 1827–1829.
55 Grujicic, D. and Pesic, B. (2005) *J. Magn. Magn. Mater.*, **288**, 196–204.
56 Li, W., Hsiao, G.S., Harris, D., Nyffenegger, R.M., Virtanen, J.A. and Penner, R.M. (1996) *J. Phys. Chem.*, **100**, 20103–20113.
57 Nyffenegger, R.M. and Penner, R.M. (1997) *Chem. Rev.*, **97**, 1195–1230.
58 Lee, S., Kim, J., Shin, S., Lee, H-J., Koo, S. and Lee, H. (2004) *Mater. Sci. Eng. C*, **24**, 3–9.
59 Kolb, D.M. and Simeone, F.C. (2005) *Electrochim. Acta*, **50**, 2989–2996.

60 Raimundo, D.S., Stelet, A.B., Fernandez, F.J.R. and Salcedo, W.J. (2005) *Microelectron. J.*, **36**, 207–211.

61 Jones, B.A., Searle, J.A. and O'Grady, K. (2005) *J. Magn. Magn. Mater.*, **290–291**, 131–133.

62 Komiyama, H., Yamaguchi, Y. and Noda, S. (2004) *Chem. Eng. Sci.*, **59**, 5085–5090.

63 Zhukov, A.A., Ghanem, M.A., Goncharov, A.V., Bartlett, P.N. and de Groot, P.A.J. (2004) *J. Magn. Magn. Mater.*, **272–276**, e1369–e1371.

64 Li, Y., Cai, W., Duan, G., Sun, F., Cao, B. and Lu, F. (2005) *Mater. Lett.*, **59**, 276–279.

65 Ma, W., Hesse, D. and Gösele, U. (2006) *Nanotechnology*, **17**, 2536–2541.

66 Teichert, C., Bean, J.C. and Lagally, M.G. (1998) *Appl. Phys. A*, **67**, 675–685.

67 Oster, J., Huth, M., Wiehl, L. and Adrian, H. (2004) *J. Magn. Magn. Mater.*, **272–276**, 1588–1589.

68 Schmidt, O.G., Rastelli, A., Kar, G.S., Songmuang, R., Kiravittaya, S., Stoffel, M., Denker, U., Stufler, S., Zrenner, A., Grützmacher, D., Nguyen, B-Y. and Wennekers, P. (2004) *Physica E*, **25**, 280–287.

69 Adair, J.H., Li, T., Kido, T., Havey, K., Moon, J., Mecholsky, J., Morrone, A., Talham, D.R., Ludwig, M.H. and Wang, L. (1998) *Mater. Sci. Eng. R*, **23**, 139–242.

70 Tartaj, P., Morales, M.P., González-Carreño, T., Veintemillas-Verdaguer, S. and Serna, C.J. (2005) *J. Magn. Magn. Mater.*, **290–291**, 28–34.

71 Vázquez, M., Luna, C., Morales, M.P., Sanz, R., Serna, C.J. and Mijangos, C. (2004) *Physica B*, **354**, 71–79.

72 Yakutik, I.M. and Shevchenko, G.P. (2004) *Surf. Sci.*, **566–568**, 414–418.

73 Kim, K.D., Han, D.N. and Kim, H.T. (2004) *Chem. Eng. J.*, **104**, 55–61.

74 Lee, G-J., Shin, S-I., Kim, Y-Ch. and Oh, S-G. (2004) *Mater. Chem. Phys.*, **84**, 197–204.

75 Chen, S., Feng, J., Guo, X., Hong, J. and Ding, W. (2005) *Mater. Lett.*, **59**, 985–988.

76 Zhou, H. and Li, Z. (2005) *Mater. Chem. Phys.*, **89**, 326–331.

77 Liu, Y-Ch. and Lin, L-H. (2004) *Electrochem. Commun.*, **6**, 1163–1168.

78 Zhang, J., Han, B., Liu, M., Liu, D., Dong, Z., Liu, J., Li, D., Wang, J., Dong, B., Zhao, H. and Rong, L. (2003) *J. Phys. Chem. B*, **107**, 3679–3683.

79 Murray, B.J., Li, Q., Newberg, J.T., Menke, E.J., Hemminger, J.C. and Penner, R.M. (2005) *Nano Lett.*, **5**, 2319–2324.

80 Völkel, B., Kaltenpoth, G., handrea, M., Sahre, M., Nottbohm, Ch.T., Küller, A., Paul, A., Kautek, W., Eck, W. and Gölzhäuser, A. (2005) *Surf. Sci.*, **597**, 32–41.

81 Wang, C., Chen, M., Zhu, G. and Lin, Z. (2001) *J. Colloid Interfac. Sci.*, **243**, 362–364.

82 Groves, J.T., Ulman, N. and Boxer, S.G. (1997) *Science*, **275**, 651–653.

83 Castellana, E.T. and Cremer, P.S. (2006) *Surf. Sci. Rep.*, **61**, 429–444.

84 Whang, D., Jin, S. and Lieber, C.M. (2003) *Nano Lett.*, **3**, 951–954.

85 Rao, C.N.R., Govindaraj, A., Gundiah, G. and Vivekchand, S.R.C. (2004) *Chem. Eng. Sci.*, **59**, 4665–4671.

86 Kim, Y., Kim, Ch. and Yi, J. (2004) *Mater. Res. Bull.*, **39**, 2103–2112.

87 Thiruchitrambalam, M., Palkar, V.R. and Gopinathan, V. (2004) *Mater. Lett.*, **58**, 3063–3066.

88 Pavasupree, S., Suzuki, Y., Pivsa-Art, S. and Yoshikawa, S. (2005) *Sci. Technol. Adv. Mater.*, **6**, 224–229.

89 Choi, H., Sofranko, A.C. and Dionysiou, D.D. (2006) *Adv. Funct. Mater.*, **16**, 1067–1074.

90 Yang, P., Deng, T., Zhao, D., Feng, P., Pine, D., Chmelka, B.F., Whitesides, G. M. and Stucky, G.D. (1998) *Science*, **282**, 2244–2246.

91 Karakassides, M.A., Gournis, D., Bourlinos, A.B., Trikalitis, P.N. and Bakas, T. (2003) *J. Mater. Chem.*, **13**, 871–876.

92 Zach, M.P. and Penner, R.M. (2000) *Adv. Mater.*, **12**, 878–883.

93 Liu, H., Favier, F., Ng, K., Zach, M.P. and Penner, R.M. (2001) *Electrochim. Acta*, **47**, 671–677.

94 Penner, R.M. (2002) *J. Phys. Chem. B*, **106**, 3339–3353.

95 Zach, M.P., Ng, K.H. and Penner, R.M. (2000) *Science*, **290**, 2120–2123.

96 Zach, M.P., Inazu, K., Ng, K.H., Hemminger, J.C. and Penner, R.M. (2002) *Chem. Mater.*, **14**, 3206–3216.

97 Walter, E.C., Zach, M.P., Favier, F., Murray, B., Inazu, K., Hemminger, J.C. and Penner, R.M. (2002) in *Physical Chemistry of Interface Nanomaterials*, (eds J.Z. Zhang and Z.L. Wang), Proceedings of the SPIE, Vol. 4807, pp. 83–92.

98 Walter, E.C., Ng, K., Zach, M.P., Penner, R.M. and Favier, F. (2002) *Microelectron. Eng.*, **61–62**, 555–561.

99 Walter, E.C., Murray, B.J., Favier, F., Kaltenpoth, G., Grunze, M. and Penner, R.M. (2002) *J. Phys. Chem.*, **106**, 11407–11411.

100 Walter, E.C., Zach, M.P., Favier, F., Murray, B.J., Inazu, K., Hemminger, J.C. and Penner, R.M. (2003) *ChemPhysChem.*, **4**, 131–138.

101 Walter, E.C., Murray, B.J., Favier, F. and Penner, R.M. (2003) *Adv. Mater.*, **15**, 396–399.

102 Atashbar, M.Z., Banerji, D., Singamaneni, S. and Bliznyuk, V. (2004) *Nanotechnology*, **15**, 374–378.

103 Li, Q., Olson, J.B. and Penner, R.M. (2004) *Chem. Mater.*, **16**, 3402–3405.

104 Li, Q., Walter, E.C., van der Veer, W.E., Murray, B.J., Newberg, J.T., Bohannan, E. W., Switzer, J.A., Hemminger, J.C. and Penner, R.M. (2005) *J. Phys. Chem. B*, **109**, 3169–3182.

105 Menke, E.J., Li, Q. and Penner, R.M. (2004) *Nano Lett.*, **4**, 2009–2014.

106 Petit, C., Legrand, J., Russier, V. and Pileni, M.P. (2002) *J. Appl. Phys.*, **91**, 1502–1508.

107 Mazur, M. (2004) *Electrochem. Commun.*, **6**, 400–403.

108 Shi, S., Sun, J., Zhang, J. and Cao, Y. (2005) *Physica B*, **362**, 231–235.

109 Liu, F-M. and Green, M. (2004) *J. Mater. Chem.*, **14**, 1526–1532.

110 Dryfe, R.A.W., Walter, E.C. and Penner, R. M. (2004) *ChemPhysChem.*, **5**, 1879–1884.

111 Yanagimoto, H., Deki, S., Akamatsu, K. and Gotoh, K. (2005) *Thin Solid Films*, **491**, 18–22.

112 Sun, L., Searson, P.C. and Chien, C.L. (1999) *Appl. Phys. Lett.*, **74**, 2803–2805.

113 Chien, C.L., Sun, L., Tanase, M., Bauer, L. A., Hultgren, A., Silevitch, D.M., Meyer, G. J., Searson, P.C. and Reich, D.H. (2002) *J. Magn. Magn. Mater.*, **249**, 146–155.

114 Ziegler, K.J., Polyakov, B., Kulkarni, J.S., Crowley, T.A., Ryan, K.M., Morris, M.A., Erts, D. and Holmes, J.D. (2004) *J. Mater. Chem.*, **14**, 585–589.

115 Kazakova, O., Erst, D., Crowley, T.A., Kulkarni, J.S. and Holmes, J.D. (2005) *J. Magn. Magn. Mater.*, **286**, 171–176.

116 Aylett, B.J., Earwaker, L.G., Forcey, K., Giaddui, T. and Harding, I.S. (1996) *J. Organometal. Chem.*, **521**, 33–37.

117 Rastei, M.V., Meckenstock, R., Devaux, E., Ebbesen, Th. and Bucher, J.P. (2005) *J. Magn. Magn. Mater.*, **286**, 10–13.

118 Matthias, S., Schilling, J., Nielsch, K., Müller, F., Wehrspohn, R.B. and Gösele, U. (2002) *Adv. Mater.*, **14**, 1618–1621.

119 Zhao, L., Yosef, M., Steinhart, M., Göring, P., Hofmeister, H., Gösele, U. and Schlecht, S. (2006) *Angew. Chem. Int. Ed.*, **45**, 311–315.

120 Martin, C.R. (1994) *Science*, **266**, 1961–1966.

121 Szklarczyk, M., Strawski, M., Donten, M. L. and Donten, M. (2004) *Electrochem. Commun.*, **6**, 880–886.

122 Ounadjela, K., Ferré, R., Louail, L., George, J.M., Maurice, J.L., Piraux, L. and Dubois, S. (1997) *J. Appl. Phys.*, **81**, 5455–5457.

123 Piraux, L., Dubois, S., Ferain, E., Legras, R., Ounadjela, K., George, J.M., Mayrice, J.L. and Fert, A. (1997) *J. Magn. Magn. Mater.*, **165**, 352–355.

124 Scarani, V., Doudin, B. and Ansermet, J-P. (1999) *J. Magn. Magn. Mater.*, **205**, 241–248.

125 Kazadi Mukenga Bantu, A., Rivas, J., Zaragoza, G., López-Uintela, M.A. and

Blanco, B.C. (2001) *J. Non-Crystall. Solids*, **287**, 5–9.

126 Kazadi Mukenga Bantu, A., Rivas, J., Zaragoza, G., López-Uintela, M.A. and Blanco, B.C. (2001) *J. Appl. Phys.*, **89**, 3393–3397.

127 Valizadeh, S., George, J.M., Leisner, P. and Hultman, L. (2001) *Electrochim. Acta*, **47**, 865–874.

128 Ge, S., Li, Ch., Ma, X., Li, W., Xi, L. and Li, C.X. (2001) *J. Appl. Phys.*, **90**, 509–511.

129 Ge, S., Ma, X., Li, Ch. and Li, W. (2001) *J. Magn. Magn. Mater.*, **226–230**, 1867–1869.

130 Encinas, A., Demand, M., George, J-M. and Piraux, L. (2002) *IEEE Trans. Magn.*, **38**, 2574–2576.

131 Vila, L., George, J.M., Faini, G., Popa, A., Ebels, U., Ounadjela, K. and Piraux, L. (2002) *IEEE Trans. Magn.*, **38**, 2577–2579.

132 Rivas, J., Kazadi Mukenga Bantu, A., Zaragoza, G., Blanco, M.C. and López-Quintela, M.A. (2002) *J. Magn. Magn. Mater.*, **249**, 220–227.

133 Demand, M., Encinas-Oropesa, A., Kenane, S., Ebels, U., Huynen, I. and Piraux, L. (2002) *J. Magn. Magn. Mater.*, **249**, 228–233.

134 Motoyama, M., Fukunaka, Y., Sakka, T., Ogata, Y.H. and Kikuchi, S. (2005) *J. Electroanal. Chem.*, **584**, 84–91.

135 Konishi, Y., motoyama, M., Matsushima, H., Fukunaka, Y., Ishii, R. and Ito, Y. (2003) *J. Electroanal. Chem.*, **559**, 149–153.

136 Dubois, S., Michel, A., Eymery, J.P., Duvail, J.L. and Piraux, L. (1999) *J. Mater. Res.*, **14**, 665–671.

137 Han, G.C., Zong, B.Y. and Wu, Y.H. (2002) *IEEE Trans. Magn.*, **38**, 2562–2564.

138 Blondel, A., Meier, J.P., Doudin, B. and Ansermet, J-Ph. (1994) *Appl. Phys. Lett.*, **65**, 3019–3021.

139 Piraux, L., George, J.M., Despres, J.F., Leroy, C., Ferain, E., Legras, R., Ounadjela, K. and Fert, A. (1994) *Appl. Phys. Lett.*, **65**, 2484–2486.

140 Dubois, S., Beuken, J.M., Piraux, L., Duvail, J.L., Fert, A., George, J.M. and Maurice, J.L. (1997) *J. Magn. Magn. Mater.*, **165**, 30–33.

141 Piraux, L., Dubois, S., Duvail, J.D., Ounadjela, K. and Fert, A. (1997) *J. Magn. Magn. Mater.*, **175**, 127–136.

142 Maurice, J-L., Imhoff, D., Etienne, P., Dubois, O., Piraux, L., George, J-M., Galtier, P. and Fret, A. (1998) *J. Magn. Magn. Mater.*, **184**, 1–18.

143 Dubois, S., Marchal, C., Beuken, J.M., Piraux, L., Fert, A., George, J.M. and Maurice, J.L. (1997) *Appl. Phys. Lett.*, **70**, 396–398.

144 Valizadeh, S., George, J.M., Leisner, P. and Hultman, L. (2002) *Thin Solid Films*, **402**, 262–271.

145 Xue, S.H. and Wang, Z.D. (2006) *Mater. Sci. Eng. B*, **135**, 74–77.

146 Piraux, L., Dubois, S., Duvail, J.L., Radulescu, A., Demoustier-Champagne, S., Ferain, E. and Legras, R. (1999) *J. Mater. Res.*, **14**, 3042–3050.

147 Curiale, J., Sánchez, R.D., Troiani, H.E., Pastoriza, H., levy, P. and Leyva, A.G. (2004) *Physics B*, **354**, 98–103.

148 Park, I-W., Yoon, M., Kim, Y.M., Kim, Y., Kim, J.H., Kim, S. and Volkov, V. (2004) *J. Magn. Magn. Mater.*, **272–276**, 1413–1414.

149 Huang, E., Rockford, L., Russell, T.P. and Hawker, C.J. (1998) *Nature*, **395**, 757–758.

150 Otsuka, H., Nagasaki, Y. and Kataoka, K. (2001) *Mater. Today*, **4** (May/June), 30–36.

151 Hamley, I.W. (2003) *Nanotechnology*, **14**, R39–R54.

152 Yalçın, O., Yıldız, F., Özdemir, M., Aktaş, B., Köseoğlu, Y., Bal, M. and Tuominen, M.T. (2004) *J. Magn. Magn. Mater.*, **272–274**, 1684–1685.

153 Jeoung, E., Galow, T.H., Schotter, J., Bal, M., Ursache, A., Tuominen, M.T., Stafford, C.M., Russell, T.P. and Rotello, V.M. (2001) *Langmuir*, **17**, 6396–6398.

154 Wu, X.C. and Tao, Y.R. (2004) *J. Cryst. Growth*, **242**, 309–312.

155 Wang, L., Zhang, X., Zhao, S., Zhou, G., Zhou, Y. and Qi, J. (2005) *Mater. Res. Soc. Symp. Proc.*, **879E**, Z3.21.1–Z3.21.6.

156 Huang, M.H., Mao, S., Feick, H., Yan, H., Wu, Y., Kind, H., Weber, E., Russo, R. and Yang, P. (2001) *Science*, **292**, 1897–1899.

157 Xu, C.X., Sun, X.W., Dong, Z.L. and Yu, M.B. (2004) *J. Cryst. Growth*, **270**, 498–504.

158 Stelzner, T., Andrä, G., Wendler, E., Weschl, W., Scholz, R., Gösele, U. and Christiansen, S.H. (2006) *Nanotechnology*, **17**, 2895–2898.

159 Chou, S.Y. and Zhuang, L. (1999) *J. Vac. Sci. Technol. B*, **17**, 3197–3202.

160 Chou, S.Y., Keimel, C. and Gu, J. (2002) *Nature*, **417**, 835–837.

161 Szafraniak, I., Hesse, D. and Alexe, M. (2005) *Solid State Phenomena*, **106**, 117–122.

162 Yasuda, H., Ohnaka, I., Fujimoto, S., Sugiyama, A., Hayashi, Y., Yamamoto, M., Tsuchiyama, A., Nakano, T., Uesugi, K. and Kishio, K. (2004) *Mater. Lett.*, **58**, 911–915.

163 Hassel, A.W., Bello-Rodriguez, B., Milenkovic, S. and Schneider, A. (2005) *Electrochim. Acta*, **50**, 3033–3039.

164 Yasuda, H., Ohnaka, I., Fujimoto, S., Takezawa, N., Tsuchiyama, A., Nakano, T. and Uesugi, K. (2006) *Scripta Mater.*, **54**, 527–532.

165 Grüning, U., Lehmann, V., Ottow, S. and Busch, K. (1996) *Appl. Phys. Lett.*, **68**, 747–749.

166 Jessensky, O., Müller, F. and Gösele, U. (1997) *Thin Solid Films*, **297**, 224–228.

167 Birner, A., Grüning, U., Ottow, S., Schneider, A., Müller, F., Lehmann, V., Föll, H. and Gösele, U. (1998) *Phys. Stat. Sol. A*, **165**, 111–117.

168 Motohashi, A. (2000) *Jpn. J. Appl. Phys.*, **39**, 363–367.

169 Bisi, O., Ossicini, S. and Pavesi, L. (2000) *Surf. Sci. Rep.*, **38**, 1–126.

170 Hamm, D., Sasano, J., Sakka, T. and Ogata, Y.H. (2002) *J. Electrochem. Soc.*, **149**, C331–C337.

171 Chazalviel, J-N., Ozanam, F., Gabouze, N., Fellah, S. and Wehrspohn, R.B. (2002) *J. Electrochem. Soc.*, **149**, C511–C520.

172 Föll, H., Christophersen, M., Carstensen, J. and Hasse, G. (2002) *Mater. Sci. Eng. R*, **39**, 94–141.

173 Seo, M. and Yamaya, T. (2005) *Electrochim. Acta*, **51**, 787–794.

174 Hasegawa, H. and Sato, T. (2005) *Electrochim. Acta*, **50**, 3015–3027.

175 Choi, J., Wehrspohn, R.B., Lee, J. and Gösele, U. (2004) *Electrochim. Acta*, **49**, 2645–2652.

176 Bourdet, P., Vacandio, F., Argème, L., Rossi, S. and Massiani, Y. (2005) *Thin Solid Films*, **483**, 205–210.

177 Macak, J.M., Sirotna, K. and Schmuki, P. (2005) *Electrochim. Acta*, **50**, 3679–3684.

178 Prida, V.M., Hernández-Vélez, M., Cervera, M., Pirota, K., Sanz, R., Navas, D., Asenjo, A., Aranda, P., Ruiz-Hitzky, E., Batallán, F., Vázquez, M., Hernando, B., Menéndez, A., Bordel, N. and Pereiro, R. (2005) *J. Magn. Magn. Mater.*, **294**, e69–e72.

179 Raja, K.S., Misra, M. and Paramguru, K. (2005) *Electrochim. Acta*, **51**, 154–165.

180 Raja, K.S., Misra, M. and Paramguru, K. (2005) *Mater. Lett.*, **59**, 2137–2141.

181 Tsuchiya, H., Macak, J.M., Ghicov, A., Taveira, L. and Schmuki, P. (2005) *Corros. Sci.*, **47**, 3324–3335.

182 Zhao, J., Wang, X., Chen, R. and Li, L. (2005) *Solid State Commun.*, **134**, 705–710.

183 Bayoumi, F.M. and Ateya, B.G. (2006) *Electrochem. Commun.*, **8**, 38–44.

184 Ricker, R.E., Miller, A.E., Yue, D-F., Banerjee, G. and Bandyopadhyay, S. (1996) *J. Electron. Mater.*, **25**, 1585–1592.

185 Yuzhakov, V.V., Chang, H-Ch. and Miller, A.E. (1997) *Phys. Rev. B*, **56**, 12608–12624.

186 Tsuchiya, H. and Schmuki, P. (2004) *Electrochem. Commun.*, **6**, 1131–1134.

187 Sieber, I., Hildebrand, H., Friedrich, A. and Schmuki, P. (2005) *Electrochem. Commun.*, **7**, 97–100.

188 Karlinsey, R.L. (2005) *Electrochem. Commun.*, **7**, 1190–1194.

189 Heidelberg, A., Rozenkranz, C., Schultze, J.W., Schäpers, Th. and Staikov, G. (2005) *Surf. Sci.*, **597**, 173–180.

190 Habazaki, H., Ogasawara, T., Konno, H., Shimizu, K., Asami, K., Saito, K., Nagata, S., Skeldon, P. and Thompson, G.E. (2005) *Electrochim. Acta*, **50**, 5334–5339.

191 Tsuchiya, H. and Schmuki, P. (2005) *Electrochem. Commun.*, **7**, 49–52.

192 Shin, H-C., Dong, J. and Liu, M. (2004) *Adv. Mater.*, **16**, 237–240.

193 Cochran, W.C. and Keller, F. (1963) in *The Finishing of Aluminum* (ed. G.H. Kissin), New York Reinhold Publishing Corporation, pp. 104–126.

194 Lowenheim, F.A. (1978) in *Electroplating*, McGraw-Hill Book Company New York, pp. 452–478.

195 Wernick, S., Pinner, R. and Sheasby, P.G. (1987) in *The Surface Treatment and Finishing of Aluminium and its Alloys*, ASM International, Finishing Publication Ltd., 5th edition, pp. 289–368.

196 Jelinek, T.W. (1997) in *Oberflächenbehandlung von Aluminium*, Eugen G. Leuze Verlag –D –88348 Saulgau/Württ, pp. 187–219 (in German).

197 Keller, F., Hunter, M.S. and Robinson, D. L. (1953) *J. Electrochem. Soc.*, **100**, 411–419.

198 Young, L. (1961) in *Anodic Oxide Films*, Academic Press, London and New York, pp. 193–221.

199 Despić, A.R. (1985) in *J. Electroanal. Chem.*, **191**, 417–423.

200 Thompson, G.E. and Wood, G.C. (1983) in *Treatise on Materials Science and Technology*, (ed. J.C. Scully), Academic Press New York, Vol. 23, pp. 205–329.

201 Pakes A., Thompson, G.E., Skeldon, P., Morgan, P.C. and Shimizu, K. (1999) *Trans. IMF*, **77**, 171–177.

202 Despić, A. and Parkhutik, V.P. (1989) in *Modern Aspects of Electrochemistry*, (eds J.O'M. Bockris, R.E. White and B.E. Conway), Plenum Press, New York and London, Vol. 20, pp. 401–503.

203 Thompson G.E. (1997) *Thin Solid Films*, **297**, 192–201.

204 Zhu, X.F., Li, D.D., Song, Y. and Xiao, Y. H. (2005) *Mater. Lett.*, **59**, 3160–3163.

205 Diggle, J.W., Downie, T.C. and Goulding, C.W. (1969) *Chem. Rev.*, **69**, 365–405.

206 Takahashi, H., Fujimoto, K. and Nagayama, M. (1988) *J. Electrochem. Soc.*, **135**, 1349–1353.

207 Morks, M.F., Hamdy, A.S., Fahim, N.F. and Shoeib, M.A. (2006) *Surf. Coat. Technol.*, **200**, 5071–5076.

208 O'Sullivan, J.P. and Wood, G.C. (1970) *Proc. Roy. Soc. Lond. A*, **317**, 511–543.

209 Surganov, V., Morgen, P., Nielsen, J.C., Gorokh, G. and Mozalev, A. (1987) *Electrochim. Acta*, **32**, 1125–1127.

210 Surganov, V., Gorokh, G., Poznyak, A. and Mozalev, A. (1988) *Zhur. Prikl. Khimii (Russ. J. Appl. Chem.)*, **61**, 2011–2014 (in Russian).

211 Ono, S., Saito, M. and Asoh, H. (2005) *Electrochim. Acta*, **51**, 827–833.

212 Surganov, V. and Gorokh, G. (1993) *Mater. Lett.*, **17**, 121–124.

213 Chu, S.Z., Wada, K., Inoue, S., Isogai, M., Katsuta, Y. and Yasumori, A. (2006) *J. Electrochem. Soc.*, **153**, B384–B391.

214 Mozalev, A., Surganov, A. and Magaino, S. (1999) *Electrochim. Acta*, **44**, 3891–3898.

215 Surganov, V. and Gorokh, G. (1993) *Zhur. Prikl. Khimii (Russ. J. Appl. Chem.)*, **66**, 683–685 (in Russian).

216 Ono, S., Saito, M., Ishiguro, M. and Asoh, H. (2004) *J. Electrochem. Soc.*, **151**, B473–B478.

217 Mozalev, A., Mozaleva, I., Sakairi, M. and Takahashi, H. (2005) *Electrochim. Acta*, **50**, 5065–5075.

218 Zhou, X., Thompson, G.E. and Potts, G. (2000) *Trans. IMF*, **78**, 210–214.

219 Wang, H. and Wang, H.W. (2006) *Mater. Chem. Phys.*, **97**, 213–218.

220 Jia, Y., Zhou, H., Luo, P., Luo, S., Chen, J. and Kuang, Y. (2006) *Surf. Coat. Technol.*, **201**, 513–518.

221 Mozalev, A., Poznyak, A., Mozaleva, I. and Hassel, A.W. (2001) *Electrochem. Commun.*, **3**, 299–305.

222 Shingubara, S., Morimoto, K., Sakaue, H. and Takahagi, T. (2004) *Electrochem. Solid-State Lett.*, **7**, E15–E17.

223 Choo, Y.H. and Devereux, O.F. (1975) *J. Electrochem. Soc.*, **122**, 1645–1653.

224 Shimizu, K., Kobayashi, K., Thompson, G.E. and Wood, G.C. (1992) *Phil. Mag. A*, **66**, 643–652.

225 Arrowsmith, D.J. and Moth, D.A. (1986) *Trans. IMF*, **64**, 91–93.

226 Sulka, G.D. and Jaskuła, M. (2006) *J. Nanosci. Nanotechnol.*, **6**, 3803–3811.

227 Palibroda, E., Farcas, T. and Lupsan, A. (1995) *Mater. Sci. Eng. B*, **32**, 1–5.

228 Martin, T. and Hebert, K.R. (2001) *J. Electrochem. Soc.*, **148**, B101–B109.

229 Abdel-Gaber, A.M., Abd-El-Nabey, B.A., Sidahmed, I.M., El-Zayady, A.M. and Saadawy, M. (2006) *Mater. Chem. Phys.*, **98**, 291–297.

230 Ono, S., Saito, M. and Asoh, H. (2004) *Electrochem. Solid-State Lett.*, **7**, B21–B24.

231 Sulka, G.D., Stroobants, S., Moshchalkov, V., Borghs, G. and Celis, J-P. (2004) *J. Electrochem. Soc.*, **151**, B260–B264.

232 Wood, G.C., O'Sullivan, J.P. and Vaszko, B. (1968) *J. Electrochem. Soc.*, **115**, 618–620.

233 Paolini, G., Masaero, M., Sacchi, F. and Paganelli, M. (1965) *J. Electrochem. Soc.*, **112**, 32–38.

234 Palibroda, E. (1984) *Surf. Technol.*, **23**, 341–351 (in French).

235 Nielsch, K., Choi, J., Schwirn, K., Wehrspohn, R.B. and Gösele, U. (2002) *Nano Lett.*, **2**, 677–680.

236 Li, F., Zhang, L. and Metzger, R.M. (1998) *Chem. Mater.*, **10**, 2470–2480.

237 Ebihara, K., Takahashi, H. and Nagayama, M. (1983) *J. Met. Finish. Soc. Japan (Kinzoku Hyomen Gijutsu)*, **34**, 548–553 (in Japanese).

238 Ebihara, K., Takahashi, H. and Nagayama, M. (1982) *J. Met. Finish. Soc. Japan (Kinzoku Hyomen Gijutsu)*, **33**, 156–164 (in Japanese).

239 Parkhutik, V.P. and Shershulsky, V.I. (1992) *J. Phys. D: Appl. Phys.*, **25**, 1258–1263.

240 Sulka, G.D. and Parkoła, K.G. (2007) *Electrochim. Acta*, **52**, 1880–1888.

241 Hwang, S-K., Jeong, S-H., Hwang, H-Y., Lee, O-J. and Lee, K-H. (2002) *Korean J. Chem. Eng.*, **19**, 467–473.

242 Marchal, D. and Demé, B. (2003) *J. Appl. Cryst.*, **36**, 713–717.

243 Hunter, M.S. and Fowle, P.E. (1954) *J. Electrochem. Soc.*, **101**, 481–485.

244 Hunter, M.S. and Fowle, P.E. (1954) *J. Electrochem. Soc.*, **101**, 514–519.

245 Vrublevsky, I., Parkoun, V. and Schreckenbach, J. (2005) *Appl. Surf. Sci.*, **242**, 333–338.

246 Vrublevsky, I., Parkoun, V., Sokol, V. and Schreckenbach, J. (2005) *Appl. Surf. Sci.*, **252**, 227–233.

247 Vrublevsky, I., Parkoun, V., Schreckenbach, J. and Marx, G. (2004) *Appl. Surf. Sci.*, **227**, 282–292.

248 Sulka, G.D. and Parkoła, K. (2006) *Thin Solid Films*, **515**, 338–345.

249 Ono, S. and Masuko, N. (2003) *Surf. Coat. Technol.*, **169–170**, 139–142.

250 Ono, S., Asoh, H., Saito, M. and Ishiguro, M. (2003) *Electrochemistry*, **71**, 105–107 (in Japanese).

251 Chu, S-Z., Wada, K., Inoue, S., Isogai, M. and Yasumori, A. (2005) *Adv. Mater.*, **17**, 115–2119.

252 Nakamura, S., Saito, M., Huang, Li-F., Miyagi, M. and Wada, K. (1992) *Jpn. J. Appl. Phys.*, **31**, 3589–3593.

253 Bocchetta, P., Sunseri, C., Bottino, A., Capannelli, G., Chiavarotti, G., Piazza, S. and Di Quarto, F. (2002) *J. Appl. Electrochem.*, **32**, 977–985.

254 Palibroda, E. (1995) *Electrochim. Acta*, **40**, 1051–1055.

255 Wood, G.C. and O'Sullivan, J.P. (1970) *Electrochim. Acta*, **15**, 1865–1876.

256 Xu, Y., Thompson, G.E., Wood, G.C. and Bethune, B. (1987) *Corros. Sci.*, **27**, 83–102.

257 Wood, G.C., Skeldon, P., Thompson, G.E. and Shimizu, K. (1996) *J. Electrochem. Soc.*, **143**, 74–83.

258 Habazaki, H., Shimizu, K., Skeldon, P., Thompson, G.E., Wood, G.C. and Zhou, X. (1997) *Corros. Sci.*, **39**, 731–737.

259 Thompson, G.E., Skeldon, P., Shimizu, K. and Wood, G.C. (1995) *Phil. Trans. R. Soc. Lond. A*, **350**, 143–168.

260 Shimizu, K., Brown, G.M., Kobayashi, K., Skeldon, P., Thompson, G.E. and Wood, G.C. (1999) *Corros. Sci.*, **41**, 1835–1847.

261 Shimizu, K., Habazaki, H., Skeldon, P., Thompson, G.E. and Wood, G.C. (1999) *Surf. Interface Anal.*, **27**, 1046–1049.

262 Shimizu, K., Brown, G.M., Habazaki, H., Kobayashi, K., Skeldon, P., Thompson, G. E. and Wood, G.C. (1999) *Surf. Interface Anal.*, **27**, 24–28.

263 Shimizu, K., Brown, G.M., Habazaki, H., Kobayashi, K., Skeldon, P., Thompson, G. E. and Wood, G.C. (1999) *Surf. Interface Anal.*, **27**, 153–156.

264 Shimizu, K., Habazaki, H., Skeldon, P., Thompson, G.E. and Wood, G.C. (1999) *Surf. Interface Anal.*, **27**, 998–1002.

265 Shimizu, K., Brown, G.M., Habazaki, H., Kobayashi, K., Skeldon, P., Thompson, G. E. and Wood, G.C. (1999) *Electrochim. Acta*, **44**, 2297–2306.

266 Shimizu, K., Habazaki, H., Skeldon, P., Thompson, G.E. and Wood, G.C. (2000) *Electrochim. Acta*, **45**, 1805–1809.

267 Ono, S., Wada, Ch. and Asoh, H. (2005) *Electrochim. Acta*, **50**, 5103–5110.

268 Takahashi, H., Fujimoto, K., Konno, H. and Nagayama, M. (1984) *J. Electrochem. Soc.*, **131**, 1856–1861.

269 Habazaki, H., Shimizu, K., Skeldon, P., Thompson, G.E. and Zhou, X. (1997) *Corros. Sci.*, **39**, 719–730.

270 Ono, S. and Masuko, N. (1992) *Corros. Sci.*, **33**, 503–507.

271 Patermarakis, G. and Pavlidou, C. (1994) *J. Catal.*, **147**, 140–155.

272 Patermarakis, G., Moussoutzanis, K. and Nikolopoulos, N. (1999) *J. Solid State Electrochem.*, **3**, 193–204.

273 Patermarakis, G., Chandrinos, J. and Moussoutzanis, K. (2001) *J. Electroanal. Chem.*, **510**, 59–66.

274 Thompson, G.E., Furneaux, R.C., Wood, G.C., Richardson, J.A. and Goode, J.S. (1978) *Nature*, **272**, 433–435.

275 Ono, S. and Masuko, N. (1992) *Corros. Sci.*, **33**, 841–850.

276 Patermarakis, G. and Kerassovitou, P. (1992) *Electrochim. Acta*, **3**, 125–137.

277 Palibroda, E. and Marginean, P. (1994) *Thin Solid Films*, **240**, 73–75.

278 Alwitt, R.S., Dyer, C.K. and Noble, B. (1982) *J. Electrochem. Soc.*, **129**, 711–717.

279 Ono, S., Ichinose, H. and Masuko, N. (1991) *J. Electrochem. Soc.*, **138**, 3705–3710.

280 Ono, S., Ichinose, H. and Masuko, N. (1992) *J. Electrochem. Soc.*, **139**, L80–L81.

281 Mei, Y.F., Wu, X.L., Shao, X.F., Huang, G. S. and Siu, G.G. (2003) *Phys. Lett. A*, **309**, 109–113.

282 Pu, L., Chen, Z-Q., Tan, Ch., Yang, Z., Zou, J-P., Bao, X-M., Feng, D., Shi, Y. and Zheng, Y-D. (2002) *Chin. Phys. Lett.*, **19**, 391–394.

283 Macdonald, D.D. (1992) *J. Electrochem. Soc.*, **139**, 3434–3449.

284 Macdonald, D.D., Biaggio, S.R. and Song, H. (1992) *J. Electrochem. Soc.*, **139**, 170–177.

285 Macdonald, D.D. (1993) *J. Electrochem. Soc.*, **140**, L27–L30.

286 Thompson, G.E., Furneaux, R.C. and Wood, G.C. (1978) *Corros. Sci.*, **18**, 481–498.

287 Thompson, G.E., Xu, Y., Skeldon, P., Shimizu, K., Han, S.H. and Wood, G.C. (1987) *Phil. Mag. B*, **55**, 651–667.

288 Shimizu, K., Thompson, G.E. and Wood, G.C. (1981) *Thin Solid Films*, **81**, 39–44.

289 Thompson, G.E., Wood, G.C. and Williams, J.Q. (1986) *Chemtronics*, **1**, 125–129.

290 Ono, S., Ichinose, H., Kawaguchi, T. and Masuko, N. (1990) *Corros. Sci.*, **31**, 249–254.

291 Parkhutik, V.P., Belov, V.T. and Chernyckh, M.A. (1990) *Electrochim. Acta*, **35**, 961–966.

292 Brown, I.W.M., Bowden, M.E., Kemmitt, T. and MacKenzie, K.J.D. (2006) *Curr. Appl. Phys.*, **6**, 557–561.

293 Yakovleva, N.M., Yakovlev, A.N. and Chupakhina, E.A. (2000) *Thin Solid Films*, **366**, 37–42.

294 Gabe, D.R. (2000) *Trans. IMF*, **78**, 207–209.
295 Liu, Y., Alwitt, R.S. and Shimizu, K. (2000) *J. Electrochem. Soc.*, **147**, 1382–1387.
296 Lu, Q., Skeldon, P., Thompson, G.E., Habazaki, H. and Shimizu, K. (2005) *Thin Solid Films*, **471**, 118–122.
297 Hernández, A., Martínez, F., Martín, A. and Prádanos, P. (1995) *J. Coll. Interface Sci.*, **173**, 284–296.
298 Theodoropoulou, M., Karahaliou, P.K., Georgia, S.N., Krontiras, C.A., Pisanias, M.N., Kokonou, M. and Nassiopoulou, A. G. (2005) *Ionics*, **11**, 236–239.
299 Lee, C.W., Kang, H.S., Chang, Y.H. and Hahm, Y.M. (2000) *Korean J. Chem. Eng.*, **17**, 266–272.
300 Yang, S.G., Li, T., Huang, L.S., Tang, T., Zhang, J.R., Gu, B.X., Du, Y.W., Shi, S.Z. and Lu, Y.N. (2003) *Phys. Lett. A*, **318**, 440–444.
301 Hoang, V.V. and Oh, S.K. (2004) *Physica B*, **352**, 73–85.
302 Mata-Zamora, M.E. and Saniger, J.M. (2005) *Rev. Mex. Fis.*, **51**, 502–509.
303 Xu, W.L., Zheng, M.J., Wu, S. and Shen, W.Z. (2004) *Appl. Phys. Lett.*, **85**, 4364–4366.
304 Borca-Tasciuc, D-A. and Chen, G. (2005) *J. Appl. Phys.*, **97**, 084303/1-9.
305 Chen, C.C., Chen, J.H. and Chao, Ch.G. (2005) *Jpn. J. Appl. Phys.*, **44**, 1529–1533.
306 Xia, Z., Riester, L., Sheldon, B.W., Curtin, W.A., Liang, J., Yin, A. and Xu, J.M. (2004) *Rev. Adv. Mater. Sci.*, **6**, 131–139.
307 Chen, C.H., Takita, K., Honda, S. and Awaji, H. (2005) *J. Eur. Ceram. Soc.*, **25**, 385–391.
308 Kato, S., Nigo, S., Uno, Y., Onisi, T. and Kido, G. (2006) *J. Phys.: Conference Series*, **38**, 148–151.
309 Fernandes, J.C.S., Picciochi, R., Da Cunha Belo, M., Moura e Silva, T., Ferreira, M.G.S. and Fonseca, I.T.E. (2004) *Electrochim. Acta*, **49**, 4701–4707.
310 Karahaliou, P.K., Theodoropulou, M., Krontiras, C.A., Xanthopoulos, N., Georga, S.N. and Pisanias, M.N. (2004) *J. Appl. Phys.*, **95**, 2776–2780.
311 Theodoropoulou, M., Karahaliou, P.K., Georgia, S.N., Krontiras, C.A., Pisanias, M.N., Kokonou, M. and Nassiopoulou, A. G. (2005) *J. Phys.: Conference Series*, **10**, 222–225.
312 Zabala, N., Pattantyus-Abraham, A.G., Rivacoba, A., García de Abajo, F.J. and Wolf, M.O. (2003) *Phys. Rev. B*, **68**, 245407/1-13.
313 Oh, H-J., Park, G-S., Kim, J-G., Jeong, Y. and Chi, Ch-S. (2003) *Mater. Chem. Phys.*, **82**, 331–334.
314 Redón, R., Vázquez-Olmos, A., Mata-Zamora, M.E., Ordóñez-Medrano, A., Rivera-Torres, F. and Saniger, J.M. (2006) *Rev. Adv. Mater. Sci.*, **11**, 79–87.
315 Alvine, K.J., Shpyrko, O.G., Pershan, P.S., Shin, K. and Russell, T.P. (2006) *Phys. Rev. Lett.*, **97**, 175503/1-4.
316 Thompson, D.W., Snyder, P.G., Castro, L. and Yan, L. (2005) *J. Appl. Phys.*, **97**, 113511/1-9.
317 Zhang, D-X., Zhang, H-J., Lin, X-F. and He, Y-L. (2006) *Spectroscopy Spectral Anal.*, **26**, 411–414. (in Chinese).
318 Xu, W.L., Chen, H., Zheng, M.J., Ding, G. Q. and Shen, W.Z. (2006) *Optital Mater.*, **28**, 1160–1165.
319 Hohlbein, J., Rehn, U. and Wehrspohn, R.B. (2004) *Phys. Stat. Sol. A*, **201**, 803–807.
320 Chen, J., Cai, W-L. and Mou, J-M. (2001) *J. Inorgan. Mater.*, **16**, 677–682. (in Chinese).
321 Kokonou, M., Nassiopoulou, A.G. and Travlos, A. (2003) *Mater. Sci. Eng. B*, **101**, 65–70.
322 Yang, Y., Chen, H-L. and Bao, X-M. (2003) *Acta Chim. Sinica*, **61**, 320–324 (in Chinese).
323 Huang, G.S., Wu, X.L., Siu, G.G. and Chu, P.K. (2006) *Solid State Commun.*, **137**, 621–624.
324 Chen, J.H., Huang, C.P., Chao, C.G. and Chen, T.M. (2006) *Appl. Phys. A*, **84**, 297–300.
325 Du, Y., Cai, W.L., Mo, C.M., Chen, J., Zhang, L.D. and Zhu, X.G. (1999) *Appl. Phys. Lett.*, **74**, 2951–2953.

326 Huang, G.S., Wu, X.L., Kong, F., Cheng, Y.C., Siu, G.G. and Chu, P.K. (2006) *Appl. Phys. Lett.*, **89**, 073114/1–3.
327 Yang, Y. and Gao, Q. (2004) *Phys. Lett. A*, **333**, 328–333.
328 Shi, Y-L., Zhang, X-G. and Li, H-L. (2001) *Spectroscopy Lett.*, **34**, 419–426.
329 de Azevedo, W.M., de Carvalho, D.D., Khoury, H.J., de Vasconcelos, E.A. and da Silva, E.F. Jr. (2004) *Mater. Sci. Eng. B*, **112**, 171–174.
330 Stojadinovic, S., Zekovic, Lj., Belca, I., Kasalica, B. and Nikolic, D. (2004) *Electrochem. Commun.*, **6**, 708–712.
331 Kasalica, B., Stojadinovic, S., Zekovic, Lj., Belca, I. and Nikolic, D. (2005) *Electrochem. Commun.*, **7**, 735–739.
332 Stojadinovic, S., Belca, I., Kasalica, B., Zekovic, Lj. and Tadic, M. (2006) *Electrochem. Commun.*, **8**, 1621–1624.
333 Hoar, T.P. and Yahalom, J. (1963) *J. Electrochem. Soc.*, **110**, 614–621.
334 Kanakala, R., Singaraju, P.V., Venkat, R. and Das, B. (2005) *J. Electrochem. Soc.*, **152**, J1–J5.
335 Tsangaraki-Kaplanoglou, I., Theohari, S., Dimogerontakis, Th., Wang, Y-M., Kuo, H-H. and Kia, S. (2006) *Surf. Coat. Technol.*, **200**, 2634–2641.
336 Dimogerontakis, Th. and Kaplanoglou, I. (2001) *Thin Solid Films*, **385**, 182–189.
337 Dimogerontakis, Th. and Kaplanoglou, I. (2002) *Thin Solid Films*, **402**, 121–125.
338 Dimogerontakis, T. and Tsangaraki-Kaplanoglou, I. (2003) *Plating Surf. Finish.*, May, 80–82.
339 Li, Y., Zheng, M., Ma, L. and Shen, W. (2006) *Nanotechnology*, **17**, 5101–5105.
340 Inada, T., Uno, N., Kato, T. and Iwamoto, Y. (2005) *J. Mater. Res.*, **20**, 114–120.
341 Kneeshaw, J.A. and Gabe, D.R. (1984) *Trans. IMF*, **62**, 59–63.
342 Gabe, D.R. (1987) *Trans. IMF*, **65**, 152–154.
343 Li, L. (2000) *Solar Energ. Mater. Solar Cells*, **64**, 279–289.
344 De Graeve, I., Terryn, H. and Thompson, G.E. (2006) *Electrochim. Acta*, **52**, 1127–1134.
345 Setoh, S. and Miyata, A. (1932) *Sci. Pap. Inst. Phys.Chem. Res. Tokyo*, **17**, 189–236.
346 Wernick, S. (1934) *J. Electrodepos. Tech. Soc.*, **9**, 153–176.
347 Rummel, T. (1936) *Z. Physik*, **99**, 518–551 (in German).
348 Baumann, W. (1936) *Z. Physik*, **102**, 59–66 (in German).
349 Baumann, W. (1939) *Z. Physik*, **111**, 707–736 (in German).
350 Akahori, H. (1961) *J. Electron Microscopy (Tokyo)*, **10**, 175–185.
351 Murphy, J.F. and Michaelson, C.E. (1962) in Proceedings Conference on Anodizing, University of Notthingham, UK, 12–14 September 1961, Aluminium Development Association, London pp. 83–95.
352 Csokan, P. (1980) in *Advances in Corrosion Science and Technology*, (eds M.G. Fontana and R.W. Staehle), Plenum Press New York and London Vol. 7, pp. 239–356.
353 Ginsberg H. and Wefers, K. (1962) *Metall.*, **16**, 173–175 (in German).
354 Ginsberg, H. and Wefers, K. (1963) *Metall.*, **17**, 202–209 (in German).
355 Ginsberg, H. and Wefers, K. (1961) *Aluminium (Dusseldorf)*, **37**, 19–28 (in German).
356 Ginsberg, H. and Kaden, W. (1963) *Aluminium (Dusseldorf)*, **39**, 33–41 (in German).
357 De Graeve, I., Terryn, H. and Thompson, G.E. (2002) *J. Appl. Electrochem.*, **32**, 73–83.
358 Garcia-Vergara, S.J., Skeldon, P., Thompson, G.E. and Habazaki, H. (2006) *Electrochim. Acta*, **52**, 681–687.
359 Siejka, J. and Ortega, C. (1977) *J. Electrochem. Soc.*, **124**, 883–891.
360 Crossland, A.C., Habazaki, H., Shimizu, K., Skeldon, P., Thompson, G.E., Wood, G.C., Zhou, X. and Smith, C.J.E. (1999) *Corros. Sci.*, **41**, 1945–1954.
361 Shimizu, K., Habazaki, H. and Skeldon, P. (2002) *Electrochim. Acta*, **47**, 1225–1228.

362 Zhuravlyova, E., Iglesias-Rubianes, L., Pakes, A., Skeldon, P., Thompson, G.E., Zhou, X., Quance, T., Graham, M.J., Habazaki, H. and Shimizu, K. (2002) *Corros. Sci.*, **44**, 2153–2159.

363 Chu, S.Z., Wada, K., Inoue, S. and Todoroki, S. (2002) *J. Electrochem. Soc.*, **149**, B321–B327.

364 Patermarakis, G., Lenas, P., Karavassilis, Ch. and Papayiannis, G. (1991) *Electrochim. Acta*, **36**, 709–725.

365 Patermarakis, G. (1996) *Electrochim. Acta*, **41**, 2601–2611.

366 Patermarakis, G. and Papandreadis, N. (1993) *Electrochim. Acta*, **38**, 2351–2361.

367 Patermarakis, G. and Tzouvelekis, D. (1994) *Electrochim. Acta*, **39**, 2419–2429.

368 Patermarakis, G. and Moussoutzanis, K. (1995) *J. Electrochem. Soc.*, **142**, 737–743.

369 Patermarakis, G. (1998) *J. Electroanal. Chem.*, **447**, 25–41.

370 Patermarakis, G. and Moussoutzanis, K. (2001) *Corros. Sci.*, **43**, 1433–1464.

371 Patermarakis, G. and Moussoutzanis, K. (2003) *Chem. Eng. Commun.*, **190**, 1018–1040.

372 Patermarakis, G. and Moussoutzanis, K. (2002) *Corros. Sci.*, **44**, 1737–1753.

373 Patermarakis, G. and Moussoutzanis, K. (2002) *J. Solid State Electrochem.*, **6**, 475–484.

374 Patermarakis, G. and Moussoutzanis, K. (2005) *J. Solid State Electrochem.*, **9**, 205–233.

375 Patermarakis, G. and Masavetas, K. (2006) *J. Electroanal. Chem.*, **588**, 179–189.

376 Patermarakis, G. and Moussoutzanis, K. (1995) *Electrochim. Acta*, **40**, 699–708.

377 Patermarakis, G., Moussoutzanis, K. and Chandrinos, J. (2001) *J. Solid State Electrochem.*, **6**, 39–54.

378 Patermarakis, G., Moussoutzanis, K. and Chandrinos, J. (2001) *J. Solid State Electrochem.*, **6**, 71–72.

379 Heber, K. (1978) *Electrochim. Acta*, **23**, 127–133.

380 Heber, K. (1978) *Electrochim. Acta*, **23**, 135–139.

381 Wada, K., Shimohira, T., Yamada, M. and Baba, N. (1986) *J. Mater. Sci.*, **21**, 3810–3816.

382 Morlidge, J.R., Skeldon, P., Thompson, G.E., Habazaki, H., Shimizu, K. and Wood, G.C. (1999) *Electrochim. Acta*, **44**, 2423–2435.

383 Nelson, J.C. and Oriani, R.A. (1993) *Corros. Sci.*, **34**, 307–326.

384 Jessensky, O., Müller, F. and Gösele, U. (1998) *Appl. Phys. Lett.*, **72**, 1173–1175.

385 Ba, L. and Li, W.S. (2000) *J. Phys. D: Appl. Phys.*, **33**, 2527–2531.

386 Palibroda, E. (1984) *Surf. Technol.*, **23**, 353–365 (in French).

387 Palibroda, E., Lupsan, A., Pruneanu, S. and Savos, M. (1995) *Thin Solid Films*, **256**, 101–105.

388 Shimizu, K. and Tajima, S. (1979) *Electrochim. Acta*, **24**, 309–311.

389 Shimizu, K., Brown, G.M., Kobayashi, K., Thompson, G.E. and Wood, G.C. (1993) *Corros. Sci.*, **34**, 1853–1857.

390 Zhang, L., Cho, H.S., Li, F., Metzger, R. M. and Doyle, W.D. (1998) *J. Mater. Sci. Lett.*, **17**, 291–294.

391 Makushok, Yu.E., Parkhutik, V.P., Martinez-Duart, J.M. and Albella, J.M. (1994) *J. Phys. D: Appl. Phys.*, **27**, 661–669.

392 Parkhutik, V.P., Albella, J.M., Makushok, Yu.E., Montero, I., Martinez-Duart, J.M. and Shershulskii, V.I. (1990) *Electrochim. Acta*, **35**, 955–960.

393 Wu, H., Zhang, X. and Hebert, K.R. (2000) *J. Electrochem. Soc.*, **147**, 2126–2132.

394 Hebert, K.R. (2001) *J. Electrochem. Soc.*, **148**, B236–B242.

395 Huang, R. and Hebert, K.R. (2004) *J. Electroanal. Chem.*, **565**, 103–114.

396 Randon, J., Mardilovich, P.P., Govyadinov, A.N. and Paterson, R. (1995) *J. Colloid Interface Sci.*, **169**, 335–341.

397 Singaraju, P., Venkat, R., Kanakala, R. and Das, B. (2006) *Eur. Phys. J. Appl. Phys.*, **35**, 107–111.

398 Singh, G.K., Golovin, A.A., Aranson, I.S. and Vinokur, V.M. (2005) *Europhys. Lett.*, **70**, 836–842.

399 Pan, H., Lin, J., Feng, Y. and Gao, H. (2004) *IEEE Trans. Nanotechnol.*, **3**, 462–467.

400 Aroutiounian, V.M. and Ghulinyan, M.Zh. (2000) *Modern Phys. Letters B*, **14**, 39–46.

401 Leppänen, T., Karttunen, M., Barrio, R.A. and Kaski, K. (2004) *Brazil. J. Phys.*, **34**, 368–372.

402 Boissonade, J., Dulos, E. and De Kepper, P. (1995) *Chemical Waves and Patterns* (eds R. Kapral and K. Showalter), Kluwer Academic Publishers, pp. 221–268.

403 Li, A-P., Müller, F., Birner, A., Nielsch, K. and Gösele, U. (1998) *J. Appl. Phys.*, **84**, 6023–6026.

404 Vrublevsky, I., Parkoun, V., Sokol, V., Schreckenbach, J. and Marx, G. (2004) *Appl. Surf. Sci.*, **222**, 215–225.

405 Vrublevsky, I., Parkoun, V., Schreckenbach, J. and Marx, G. (2003) *Appl. Surf. Sci.*, **220**, 51–59.

406 Takahashi, H. and Nagayama, M. (1978) *Corros. Sci.*, **18**, 911–925.

407 Sulka, G.D., Stroobants, S., Moshchalkov, V., Borghs, G. and Celis, J-P. (2002) *J. Electrochem. Soc.*, **149**, D97–D103.

408 Nagayama, M. and Tamura, K. (1967) *Electrochim. Acta*, **12**, 1097–1107.

409 Sulka, G.D., Stroobants, S., Moshchalkov, V., Borghs, G. and Celis, J-P. (2002) *Bulletin du Cercle d'Etudes des Métaux*, **17**, P1/1-8.

410 Masuda, H., Kanezawa, K. and Nishio, K. (2002) *Chem. Lett.*, 1218–1219.

411 Shingubara, S., Murakami, Y., Morimoto, K. and Takahagi, T. (2003) *Surf. Sci.*, **532–535**, 317–323.

412 Iwasaki, T. and Den, T. (2002) Patent US 6 476 409 B2.

413 Aiba, T., Nojiri, H., Motoi, T., Den, T. and Iwasaki, T. (2003) Patent US 6 541 386 B2.

414 Liu, C.Y., Datta, A. and Wang, Y.L. (2001) *Appl. Phys. Lett.*, **78**, 120–122.

415 Peng, C.Y., Liu, C.Y., Liu, N.W., Wang, H. H., Datta, A. and Wang, Y.L. (2005) *J. Vac. Sci. Technol. B*, **23**, 559–562.

416 Sun, Z. and Kim, H.K. (2002) *Appl. Phys. Lett.*, **81**, 3458–3460.

417 Liu, N.W., Datta, A., Liu, C.Y. and Wang, Y.L. (2003) *Appl. Phys. Lett.*, **82**, 1281–1283.

418 Cojocaru, C.S., Padovani, J.M., Wade, T., Mandoli, C., Jaskierowicz, G., Wegrowe, J.E., Fontcuberta i Morral, A. and Pribat, D. (2005) *Nano Lett.*, **5**, 675–680.

419 Li, A-P., Müller, F., Birner, A., Nielsch, K. and Gösele, U. (1999) *Adv. Mater.*, **11**, 483–486.

420 Masuda, H., Yamada, H., Satoh, M., Asoh, H., Nakao, M. and Tamamura, T. (1997) *Appl. Phys. Lett.*, **71**, 2770–2772.

421 Asoh, H., Nishio, K., Nakao, M., Yokoo, A., Tammamura, T. and Masuda, H. (2001) *J. Vac. Sci. Technol. B*, **19**, 569–572.

422 Masuda, H., Yotsuya, M., Asano, M., Nishio, K., Nakao, M., Yakoo, A. and Tamamura, T. (2001) *Appl. Phys. Lett.*, **78**, 826–828.

423 Asoh, H., Nishio, K., Nakao, M., Tammamura, T. and Masuda, H. (2001) *J. Electrochem. Soc.*, **148**, B152–B156.

424 Asoh, H., Ono, S., Hirose, T., Nakao, M. and Masuda, H. (2003) *Electrochim. Acta*, **48**, 3171–3174.

425 Asoh, H., Ono, S., Hirose, T., Takatori, I. and Masuda, H. (2004) *Jpn. J. Appl. Phys.*, **43** (9A), 6342–6346.

426 Masuda, H. (2001) *Electrochemistry*, **69**, 879–883 (in Japanese).

427 Masuda, H., Asoh, H., Watanabe, M., Nishio, K., Nakao, M. and Tamamura, T. (2001) *Adv. Mater.*, **13**, 189–192.

428 Masuda, H., Abe, A., Nakao, M., Yokoo, A., Tamamura, T. and Nishio, K. (2003) *Adv. Mater.*, **15**, 161–164.

429 Matsumoto, F., Harada, M., Nishio, K. and Masuda, H. (2005) *Adv. Mater.*, **17**, 1609–1612.

430 Choi, J., Nielsch, K., Reiche, M., Wehrspohn, R.B. and Gösele, U. (2003) *J. Vac. Sci. Technol. B*, **21**, 763–766.

431 Choi, J., Wehrspohn, R.B. and Gösele, U. (2003) *Adv. Mater.*, **15**, 1531–1534.

432 Choi, J., Wehrspohn, R.B. and Gösele, U. (2005) *Electrochim. Acta*, **50**, 2591–2595.

433 Matsui, Y., Nishio, K. and Masuda, H. (2005) *Jpn. J. Appl. Phys.*, **44**, 7726–7728.

434 Lee, W., Ji, R., Ross, C.A., Gösele, U. and Nielsch, K. (2006) *Small*, **2**, 978–982.
435 Yasui, K., Nishio, K., Nunokawa, H. and Masuda, H. (2005) *J. Vac. Sci. Technol. B*, **23**, L9–L12.
436 Nishio, K., Fukushima, T. and Masuda, H. (2006) *Electrochem. Solid-State Lett.*, **9**, B39–B41.
437 Masuda, H., Matsui, Y., Yotsuya, M., Matsumoto, F. and Nishio, K. (2004) *Chem. Lett.*, **33**, 584–585.
438 Matsui, Y., Nishio, K. and Masuda, H. (2006) *Small*, **2**, 522–525.
439 Asoh, H. and Ono, S. (2005) *Appl. Phys. Lett.*, **87**, 103102/1-3.
440 Zhao, X., Jiang, P., Xie, S., Feng, J., Gao, Y., Wang, J., Liu, D., Song, L., Liu, L., Dou, X., Luo, S., Zhang, Z., Xiang, Y., Zhou, W. and Wang, G. (2006) *Nanotechnology*, **17**, 35–39.
441 Terryn, H., Vereecken, J. and Landuyt, J. (1990) *Trans. IMF*, **68**, 33–37.
442 Fratila-Apachitei, L.E., Terryn, H., Skeldon, P., Thompson, G.E., Duszczyk, J. and Katgerman, L. (2004) *Electrochim. Acta*, **49**, 1127–1140.
443 Jessensky, O., Müller, F. and Gösele, U. (1998) *J. Electrochem. Soc.*, **145**, 3735–3740.
444 Nagayama, M., Tamura, K. and Takahashi, H. (1970) *Corros. Sci.*, **10**, 617–627.
445 Da Silva, M.F., Shimizu, K., Kobayashi, K., Skeldon, P., Thompson, G.E. and Wood, G.C. (1995) *Corros. Sci.*, **37**, 1511–1514.
446 van den Brand, J., Snijders, P.C., Sloof, W.G., Terryn, H. and de Witt, J.W.H. (2004) *J. Phys. Chem. B***108**, 6017–6024.
447 Wang, Y-L., Tseng, W-T. and Chang, S-Ch. (2005) *Thin Solid Films*, **474**, 36–43.
448 Jagminienė, A., Valinčius, G., Riaukaitė, A. and Jagminas, A. (2005) *J. Cryst. Growth*, **274**, 622–631.
449 Holló, M.Gy. (1960) *Acta Metall.*, **8**, 265–268.
450 Shimizu, K., Kobayashi, K., Skeldon, P., Thompson, G.E. and Wood, G.C. (1997) *Corros. Sci.*, **39**, 701–718.
451 Wu, M.T., Leu, I.C. and Hon, M.H. (2002) *J. Vac. Sci. Technol. B*, **20**, 776–782.
452 Ricker, R.E., Miller, A.E., Yue, D-F., Banerjee, G. and Bandyopadhyay, S. (1996) *J. Electron. Mater.*, **25**, 1585–1592.
453 Bandyopadhyay, S., Miller, A.E., Chang, H.C., Banerjee, G., Yuzhakov, V., Yue, D-F., Ricker, R.E., Jones, S., Eastman, J.A., Baugher, E. and Chandrasekhar, M. (1996) *Nanotechnology*, **7**, 360–371.
454 Konovalov, V.V., Zangari, G. and Metzger, R.M. (1999) *Chem. Mater.*, **11**, 1949–1951.
455 Yuzhakov, V.V., Takhistov, P.V., Miller, A. E. and Chang, H-Ch. (1999) *Chaos*, **9**, 62–77.
456 Kong, L-B., Huang, Y., Guo, Y. and Li, H-L. (2005) *Mater. Lett.*, **59**, 1656–1659.
457 Liu, H.W., Guo, H.M., Wang, Y.L., Wang, Y.T., Shen, C.M. and Wei, L. (2003) *Appl. Surf. Sci.*, **219**, 282–289.
458 Miney, P.G., Colavita, P.E., Schiza, M.V., Priore, R.J., Haibach, F.G. and Myrick, M.L. (2003) *Electrochem. Solid-State Lett.*, **6**, B42–B45.
459 Inoue, S., Chu, S-Z., Wada, K., Li, D. and Haneda, H. (2003) *Sci. Technol. Adv. Mater.*, **4**, 269–276.
460 Chu, S.Z., Wada, K., Inoue, S. and Todoroki, S. (2003) *Surf. Coat. Technol.*, **169–170**, 190–194.
461 Chu, S.Z., Wada, K., Inoue, S. and Todoroki, S. (2003) *Electrochim. Acta*, **48**, 3147–3153.
462 Chu, S-Z., Wada, K., Inoue, S., Hishita, S-ichi. and Kurashima, K. (2003) *J. Phys. Chem. B*, **107**, 10180–10184.
463 Chu, S-Z., Inoue, S., Hishita, S-ichi. and Kurashima, K. (2004) *J. Phys. Chem. B*, **108**, 5582–5587.
464 Chu, S.Z., Inoue, S., Wada, K. and Hishita, S. (2004) *J. Electrochem. Soc.*, **151**, C38–C44.
465 Chu, S.Z., Inoue, S., Wada, K. and Kurashima, K. (2005) *Electrochim. Acta*, **51**, 820–826.
466 Chu, S.Z., Inoue, S., Wada, K., Kanke, Y. and Kurashima, K. (2005) *J. Electrochem. Soc.*, **152**, C42–C47.

467 Kemell, M., Färm, E., Leskelä, M. and Ritala, M. (2006) *Phys. Stat. Sol. A*, **203**, 1453–1458.

468 Rabin, O., Herz, P.R., Lin, Y-M., Akinwande, A.I., Cronin, S.B. and Dresselhaus, M.S. (2003) *Adv. Funct. Mater.*, **13**, 631–638.

469 Crouse, D., Lo, Yu-Hwa Miller, A.D. and Crouse, M. (2000) *Appl. Phys. Lett.*, **76**, 49–51.

470 Asoh, H., Matsuo, M., Yoshihama, M. and Ono, S. (2003) *Appl. Phys. Lett.*, **83**, 4408–4410.

471 Choi, J., Sauer, G., Göring, P., Nielsch, K., Wehrspohn, R.B. and Gösele, U. (2003) *J. Mater. Chem.*, **13**, 1100–1103.

472 Toh, C-S., Kayes, B.M., Nemanick, E.J. and Lewis, N.S. (2004) *Nano Lett.*, **4**, 767–770.

473 Pu, L., Shi, Y., Zhu, J.M., Bao, X.M., Zhang, R. and Zheng, Y.D. (2004) *Chem. Commun.*, 942–943.

474 Le Paven-Thivet, C., Fusil, S., Aubert, P., Malibert, C., Zozime, A. and Houdy, Ph. (2004) *Thin Solid Films*, **446**, 147–154.

475 Myung, N.V., Lim, J., Fleurial, J-P., Yun, M., West, W. and Choi, D. (2004) *Nanotechnology*, **15**, 833–838.

476 Wu, M.T., Leu, I.C., Yen, J.H. and Hon, M.H. (2004) *Electrochem. Solid-State Lett.*, **7**, C61–C63.

477 Shiraki, H., Kimura, Y., Ishii, H., Ono, S., Itaya, K. and Niwano, M. (2004) *Appl. Surf. Sci.*, **237**, 369–373.

478 Chen, Z. and Zhang, H. (2005) *J. Electrochem. Soc.*, **152**, D227–D231.

479 Kokonou, M., Nassiopoulou, A.G., Giannakopoulos, K.P. and Boukos, N. (2005) *J. Phys.: Conference Series*, **10**, 159–162.

480 Mei, Y.F., Wu, X.L., Qiu, T., Shao, X.F., Siu, G.G. and Chu, P.K. (2005) *Thin Solid Films*, **492**, 66–70.

481 Kimura, Y., Shiraki, H., Ishibashi, K-I., Ishii, H., Itaya, K. and Niwano, M. (2006) *J. Electrochem. Soc.*, **153**, C296–C300.

482 Yang, Y., Chen, H., Mei, Y., Chen, J., Wu, X. and Bao, X. (2002) *Solid State Commun.*, **123**, 279–282.

483 Xu, C-L., Li, H., Zhao, G-Y. and Li, H-L. (2006) *Mater. Lett.*, **60**, 2335–2338.

484 Xu, C-L., Li, H., Xue, T. and Li, H-L. (2006) *Scripta Mater.*, **54**, 1605–1609.

485 Mei, Y.F., Wu, X.L., Shao, X.F., Siu, G.G. and Bao, X.M. (2003) *Europhys. Lett.*, **62**, 595–599.

486 Briggs, E.P., Walpole, A.R., Wilshaw, P.R., Karlsson, M. and Pålsgård, E. (2004) *J. Mater. Sci. Mater. Med.*, **15**, 1021–1029.

487 Yasui, K., Sakamoto, Y., Nishio, K. and Masuda, H. (2005) *Chem. Lett.*, **34**, 342–343.

488 Zhou, H.Y., Qu, S.C., Wang, Z.G., Liang, L.Y., Cheng, B.C., Liu, J.P. and Peng, W. Q. (2006) *Mater. Sci. Semicond. Process.*, **9**, 337–340.

489 Yakovlev, N.M., Yakovlev, A.N. and Denisov, A.I. (2003) *Investigated in Russia*, **6**, 673–582 (in Russian).

490 Garcia-Vergara, S.J., El Khazmi, K., Skeldon, P. and Thompson, G.E. (2006) *Corros. Sci.*, **48**, 2937–2946.

491 Yoo, B-Y., Hendricks, R.K., Ozkan, M. and Myung, N.V. (2006) *Electrochim. Acta*, **51**, 3543–3550.

492 Masuda, H., Hesegwa, F. and Ono, S. (1997) *J. Electrochem. Soc.*, **144**, L127–L130.

493 Li, A-P., Müller, F., Birner, A., Nielsch, K. and Gösele, U. (1999) *J. Vac. Sci. Technol. A*, **17**, 1428–1431.

494 Masuda, H., Nagae, M., Morikawa, T. and Nishio, K. (2006) *Jpn. J. Appl. Phys.*, **45**, L406–L408.

495 Shingubara, S., Okino, O., Sayama, Y., Sakaue, H. and Takahagi, T. (1997) *Jpn. J. Appl. Phys.*, **36**, 7791–7795.

496 Almasi Kashi, M. and Ramazani, A. (2005) *J. Phys. D: Appl. Phys.*, **38**, 2396–2399.

497 Masuda, H., Yada, K. and Osaka, A. (1998) *Jpn. J. Appl. Phys.*, **37**, L1340–L1342.

498 Li, A.P., Müller, F. and Gösele, U. (2000) *Electrochem. Solid State Lett.*, **3**, 131–134.

499 Lee, W., Ji, R., Gösele, U. and Nielsch, K. (2006) *Nature Mat.*, **5**, 741–747.

500 Masuda, H. and Satoh, M. (1996) *Jpn. J. Appl. Phys.*, **35**, L126–L129.

501 Zhao, Y., Chen, M., Zhang, Y., Xu, T. and Liu, W. (2005) *Mater. Lett.*, **59**, 40–43.

502 Schneider, J.J., Engstler, J., Budna, K.P., Teichert, Ch. and Franzka, S. (2005) *Eur. J. Inorg. Chem.*, 2352–2359.

503 Yuan, J.H., Chen, W., Hui, R.J., Hu, Y.L. and Xia, X.H. (2006) *Electrochim. Acta*, **51**, 4589–4595.

504 Zhou, W.Y., Li, Y.B., Liu, Z.Q., Tang, D.S., Zou, X.P. and Wang, G. (2001) *Chin. Phys.*, **10**, 218–222.

505 Suh, J.S. and Lee, J.S. (1999) *Appl. Phys. Lett.*, **75**, 2047–2049.

506 Yan, J., Rama Rao, G.V., Barela, M., Brevnov, D.A., Jiang, Y., Xu, H., López, G. P. and Atanassov, P.B. (2003) *Adv. Mater.*, **15**, 2015–2018.

507 Ding, G.Q., Zheng, M.J., Xu, W.L. and Shen, W.Z. (2005) *Nanotechnology*, **16**, 1285–1289.

508 Hou, K., Tu, J.P. and Zhang, X.B. (2002) *Chin. Chem. Lett.*, **13**, 689–692.

509 Ono, T., Konoma, Ch., Miyashita, H., Kanaori, Y. and Esashi, M. (2003) *Jpn. J. Appl. Phys. Part 1*, **42** (6B), 3867–3870.

510 Nielsch, K., Castaño, F.J., Ross, C.A. and Krishnan, R. (2005) *J. Appl. Phys.*, **98**, 034318/1-6.

511 Ding, G.Q., Shen, W.Z., Zheng, M.J. and Zhou, Z.B. (2006) *Nanotechnology*, **17**, 2590–2594.

512 Brändli, Ch., Jaramillo, T.F., Ivanovskaya, A. and McFarland, E.W. (2001) *Electrochim. Acta*, **47**, 553–557.

513 Ono, S., Takeda, K. and Masuko, N. (2000–2001) *ATB Metall.*, **40/41**, 398–403.

514 Sadasivan, V., Richter, C.P., Menon, L. and Williams, P.F. (2005) *AIChE J.*, **51**, 649–655.

515 Bocchetta, P., Sunseri, C., Chiavarotti, G. and Quarto, F.D. (2003) *Electrochim. Acta*, **48**, 3175–3183.

516 Wang, H. and Wang, H-W. (2004) *Trans. Nonferrous Met. Soc. China*, **14**, 166–169.

517 Shimizu, K., Alwitt, R.S. and Liu, Y. (2000) *J. Electrochim. Soc.*, **147**, 1388–1392.

518 Masuda, H. and Fukuda, K. (1995) *Science*, **268**, 1466–1468.

519 Ghorbani, M., Nasirpouri, F., Iraji zad, A. and Saedi, A. (2006) *Mater. Design*, **27**, 983–988.

520 Yu, W.H., Fei, G.T., Chen, X.M., Xue, F. H. and Xu, X.J. (2006) *Phys. Lett. A*, **350**, 392–395.

521 da Fontoura Costa, L., Riveros, G., Gómez, H., Cortes, A., Gilles, M., Dalchiele, E.A. and Marotti, R.E. (2005) *Cond-mat/0504573v*, 11–12.

522 Sui, Y-Ch. and Saniger, J.M. (2001) *Mater. Lett.*, **48**, 127–136.

523 Xu, X.J., Fei, G.T., Zhu, L.Q. and Wang, X.W. (2006) *Mater. Lett.*, **60**, 2331–2334.

524 Rehn, L.E., Kestel, B.J., Baldo, P.M., Hiller, J., McCormick, A.W. and Birchter, R.C. (2003) *Nuc. Instrum. Meth. Phys. Res. B*, **206**, 490–494.

525 Wehrspohn, R.B., Li, A.P., Nielsch, K., Müller, F., Erfurth, W. and Gösele U. (2000) in *Oxide Films* (eds K.R. Hebert R. S. Lillard and B.R. MacDougall), PV-2000-4, Toronto, Canada, Spring, pp. 271–282.

526 Wehrspohn, R.B., Nielsch, K., Birner, A., Schilling, J., Müller, F., Li, A-P. and Gösele, U. (2001) in *Pits and Pores II: Formation Properties and Significance for Advanced Materials* (eds P. Schumki D.J. Lockwood, Y.H. Ogata and H.S. Isaacs), PV 2000-25, Phoenix, Arizona, Fall 2000, pp. 168–179.

527 Choi, D.H., Lee, P.S., Hwang, W., Lee, K. H. and Park, H.C. (2006) *Curr. Appl. Phys.*, **6S1**, e125–e129.

528 Xu, T., Zangari, G. and Metzger, R.M. (2002) *Nano Lett.*, **2**, 37–41.

529 Choi, J., Sauer, G., Nielsch, K., Wehrspohn, R.B. and Gösele, U. (2003) *Chem. Mater.*, **15**, 776–779.

530 Das, B. and Garman, Ch. (2006) *Microelectron. J.*, **37**, 695–699.

531 Tang, M., He, J., Zhou, J. and He, P. (2006) *Mater. Lett.*, **60**, 2098–2100.

532 Stein, N., Rommelfangen, M., Hody, V., Johann, L. and Lecuire, J.M. (2002) *Electrochim. Acta*, **47**, 1811–1817.

533 Brevnov, D.A., Rama Rao, G.V., López, G. P. and Atanassov, P.B. (2004) *Electrochim. Acta*, **49**, 2487–2494.

534 Lefeuvre, O., Pang, W., Zinin, P., Comins, J.D., Every, A.G., Briggs, G.A.D., Zeller, B.D. and Thompson, G.E. (1999) *Thin Solid Films*, **350**, 53–58.

535 Girginov, A., Popova, A., Kanazirski, I. and Zahariev, A. (2006) *Thin Solid Films*, **515**, 1548–1551.

536 Jagminas, A., Kurtinaitienė, M., Angelucci, R. and Valinčius, G. (2006) *Appl. Surf. Sci.*, **252**, 2360–2367.

537 Vrublevsky, I., Parkoun, V., Schreckenbach, J. and Goedel, W.A. (2006) *Appl. Surf. Sci.*, **252**, 5100–5108.

538 Vrublevsky, I., Parkoun, V., Sokol, V. and Schreckenbach, J. (2004) *Appl. Surf. Sci.*, **236**, 270–277.

539 Furneaux, R.C., Rigby, W.R. and Davidson, A.P. (1989) *Nature*, **337**, 147–149.

540 Nielsch, K., Müller, F., Li, A.P. and Gösele, U. (2000) *Adv. Mater.*, **12**, 582–586.

541 Girginov, A.A., Zahariev, A.S. and Klein, E. (2002) *J. Mater. Sci.: Mater. Electron.*, **13**, 543–548.

542 Zahariev, A. and Girginov, A. (2003) *Bull. Mater. Sci.*, **26**, 349–353.

543 Girginov, A., Kanazirski, I., Zahariev, A. and Popova, A. (2004) *Bull. Electrochem.*, **20**, 103–106.

544 Girginov, A., Zahariev, A., Kanazirski, I. and Tzvetkoff, T. (2004) *Bull. Electrochem.*, **20**, 405–407.

545 Girginov, A.A., Zahariev, A.S. and Machakova, M.S. (2002) *Mater. Chem. Phys.*, **76**, 274–278.

546 Liang, J., Chik, H. and Xu, J. (2002) *IEEE J. Selected Topics Quant. Electron.*, **8**, 998–1008.

547 Shimizu, T., Nagayanagi, M., Ishida, T., Sakata, O., Oku, T., Sakaue, H., Takahagi, T. and Shingubara, S. (2006) *Electrochem. Solid-State Lett.*, **9**, J13–J16.

548 Masuda, H., Yasui, K. and Nishio, K. (2000) *Adv. Mater.*, **12**, 1031–1033.

549 Park, S.K., Noh, J.S., Chin, W.B. and Sung, D.D. (2007) *Curr. Appl. Phys.*, **7**, 180–185.

550 Zhao, H., Jiang, Z., Zhang, Z., Zhai, R. and Bao, X. (2006) *Chinese J. Catalysis*, **27**, 381–385 (in Chinese).

551 Kordás, K., Tóth, G., Levoska, J., Huuhtanen, M., Keiski, R., Härkönen, M., George, T.F. and Vähäkangas, J. (2006) *Nanotechnology*, **17**, 1459–1463.

552 Pang, Y.T., Meng, G.W., Fang, Q. and Zhang, L.D. (2003) *Nanotechnology*, **14**, 20–24.

553 Xu, X.J., Fei, G.T., Wang, X.W., Jin, Z., Yu, W.H. and Zhang, L.D. (2007) *Mater. Lett.*, **61**, 19–22.

554 Sander, M.S. and Tan, L-S. (2003) *Adv. Funct. Mater.*, **13**, 393–397.

555 Pan, S.L., Zeng, D.D., Zhang, H.L. and Li, H.L. (2000) *Appl. Phys. A*, **70**, 637–640.

556 Evans, P., Hendren, W.R., Atkinson, R., Wurtz, G.A., Dickson, W., Zayats, A.V. and Pollard, R.J. (2006) *Nanotechnology*, **17**, 5746–5753.

557 Chaure, N.B., Stamenov, P., Rhen, F.M.F. and Coey, J.M.D. (2005) *J. Magn. Magn. Mater.*, **290–291**, 1210–1213.

558 Yasui, K., Morikawa, T., Nishio, K. and Masuda, H. (2005) *Jpn. J. Appl. Phys.*, **44**, L469–L471.

559 Xu, J. and Xu, Y. (2006) *Mater. Lett.*, **60**, 2069–2072.

560 Pang, Y.T., Meng, G.W., Zhang, Y., Fang, Q. and Zhang, L.D. (2003) *Appl. Phys. A*, **76**, 533–536.

561 Nielsch, K., Wehrespohn, R.B., Barthel, J., Kirschner, J., Gösele, U., Fisher, S.F. and Kronmüller, H. (2001) *Appl. Phys. Lett.*, **79**, 1360–1362.

562 Nielsch, K., Wehrspohn, R.B., Fischer, S. F., Kronmüller, H., Barthel, J., Kirschner, J., Schweinböck, T., Weiss, D. and Gösele, U. (2002) *Mat. Res. Soc. Symp. Proc.*, **705**, Y9.3.1–Y9.3.6.

563 Nielsch, K., Wehrspohn, R.B., Barthel, J., Kirschner, J., Fischer, S.F., Kronmüller, H., Schweinböck, T., Weiss, D. and Gösele, U. (2002) *J. Magn. Magn. Mater.*, **249**, 234–240.

564 Nielsch, K., Hertel, R., Wehrspohn, R.B., Barthel, J., Kirschner, J., Gösele, U.,

Fischer, S.F. and Kronmüller, H. (2002) *IEEE Trans. Magn.*, **38**, 2571–2573.
565 Sauer, G., Brehm, G., Schneider, S., Graener, H., Seifert, G., Nielsch, K., Choi, J., Göring, P., Gösele, U., Miclea, P. and Wehrspohn, R.B. (2006) *Appl. Phys. Lett.*, **88**, 023106/1-3.
566 Kumar, A., Fähler, S., Schlörb, H., Leistner, K. and Schultz, L. (2006) *Phys. Rev. B*, **73**, 064421/1-5.
567 Pang, Y-T., Meng, G-W., Zhang, L-D., Qin, Y., Gao, X-Y., Zhao, A-W. and Fang, Q. (2002) *Adv. Funct. Mater.*, **12**, 719–722.
568 Kim, K., Kim, M. and Cho, S.M. (2006) *Mater. Chem. Phys.*, **96**, 278–282.
569 Vlad, A., Mátéfi-Tempfli, M., Faniel, S., Bayot, V., Melinte, S., Piraux, L. and Mátéfi-Tempfli, S. (2006) *Nanotechnology*, **17**, 4873–4876.
570 Tang, X-T., Wang, G-C. and Shima, M. (2006) *J. Appl. Phys.*, **99**, 033906/1-7.
571 Chaure, N.B. and Coey, J.M.D. (2006) *J. Magn. Magn. Mater.*, **303**, 232–236.
572 Gao, T.R., Yin, L.F., Tian, C.S., Lu, M., Sang, H. and Zhou, S.M. (2006) *J. Magn. Magn. Mater.*, **300**, 471–478.
573 Dahmane, Y., Cagnon, L., Voiron, J., Pairis, S., Bacia, M., Ortega, L., Benbrahim, N. and Kadri, A. (2006) *J. Appl. Phys. D: Appl. Phys.*, **39**, 4523–4528.
574 Fei, X.L., Tang, S.L., Wang, R.L., Su, H.L. and Du, Y.W. (2007) *Solid State Commun.*, **141**, 25–28.
575 Losic, D., Shapter, J.G., Mitchell, J.G. and Voelcker, N.H. (2005) *Nanotechnology*, **16**, 2275–2281.
576 Gu, X., Nie, Ch., Lai, Y. and Lin, Ch. (2006) *Mater. Chem. Phys.*, **96**, 217–222.
577 Ren, X., Huang, X-M. and Zhang, H-H. (2006) *Acta Phys-Chim. Sin.*, **22**, 102–105 (in Chinese).
578 Cao, H., Wang, L., Qiu, Y., Wu, Q., Wang, G., Zhang, L. and Liu, X. (2006) *ChemPhysChem.*, **7**, 1500–1504.
579 Lee, W., Scholz, R., Nielsch, K. and Gösele, U. (2005) *Angew. Chem. Int. Ed.*, **44**, 6050–6054.
580 Nielsch, K., Castaño, F.J., Matthias, S., Lee, W. and Ross, C.A. (2005) *Adv. Eng. Mater.*, **7**, 217–221.
581 Steinhart, M., Jia, Z., Schaper, A.K., Wehrspohn, R.B., Gösele, U. and Wendorff, J.H. (2003) *Adv. Mater.*, **15**, 706–709.
582 Steinhart, M., Wendorff, J.H. and Wehrspohn, R.B. (2003) *Chem. Phys. Chem.*, **4**, 1171–1176.
583 Steinhart, M., Wehrspohn, R.B., Gösele, U. and Wendorff, J.H. (2004) *Agnew. Chem. Int. Ed.*, **43**, 1334–1344.
584 Lee, M., Hong, S. and Kim, D. (2006) *Appl. Phys. Lett.*, **89**, 043120/1-3.
585 Lahav, M., Sehayek, T., Vaskevich, A. and Rubinstein, I. (2003) *Agnew. Chem. Int. Ed.*, **42**, 5576–5579.
586 Wang, W., Li, N., Li, X., Geng, W. and Qiu, S. (2006) *Mater. Res. Bull.*, **41**, 1417–1423.
587 Sung, D.D., Choo, M.S., Noh, J.S., Chin, W.B. and Yang, W.S. (2006) *Bull. Korean Chem. Soc.*, **27**, 1159–1163.
588 Li, Y., Meng, G.W., Zhang, L.D. and Phillipp, F. (2000) *Appl. Phys. Lett.*, **76**, 2011–2013.
589 Ko, E., Choi, J., Okamoto, K., Tak, Y. and Lee, J. (2006) *ChemPhysChem.*, **7**, 1505–1509.
590 Ding, G.Q., Shen, W.Z., Zheng, M.J. and Zhou, Z.B. (2006) *Appl. Phys. Lett.*, **89**, 063113/1-3.
591 Wu, C-T., Ko, F-H. and Hwang, H-Y. (2006) *Microelectron. Eng.*, **83**, 1567–1570.
592 Park, I.H., Lee, J.W. and Chung, C.W. (2006) *Integrated Ferroelectrics*, **78**, 245–253.
593 Fan, H.J., Lee, W., Scholz, R., Dadgar, A., Krost, A., Nielsch, K. and Zacharias, M. (2005) *Nanotechnology*, **16**, 913–917.
594 Masuda, H., Nishio, K. and Baba, N. (1992) *Jpn. J. Appl. Phys.*, **31**, L1775–L1777.
595 Nishio, K., Iwata, K. and Masuda, H. (2003) *Electrochem. Solid-State Lett.*, **6**, H21–H23.
596 Sander, M.S., Côte, M.J., Gu, W., Kile, B. M. and Tripp, C.P. (2004) *Adv. Mater.*, **16**, 2052–2057.

597 Min, H-S. and Lee, J-K. (2006) *Ferroelectics*, **336**, 231–235.

598 Alonso-González, P., Martín-González, M.S., Martín-Sánchez, J., González, Y. and González, L. (2006) *J. Cryst. Growth*, **294**, 168–173.

599 Wang, Y.D., Zang, K.Y. and Chua, S.J. (2006) *J. Appl. Phys.*, **100**, 054306/1-4.

600 Jung, M., Lee, H.S., Park, H.L., Lim, H-J. and Mho, S-I. (2006) *Curr. Appl. Phys.*, **6**, 1016–1019.

601 Jung, M., Lee, H.S., Park, H.L. and Mho, S-I. (2006) *Curr. Appl. Phys.*, **6S1**, e187–e191.

602 Wang, Y., Zang, K., Chua, S., Sander, M. S., Tripathy, S. and Fonstad, C.G. (2006) *J. Phys. Chem. B*, **110**, 11081–11087.

603 Konkonou, M., Nassiopoulou, A.G., Giannakopolous, K.P., Travlos, A., Stoica, T. and Kennou, S. (2006) *Nanotechnology*, **17**, 2146–2151.

604 Ding, G.Q., Zheng, M.J., Xu, W.L. and Shen, W.Z. (2006) *Thin Solid Films*, **508**, 182–185.

605 Nakao, M., Oku, S., Tamamura, T., Yasui, K. and Masuda, H. (1999) *Jpn. J. Appl. Phys.*, **38**, 1052–1055.

606 Sai, H., Fujii, H., Arafune, K., Ohshita, Y., Yamaguchi, M., Kanamori, Y. and Yugami, H. (2006) *Appl. Phys. Lett.*, **88**, *201116/*, 1–3.

607 Wu, C., Shi, J-B., Chen, C-J. and Lin, J-Y. (2006) *Mater. Lett.*, **60**, 3618–3621.

608 Aguilera, A., Jayaraman, V., Sanagapalli, S., Singh, R.S., Jayaraman, V., Sampson, K. and Singh, V.P. (2006) *Solar Energy Mater. Solar Cells*, **90**, 713–726.

609 Yang, W., Wu, Z., Lu, Z., Yang, X. and Song, L. (2006) *Microelectron. Eng.*, **83**, 1971–1974.

610 Varfolomeev, A., Zaretsky, D., Pokalyakin, V., Tereshin, S., Pramanik, S. and Bandyopadhyay, S. (2006) *Appl. Phys. Lett.*, **88**, 113114/1-3.

611 Zhang, X.Y., Xu, L.H., Dai, J.Y., Cai, Y. and Wang, N. (2006) *Mater. Res. Bull.*, **41**, 1729–1734.

612 Zhang, J., Xu, B., Jiang, F., Yang, Y. and Li, J. (2005) *Phys. Lett. A*, **337**, 121–126.

613 Zhu, X., Ma, J., Wang, Y., Tao, J., Zhou, J., Zhao, Z., Xie, L. and Tian, H. (2006) *Mater. Res. Bull.*, **41**, 1584–1588.

614 Yan, H., Zhang, L., Shen, J., Chen, Z., Shi, G. and Zhang, B. (2006) *Nanotechnology*, **17**, 3446–3450.

615 O'Brien, G.A., Quinn, A.J., Iacopino, D., Pauget, N. and Redmond, G. (2006) *J. Mater. Chem.*, **16**, 3237–3241.

616 Shin, H-W., Cho, S.Y., Choi, K-H., Oh, S-L. and Kim, Y-R. (2006) *Appl. Phys. Lett.*, **88**, 263112/1-3.

617 Zhao, L., Yang, W., Ma, Y., Yao, J., Li, Y. and Liu, H. (2003) *Chem. Commun.*, 2442–2443.

618 Yang, S.M., Chen, K.H. and Yang, Y.F. (2005) *Synth. Metals*, **152**, 65–68.

619 Steinhart, M., Wendorff, J.H., Greiner, A., Wehrspohn, R.B., Nielsch, K., Schilling, J., Choi, J. and Gösele, U. (2002) *Science*, **296**, 1997.

620 Niu, Z-W., Li, D. and Yang, Z-Z. (2003) *Chin. J. Polymer Sci.*, **21**, 381–384.

621 Schneider, J.J. and Engstler, J. (2006) *Eur. J. Inorg. Chem.*, 1723–1736.

622 Sun, L., Dai, J., Baker, G.L. and Bruening, M.L. (2006) *Chem. Mater.*, **18**, 4033–4039.

623 Nishio, K., Nakao, M., Yokoo, A. and Masuda, H. (2003) *Jpn. J. Appl. Phys. Part 2*, **42** (1A/B), L83–L85.

624 Yanagishita, T., Nishio, K. and Masuda, H. (2005) *Adv. Mater.*, **17**, 2241–2243.

625 Al-Kaysi, R.O. and Bardeen, Ch.J. (2006) *Chem. Commun.*, 1224–1226.

626 Ravindran, S., Andavan, G.T.S., Tsai, C., Ozkan, C.S. and Hollis, T.K. (2006) *Chem. Commun.*, 1616–1618.

627 Wang, Y., Ye, Ch., Wang, G., Zhang, L., Liu, Y. and Zhao, Z. (2003) *Appl. Phys. Lett.*, **82**, 4253–4255.

628 Piao, Y., Lim, H., Chang, J.Y., Lee, W-Y. and Kim, H. (2005) *Electrochim. Acta*, **50**, 2997–3013.

629 Johansson, A., Widenkvist, E., Lu, J., Boman, M. and Jansson, U. (2005) *Nano Lett.*, **5**, 1603–1606.

630 Wang, W., Wang, S-Y., Gao, Y-L., Wang, K-Y. and Liu, M. (2006) *Mater. Sci. Eng. B*, **133**, 167–171.

631 Kyotani, T., Tsai, L-fu. and Tomita, A. (1996) *Chem. Mater.*, **8**, 2109–2113.
632 Zhang, X.Y., Zhang, L.D., Zheng, M.J., Li, G.H. and Zhao, L.X. (2001) *J. Crystal Growth*, **223**, 306–310.
633 Sui, Y.C., Cui, B.Z., Guardían, R., Acosta, D.R., Martiínez, L. and Perez, R. (2002) *Carbon*, **40**, 1011–1016.
634 Chen, Q-L., Xue, K-H., Shen, W., Tao, F-F., Yin, S-Y. and Xu, W. (2004) *Electrochim. Acta*, **49**, 4157–4161.
635 Yin, A., Tzolov, M., Cardimona, D.A. and Xu, J. (2006) *IEEE Trans. Nanotechnol.*, **5**, 564–567.
636 Wen, S., Jung, M., Joo, O-S. and Mho, S-i. (2006) *Curr. Appl. Phys.*, **6**, 1012–1015.
637 Yu, K., Ruan, G., Ben, Y. and Zou, J.J. (2007) *Mater. Lett.*, **61**, 97–100.
638 Yanagishita, T., Sasaki, M., Nishio, K. and Masuda, H. (2004) *Adv. Mater.*, **16**, 429–432.
639 Masuda, H., Ohya, M., Asoh, H., Nakao, M., Nohtomi, M. and Tamamura, T. (1999) *Jpn. J. Appl. Phys.*, **38**, L1403–L1405.
640 Masuda, H., Ohya, M., Nishio, K., Asoh, H., Nakao, M., Nohtomi, M., Yakoo, A. and Tamamura, T. (2000) *Jpn. J. Appl. Phys.*, **39**, L1039–L1041.
641 Masuda, H., Ohya, M., Asoh, H. and Nishio, K. (2001) *Jpn. J. Appl. Phys.*, **40**, L1217–L1219.
642 Masuda, H., Yamada, M., Matsumoto, F., Yakoyama, S., Mashiko, S., Nakao, M. and Nishio, K. (2006) *Adv. Mater.*, **18**, 213–216.
643 Wehrspohn, R.B. and Schilling, J. (2001) *MRS Bullet.*, August, 623–626.
644 Mikulskas, I., Juodkazis, S., Tomašiunas, R. and Dumas, J.G. (2001) *Adv. Mater.*, **13**, 1574–1577.
645 Choi, J., Schilling, j., Nielsch, K., Hillebrand, R., Reiche, M., Wehrspohn, R.B. and Gösele, U. (2002) *Mat. Res. Soc. Symp. Proc.*, **722**, L5.2.1–L.5.2.6.
646 Choi, J., Luo, Y., Wehrspohn, R.B., Hillebrand, R., Schilling, J. and Gösele, U. (2003) *J. Appl. Phys.*, **94**, 4757–4762.
647 Yanagishita, T., Nishio, K. and Masuda, H. (2006) *Jpn. J. Appl. Phys.*, **45**, L804–L806.
648 Vázquez, M., Hernández-Vélez, M., asenjo, A., Navas, D., Pirota, K., Prida, V., Sánchez, O. and Badonedo, J.L. (2006) *Physica B*, **384**, 36–40.
649 Masuda, H., Hogi, H., Nishio, K. and Matsumoto, F. (2004) *Chem. Lett.*, **33**, 812–813.
650 Lee, W., Alexe, M., Nielsch, K. and Gösele, U. (2005) *Chem. Mater.*, **17**, 3325–3327.
651 Masuda, H., Matsumoto, F. and Nishio, K. (2004) *Electrochemistry*, **72**, 389–394.
652 Masuda, H., Watanabe, M., Yasui, K., Tryk, D., Rao, T. and Fujishima, A. (2000) *Adv. Mater.*, **12**, 444–447.
653 Masuda, H., Yasui, K., Watanabe, H.M., Nishio, K., Nakao, M., Tamamura, T., Rao, T.N. and Fujishima, A. (2001) *Electrochem. Solid State Lett.*, **4**, G101–G103.
654 Matsumoto, F., Nishio, K. and Masuda, H. (2004) *Adv. Mater.*, **16**, 2105–2108.
655 Matsumoto, F., Nishio, K., Miyasaka, T. and Masuda, H. (2004) *Jpn. J. Appl. Phys.*, **43** (5A), L640–L643.
656 Matsumoto, F., Kamiyama, M., Nishio, K. and Masuda, H. (2005) *Jpn. J. Appl. Phys.*, **44**, L355–L358.
657 Grasso, V., Lambertini, V., Ghisellini, P., Valerio, F., Stura, E., Perlo, P. and Nicolini, C. (2006) *Nanotechnology*, **17**, 795–798.
658 Myler, S., Collyer, S.D., Bridge, K.A. and Higson, S.P.J. (2002) *Biosens. Bioelectron.*, **17**, 35–43.
659 Walpole, A.R., Briggs, E.P., Karlsson, M., Pålsgård, E. and Wilshaw, P.R. (2003) *Mat-wiss. u. Werkstofftech.*, **34**, 1064–1068.

2

电化学技术合成纳米结构材料

2.1 引言

在过去的25年里，看见并操纵原子簇、甚至单个原子已成为可能。20世纪80年代发明的隧道显微镜是实现该能力最实用仪器之一。材料在如此小尺度上的性质与宏观物质截然不同。1959年，Richard Feynman 教授在美国加州理工大学的一次公开演讲中首次提出了原子操纵概念[1]，他认为在不久的将来，工程技术人员有能力抓取原子并精确地放置在想放置的地方，当然，前提是不违背自然法则。时至今日，Feynman 教授的演讲“There is Plenty of Room at the Bottom”已被视为当今科技划时代的里程碑。

纳米科学是研究原子、分子及大分子尺度下的现象和结构操纵问题的学科，所涉及的结构体至少一个维度上明显小于其他维度。纳米技术包括纳米级器件和系统的设计、表征和生产。纳米技术定义是宽泛的，不特指某一技术，所有基于物理、化学、生物、材料科学与工程的技术，包含使用计算机，只要能降低维度，无论是材料还是方法，均可称为纳米技术。纳米技术可以增大计算机的存储容量，提高处理速度；创建新的药物输送机制；生产出比金属和塑料更轻更耐用的材料。纳米技术发展的另一大好处是有利于节能、环境保护和高效利用日益稀缺的原材料。

目前，材料制备研究格外关注纳米结构器件，或至少是微结构器件。这些器件制备中最常用的技术是光刻。尽管费用昂贵，但在大规模生产中仍在广泛使用。事实上，也正是由于昂贵的费用，促使世界各地的研究团队努力寻找新的替代途径。这其中，电化学手段无疑是个好方法，具备低成本和高精度优势。低成本与接近室温条件下水溶液（大多数情况下）工作相关，而高精度是因为有能力控制纳米界面的电势或电流密度。电化学过程的电势一般在几十伏特至几百伏特之间，对于双电层如此小的尺寸，电场强度约为$10^5 \sim 10^7$V/cm，流过电极/溶液界面的电流密度本质上与电势呈最简单指数关系。电化学手段目前的主要问题是材料在电极表面生长过程中易掺入溶液化学物质。除此之外，晶粒尺寸和形状、晶体结构、掺杂量、甚至化合物中的离子氧化态都可控。

过去的15年里，数个从事电化学的研究团队用经典电化学方法成功地合成出大量电子材料，如半导体[2~9]、金属氧化物[10~12]、金属氮化物[13,14]、多孔硅[15,16]、金属、合金和多层膜、以及各种各样的层状复合材料[17~19]。这些案例为纳米结构材料制备开创了一个新局面。

基于这些进展，本章着重介绍电化学方法材料制备，共分两个部分，即阳极法和阴极法。利用这两种方法可以获得层状、点、凹槽和线等不同形状的纳米结构材料，如金属以及合金、氧化物、半导体、复合物和化合物，所有这些材料对纳米科技发展都具有重要的意义。

在纳米技术中，电化学处理可细分为阳极、阴极和开路处理[20]。最后一种方法通常被视为是化学处理，尽管涉及的阴极和阳极化学反应遵循电化学定律。本章的第一部分除概述阳极法外，还详细阐述了前两种处理方法。电抛光和阳极氧化属于最重要的阳极处理工艺。前者实际上是电化学切削的一种形式，材料阳极溶解不但可以提高溶解面的平整度和光亮度，还可以用于精确成型和表面结构化[20]，而阳极氧化通过阳极极化生长氧化膜。在本章中，先后列举了电化学抛光和阳极氧化制备纳米结构氧化膜实例。对于阳极氧化铝（PAA）这种阳极氧化膜，重点放在了纳米结构上，分小结单独给予叙述。

本章第二部分讲述阴极法，该方法是制备一维（1D）甚至二维（2D）纳米结构材料的主要方法，可用于纳米线、纳米管和单层膜合成。在这一部分里，深入探讨了模板法制备纳米线流程以及纳米线的不同组成、形状和性能。同时也对有序二维结构的形成进行了讨论，重点放在电镀金属多层膜和超晶格的机械、磁和电催化性能上。最后，概述了尖端欠电位沉积（UPD）和电化学界面沉积。

需要注意的是，虽然大多数情况下纳米结构聚合物也用模板法制备，但这不属于本章论述范畴，有机材料将另章讲述。

2.2 阳极合成

2.2.1 电抛光和阳极氧化

电化学切削通过掩膜对金属或合金选择性阳极溶解，以获得特定形状和表面光洁度[20]。铝电抛光是在特定条件下不使用任何掩膜进行选择性溶解。铝阳极氧化前的一个工艺就是通过电抛光提高铝表面光洁度。在这个过程中，意想不到地出现了六角纳米阵列图案，Bandyopadhyay 等[21]研究了这种图案，发现在合适的电抛光电压和时间下图案空间有序。图 2.1 为两种不同条件下电抛光铝表面形成的条状［见图 2.1(a)］和“蛋托”［见图 2.1(b)］图案照片。图案的周期大约为 100nm，脊与谷底间高度大约为 3nm。作者描述了如何以这些自组装结构为模板制备高度有序量子线和点周期阵列，图 2.2 为具体路线图。即在基片上蒸镀一层薄铝膜，然后电抛光；电抛光后，在合适的溶液中对槽线进行选择性刻蚀，最终在基片表面上获得周期性排列金属点图案。

此类结构可应用于纯量子点效应纳米电子计算机结构[22]。这个简单方法虽早已用于阳极氧化工业领域，但现在却被当作“高技术”批量制备 2D 准周期金属、半导体、超导量子点致密阵列。

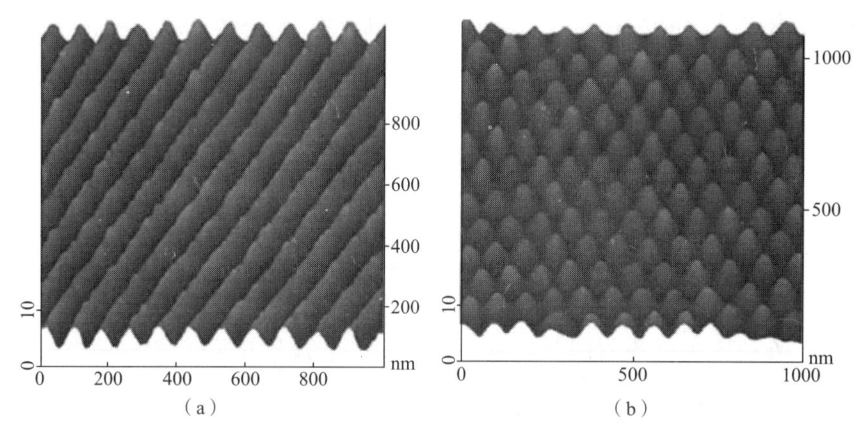

图 2.1 电抛光后铝表面形成的条状和“蛋托”图案原子力照片

注：50V 电抛光 10s 形成条状；60V 电抛光 30s 形成蛋托状。翻印自参考文献 [21]。

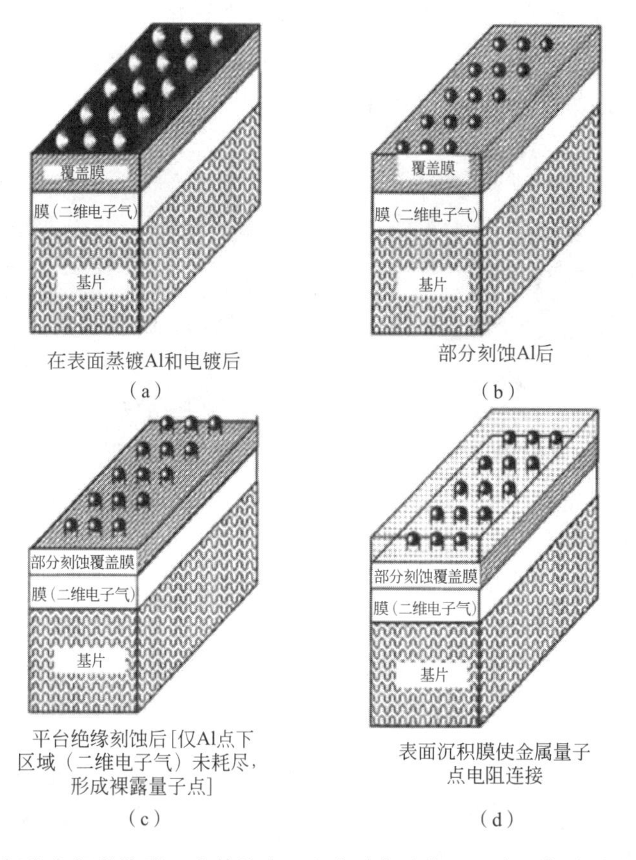

图 2.2 以电抛光铝为自组装掩膜，在基片表面上构建电连接量子点周期阵列的四个步骤示意图

注：翻印自参考文献 [21]。

60 多年前，由于电容器及表面保护需求，人们开始对阀金属阳极氧化物产生兴趣。对阳极氧化物金属溶解反应逐渐有了深入认识，然而对其特性的认识尚不足。鉴于阳极氧化物在光、电、光化学和生物应用方面具有极好的独特性能，最近，几个不同团队建议对阀金属氧化物进行深入研究[23～28]。在所有阳极氧化物中，氧化钛是一种很有发展潜力的光电催化[29]和植入材料[30]。后者因具有优异的机械强度和生物兼容性，已实现纯钛及钛基合金植

入材料的商业化生产[31]。钛阳极氧化可在金属表面形成骨结合界面层[32~35]。这一层的形成很重要，原生氧化钛涂层（在空气中自然形成的氧化物）不能与骨组织很好结合，但当钛植入体表面包覆厚氧化层后，可促进材料和骨的结合。

铝是制备有序多孔阵列氧化物最常见金属材料，其他阀金属如 Ti、Ta、Nb、V、Hf、W 阳极氧化虽然也能制备纳米孔阵列，但尚存在一些问题。在过去几年里，许多团队对这些阀金属[36,37]及双层阀金属[38,39]进行了电化学阳极氧化研究。例如，Choiet 等[36]研究了不同电解液下多孔氧化钛的制备。在大多数报道中[35~37,39]，钛阳极氧化电解液中都含氟离子。但 Martelli 等[40]在研究了制备条件（如电解液浓度、阳极氧化温度和电流密度）对氧化钛表面形貌后，发现多孔氧化钛制备电解液中可以不含氟离子。图 2.3 为恒电流阳极氧化制备多孔氧化钛扫描电镜（SEM）照片。由图可见，低电流密度、低温（5℃）阳极氧化钛具有高孔隙率，孔尺寸分布为 100～700nm[40]。

最近，Raja 等[35]详细报道了纳米结构氧化钛阳极氧化自有序生长。作者阐明了氧化钛纳米管形成过程中氟离子的作用。图 2.4 为 0.5mol/L H_3PO_4 +0.14mol/L HF 电解液 20V 下断面 SEM 照片，从图上清晰可见圆齿状势垒层。

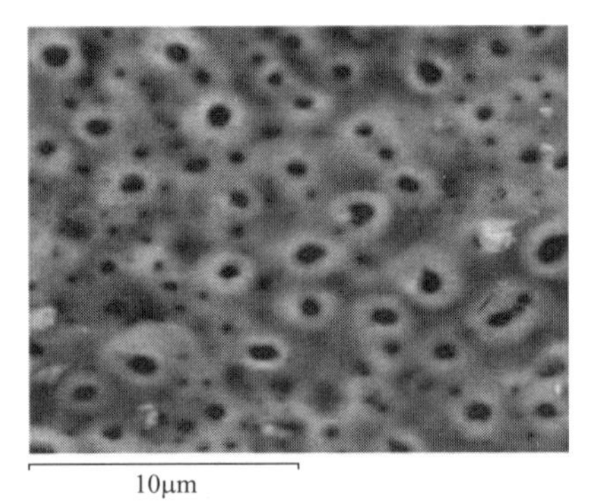

图 2.3　1mol/L H_3PO_4、15mA/cm^2、15℃下制备的多孔氧化钛 SEM 图

图 2.4　氧化钛断面 SEM 图

注：纳米管结构在 0.5mol/L H_3PO_4 +0.14mol/L HF 溶液 20V 下阳极氧化制备。翻印自参考文献 [35]。

与 Martelli 等[40]报道相类似，多孔氧化钛孔［见图 2.5(a)］除随机分布外，Choi 等[36]发现钛经纳米压印后在低于击穿电压下阳极氧化可制备出单畴多孔氧化钛［见图 2.5(b)］。首次用纳米压印方法在不同阀金属上制备出了有序结构[36]。

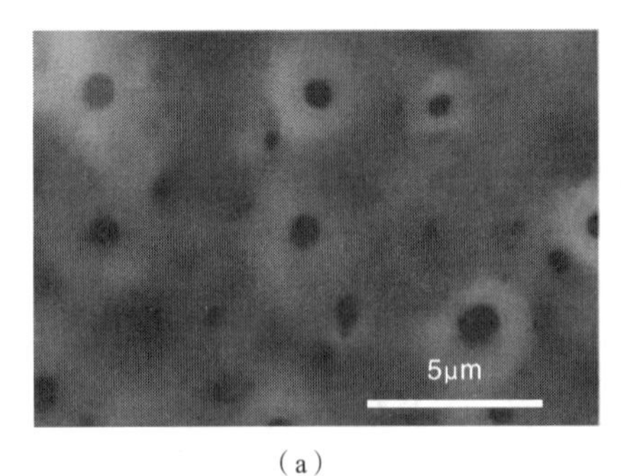

(a)

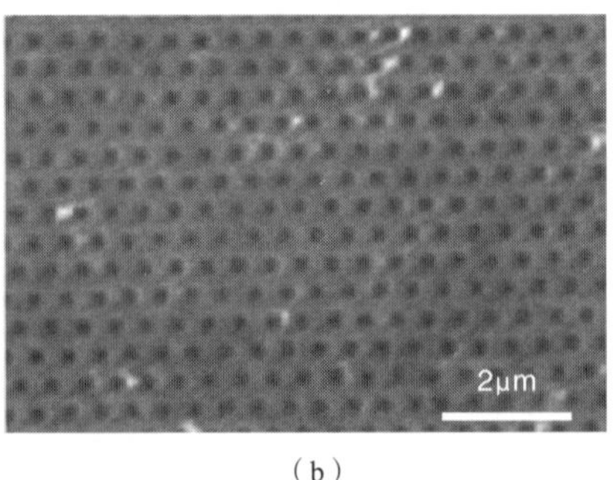

(b)

图 2.5　多孔氧化钛 SEM 图

注：(a) 1mol/L 磷酸、210V、60℃下钛阳极氧化 210min 的 SEM 图。(b) 纳米压印钛阳极氧化 SEM 图，乙醇-氟化氢电解液下 10V 阳极氧化 240min 晶格常数为 500nm。翻印自参考文献 [36]。

Cheng 等[41]报道了钛表面改性的生物兼容性。即，先在酸性溶液（1mol/L H_2SO_4 溶液）中阴极预处理，然后在碱性介质中阳极氧化（5mol/L NaOH）。作者认为 TiH_2 纳米粒子存在于钛表面对多孔 TiO_2 层形成关系重大，有助于改善生物活性[41]。作者发现阴极预处理后再进行阳极氧化，形成了多孔层和厚氧化钛层，这些膜层对植入体生物兼容性改善起着至关重要的作用[42]。

最近，也有文献报道了化学处理阳极氧化钛纳米管生长纳米羟基磷灰石相[33]。如，Oh 等人[33]从反应动力学和形貌角度研究了垂直排列氧化钛纳米管对体外羟基磷灰石的影响，欲将纳米管用于骨生长。作者用 NaOH 溶液制备氧化钛纳米管，试图通过化学处理提高生物活性。化学处理后，TiO_2 纳米管顶部形成了纳米纤维状钛酸钠。此时，将处理后的 TiO_2 纳米管浸入模拟体液研究羟基磷灰石生长[33]。图 2.6 是阳极氧化后钛表面纳米管照片。很明显，相比于纯 TiO_2 纳米管表面，羟基磷灰石的生长速度更快。纯 TiO_2 纳米管表面 7 天的生长量，相当于 TiO_2-$NaTiO_3$ 纳米纤维 1 天的生长量。

图 2.6 30min 阳极氧化后氧化钛纳米管的 SEM 照片

注：翻印自参考文献［33］。

最近，光敏材料因其固有的光催化学特性也倍受关注。氧化钛是一种极其经典的半导体材料，在光催化方面有着各种各样的用途，如它可用作气体传感器、光伏电池、光学涂层、结构陶瓷以及生物兼容材料[43,44]。以往的研究表明，氧化钛形貌对其物理化学特性有影响[45]。溶胶凝胶和水热合成能制备各种高光催化纳米氧化钛粉[46~48]，但成膜后的光电催化活性不高，原因是 TiO_2 膜与支撑材料间电子传递速率过低。相比之下，电化学方法制备的光催化电极优势明显，氧化物与金属间的电荷传递速率大为提高[49]。并且，材料的厚度和形貌可通过调节电解液成分、电压或电流密度控制[40]。Xie 等人[49]制备了两种电化学氧化钛膜：① H_2SO_4-H_2O_2-H_3PO_4-HF 溶液中阳极氧化 2h 制备的微结构 TiO_2 薄膜；② H_3PO_4-HF 溶液中阳极氧化 30min 制备，随后高温热处理的纳米结构 TiO_2 薄膜。结果表明，纳米结构膜对丙二酚的光催化降解优于微结构厚膜电极。

金属迭合阀金属（在阀金属基片上沉积不同金属薄膜）是阳极氧化领域目前的热门课题。阳极氧化迭合金属层是研究阳极氧化物生长过程中离子输运的一种方法[50~53]。Al-Mo、Al-Ta、Al-Nb 和 Al-Zr 搭配作为示踪剂可研究势垒型氧化铝形成过程中阳离子的迁移，获得无定形和晶体氧化物离子输运重要信息[54~56]。有团队认为这种方法过于复杂[37~39,54,57]，原因是离子电流流过沉积金属和金属基片阳极氧化物的电阻率存在差异。新的方法是将两种阀金属溅射在介质基片上形成迭合金属层，如用 Al 覆盖 Hf[58]、Nb[59]、或 Ta[60]。最近，这些新型叠合金属层，也称为“双层阳极氧化物”，在微纳电子方面的应用格外引人关注，如平面铝交互联接[60]、精密薄膜电阻[38]、薄膜电容器[61]和纳米结构场发射阴极[62]。据报道，底层金属能透过多孔氧化铝（PAA）形成纳米结构阳极氧化物膜[38]。这种膜由上层氧化铝孔中的柱状阵列构成[38]。当底层金属为 Nb 时，在氧化铝孔中形成“高脚杯”结构[39]。图 2.7 为多孔氧化铝下纳米结构 Ta 阳极氧化物形成步骤示意图。

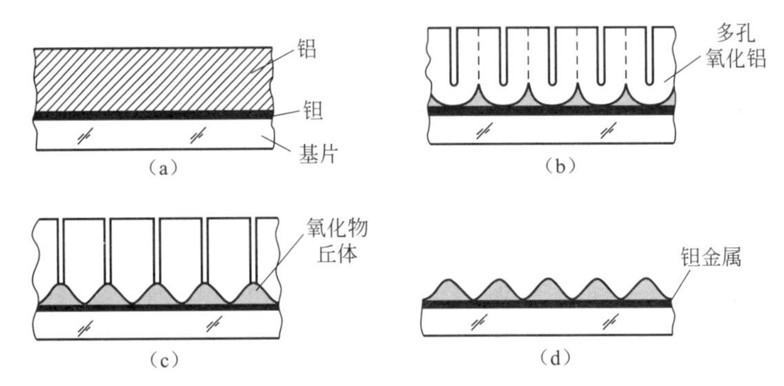

图 2.7 多孔氧化铝下纳米结构阳极氧化钽形成示意图

注：(a) Ta 表面溅射沉积 Al；(b) 铝层多孔阳极氧化；(c) 通过氧化铝孔阳极氧化底层钽；(d) 选择性去除多孔氧化铝覆盖层。翻印自参考文献 [39]。

Mozalev 等人[39]在系统研究了多孔阳极氧化铝层形成后，阳极氧化了 Ta-Al 和 Nb-Al 双层金属。实验在恒电流下进行，当阳极氧化电压趋于稳定值时，阳极氧化切换至恒电压模式。图 2.8 和图 2.9 为所形成的结构。

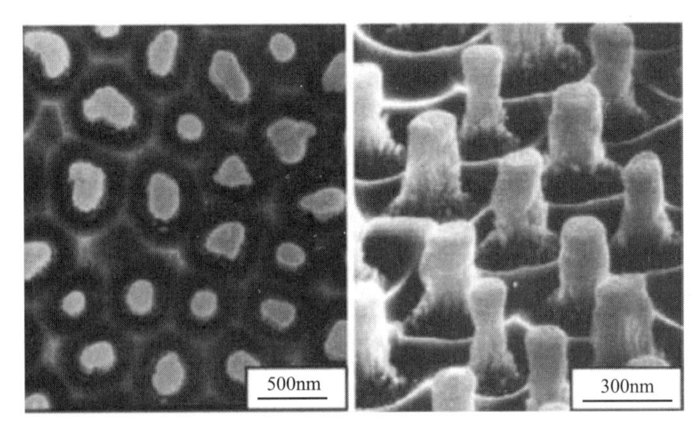

图 2.8 0.8mol/L 酒石酸下 200V 阳极氧化 Ta-Al 双层金属形成的氧化钽纳米结构表面和断面 SEM 照片

注：翻印自参考文献 [39]。

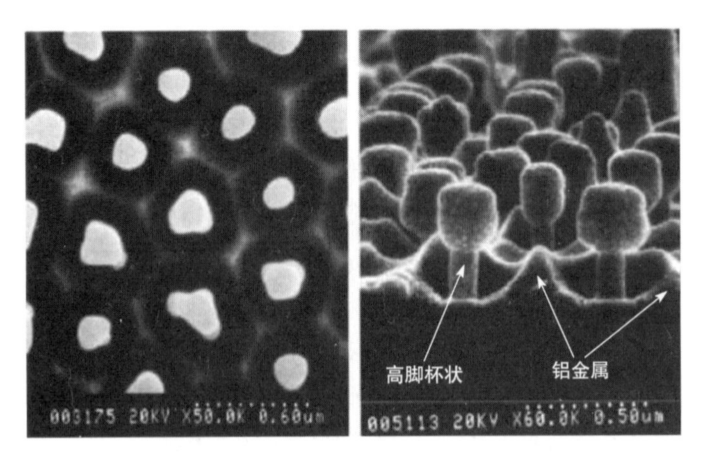

图 2.9 0.8mol/L 酒石酸下 200V 阳极氧化 Nb-Al 双层金属的表面和断面 SEM 照片

注：阳极氧化后，样品在 60℃选择性刻蚀液中浸泡 60min 去除氧化铝覆盖层。翻印自参考文献 [39]。

Mozalev 等人[39]认为，阳极氧化过程中，Ta^{5+} 向外迁移，O^{2-} 向内迁移。在钽氧化物（氧化钽）/铝（氧化铝）界面，强电场撕裂了氧化铝势垒层的 Al—O 键，也释放出 O^{2-}，O^{2-} 向内迁移。这样，穿过或源自多孔氧化铝势垒层的 O^{2-} 可到达底层生成氧化金属钽，也就是说，钽无需与电解液接触即可氧化。至于 Nb-Al 双层金属阳极氧化出现外形奇异的纳米结构，作者认为这可能是由于阳极氧化铝结构单元内外层电阻率差异极大，以及 Nb-Al 结合的电阻率比 Ta-Al 结合差异相对要大[39]。

在之前的报告中，Mozalev 等人[38]通过 Ta-Al 双金属层阳极氧化来制备纳米金属氧化物包覆层，尝试作为一种替代材料用于微薄膜电阻器生产，解决薄膜技术中高精度、大阻值微薄膜电阻器制备难题[63,64]。从图 2.8 可见，金属氧化物层由规整排列的纳米介质凸起点构成，每个凸起点为未阳极氧化钽金属间隙所环绕，自集成于超薄连续导电栅格中。这种纳米形貌的表面电阻约为（75～700）kΩ，电阻温度系数低至 10^{-5}/K。Liang 等人[65]注意到，大多数研究都集中于个体纳米结构，几乎没有团队重视纳米结构材料的群体行为。从这个角度看，电化学阳极氧化作为一种能完全与集成电路（IC）兼容的制备技术，也能将纳米结构金属氧化物膜与其他元件集成于同一基片上[66]。

为提高硅集成电路器件的可靠性，Lazarouk 等人[67]用电化学技术制备多孔氧化铝低介电常数介质材料。欲在多层金属铝间形成氧化铝绝缘体，解决 IC 尺寸减小时出现的严重相互耦合问题。图 2.10 为主要工艺步骤示意图。图 2.11(a) 为阳极氧化后内嵌铝线多孔氧化铝表面 SEM 照片，图 2.11 也展示出了内嵌多孔氧化铝绝缘体多层铝互连的放大照片。为控制孔隙率和介电常数，阳极氧化在低电压、H_2SO_4 和 H_3PO_4 混合电解液下进行。混合电解液的使用降低了多孔氧化铝的孔隙率。高孔隙率膜不利于热传导，影响绝缘体的化学和温度稳定性，不能用作高可靠层间绝缘体。作者认为内嵌低介电常数多孔氧化铝的铝互连可靠性能满足所有先进 IC 工艺要求。

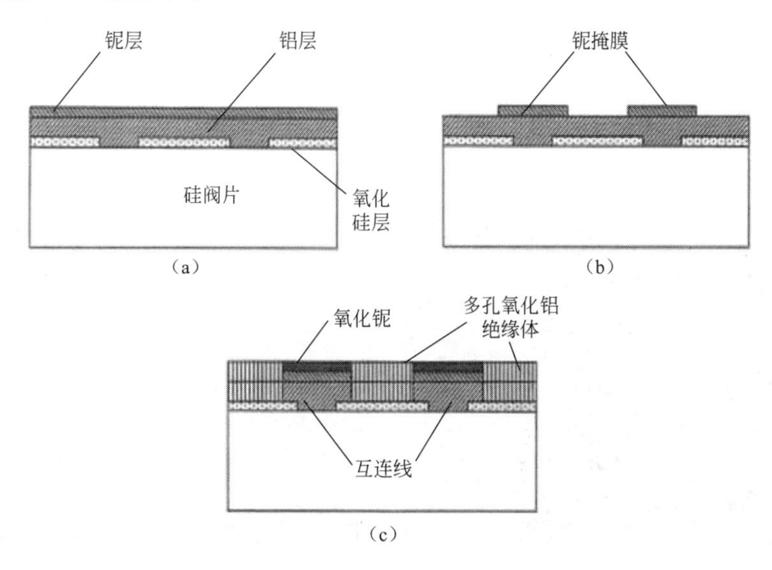

图 2.10 器件制备主要工艺步骤示意图

注：(a) 在硅基片上沉积 Al-Nb 双层金属；(b) 制备光刻胶掩膜，对上层 Nb 刻蚀，除去光刻胶掩膜；(c) 电化学阳极氧化铝金属层形成多孔氧化铝膜，化学刻蚀多孔氧化铝膜。翻印自参考文献 [67]。

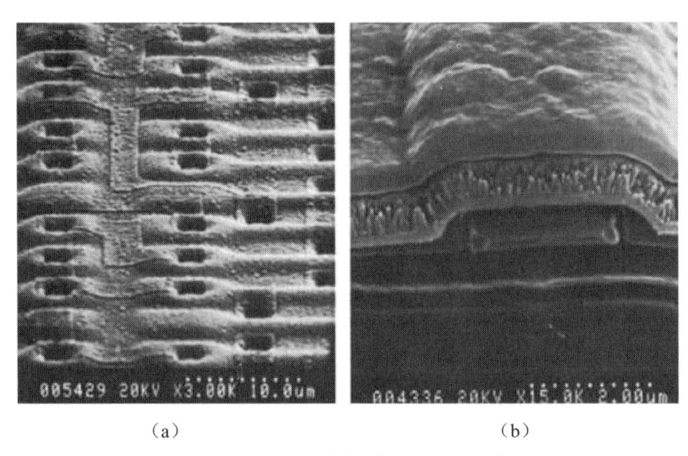

(a) (b)

图 2.11 阳极氧化后嵌铝线多孔氧化铝 SEM 图

注：(a) 内嵌铝线多孔氧化铝表面 SEM 照片；(b) 多孔氧化铝为绝缘体的多层铝互连断面 SEM 图片。翻印自参考文献 [67]。

2.2.2 多孔阳极氧化铝

氧化铝生长研究始于 20 世纪 30 年代[68]。由于铝钝化层具有良好的化学稳定性，为获得保护和装饰材料，铝阳极氧化被广泛研究[68]。之后，阳极氧化铝一直被当作抗腐蚀材料使用。1953 年，Keller 和其同事发现氧化铝多孔结构是由孔和势垒层构成，是孔呈六角密堆双层结构[69]。

1995 年，Masuda 等人[70]提出二次阳极氧化法制备蜂窝状氧化铝。使用该方法可以制备出孔六角分布高度有序阳极氧化铝，自此以后，控制阳极氧化铝孔几何分布、掌握其规律性成了研究重点。由于二次阳极氧化法孔分布极其有规律，新的孔形状设计少有人关注。纳米级孔形控制的复杂性也似乎表明孔形状改变非常困难。因此，长期以来，多孔阳极氧化铝主要以自组织六角孔阵列结构为主[69,70]。然而，Masuda 和同事打破了这一局面。基于 Voronoi 网格概念[71]，他们制备出了四方和三角孔阵列结构[72]。其工艺原理是在阳极氧化前进行纳米压印，也即阳极氧化前在铝表面压制出正方或三角网格分布凹点，使这些凹点成为成孔原点。这样，就可以控制孔形状及其分布。图 2.12 是用纳米压印工艺制备的阳极氧化铝照片。

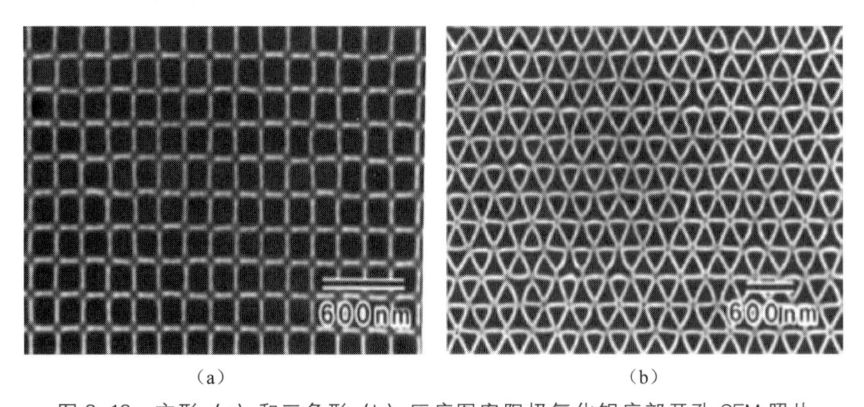

(a) (b)

图 2.12 方形 (a) 和三角形 (b) 压痕图案阳极氧化铝底部开孔 SEM 照片

注：阳极氧化条件如下：(a) 17℃ 0.05mol/L $H_2C_2O_4$ 下 80V 阳极氧化 20min；(b) 17℃ 0.5mol/L H_3PO_4 下 80V 阳极氧化 20min。翻印自参考文献 [72]。

有学者研究了阳极氧化起始阶段正方形孔的生长[73]。发现稳态下正方网格仍为正方结构，由此得出结论：不同于自组织六角孔结构，压印图案能控制多孔阳极氧化铝生长，并最终决定了孔形状。毫无疑问，压痕技术为不同孔形状研究提供了思路，虽然至今尚有一些问题未解决，如基于这些氧化铝模板制备的纳米线截面形状问题。Choi 等人[74]发现阳极氧化铝底部的孔形状不受控于铝表面的预织构压痕，而仅取决于电流和电解液。也就是说，底部保持着六角孔结构分布。比较上下表面图片，可见孔由方形逐渐生长成圆形。基于此，Choi 等人提出了一个诱导自组织模型，认为铝片预织构凹槽不仅是孔的成核点，也是预织构图案间形成新孔的诱因。利用这个诱导自组织过程[75]，他们由光刻方形图案制备出了三角孔阵列。图 2.13 为 Choi 等报道的诱导自组织生长三角孔阵列[75]。

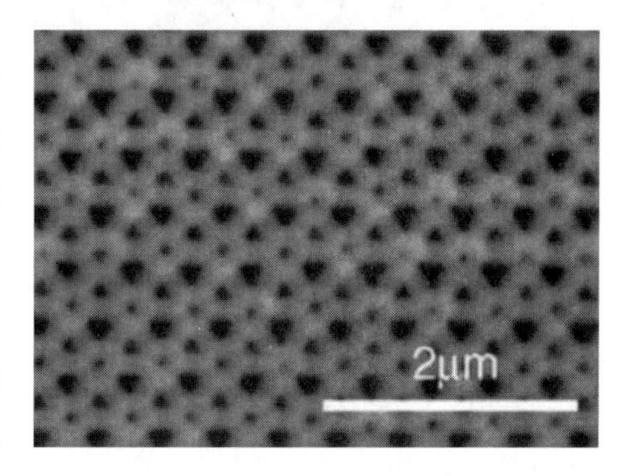

图 2.13 多孔阳极氧化铝由方形光刻图案生长出三角孔的 SEM 照片

注：翻印自参考文献［75］。

利用 Masuda 等人提出的二次阳极氧化法[70]，以及预压痕阳极氧化法[76,77]可以获得高有序的孔排列，但更多新颖的孔结构却少见于文献报道。Zou 等人报道了一种 Y 型孔结构的 PAA 膜，所得到的分枝孔垂直于铝基底生长[78]。该过程首先通过蒸发法将铝膜沉积到 Si 衬底上，随后应用二次恒电压阳极氧化过程来进行制备。Zou 等人的研究结果表明，Al/Si 界面是分枝孔形成的原因，由于界面电阻率增大，生长缓慢或停止生长的孔会逐渐演化为 Y 型孔[78]。此外，有研究人员利用电化学法，在蒸发有铝膜的 Si 衬底上制备出独立的氧化铝纳米管，作者认为半导体基片是造成结构单元分离的主要原因[79]。

改变制备过程中的电接触位置可以获得不同结构的独立氧化铝纳米管[79]。电接触可以是硅基片底部（称为垂直逐步阳极氧化，NSA），也可以是硅基片铝表面（称为横向逐步阳极氧化，LSA）[见图 2.14(d)]。与试样的取向无关，电流回路不同，纳米管的几何参数也不同。图 2.14 为氧化铝纳米管与多孔阳极氧化铝模板相连透射电子显微（TEM）全貌照片及其制备方法示意图。最大的氧化铝纳米管长约 650nm，内外经分别为 12nm 和 35nm [见图 2.14(a)]。一些氧化铝纳米管成束出现 [见图 2.14(b)]。两种方法制备出的氧化铝纳米管虽结构相同，但尺寸存在差异，NSA 管要比 LSA [见图 2.14(c)] 管小。影响纳米管尺寸的主要因素或许与界面区域电流通道相关。

由于耐高温和高弹性模量[80,81]，氧化铝晶须和纤维在先进材料中具有广泛用途，如用于金属基复合材料。通常，这些晶须和纤维用传统陶瓷工艺制备。此外，高性能氧化铝纤维也能被用作催化剂载体、雷达透明结构材料和天线窗口材料[82]。最近，有人通过高温煅烧制备出了 Al_2O_3 纤维[83]和纳米柱[84]。尽管电化学法也可用于分枝氧化铝纳米管(bANTs)[78]和独立的氧化铝纳米管[79]制备，但 Al_2O_3 纤维阵列制备却少有人研究。Pang 等人[85]在室温下电沉积填充多孔阳极氧化铝纳米管道，制备出了大量有序 Al_2O_3 纳米线阵列。

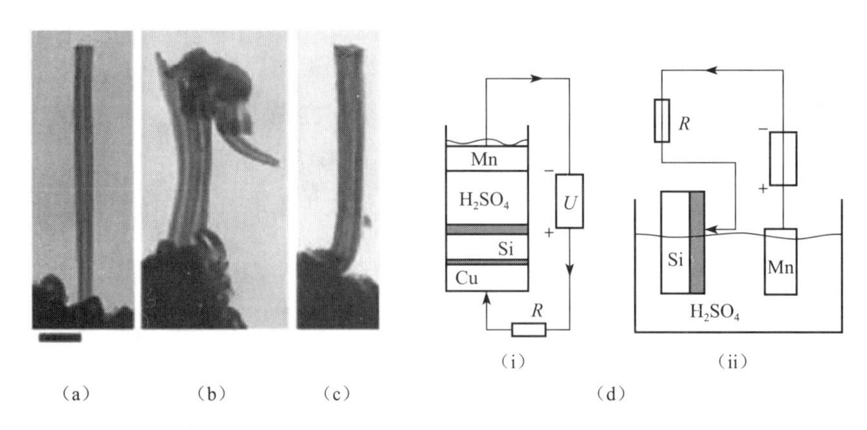

图 2.14 氧化铝纳米管与多孔阳极氧化铝模板相连 TEM 图及其制备方法示意图

注：(a) 氧化铝纳米管；(b) 垂直逐步阳极氧化 (NSA) 管；(c) 横向逐步阳极氧化 (LSA) 管；(d) 氧化铝纳米管制备方法示意图：(i) 垂直逐步阳极氧化 (NSA)；(ii) 横向逐步阳极氧化 (LSA)。标尺为 100nm。翻印自参考文献 [79]。

Pang 等人用二次阳极氧化法制备通孔有序 PAA[85]，获得的 Al_2O_3 纳米线高度相等、排列有序。Tian 等人[86]报道了 Y 型孔分枝阳极氧化铝膜制备，所用方法与 Zou 等人[78]报道的不同。Tian 等人以高纯铝箔为原料，恒电压三次阳极氧化，在第三次前，除去中间步骤生成的氧化物。最后一次将阳极氧化电压降低 $1/\sqrt{2}$ 倍。该工艺基于 Parkhutik 和 Shershusky[87]以及 Almawlawi 等人[88]的研究结果：孔直径与阳极氧化电压成正比。电压降低导致孔分枝生长，管道分枝在同一深度出现。图 2.15 展示出了 Y 型孔分枝过程放大照片。对 Y 型分枝纳米多孔氧化铝适当刻蚀，氧化铝纳米线阵列直立于剩余氧化铝膜表面。Li 等人[89]用连续阳极氧化法获得了相同结构。虽然在两个文献报道中[78,86]，孔分枝生长这一基本问题均未得到很好解释，但这些膜对同质结制备无疑具有重要意义。

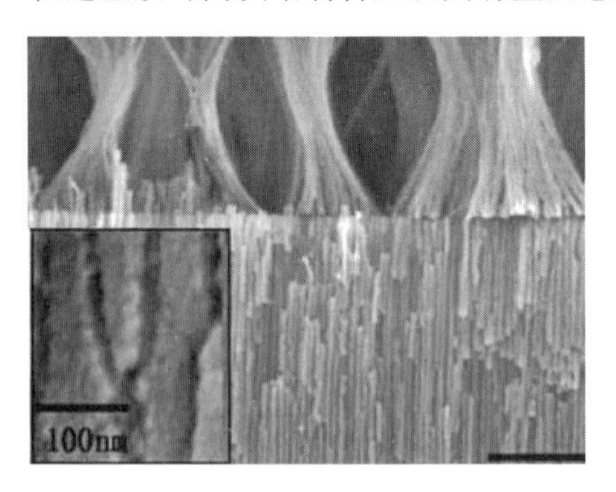

图 2.15 直立于多孔阳极氧化铝表面的氧化铝纳米线阵列断面 SEM 照片

注：标尺为 1μm。插图为 Y 型管分枝点特写。翻印自参考文献 [86]。

氧化铝纳米管和分枝管道氧化铝为复杂纳米结构制备提供了新的思路。这些结构能用于制备纳米电缆、异质结，以及纳米管电子元器件和电路。

有团队报道了双层结构多孔阳极氧化铝制备（见图 2.16）[90,91]。这种结构用改进的二次阳极氧化法在恒流条件下制备。可惜的是，由于上层远比下层要薄，扫描电子显微镜（SEM）难于观察其断面结构。

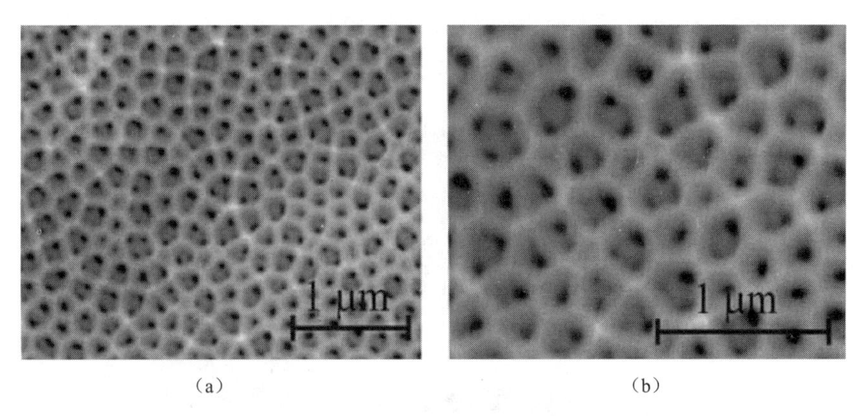

（a） （b）

图 2.16 二次恒流阳极氧化法制备多孔双层结构阳极氧化铝 SEM 照片

注：（a）低倍；（b）高倍。

最近，Lee 等人[92]报道了一种在草酸电解液下制备大范围有序阳极氧化铝膜新方法。这种方法是传统硬阳极氧化（HA）的翻版，以往工业上 HA 用于高耐磨、非常厚的氧化铝膜制备。软阳极氧化（MA）可制备孔间距为 200～300nm 氧化铝膜，新的有序化窗口也在此范围。不同的是，新的有序化窗口为草酸电解液下，施加的阳极氧化电压为 120～150V（比草酸下 MA 电压高 3 至 4 倍）。MA 生长速度慢（2～6μm/h），制备厚且有序 Al_2O_3 膜需要数天时间。这无疑限制了 Masuda 方法在工业上的应用[70]。耗时仅是一个限制因素，由于空间畸的存在，有序性也大为降低。表 2.1 列出了 MA 和 HA 的特性。

表 2.1 1℃下软阳极氧化（MA）和硬阳极氧化（HA）参数对比

	软阳极氧化（MA）	硬阳极氧化（HA）
电压/V	40	110～150
电流密度/(mA/cm^2)	5	30～250
膜生长速率/(μm/h)	2.0～6.0（线性）	50～70（非线性）
孔隙率/%	10	3.3～3.4
孔间距/nm	100	220～300
孔直径/nm	40	49～59
孔密度/(孔/cm^2)	1.0×10^{10}	$1.3\sim1.9\times10^{9}$

图 2.17 为草酸下 MA 和 HA 制备的多孔阳极氧化铝断面照片。HA 的孔隙率是 MA 孔隙率的 1/3（$P_{HA}<3\%$，$P_{MA}<10\%$），作者将两种阳极氧化结合起来调控孔直径（见图 2.18）。首先，在 10℃质量分数为 4%的 H_3PO_4 电解液下 110V 软阳极氧化 15min，生成一段高孔隙率纳米孔。随后，在 0.5℃ 0.015mol/L $H_2C_2O_4$ 电解液下 137V 硬阳极氧化 2min，生成一段低孔隙率纳米孔。MA 和 HA 阳极氧化交替进行，就可以获得高度均匀的周期性孔径调节。此外，每一段纳米管的长度也可以通过时间任意控制。

多功能性是多孔阳极氧化铝的一个最重要特征。利用阳极氧化铝高有序结构，有可能设计出具有独特物理尺寸效应的复杂纳米结构器件。在纳米结构制备领域，多孔阳极氧化铝的应用大致可分成两类：① 高有序多孔结构作为模板制备纳米器件（最传统的应用）；② 多孔阳极氧化铝自身作为纳米器件。对于后者，高有序构造与物理和机械性能相结合是关键。

在下一小节里，将简要列举第一类的一些案例，多孔阳极氧化铝作为模板用阴极法制备纳米结构在 2.3 节详细阐述（更详细的资料，请看第 2 章）。第二类的详述见 2.2.2.2 节。

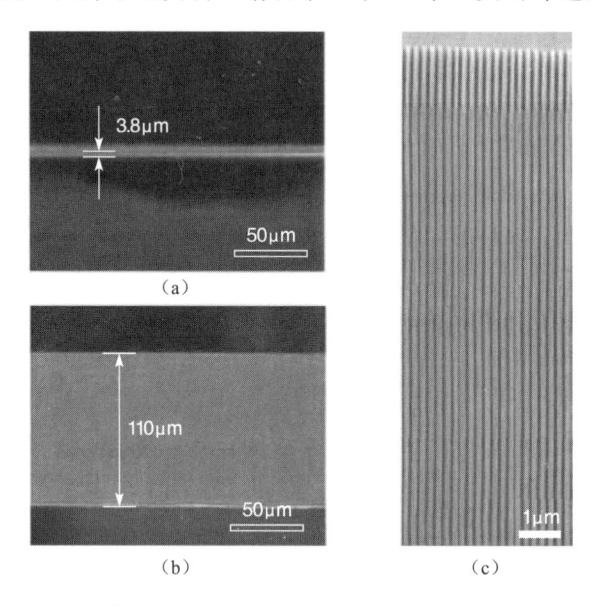

图 2.17 草酸下 MA 和 HA 制备的多孔阳极氧化铝断面 SEM 图

注：(a) 软阳极氧化 (MA) 和 (b) 硬阳极氧化 (HA) 2h 对应的多孔阳极氧化铝 (AAO)SEM 照片；(c) 为 (b) 图特写。样品厚度分别见 SEM 断面照片。翻印自参考文献 [92]。

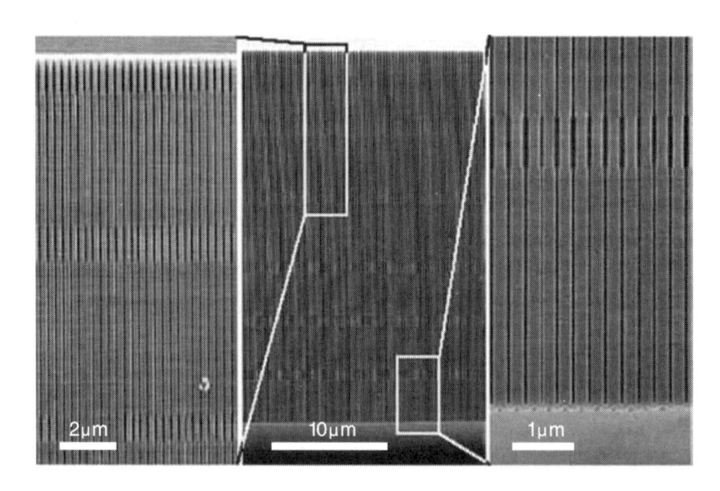

图 2.18 长程有序阳极氧化铝膜孔直径调控样品断面 SEM 照片

注：左右分别为膜断面上下部分放大图。翻印自参考文献 [92]。

2.2.2.1 多孔阳极氧化铝模板

在纳米技术中，多孔氧化铝的作用主要是模板合成。多孔氧化铝作为模板受到关注的原因是由于所制备的各种材料（金属、半导体、绝缘纳米线、碳纳米管等）尺寸一致性好，制备工艺简单。例如，高度有序多孔氧化铝作为掩膜通过蒸发或刻蚀工艺可制备纳米点（Au、Ni、Co、Fe、Si 和 GaAs)、纳米孔（Si、GaAs 和 GaN)、纳米线（ZnO）和纳米管（Si、C)。多孔氧化铝膜决定了纳米结构的均匀性、直径和长度。这与用蜂巢制备纳米器件相类似。

最近，Hillebrenner 等人[93]以 PAA 为模板合成二氧化硅纳米试管作为通用运载工具。

设想通过运载工具将生物分子和大分子传递至生物活体特定位置。纳米试管是一种很好的方式，化学或酶溶解试管壳层可以完成药物的释放[94,95]。目前这些团队正尝试用模板法合成释放系统所需纳米试管。他们认为，如果纳米试管填充了药物，开口用可化学分解的帽封住，就可以用作运载工具。图 2.19 为制备纳米试管流程图，图 2.20 是纳米试管的透射（TEM）及扫描（SEM）电子显微照片。

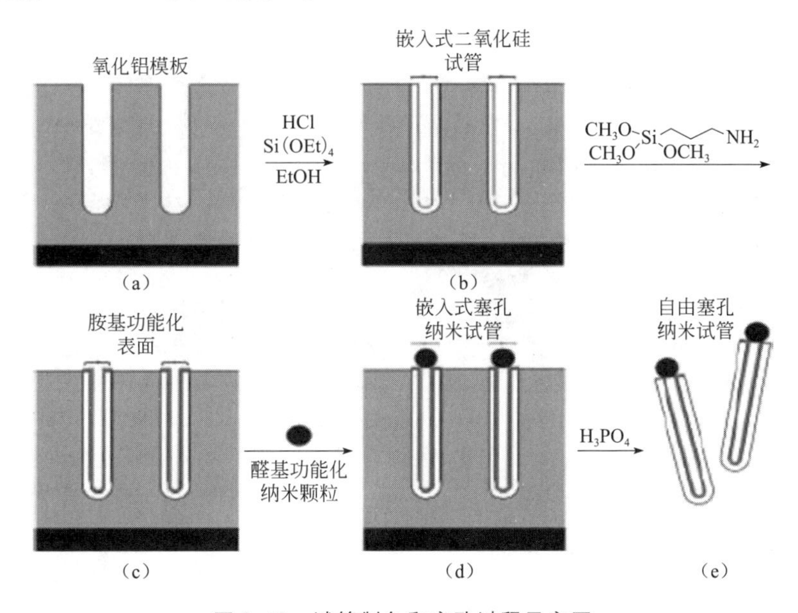

图 2.19 试管制备和塞孔过程示意图

注：翻印自参考文献 [93]。

图 2.20 模板法制备纳米试管的 SEM (a)、(b) 和 TEM (c) 照片

注：标尺为 500nm。翻印自参考文献 [93]。

Ding 和同事[96]以自支撑 PAA 作为蒸镀掩膜，在硅衬底上制备出纳米晶 Si∶H(nc-Si∶H)人造纳米量子点阵列。多孔氧化铝厚度与孔直径在制备过程中起着重要的作用。如图 2.21 所示，nc-Si∶H 纳米量子点直径在 50～90nm 间可调。这种方法的独特之处在于通过多孔氧化铝掩膜制备人造量子点，天然 Si 量子点嵌于 nc-Si∶H 量子点中，纳米器件具有真正的量子尺寸效应。用这种工艺可以制备半导体器件阵列，天然 Si 量子点发挥关键的量子尺寸效应作用，而间距均匀的人造量子点起很好的电绝缘作用[96]。

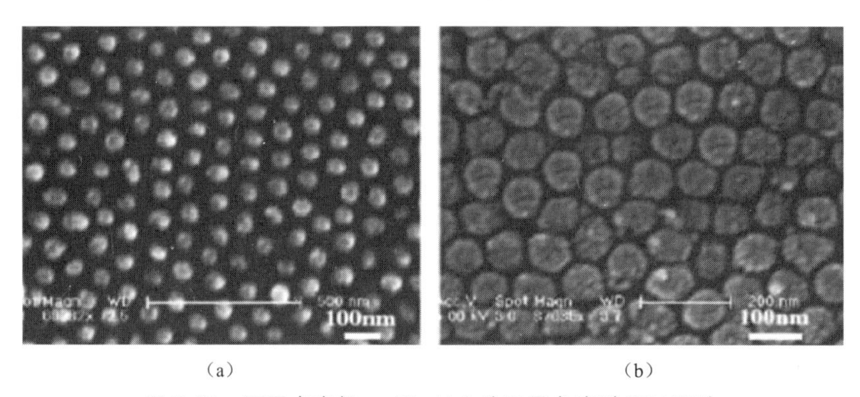

(a) (b)

图 2.21 不同点直径 nc-Si∶H 人造量子点阵列 SEM 照片

注：(a) 50nm；(b) 90nm。翻印自参考文献 [96]。

最近，许多团队[97~99]研究多孔氧化铝中化学气相沉积（CVD）制备尺寸可控碳纳米管。Yanagishita 等人[100]参照 Masuda 等人[72]提出的工艺，生长出了三角孔形多孔氧化铝，并以此为模板，制备出碳纳米管。碳纳米管在多孔阳极氧化铝中的沉积采用化学气相沉积法。碳纳米管生长催化剂——钴颗粒电沉积在多孔氧化铝模板底部。图 2.22 是以氧化铝为模板制备的碳纳米管有序阵列的 SEM 照片，碳纳米管断面为三角形。

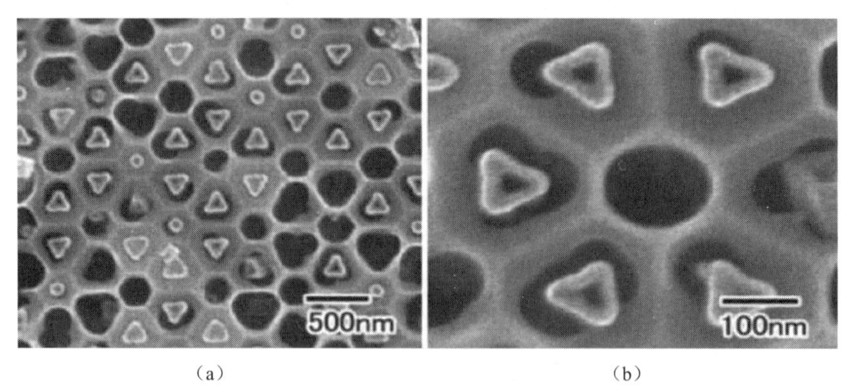

(a) (b)

图 2.22 低倍 (a) 和高倍 (b) 三角断面碳纳米管 SEM 照片

注：翻印自参考文献 [100]。

2.2.2.2 多孔阳极氧化铝制备纳米器件

光子晶体 PAA 光子晶体是一个新应用[101]。当电磁辐射通过一个波长相当的周期性阵列时，色散关系依几何结构和组分而变化。这与晶体结构对电子状态影响相类似[102]。人工周期性介质结构“光子晶体”是光学操控的阶段性进步，如导波管，能弯曲光路。图 2.23 为 Kim 对传统材料和光子晶体的光路模拟。二者间不同的色散关系清晰可见。

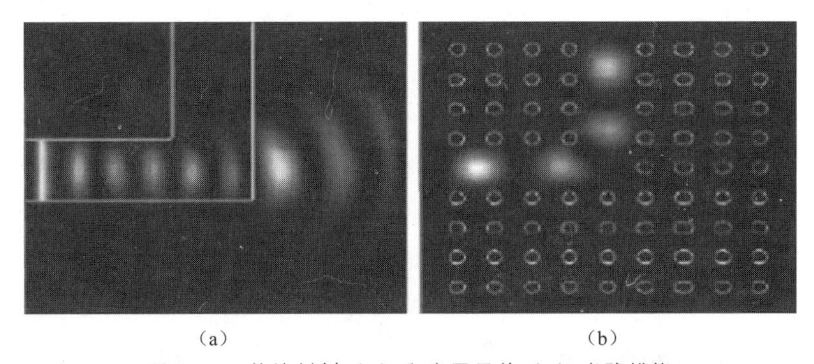

(a) (b)

图 2.23 传统材料 (a) 和光子晶体 (b) 光路模拟

注：翻印自参考文献 [104]，感谢 H. K. Kim 教授。

光子晶体应用需要完美的 PAA 单畴膜，自有序生长和预织构阳极氧化在品质和价格上各有特点。虽然自有序生长工艺简单便宜，孔有序性较好[70]，但更复杂的基片预织构技术(如，棱锥模具压印[74]、点状模具压印[76]、电子束曝光[105]、商业光栅二步压痕[106]) 也在研究中。Mikulskas 等人[106]认为预织构的关键是尺寸合适的精密冲模制备。值得注意的是，无论自有序生长还是预织构阳极氧化，阳极氧化电压都起着关键作用。

1999 年，Li 等人[102]报道了 2D 光子晶体用高长径比、孔平行有序 PAA 制备。开发出一种横向微加工技术将 PAA 切割为条块。有序 PAA 采用二次阳极氧化法制备，无需压印工艺，由光刻技术微加工成多孔阵列。图 2.24 为多孔阵列制备流程示意图和显微结构照片。该研究的亮点在于获得了高长径比（约 1400）PAA，以及将自有序生长与光刻技术结合实现的制备的精确性。

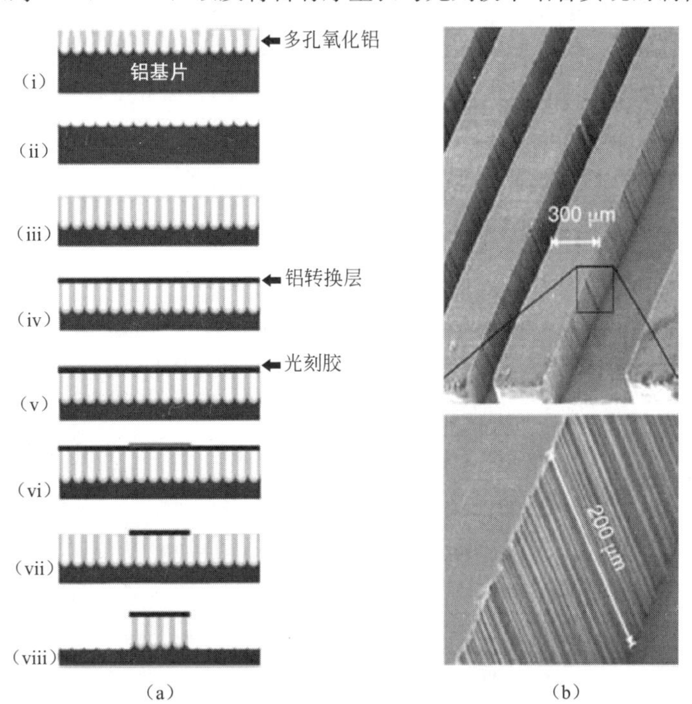

(a) (b)

图 2.24 阳极氧化铝纳米孔阵列微结构加工过程示意图 (a) 及其深度剖面和侧壁放大图 (b)

注：(i) 一次阳极氧化多孔氧化铝；(ii) 化学法去除一次阳极氧化多孔氧化铝后的铝片；(iii) 二次阳极氧化纳米孔阵列；(iv) 蒸发铝转换层；(v) 涂覆光刻胶；(vi) 光刻胶图形化；(vii) 铝层图形化；(viii) 垂直微结构刻蚀。翻印自参考文献 [102]。

Masuda 等人[107]也报道了可见光波长范围具有 2D 光子带隙多孔阵列的制备。阳极氧化前，先用模具对金属铝进行预织构压印。PAA 光子晶体孔排列高度有序，长径比大于 200。铝基体上有序孔阵列光谱中存在一个与 2D 光子晶体带隙相对应的阻带。

Mikulskas 等人[106]用光栅进行基片织构化。将光栅纹理完全转印至铝表面。获得了如图 2.25 所示的完美有序结构。光透射测试表明在可见光区存在光子带隙，意味着该技术具有很好的发展前景，可用于大面积结构制备。这对传统光谱学应用和 2D 光子晶体发展很有意义。此外，这种方法也意味着制备衍射光栅的全息光刻技术有可能用于多孔氧化铝光子晶体。

图 2.25 多孔阳极氧化铝（左）和参照 Mikulskas 等人工艺制备的多孔阵列断裂面（右）SEM 照片
注：翻印自参考文献 [106]。

Choi 等人[108]详细研究了多孔阳极氧化铝结构单元的内外层。发现内层是厚度约 50nm 的纯氧化铝，而外层含有杂质阴离子。两层的介电常数不同。外层分最外层和中间层，杂质阴离子集中于中间层。因此，外层的有效介电常数不均匀，大小取决于杂质浓度。如图 2.23 所示，这类材料的光路由晶格缺陷阵列所决定，周期势能调制等价于介电常数和缺陷调制。作者对 PAA 光子晶体进行了详细讨论。并将压印法与常见恒电压阳极氧化法结合制备出了 $4cm^2$ 大小完美二维光子晶体。

电化学双层电容器 Jung 等人[109]用碳纳米管改性 PAA 作为电极材料制备电化学双层电容器（EDLC）。作者报道了自支撑多孔氧化铝内嵌碳纳米管的制备方法，以及 EDLC 的性能。铝基体被用作电化学电池电流集流体。高度有序多孔氧化铝中生长出均匀碳纳米管提高了 EDLC 的比电容量。这种结构中的碳纳米管直径均匀、管间距一致，也可用作场发射阵列[110,111]。

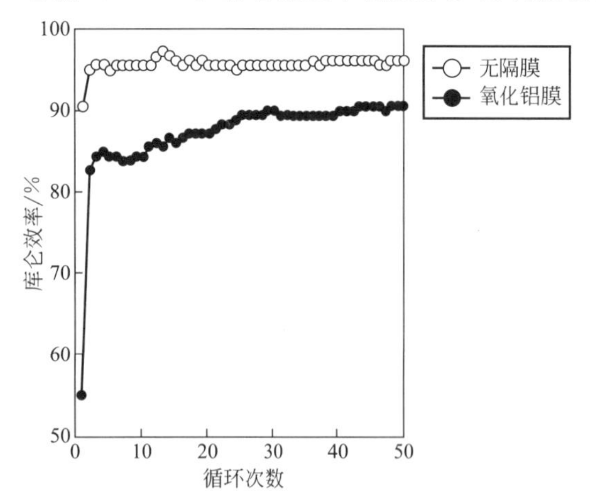

图 2.26 一次阳极氧化铝基片的 Li 循环库仑效率
注：电池在 $1mA/cm^2$ 下充电 6min，停留 3min。在 $1mA/cm^2$ 下放电，Li/Li^+ 截止电势为 2V，停留 3min。翻印自参考文献 [112]。

Mozalev 等人[112]用多孔阳极氧化膜作为可充电锂电池隔膜。尝试将无水电池电解液储存于氧化铝膜孔中，通过孔在镍和铝基片上重复沉积-溶解金属锂。结果发现一步恒电流阳极氧化膜的离子阻抗远小于商用聚乙烯隔膜，有希望用于碳酸丙烯酯基电池电解液。通过铝基体上氧化铝膜的锂循环库仑效率随循环次数增加不断增大，25 个循环后达到 89%，40 个后达到一个稳定值（见图 2.26）。

发光二极管 有机发光二极管（OLED）是一种发射层由有机（O）化合物薄膜构成的发光二极管（LED）。阴极表面绝缘膜越薄，电致发光强度越大，寿命越长[113]。Kukhta 等人建议用 PAA 膜作为阴极。图 2.27 为多孔氧化铝基电致发光元件模型。为提高铝、掺有机磷 PAA、锡掺杂氧化铟电致发光层的效率，作者缓慢降低阳极氧化电压至零去除势垒层。结果发现氧化铝孔隙率的增量与电致发光强度的增量成正比。

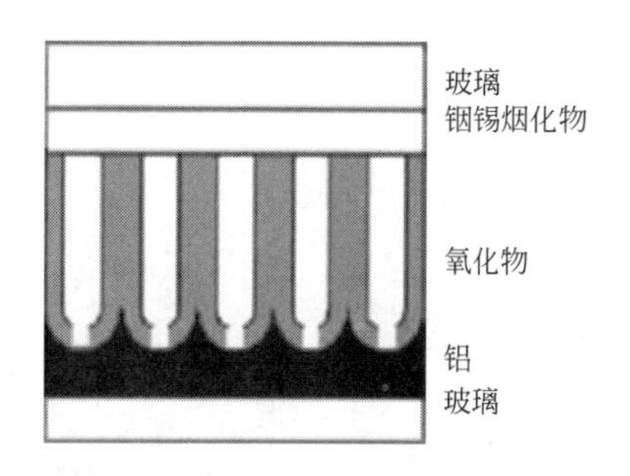

图 2.27 有机电致发光单元模型示意图
注：翻印自参考文献［114］。

阳极化膜厚度为微米级、比表面积大、基体附着力强，可作为微反应器催化剂或催化剂载体。Ganley 等人[115]报道了 PAA 用作单片微反应器催化剂载体的制备工艺条件。即先在草酸下恒电流阳极氧化 1100 铝合金，而后沉积过渡金属（用作催化剂）。作者展示了 PAA 优化后，铝-氧化铝微反应器负载金属催化剂对无水氨的分解性能，为小规模多相催化反应研究奠定了基础。

医学应用 多孔氧化铝在医学上也被用作植入体。骨组织工程的一个主要目的是通过材料制备控制成骨细胞行为[116]。以往的研究表明，成骨细胞对表面粗糙度和孔隙率极其敏感[117]，多孔结构特别适合于成骨细胞繁殖。Karlsson 等人[118]采用一种新工艺在钛基体上制备多孔氧化铝，并将所得到的复合材料用作骨植入体。体外研究表明多孔氧化铝与钛基体间的结合力很强，与成骨细胞兼容，并有利于其繁殖。

Popat 等人[116]将成骨细胞植入 PAA 孔中，研究成骨细胞短期附着力和繁殖状况、长期功能性以及基质的产生。比较了 PAA、无定形氧化铝、商业 ANOPORE 膜和玻璃实验结果，发现 PAA 短期成骨细胞附着力和繁殖状况最好，纳米多孔氧化铝载体与成骨细胞间附着力最大。此外，二喹啉甲酸（BCA）测试表明，在多孔氧化铝上进行细胞培养能获得较高的蛋白质含量。

如之前所述[93]，多孔氧化铝是制备生物医学纳米器件的一种重要方法，用作模板可以制备纳米试管。与此相类似，Gong 等人[119]用高度有序、孔直径 25～55nm 纳米多孔氧化铝胶囊来控制药物输送。氧化铝胶囊制备参照 Itoh 等人[120]的方法，阳极氧化铝管获得管状多孔氧化铝膜。胶囊内填充不同相对分子质量的荧光分子，用硅胶进行封口。随后的控制释放实验表明，药物输送对孔直径敏感，选择合适的孔尺寸可以控制分子输送。而且，这些生物胶囊可阻止尺寸大于某一临界值分子的输送。

除药物输送器件外，生物医学领域在构建高度有序纳米级蛋白质、DNA 和抗体生物分子方面也取得许多重大进展。例如，Matsumoto 等人[121]在多孔氧化铝孔内金盘上制备高度有序 DNA 纳米阵列。作者在制备生物分子纳米图案时因光学显微镜分辨率有限遇到一些困难，图案观测难于进行。随后，他们改进了方案，试图通过增大金盘间距获得适合光学显微镜观测的 DNA 纳米阵列。图 2.28 为理想有序多孔氧化铝制备 DNA 纳米阵列示意图。金盘通过 PAA 选择性开孔并填充金制备。为达到这一目的，团队成

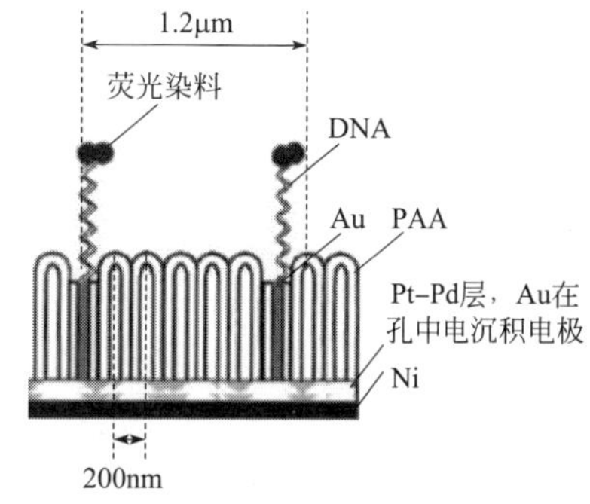

图 2.28 用理想有序多孔阳极氧化铝制备 DNA 阵列示意图
注：翻印自参考文献［122］。

员比较了铝基体压印与无压印 PAA 的势垒层厚度，发现每六个压印点中仅有一个无压印点时，无压印点势垒层厚度要比压印点薄。从 SEM 照片上（见图 2.29），可清晰地看见 DNA 功能化处理后金盘的周期排列。重要的是，用一个简单方法解决了光学显微镜分辨率极限问题。

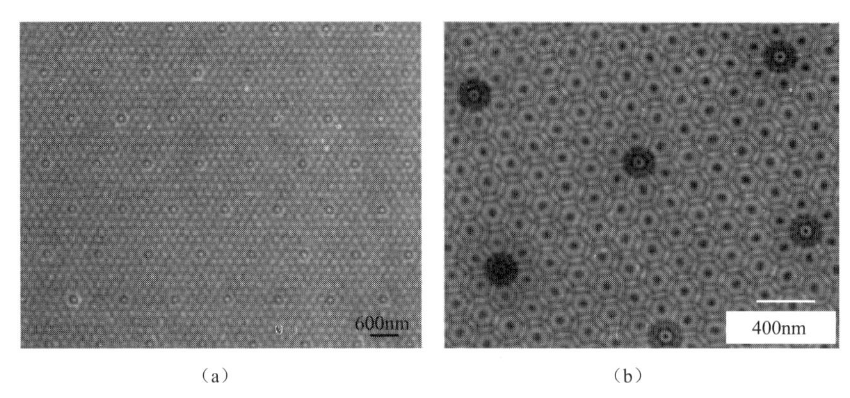

（a） （b）

图 2.29 金盘阵列和多孔阳极氧化铝势垒层 SEM 图

注：（a）金盘阵列 SEM 图。盘直径约 50nm（氧化铝孔直径）。盘间距～1.2μm。（b）孔填金形成金盘后的选择性开孔（大黑圆）多孔阳极氧化铝势垒层 SEM 照片。小黑点为未去除势垒层孔。注意，开孔完全为六角单元分隔开。翻印自参考文献 [122]。

总之，在本节里，几个研究均展现了多孔氧化铝在纳米级精确剪裁中的应用，这有可能成为纳米科技今后的重要发展方向。PAA 作为模板，早期仅为不同领域的几个团队研究[21,70,96,122～124]，而现在世界各地的研究团队越来越多，成果丰硕。尤为重要的是，已制备出的大量原型器件性能远优于常规器件。

2.3 阴极合成

2.3.1 纳米线

纳米结构，尤其是一维（1D）纳米结构研究就是要弄清这些材料的物理化学机制。基于低维结构的理论研究和计算[129]，人们对纳米结构，特别是与下一代纳米电子器件相关的特性和效应有了深入的了解[130]，例如，高存储和信息传输速率、纳米颗粒吸收边沿蓝移、导电量子化、机械特性增强[125～128]。尽管精确控制尚存在困难，但相比于纳米点和 2D 结构，1D 纳米结构仍不失为研究纳米级输运现象的理想系统[131]。

纳米科技的发展趋势是制备功能性纳米器件。这对于 1D 纳米结构，如纳米线（NW）和纳米管，尤其适合，相关内容将在下面段落中讨论。

人们对纳米结构材料和器件感兴趣不仅因为它们有用，更重要的是因为神奇的量子现象。导电量子化就是一个很好的案例，两宏观电极间的半导体或金属线，当满足以下两个条件时，其电导就实现量子化。首先，线必须比电子平均自由程短，以便电子沿线长度方向弹道输运。其次，线径必须与电子波长相当，以便线横向方向形成驻波（量子模式）。具备这两个条件的线就称为“量子线”或“量子点接触”。首次观测到这种现象是在半导体器件中，电子平均自由程为微米数量级，电子波长约为 40nm，远大于原子尺寸[132,133]。由于波长较大，常规纳米技术就可以制备出相应的纳米线。然而，大的波长致使量子模式间的能量差小，只有在液氮温度下才能观测到明显的导电量子化。对一个典型金属（如 Au），电子波长仅为几个埃，要观测导电量子化，虽然线径需小至原子级别，但却无需低温环境。制备直径原子级别金属线的方法有许多。这些方法可以分成两类：

① 机械法，通过分离两相互接触电极制备纳米线[134~136]。分离过程中，两电极间形成金属颈部，在完全断裂前可以拉伸出原子级别细线。

② Xu 等人[137]提出的纳米线电化学制备技术[138,139]。最近的透射电子显微镜（TEM）观察表明，具有导电量子化的金属线是由几个金属原子串成的[140,141]。

对于半导体纳米线或量子点接触，纳米线的宽度和电子密度可通过门电极灵活控制，真空或空气中金属纳米线不具备这种灵活性。只有在电解液中，金属纳米线的电势才能以门电压方式控制。通过控制电势，可以研究纳米线发生的各种物理化学变化，如双电层充电、电势诱导应力、离子和分子吸附。

2.3.1.1 模板法制备纳米线

许多制备方法，如热分解法[142]、表面活性剂辅助水热法[143]、以及气-液-固（VLS）技术，都可用于纳米线制备。

模板法最适合于生长纳米线，多孔聚碳酸酯（PC）和多孔阳极氧化铝（PAA）膜是常用模板。化学镀（即无需施加电场的电镀）能在模板孔中化学还原阳离子形成纳米线[144,145]。人们不但研究了不同孔径模板纳米线晶体的生长过程[146,147]，同时也研究了纳米线生长后的改性[148,149]。

以 PAA 为模板电镀制备的银纳米线表面粗糙度可变[150]，在上面可生长出纳米颗粒或纳米棒等各种纳米结构。施加脉冲直流电压可在 Ag 纳米线表面生长出分枝结构。图 2.30 为高电镀电压下纳米线起始生长阶段的断面结构，表面形貌粗糙。导致表面粗糙的原因可能是由于高电镀电压对气泡的束缚。

由于 400nm 孔径 PAA 势垒层很厚，金属在孔中生长极不稳定，电化学沉积金属一致性难以保证，填充不均匀。Sauer 等人[151]最近研究了孔径约 100nm 自有序多孔氧化铝模板的电化学银沉积。用硅片上键合 Si_3N_4 锥体的压印图章[152]对铝压痕后，阳极氧化可获得单畴多孔氧化铝模板。图 2.31 展示出了直流电沉积银的渗透状况，银柱平均长度约为 22μm[153]。大面积范围内，单畴多孔氧化铝模板长直管道的银填充率几乎达到 100%，可用作金属介质光子晶体。

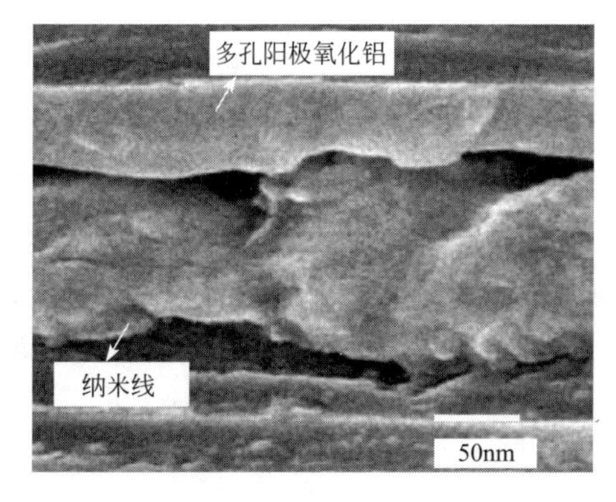

图 2.30 PAA 模板里 4V 电镀纳米线的场发射 SEM 断面照片

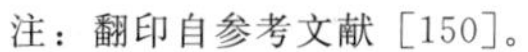
注：翻印自参考文献［150］。

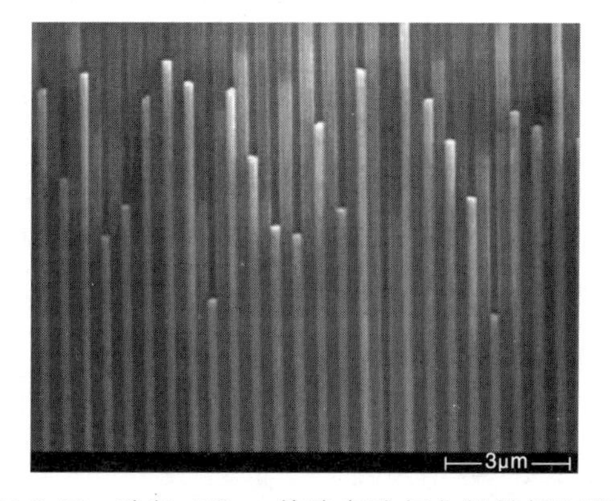

图 2.31 孔径 180nm 单畴多孔氧化铝模板沉积 Ag 纳米线 SEM 断面照片

注：亮条为银线。翻印自参考文献［153］。

Chu 等人[154]研究了 PAA、Ni 纳米线阵列以及 TiO_2-RuO_2/Al_2O_3 复合纳米结构在玻璃基片上的形成过程。首先在透明导电玻璃表面射频溅射高纯铝。然后阳极氧化制备 PAA。由于势垒层很薄，适当化学溶解就可以在不损坏多孔膜的前提下，除去阳极氧化铝势垒层。这一点很重要，透明导电膜（ITO）可以直接与电解液相接触。此时，通过阴极沉积法，孔可完全被金属（或其他材料）填充，直至形成连续膜层。图 2.32 是除去氧化铝膜后，植入 PAA 的镍纳米线阵列形貌。由图可见，镍纳米线虽长短不一［比较图 2.32(a)、(c) 和 (e)］，但在氧化铝孔中有着均匀的分布。

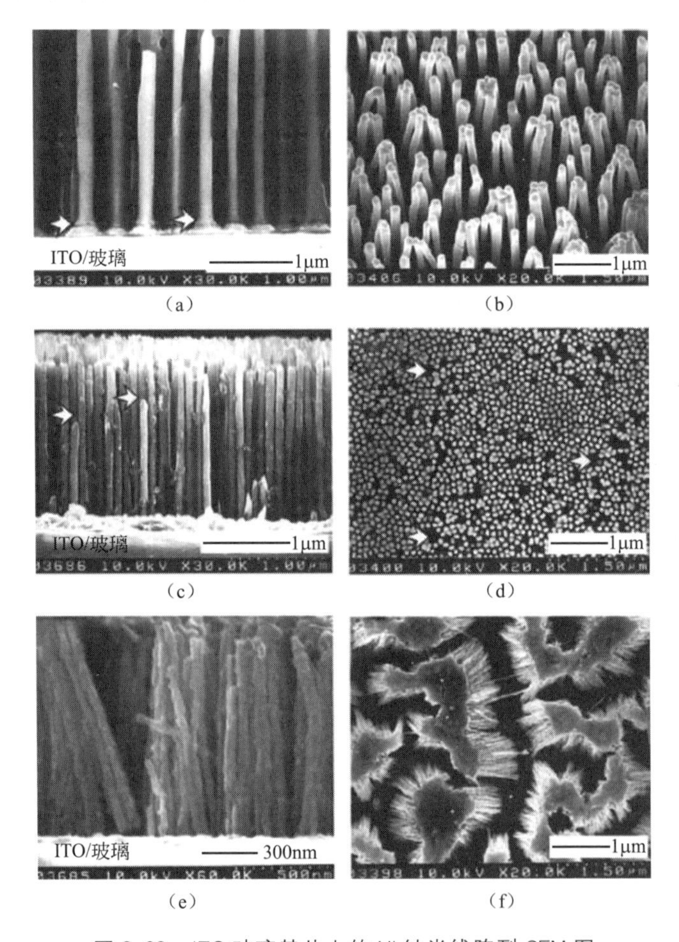

图 2.32 ITO 玻璃基片上的 Ni 纳米线阵列 SEM 图

注：氧化铝膜在磷酸［(a)、(b)］、草酸［(c)、(d)］和硫酸［(e)、(f)］溶液中制备。SEM 表征前，样品在 10% NaOH 溶液中室温下选择性刻蚀 10s 至 5min。翻印自参考文献［154］。

此外，Chu 等人[154]还研究了 PAA 中氧化钛和氧化钌的电合成。首次电化学沉积出金属过氧化物，并在 600℃下通过煅烧转化为氧化物。图 2.33 是电沉积样品的断面、表面和底部场发射扫描电子显微形貌。沉积体由 10～50nm 微小晶粒组成，阳极氧化铝膜孔沉积填满后，在表面形成了连续膜。

2.3.1.2 磁纳米线

磁纳米线特性表征是一个热门研究课题，目的是通过微磁理论分析磁化过程，将磁纳米线用作高密度磁存储介质。制备磁纳米线最经济的方法是在多孔膜纳米管道内电沉积过渡金属。

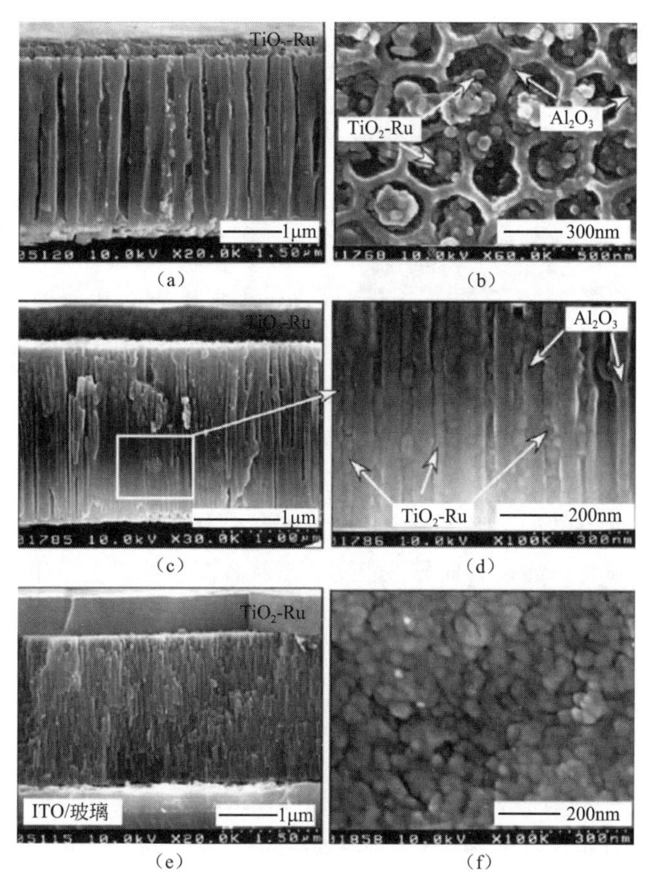

图 2.33 ITO 玻璃上 TiO_2-RuO_2 /Al_2O_3 复合纳米结构垂直断面和表面形貌场发射 SEM 图

注：氧化铝膜在磷酸［(a)、(b)］、草酸［(c)、(d)］和硫酸［(e)、(f)］溶液中制备。翻印自参考文献［154］。

Garcia 等人[157]以 Nucleopore™公司聚合物核孔膜为模板，研究了钴纳米线阵列电沉积生长及其磁特性。为追踪恒电位下纳米线电沉积过程，对电流-时间曲线进行了监测。从图 2.34 上可见，电流-时间曲线可分成三个区域：区域Ⅰ钴纳米线在孔中沉积生长，区域Ⅱ孔完全填满，最长线顶端出现半球形钴帽。此时，因有效阴极表面增大，电流增大。当所有孔都填满后，进入Ⅲ区，钴帽合并为连续金属层，电流远大于钴在孔内沉积值，进入饱和。

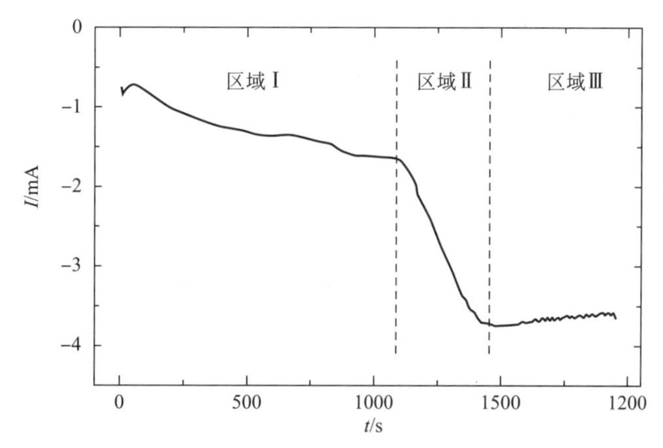

图 2.34 电沉积过程的电流（I）与时间（t）关系

注：翻印自参考文献［157］。

X 射线衍射分析表明，钴呈六角结构生长。用化学试剂溶解聚合物膜，然后再对单独纳米线进行原子力显微（AFM）观察。由图 2.35 中 AFM 图片可见，纳米线长约 3.1μm，直径约 90nm。

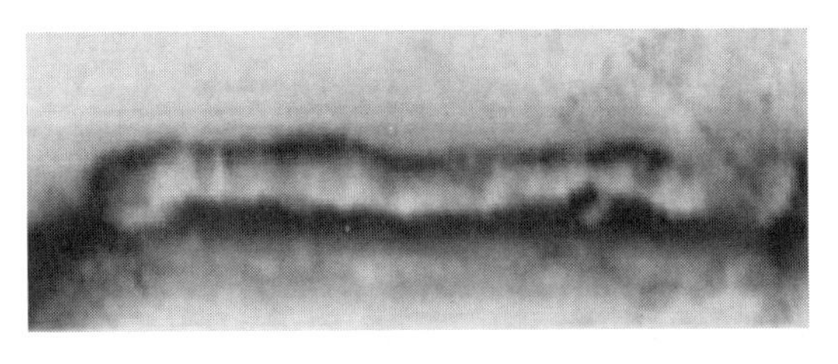

图 2.35 长 3.1 m、直径 90nm 钴纳米线 AFM 照片
注：翻印自参考文献 [157]。

电沉积磁纳米线可用作超高密度磁记录介质[158～161]。通常，纳米线的形状各向异性会引起磁特性垂直各向异性。然而，有些时候（如，钴纳米线），由于磁晶各向异性与形状各向异性相互竞争，也会不显现垂直各向异性[161]。Ge 等人[162]制备了各种微观结构不同、磁特性也不尽相同的纳米线。发现控制沉积电压或在沉积过程中施加磁场，均可获得垂直磁各向异性[162]。磁性能与微观结构密切相关，以 X 射线衍射和电子衍射证实的无定形与多晶结构试样为例。对于多晶结构试样，形状各向异性与磁晶各向异性相互竞争，不显现垂直各向异性。对于无定形试样，磁晶各向异性很弱，形状各向异性起主导作用，垂直各向异性很强。然而，在沉积过程中施加磁场能使钴晶粒沿 c 轴优先取向生长，具有很强的垂直各向异性。

PAA 模板直流电沉积前大多需要经过去铝基、磷酸下开孔、模板表面沉积导电层（如，Au）工序[163～166]。Choi 等人[167]提出了一个无需去铝基电沉积方法，试图通过降低阳极氧化电压至 1V 来减薄势垒层厚度，使直流电沉积可正常进行。可惜的是，势垒层减薄工序十分耗时，控制必须十分精准才能保证势垒层减薄均匀。采用这一工艺，电沉积银纳米线长度可达 30μm[167]。最近，Sander 等人[168]在厚度小于 100μm 铝箔表面沉积银，再将铝完全阳极氧化后直流电沉积银进入 PAA 孔中。然而，这种工艺需要将非常薄的铝箔粘贴在基片上（如，玻璃），控制铝箔均匀阳极氧化困难。对于需要实现模板快速工业化生产或应用的场合，交流沉积是另一个可选方案，无需势垒层减薄即可制备出相当长的纳米线。

一般来说，通过势垒层交流电沉积有许多变量需要控制，包括电解液浓度、组分、温度、沉积电位、频率、波形（正弦、方波和三角波）和脉冲极性[169～171]。而且，沉积条件优化与需沉积的金属或化合物密切相关[170]。

Davydov 等人[172]的报道表明铜由金属水溶液电沉积至 PAA 模板是可行的，虽然实验细节未详细描述，且纳米线仅为 5μm 管道长度的一半。另一些文献详细报道了不同金属（Fe[173]、Ni[174]、Co[175]、Cd[176]、Bi[177]和 Au[178]）在 PAA 模板中的交流电沉积。几乎所有材料的交流电沉积制备均使用孔径小于 25nm 硫酸下制备的阳极氧化铝。很明显，草酸下制备的 PAA 势垒层结构和化学特性与硫酸下制备的不同[179]，这一差别对模板交流电沉积产生了直接影响。

电沉积信号频率对孔填充影响最大。有人研究了铜纳米线制备[180]，发现最佳条件为 200Hz，非连续脉冲或连续沉积会影响纳米结构特性，但连续沉积可改善孔填充状态。实验结果表明，PAA 的最终阳极化电压（决定势垒层厚度）应尽可能低，以增大电沉积孔填充率，最佳条件下孔可以完全为单分散纳米线所填充。图 2.36(a) 和 (b) 为不同条件下制备的纳米结构扫描电子显微照片。

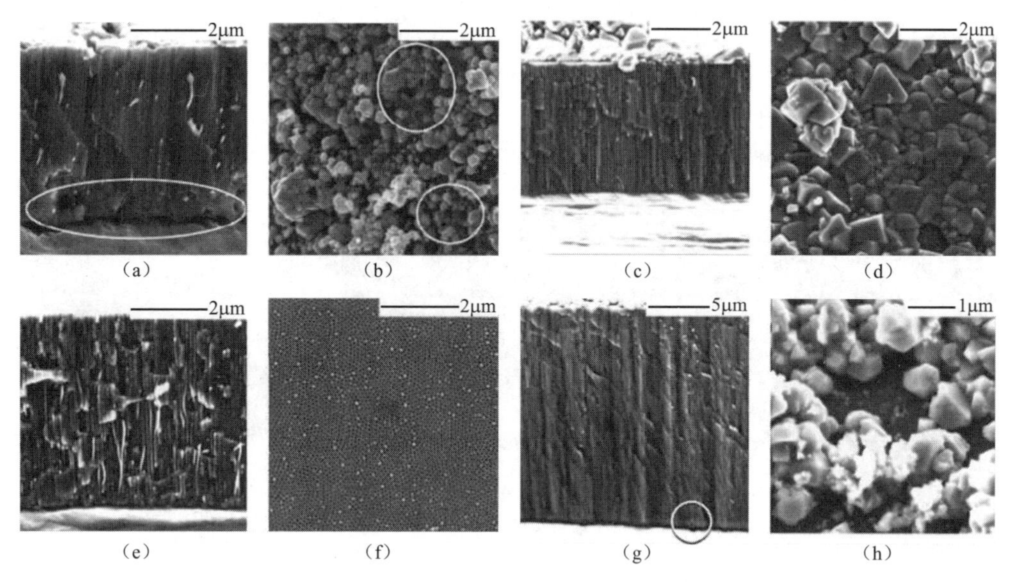

图 2.36 草酸阳极氧化铝模板 SEM 照片

注：(a)、(b) 正弦波连续沉积块体生长；(c)、(d) 正弦波脉冲沉积块体生长；(e)、(f) 正弦波连续沉积无块体生长；(g)、(h) 正弦波连续沉积硫酸阳极氧化模板 SEM 照片。(a)～(f) 中，孔 40μm 深；(g)、(h) 中，孔 25μm 深。(a)、(b)、(c) 中的圆圈表示模板的破损面积。翻印自参考文献 [180]。

许多研究团队[181,182]认为交流电解沉积银颗粒能复制氧化铝孔形状。例如，图 2.37 所示不同酸溶液下制备的 PAA 势垒层，以及孔中沉积的银纳米线透射显微照片[183]。硫酸、草酸和磷酸下 PAA 的平均孔径分别为 13.5nm、40nm、80nm。相对应地，氧化铝模板的孔密度计算值分别为 0.81×10^{11} 个/cm^2、1.25×10^{10} 个/cm^2 和 3.08×10^{9} 个/cm^2。草酸下 PAA 模板孔有序度最高。银纳米线直径正比于模板孔尺寸。

图 2.37 氧化铝/金属界面 (a)～(c) 和氧化铝模板孔中沉积银纳米线 (d)～(f) TEM 照片

注：氧化铝模板分别在硫酸 (a)、(d)、草酸 (b)、(e) 和磷酸 (d)、(f) 下 15V、40V 和 80V 阳极氧化 1h、2h 和 3h，结束前将电压降低至 10V。纳米线在 10mol/L $AgNO_3$ + 50mol/L $MgSO_4$ 溶液中 15V 下交流沉积 10min 制备。标尺为 100nm。翻印自参考文献 [183]。

以 PAA 为模板合成铂纳米线（PtNWs）的工艺流程简单易控[184]。电沉积后，将氧化铝模板置于 8%磷酸溶液中溶解模板[185,186]。图 2.38(a) 为模板原始表面，图 2.38(b) 为模板溶解后铂纳米线束，图 2.38(c) 为单独的铂纳米线。铂纳米线直径约为 250nm、平均长度约为 5μm，呈高密度有序排列。

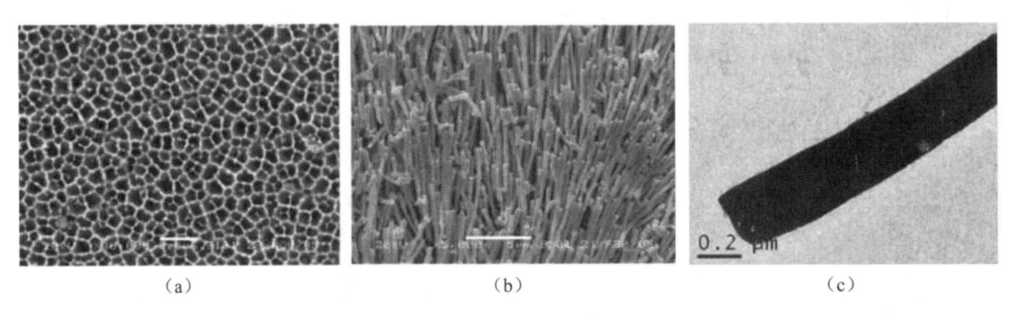

(a) (b) (c)

图 2.38 样品原始表面 SEM 照片 (a) 及模板法制备的铂纳米线 SEM(b) 和 TEM(c) 照片

注：翻印自参考文献 [184]。

2.3.1.3 纳米管

由于具有独特的电子、化学和机械特性，以及潜在的巨大用途，碳纳米管（CNTs）一直被广泛研究[187~190]。碳纳米管能与酶进行电子交换反应，许多研究尝试将其用于生物传感器[191~193]。将碳纳米管与其他材料如导电聚合物[194]、氧化还原介质以及金属纳米粒子集成，利用其协同效应的确是未来化学传感器的发展方向[195~198]。Yang 教授团队报道了生物传感器的协同效应，如碳纳米管与钴[199]或铂[200,201]纳米粒子之间。作者的研究表明，铂纳米粒子与碳纳米管结合可用来制备具有催化应用的电极材料[201]。

由于化学、催化以及电催化特性，铂在许多应用中都很重要[202]。铂颗粒具有许多不同的用途[203~205]，目前许多团队都在研究铂纳米线以及铂纳米线与碳纳米管复合材料（Pt-CNT）。这些材料可用不同模板如氧化铝[206]和二氧化硅[207]，或直接在碳纳米管网络上[208]制备。

PtNWs 在生物传感器制备方面的应用有几份研究报告。Qu 等人[184]将模板与恒电位电沉积技术相结合制备生物传感器用 PtNW-CNT 复合材料。为更好地改进复合材料电化学特性，作者通过复合材料——壳聚糖（CHIT）溶液制备 PtNW-CNT-CHIT 材料。由于 PtNWs 和 CNTs 相互作用更易于电子传输，PtNW-CNT-CHIT 材料可为电化学器件带来新的功能。PtNW-CHIT 的性能与多晶铂相类似[209]。PtNW-CNT-CHIT 膜的电流峰值虽然急剧上升，但峰值电位并未增大。循环伏安曲线形状和峰值电位无本质性变化表明，引入 CNTs 不会影响 PtNWs 与电极支架间的电子传输过程[210]。

Rajeshwar 等人[211]提议在 CNT 表面沉积半导体材料，他们采用阴极电合成法将 ZnSe 沉积至纤维表面。图 2.39 为镀镍碳纤维沉积 ZnSe 前后形貌对比。

相对于硫化物，金属氧化物阴极电合成的历史更短[212~214]。从机理上看，阴极沉积过程可分为两个过程。第一个过程为氧化态变化，如由 Cu(Ⅱ) 前驱体阴极电合成 Cu_2O[215]。第二个过程为氧或其他添加物（如，硝酸盐）电化学反应[216~218]。净效应是电化学产生了 OH^-，以及随后的氧化物/氢氧化物相沉淀。之后的热处理可将氢氧化物转化为所需的氧化物材料。表 2.2 列出了一些由阴极沉淀法制备的氧化物半导体。

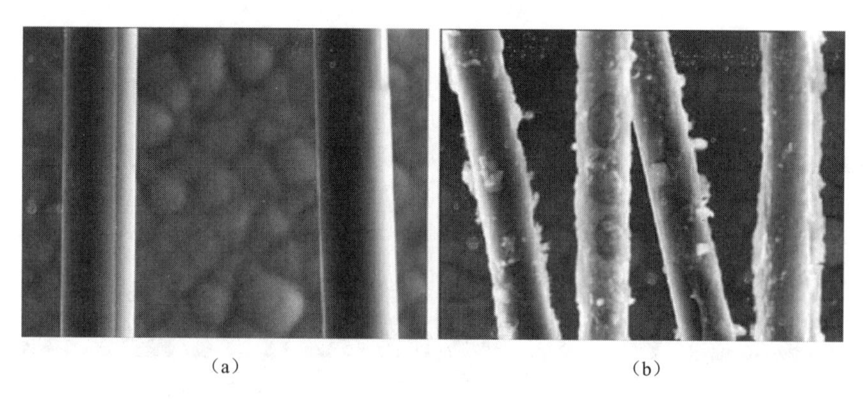

(a) (b)

图 2.39 镍包覆碳微纤维表面阴极电合成 ZnSe 前 (a)、后 (b) SEM 照片

注：翻印自参考文献 [211]。

表 2.2 阴极电沉积制备氧化物半导体案例[211]

半导体	参考文献
CuO_2	[219]
ZnO	[220]～[222]
TiO_2	[223]～[225]
MoO_3	[226]～[228]
WO_3	[229]～[231]

通常，氧化物电合成创新包括超晶格制备[232]、选定基片上的外延生长[233,234]、以及大规模均匀纳米线阵列制备[235]。

ZnO 是一种重要的氧化物半导体材料，具有很好的光、电、压电特性。有序纳米线阵列是微光电器件制备的重要环节[236]。在多孔阳极氧化铝模板中电沉积 Zn 纳米线阵列并进行热氧化，可以制备有序 ZnO 纳米线阵列[237]。但 300℃下长时间热氧化（约 35h）局限了其应用。以 PAA 为模板，ZnO 可以在硝酸锌水溶液中一步电沉积制备[238]。不幸的是，伴随着 ZnO 的形成，出现了 $Zn(OH)_2$ 沉积[239]。$Zn(OH)_2$ 化合物致使 ZnO 带边发射猝灭[240]。Gal 等人[241] 报道了一种用无水二甲基亚砜（DMSO）制备 ZnO 膜方法，无 $Zn(OH)_2$生成。此外，无水溶液可以提高沉积温度，ZnO 结晶度更好，晶粒更大[242]，电沉积过程中 PAA 孔更不易阻塞。通过对 Gal 等人方法[241]的改变，Wang 等人[243]以含 $ZnCl_2$、分子氧前驱体 DMSO 为溶液，制备出了 ZnO 纳米线阵列。图 2.40(a) 为 PAA 模板典型表面形貌。孔排列高度有序，孔直径约 60nm，孔间距约 100nm。图 2.40(c) 为 ZnO 纳米线根部 SEM 照片，PAA 底部的金电极已机械打磨干净。亮的区域纳米线填充孔，暗的区域无填充。60nm 直径 ZnO 纳米线均匀地嵌于 PAA 纳米孔中，超过 90%孔为纳米线填充。图 2.40(d) 和 (e) 为 ZnO 纳米线表面形貌。

由图 2.40 可见，ZnO 纳米线尺寸均匀，表面光洁，直径大约 60nm，基本与 PAA 孔径相等。图 2.40(f) 为沉积 2h 后 ZnO 纳米线阵列剖面。每一根单独的 ZnO 都很致密，孔被完全填满。

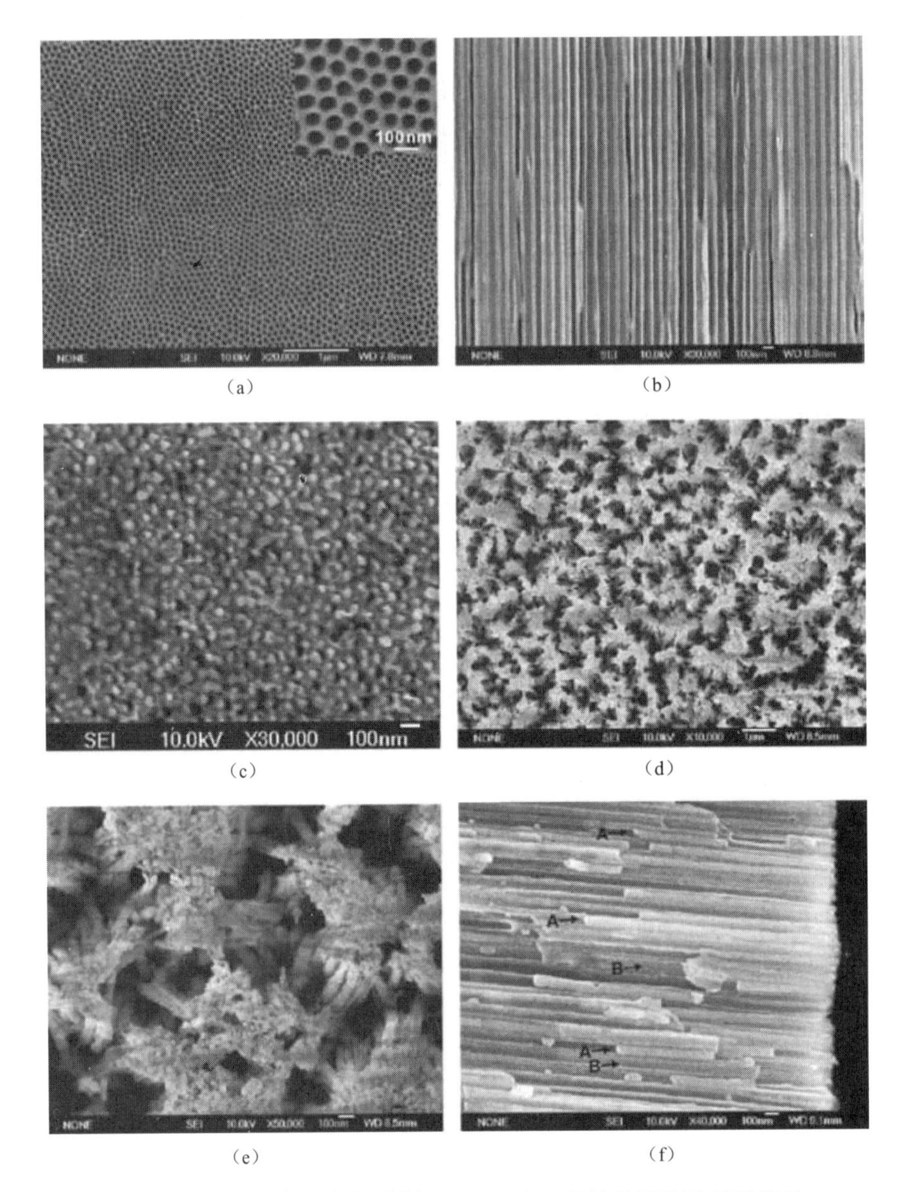

图 2.40 多孔阳极氧化铝模板（PAA）和 ZnO 纳米线阵列 SEM 照片

注：(a) PAA 表面。右上方插图为六角排列孔特写。(b) PAA 模板断面。(c) 机械打磨去除 Au 蒸发电极后，嵌入 PAA 模板的 ZnO 纳米线底面。(d)、(e) 1mol/L NaOH 溶液部分溶解 PAA 模板后的大规模 ZnO 纳米线。(f) 沉积 2h 嵌入 PAA 模板 ZnO 纳米线阵列断面图。翻印自参考文献［243］。A→—ZnO 纳米线；B→—PAA 模板孔。

2.3.2 多层结构

由于束缚尺寸（如，单层厚度）在纳米范围，超晶格和多层结构特别适合器件应用。他们均由材料层状交叠而成，双层厚度即为调制波长。虽然多层结构和超晶格都是调制材料，但超晶格受晶体相干性限制[244]。正因为这一限制，超晶格通常由晶格失配非常小的材料交叠而成，而多层结构甚至可以用无定形材料。

人们对超晶格和多层结构感兴趣的是它们的机械特性，多层材料用作防护涂层，硬度远高于块体合金[245~249]。两相交叠，抗塑性形变能力和硬度随调制波长减小而增大[245]。虽然许多研究着重于金属多层结构，但反应磁控溅射制备的单晶 TiN/VN 应变层超晶格却表现出极高的机械硬度[250]。当调制波长为 5.2nm 时，多层结构的硬度是 TiN、VN、$Ti_{0.5}V_{0.5}N$ 合金的 2.5 倍。Tench 和 White 电沉积制备的 Ni-Cu 多层结构，抗拉强度达到 1300×10^6Pa，比纯 Ni 金属高 3 倍，比 Ni/Cu 合金高 2 倍[251]。

大多数纳米级超晶格和多层结构制备研究是在高真空度下用化学和物理气相沉积。电沉积也能用于制备这些材料，并具有以下几个优势：处理温度低（常为常温），减小了层间原子扩散；通过监测沉积电荷可控制膜厚；通过电位调整可以控制化学组分和缺陷；可沉积复杂形状膜；可沉积非平衡相。不足之处是基片或膜必须能导电，溶液中的外来物质可能污染膜。

成分调制纳米结构电沉积已有评述，如超晶格和多层结构[254,255]。常见的是关于材料电化学合成和改性评述，包括金属氧化物陶瓷[256,257]。超晶格和多层结构电化学沉积通常有两种方法，也就是双浴沉积和单浴沉积。

① 在两种方法中，双浴沉积更简单，但难于制备高层数膜和小调制波长膜。电极在两个不同化学前驱体沉积溶液间交替。

② 单浴沉积，双层前驱体在同一溶液中。虽然单浴沉积需要更精确的化学控制，但可制备高层数纳米结构。此外，循环沉积过程中，电极无需暴露于空气，整个过程的均为电位控制。

1921 年，Blum 用双浴法交替沉积 Cu 和 Ni 层，首次制备出了多层金属结构[258]。层相当厚（约 24μm），膜的抗拉强度大于 Cu、Ni 纯金属及其合金。1963 年，Brenner 用单浴沉积法首次制备出 Cu/Bi 多层结构[259]。数年后，1987 年，Cohen 等人在单一电镀槽中通过电流或电压脉冲沉积制备出层厚 50nm 的 Ag/Pd 多层结构[260]。同一时期，有几个团队单浴沉积制备出了 Cu/Ni 多层结构[261,262,251]。Cu/Ni 多层结构备受关注是因为低晶格失配（2.6%），以及几乎不可逆的金属电化学沉积。也就是说，Ni 层表现为惰性，在低电位沉积 Cu 时不再溶解[263,264]。

对于 Cu/Co 多层纳米结构，Kelly 等人[265,266]的研究表明十二烷基硫酸钠在脉冲间隙可促进 Co 与 Cu^{2+} 间发生置换反应。Gundel 等人[267]假定恒流条件下置换反应可以忽略。Fricoteaux 等人[268]研究了无光亮剂和平整剂时 Cu/Co 多层结构电沉积，试图将 Co 与 Cu 间置换反应定量化。

Tench 和 White[269]用化学镀置换反应制备出了 Cu/Ag 多层合金结构。作者认为 Cu^{2+} 可穿过 Ag 沉积孔，在几个纳米外继续化学镀。

由于磁流体动力学（MHD）效应，外施磁场会对沉积过程产生影响，使微观结构以及电磁特性发生变化[270～273]。而且，电沉积过程中施加磁场可诱导晶粒沿易磁化轴取向。对 Cu/Co-Cu 多层结构沉积研究发现坡莫合金具有单轴各向异性[272]。Uhlemann 等人[274]研究了沉积过程中施加磁场对微观结构和巨磁阻（GMR）特性间的影响。图 2.41(a) 为呈一定角度排列的晶粒逐层柱状生长 TEM 照片，每一单层由 10～14 个原子单层组成。Shima 等人[275]认为晶界缺陷会引起短路，耦合效应和 GMR 效应减小。详细的 TEM 研究表明单层呈波浪状、近平行排列，粗糙度低，见图 2.41(b)。所测 GMR 效应由 2.8%增大至 3.9%（150mT 下）。由于沉积过程中 Co 在磁场作用下择优取向，使得晶粒 100%沿（111）排列。施加磁场平行于电极表面，受洛伦茨力作用产生磁流体动力学效应。扩散层对流增强，导致扩散层厚度减小，传输受控条件下的电流密度极限增大。

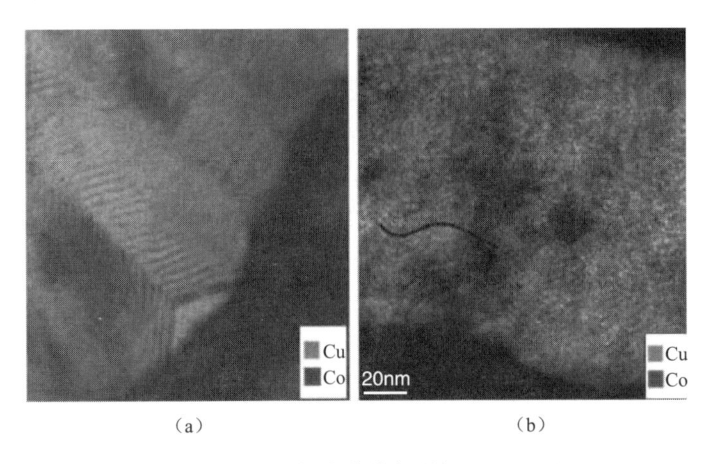

（a）　　（b）

图 2.41　无磁场和非均匀磁场下 TEM 图

注：在具有 Pt/Cu 籽晶层硅片表面，无磁场（a）和非均匀磁场（b）下沉积 30 层 1.9nm Cu/2.5nm Co-Cu 多层结构 TEM 照片，非均匀磁场由 SmCo 永久磁铁产生。翻印自参考文献［274］。

垂直磁各向异性、磁光 Kerr 效应[276~278]和金属多层结构巨磁阻效应[279~281]的发现掀起了多层磁纳米结构研究热潮。Jyoko 团队给出了电沉积生长 Co/Pt 纳米多层结构连续层间组分调制证据[282]。证明电沉积 Co/Pt 或 CoNi/Pt 多层纳米结构像 Co/Cu 纳米结构一样，存在巨磁阻效应。通过两种电解液间控制电位交替沉积多层组分和单一电解液中交替控制电极电位沉积多层组分，可在 Cu（111）基片上分别生长出多层结构 Co/Pt、CoNi/Pt 和 Co/Cu 薄膜。对于由非磁性铜基超薄面心立方（FCC）富钴簇组成的多相 Co-Cu 合金，室温下饱和磁阻增大 20%，饱和场强很大，剩余磁化强度很小，表明存在很大的反铁磁性耦合。

有报道称，在颗粒状磁合金中，Co_xAg_{1-x}（x 约为 0.2）巨磁阻效应最强[283,284]。作者认为这与钴、银不相熔，存在明显的粒间界面结构有关[285]。而且，Co-Ag 系的渗透阈值浓度比其他系统大[286]。通常，Co-Ag 颗粒磁性膜用溅射工艺沉积[287,288]。用电化学沉积工艺制备颗粒 Co-Ag 膜，室温下的巨磁阻效应只有 5%[289,290]。

由于金属层、合金和多层结构沉积有助于性能提高[292~294]，沉积于金属表面的金属原子结构成了一个研究方向[291]。人们对这一类磁性和催化剂新材料十分感兴趣[295,296]。两种以上活泼金属成分或金属/氧化物组分[297,298]构成的多组分催化系统在电催化反应中经常用到。

Vukovic[299]研究了 $HClO_4$ 下铑的电化学行为，发现电流密度和电沉积时间对表面粗糙度有决定作用。Norskov 等人[300~304]从理论上研究了新材料形成对金属表面单层沉积电催化特性的影响。Oliveira 等人率先研究了 Pt 衬底沉积 Rh/Pt[305,306]和 Ru/Pt[307]多层膜作为电催化纳米多层膜对有机小分子氧化的电催化活性。图 2.42 为 Pt 和 Pt/Rh/Pt 双层膜上甲烷、乙醇、甲醛和甲酸氧化伏安曲线。图 2.42(a) 为 Pt 衬底（虚线）和 Pt/Rh/Pt 双层膜衬底（实线）上甲烷的氧化伏安曲线。在 Pt/Rh/Pt 双层膜衬底上，甲烷氧化的电流密度峰值增大 295%，几乎所有研究的分子氧化电流密度均增大。电流增大无法用表面积增大解释，当表面粗糙度如图 2.43 所示 Pt/Ru 多层膜一样时，结果依然相同。Oliveira 等人针对这一机制目前正在进行深入研究。

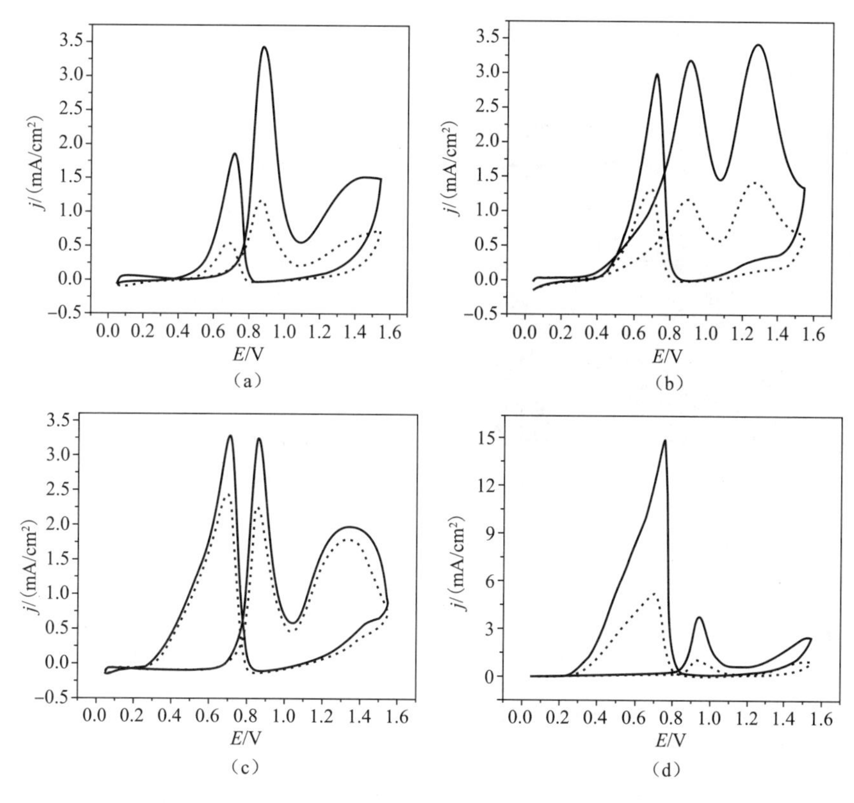

图 2.42 Pt 和 Pt/Rh/Pt 双层膜上甲烷、乙醇、甲醛和甲酸氧化伏安曲线

注：0.1mol/L $HClO_4$ 下 Pt 多晶电极（虚线）和 Pt-Rh（2.3 层）/Pt（1.7 层）（实线）有机小分子氧化循环伏安特性。(a) 0.5mol/L H_2COH；(b) 0.5mol/L H_2CCH_2OH；(c) 0.1mol/L HCOH；(d) 0.1mol/L HCOOH。扫描速率为 0.1V/s。翻印自参考文献［305］。

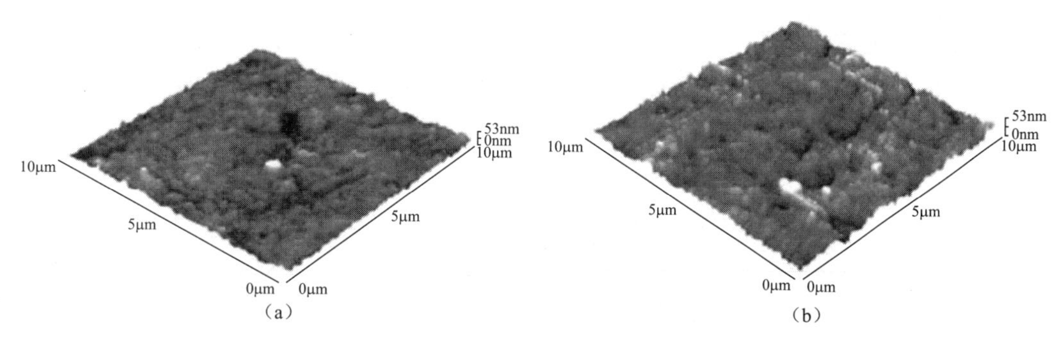

图 2.43 Pt 衬底 (a) 和 Ru 电沉积 Pt 衬底 (b) 原子力显微照片

注：翻印自参考文献［307］。

2.3.3 其他材料

电化学金属沉积是电化学领域中最老的研究方向之一。金属电沉积是电场作用下发生在电极/电解液界面的现象，涵盖相成核和生长。

溶液中 M^{z+} 在热力学可逆电位下可以沉积至对应金属 M 基片上（如 Ag^+ 沉积至 Ag）。然而，如果想把 M^{z+} 沉积至不同于金属 M 的 S 基片上（如，Ag^+ 沉积至 Au），那只有当电位比 M^{z+} 沉积至 M 基片的可逆电位正数百毫伏时，S 表面才会有 M 膜生成。在比热力学可逆电位正的电位下沉积，称为欠电位沉积（UPD）[308]。欠电位沉积的特点是可沉积单原子层或亚单原子层。图 2.44 为 Freyland 等人在 Au(1 1 1) 表面欠电位沉积 Ni 的二维成核过程[309]。

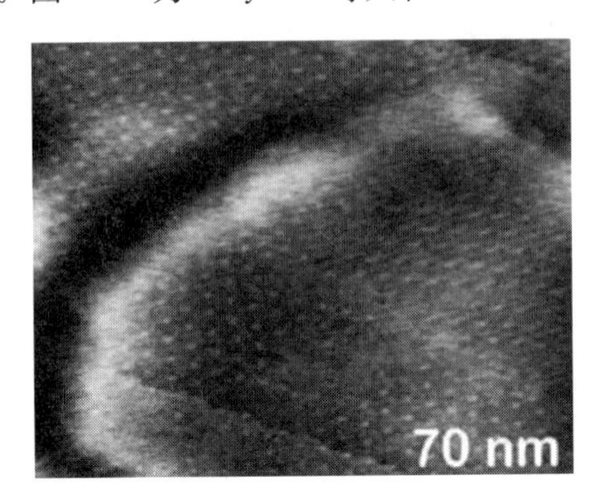

图 2.44 Au(111) 表面 Ni 成核 2D 扫描隧道显微照片

注：相对 Ni/Ni^{2+} 电位 $E=0.11V$、探针电位 $E_{tip}=0.2V$、调制电流 $I_{tun}=3nA$ 下电沉积 Ni 单层膜的莫尔条纹。翻印自参考文献［309］。

对于 Ni 沉积，施加电压数分钟后即可形成完整的单原子层膜。图 2.44 是这种情况下观测到的正六边形超结构（莫尔条纹），晶格常数为（23±1）Å，调制幅值为 0.6Å。同时实测的暂态电流积分值为（530±50）×10^{-3} C/cm^2，对应 Ni 层厚度为 0.9 个单原子层[310,311]。

20 世纪 60 年代，Schmidt 等人[312~314]首先意识到欠电位沉积在全电结晶中的重要性，开始引入一些薄层技术系统地研究这个课题。1973 年，Lorenz 等人[315~317]在单晶基片上进行欠电位沉积实验，并解释了实验结果，认为有不同超晶格结构有序 2D 金属覆盖物生成。随后，Yeager[318,319]、Bewick[320]、Schultze[321,322]、Lorenz、Schmidt[323~326]和 Kolb 等人[327,328]对不同体系金属欠电位沉积热力学和动力学进行了广泛研究。Staikov、Lorenz 和 Budevski 等人[329~333]以准理想银单晶面作为欠电位沉积研究基片，基于雄厚的理论基础建立起了第一个重要的金属欠电位沉积和正常体电位沉积关系。在过去的二十年中，原位应用不同的现代表面分析技术，如广延 X 射线吸收精细结构（EXAFS）、掠入射 X 射线散射（GIXS）和扫描探针显微镜（SPM）[334,335]，获得了许多关于基片和金属沉积物原子结构及形貌新的重要信息。

纳米技术中固/液界面很重要，由于制备过程可逆，在纳米结构制备方面具有优势[336]。虽然过饱和是超高真空沉积的一个波动参数，但在电化学成核和生长过程中，界面处的电流流动和物质过饱和均可精确调控。这一特性明确了固/液界面成核过程，对纳米结构生长控制非常重要[337]。此外，电化学成核和生长是在近热力学平衡下进行的，而激光烧蚀或溅射工艺涉及高能粒子。用扫描隧道显微镜（STM）作为构筑工具代替图像设备，电化学界面成核工艺可以直接在纳米电极上沉积。电化学允许自下而上生长纳米结构，避免了制备过程中的不可逆变化。这一点在纳米技术中尤其重要，材料的特性是由表面和界面原子决定的，缺陷或钝化表面改性可以使材料具有完全不同的物理或化学特性。

有许多文献报道了以 STM 探针为制备工具，在电化学界面沉积纳米结构[338~340]。STM 的优势在于控制精确，可以将物质准确地放置在 10nm 范围点上。扫描隧道显微镜探针作为纳米电极比用毛细管提供局部高金属离子浓度的扫描电化学显微镜分辨率高[341]。Hulgemann 等人[342~345]对两步操作过程进行了描述（见图 2.45），第一步，在 STM 探针表面沉积金属离子作为纳米电极，第二步，STM 探针表面金属突然溶解，达到所需的局部过饱和条件。

2.3.3.1 半导体

关于半导体电沉积有几篇评论和书（如，参考文献［346～348］）。一本是 1996 年 Pandey 等人写的书[346]，首次完整地对该领域进行了阐述，收录参考文献涵盖 19 世纪后期。电沉积材料包括元素半导体（Ge，Si）、二元系（Ⅲ-Ⅴ和Ⅱ-Ⅵ族）、以及三元化合物。Hodes 回顾了 1987 年至 1992 年间Ⅱ-Ⅵ族半导体制备[347]。在他的文章中，Hodes 引用参考文献达 100 多篇，主要内容为 CdTe、CdSe、CdS、ZnS、ZnSe、ZnTe 及其三元合金。1988 年 Vedel[349]，2004 年和 2005 年 Daniel Lincot[350,351] 对 $CuInSe_2$ 黄铜矿光生伏特半导体进行了评述。图 2.46 系统地展现了 2002 年前氧化物阴极电沉积的迅猛发展，1996 年后出现了 ZnO[354,355]。

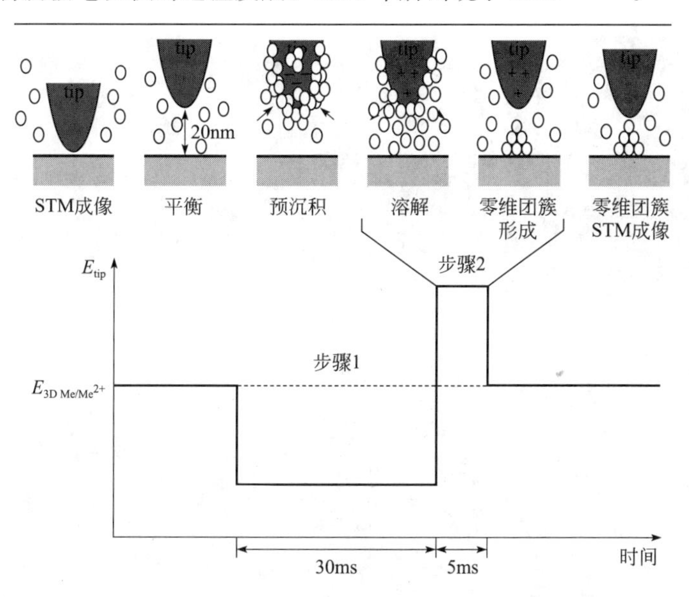

图 2.45 STM 探针作为纳米电极二步局域电沉积示意图

注：电沉积过程中探针顶端距基片距离为 20nm 数量级（远大于隧道间隙）。第一步：由溶液电沉积金属离子至 STM 探针，制备纳米电极。第二步：由 STM 探针溶解金属离子，形成局域过饱和，在基片表面使金属离子成核。翻印自参考文献［342］。

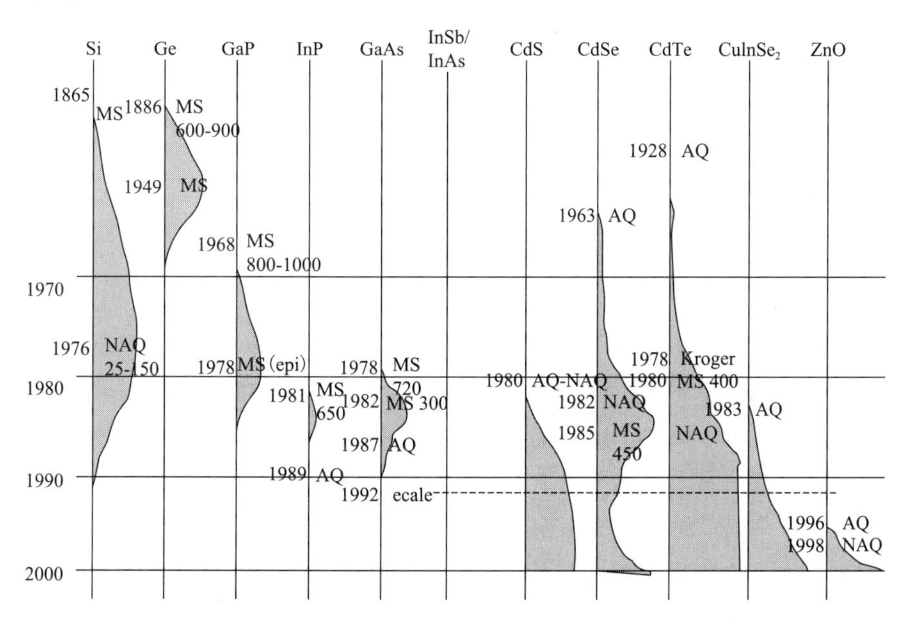

图 2.46 文献［347～352］和当前数据库（2000 年～2002 年 4 月）中主要无机半导体电沉积线路图

注：灰色面积为研究强度。黑体数字是年；斜体数字是温度，单位为℃。翻印自参考文献［351］。Si—硅；Ge—锗；GaP—磷化镓；InP—磷化铟；InSb/InAs—锑化铟/砷化铟；CdS—硫化镉；CdSe—硒化镉；CdTe—碲化镉；$CuInSe_2$—硒化铜铟；ZnO—氧化锌；MS—熔盐；AQ—水性溶剂；NAQ—非水溶性溶剂；ECALE—电化学原子层沉积。

尽管合成 ZnO 纳米/微米管的方法有许多，但未见到有用电沉积法直接在基片上合成 ZnO 纳米管阵列。电沉积法的优势在于大面积薄膜制备和膜厚精确控制。有几个团队报道了电沉积 ZnO 薄膜制备取向阵列，如纳米线和纳米柱[359~364]。Y. Tang 等人[365]虽然未用任何籽晶，但在 F 掺杂 SnO_2（TCO）玻璃基片上电化学水溶液沉积制备出了单晶 ZnO 纳米管阵列。图 2.47 为不同沉积时间下 ZnO 纳米管阵列的形貌演化。

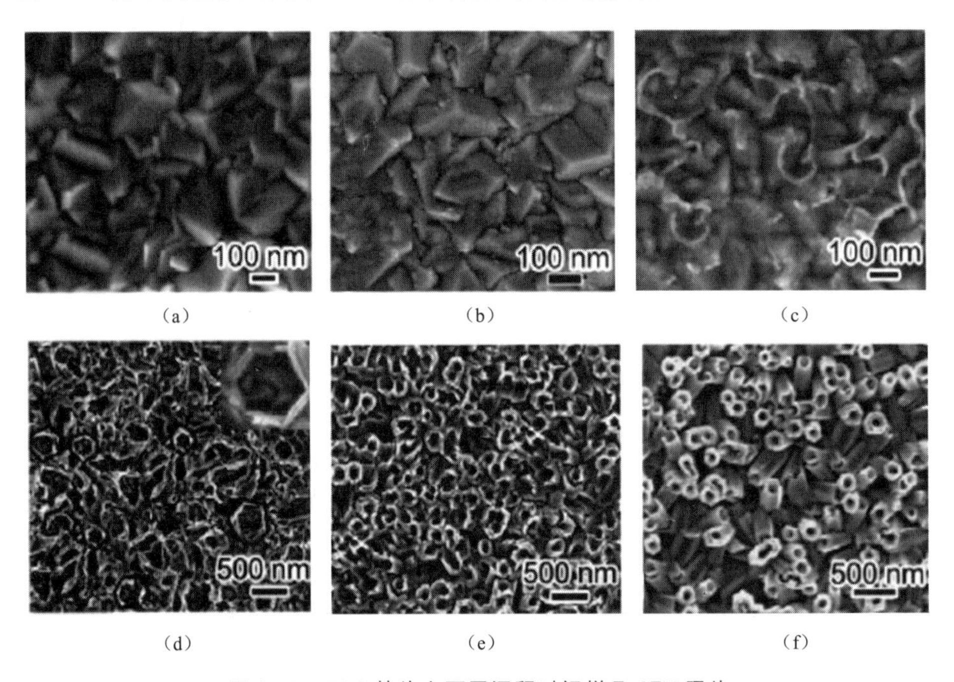

图 2.47　TCO 基片上不同沉积时间样品 SEM 照片

注：(a) 0min；(b) 1min；(c) 10min；(d) 15min；(e) 30min；(f) 60min。翻印自参考文献［365］。

由图 2.47 可见，F-SnO_2 膜为粗颗粒结构，表面相当粗糙。电化学反应 1min 后，整个基片覆盖着 10～15nm 纳米晶粒［见图 2.47(b)］。不同于 Au，ZnO 与基片间完全不兼容形成了完全孤立的 ZnO 颗粒[366]。随着反应时间增加，纳米管长度增加，纳米管结构破损部位修复，生成了高质量纳米管［见图 2.47(f)］。纳米管阵列膜厚大约为 300nm。根据 Zhang 及其同事的报道[367]，关键工艺步骤是定向纳米线的形成和六角形的自组装。虽然 F-SnO_2 粗糙表面致使纳米线六角平面与水平面不完全平行，但随后的纳米线依然保持着纳米管状结构。用这种方法可以生长出结构相当完美的 ZnO 薄膜，阵列形貌取决于基片活化、溶液组分和沉积时间（合并前后不同阶段），可以是单晶微柱，也可以是连续膜[368]。图 2.48(a) 和 (b) 为 GaN 基片电沉积外延生长 ZnO 微柱倾斜 45°的表面和断面形貌[351]。

高分辨（HR）TEM 结构研究表明［见图 2.48(c)］，晶粒无堆垛层错等扩展缺陷。不同于 CdTe 和 ZnSe，生长过程存在最佳条件，有可能控制电沉积氧化锌的形状。此外，通过改变沉积条件，我们还能改变微柱的长径比。Zhang 等人对这一现象的解释是个别表面（晶向和极性）与溶液物质间存在不同的相互作用。成核效应对后续的生长模式也有至关重要的作用，如图 2.48(d) 所示，在 GaN 基片上可以生长出 ZnO 花。

（a）　（b）　（c）　（d）

图 2.48　GaN 单晶衬底上电沉积 ZnO 照片

注：(a) 外延柱（45°角）；(b) 对应的断面；(c) 无扩展缺陷和堆垛层错高质量材料内部结构；(d) 无条件控制下制备的 ZnO 花。翻印自参考文献 [351]。

2.3.3.2　氧化物

最近，电化学电容器（ECs）因高功率密度、比二次电池寿命长而受到关注。同样，它们也比传统的双电层电容器能量密度大[369~371]。尤其是水合氧化钌电化学电容器，比电容高于传统碳材料，电化学稳定性优于电子导电聚合物材料。有报道称电容量可高达 760F/g (单电极)[372,373]。可惜的是，这种贵金属的价格高昂，限制住了商业化使用。因此，寻找电容特性同样好、价格又便宜的替代电极材料成了人们努力的方向，如 NiO[374~376]、$Ni(OH)_2$[377]、CoO_x[378]、MnO_2[380]。

2007 年，Zhao 等人[381]将硝酸镍溶解于 Brij 56 液晶模板（H_{I-e} $Ni(OH)_2$）水性区域中，直接电沉积制备出了六角纳米多孔 $Ni(OH)_2$ 膜。由这些材料制备的电化学电容器比电容高达 578F/g。图 2.49 为 H_{I-e} $Ni(OH)_2$ 膜 TEM 和 SEM 照片。TEM 照片表明存在 HI 纳米结构 [图 2.49(a)]，亮区对应于除去表面活性剂后的圆柱孔，暗区对应于电沉积氢氧化镍膜。检查这些孔发现，孔呈连续六角排布，直孔几乎贯穿整个厚度。从 TEM 照片上估算，孔中心间距约为 7.0nm，孔直径大约为 2.5nm，氢氧化镍壁厚约为 4.5nm。这些数据与相同表面活性剂 Brij 56 HI 相沉积的其他介孔材料值大致一样[382~385]。

图 2.49(b) 为 H_{I-e} $Ni(OH)_2$ 膜 3D AFM 表面形貌照片。膜的各向异性纳米结构清晰可见，从孔阵列侧面看，长程有序管道间距均匀，约为 7.0nm。这与低角度 X 射线衍射和 TEM 研究结果相一致。

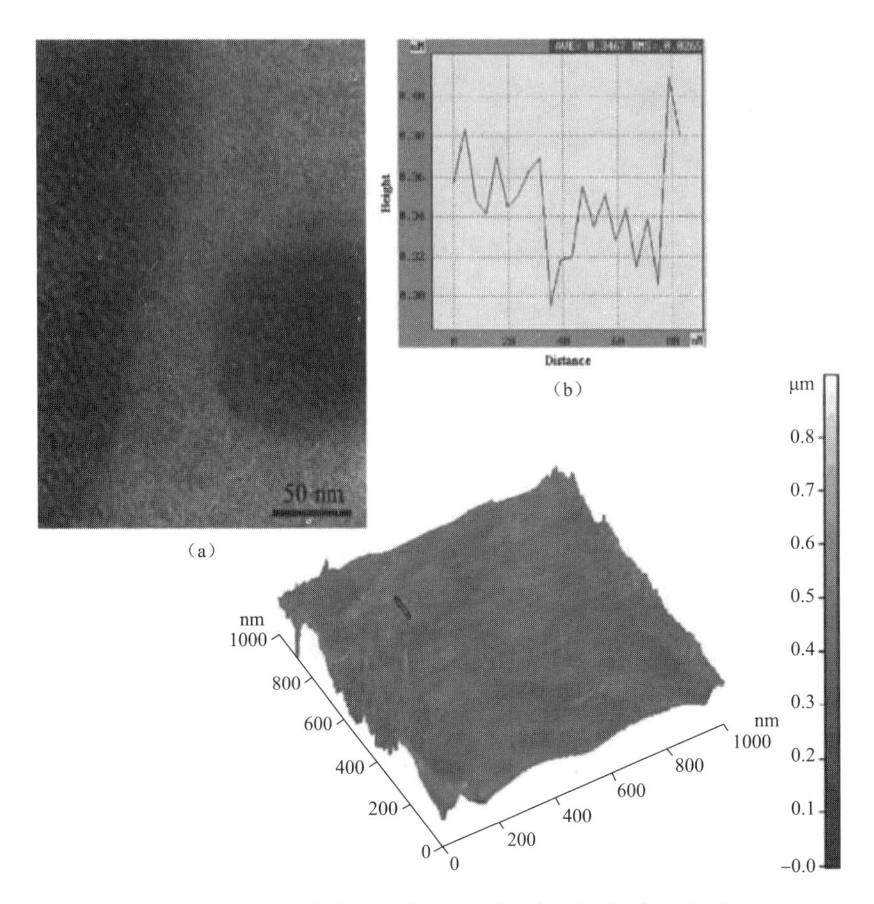

图 2.49 六角液晶模板电沉积 H_{I-e} $Ni(OH)_2$ 膜 TEM 和 AFM 照片

注：六角液晶模板由质量分数 50% Brij 56 与质量分数 50% 1.8mol/L $Ni(NO_3)_2$ 和 0.075mol/L $NaNO_3$ 组成。(a) H_{I-e} $Ni(OH)_2$ 膜孔底部 TEM 照片；(b) 敷金云母上电沉积 H_{I-e} $Ni(OH)_2$ 膜 3D AFM 照片（插图为断面轮廓）。扫描范围为 $1\times1\mu m^2$。翻印自参考文献［381］。

γ-MnO_2 主要用于原电池市场占主导地位的 Zn/MnO_2 水性电池[386,387]。同时，由于其优越的电化学性能、环境友好性、以及低廉的价格，MnO_2 也是制备赝电容的好材料[388~392]。小晶粒尺寸电极活性材料因大比表面积而具有高电化学活性和合适的放电性能。因此，随着物理化学技术的发展，人们对 MnO_2 纳米结构越来越感兴趣[393,394]。S. Chou 等人[395]将脉冲电流法或恒电位法（PS）和循环伏安法（CV）结合，合成出杨桃形纳米片状 γ-MnO_2 膜。所获得的纳米结构膜直接用于一次碱性 Zn/MnO_2 电池和电化学超级电容器。结果表明，一次 Zn/MnO_2 电池 500mA/g 放电电流密度下 γ-MnO_2 纳米片膜具有高电位平台，$1mA/cm^2$ 电流密度下比容可高达 240F/g。由图 2.50(a) 可见，CV 与 PS 技术结合电沉积 MnO_2 纳米片的厚度为 20nm，宽度至少达到 200nm。所制备的 MnO_2 纳米片与东南亚土生观赏性绿色植物杨桃结构相似，都具有星形、脊状线特征［见图 2.50(b)］。

CV 与 PS 技术结合，直接将 MnO_2 电沉积至覆碳铜网进行原位 TEM 观测［见图 2.50(c) 和 (d)］。由图 2.50(c) 可见，10nm 厚纳米片形成了团聚。PS 技术电沉积 SEM 照片显示，

MnO_2 薄膜为直径 5～10nm、长度 50～100nm 交叉针状纳米结构。图 2.50(f) 为直径 50～70nm 定向 MnO_2 纳米柱阵列俯视图。纳米柱结构与 Wu 等人报道的相类似[396]。

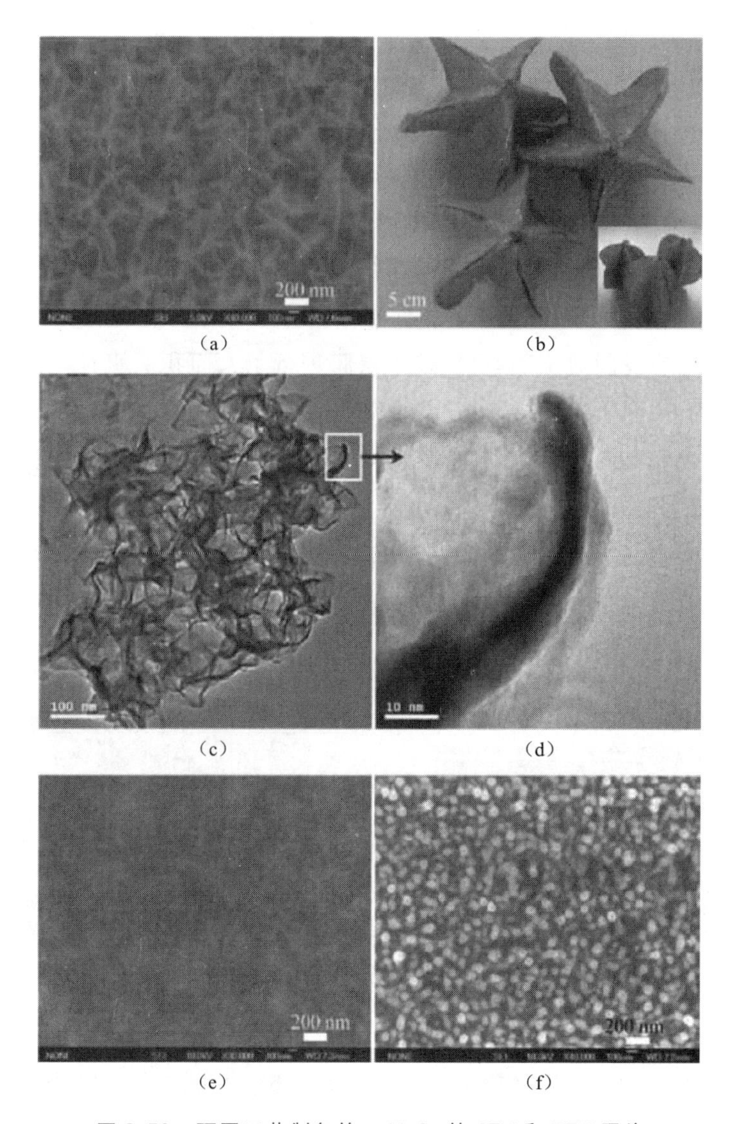

图 2.50　不同工艺制备的 γ-MnO_2 的 SEM 和 TEM 照片

注：恒电位和循环伏安电沉积法结合制备 γ-MnO_2 的 SEM(a) 和 TEM[(c)、(d)] 照片。(b) 杨桃水果，东南亚土产。恒电位 (e) 和循环伏安 (f) 法制备的 γ-MnO_2 的 SEM 照片。翻印自参考文献 [395]。

2.3.3.3　金属

表面导电模板可用于纳米尺度局部金属沉积控制，如在缺陷或台阶边沿择优成核[397]。自组装单层 (SAMs) 图案化能制备出电化学表面模板。通过调整分子结构，SAMs 为电子转移[398,399]和涂层表面电化学特性[400,401]控制提供了一个灵活路线。传统刻蚀法（光、电子和离子）和软刻蚀法可以制备 SAMs 图案[402,403]。扫描探针[404～406]和电子束曝光[407,408]可以获得横向尺寸约为 10nm 的纳米级 SAM 结构。对于纳米像素大阵列图形化，低能电子接近式曝光是个快速并行方法[490,410]。脂肪和芳香硫醇自组装单层膜常用于金表面改性。用电子束曝光，正型光刻胶为正十八硫醇（ODT），负型光刻胶为 1-10-联二苯-4-硫醇（BPT）膜[411,412]。未曝光 ODT 膜和已曝光 BPT 膜均可抵抗氰化物水性刻蚀液的侵蚀，在局部曝光表面产生反差。

最近，有人研究了铜在硫醇自组装单层图案化金电极上的电沉积。脂肪和芳香硫醇自组装单层膜显示出了明显的差别。例如，图形化烷烃硫醇作为正型模板（Cu 仅沉积至曝光区域[413,414]），反之，ω-(40-甲基联苯-4-基)-十二烷基硫醇和 1-10-联二苯-4-硫醇作为负型模板，Cu 仅沉积至未曝光区域[415]。电沉积高导电铜材料用于微电子芯片高可靠互连吸引了许多人的关注[416]。Volker 等人[417]对铜纳米结构制备工艺进行了研究，演示了自组装单层膜电子束曝光与选择性电化学沉积相结合的材料制备工艺。为研究缺陷密度，Volker 团队在合适的曝光时间内，用镂空掩膜对 BPT 自组装单层膜进行了大面积（直径 3mm）接近式曝光。图 2.51 为铜结构的 SEM 照片。在 $36\mu m^2$ 图片里，未见有缺陷。

圆的圆度和边缘精度仅受限于掩膜。由于掩膜的有效直径为 $3\mu m$，因此，可以全表面检查 Cu 图案的均匀性。

为详细研究 BPT 自组装单层模板的分辨率，Volker 团队为电子束曝光设计了一个测试图案。这个图案包括线光栅、单线、和孤立点。图 2.52 为 50nm 线宽、100nm 周期电沉积铜光栅的 SEM 照片。在未曝光区域，Cu 膜是连续的，厚度接近 120nm。

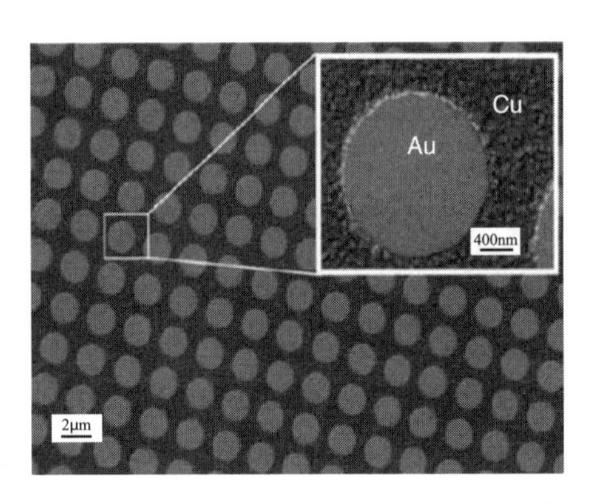

图 2.51 接近式曝光（300eV，$64000mC/cm^2$）图案化 BPT SAM 模板上沉积 Cu 结构 SEM 图

注：沉积参数：10mmol/L $CuSO_4$，相对 NHE 电位 0.05V，时间为 120s。翻印自参考文献 [417]。

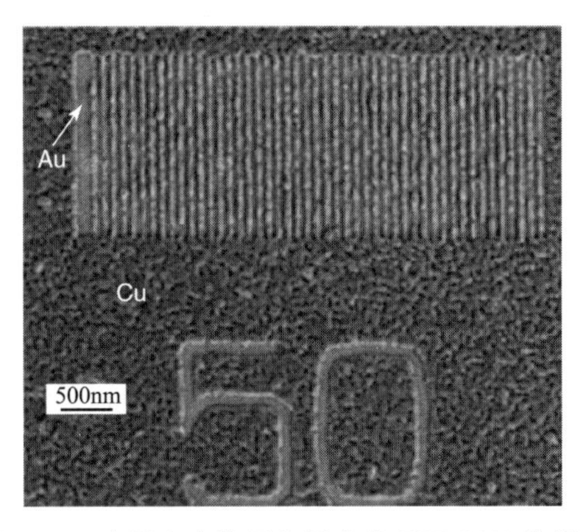

图 2.52 电子束直接写入图案化 BPT SAM 模板上沉积 Cu 线光栅 SEM 图

注：沉积参数：10×10^{-3} mol/L $CuSO_4$，相对 NHE 电位 0.05V，时间为 120s。翻印自参考文献 [417]。

2.4 结束语

如以上所述，目前电化学工具越来越多地用于制备各种纳米结构材料，如金属、合金、半导体和氧化物。阳极和阴极极化法不但能合成这些结构材料，而且能控制沉积材料的形状，如金属纳米线、点和膜，膜厚度可低至亚单原子层。纳米结构形状精确控制既可用模板，也可不用。对于前者，模板（如，多孔阳极氧化铝）也可用于电化学法制备，而对于后者，近年来扫描探针显微镜被广泛用于 ZnO 纳米管制备，通过电场可操控纳米结构，电化学材料结构控制更加容易。

氧化反应主要用于氧化物和盐制备，TiO_2 具有重要的光、光催化特性和生物兼容性。多孔阳极氧化铝可作为电沉积或非化学沉积模板，同时也可用作光子晶体材料、药物输运器件和微反应器。相比之下，还原反应可用于金属、合金、多层结构、聚合物、半导体和氧化物电沉积，所制纳米结构材料形状可精确控制。

最后应该强调的是，虽然电化学工艺可用于制备各种纳米材料，但内在形成机制研究才是最重要的。只有深入研究其内在机理，这些工艺才能真正成为 21 世纪的合成手段。

参考文献

1 Feynman, R. (1992) There's Plenty of Room at the Bottom, Transcript of the talk given by Richard Feynman on December 26, 1959 at the Annual Meeting American Physical Society.*J. Microelectromech. Systems*, **1**, 60–66.

2 Hodes, G. (1995) in *Physical Electrochemistry: Principles, Methods and Applications*, (ed. I. Rubinstein),Marcel Dekker, p. 515.

3 Gregory, B.W. and Stickney, J.L. (1991) *J. Electroanal. Chem.*, **300**, 543.

4 Gregory, B.W., Norton, M.L. and Stickney, J.L. (1990) *J. Electroanal. Chem.*, **293**, 85.

5 Cerdeira, F., Torriani, I., Motisuke, P., Lemos, V. and Deker, F. (1988) *Appl. Phys.*, **46**, 107.

6 Hodes, G., Fonash, S.J., Heller, A. and Miller, B. (1985) in *Advances in Electrochemistry and Electrochemical Engineering*, (ed. H. Gerisher), Vol.**13**, J. Wiley & Sons, New York, p. 113.

7 Kressin, A.M., Doan, V.V., Klein, J.D. and Sailor, M.J. (1991) *Chem. Mater.*, **3**, 1015.

8 Suggs, D.W., Villegas, I., Gregory, B.W. and Stickney, J.L. (1992) *J. Vaccum Sci. Technol. A*, **10**, 886.

9 Breyfogle, B.E., Hung, C.J., Shumsky, M. G. and Switzer, J.A. (1996) *J. Electrochem. Soc.*, **143**, 2741.

10 Golden, T.D., Shumsky, M.G., Zhou, Y. C., Vanderwerf, R.A. and Switzer, J.L. (1996) *Chem. Mater.*, **8**, 2499.

11 Van Leeuwen, R.A., Hung, C.J., Kammler, D.R. and Switzer, J.A. (1995) *J. Phys. Chem.*, **99**, 15247.

12 Wade, T., Park, J.M., Garza, E.G., Ross, C. B. and Crooks, R.M. (1992) *J. Am. Chem. Soc.*, **14**, 9457.

13 Wade, T., Ross, C.B. and Crooks, R.M. (1997) *Chem. Mater.*, **9**, 248.

14 Lauerhaas, J.M., Credo, G.M., Heinrich, J.L. and Sailor, M.J. (1992) *J. Am. Chem. Soc.*, **114**, 1911.

15 Doan, V. and Sailor, M.J. (1992) *Appl. Phys. Lett.*, **60**, 619.

16 Switzer, J.A., Shane, M.J. and Philips, R.J. (1990) *Science*, **247**, 444.

17 Switzer, J.A., Hung, C.J., Breyfogle, B.E. and Shumsky, M.G. (1994) *Science*, **264**, 1573.

18 Golden, T.D., Raffaelle, R.P. and Switzer, J.A. (1993) *Appl. Phys. Lett.*, **63**, 1501.

19 Switzer, J.A., Shumsky, M. and Bohannan, E. (1999) *Science*, **284**, 293.

20 Datta, M. and Landolt, D. (2000) *Electrochimica. Acta*, **45**, 2535.

21 Bandyopadhyay, S., Muller, A.E., Chang, H.C., Banerjee, G., Yazhakov, Y., Yue, D.-F., Ricker, R.E., Jones, S., Eastman, J.A., Baugher, E. and Chandrasekhar, M. (1996) *Nanotechnology*, **7**, 360.

22 Bandyopadhyay, S. and Roychowdhury, V.P. (1995) *Physics Low Dimensional Structures*, **8/9**, 29.

23 Chiu, R.-L., Chang, P.-H. and Tung, C.-H. (1995) *Thin Solid Films*, **260**, 47.

24 Landolt, D., Chauvy, P.-F. and Zinger, O. (2003) *Electrochim. Acta*, **48**, 3185.

25 Li, F., Zhang, L. and Metzger, R.M. (1998) *Chem. Mater.*, **10**, 2470.

26 Patermarakis, G. and Karayannis, H. (1995) *Electrochim. Acta*, **40**, 2647.

27 Raimundo, D.S., Stelet, A.B., Fermnandez, F.J.R. and Salcedo, W.J. (2005) *Microelectronics. J.*, **36**, 207–211.

28 Bensadon, E.O., Nascente, P.A.P., Olivi, P., Bulhões, L.O.S. and Pereira, E.C. (1999) *Chem. Mater.*, **11**, 227.

29 Asahi, R., Morikawa, T., Ohwaki, T., Aoki, K. and Taga, Y. (2001) *Science*, **293**, 269.

30 Albrektsson, T., Branemark, P.I., Hansson, H.A. and Lindstrom, J. (1981) *Acta Orthop. Scand.*, **52**, 155.

31 Available in www.azom.com, accessed in January 15,((2007) .

32 Huang, H.H., Pan, S.J. and Lu, S.H. (2005) *Scripta Materialia*, **53**, 1037.

33 Oh, S.-H., Finõnes, R.R., Daraio, C., Chen, L.-H. and Jin, S. (2005) *Biomaterials*, **26**, 4938.

34 Bayoumi, F.M. and Ateya, B.G. (2006) *Electrochem. Commun.*, **8**, 38.

35 Raja, K.S., Misra, M. and Paramguru, K. (2005) *Electrochim. Acta*, **51**, 154.

36 Choi, J., Wehrspohn, R.B., Lee, J. and Gösele, U. (2004) *Electrochim. Acta*, **49**, 2645.

37 Mozalev, A., Mozaleva, I., Sakairi, M. and Takahashi, H. (2005) *Electrochim. Acta*, **50**, 5065.

38 Mozalev, A., Surganov, A. and Magaino, S. (1999) *Electrochim. Acta*, **44**, 3891.

39 Mozalev, A., Sakairi, M., Saeki, I. and Takahashi, H. (2003) *Electrochim. Acta*, **48**, 3155.

40 Martelli, F.H., Trivinho-Strixino, F. and Pereira, E.C. (2006) 5th Brazilian Material Research Science Meeting E540,103.

41 Cheng, H.C., Lee, S.Y., Chen, C.C., Chyng, Y.C. and Ou, K.L. (2006) *Appl. Phys. Lett.*, **89**, 173902/1-3.

42 Sul, Y.T., Johansson, C.B., Jeong, Y. and Albrektsson, T. (2001) *Med. Eng. Phy.*, **23**, 329.

43 Fujishima, A., Rao, T.N. and Tryk, D.A. (2000) *Electrochim. Acta*, **45**, 4683.

44 Gratzel, M. (2001) *Nature*, **414**, 338.

45 Tan, O.K., Cao, W., Hu, Y. and Zhu, W. (2004) *Ceramics Int.*, **30**, 1127.

46 Arabatzis, I.M., Antonaraki, S., Stergiopoulos, T., Hiskia, A., Papaconstantinou, E., Bernard, M.C. and Falaras, P. (2002) *J. Photochem. Photobiol. A-Chemistry*, **149**, 237.

47 Reddy, G.R., Lavanya, A. and Anjaneyulu, C. (2004) *Bull. Electrochem.*, **20**, 337.

48 Hore, S., Palomares, E., Smit, H., Bakker, N.J., Comte, P., Liska, P., Thampi, K.R., Kroon, J.M., Hinsch, A. and Durrant, J.R. (2005) *J. Mater. Chem.*, **15**, 412.

49 Xie, Y.B. and Li, X.Z. (2006) *J. Appl. Electrochem.*, **36**, 663.

50 Rigo, S. and Siejka, J. (1974) *Solid-State Commun.*, **15**, 259.

51 Perriere, J., Rigo, S. and Siejka, J. (1978) *J. Electrochem. Soc.*, **125**, 1549.

52 Perriere, J., Rigo, S. and Siejka, S. (1980) *Corrosion Sci.*, **20**, 91.

53 Perriere, J. and Siejka, J. (1983) *J. Electrochem. Soc.*, **130**, 1267.

54 Shimizu, K., Kobayashi, K., Skeldon, P., Thompson, G.E. and Wood, G.C. (1997) *Thin Solid Films*, **295**, 156.

55 Shimizu, K., Habazaki, H., Skeldon, P., Thompson, G.E. and Wood, G.C. (1999) *J. Surface Finishing Soc. Jap.*, **50**, 2.

56 Thompson, G.E., Wood, G.C. and Shimizu, K. (1981) *Electrochim. Acta*, **26**, 951.

57 Skeldon, P., Shimizu, K., Thompson, G. E. and Wood, G.C. (1990) *Philos. Magn. B*, **61**, 927.

58 Schwartz, G.C. and Platter, V. (1976) *J. Electrochem. Soc.*, **123**, 34.

59 Lazaruk, S., Baranov, I., Maiello, G., Proverbio, E., De Sesare, G. and Ferrari, A. (1994) *J. Electrochem. Soc.*, **141**, 2556.

60 Surganov, V. and Mozalev, A. (1997) *Microelectronics Eng.*, **37/38**, 329.

61 Surganov, V. (1994) *IEEE Trans. Components Packing Manuf., Technol. B*, **17**, 197.

62 Tatarenko, N. and Mozalev, A. (2001) *Solid-State Electronics*, **45/46**, 1009.

63 Maissel, L. and Glang, R. (1970) *Handbook of Thin Film Technology*, McGraw-Hill, New York.

64 Sharp, D.J. and Norwood, D.P. (1987) *Thin Solid Films*, **153**, 387.

65 Liang, J., Chik, H. and Xu, J. (2002) *IEEE J. Selected Topics in Quantum Electronics*, **8**, 9998.

66 Surganov, V. (1994) *IEEE Trans. Components, Packaging and, Manufacturing Technol., Part B*, **17**, 197.

67 Lazarouk, S., Katsouba, S., Demianovich, A., Stanovski, V., Voitech, S., Vysotski, V. and Ponomar, V. (2000) *Solid-State Electronics*, **44**, 815.

68 Diggle, J.W., Downie, T.C. and Goulding, C.W. (1969) *Chem. Rev.*, **69**, 365.

69 Keller, F., Hunter, M.S. and Robinson, D.L. (1953) *J. Electrochem. Soc.*, **100**, 411.

70 Masuda, H. and Fukuda, K. (1995) *Science*, **268**, 1466.

71 Voronoi, G. and Reine, Z. (1908) *Angew. Math.*, **134**, 198.

72 Masuda, H., Asoh, H., Watanabe, M., Nishio, K., Nakao, M. and Tamamura, T. (2001) *Adv. Mater.*, **13**, 189.

73 Asoh, H., Ono, S., Hirose, T., Nakao, M. and Masuda, H. (2003) *Electrochim. Acta*, **48**, 3171.

74 Choi, J., Nielsch, K., Reiche, M., Wehrspohn, R.B. and Gösele, U. (2003) *J. Vacuum Sci. Technol. B*, **21**, 763.

75 Choi, J., Wehrspohn, R.B. and Gösele, U. (2005) *Electrochim. Acta*, **50**, 2591.

76 Masuda, H., Yamada, H., Satoh, M., Asoh, H., Nakao, M. and Tamamura, T. (1997) *Appl. Phys. Lett.*, **71**, 2770.

77 Masuda, H., Yada, K. and Osaka, A. (1998) *Jpn. J. Appl. Phys.*, **37**, L1340.

78 Zou, J., Pu, L., Bao, X. and Feng, D. (2002) *Appl. Phys. Lett.*, **80**, 1079.

79 Pu, L., Bao, X., Zou, J. and Feng, D. (2001) *Angew. Chem. Int. Ed.*, **40**, 1490.

80 Touratier, M. and Béakou, A. (1992) *Composite Sci. Technol.*, **40**, 369.

81 Dragone, T. and Nix, W. (1992) *Acta Metall. Mater.*, **40**, 2781.

82 Cooke, T.F. (1991) *J. Am. Ceram. Soc.*, **74**, 2959.

83 Valcárcel, V., Souto, A. and Guitián, F. (1998) *Adv. Mater.*, **10**, 138.

84 Yuan, Z., Huang, H. and Fan, S. (2002) *Adv. Mater.*, **14**, 303.

85 Pang, Yan-Tao, Meng, Guo-Wen, Zhang, Li-De, Shan, Wen-Jun, Zhang, Chong, Gao, Xue-Yun, Zhao, Ai-Wu and Mao, Yong.-Qiang (2003) *J. Solid State Electrochem.*, **7**, 344.

86 Tian, Y.T., Meng, G.W., Gao, T., Sun, S.H., Xie, T. and Peng, X.S. (2004) *Nanotechnology*, **15**, 189.

87 Parkhutik, V.P. and Shershulsky, V.I. (1992) *J. Physics D: Appl. Phys.*, **25**, 1258.

88 Al Mawlawi, D., Combs, N. and Moskovits, M. (1991) *J. Appl. Phys.*, **40**, 4421.

89 Li, F., Zhang, L. and Metzger, R.M. (1998) *Chem. Mater.*, **10**, 2470.

90 Oliveira, C.P., Cardoso, M.L., Oliveira, A. J.A. and Pereira, E.C. (2006) 5th Brazilian Materials Research Science Meeting C503,167.

91 Cardoso, M.L. (2006) PhD Thesis, Universidade Federal de São Carlos - UFSCar, Programa de Pós-Graduação em Física, São Carlos-SP, Brasil, 124p.

92 Lee, W., Ji, R., Gösele, U. and Nielsch, K. (2006) *Nature Mater.*, **5**, 741.

93 Hillebrenner, H., Buyukserin, F., Kang, M., Mota, M.O., Stewart, J.D. and Martin, C.R. (2006) *J. Am. Chem. Soc.*, **128**, 4236.

94 Luo, D. (2005) *Mater. Res. Soc. Bullg.*, **30**, 654.

95 Raman, C., Berkland, C., Kim, K. and Pack, D.W. (2005) *J. Controlled Rel.*, **103**, 149.

96 Ding, G.Q., Zheng, M.J., Xu, W.L. and Shen, W.Z. (2006) *Thin Solid Films*, **508**, 182.

97 Masuda, H., Yanagishita, T., Yasui, K., Nishio, K., Yagi, I., Rao, T.N. and Fugishima, A. (2001) *Adv. Mater.*, **13**, 247.

98 Che, G., Lakshmi, B.B., Martin, C.R., Fisher, E.R. and Ruoff, R.S. (1998) *Chem. Mater.*, **10**, 260.

99 Qiu, T., Wu, X.L., Huang, G.S., Siu, G.G., Mei, Y.F., Kong, F. and Jiang, M. (2005) *Thin Solid Films*, **478**, 56.

100 Yanagishita, T., Sasaki, M., Nishio, K. and Masuda, H. (2004) *Adv. Mater.*, **16**, 429.

101 Raimundo, D.S., Stelet, A.B., Fernandez, F.J.R. and Salcedo, W.J. (2005) *Microelectronics J.*, **36**, 207.

102 Li, A..-P., Müller, F., Birner, A., Nielsch, K. and Gösele, U. (1999) *Adv. Mater.*, **11**, 483.
103 Yablonovitch, E. (1987) *Phys. Rev. Lett.*, **58**, 2059.
104 Kim, H.K. Available in http://www.nano.pitt.edu/papers/kim-web-2-03-archive.prn.pdf Accessed November, 10, 2005.
105 Li, A.P., Müller, F. and Gösele, U. (2005) (2000) *Electrochem. Solid State Lett.*, **3**, 131.
106 Mikulskas, I., Juodkazis, S., Tomasiunas, R. and Dumas, J.G. (2001) *Adv. Mater.*, **13**, 1574.
107 Masuda, H., Ohya, M., Nishio, K., Asoh, H., Nakao, M., Nohtomi, M., Yokoo, A. and Tamamura, M. (2000) *Jpn. J. Appl. Phys.*, **39**, L1039.
108 Choi, J., Luo, Y., Wehrspohn, R.B., Hillebrand, R., Schilling, J. and Gösele, U. (2003) *J. Appl. Phys.*, **54**, 4757.
109 Jung, M., Kim, H.-G., Lee, J.-K., Joo, O.-S. and Mho, S.-I. (2004) *Electrochim. Acta*, **50**, 857.
110 Li, J., Moskovits, M. and Haslett, T.L. (1998) *Chem. Mater.*, **10**, 1963.
111 Jeong, S.-H., Hwang, H.-Y., Lee, K.-H. and Jeong, Y. (2001) *Appl. Phys. Lett.*, **78**, 2052.
112 Mozalev, A., Magaiano, S. and Imai, H. (2001) *Electrochim. Acta*, **46**, 2825.
113 Li, F., Tang, H., Anderegg, J. and Shinar, J. (1997) *Appl. Phys. Lett.*, **70**, 1233.
114 Kukhta, A.V., Gorokh, G.G., Kolesnik, E. E., Mitkovets, A.I., Taoubi, M.I., Koshin, Yu.A. and Mozalev, A.M. (2002) *Surface Sci.*, **507–510**, 593.
115 Ganley, J.C., Riechmann, K.L., Seebauer, E.J. and Masel, R.I. (2004) *J. Catal.*, **227**, 26.
116 Popat, K.C., Swan, E.E.L., Mukhatyar, V., Chatvanichkul, K.-I., Mor, G.K., Grimes, C.A. and Desai, C.A. (2005) *Biomaterials*, **26**, 4516.
117 Burg, K.J.L., Porter, S. and Kellam, J.F. (2000) *Biomaterials*, **21** (23), 2347.
118 Karlson, M. (2004) PhD Thesis,Uppsala - Suécia, Acta Universitatis Uppsaliensis. Comprehensive Summaries of Uppsala Dissertations from the Faculty of Science and Technology,77p.
119 Gong, D., Yadavalli, V., Paulose, M., Pishko, M. and Grimes, CA. (2003) *Biomedical Microdevices: Therapeutic Micro and Nanotechnology*, **5:1**, 75.
120 Itoh, N., Tomura, N., Tsuji, T. and Hongo, M. (1998) *Microporous Mesoporous Mater.*, **20**, 33.
121 Matsumoto, F., Nishio, K. and Masuda, H. (2004) *Jpn. J. Appl. Phys. Part 2*, **43**, L640.
122 Matsumoto, F., Harada, M., Nishio, K. and Masuda, H. (2005) *Adv. Mater.*, **17**, 1609.
123 Matthias, S., Schilling, J., Nielsch, K., Müller, F., Wehrspohn, R.B. and Gösele, U. (2002) *Adv. Mater.*, **14**, 1618.
124 Liang, J., Chik, H., Yin, A. and Xu, J. (2002) *J. Appl. Phys.*, **91**, 2544.
125 Alivisatos, A.P. (1996) *Science*, **271**, 933.
126 Brus, L. (1994) *J. Phys. Chem.*, **98**, 3575.
127 Krans, J.M., van Rutenbeek, J.M., Fisun, V.V., Yanson, I.K. and Jongh, L.J. (1995) *Nature*, **375**, 767.
128 Díaz, I., Hernández-Vélez, M., Martin Palma, R.J., Villavicencio García, H., Pérez Pariente, J. and Martínez-Duart, J. M. (2004) *Appl. Phys. A*, **79**, 565.
129 Yoffe, A.D. (1993) *Adv. Phys.*, **42** (2), 173.
130 Dobrzynski, L. (2004) *Phys. Rev. B*, **70**, 193307.
131 Datta, S. (1995) *Electronic Transport in Mesoscopic Systems*, Cambridge University Press, Cambridge.
132 Wharam, D.A., Thornton, T.J., Newbury, R., Pepper, M., Ahmed, H., Frost, J.E.F., Hasko, D.G., Peacock, D.C., Ritchie, D.A. and Jones, G.A.C. (1988) *J. Phys. C*, **21**, 20.
133 Wees, B.J.V., Houten, H.V., Beenakker, C. W.J., Williams, J.G., Kouwenhowen, L.P., Marel, D.V.d. and Foxon, C.T. (1988) *Phys. Rev. Lett.*, **60**, 848.
134 Muller, C.J., Van Ruitenbeek, J.M. and de Jongh, L.J. (1992) *Phys. Rev. Lett.*, **69**, 140.
135 Agrait, N., Rodrigo, J.G. and Vieira, S. (1993) *Phys. Rev. B*, **52**, 12345.
136 Pascual, J.I., Mendez, J., Gomez-Herrero, J., Baro, A.M., Garcia, N. and Binh, V.T. (1852) *Phys. Rev. Lett.*, **1993**, **71**.

137 Xu, B., He, H., Boussaad, S. and Tao, N.J. (2003) *Electrochim. Acta*, **48**, 3085.
138 Li, C.Z. and Tao, N.J. (1998) *Appl. Phys. Lett.*, **72**, 894.
139 Li, C.Z., Bogozi, A., Huang, W. and Tao, N.J. (1999) *Nanotechnology*, **10**, 221.
140 Ohnishi, H., Kondo, Y. and Takayanagi, K. (1998) *Nature*, **395** (1), 780.
141 Rodrigues, V., Fuhrer, T. and Ugarte, D. (2000) *Phys. Rev. Lett.*, **85**, 4124.
142 Xu, C. and Xu, G. (2002) *Solid State Commun.*, **122**, 175.
143 Lopes, W.A. and Jaeger, H.M. (2002) *Nature*, **414**, 735.
144 Martin, C.R. (1995) *Acc. Chem. Res.*, **28**, 61.
145 Martin, C.R. (1994) *Science*, **266**, 1961.
146 Zheng, M. and Zhang, L. (2001) *Chem. Phys. Lett.*, **334**, 298.
147 Peng, X.S. and Zhang, J. (2001) *Chem. Phys. Lett.*, **343**, 470.
148 Kroll, M., Benfield, R.E. and Grandjean, D. (2001) *Mater. Res. Soc. Symp. Proc.*, **678**, 1620.
149 Maurice, J.L. and Imhoff, D. (1994) *J. Magn. Mater.*, **184**, 1.
150 Cheng, Y.H. and Cheng, S.Y. (2004) *Nanotechnology*, **15**, 171.
151 Sauer, G., Brehm, G., Schneider, S., Nielsch, K., Wehrspohn, R.B., Choi, J., Hofmeister, H. and Gosele, U. (2002) *J. Appl. Phys.*, **91**, 3243.
152 Choi, J., Schilling, J., Nielsch, K., Hillebrand, R., Reiche, M., Wehrspohn, R.B. and Gösele, U. (2002) *Mater. Res. Soc. Symp. Proc.*, **722**, L5.2.
153 Choi, J., Sauer, G., Nielsch, K., Wehrspohn, R.B. and Gösele, U. (2003) *Chem. Mater.*, **15**, 776.
154 Chu, S.Z., Wada, K., Inoue, S. and Todoroki, S. (2003) *Electrochim. Acta*, **48**, 3147.
155 Chu, S.Z., Wada, K., Inoue, S. and Todoroki, S. (2002) *Chem. Mater.*, **14**, 266.
156 Chu, S.Z., Wada, K., Inoue, S. and Todoroki, S. (2002) *J. Electrochem. Soc.*, **149**, B321.
157 Garcia, J.M., Asenjo, A., Vazquez, M., Aranda, P. and Ruiz-Hitzky, E. (2000) *IEEE Trans. Magnetics*, **36** (5), ((2981) .
158 Fert, A. and Piraux, L. (1999) *J. Magnet. Magnet. Mater.*, **200**, 338.
159 Sun, L. and Searson, P.C. (1999) *Appl. Phys. Lett.*, **74** (19), ((2803) .
160 Whitney, T.M., Jiang, J.S., Searson, P.C. and Chien, C.L. (1993) *Science*, **261** (3), 1316.
161 Piraux, L., Dubois, S. and Ferain, E. (1997) *J. Magnet. Magnet. Mater.*, **165**, 352.
162 Ge, S., Ma, X., Li, C. and Li, W. (2001) *J. Magnet. Magnet. Mater.*, **226–230**, 1867.
163 Martin, C.R. (1994) *Science*, **266**, 1961.
164 Hulteen, J.C. and Martin, C.R. (1997) *J. Mater. Chem.*, **7**, 1075.
165 Shingubara, S. (2003) *J. Nanoparticle Res.*, **5**, 17.
166 Zhang, X.Y., Zhang, L.D., Lei, Y., Zhao, L. X. and Mao, Y.Q. (2001) *J. Mater. Chem.*, **11**, 1732.
167 Choi, J., Sauer, G., Nielsch, K., Wherspohn, R.B. and Gösele, U. (2003) *Mater. Chem.*, **15**, 776.
168 Sander, M.S., Prieto, A.L., Gronsky, R., Sands, T. and Stacy, A.M. (2002) *Adv. Mater.*, **14**, 665.
169 Yin, A.J., Li, J., Jian, W., Bennett, A.J. and Xu, J.M. (2001) *Appl. Phys. Lett.*, **79**, 1039.
170 Sun, M., Zangari, G. and Metzger, R.M. (2000) *IEEE Trans. Magnetism*, **36**, 3005.
171 Routkevitch, D., Bigioni, T., Moskovits, M. and Xu, J.M. (1996) *J. Phys. Chem.*, **100**, 14037.
172 Davydov, D.N., Sattari, P.A., Al Mawlawi, D., Osika, A., Haslett, T.L. and Moskovits, M. (1999) *J. Appl. Phys.*, **86**, 3983.
173 Al Mawlawi, D., Coombs, N. and Moskovits, M. (1991) *J. Appl. Phys.*, **70**, 4421.
174 Nielsch, K., Muller, F., Li, A. and Gösele, U. (2000) *Adv. Mater.*, **12**, 582.
175 Sun, M., Zangari, G., Shamsuzzoha, M. and Metzger, R. (2001) *Appl. Phys. Lett.*, **78**, 2964.
176 Preston, C. and Moskovits, M. (1993) *J. Phys. Chem.*, **97**, 8495.
177 Sauer, G., Brehm, G., Schneider, S., Nielsch, K., Wherspohn, R.B., Choi, J., Hofmeister, H. and Gösele, U. (2002) *J. Appl. Phys.*, **91**, 3243.

178 Al Mawlawi, D., Liu, C. and Moskovits, M. (1994) *J. Mater. Res.*, **9**, 1014.

179 Thompson, G.E. and Wood, G.C. (1983) Anodic Films on Aluminum, in *Corrosion: Aqueous Processes and Passive Films. Treatise on Materials Science and Technology*, (ed. J.C. Scully), Vol. **23**, Academic Press, New York. pp. 205–329.

180 Gerein, N.J. and Haber, J.A. (2005) *J. Phys. Chem. B*, **109**, 17372.

181 Goad, D.G.W. and Moskovits, M. (1978) *J. Appl. Phys.*, **49**, 2929.

182 Clebny, J., Doudin, B. and Anserment, J.-Ph. (1993) *Nanocryst. Mater.*, **2**, 637.

183 Jagminiene, A., Valincius, G., Riaukaite, A. and Jagminas, A. (2005) *J. Crystal Growth*, **274**, 622.

184 Qu, F., Yang, M., Shen, G. and Yu, R. (2007) *Biosensors and Bioelectronics*, **22**, 1749.

185 Piao, Y.Z., Lim, H.C., Chang, J.Y., Lee, W. Y. and Kim, H.S. (2005) *Electrochim. Acta*, **50**, 2997.

186 Li, H., Xu, C., Zhao, G. and Li, H. (2005) *J. Phys. Chem. B*, **109**, 3759.

187 Dyke, C.A. and Tour, J.M. (2003) *J. Am. Chem. Soc.*, **125**, 1156.

188 Wang, J., Liu, G.D. and Jan, M.R. (2004) *J. Am. Chem. Soc.*, **126**, 3010.

189 Zhao, W., Song, C. and Pehrsson, P.E. (2002) *J. Am. Chem. Soc.*, **124**, 12418.

190 Day, T.M., Wilson, N.R. and Macpherson, J.V. (2004) *J. Am. Chem. Soc.*, **126**, 16724.

191 Gong, K.P., Zhang, M.N., Yan, Y.M., Su, L., Mao, L.Q., Xiong, S.X. and Chen, Y. (2004) *Anal. Chem.*, **76**, 6500.

192 Wang, J., Musameh, M. and Lin, Y. (2003) *J. Am. Chem. Soc.*, **125**, 2408.

193 Lin, Y., Lu, F., Tu, Y. and Ren, Z. (2004) *Nano. Lett.*, **4**, 191.

194 Simoes, F.R., Mattoso, L.H.C. and Pereira, E.C. (2006) 17th Brazilian Congress on Engineering and Materials Science.

195 Wang, J., Dai, J. and Yarlagadda, T. (2005) *Langmuir*, **21**, 9.

196 Zhang, M. and Gorski, W. (2005) *J. Am. Chem. Soc.*, **127**, 2058.

197 Quinn, B.M., Dekker, C. and Lemay, S.G. (2005) *J. Am. Chem. Soc.*, **127**, 6146.

198 Medeiros, S., Martinez, R.A., Fonseca, F. J., Leite, E.R., Manohar, S.K., Gregório, R. Jr. and Mattoso, L.H.C. (2006) Proceedings of the World Polymer Congress, Macro 2006, July 16–21, Rio de Janeiro, Brazil.

199 Yang, M.H., Jiang, J.H., Yang, Y.H., Chen, X.H., Shen, G.L. and Yu, R.Q. (2006) *Biosens. Bioelectron.*, **21**, 1791.

200 Yang, M.H., Yang, Y., Yang, H.F., Shen, G.L. and Yu, R.Q. (2006) *Biomaterials*, **27**, 246.

201 Hrapovic, S., Liu, Y., Male, K.B. and Luong, J. (2004) *Anal. Chem.*, **76**, 1083.

202 Chen, J.Y., Herricks, T., Geissler, M. and Xia, Y.N. (2004) *J. Am. Chem. Soc.*, **126**, 10854.

203 Basnayake, R., Li, Z.R. and Katar, S. (2006) *Langmuir*, **22** (25), 10446.

204 Um, Y.Y., Liang, H.P. and Hu, J.S. (2005) *J. Phys. Chem. B*, **109** (47), 22212.

205 Narayanan, R. and El-Sayed, M.A. (2005) *J. Phys. Chem. B*, **109** (26), 12663.

206 Piao, Y.Z., Lim, H.C., Chang, J.Y., Lee, W. Y. and Kim, H.S. (2005) *Electrochim. Acta*, **50**, 2997.

207 Sakamoto, Y., Fukuoka, A., Higuchi, T., Shimomura, N., Inagaki, S. and Ichikawa, M. (2004) *J. Phys. Chem. B*, **108**, 853.

208 Day, T.M., Unwin, P.R., Wilson, N.R. and Macpherson, J.V. (2005) *J. Am. Chem. Soc.*, **127**, 10639.

209 Kicela, A. and Daniele, S. (2006) *Talanta*, **68**, 1632.

210 Joshi, P.P., Merchant, S.A., Wang, Y.D. and Schmidtke, D.W. (2005) *Anal. Chem.*, **77**, 3183.

211 Rajeshwar, K., de Tacconi, N.R. and Chenthamarakshan, C.R. (2004) *Curr. Opin. Solid State Mater. Sci.*, **8**, 173.

212 Switzer, J.A. (1987) *Am. Ceram. Bull.*, **66**, 1521.

213 Matsumoto, Y. (2000) *MRS Bull.*, 47.

214 Therese, G.H.A. and Kamath, P.V. (2000) *Chem. Mater.*, **12**, 1195.

215 (a) Golden, T.D., Shumsky, M.G., Zhou, Y., Van der Werf, R.A., Van Leeuwen, R.A. and Switzer, J.A. (1996) *Chem. Mater.*, **8**, 2499. (b) Switzer, J.A., Hung, C.-J.,

Bohannan, E.W., Shumsky, M.G., Golden, T.D. and Van Aken, D.C. (1997) *Adv. Mater.*, **9**, 334. (c) Switzer, J.A., Hung, C.-J., Huang, L.Y., Miller, F.S., Zhou Y. and Raub E.R., *et al.* (1998) *J. Mater. Res.*, **13**, 909. (d) Switzer, J.A., Hung, C.-J., Huang, L.-Y., Switzer, E.R., Kammler, D.R. and Golden, T.D., *et al.* (1998) *J. Am. Chem. Soc.*, **120**, 3530. (e) Switzer, J.A., Maune, B.M., Raub, E.R. and Bohannan, E.W. (1999) *J. Phys. Chem. B*, **103**, 395. (f) Bohannan, E.W., Huang, L.-Y., Miller, F.S., Schumsky, M.G. and Switzer, J.A. (1999) *Langmuir*, **15**, 813.

216 (a) Peulon, S. and Lincot, D. (1996) *Adv. Mater.*, **8**, 166. (b) Peulon, S. and Lincot, D. (1998) *J. Electrochem. Soc.*, **145**, 864, (c) Pauporté, T. and Lincot, D. (2001) *J. Electroanal. Chem.*, **517**, 54, (and references therein). (d) Pauporté, T., Yoshida, T., Goux, A. and Lincot, D. (2002) *J. Electroanal. Chem.*, **534**, 55.

217 (a) Izaki, M. and Omi, T. (1996) *Appl. Phys. Lett.*, **68**, 2439. (b) Izaki, M. and Omi, T. (1996) *J. Electrochem. Soc.*, **143**, L53. (c) Izaki, M. and Omi, T. (1997) *J. Electrochem. Soc.*, **144**, 1949.

218 (a) Gu, Z.H., Fahidy, T.Z., Hornsey, R. and Nathan, A. (1997) *Can. J. Chem.*, **75**, 1437. (b) Gu, Z.H. and Fahidy, T.Z. (1999) *J. Electrochem. Soc.*, **146**, 156.

219 (a) Golden, T.D., Shumsky, M.G., Zhou, Y., Van der Werf, R.A., Van Leeuwen, R.A. and Switzer, J.A. (1996) *Chem. Mater.*, **8**, 2499. (b) Switzer, J.A., Hung, C.-J., Bohannan, E.W., Shumsky, M.G., Golden, T.D. and Van Aken, D.C. (1997) *Adv. Mater.*, **9**, 334. (c) Switzer, J.A., Hung, C.-J., Huang, L.Y., Miller, F.S., Zhou, Y. and Raub, E.R., *et al.* (1998) *J. Mater. Res.*, **13**, 909. (d) Switzer, J.A., Hung, C.-J., Huang, L.-Y., Switzer, E.R., Kammler, D.R. and Golden, T.D., *et al.* (1998) *J. Am. Chem. Soc.*, **120**, 3530. (e) Switzer, J.A., Maune, B.M., Raub, E.R. and Bohannan, E.W. (1999) *J. Phys. Chem. B*, **103**, 395. (f) Bohannan, E.W., Huang, L.-Y., Miller, F.S., Schumsky, M.G. and Switzer, J.A. (1999) *Langmuir*, **15**, 813.

220 (a) Peulon, S. and Lincot, D. (1996) *Adv. Mater.*, **8**, 166. (b) Peulon, S. and Lincot, D. (1998) *J. Electrochem. Soc.*, **145**, 864. (c) Pauporté, T. and Lincot, D. (2001) *J. Electroanal. Chem.*, **517**, 54, (and references therein). (d) Pauporté, T., Yoshida, T., Goux, A. and Lincot, D. (2002) *J. Electroanal. Chem.*, **534**, 55.

221 (a) Izaki, M. and Omi, T. (1996) *Appl. Phys. Lett.*, **68**, 2439. (b) Izaki, M. and Omi, T. (1996) *J. Electrochem. Soc.*, **143**, L53. (c) Izaki, M. and Omi, T. (1997) *J. Electrochem. Soc.*, **144**, 1949.

222 (a) Izaki, M. and Omi, T. (1996) *Appl. Phys. Lett.*, **68**, 2439. (b) Izaki, M. and Omi, T. (1996) *J. Electrochem. Soc.*, **143**, L53. (c) Izaki, M. and Omi, T. (1997) *J. Electrochem. Soc.*, **44**, 1949.

223 Natarajan, C. and Nogami, G. (1996) *J. Electrochem. Soc.*, **143**, 1547.

224 (a) Shitomirsky, I. (1997) *Nanostruct. Mater.*, **8**, 521. (b) Shitomirsky, I. (1999) *J. Eur. Ceram. Soc.*, **19**, 2581.

225 Karuppuchamy, S., Amalnerkar, D.P., Yamaguchi, K., Yoshida, T., Sugiura, T. and Minoura, H. (2001) *Chem. Lett.*, 78.

226 Gourgaud, S. and Elliott, D. (1997) *J. Electrochem. Soc.*, **124**, 102.

227 (a) Guerfi, A. and Dao, L.H. (1989) *J. Electrochem. Soc.*, **136**, 2435. (b) Guerfi, A., Paynter, R.W. and Dao, L.H. (1995) *J. Electrochem. Soc.*, **142**, 3457.

228 Stevenson, K.J., Hurtt, G.J. and Hupp, J. T. (1999) *Electrochem. Solid-State Lett.*, **2**, 175.

229 Yamanaka, K. (1987) *Jpn. J. Appl. Phys.*, **26**, 1884.

230 (a) Shen, P.K., Syed-Bokhari, J. and Tseung, A.C.C. (1991) *J. Electrochem. Soc.*, **138**, 2778. (b) Shen, P.K. and Tseung, A. C.C. (1992) *J. Mater. Chem.*, **2**, 1141.

231 Meulenkamp, E.A. (1997) *J. Electrochem. Soc.*, **144**, 1664.

232 (a) Switzer, J.A., Shane, M.J. and Phillips, R.J. (1990) *Science*, **247**, 444. (b) Switzer, J. A., Raffaelle, R.P., Phillips, R.J., Hung, C.-J. and Golden, T.D. (1992) *Science*, **258**, 1918. (c) Switzer, J.A., Hung, C.-J., Breyfogle, B.E. and Golden, T.D. (1994)

Science, **264**, 505. (d) Phillips, R.J., Golden, T.D., Shumsky, M.G., Bohannan, E.W. and Switzer, J.A. (1997) *Chem. Mater.*, **9**, 1670.
233 Liu, R., Vertegel, A.A., Bohannan, E.W., Sorenson, T.A. and Switzer, J.A. (2001) *Chem. Mater.*, **13**, 508.
234 Pauporté, T. and Lincot, D. (1999) *Appl. Phys. Lett.*, **75**, 3817.
235 Zheng, M.J., Zhang, L.D., Li, G.H. and Shen, W.Z. (2002) *Chem. Phys. Lett.*, **363**, 123.
236 Liu, C.H., Zapien, J.A., Yao, Y., Meng, X. M., Lee, C.S., Fan, S.S., Lifshitz, Y. and Lee, S.T. (2003) *Adv. Mater.*, **15**, 838.
237 Li, Y., Meng, G.W., Zhang, L.D. and Phillip, F. (2000) *Appl. Phys. Lett.*, **76**, 2011.
238 Zheng, M.J., Zhang, L.D., Li, G.H. and Shen, W.Z. (2002) *Chem. Phys. Lett.*, **363**, 123.
239 Peulon, S. and Lincot, D. (1998) *J. Electrochem. Soc.*, **145**, 864.
240 Zhou, H., Alves, H., Hofmann, D.M., Kriegseis, W. and Meyer, B.K. (2002) *Appl. Phys. Lett.*, **80**, 210.
241 Gal, D., Hodes, G., Lincot, D. and Schock, H.W. (2000) *Thin Solid Films*, **79**, 361.
242 Peulon, S. and Lincot, D. (1996) *Adv. Mater.*, **8**, 166.
243 Wang, Q., Wang, G., Xua, B., Jiea, J., Han, X., Li, G., Li, Q. and Hou, J.G. (2005) *Mater. Lett.*, **59**, 1378.
244 Switzer, J.A. (2001) Electrodeposition of Superlatices and Multilayers, in *Electrochemistry of Nanomaterials*, (ed. G. Hodes), Wiley-VCH, Weinheim. Chapter 3.
245 Weins, T.P., Barbee, T.W. Jr. and Wall, M. A. (1997) *Acta Mater.*, **45**, 2307.
246 Was, G.S. and Foedke, T. (1996) *Thin Solid films*, **1**, 286.
247 Shih, K.K. and Bove, D.B. (1992) *Appl. Phys. Lett.*, **61**, 654.
248 Mirkarimi, P.B., Hultman, L. and Barneit, S.A. (1990) *Appl. Phys. Lett.*, **57**, 2654.
249 Cammarata, R.C., Schlesinger, T.E., Kim, C., Qadri, S.B. and Edelstein, A.S. (1990) *Appl. Phys. Lett.*, **56**, 1862.
250 Helmersson, U., Todorova, S., Barnett, S. A., Sundgren, J.E., Market, L.C. and Greene, J.E. (1987) *J. Appl. Phys.*, **62**, 481.
251 Tench, D. and White, J. (1984) *Metallurg. Trans. A*, **15**, 2039.
252 Switzer, J.A. (1998) Electrodeposition of Superlattices and Multilayers, in *Nanoparticles and Nanostructured Films*, (ed. J.H. Fendler),Wiley-VCH, Weinheim, p. 53. Chapter 3.
253 Switzer, J.A. (1997) Electrodeposition of Nanoscale Architectures, in *Handbook of Nanophase Materials*, (ed. A.N. Goldstein), Marcel Dekker, New York, Chapter 4.
254 Ross, C.A. (1994) *Annu. Rev. Mater. Sci.*, **24**, 159.
255 Haseeb, A., Celis, J.P. and Roos, J.R. (1994) *J. Electrochem. Soc.*, **141**, 230.
256 Searson, P.C. and Moffat, T.P. (1994) *Crit. Rev. Surface Chem.*, **3**, 272.
257 Therese, G.H.A. and Kamath, P.V. (2000) *Chem. Mater.*, **12**, 1195.
258 Blum, W. (1921) *Trans. Am. Electrochem. Soc.*, **40**, 307.
259 Brenner, A. (1963) *Electrodeposition of Alloy*, Vol.2, Academic Press, New York, p. 589.
260 Cohen, U., Koch, F.B. and Sard, R. (1983) *J. Electrochem. Soc.*, **138**, 1987.
261 Ogden, C. (1986) *Plating Surface Finishing*, **5**, 133.
262 (a) Yahalon, J. and Zadok, O. (1987) *J. Mater. Sci.*, **22**, 499.(b) Yahalon, J. and Zadok, O. (1987) U.S. Patent, 4, 652, 348.
263 Menezes, S. and Anderson, D.P. (1989) *J. Electrochem. Soc.*, **136**, 1651.
264 Lashmore, D.S. and Dariel, M.P. (1988) *J. Electrochem. Soc.*, **135**, 1218.
265 Kelly, J.J., Bradley, P.E. and Landolt, D. (2000) *J. Electrochem. Soc.*, **147**, 2975.
266 Kelly, J.J., Kern, P. and Landolt, D. (2000) *J. Electrochem. Soc.*, **147**, 3725.
267 Guntel, A., Chassaing, E. and Schmidt, J. E. (2001) *J. Appl. Phys.*, **90**, 5257.
268 Fricoteaux, P. and Douglade, J. (2004) *Surface and Coatings Technology*, **184**, 63.
269 Tench, D.M. and White, J.T. (1992) *J. Electrochem. Soc.*, **139**, 443.

270 Fahidy, T.Z. (1999) in *Modern Aspects of Electrochemistry*, (eds B.E. Conway, *et al.*), Vol.**32**, Kluwer Academic Publishers, New York, p. 333.
271 Tacken, R.A. and Janssen, L.J. (1995) *J. Appl. Electrochem.*, **25**, 1.
272 Coey, J.M.D. and Hinds, G. (2001) *J. Alloys Compd.*, **326**, 238.
273 Chopart, J.P., Douglade, J., Fricoteaux, P. and Olivier, A. (1991) *Electrochim. Acta*, **36**, 459.
274 Uhlemann, M., Gebert, A., Herrich, M., Krause, A., Cziraki, A. and Schultz, L. (2003) *Electrochim. Acta*, **48**, 3005.
275 Shima, M., Salamanca-Riba, L.G., McMichael, R.D. and Moffat, T.P. (2001) *J. Electrochem. Soc.*, **148**, C518.
276 Carcia, P.F. (1988) *J. Appl. Phys.*, **63**, 5066.
277 Lee, C.H., Farrow, R.F.C., Hermsmeier, B.D., Marks, R.F., Bennett, W.R., Lin, C. J., Marinero, E.E., Kirchner, P.D. and Chien, C.J. (1991) *J. Magn. Magn. Mater.*, **93**, 592.
278 Zeper, W.B., Greidanus, F.J.A.M., Carcia, P.F. and Fincher, C.R. (1989) *J. Appl. Phys.*, **65**, 4971.
279 Baibich, M.N., Broto, J.M., Fert, A., Nguyen Van Dau, F., Petro, F., Etienne, P., Creuzet, G., Friederich, A. and Chazelas, J. (1988) *Phys. Rev. Lett.*, **61**, 2472.
280 Mosca, D.H., Petro, F., Fert, A., Schroeder, P.A., Pratt, W.P. Jr. and Laloee, R. (1991) *J. Magn. Magn. Mater.*, **94**, L1.
281 Parkin, S.S.P., Marks, R.F., Farrow, R.F. C., Harp, G.R., Lam, Q.H. and Savoy, R.J. (1992) *Phys. Rev. B*, **46**, 9262.
282 Jyoko, Y., Kashiwabara, S. and Hayashi, Y. (1996) *J. Magn. Magn. Mater.*, **156**, 35.
283 Wang, J.Q. and Xiao, G. (1994) *Phys. Rev. B*, **49**, 3982.
284 Parkin, S.S.P., Farrow, R.F.C., Rabedeau, T.A., Marks, R.F., Harp, G.R., Lam, Q.H., Toney, M., Savoy, R. and Geiss, R. (1993) *Euro. Phys. Lett.*, **22**, 455.
285 Kubaschewski (ed.), *Iron-Binary Phase Diagrams*, Springer, Berlin, (1982) , p. 5.
286 Gavrin, A., Kelley, M.H., Xiao, J.Q. and Chien, C.L. (1996) *J. Appl. Phys.*, **79**, 5306.
287 Berkowitz, A.E., Mitchell, J.R., Carey, M. J., Young, A.P., Zhang, S., Spada, F.E., Parker, F.T., Hutten, A. and Thomas, G. (1992) *Phys. Rev. Lett.*, **68**, 3745.
288 Xiao, J.Q., Jiang, J.S. and Chien, C.L. (1992) *Phys. Rev. B*, **46**, 9266.
289 Zaman, H., Ikeda, S. and Ueda, Y. (1997) *IEEE Trans. Magnet*, **33**, 3517.
290 Zaman, H., Yamada, A., Fukuda, H. and Ueda, Y. (1998) *J. Electrochem. Soc.*, **145**, 565.
291 Biberian, J.P. and Somorjai, G.A. (1979) *J. Vacuum Sci. Technol.*, **16**, 2973.
292 Lash, K., Jörinssen, L. and Garche, J. (1999) *J. Power Sources*, **84**, 225.
293 Ueda, Y., Nikuchi, N., Ikeda, S. and Houga, T. (1999) *J. Magnet. Magnet. Mater.*, **198**, 740.
294 Christoffersen, E., Liu, P., Ruban, A., Skriver, H.L. and Norskov, J.K. (2001) *J. Catal.*, **199**, 123.
295 Garcia, P.F., Meinhaldt, A.D. and Suna, A. (1985) *Appl. Phys. Lett.*, **47**, 178.
296 Grunberg, P., Cherieber, R., Pang, Y., Brodsky, M.B. and Sower, H. (1986) *Phys. Rev. Lett.*, **57**, 2442.
297 Burke, L.D. (1981) in *Electrodes of Conductive Metallic Oxides, Part A*, (ed. S. Trasatti),Elsevier, Amsterdam, p. 141.
298 Tilak, B.V., Lu, P.V.T., Colman, J.E. and Srinivasan, S. (1981) in *Comprehensive Treatise of Electrochemistry*, (eds J.O'.M., Bockris, B.E., Conway and R.E., White), Vol. **2** Plenum Press, New York, p. 1.
299 Vukovic, M. (1988) *J. Electroanal. Chem.*, **242**, 97.
300 Hammer, B. and Norskov, J.K. (1995) *Surf. Sci.*, **343**, 211.
301 Jacobsen, K.W., Stolze, P. and Norskov, J. K. (1996) *Surf. Sci.*, **366**, 394.
302 Edersen, P.M.O., Helveg, S., Ruban, A., Stensgaard, I., Laegsgaard, E., Norskov, J. K. and Besenbacher, F. (1999) *Surf. Sci.*, **426**, 395.
303 Christoffersen, E., Liu, P., Ruban, A., Skriver, H.L. and Norskov, J.K. (2001) *J. Catal.*, **199**, 123.
304 Hammer, B., Morikawa, Y. and Norskov, J.K. (1996) *Phys. Rev. Lett.*, **76**, 2141.

305 Oliveira, R.T.S., Santos, M.C., Marcussi, B.G., Nascente, P.A.P., Bulhões, L.O.S. and Pereira, E.C. (2005) *J. Electroanal. Chem.*, **575**, 177.

306 Oliveira, R.T.S., Santos, M.C., Marcussi, B.G., Tanimoto, S.T., Bulhões, L.O.S. and Pereira, E.C. (2006) *J. Power Sources*, **157**, 212.

307 Lemos, S.G., Oliveira, R.T.S., Santos, M. C., Nascente, P.A.P., Bulhões, L.O.S. and Pereira, E.C. (2007) *J. Power Sources*, **163**, 695.

308 Bockris, J.O'M., Reddy, A.K.N. and Gamboa-Aldeco, M. (2002) *Electrochemistry 2A Fundamentals of Electrodics*, 2nd edn., Kluwer Academic Publishers, New York.

309 Freyland, W., Zell, C.A., Zein El Abedin, S. and Endres, F. (2003) *Electrochim Acta*, **48**, 3053.

310 Zell, C.A., Freyland, W. and Endres, F. (2000) in *Molten Salt Chemistry*, (eds R.W. Berg and H.A. Hjuler), Vol.**1**, Elsevier, Paris. p. 597.

311 Kleinert, M., Waibel, H.-F., Engelmann, G.E., Martin, H. and Kolb, D.M. (2001) *Electrochim. Acta*, **46**, 3129.

312 Schmidt, E. and Gygax, H.R. (1966) *J. Electroanal. Chem.*, **12**, 300; Schmidt, E. and Gygax, H.R. (1967) *J. Electroanal. Chem.*, **14**, 126.

313 Schmidt, E. (1969) *Helv. Chim. Acta*, **52**, 1763.

314 Schmidt, E. and Siegenthaler, H. (1969) *Helv. Chim. Acta*, **52**, 2245; Schmidt, E. and Siegenthaler, H. (1970) *Helv. Chim. Acta*, **53**, 321.

315 Lorenz, W.J. (1973) *Chem. Ing. Technol.*, **45**, 175.

316 Hilbert, F., Mayer, C. and Lorenz, W.J. (1973) *J. Electroanal. Chem.*, **47**, 167.

317 Lorenz, W.J., Hermann, H.D., Wüthrich, N. and Hilbert, F. (1974) *J. Electrochem. Soc.*, **121**, 1167.

318 Adzic, R., Yeager, E. and Cahan, B.D. (1974) *J. Electrochem. Soc.*, **121**, 474.

319 Horkens, J., Cahan, B.D. and Yeager, E. (1975) *J Electrochem Soc*, **122**, 1585.

320 Bewick, A. and Thomas, B. (1975) *J. Electroanal. Chem.*, **65**, 911; Bewick, A. and Thomas, B. (1976) *J. Electroanal. Chem.*, **70**, 239; Bewick, A. and Thomas, B. (1977) *J. Electroanal. Chem.*, **84**, 127; Bewick, A. and Thomas, B. (1977) *J. Electroanal. Chem.*, **85**, 329.

321 Schultze, J.W. and Dickertmann, D. (1976) *Surf. Sci.*, **54**, 489.

322 Schultze, J.W. and Dickertmann, D. (1977) *Faraday Symposia Chem. Soc.*, **12**, 36.

323 Lorenz W.J., Schmidt E., Staikov G. and Bort H. (1977) *Faraday Symposia Chem. Soc.*, **12**, 14.

324 Staikov, G., Jüttner, K., Lorenz, W.J. and Schmidt, E. (1978) *Electrochim. Acta*, **23**, 305.

325 Siegenthaler, H., Jüttner, K., Lorenz, W.J. and Schmidt, E. (1978) *Electrochim Acta*, **23**, 1009.

326 Jüttner, K. and Lorenz, W.J. (1980) *Z. Phys. Chem.*, **NF 122**, 163.

327 Kolb, D.M. (1978) in *Advances in Electrochemistry and Electrochemical Engineering*, (eds. H. Gerischer and C.W. Tobias), Vol.**11**, Wiley, New York, p. 125.

328 Beckmann, H.O., Gerischer, H., Kolb, D. M. and Lehmpfuhl, G. (1977) *Faraday Symposia Chem. Soc.*, **12**, 51.

329 Staikov, G., Lorenz, W.J. and Budevski, E. (1978) *Comm. Dep. Chem. Bulg. Acad. Sci.*, **11**, 474.

330 Staikov, G., Juttner, K., Lorenz, W.J. and Budevski, E. (1978) *Electrochim. Acta*, **23**, 319.

331 Jüttner, K., Lorenz, W.J., Staikov, G. and Budevski, E. (1978) *Electrochim. Acta*, **23**, 741.

332 Budevski, E., Bostanov, V. and Staikov, G. (1980) *Annu. Rev. Mater. Sci.*, **10**, 85.

333 Budevski, E. (1983) in *Comprehensive Treatise of Electrochemistry*, (eds B.E. Conway, J.O'.M. Bockris, E. Yeager, S.U.M. Khan and R.E. White), Vol. **7**, Plenum Press, New York, p. 399.

334 Abruna H. (ed.)((1991) *Electrochemical Interfaces: Modern Techniques for In situ Interface Characterization*, VCH, Weinheim.

335 A.A. Gewirth and H. Siegenthaler (eds) (1995) *Nanoscale Probes of the Solid: Liquid Interface, NATO ASI Series E: Appled Science*, Kluwer, Dordrecht, Vol. 288.

336 Roher, H. (1995) Nanoscale probes of the solid/liquid interface, in Proceedings NATO ASI Sophia Antipolis, France, July 10–20, 1993, in: A.A. Gewirth, H. Siegenthaler (Eds.), NATO Science Series E, Vol. 288. Kluwer, New York.

337 Budevski, E., Staikov, G. and Lorenz, W.J. (1996) *Electrochemical Phase Formation and Growth*, VCH, Weinheim.

338 Staikov, G. and Lorenz, W.J. (1998) in *Electrochemical Nanotechnology - In situ Local Probe Techniques at Electrochemical Interfaces*, (eds W. Plieth and W.J. Lorenz), Wiley-VCH, Weinheim, p. 13.

339 Staikov, G., Lorenz, W.J. and Budevski, E. (1999) in *Imaging of Surfaces and Interfaces - Frontiers in Electrochemistry*, (eds P. Ross and J. Lipkowski), Vol.5, Wiley-VCH, Weinheim, p. 1.

340 Li, W., Virtanen, J.A. and Penner, R.M. (1992) *Appl. Phys. Lett.*, **60**, 1181.

341 Husser, O.E., Craston, D.H. and Bard, A. J. (1989) *J. Electrochem. Soc.*, **136**, 3222.

342 Hugelmann, M., Hugelmann, P., Lorenz, W.J. and Schindler, W. (2005) *Surface Sci.*, **597**, 156.

343 Hofmann, D., Schindler, W. and Kirschner, J. (1998) *Appl. Phys. Lett.*, **73**, 3279.

344 Schindler, W., Hofmann, D. and Kirschner, J. (2001) *J. Electrochem. Soc.*, **148**, C124.

345 Hofmann, D. (1999) PhD Thesis, Universität Halle-Wittenberg.

346 Pandey, R.K. Sahu, S.N. and Chandra, S. (1996) *Handbook of Semiconductor Electrodeposition*, Marcel Dekker, New York.

347 Hodes, G. (1995) in *Physical Electrochemistry*, (ed. I. Rubinstein), Marcel Dekker, New York, p. 515.

348 Schlesinger, M. (2000) in *Modern Electroplating*, (eds M. Schlesinger and M. Paunovic), John Wiley & Sons New York p. 585.

349 Vedel, J. (1998) *Inst. Phys. Conf. Ser.*, **152**, 261.

350 Lincot, D., Guillemoles, J.F., Taunier, S., Guimard, D., Sicx-Kurdi, J., Chomont, A., Roussel, O., Ramdani, O., Hubert, C., Fauvarque, J.P., Bodereau, N., Parissi, L., Panheleux, P., Fanouill, P., Ore Naghavi, N., Grand P.P., Benfarah M., Mogensen P. and Kerrec O. (2004) *Sol. Energy*, **77**, 725.

351 Lincot, D. (2005) *Thin Solid Films*, **487**, 40.

352 Helen Annal Therese, G. and Vishnu Kamath, P. (2000) *Chem. Mater.*, **12**, 1195.

353 Matsumoto, Y. (2000) *MRS Bull.*, 47.

354 Peulon, S. and Lincot, D. (1996) *Adv. Mater.*, **8**, 166.

355 Izaki, M. and Omi, T. (1996) *Appl. Phys. Lett.*, **68**, 2439.

356 Gao, Y.F., Nagai, M., Masuda, Y., Sato, F. and Kuomoto, K.J. (2006) *Crystal Growth*, **286**, 445.

357 Gu, Z.H. and Fahidy, T.Z. (1999) *J. Electrochem. Depos.*, **146**, 156.

358 Chen, Z.G., Tang, Y.W., Zhang, L.S. and Luo, L.J. (2006) *Electrochim. Acta*, **51**, 5870.

359 Mari, B., Cembrero, J., Manjon, F.J., Mollar, M. and Gomez, R. (2005) *Phys. Status Solidi A*, **202**, 1602.

360 Konenkamp, R., Boedecher, K., Lux-Steiner, M.C., Poschenrieder, M. and Wagner, S. (2000) *Appl. Phys. Lett.*, **77**, 2575.

361 Levy-Clement, C., Katty, A., Bastide, S., Zenia, F., Mora, I. and Munoz- Sanjose, V. (2002) *Physica*, **14**, 229.

362 Cui, J.B. and Gibson, U.J. (2005) *Appl. Phys. Lett.*, **87**, 133108.

363 Xu, L.F., Guo, Y., Liao, Q., Zhang, J.P. and Xu, D.S. (2005) *J. Phys. Chem. B*, **109**, 13519.

364 Cao, B.Q., Li, Y., Duan, G.T. and Cai, W.P. (2006) *Cryst. Growth Design*, **6**, 1091.

365 Tang, Y., Luo, L., Chen, Z., Jiang, Y., Li, B., Jia, Z. and Xu, L. (2007) *Electrochem. Commun.*, **9**, 289.

366 Hou, T.N., Li, J., Smith, M.K., Nguyen, P., Cassell, A., Han, J. and Meyyappan, M. (2003) *Science*, **300**, 1249.

367 Zhang, P., Binh, N.T., Wakatsuki, K., Segawa, Y., Yamade, Y., Usami, N.,

Kawasaki, M. and Koinuma, H.J. (2004) *Phys. Chem. B*, **108**, 10899.
368 Peulon, S. and Lincot, D. (1996) *Adv. Mater.*, **8**, 166.
369 Conway, B.E. (1999) *Electrochemical Supercapacitors*, Kluwer Academic/ Plenum Publishers, New York.
370 Trasatti, S. and Kurzweil, P. (1994) *Platinum Met. Rev.*, **38**, 46.
371 Sarangapani, S., Tilak, B.V. and Chen, C. P. (1996) *J. Electrochem. Soc.*, **143**, 3791.
372 Sugimoto, W., Iwata, H., Yasunaga, Y., Murakami, Y. and Takasu, Y. (2003) *Angew. Chem. Int. Ed.*, **42**, 4092.
373 Zheng, J.P., Cygan, P.J. and Jow, T.R. (1995) *J. Electrochem. Soc.*, **142**, 2699.
374 Srinivasan, V. and Weidner, J.W. (1997) *J. Electrochem. Soc.*, **144**, L210.
375 Wang, Y.G. and Xia, Y.Y. (2006) *Electrochim. Acta*, **51**, 3223.
376 Xing, W., Li, F., Yan, Z.F. and Lu, G.Q. (2004) *J. Power Sources*, **134**, 324.
377 Cao, L., Kong, L.B., Liang, Y.Y. and Li, H. L. (2004) *Chem. Commun.*, **14**, 1646.
378 Lin, C., Ritter, J.A. and Popov, B.N. (1998) *J. Electrochem. Soc.* **145**, 4097
379 Cao, L., Xu, F., Liang, Y.Y. and Li, H.L. (2004) *Adv. Mater.*, **16**, 1853.
380 Pang, S.C., Anderson, M.A. and Chapman, T.W. (2000) *J. Electrochem. Soc.*, **147**, 444.
381 Hao, D.D.Z., Bao, S.J., Zhou, W.J. and Li, H.L. (2007) *Electrochem. Commun.*, **9**, 869.
382 Nelson, P.A., Elliott, J.M., Attard, G.S. and Owen, J.R. (2002) *Chem. Mater.*, **14**, 524.
383 Nelson, P.A. and Owen, J.R. (2003) *J. Electrochem. Soc.*, **150**, A1313.
384 Bartlett, P.N., Gollas, B., Guerin, S. and Marwan, J. (2002) *Phys. Chem. Chem. Phys.*, **4**, 3835.
385 Luo, H.M., Zhang, J.F. and Yan, Y.S. (2003) *Chem. Mater.*, **15**, 3769.
386 Chabre, Y. and Pannetier, J. (1995) *Prog. Solid State Chem.*, **23**, 1.
387 Winter, M. and Brodd, R.J. (2004) *Chem. Rev.*, **104**, 4245.
388 (a) Pang S.C., Anderson M.A. and Chapman T.W. (2000) *Electrochem. J. Soc.*, **147**, 444. (b) Pang S.C. and Anderson M. A. (2000) *J. Mater. Res.*, **15**, 2096.
389 (a) Lee H.Y., Kim S.W. and Lee H.Y. (2001) *Electrochem. Solid-State Lett.*, **4**, A19. (b) Hong M.S., Lee S.H. and Kim S.W. (2002) *Electrochem. Solid-State Lett.*, **5**, A227.
390 Chin, S.F., Pang, S.C. and Anderson, M. A. (2002) *J. Electrochem. Soc.*, **149**, A379.
391 (a) Prasad, K.R. and Miura, N. (2004) *Electrochem. Solid-State Lett.*, **7**, A425. (b) Prasad, K.R. and Miura, N. (2004) *Electrochem. Commun.*, **6**, 1004,
392 Kuzuoka, Y., Wen, C.J., Otomo, J., Ogura, M., Kobayashi, T., Yamada, K. and Takahashi, H. (2004) *Solid State Ionics*, **175**, 507.
393 Subramanian, V., Zhu, H.W., Vajtai, R., Ajayan, P.M. and Wei, B.Q. (2005) *J. Phys. Chem. B*, **109**, 20207.
394 (a) Cheng, F.Y., Chen, J., Gou, X.L. and Shen, P.W. (2005) *Adv. Mater.*, **17**, 2753. (b) Cheng, F.Y., Zhao, J.Z., Song, W.E., Li, C.S., Ma, H., Chen, J. and Shen, P.W. (2006) *Inorg. Chem.*, **45**, 2038.
395 Chou, S., Cheng, F. and Chen, J. (2006) *J. Power Sources*, **162**, 727.
396 (a) Wu M.S. (2005) *Appl. Phys. Lett.*, **87**, 153102-1. (b) Wu M.S., Lee J.T., Wang Y.Y. and Wan C.C. (2004) *J. Phys. Chem. B*, **108**, 6331.
397 Zach, M.P., Ng, K.H. and Penner, R.G. (2000) *Science*, **290**, 2120.
398 Rampi, M.A., Schueller, O.J.A. and Whitesides, G.M. (1998) *Appl. Phys. Lett.*, **72**, 1781.
399 Holmlin, R.E., Haag, R., Chabinyc, M.L., Ismagilov, R.F., Cohen, A.E., Terfort, A., Rampi, M.A. and Whitesides, G.M. (2001) *J. Am. Chem. Soc.*, **123**, 5075.
400 Ulman, A. (1996) *Chem. Rev.*, **96**, 1533.
401 Finklea, H.O. (1996) *Electroanal. Chem.*, **19**, 109.
402 Xia, Y.N., Rogers, J.A., Paul, K.E. and Whitesides, G.M. (1999) *Chem. Rev.*, **99**, 1823,
403 Xia, Y.N. and Whitesides, G.M. (1998) *Angew. Chem. Int. Ed.*, **37**, 551.
404 Lercel, M.J., Redinbo, G.F., Craighead, H. G., Sheen, C.W. and Allara, D.L. (1994) *Appl. Phys. Lett.*, **65**, 974.

405 Liu, G.Y., Xu, S. and Cruchon-Dupeyrat, S. (1998) in *Self-Assembled Monolayers of Thiols,* (ed. A. Ulman), San Diego, p. 81.

406 Piner, R.D., Zhu, J., Xu, F., Hong, S.H. and Mirkin, C.A. (1999) *Science,* **283**, 661.

407 Gölzhauser, A., Eck, W., Geyer, W., Stadler, V., Weimann, T., Hinze, P. and Grunze, M. (2001) *Adv. Mater.*, **13**, 806.

408 Geyer, W., Stadler, V., Eck, W., Gölzhäuser, A., Grunze, M., Sauer, M., Weimann, T. and Hinze, P. (2001) *J. Vacuum Sci. Technol. B*, **19**, 2732.

409 David, C., Müller, H.U., Völkel, B. and Grunze, M. (1996) *Microelectron Eng.*, **30**, 57.

410 Felgenhauer, T., Yan, C., Geyer, W., Rong, H.T., Gölzhäuser, A. and Buck, M. (2001) *Appl. Phys. Lett.*, **79**, 3323.

411 Geyer, W., Stadler, V., Eck, W., Zharnikov, M., Gölzhäuser, A. and Grunze, M. (1999) *Appl. Phys. Lett.*, **75**, 2401.

412 Gölzhäuser, A., Geyer, W., Stadler, V., Eck, W., Grunze, M., Edinger, K., Weimann, T. and Hinze, P. (2000) *J. Vacuum Sci. Technol. B*, **18**, 3414.

413 Sondag-Huethorst, J.A.M. and Fokkink, L.G.J. (1992) *Langmuir,* **8**, 2560.

414 Sondag-Huethorst, J.A.M., Van Helleputte, H.R.J. and Fokkink, L.G.J. (1994) *Appl. Phys. Lett.*, **64**, 285.

415 Kaltenpoth, G., Völkel, B., Nottbohm, C. T., Gölzhäuser, A. and Buck, M. (2002) *J. Vacuum Sci. Technol. B*, **20**, 2734.

416 Whitman, C., Moslehi, M.M., Paranjpe, A., Velo, L. and Omstead, T. (1999) *J. Vacuum Sci. Technol. A*, **17**, 1893.

417 Völkel, B., Kaltenpoth, G., Handrea, M., Sahre, M., Nottbohm, C.T., Küller, A., Paul, A., Kautek, W., Eck, W. and Gölzhauser, A. (2005) *Surface Sci.*, **597**, 32.

3 自上而下法制备纳米图形化电极

3.1 引言

在30多年以前，应用于电分析化学领域的大尺寸电极开始向微米级电极转变[1,2]，而那时微米级电极已经在神经生理学领域获得了应用[3]。这种转变可以归因于人们对便携式、高灵敏度体内传感器件的需求，即在极小的样品体积内对分析物的痕量浓度进行测量。纳米尺度的电极进一步加速了该类传感器的小型化，实现了一些分析物的实时检测，例如单个活囊泡释放的多巴胺等[4]。随着电子器件制备技术的提高，新的微加工技术不断涌现，从而促进了器件和传感器的小型化[5]。基于半导体工业的薄膜技术，微电极的制备得到了极大的发展[6]，这一技术也被广泛用来生产各种微电子芯片和微机电系统（MEMS）。

目前，已有大量文献对微电极的制备和应用进行了报道，其中很多报道都强调了微电极尺寸减小后会具备很多优点，使其可以更好地用于电化学传感领域。微电极与体电极相比具有很多优点，例如其可以快速形成径向扩散场（三维），并降低欧姆电阻的影响，从而可以获得更快的质量传输速率，更高的电流密度和信噪比[7]。当电极尺寸由微米级向纳米级转变后，这些影响将更为突出[8]。

近年来，高度专业化设备的不断发展进一步促进了电极材料由微米尺度向纳米尺度的转变。除了以上所提到的优点之外，应用纳米尺度的电极可以对一些基础领域进行更好的研究，例如扩散特性、电子转移动力学、电极表面的双层结构等[9]。综上所述，纳米尺度电极的应用可以提高传感器件的灵敏度，从而为单分子检测提供了可能。此外，纳米电极的应用可以促进便携式小型化装置的发展，其可以利用极小的样品体积来进行电化学检测。目前，纳米电极已在众多领域获得了应用，例如用于医学诊断的生物分子传感器[10]、单分子检测[11~13]以及细胞胞外分泌的实时监测[4]等。

纳米制备通常会应用一系列工艺来沉积、刻蚀、生长材料，或是在纳米尺度对材料进行操控。纳米制备所涉及的过程和方法包括纳米材料和纳米图形化衬底的制备。制备纳米电极的两种主要方法分别为自上而下法和自下而上法。

自下而上法主要通过对各种材料的物理化学相互作用进行设计来合成目标材料，主要被化学家所采用。利用分子或胶体颗粒之间的相互作用，可以在二维和三维尺度对分立纳米结构进行组装[14]，包括单分子层自组装、超分子组装以及纳米颗粒的形成过程。此外，相关技术还大量地用在纳米阵列电极的制备领域，Wang 等人对此进行了研究报道[15]。

自上而下法是微电子领域中传统光刻法的延伸，涉及到如何将材料的尺寸减小到纳米尺度，包括各种图形化、蚀刻和沉积等步骤。这种方法可以定义为微制造技术的延伸，包括光刻法、软光刻法以及蒸发法等[16]。总体上来说，自上而下法涉及到对体材料进行减薄或蚀变，从而获得更小的结构，例如薄膜[17]。此外，我们所说的体材料是一种起始材料，其在任意方向都保持连续，尺度远比目标材料要大。

自上而下法和自下而上法各有优缺点，例如自上而下法通常很容易与现有制备过程相结合，而自下而上法对昂贵的设备依赖较小。如何将这两种方法相结合来制备功能器件，成为了目前的研究热点[18]。

其他常用的纳米电极制备方法包括：

① 通过沉积绝缘体-金属-绝缘体可以制备纳米带电极，通过进一步蚀刻或抛光可以使边缘露出[19]；

② 将金属沉积到纳米多孔过滤膜中[20]；

③ 利用电泳涂装使导电线或纤维表面绝缘，之后通过热收缩或蚀刻过程使顶端露出[21,22]。

应用第一种方法虽然可以制备纳米电极，但却很难批量生产及用于体内检测。第二种方法可以制备纳米电极阵，但却难以对电极的尺寸和间距进行控制。应用第三种方法来制备纳米电极更适合用作扫描电化学显微镜（SECM）的针尖。

本章将对自上而下法制备纳米电极的研究进展进行综述，包括电子束曝光、聚焦离子束（FIB）减薄以及其他各种方法，例如纳米压印法等。这些方法是研究最为广泛的制备纳米电极阵列的方法。本章会围绕以下方面对这些技术进行评价：每一种技术可以制备何种类型的电极，所制备的电极性能表现如何，以及是否可以用于制备分析传感器等。自下而上法和其他之前提到的制备方法并不在本章的讨论之列，本章将着重对纳米电极阵列传感器的制备及其在分析领域的应用进行讨论。尽管对纳米电极的研究力度逐年增大，自上而下法仍然是研究最多的一种制备方法。但需要强调的是，迄今为止相关研究更多的是集中在制备领域而非应用领域。

3.2 选择纳米电极制备方法的注意事项

纳米电极是三维中至少一个维度处于纳米级的电极，即通常所说的临界尺寸，其将直接决定电化学响应的类型[8]。目前对纳米电极的分类还有一些争议，但通常情况下纳米电极都是由小于 100nm 的临界尺寸来定义的[8]。虽然纳米电极具有很多优点，但单个纳米电极所产生的电流非常小。虽然在传感应用领域纳米电极阵列可以增强传感器的信号，但单个纳米电极更适合用作 SECM 的针尖。纳米电极阵列中的电极，互相之间呈平行排列，每一个电极都有单独的扩散曲线（当电极之间有足够的间距时），因而可以增大电流密度。传感器芯片上相对较小的区域就可以排列大量的纳米电极，因而促进了小型化、超高灵敏度传感器的发展。

对于这种阵列来说，临界尺寸与电极间距的比值是极为重要的参数。较小的电极间距将会使电极之间的扩散区域产生重叠，所产生的响应更像是体电极的响应。对于一个给定的电极阵列，可以使用循环伏安法来对扩散类型进行识别，峰型伏安曲线意味着扩散区域出现了重叠，这表明相邻电极之间的距离不够远。如果相邻电极之间的距离足够大，每一个电极都会有自己的径向扩散曲线，因此通常可以获得反曲型伏安曲线，这是电极表面的电活性物质可以进行更快的质量传输所导致的[7]。

具体采用哪种自上而下法，主要取决于所制备纳米电极的最终应用情况。当应用场合需要高灵敏度时，应该可以对纳米电极进行定制化设计，以最大限度的发挥它们的优势。在这种情况下，制备具有可控化尺寸和间距的电极是至关重要的，以此可重复制备出大面积的电极阵列，从而增强传感器的信号。对于该类需求，所采用的自上而下法通常包括电子束和离子束曝光等方法。当应用场合为痕量分析时，通常会选择叉指阵列（IDA）纳米电极，其相邻电极之间的氧化还原循环可以对痕量浓度分析物所产生的微弱信号进行放大（详见 3.3.1 和 3.3.3 节）。这种电极可以由电子束曝光法来进行制备，但纳米压印法也许是更为经济的一种选择。进行单分子检测时，所需电极的尺寸应该与检测分子的尺寸相近。纳米孔检测已成为单分子检测的常用技术手段，可以利用高分辨电子束和离子束曝光法来进行制备。然而，若想使电极尺寸达到检测分子的尺寸，具体制备过程将变得很困难。因此，将自上而下法和自下而上法相结合，选择各种不同的电极形式，例如具有纳米级间隙的纳米电极来进行单分子的分析和检测，成为了相关研究的热点。（详见 3.3.4 节。）

接下来的各节将会对最近应用自上而下法制备各种类型纳米电极的过程进行综述，包括电极的表征以及终端应用等。

3.3 自上而下法制备纳米电极

过去十年来，尽管围绕纳米电极的制备已经有很多文献报道，但其中仅有少部分谈到了自上而下法。这在很大程度上反映了应用自上而下法在小于 100nm 的尺度来进行材料的制备是非常困难的。对于传感器应用来说，尤其是需要批量生产纳米电极的场合，采用能够保证重复性的制备技术是极为重要的。考虑到传感器的最终应用，必须对相应制备技术进行考量，即是否可以获得预想的电极形状和尺寸，以及是否可以对电极阵列进行设计等。本章将着重对自上而下法进行论述，即如何实现纳米电极尺寸、间距和设计的可控化。在传统微电极的制备过程中通常会用到光刻法，其可以制备的最小尺寸必须大于所使用光的半波长[23]。实现电极从微米级到纳米级（尤其是几十纳米的尺度内）的小型化，需要使用到分辨率更高的先进设备，以及使用更短的波长来进行掩膜曝光[17]。应用先进的光刻和电子束曝光法无疑会极大地增加纳米电极制备的成本。

扫描束曝光法被广泛应用于纳米电极阵列的制备领域。应用这种方法可以制备出高分辨率的结构，并且可以形成各种图形。扫描电子束曝光主要分为以下三类[14]：

① 扫描激光束，分辨率约为 250nm；

② 聚焦电子束，分辨率小于 50nm（主要取决于设备设定、光刻胶的选择以及长径比）；

③ 聚焦离子束，有些分辨率小于 50nm（主要取决的参数与聚焦电子束相似）。

3.3.1 电子束曝光

第一套电子束曝光（EBL）系统是基于扫描电子显微镜来开发的，开发时间是在 20 世纪 60 年代后期。由于具有极高的分辨率和适应性，如今 EBL 在各大高校和科研院所被广泛用来制备各种纳米级图形[24]，近年来，该技术也被用于纳米电极的制备过程。EBL 基于精细聚焦的电子束，来对衬底材料进行高分辨率的蚀刻。由于其波长非常短，因而不会受到衍射现象的限制，从而可以使分辨率达到纳米级范围[24]。利用 EBL 可以通过直接或间接的图形技术来制备纳米电极，同时，也可以同其他技术例如纳米压印法来联合使用。大部分的预图形化衬底，例如接触垫的形成，都可以由光刻法等传统微制造工艺来实现，利用 EBL 技术可以在此基础上进一步形成纳米电极。

近年来，为了更好地理解生物细胞膜的传输作用机理，如何获得尺寸接近单分子的纳米孔成为了研究人员所关注的热点。已有很多文献对这种纳米孔的制备过程进行了报道，利用这些孔实现 DNA 等单分子的传输，同时可以对其进行分析研究[11~13,25]，但在这些报道中却很少结合相近尺寸的电极来进行研究。针对这一问题，研究人员应用若干技术制备了纳米间隙电极（详见 3.3.4 节）。

应用 EBL 技术可以实现纳米孔电极的制备，所制备的纳米电极通常位于纳米孔的底部，而纳米孔由绝缘材料制备而成。Lemay 等人利用各种微制造技术对绝缘硅基片进行了处理，随后用 EBL 法制备了边长为 400nm、高度为 40nm 的正方形单元[26]。这一图形可以通过 CHF_3 等离子刻蚀转移到基片上的氧化硅层上，随后通过进一步的刻蚀和沉积过程得到具有倾斜壁的凹坑，在其底部存在一个直径接近 200nm 的孔。最后，通过在孔中蒸发并沉积金便可得到凹槽形的纳米电极。这种制备方法的优点在于金属电极层的形成是制备过程的最后一步，因此不会曝露在污染物中。利用电化学表征可以对电极的作用效果进行评价，利用循环伏安法得到的极限电流以及电极类型相对应的数学模型，可以对电极的形状进行测定。近来，有研究人员对相关制备技术进行了改进，所得到的纳米电极形状与之前所制备的电极相反，形状为锥形，半径为 0.4～100nm(见图 3.1)[27]。应用该电极所得到的稳态循环伏安曲线如图 3.2 所示，随着电

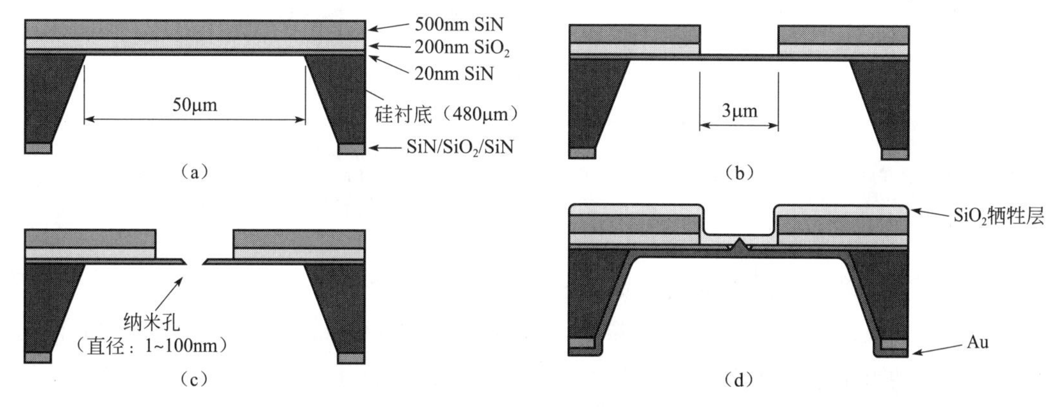

图 3.1 通过 EBL 法来制备纳米电极示意图

注：(a) 通过化学气相沉积在硅表面进行三层沉积，背面进行曝光并用 KOH 进行蚀刻；(b) 对正面的氮化硅和二氧化硅层进行曝光和蚀刻，曝露出 20nm 厚的氮化硅薄膜；(c) 通过聚焦电子束在氮化硅薄膜上钻孔；(d) 溅射二氧化硅牺牲层并蒸发金。随后用氢氟酸缓冲液除去牺牲层。翻印自参考文献 [27]。

极尺寸的减小，非法拉第电流的影响将变得更为明显，尤其是当电流小于皮安时。研究表明，这种趋势主要是由薄膜材料的介电弛豫所导致的，而非源于金属-电解液双层电容[27]。

Sandison 和 Cooper 开发了一种相对简单的技术，应用直接 EBL 法在绝缘光致光刻胶膜包覆的硅基片上制备了纳米孔，外露的金属电极面积为 $1mm^2$[28]。在这种技术中，光刻胶膜并没有被去除，而是扮演了绝缘材料的角色，将纳米孔分隔开来。所得到的电极中被嵌入了纳米金盘，所得到的孔半径为 50～500nm，而随着电极半径的减小，峰值电流密度会增大，这与理论计算结果相符。然而，对这些纳米电极的初步电化学表征结果显示，这些电极的初始电化学信号较弱，作者认为这是光刻胶对电极的污染所导致的。使用氧等离子处理可以解决这一问题，虽然在处理过程中孔周围的绝缘材料也会被部分去除，从而使孔半径增大。尽管电极尺寸的减小会使峰值电流密度增大，但过近的孔会导致扩散的重叠，从而导致峰型伏安曲线的出现[28]。

Jung 等人对应用于传感领域的纳米孔电极进行了进一步开发[29]，通过对 EBL 技术制备的纳米孔电极进行抗体功能化可以制备免疫传感器。利用电子束可以在金层上的聚合物光刻胶（ZEP520）层中形成纳米孔。光刻胶层总曝光面积为（100×100）μm^2，而孔周围的绝缘材料上固定有生物素化标记的功能性脂质囊泡（FLVs），如图 3.3 所示，可以利用 FLVs 将特异性受体抗体结合在表面。所得到的免疫传感器可以由模型蛋白质分析物来表征，包括人血清蛋白（HSA）和牛红血球（CAB）。当捕获抗体与分析物结合后，电流会相应降低[29]。

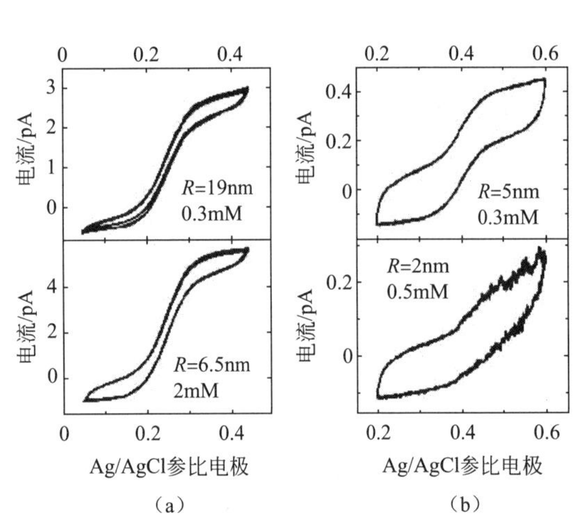

图 3.2 纳米孔电极的循环伏安曲线

注：(a) 二茂铁二甲醇 [$Fc(CH_2OH)_2$]；(b) 三甲铵甲基二茂铁 ($FcTMA^+$)。扫描速率分别为：(a) 10mV/s；(b) 上方为 0.5mV/s，下方为 0.1mV/s。翻印自参考文献 [27]。

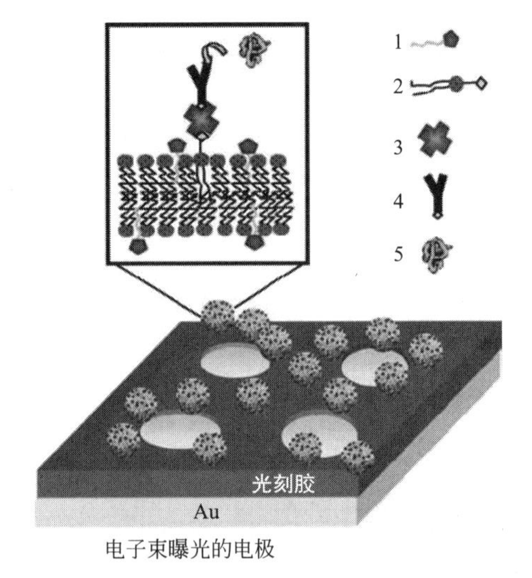

图 3.3 基于纳米孔电极的功能性脂质囊泡（FLV）免疫传感示意图

注：1—Fc-PDA；2—Cap-PE；3—链霉亲和素；4—生物素标记的捕获抗体；5—靶蛋白。翻印自参考文献 [29]。

经 EBL 法制备的常用纳米电极是叉指阵列（IDAs）纳米电极。叉指电极单条长度在微米级，宽度在纳米级，由纳米级的间隙相隔开。这种电极的电化学检测机制与之前所提到的纳米孔电极不同，纳米孔电极的工作电极相互之间呈平行排列，通过电流分析法或伏安法来施加电位，从而实现电活性物质的检测。纳米电极 IDAs 的最常见应用是进行氧化还原循环，可以使传感信号获得极大增强，从而对痕量分析物进行检测。应用这一技术，可以在一侧电极上设置特定电位来推动还原过程，而在另一侧电极上设置另一个电位来推动氧化过程。因此，氧化还原活性物会在两侧电极之间进行来回扩散（氧化还原循环）[30]，如图 3.4 所示。通过减小相邻电极之间的距离以及扩散层的厚度，可以使这一过程的发生成为可能。氧化还原循环可以极大地提高极限电流，而通过减小电极宽度和间距可以有效促进氧化还原循环的进行[30]。

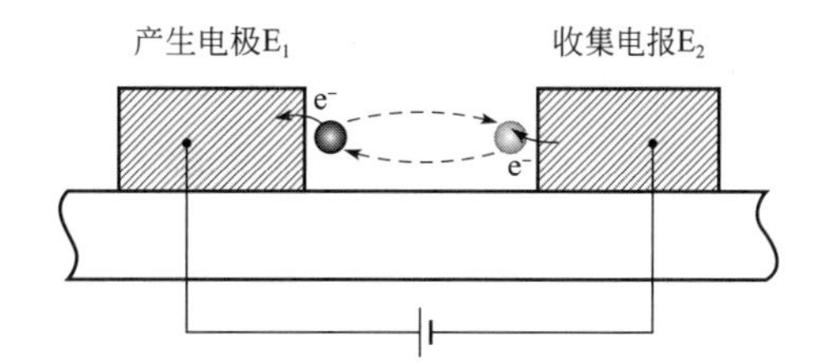

图 3.4　紧邻电极之间的氧化还原循环示意图

注：图片经 The Electrochemical Society 许可，翻印自参考文献 *Analyst*，2007，**132**，365-370。

Ueno 等人结合光刻法和 EBL 法，在玻璃衬底上制备了 IDAs[31]。其中带状电极是利用 EBL 法来进行制备的，电极宽度分别为 500nm 和 100nm，间隙为 500nm 或 30nm，而较大尺寸的图形和接触垫则结合紫外（UV）光刻法和基于 Ti/Au 的剥离工艺来完成。基于相关技术，也可以使间隙尺寸达到 10nm，但与宽间隙电极相比其边缘并不清晰。利用二茂铁衍生物溶液可以对所制备的 IDAs 进行电化学表征，可以得到反曲状的循环伏安曲线（CVs），这表明还原和氧化型氧化还原电对会穿过电极的纳米间隙进行快速的扩散，即便间隙极小，这种趋势也很明显。在具有相似间距比的情况下，100nm 宽的电极带相比于 1mm 的电极带，电流密度会显著增大，数值模拟结果可以对这种增大趋势进行进一步证实。相比于扩散层的尺寸，电流密度的增大与纳米带电极宽度的减小更为密切相关。研究表明，金层厚度为 140nm 的电极，其敏感度比金层厚度为 70nm 的电极更高[31]。

Zhu 和 Ahn 采用类似的方法，结合 EBL 法和光刻法制备了 IDAs[30]。该方法首先在氧化硅晶片表面旋涂 300nm 厚度的聚甲基丙烯酸甲酯（PMMA），然后进行电子束直写来形成图形。随后，利用电子束蒸发来沉积 Ti-Au 层，并用丙酮来对样品进行剥离[30]。参比电极和对电极可以用光刻法来进行制备。利用对氨基苯酚来对 IDA 纳米电极传感器进行电化学表征，结果表明，其可以在 1～10nmol/L 的浓度范围内进行检测。

Finot 等人也利用类似的方法制备了 IDA 纳米电极，用来对 DNA 进行检测[32]。首先利用阴极雾化法在硅晶片表面包覆一层 200nm 的 SiO_2 层，使表面更加光滑。随后，热沉积 5nm 厚的金层，并旋涂 PMMA 膜，之后进行电子束直写来形成图形。在除去 PMMA 膜之前，通过热蒸发过程来沉积电极材料（4nm 的 Cr/60nm 的 Au）。利用以上过程，可以制备 64 条叉指电极，单条电极宽度为 100nm，间距为 200nm，整个工作区域为 $100\mu m \times 50\mu m$。利用氯化六氨合钌作为氧化还原介体，所制备的 IDAs 可以对 DNA 进行检测。钌络合物与 DNA 之间的反应过程是一个插层过程，在这一过程中氧化和还原的钌都将与 DNA 单链相结合。在检测 DNA 互补链之间的杂交事件时，电化学信号将会获得 10%～40%的提升。此外，所制备的纳米电极与体电极相比，灵敏度更高且响应速度更快[32]。

此外，有研究人员通过将生物分子固定于纳米电极之间或围绕在电极周围，对 IDA 纳米电极的相关应用进行了研究[33]。首先，在带有二氧化硅层（厚度约为 500nm）的硅晶片表面旋涂 PMMA 层，利用带有图形发生器的扫描电子显微镜来形成纳米电极图形。随后，利用电子束蒸发来沉积 3nm 厚的铬薄层，并进行热蒸发镀金处理。最后，用丙酮来进行剥离得到 IDAs 纳米电极，其中单条电极宽度为 60nm，间距为 380nm。可以使用介电电泳法来对纳米电极边缘的生物分子进行捕获，例如牛血清白蛋白（BSA）和抗体，相关研究结果在生物传感器领域具有潜在应用价值[33]。

有研究人员通过将生物分子固定于电极的间隙处或纳米电极周围，对 IDA 纳米电极开展了相关应用研究[33]。首先在含有二氧化硅薄层（约 500nm）的脱水硅晶片上旋涂 PMMA 膜，然后利用装备有图形发生器的扫描电子显微镜来形成纳米电极图形。随后，利用电子束蒸发沉积 3nm 厚的铬层，并用热蒸发法来沉积金。最后，通过丙酮剥离过程可以制备出 IDAs 纳米电极，所制备的带电极宽度为 60nm，间距为 380nm。利用介电电泳法可以在纳米电极边缘捕获牛血清白蛋白（BSA）和抗体等生物分子，相关研究在生物传感器领域具有潜在应用价值[33]。

尽管 EBL 法具有高分辨率，并且可以应用于多种纳米电极的批量生产过程中，但其生产成本高，且步骤繁琐。由于老化的光刻胶会对电极造成污染，因此很难通过对光刻胶进行直接图形化来简化制备流程[28]。由于聚焦离子束法具有相对更强的刻蚀效果，因而可以对更坚固的电极绝缘层进行直接图形化处理，这将在本章接下来的部分进行论述。

3.3.2 聚焦离子束曝光

聚集离子束（FIB）曝光法在纳米电极的制备领域应用较少。该技术基于精密聚焦的离子束（最常用的为 Ga^+）来对衬底材料进行无掩膜蚀刻，其可以通过离子轰击来对衬底材料进行选择性去除，也可通过离子沉积或局部化学气相沉积来形成图形[14]。在蚀刻过程中，聚焦离子束接触样品表面并除去沉积在图形结构中或结构周围的材料。利用该技术可以在衬底表面直写纳米级图形，与 EBL 技术相比过程更为简化。此外，可以利用二次电子像来对基于 FIB 法的制备过程进行原位监测[33]。FIB 技术的一个主要应用是通过离子碰撞来对材料进行物理溅射，从而形成微米和纳米图形[35]。

利用 FIB 技术可以在氧化硅晶片衬底上形成凹面纳米孔和纳米带电极[35,36]。首先，可以通过 UV 光刻、金属沉积和剥离过程来制备铂电极（厚度为 100nm，微带尺寸为 2mm×0.6mm）。随后，在铂微电极表面沉积氮化硅膜（500nm）来形成绝缘层。最后，利用 FIB 技术来对氮化硅层进行纳米级直写（30keV 的 Ga 离子束，束斑直径为 10nm，束电流为 10pA），如图 3.5 所示。应用 FIB 技术可以制备尺寸、间距及阵列形式可控的孔和带（见图 3.6）。此外，利用该技术还可以制备出开口比底部大的锥形凹面。图 3.7 为随着电极数量的增多，纳米孔（半径为

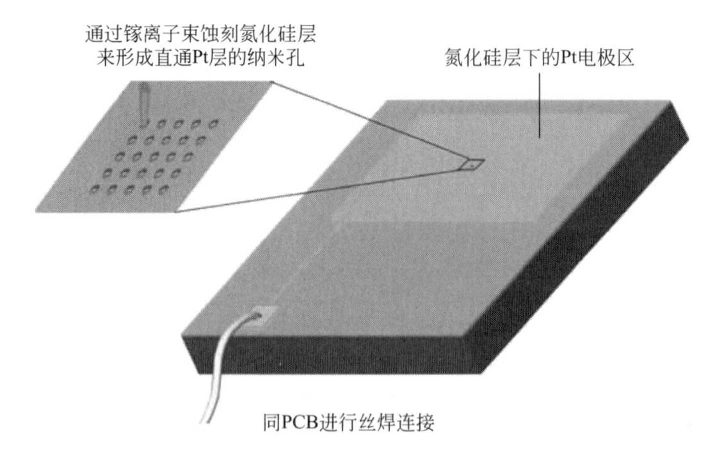

图 3.5 聚焦离子束法制备纳米电极过程示意图

注：聚焦离子束过程可以对 Pt 电极表面的氮化硅层进行蚀刻，从而形成直通 Pt 层的纳米孔。翻印自参考文献［36］。

225nm）阵列的稳态CVs曲线图。纳米电极的表征结果表明，电化学响应更多是由电极口部而非底部的扩散来控制。由于很难用扫描电子显微镜（SEM）来对锥形凹面进行直接观测，因而可以基于稳态CVs曲线和相关数学模型来对孔底部的电极尺寸进行计算[36,37]。

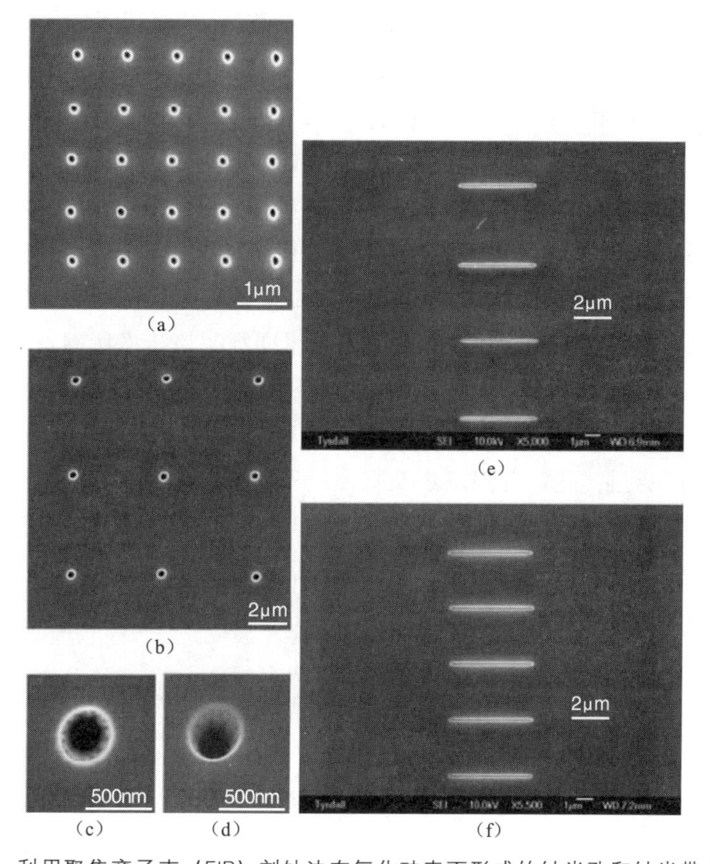

图3.6　利用聚焦离子束（FIB）刻蚀法在氮化硅表面形成的纳米孔和纳米带SEM图

注：(a) 5×5阵列；(b) 3×3阵列；(c) 和 (d) 单个纳米孔电极；孔为截顶锥形；(e) 和 (f) 为FIB技术制备的纳米带阵列图，带宽度分别为117nm和101nm。图片 (a)～(d) 经American Chemical Society许可，翻印自参考文献[36]；图片 (e) 和 (f) 翻印自参考文献 [37]。

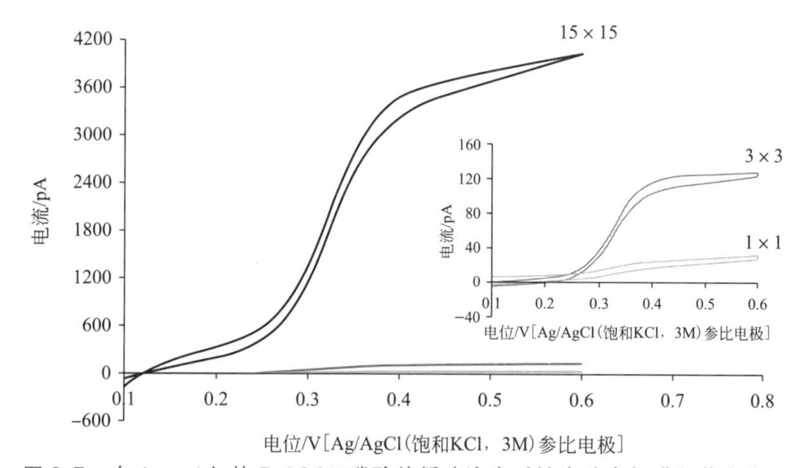

图3.7　在1mmol/L的FcCOOH磷酸盐缓冲液中对纳米孔电极进行伏安表征

注：在5mV/s的扫描速率下，纳米电极数量的增加对循环伏安响应的影响，孔半径为225nm。M表示mol/L。翻印自参考文献 [36]。

Santschi 等人基于 FIB 技术制备了叉指钛纳米电极[35]。首先，可以应用光刻法和等离子刻蚀法，在硅晶片上形成纳米电极的接触垫。随后，在 200℃条件下溅射沉积 40nm 厚的金属钛。最后，利用聚焦离子束（Ga^+）来对叉指纳米电极进行刻蚀，同时，还需利用 XeF_2 来增强刻蚀效果，从而抑制材料的再沉积过程，避免其对刻蚀的相邻结构产生影响。所制备的纳米电极带长度为 1μm，宽度和间隙均为 50nm。尽管没有对这些叉指纳米电极进行完整的电化学表征，但由于相邻电极之间的电阻超过 1GΩ，因而其在众多领域具有广泛的潜在应用价值[35]。

Nagase 等人也利用 FIB 法制备了具有纳米间隙的纳米电极，相关方法已成为制备近单分子尺寸电极的常用方法（详见 3.3.4 节）[38]。该技术所使用的衬底材料为硅晶片，其上覆盖有 200nm 厚的热生长氧化层，随后依次在氧化层上沉积 Ti 层（1～2nm）和 Au 层（10～30nm）。纳米间隙电极的制备过程分为两步：首先是在金属膜上制备纳米线结构，随后利用单线扫描进行二次图形化处理来形成电极之间的纳米间隙。该技术所制备纳米线电极的最小宽度为 30nm，最小间隙为 3nm，所得到的间隙电阻在几个兆欧（GΩ）到 80 个兆欧（GΩ）之间。在间隙结构中存在漏电流，这很可能是由 FIB 刻蚀过程中金的再沉积过程所导致的。有研究人员认为可以通过优化晶片层厚度及刻蚀过程来克服这一问题[38]。

尽管电子束和离子束曝光法具有分辨率高的优势，但主要缺点在于生产成本高昂。因此，寻找低成本的自上而下法来制备纳米电极成为了研究人员所关注的焦点，在本章接下来的部分我们将对相关制备方法进行论述。

3.3.3 纳米压印法

由于电子束和离子束曝光法成本较高，因而需要寻找低成本、高分辨率的替代方案，其中典型的自上而下法是纳米压印法或软刻蚀法。软刻蚀法通常会将液体聚合物前体涂覆在图形化的底版上，从而制备出软印模[14]。纳米压印法（NIL）是一种高分辨率、高通量、低成本的刻印方法[39,40]。该方法在一定压力和温度作用下将刚性印模（通常是硅）上的图案转移到热塑性聚合物膜上，压印过程中的温度高于聚合物膜的玻璃转化温度[14]。NIL 法主要包含两个步骤，如图 3.8 所示：首先是压印过程，随后通过蚀刻过程将图形转移到衬底材料上。大多数 NIL 过程中用到的印模，都需要高分辨率的制备过程来制造，通常都要用到电子束曝光法。研究人员常用纳米压印法来制备叉指阵列（IDA）纳米电极，此外，其还可以制备各种其他的纳米阵列结构。

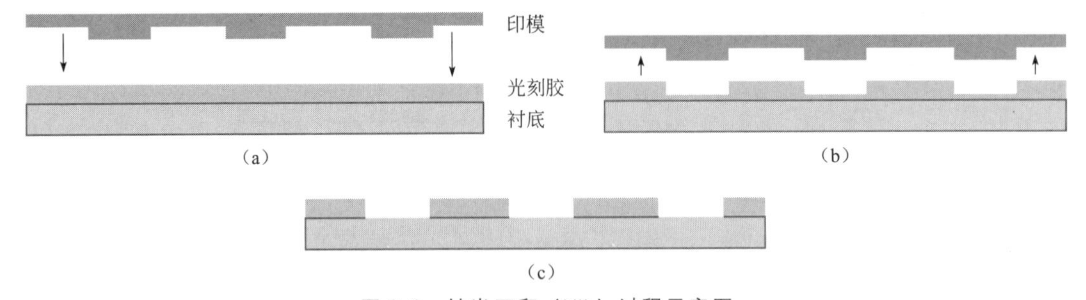

图 3.8 纳米压印（NIL）过程示意图

注：首先将具有特定纳米级图形的印模压入到聚合物（光刻胶）层中（第 1 步），随后去除印模（第 2 步），最后经由反应离子刻蚀（RIE）等刻蚀过程实现图形的转移（第 3 步）。参考并修改于参考文献 [39]。

Montelius 等人应用简单的压印过程在 7cm 的硅基片上制备了 IDA 纳米电极[41]。该方法用一片 7cm 的硅晶片来制作印模，在沉积 30nm 铬层和 20nm 金层并进行剥离之前，基于双层光刻胶系统进行了对齐。应用双金属层可以使金属和绝缘层产生更好的接触，从而在电子束曝光过程中形成更好的对齐。在应用印模进行压印时，需要另外一块包覆有双层光刻胶的 7cm 硅晶片。在进行压印后，需要沉积 5nm 厚的钛层和 15nm 厚的金层并进行剥离，随后进行后续工艺处理。应用该方法所制备纳米电极的宽度和间距为 100～800nm。

基于计时安培分析法和二茂铁二羧酸中的氧化还原循环，可以对所制备的 IDA 电极进行电化学表征。研究结果表明，当纳米电极宽度和间距均为 800nm 最大值时，10s 之后可以达到稳态电流条件（其他宽度和间距的电极未进行相关表征）。此外，作者发现产生的电流和收集的电流之间并不对等，收集效率约为 80%[41]。

Jiao 等人采用负型纳米压印（N-NIL）法制备了 IDA 纳米电极[40]。该方法首先在硅衬底上沉积金属层，并旋涂 PMMA 光刻胶层。随后，应用印模来对 PMMA 层进行压印，然后对金属膜进行进一步的反应离子刻蚀和湿刻蚀。应用该方法可以制备出金属带，其结构与印模的凸起结构刚好相反，所形成金属带的宽度和间距分别为 170nm 和 370nm。过程中所需的印模基于 SiO_2/Si 衬底，以及电子束曝光、CHF_3 反应离子刻蚀（RIE）和剥离过程来制备（如图 3.9 所示）。该方法同传统 NIL 法相比，主要优势如下：① 通过控制

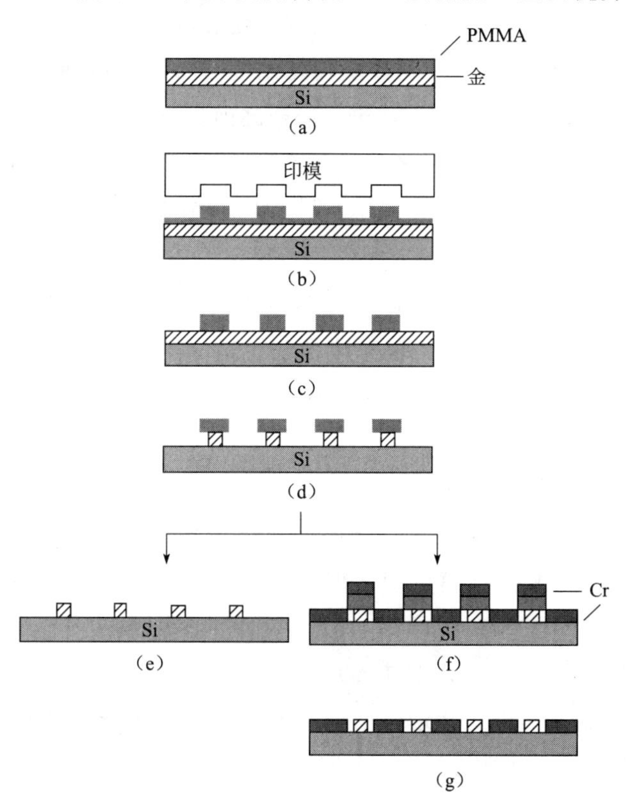

图 3.9 利用负型纳米压印法（N-NIL）来制备纳米电极

注：(a) 硅衬底上先沉积金属膜，随后在金属膜上旋涂 PMMA 薄层；(b) 压印后，印模上的图形转移到 PMMA 膜上；(c) 应用反应离子刻蚀来去除残留的 PMMA；(d) 应用湿刻蚀法去除曝露出的金属膜；(e) 对残留 PMMA 进行剥离后得到的金属纳米结构；(f) 以 PMMA 形成的图形作为掩膜来沉积另一种金属；(g) 去除 PMMA 后得到双金属纳米结构。翻印自参考文献 [40]。

化学刻蚀时间，可以对带尺寸和间距进行调整；② 可以形成双金属结构；③ 通过简单的压印过程便可形成复杂的纳米图形。但作者并未对所制备的IDA纳米电极进行电化学表征[40]。

Carcenac等人应用电子束曝光法制备了图形化的纳米电极（带宽度为200～400nm），这些电极呈花瓣状环绕，顶端锥形收缩并围成一个圆形空隙，该圆形空隙的直径为30～100nm[42]。所使用的硅衬底上覆盖有100nm厚的热生长氧化膜，随后旋涂50nm厚的PMMA层。应用电子束曝光可以对PMMA层进行图形化处理，而通过进一步蚀刻可以将图形转移到硅衬底上，最终制备出负型印模，用纳米电极的NIL法制备过程。该方法用聚二甲基硅氧烷（PDMS）来作为热固化抗蚀剂，但会带来一些电极间隙上的问题。此外，作者并未对所制备的纳米电极进行电化学表征[42]。

Tallal等人结合数种自上而下法，在8英寸（20cm）的硅晶片上实现了纳米电极的可重复复型制备，所制备的纳米电极尺寸在40nm以下[43]。该过程的主要步骤如下，第一步首先用光刻法和电子束曝光法来制备印模，通过控制工艺参数可以对纳米电极的形貌和间隙尺寸进行控制。用光刻法来制备接触垫，随后沉积光刻胶层，并通过反应离子刻蚀来将图形转移到硅衬底上，深度为150nm。所形成的图形总面积为（2×2）cm^2，包含150个带电极，间隙尺寸从小于30～100nm不等。第二步通过在衬底旋涂240nm厚的聚合物层来进行印模复型。施加一定压力，并将温度提升到玻璃转化温度之上，可以使聚合物流进印模的凹陷处，从而对印模图形进行复型。此外，在进行脱模之前，需要对系统进行冷却。第三步通过等离子增强化学气相沉积（PECVD）来沉积金属层（5nm厚的钛和35nm厚的金），随后进行剥离过程。作者基于NEB22A2聚合物复型制备了金属纳米电极和纳米间隙，但并未进行相关的电化学表征[43]。

Sandison和Cooper在应用EBL法制备了纳米孔电极后，又应用NIL法制备了类似的纳米孔电极[28]。该研究基于本章3.3.1节中所讨论的EBL方法进行制备，所使用的硅晶片上沉积有金属电极层，在电极层之上涂覆光刻胶。该方法并未使用EBL法在光刻胶上形成纳米孔，而是使用了硅基纳米结构印模，印模上存在着纳米柱阵列（半径为250nm，高度为500nm），在一定压力作用下可以将印模压入到金属电极层上方的聚合物层中。印模基于EBL法和反应离子刻蚀法来进行制备，在进行压印的过程中需要将聚合物层加热到玻璃转化温度之上，在聚合物膜冷却之前应持续保持压力作用。脱模后应进行氧等离子体处理，去除图形结构底部残留的聚合物。有些纳米结构在压印过程中会出现变形，从而使电极半径增大（从250nm到400nm）。测试结果显示，该方法所制备纳米孔电极的电化学特性与EBL法制备的电极相近，而生产成本却更为低廉。无论是应用EBL法还是NIL法，当孔距过小时（电极间距/半径比为10）都会得到峰型伏安曲线，这表明扩散场出现了重叠[28]。

目前，NIL法已经成为低成本批量制备纳米电极阵列的重要方法，尤其是在IDA电极的制备领域获得了重要应用。在压印过程中纳米图形会出现失真和变形，使其应用范围受到限制，影响复型过程或使电极结构尺寸变大。

3.3.4 纳米间隙电极

目前对纳米间隙电极的研究报道越来越多，这种电极并非我们之前所讨论的叉指电极，而是由两条距离非常近的电极所构成，电极之间的间隙在纳米级尺度。这种电极在分子电化学分析传感器领域获得了重要应用。若想进行分子水平的研究，所用到的纳米电极应该与被研究的分子具有相近的尺寸[41]。在本章 3.3.1 节中所讨论的纳米孔电极直接制备法中，所得到的孔洞在长径比方面具有局限性，并且尺寸上很难达到单分子尺度。此外，为了进行单分子检测，电极之间的距离应该尽可能的小，从而实现分子的捕获或操纵。在这种情况下，纳米电极的作用是将生物分子之间亲和力所包含的生物信息转化为可测量的电信号。这种电极不需要目标放大系统，因而省去了复杂的作用过程。因此，其所面临的最大挑战是如何仅凭少量的生物分子就可以产生出满足灵敏度要求的信号[44]。然而，分子和纳米电子学相关应用要求电极间的狭小间隙中不能存在漏电流[45]。因此，开发一种纳米间隙电极之后，应该首先测量其极间电阻。本节中将重点对纳米间隙电极的制备过程，以及一些相关应用进行讨论。

在本章的前几节中，我们对纳米间隙电极进行了简要介绍，可以用电子束曝光[42]、聚焦离子束曝光[38]以及 NIL 法[43]来进行纳米间隙电极的制备。在接下来的部分，我们将对纳米间隙电极进行重点论述。

Fischbein 和Drndić 应用 EBL 法制备了纳米间隙电极[46]。该方法首先基于光刻法和硅晶片来形成较大的图形化窗口（即自支撑的 Si_3N_4 膜），以便为后续的电子束图形化过程做好准备。随后，在 Si_3N_4 膜上旋涂 PMMA 层，并基于电子束曝光法来形成图形，以此作为模板可以形成各种纳米间隙结构。通过在镍或铬层上沉积金层，并通过剥离过程来溶解光刻胶、去除相应的金属部分，可以制备出纳米间隙电极。最终所得到元件的金属部分由 EBL 过程所形成的图形来确定，电极间隙为 0.7～6nm。基于电极间隙处包覆油酸的 PbSe 纳米晶，可以利用标准伏安曲线来对间隙进行表征，此外，也可通过测量电容来对间隙进行表征[46]。

Waser 等人利用两步 EBL 过程，在硅晶片上制备了具有纳米间隙的纳米电极[47]。在每一个芯片上有 30 个纳米电极，即存在 15 对纳米间隙。该方法所使用的硅晶片上涂覆有两层光刻胶，即 PMMA 和 PMMA/MMA，其中后者为正性光刻胶。第一步电子束过程用来确定光刻与电子束法之间的重叠部分，并且形成成对的纳米电极和纳米间隙。通过沉积 Ti/Pt/Au 层并进行剥离，可以制备出所需的电极。随后，在晶片上旋涂保护性的光刻胶层并应用 EBL 来进行图形化处理，最后用反应离子束刻蚀法来进行处理得到纳米间隙电极。作者在硫酸溶液中对所制备的电极进行了电容测试。此外，通过在纳米间隙电极上电沉积铜离子，可以使间隙缩小到几个埃的大小，可以与小簇和特定的分子形成金属-分子-金属混合组装模式[47]。

Sun 等人基于所开发的纳米间隙电极，对官能化的钴颗粒进行了研究[45]。该方法基于硅衬底，通过 EBL 法、金的沉积和剥离过程来进行纳米间隙电极的制备。通过控制电子束强度、图形化时间等条件，可以对间隙尺寸进行调控（7～25nm）。当间隙尺寸为 8～9nm

时，成品率将近 100%，而当间隙尺寸为 3～4nm 时，成品率只有约 15%。通过在纳米间隙电极之间形成钴颗粒，并基于伏安法，可以对电极的传输特性进行研究。

尽管目前已经可以制备出多种纳米间隙电极，但其主要局限性在于制备过程的可重复性，这是一种基于高分辨率的技术，所制备的电极大小与单个分子的尺寸相近（0.5～2nm）[48]。目前为止，可以应用多种方法来制备纳米间隙，其中很多方法先利用 EBL 过程来形成纳米级结构，随后通过进一步的过程来减小间隙尺寸，使其达到分子尺度。在 2006 年，Ah 等人应用 EBL 过程在硅晶片上制备了叉指纳米电极，间隙尺寸为 50nm。随后，利用羟胺对金离子进行表面催化化学还原，从而在金带电极表面沉积金，使间隙尺寸缩小为几纳米。利用伏安法可以对间隙电极之间的隧道电流进行测量，通过进一步的数值计算可以估算出间隙尺寸，而这一尺寸很难由场发射扫描电子显微镜（FESEM）来进行直接测量。应用该方法，可以在 $(1\times1)\text{mm}^2$ 的区域内形成 20000 个纳米间隙，其中 90%以上的间隙尺寸小于 5nm[48]。

Chang 等人制备了纳米间隙电极，并进行了 DNA 检测研究[49]。该方法利用 EBL 过程制备了金纳米间隙电极，间隙距离为 300nm，电极高度为 65nm。利用金纳米颗粒的自组装过程和基于生物条形码放大（BCA）的 DNA，可以对电极进行官能化。此外，通过互补 DNA 的杂交过程，可以对电极和多层金纳米颗粒之间的界面进行确定。基于多层金纳米颗粒并使用磁性纳米颗粒和生物条形码 DNA 来进行电流放大，可以对纳米间隙电极间的电流进行测量。基于该测量过程的伏安检测法，可以使 DNA 的检测限达到 1fmol/L[49]。

3.3.5 非高分辨率制备法

虽然目前纳米电极的制备过程基本上都依赖于高分辨率的装备，但 Kleps 等人却基于标准的非高分辨率微加工技术，成功制备了半径为 50～250nm 的纳米电极[50]。该方法通过对二氧化硅掩膜进行刻蚀，在硅晶片上形成了锥形结构。通过对衬底进行氧化处理，使锥形结构变得更加尖锐，并利用金属有机化学气相沉积（MOCVD）法来制备金或铂膜。在此基础上沉积绝缘的 SiO_2 或 SiO_2/Si_3N_4 叠层，随后进行短时间的无掩膜紫外曝光来除去包覆在锥形结构上方的绝缘材料，从而制备出纳米锥电极[50,51]。近来，已有研究对该类电极的电化学特性进行了报道[52]。

Chen 等人同样在未使用高分辨率制造设备的情况下，成功制备了纳米间隙电极[53]。该方法首先利用传统的光刻技术，在热氧化硅晶片上制备了间距为 5μm 的金电极对。随后，于 10μA 的直流电流作用下，在金电极表面电沉积铜。通过电沉积过程可以将电极的间隙缩小到 9nm，而相关技术也可应用于其他金属材料。在电镀过程中，通过调节自制电化学装置的控制电路参数，如频率和串联电阻等，可以对间隙大小进行调制。由于不同的间隙大小对应有不同的电容电阻比，因而间隙大小的变化是与阻抗直接相关的。Chen 等人认为基于这一点，可以实现间隙大小的有效调制，利用该方法甚至可以将间隙大小降低到原子尺度，同时还具有低成本、高通量等优点。已有研究人员对其相关应用进行了研究，包括各种纳米材料和有机分子的输运特性等[53]。

3.4 应用

本章重点对各种纳米电极的自上而下法制备过程进行了综述，所制备的纳米电极具有各种各样的潜在应用，而这些应用也决定了其不同的尺寸、间距以及阵列布局。在各种制备方法中，EBL、FIB 和 NIL 是最常使用的三种方法。然而目前为止，人们还尚未对纳米电极的相关应用开展全面而系统的研究。因此，对纳米电极的应用进行进一步的研究是非常必要的。在本章接下来的部分，我们将围绕纳米电极未来的可能应用进行讨论。

目前，由于电化学检测法可以满足设备小型化以及体内检测的要求，因此成为了单分子（例如 DNA）检测领域的热点方向。因为所需制备的电极尺寸与待检测分子的尺寸相近，因此所面临的一个主要挑战就是制备过程的可重复性。目前，对纳米间隙电极的制备过程已多有研究，但关于其相关应用，如进行 DNA[49] 和钴颗粒[45] 检测，却鲜有报道。研究表明，目前对 DNA 的检测限已经可以达到 1fmol/L。此外，也有研究利用金属电沉积过程来缩小电极之间的间隙，从而使间隙大小达到原子尺度，基于此可以与小簇和特定的分子形成金属-分子-金属混合组装模式[47]，并且可以对各种纳米材料和有机分子的电子输运特性进行研究[53]。

在本章 3.3.1 和 3.3.2 节中（EBL 和 FIB 法）我们介绍了一些纳米电极，这些电极的活性面积区域尺寸都在纳米级，这与只有横向尺寸达到纳米级的纳米带电极不同。因此，制备这类电极对工艺过程要求较高，而对这些电极在传感器领域的应用也少有报道。在这类电极中，极具应用前景的一种是纳米孔电极，Jung 等人利用抗体对纳米孔电极周围凹面的绝缘材料进行了官能化，成功制备了免疫传感器（如图 3.3 所示）[29]。进行这种表面修饰的一个最主要优点就是捕获单元（即抗体-囊泡复合物）具有更大的表面积，以及具有未抑制的电极表面，从而可以获得更高的灵敏度，并使纳米电极的其他性能获得提升（详见本章 3.1 节和 3.2 节）。Jung 等人还基于方波伏安法，实现了抗体的抗原电化学检测，所涉及的抗原和抗体分别为人血清白蛋白（HSA）及 HSA 抗体[29]。而这仅仅是蛋白质传感系列研究的一部分，该研究小组还应用类似技术手段进行了 DNA 的传感研究[54]。该方法首先基于 EBL 法在聚合物光刻胶层上形成纳米凹槽，随后将单链 DNA 固定于凹槽底部的金属电极上。通过溶液中扩散氧化还原探针的电化学抑制作用，可以实现杂交事件的检测[54]。

Zhu 和 Ahn 对纳米电极在免疫传感器方面的可能应用进行了报道，基于 IDA 纳米电极可以对 10^{-9}～10^{-8}mol/L 浓度范围内的 4-氨基苯酚进行检测[30]。在进行酶标记电化学免疫测定时会发生酶反应，而 4-氨基苯酚为酶反应的产物[55]。

IDA 纳米电极是极为重要的一种纳米电极，其通过相邻电极间氧化还原物的循环过程来发挥功效，并且可以对低分析物浓度所获得的电流产生显著的放大效果。因此，可以基于 IDA 纳米电极来对浓度较低的分析物进行痕量分析。Finot 等人利用氯化六氨合钌作为氧化还原介体，实现了 DNA 的检测[32]。该方法将单链 DNA 固定于电子束图形化的 IDA 金纳米电极上，利用 DNA 和 $Ru(NH_3)_6^{3+}$ 之间的相互作用来对 DNA 进行检测。由于 $Ru(NH_3)_6^{3+}$

可以与DNA发生反应并插入到DNA的双链中，基于此可以对电极表面样本DNA和单链DNA的杂交过程进行检测。与宏观体电极相比，该纳米电极具有更高的灵敏度以及更快的响应速度。Luo等人对IDA纳米电极的传感器应用进行了报道，其基于介电电泳法和IDA纳米电极，对纳米带边缘的BSA以及抗体等生物分子进行了捕获[33]。该技术应用前景广泛，可以用于多种不同类型的传感器中，进行痕量分析物检测。目前，IDA微电极在生物传感器领域，特别是在微流体系统领域获得了广泛应用[54]。今后，需要对纳米级IDAs的相关制备技术进行进一步优化，实现电极的可重复、批量化制备，从而更好地用于NIL等低成本替代性技术。

3.5 结论

本章对自上而下法制备纳米电极的最新进展进行了综述。从单分子检测到用于痕量分析的信号放大，这些电极的应用范围非常广泛。根据所需电极尺寸、间距以及数量的不同，会选用不同的制备方法。常用的制备过程主要基于三种刻蚀技术（EBL、FIB和NIL），通过对这些技术进行改进和微调可以获得各种不同形状和尺寸的纳米电极。对尺度小于10nm的纳米电极进行可重复制备是极为困难的，因此，纳米间隙电极引起了研究人员的广泛兴趣，该电极的间隙与检测分子的尺寸相近，因而可以进行单分子检测。尽管目前基于电子束和离子束的高分辨率制备方法应用广泛，但考虑到生产成本问题，开发NIL等低成本制备方法是十分必要的。目前，NIL法被广泛用来制备IDA纳米电极，而压印过程中经常出现的变形问题对该类电极的制备过程影响不大。表3.1对三种自上而下法制备纳米电极和纳米电极阵列的优缺点进行了归纳总结。时至今日，EBL法，尤其是FIB法，已成为制备各种新颖结构（如各种实验样板）的重要研究工具，而NIL法则代表了阵列的低成本制备方法。本章所概述的不同制备方法各有特点，可分别用于开发不同的生物传感器/生物分析系统。

表3.1 不同纳米电极制备方法的比较

工艺方法	优点	缺点
电子束曝光法	设计灵活、高分辨率	生产效率低
聚焦离子束曝光法	工艺灵活、可以进行图形直写	生产效率低
纳米压印法	生产效率高、重复性好	图形化过程不灵活

本章所介绍的各种纳米电极自上而下制备法，所面临的最大问题是批量生产时制备过程的可重复性，尤其是当尺度只有几十纳米或者小于10nm时，这一问题将变得更为严峻。此外，很多高分辨率的制备方法生产成本高昂，且制备过程繁琐而复杂。因此，未来关于纳米电极的研究，应更多地关注如何提高制备过程的可重复性，尤其是用到高分辨率装备的纳米电极制备过程。迄今为止，纳米电极的相关应用展现了更高的灵敏度以及更快的响应速度，因而在小型化、高灵敏度的传感器件领域具有潜在应用价值。研究人员仍将就纳米电极的可

能应用进行大量研究报道，因此，这些电极必须足够稳定和坚固，基于此，实验化学家和生物化学家可以通过不同技术手段来对这些电极的性能进行测试。

参考文献

1 Zoski, C.G. (2002) *Electroanalysis*, **14**, 1041–1051.
2 Dayton, M.A., Brown, J.C., Stutts, K.J. and Wightman, R.M. (1980) *Anal. Chem.*, **52**, 946–950.
3 Loeb, G.E., Peck, R.A. and Martynuik, J. (1995) *J. Neurosci. Meth.*, **63**, 175–183.
4 Wu, W.-Z., Huang, W.-H., Wang, W., Wang, Z.-L., Cheng, J.-K., Xu, T., Zhang, R.-Y., Chen, Y. and Liu, J. (2005) *J. Am. Chem. Soc.*, **127**, 8914–8915.
5 Leggett, G.J. (2005) *Analyst*, **130**, 259–264.
6 Sandison, M.E., Anicet, N., Glidle, A. and Cooper, J.M. (2002) *Anal. Chem.*, **74**, 5717–5725.
7 Berduque, A., Lanyon, Y.H., Beni, V., Herzog, G., Watson, Y.E., Rodgers, K., Stam, F., Alderman, J. and Arrigan, D.W. M. (2007) *Talanta*, **71**, 1022–1030.
8 Arrigan, D.W.M. (2004) *Analyst*, **129**, 1157–1165.
9 Nagale, M.P. and Fritsch, I. (1998) *Anal. Chem.*, **70**, 2908–2913.
10 Delvaux, M., Demoustier-Champagne, S. and Walcarius, A. (2004) *Electroanalysis*, **16**, 190–198.
11 Choi, Y., Baker, L.A., Hillebrenner, H. and Martin, C.R. (2006) *Phys. Chem. Chem. Phys.*, **8**, 4976–4988.
12 Vlassiouk, I., Takmakov, P. and Smirnov, S. (2005) *Langmuir*, **21**, 4776–4778.
13 Fologea, D., Gershow, M., Ledden, B., McNabb, D.S., Golovchenko, J.A. and Li, J.L. (2005) *Nano. Lett.*, **5**, 1905–1909.
14 Gates, B.D., Xu, Q., Stewart, M., Ryan, D., Willson, C.G. and Whitesides, G.M. (2005) *Chem. Rev.*, **105**, 1171–1196.
15 Cheng, W., Dong, S. and Wang, E. (2002) *Anal. Chem.*, **74**, 3599–3604.
16 Spatz, J.P., Chan, V.Z.H., Mossmer, S., Kamm, F.M., Plettl, A., Ziemann, P. and Moller, M. (2002) *Adv. Mater.*, **14**, 1827–1832.
17 Cojocaru, C.V., Ratto, F., Harnagea, C., Pignolet, A. and Rosei, F. (2005) *Microelectron. Eng.*, **80**, 448–456.
18 Hah, J.H., Mayya, S., Hata, M., Jang, Y.-K., Kim, H.-W., Ryoo, M., Woo, S.-G., Cho, H.-K. and Moon, J.-T. (2006) *J. Vac. Sci. Technol. B*, **24**, 2209–2213.
19 Caston, S.L. and McCarley, R.L. (2002) *J. Electroanal. Chem.*, **529**, 124–134.
20 Menon, V.P. and Martin, C.R. (1995) *Anal. Chem.*, **67**, 1920–1928
21 Slevin, C.J., Gray, N.J., Macpherson, J.V., Webb, M.A. and Unwin, P.R. (1999) *Electrochem. Commun.*, **1**, 282–288.
22 Gray, N.J. and Unwin, P.R. (2000) *Analyst*, **125**, 889–893.
23 Li, G., Xi, N., Chen, H. and Saeed, A. (2004) *IEEE Conference on Nano-technology Proceedings*, pp. 352–354.
24 Pain, L., Tedesco, S. and Constancias, C. (2006) *C. R. Physique*, **7**, 910–923.
25 Deamer, D.W. and Akeson, M. (2000) *Trends Biotech.*, **18**, 147–151.
26 Lemay, S.G., van den Broek, D.M., Storm, A.J., Krapf, D., Smeets, R.M.M., Heering, H.A. and Dekker, C. (2005) *Anal. Chem.*, **77**, 1911–1915.
27 Krapf, D., Wu, M.-Y., Smeets, R.M.M., Zandbergen, H.W., Dekker, C. and Lemay, S.G. (2006) *Nano Lett.*, **6**, 105–109.
28 Sandison, M.E. and Cooper, J.M. (2006) *Lab Chip*, **6**, 1020–1025.
29 Jung, H.S., Kim, J.M., Park, J.W., Lee, H.Y. and Kawai, T. (2005) *Langmuir*, **21**, 6025–6029.
30 Zhu, X. and Ahn, C.H. (2006) *IEEE Sensors J.*, **6**, 1280–1286.
31 Ueno, K., Hayashida, M., Ye, J.-Y. and Misawa, H. (2005) *Electrochem. Commun.*, **7**, 161–165.
32 Finot, E., Bourillot, E., Meunier-Prest, R., Lacroute, Y., Legay, G., Cherkaoui-Malki, M., Latruffe, N., Siri, O., Braunstein, P. and Dereux, A. (2003) *Ultramicroscopy*, **97**, 441–449.
33 Luo, C.P., Heeren, A., Henschel, W. and Kern, D.P. (2006) *Microelectron. Eng.*, **83**, 1634–1637.

34 Nagase, T., Gamo, K., Kubota, T. and Mashiko, A. (2005) *Microelectron. Eng.*, **78–79**, 253–259.

35 Santschi, C., Jenke, M., Hoffmann, P. and Brugger, J. (2006) *Nanotechnology*, **17**, 2722–2729.

36 Lanyon, Y.H., De Marzi, G., Watson, Y.E., Quinn, A.J., Gleeson, J.P., Redmond, G. and Arrigan, D.W.M. (2007) *Anal. Chem.*, **79**, 3048–3055.

37 Lanyon, Y.H. and Arrigan, D.W.M. (2007) *Sens. Actuat. B-Chem.*, **121**, 341–347.

38 Nagase, T., Gamo, K., Ueda, R., Kubota, T. and Mashiko, S. (2006) *J. Microlith. Microfab. Microsyst.*, **5**, 011009-1-6.

39 Chou, S.Y., Krauss, P.R. and Renstrom, P.J. (1996) *J. Vac. Sci. Technol. B*, **14**, 4129–4133.

40 Jiao, L., Gao, H., Zhang, G., Xie, G., Zhou, X., Zhang, Y., Zhang, Y., Gao, B., Luo, G., Wu, Z., Zhu, T., Zhang, J., Liu, Z., Mu, S., Yang, H. and Gu, C. (2005) *Nanotechology*, **16**, 2779–2784.

41 Beck, M., Persson, F., Carlberg, P., Graczyk, M., Maximov, I., Ling, T.G.I. and Montelius, L. (2004) *Microelectron. Eng.*, **73–74**, 837–842.

42 Carcenac, F., Malaquin, L. and Vieu, C. (2002) *Microelectron. Eng.*, **61–62**, 657–663.

43 Tallal, J., Peyrade, D., Lazzarine, F., Berton, K., Perret, C., Gordon, M., Gourgon, C. and Schiavone, P. (2005) *Microelectron. Eng.*, **78–79**, 676–681.

44 Malaquin, L., Vieu, C., Geneviève, M., Tauran, Y., Carcenac, F., Pourciel, M.L., Leberre, V. and Trévisiol, E. (2004) *Microelectron. Eng.*, **73–74**, 887–892.

45 Liu, K., Avouris, P., Bucchignano, J., Martel, R., Sun, S. and Michl, J. (2002) *Appl. Phys. Lett.*, **80**, 865–867.

46 Fischbein, M.D. and Drndić, M. (2006) *Appl. Phys. Lett.*, **88**, 063116-1-3.

47 Kronholz, S., Karthäuser, S., Mészáros, G., Wandlowski, T., van der Hart, A. and Waser, R. (2006) *Microelectron. Eng.*, **83**, 1702–1705.

48 Ah, C.S., Yun, Y.J., Lee, J.S. and Park, H.J. (2006) *Appl. Phys. Lett.*, **88**, 133116.

49 Chang, T.-L., Tsai, C.-Y., Sun, C.-C., Uppala, R., Chen, C.-C., Lin, C.-H. and Chen, P.-H. (2006) *Microelectron Eng.*, **83**, 1630–1633.

50 Kleps, I., Angelescu, A., Avram, M., Miu, M. and Simion, M. (2002) *Microelectron. Eng.*, **61–62**, 675–680.

51 Kleps, I., Angelescu, A., Vasilco, R. and Dascalu, D. (2001) *Biomed. Microdev.*, **3**, 29–33.

52 Daniele, S., De Faveri, E., Kleps, I. and Angelescu, A. (2006) *Electroanalysis*, **18**, 1749–1756.

53 Chen, F., Qing, Q., Ren, L., Wu, Z. and Liu, Z. (2005) *Appl. Phys. Lett.*, **86**, 123105.

54 Lee, H.Y., Park, J.W., Kim, J.M., Jung, H.S. and Kawai, T. (2006) *Appl. Phys. Lett.*, **89**, 113901.

55 Bange, A., Halsall, B. and Heineman, W.R. (2005) *Biosens. Bioelectron.*, **20**, 2488–2503.

4 模板法合成磁性纳米线阵列

4.1 引言

二十世纪末，利用纳米材料创建先进材料的需求日益增长，需要大力发展相关合成技术，并基于原有材料开发新功能，如纳米点、纳米棒、纳米管、纳米纤维和量子线等。纳米线可因为其奇特的电子和光学特性而作为一维导体，也可被用于超灵敏的化学和生物传感器。

目前，通常认为光刻技术结合物理气相沉积（PVD）是纳米材料生产的最终方法。虽然有许多报道使用光刻技术成功制备纳米柱或纳米阱，但这一方法仍有一些缺陷，如：当尺寸更小时，成本迅速增加且精度很难维持。制备纳米图形电子结构时，光刻工艺也限制了电子元件尺寸，如纳米线。光学光刻制备纳米线时受限于光的波长。当使用更短波长的紫外线（UV）光谱时，光学元件的制造成本急速上升。这些挑战迫使需要寻求新的纳米制备技术，特别是在开口的模板中直接生长纳米结构。其中一种最成功的方法是基于多孔膜合成纳米材料[1~4]，其中膜可作为电沉积多层纳米线和单金属纳米线的模板[5,6]。模板法合成纳米线的优点是克服了光刻法难以制备小直径纳米纤维的困难[7]。这可能使未来的计算机存储器和磁传感器产生巨大的变化[8]。此外，模板法合成纳米材料可实现量产。可用于电沉积多层纳米线及单金属纳米线的模板有径迹蚀刻聚碳酸酯膜[9,10]、多孔氧化铝[11~13]和纳米多孔云母[14]。

从历史上看，Possin 等[15]第一个用恒电位法在 15μm 厚的云母中制备了不同的单金属纳米线，云母孔密度为每平方厘米 10^4 个孔。在上世纪 80 年代末，Baibich 等和 Binasch 等[16,17]第一次在 Fe/Cr 磁性结构中观察到了巨磁阻（GMR）现象。自此之后，通过分子束外延（MBE）或溅射沉积技术[18~23]制造过渡金属磁性材料已成为一个重要的研究领域。这些 GMR 结构中，磁层被非磁性金属层隔开。在具有反铁磁或铁磁材料的磁性多层系统中，当磁场诱导磁化平行取向时电阻降低，出现 GMR 现象。过去，磁性多层结构的巨磁电阻效应的多数实验都是测量磁性多层膜系统的平面内电流，即所谓的“平面电流”（CIP）。另一种是“垂直电流”（CPP）。Valet 和 Fert[20]发现 CPP 磁性多层膜的磁电阻大于 CIP 中的磁电阻。然而，在 CPP 测量中，需要使用超导量子干涉器件（SQUID）。使用高敏感技术的原因是，当电流垂直于磁性多层膜的平面时，样品的长度即膜的厚度，通常是纳米尺度。因此，CPP 如此低的电阻变化只能采用 SQUID 作为 P 伏计检测 P 欧姆电阻。虽然 Pratt 等人最早提出这种方法[24]，然而 CPP 型电阻测量方法在最近开辟了 GMR 研究的一个全新领域。

电沉积法已成为众多制备技术中的有力竞争者。电沉积磁性多层膜的其中一个关键是利用径迹蚀刻聚碳酸酯膜或多孔氧化铝模板中的柱状细孔，这已成为在 CPP 中测量巨磁电阻的一个重要途径。最近，几个团队改进了模板法制备的纳米材料的磁性研究方法，这可能为未来的计算机存储器和磁传感器提供一个重要变化[1,25~29]。

这一章重点是以离子径迹蚀刻聚碳酸酯膜为模板，采用电化学合成技术制备磁性单层和多层纳米线阵列。最后，介绍了近年使用双束聚焦离子束（FIB/SEM）制备电沉积 Au 纳米线电接触在四探针配置中的研究进展。

4.2 电化学合成纳米线

这节包括三个部分：第一部分主要介绍纳米电极的制备；第二部分讨论 Co 纳米线的生长和成核；最后在第三部分介绍磁性多层纳米线阵列的电沉积。

4.2.1 纳米电极制备

纳米线和纳米线阵列通常可通过填充多孔模板获得，模板具有大量的平行排列的柱状孔洞，且孔径分布窄。如今，具有纳米通道的聚碳酸酯膜或阳极氧化铝常用于化学或电化学沉积金属、导电聚合物或其他材料的纳米纤维和纳米管。因为模板中的纳米通道尺寸均一，可精确控制模板法制备的纳米纤维（或管）的直径和长径比。选择纳米多孔材料为模板，可获得非常薄的圆筒，其具有均匀的尺寸和可控的直径，可小至几十纳米。金属纳米线阵列具有有趣的性质，如一维（1D）材料的量子现象，可用来构建新的纳米线基电子器件和电路[5,30~37]。

从核辐射源发射重离子穿过 5～20μm 厚的聚合物薄膜可制备径迹蚀刻膜。孔洞可以在一个适当的媒介中被选择性腐蚀，从而根据蚀刻时间调节孔直径[28,5,31]。据报道，使用市售的多孔聚碳酸酯膜电沉积纳米线通常表现出“牙签”或“雪茄”形状，具有非均匀的表面而不是预期的圆柱形[30,32]。缺陷的产生可能是因为高能粒子加速到达膜表面时，使聚合物晶体出现点缺陷区域及膜中高分子键断裂[5,31]。

最近，制备形状良好的柱状孔洞多孔膜的重复性得到了改善。不同的团队[33,34]研究了电化学模板法的合成条件，通常是在膜的一侧溅射 500nm 厚的 Ag、Au 或 Cu 膜为工作电极。为了获得多孔膜孔内和孔附近电活性物质扩散和浓度变化的时间函数表达式，微电极的理论研究转为了“纳电极”，作者倾向于用“纳电极”（nanode）代替纳米电极（nanoelectrode）[35]。微电极作为小型工作电极的一个重要性质是电活性物质向电极表面非线性扩散而产生的高信噪比。在文献[36~41]中，平面基板采用半球扩散通量而不是线性扩散。半球扩散模型中，由于扩散层厚度小，每单位时间和面积到达电极表面的电活性物质比在线性扩散模型中的更多，并在几十微秒内达到稳定态[42]。

4.2.2 电化学沉积钴纳米线的反应、扩散和成核

一般情况下，水性电解液中金属沉积不仅在技术上是一个非常重要的反应，而且是成核和生长的一个经典例子，其中成核起决定性作用。另一方面，金属电结晶的基本内容都是与成核和晶体生长直接相关。然而，完整的控制（完全理解）这个物理过程需要掌握电解生长中涉及孔隙填充过程的各种细节。

减小元器件的尺寸后，单个界面和缺陷将控制纳米线的物理特性。因此，电化学合成纳电极作为凹形电极的实验和理论研究至关重要。

Ni、Fe 和 Co 等金属纳米晶具有与尺寸相关的丰富的结构、磁、电和催化性能[43]，特别是磁化弛豫时间与体积的指数关系推动了磁存储用 Co 纳米晶合成的研究。因此，本节选取 Co 纳米线的模板合成用于研究纳电极（工作电极）的电极动力学[35]。

扩散控制的极限电流可以描述为 Cottrel 方程和稳定态修正项（非线性扩散）之和[44]：

$$i(t) = i_d nFDAc^{\mathrm{b}}\sqrt{\frac{D}{\pi t}} + \frac{nFDAc^{\mathrm{b}}}{r} \tag{4.1}$$

式中，n 是参与反应的电子数，F 是法拉第常数，r 是孔隙半径，D 是扩散系数，c^{b} 是电活性物质体积浓度。

需要注意的是，纳电极阵列处扩散控制的极限电流与时间无关。假设纳电极为凹形微电极，可推断，随着时间的流逝，凹形电极在短时间内遵守 Cottrel 方程，电流与 $1/(r+L)$ 成正比，L 是纳电极膜的厚度或长度。在这些条件下，凹形纳电极处扩散控制电流的表达为：

$$i(t)_{\mathrm{pores}} = i_{d\mathrm{pores}} = \frac{4\pi nFDc^{\mathrm{b}}r^2}{4L + \pi r} \tag{4.2}$$

需要重点考察开始于每个单独纳电极的扩散随时间的变化。最终，来自于一系列纳米电极的扩散区域重叠在一起，并在阵列上互相隔离。这样，所有纳米电极的扩散区域有效覆盖了电极全部面积。

图 4.1(a)～(d) 说明了孔隙填充过程中浓度随时间的变化。施加初始成核的电压时，出现了两种类型扩散层，一个区域在孔内一个在孔外。扩散区在图 4.1(a) 中标记为 D_2 和 D_1。孔内的扩散是线性变化的，而孔外的扩散在毫秒时间内是线性变化的（即 Cottrellian），而长时间的扩散是球形分布且与时间无关。在孔填充时，内扩散区（D_2）变薄［见图 4.1(b)］。在孔完全填充时，只能保持外扩散区［见图 4.1(c)］。进一步沉积，孔外表面全部被覆盖，扩散为线性［见图 4.1(d)］。

增加球面扩散区半径可增加耗尽区体积。溶液中的扩展区可得出，大量的电活性物质线性扩散至电极表面[44]。

除了扩散控制极限电流影响的质量传输，电化学反应进行的速率也依赖于电极的有效表面积。因此，离子径迹蚀刻膜制备的随机分布的凹纳电极，扩散到有效表面积的解析表达式是复杂的。然而，假设材料线性扩散进入扩散区的边界数量与从径向球面扩散到纳电极的相同，则可获得解决方法[44～46]。

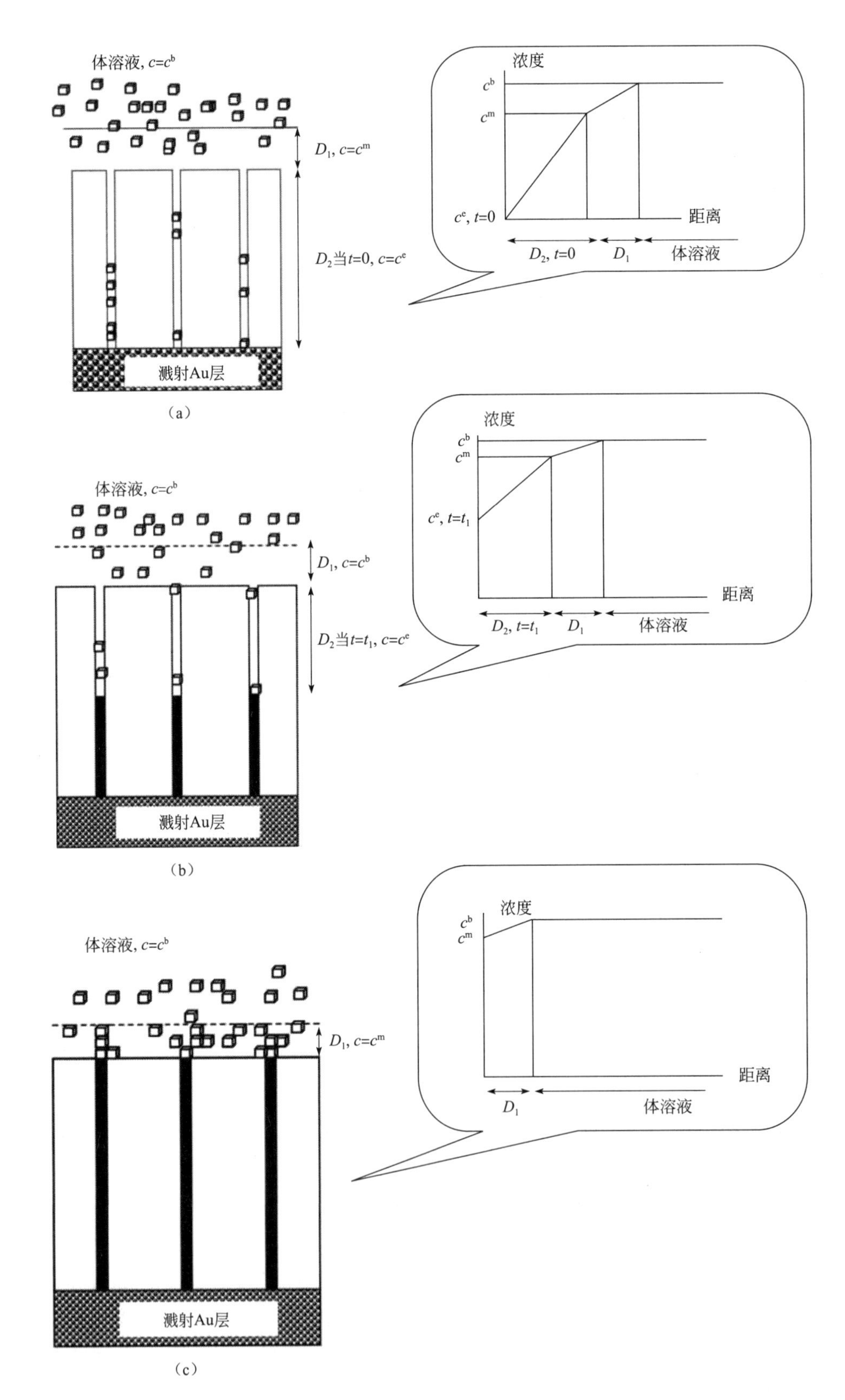
体溶液, $c=c^b$
D_1, $c=c^m$
D_2当$t=0$, $c=c^e$
溅射Au层
(a)
浓度
c^b
c^m
c^e, $t=0$
距离
D_2, $t=0$
D_1
体溶液
体溶液, $c=c^b$
D_1, $c=c^b$
D_2当$t=t_1$, $c=c^e$
溅射Au层
(b)
浓度
c^b
c^m
c^e, $t=t_1$
距离
D_2, $t=t_1$
D_1
体溶液
体溶液, $c=c^b$
D_1, $c=c^m$
溅射Au层
(c)
浓度
c^b
c^m
距离
D_1
体溶液

图 4.1

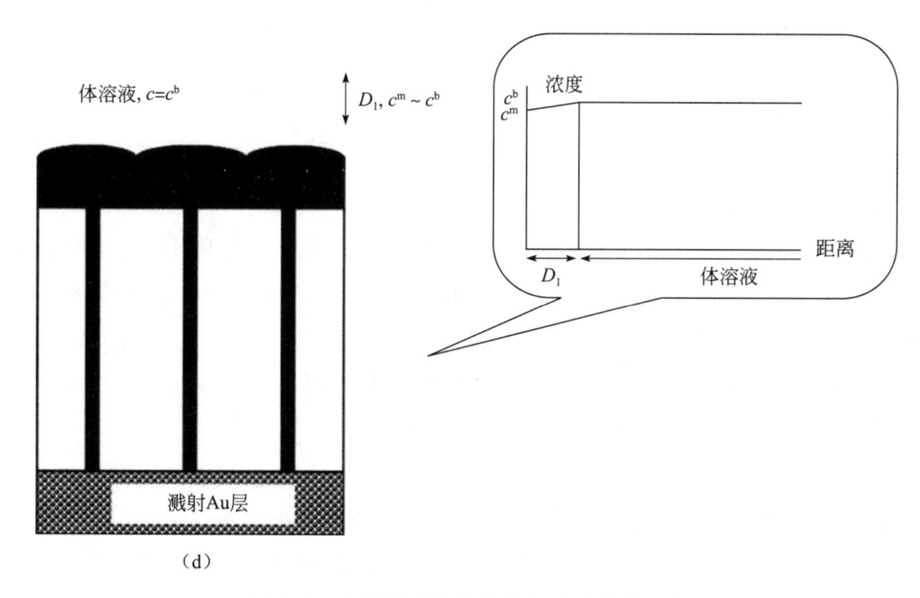

(d)

图 4.1 孔洞填充过程中浓度随时间的变化

注：(a) 初始孔填充；(b) 半填充孔洞；(c) 完全孔洞填充；(d) 孔洞被完全填充，沉积材料出现在膜表面。

为了评价纳电极阵列表面积的比例，我们可以采用一维材料 Fick 的第二法则评价浓度随时间的变化：

$$\frac{\partial c(x,t)}{\partial t} = D\frac{\partial^2 c(x,t)}{\partial x^2} \tag{4.3}$$

边界条件如下：在 $t=0$ 实验开始之前，所有 x 符合 $c(x, 0)=c^b$。当 $x\to\infty$，对于所有 t，$\lim c(x, t)=c^b$。最后，保持 $c(0, t)=c^m$。在这些边界条件中，c^b 是体积浓度，c^m 是开孔处的浓度，短时间内恒定。假设 c^m 短时间内不变，在几毫秒的短时间内可通过修正的 Cottrell 方程得到扩散电流 I_{eq}。

$$i_{eq}(t) = \frac{nF\pi r_d^2(c^b - c^m)}{\pi^{1/2}t^{1/2}} \tag{4.4}$$

然而，根据法拉第定律，材料的沉积量直接正比于电流或电流密度[13]。因此，我们可以写成 $I_{eq}=I_{pore}$ 或

$$\pi r_d^2 j_{eq} = \pi r^2 j_{pore} \tag{4.5}$$

纳电极的等效表面积，$S_{eq}=\pi r_d^2$，其中 r_d 是等效面积的半径，然后可以用方程（4.3）～（4.5）写成：

$$S_{eq} = \frac{4r^2\pi (Dt\pi)^{1/2}c^b}{(4L+\pi r)(c^b - c^m)} \tag{4.6}$$

由于核刻蚀工艺，膜孔隙随机分布，全部等效面积和孔密度 N(孔数量/cm^2) 关系为 NS_{eq}[8]。

采用 Avrami 理论[48]，面积比例为：

$$S = 1 - \exp(-NS_{eq}) \tag{4.7}$$

所以：

$$S = 1 - \exp\left[\frac{4N\pi\pi^2 (Dt\pi)^{1/2}}{(4L+\pi r)} \times \frac{c^b}{(c^b - c^m)}\right] \tag{4.8}$$

根据方程（4.4）和（4.8），对于总的电极表面生长电流可以被评价为表面积比例乘以电流密度，即

$$I = nF\left(\frac{D}{\pi r}\right)^{1/2}(c^{\mathrm{b}} - c^{\mathrm{m}})\left\{1 - \exp\left[\frac{4N\pi\pi^2\ (Dt\pi)^{1/2}}{(4L + \pi r)} \times \frac{c^{\mathrm{b}}}{(c^{\mathrm{b}} - c^{\mathrm{m}})}\right]\right\} \tag{4.9}$$

如上所述，如果半球生长的扩散公式可以解决这种特殊的情况，而且如果这一结果被用来确定电镀电流随时间的变化，则可预测和提取参数用以确定在孔附近和开孔处的离子浓度。

图 4.2 给出了理论和实验电流曲线，理论和实验曲线结果一致[35]。实验和理论瞬态响应之间的轻微差异最可能来源于实验条件，如渐进生长扩散区和 Co 通过随机分布孔的扩散通量。图 4.2 还提供了 Co 纳米线生长机制的四个不同的阶段：

① 对于初始沉积，由于质量传输限制导致的电流减小。

② 金属在孔内生长，几乎达到停滞状态。

③ 完全填充孔洞直到膜的表面，并覆盖住孔洞，同时出现三维（3D）沉积。

④ 纳米线同步生长直至在膜表面连接，改变了电极的有效面积，沉积电流迅速增加。

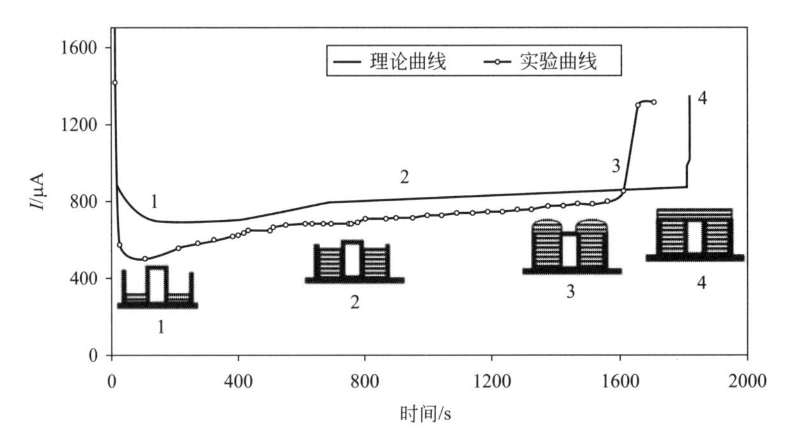

图 4.2 电流瞬时响应的实验和理论［式（4.9）］曲线

注：插图表示 Co 纳米线生长的四个步骤，如文中解释。

模板在 DCM（二氯甲烷）中溶解后，可用多孔碳网收集纳米线，并通过扫描电镜观察纳米线的形貌，证明了 Co 纳米线完全填充孔洞，如图 4.3 所示。图 4.4 给出了扩散区演化示意图[35]。在初始阶段，质量传输在几毫秒内达到稳定态。此外，单个纳电极在更长的时间后发展出一个球形扩散区，并随时间而增加。随后，由单个纳电极邻近扩散区重叠区域扩展的外延三维扩散区在溶液附近得到稳定。因此，更多的活性物质垂直扩散于对称覆盖着球面扩散区的电极表面（包括绝缘和活性表面）。

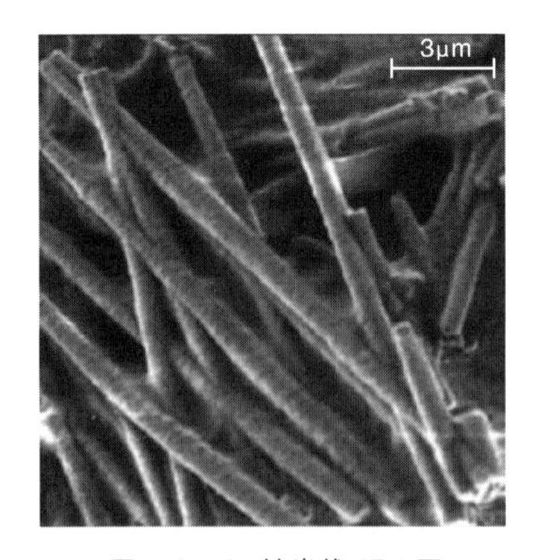

图 4.3 Co 纳米线 SEM 图

注：纳米线完全填充孔洞后，二氯甲烷溶解模板膜并用多孔碳网收集纳米线。

需要注意的是，纳电极阵列处的扩散控制极限电流有利于非线性稳定态，其在更长时间内与时间无关。因为电活性物质的减少，在电极表面和附近瞬间形成一个连续的耗尽区，因此在纳电极开口和体溶液区之间形成了一个浓

度梯度。因此，电极表面形成的连续线性扩散倾向于垂直球面扩散区。因此，在纳电极开口处的电活性物质浓度不同于电极附近。相应的，任何纳电极（无论形状是平面、球面、盘、还是阵列），扩散控制极限电流都有浓度依赖性。进一步，假设在孔内浓度为线性浓度变化，且已知 c^{m}，溶液不搅拌，在电极附近的溶液浓度 c^{e}，可以参照下面公式。

$$i(t)=4nFD(c^{b}-c^{m})r \tag{4.10}$$

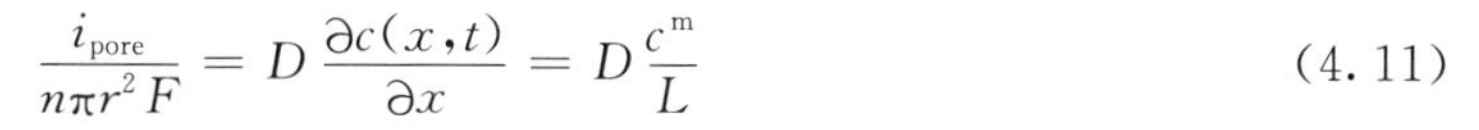

$$\frac{i_{pore}}{n\pi r^{2}F}=D\frac{\partial c(x,t)}{\partial x}=D\frac{c^{m}}{L} \tag{4.11}$$

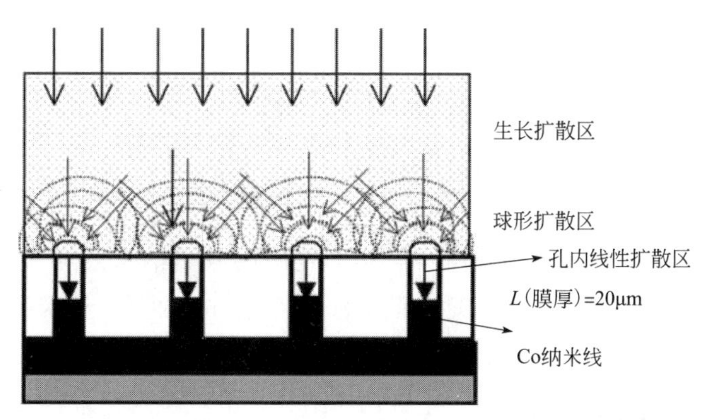

图 4.4 生长扩散区随时间变化的示意图

注：延长的垂直线代表朝扩散区流动方向。

通过求解相同电流扩散的方程（4.13）和（4.14），我们得到：

$$c^{m}=\frac{4Lc^{b}}{4L+r\pi} \tag{4.12}$$

在电极附近浓度的表达式可以从下面的计算式计算：

$$\frac{i_{pore}}{n\pi r^{2}F}=D\frac{\partial c(x,t)}{\partial x}=D\frac{c^{m}-c^{e}}{L} \tag{4.13}$$

$$c^{e}=c^{m}-\frac{i_{pore}L}{D\pi r^{2}nF} \tag{4.14}$$

表 4.1 总结了实验获得的 c^{m} 和 c^{e} 的微小变化，计算式为（4.13）和（4.14），扩散系数为 $D=2.5\times10^{-5}\text{cm}^{2}/\text{s}$。

表 4.1 基于四个厚度计算的 c^{m} 和 c^{e} 值

电流/μA	Co 沉积后的膜厚/μm	时间/s	Co 层厚度/μm	c^{m}/(mol/L)	c^{e}/(mol/L)
160	4	1300	16	1.1826	0.9644
270	6	800	14	1.1656	0.3403
395	14	480	6	1.1351	0.1646
630	16	350	4	1.0681	0.0781

图 4.5 给出了当 Co 沉积层厚度在纳电极阵列中变化时，电活性 Co 浓度在开口处和电极附近处的关系。作为一个凹形电极，Co 沉积层增加导致多孔膜厚度减小[35]。因此，更多的离子流向电极表面导致扩散极限电流增加。此外，沉积层厚度增加，c^{m} 和 c^{e} 增加。换句话说，纳电极上沉积物越多，进入扩散区的电活性物质越多。因此，Co 纳米线生长过程中可观察到电流的增加，电流先达到一个最大值然后接近扩散极限电流。

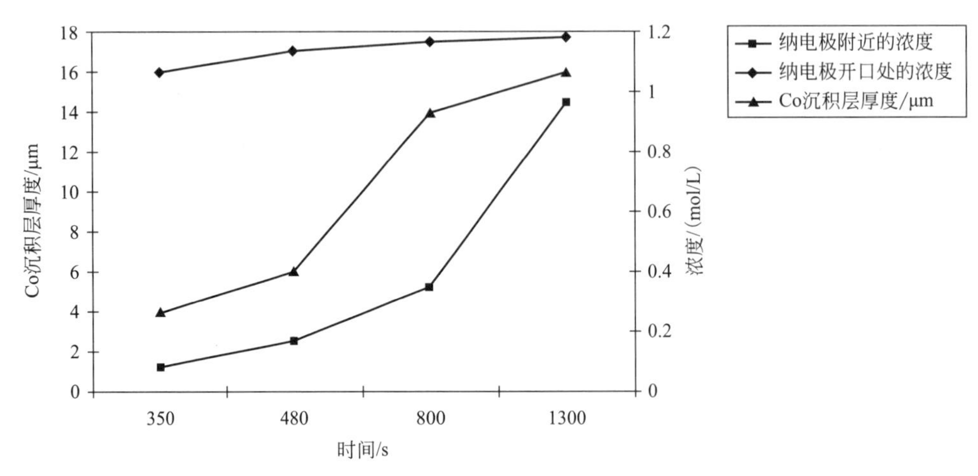

图 4.5　纳电极中沉积层 Co 厚度增加时，开口处和电极表面附近 Co 浓度的关系

沉积后，在 DCM 中溶解聚碳酸酯膜，用多孔碳网收集纳米线可获得透射电子显微镜（TEM）样品。图 4.6 显示了去除聚碳酸酯膜的直径 250nm 的 Co 纳米线的亮场 TEM 图像和相应的选区电子衍射图。纳米线在晶粒的生长方向可观察到晶粒的边界[35]。

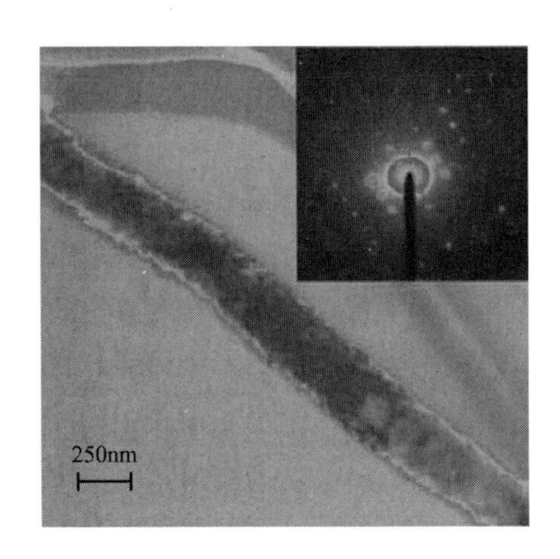

图 4.6　250nm 直径 Co 纳米线的亮场 TEM 图和选区电子衍射图

可得出结论，电沉积致密且连续纳米线，需要在填充孔隙过程中控制随时间变化的瞬态电流与浓度梯度。

4.2.3　磁性多层纳米线阵列的电沉积

电化学合成法不仅可以制备单层纳米线阵列，也可以在纳米柱状多孔材料内沉积多层纳米线，而传统的沉积工艺在孔填充时有严重的局限性。

磁性多层纳米线的电沉积是一种新的基于纳米材料膜的合成技术[25,26,29,39]。模板法合成的磁性纳米线阵列具有非常大的磁各向异性，表现为外加磁场垂直于薄膜具有一个方形磁滞回线；磁化方向平行于纳米线（易磁化轴）。这种磁纳米线阵列的优点是可探测微弱的磁场，这种效应可以用在磁存储和磁传感器等[20,24,47]领域。电沉积法可制备各种多层纳米线包括钴/铜、铁/铜、镍铁/铜等，其中，通过填充径迹蚀刻膜孔洞可制备磁性多层纳米线阵列，其磁性单畴被非铁磁材料隔离。电化学沉积能在复杂表面沉积，因此其可以与最先进的纳米加工技术结合。

脉冲电镀可用于在两种或两种以上元素电解液中制备多层金属或合金。在这种方法中，通过交替施加与成分相匹配的不同沉积电位可沉积不同的金属。通过降低贵金属离子浓度可抑制贵金属的沉积。重复这一步骤，可获得组分调制合金。贵金属总是比次贵金属具有更少的离子浓度，因此贵金属还原速度减慢并受扩散限制。然而，脉冲电沉积技术的缺点是，当在含有贵金属的溶液中沉积次贵金属时（如 Au 或 Ag 存在时的 Co 沉积），贵金属同时沉积。两种金属之间较大的浓度差可降低这种效应，而在某些系统中此效应有可能进一步降低。这点上应该注意：沉积次贵金属后，贵金属的慢沉积导致次贵金属的同时溶解。因此，沿着纳米线界面粗糙度和非均一层的厚度都会增加。

此外，在沉积过程中，许多其他意想不到的反应，如杂质的沉积和电极上的析氢反应，都可能导致沉积金属低于计算值。事实上，金属沉积量、沿电流方向双层厚度的均匀性以及沉积电流密度的电流效率（百分比），都可通过每层沉积时通过的电量积分来改进。

对于100%效率的理想电化学反应，沉积或溶解金属的数量和通过的电荷存在一个比例。为此，在单一电解液中利用周期性函数电沉积多组分金属A和B，可基于法拉第定律进行充分的计算，如下：

$$m_{\mathrm{B}}=\frac{M_{\mathrm{B}}Q_{\mathrm{B}}}{n_{\mathrm{B}}F}\chi_{\mathrm{B}} \qquad m_{\mathrm{A}}=\frac{M_{\mathrm{A}}Q_{\mathrm{A}}}{n_{\mathrm{A}}F}\chi_{\mathrm{A}} \tag{4.15}$$

式中，m_A 和 m_B 是沉积金属A和B的质量，M_A 和 M_B 是A和B的相对分子质量，n 是电荷数，F 是法拉第常数，Q_B 和 Q_A 是层厚度所需要的电量，χ_B 和 χ_A 是金属沉积的电流效率。此外，沉积薄膜的质量（m_B 和 m_A）可以用电流密度表示，即：

$$\rho_{\mathrm{B}}Sd_{\mathrm{B}}=m_{\mathrm{B}} \qquad \rho_{\mathrm{A}}Sd_{\mathrm{A}}=m_{\mathrm{A}} \tag{4.16}$$

式中，S 是阴极表面积，这取决于孔密度和膜的直径，d 为沉积层的厚度。通过将式（4.15）代入式（4.16），每层沉积层厚度可根据下式计算：

$$d_{\mathrm{B}}=\underbrace{\frac{M_{\mathrm{B}}}{2F\rho_{\mathrm{B}}S}}_{\alpha}\times Q_{\mathrm{B}}\chi_{\mathrm{B}} \tag{4.17}$$

$$d_{\mathrm{A}}=\underbrace{\frac{M_{\mathrm{A}}}{F\rho_{\mathrm{A}}S}}_{\beta}\times Q_{\mathrm{A}}\chi_{\mathrm{A}} \tag{4.18}$$

当周期性多层膜依据两层顺序交替生长时，调制波长（双层厚度）可以由层的厚度定义，d_A 和 d_B；即：

$$d_{\mathrm{bilayers}}=\alpha\times(Q_{\mathrm{B}}\chi_{\mathrm{B}})+\beta\times(Q_{\mathrm{A}}\chi_{\mathrm{A}}) \tag{4.19}$$

式中，其中 α 和 β 是（4.17）和（4.18）方程中的常数。

总之，d_{bilayer} 和 Q_A 之间的线性关系可表示为：

$$d_{\mathrm{bilayers}}=d_{\mathrm{B}}+\gamma(Q_{\mathrm{A}}) \tag{4.20}$$

式中，γ 是一个常数。

4.2.3.1 电沉积8nm银/15nm钴多层纳米线阵列（线直径120nm）

迄今为止，很少人研究关于具有巨磁电阻效应的溅射沉积多层Ag/Co[49~51]。而已有两次尝试通过电沉积技术制备Ag/Co多层膜。如Zaman等[52]证明了在平面基板上电沉积的$(Co_{70}Ag_{30})/(Co_8Ag_{92})$ 多层膜具有磁阻效应，而Fedosyuk等人[53]报道了以多孔氧化铝为模板沉积的颗粒（不均匀）Ag/Co在室温具有磁阻效应。

对于后者，面临的挑战是如何利用径迹蚀刻聚碳酸酯膜模板电化学合成Ag/Co多层纳米线阵列，并利用上述理论计算增强子层界面间的锐度。电沉积开始时采用脉冲电位以及新型单槽液，可在平面基板上生成 $Ag/Co_{97}Ag_3$ 多层膜[54]。Ag纳米线的沉积电位（相对银/氯化银）是－600mV，而富钴（Co，质量分数97%）金属纳米线沉积电位是－1100mV。因为 Ag^+ 浓度低，其还原速率受限于质量传输。通过测量沉积Co和Ag层通过的电荷，以及重复的层数，可得到Co和Ag层的厚度。因此我们期望 $d_{\mathrm{Co,Ag}}$ 和单层金属以及双层金属通过的电量时间积分是线性关系。当如上所述，切换电位时，31%的 Co 层名义厚度溶解。因此，沉积过程中的 Co 溶解是一个严重问题。为了避免沉积多层膜的界面粗糙和针孔，Co 层厚度设计的尺寸比期望值多几纳米。然而，应该指出，也许 $\chi_{Co}<100\%$不仅与 Co 溶解有关，而且 Co 沉积时析氢效应也降低了电流效率。这些进一步的研究细节可以在其他文献中找到[55]。

20μm 长的 Ag、Co 和 Ag/Co 多层纳米线的 X 射线粉末衍射（XRD）衍射图（见图 4.7）表明，沉积 Ag 具有<1 1 1>织构，而 Co 沉积具有基本的平面衍射来自于 HCP(0 0 2) 和 FCC(1 1 1) 面。Ag 沉积存在多晶衍射来自 FCC(1 1 1)、(2 0 0) 和 (2 2 0) 面，优先<1 1 1>晶体取向。如衍射图所示（见图 4.7），沉积的纯 Co 存在较弱的峰，属于 HCP Co 的（0 0 2）面和（或）堆叠平行薄膜的 FCC Co 的（1 1 1）晶面。强峰的展宽被解释为小晶粒尺寸以及纳米线阵列绕着表面法线的不同倾斜。Ag（2 0 0）面原子间的距离是 2.044Å，非常接近 Co FCC(1 1 1) 面和 Co HCP(0 0 2) 面的间距（即 2.023Å）。

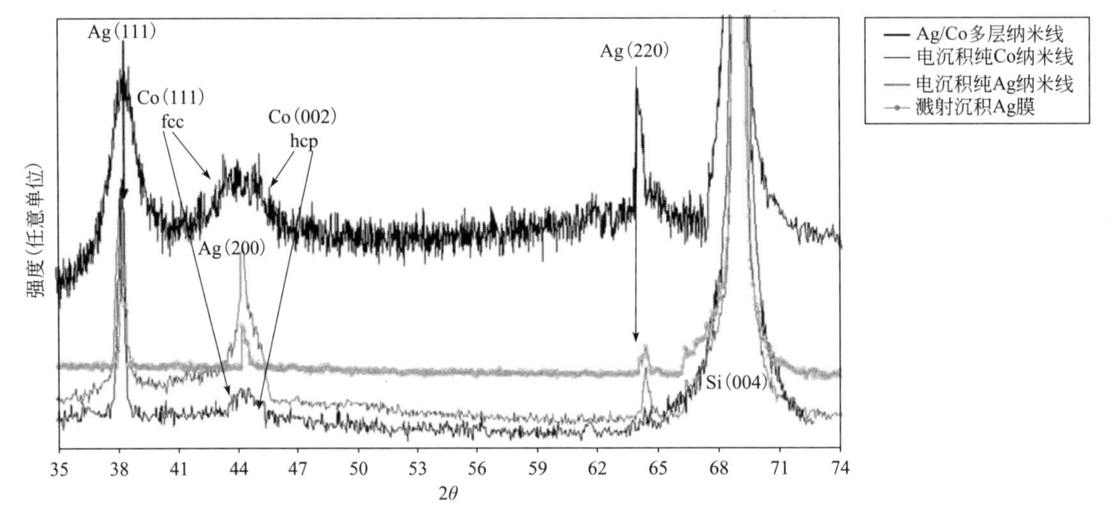

图 4.7 电化学沉积 Ag/Co 多层纳米线及多孔聚碳酸酯分别沉积 Ag 和 Co 纳米线的 XRD 衍射图

注：图中标注了 Ag(111)、(200) 和 FCC Co(111)、HCP Co(002) 的位置。

显然，通过法拉第法则可换算沉积电荷计算单层厚度，获得 8nm Ag/15nm Co 纳米线。沉积 Co 和 Ag 时，脉冲函数为 $U_{Co}=-1100\text{mV}$，$t_{Co}=450\text{ms}$，而 $U_{Ag}=-600\text{mV}$，$t_{Ag}=100\text{s}$，沉积 Co 和 Ag 的重复周期数分别为 870 次。图 4.8 给出了纳米线的 TEM 图像[55]。

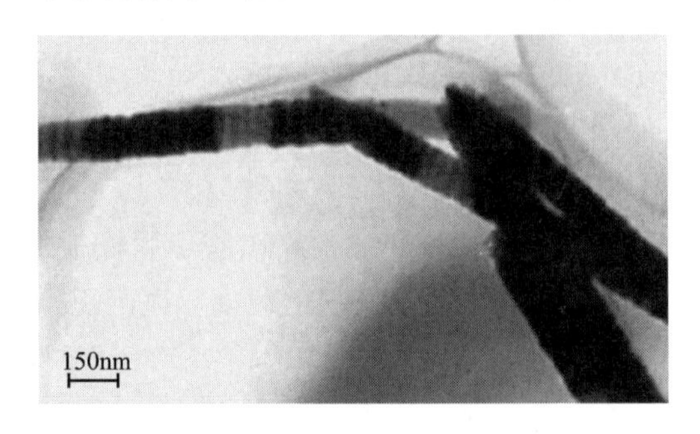

图 4.8 脉冲序列分别为 $U_{Co}=-1100\text{mV}$、$t_{Co}=450\text{ms}$、$U_{Ag}=-600\text{mV}$、$t_{Ag}=100\text{s}$ 时，沉积 120nm 直径 Ag/Co 多层纳米线 TEM 图像

注：沉积 Co 和 Ag 的脉冲序列周期数分别为 870 次。双层厚度为 23nm±1nm。

4.2.3.2 模板合成2nm金/4nm钴多层纳米线阵列（线直径110nm）

鉴于纳米材料独特的性质，目前有众多工作致力于开发纳米磁性多层纳米线新的制备方法。在过去的十年中，不仅具有垂直磁各向异性的溅射沉积Au/Co多层膜引起了极大的关注[56～60]，而且金-钴合金即所谓的低钴含量的“硬金”材料也被关注，“硬金”因为电阻高而被认为是重要的合金。这些结构在印刷电路板技术的电镀电触点上具有广泛的应用[61～63]。

目前为止，虽然已可在平面基板上利用高Au浓度的商业硬金镀液电沉积Au/AuCo，但电沉积Au/Co磁性纳米线阵列没有被报道[64]。

对于后者，从经济角度考虑，已有人尝试从一个新型低金浓度的单槽液中电沉积Au/Co多层纳米线。Au/Co多层纳米线的电沉积电解液包含0.285mol/L的Co($CoSO_4 \cdot 7H_2O$)、0.8mol/L的$C_6H_8O_6$和0.3×10^{-3}mol/L的Au[$KAu(CN)_2$]，pH值为3.5～4[65]。用循环伏安法、计时电流法和脉冲电压试验可确定纯Au和质量分数98%Co层的沉积条件[66]。富Co的金属纳米线沉积条件为$U_{Co}=-1100$mV，Au纳米线为$U_{Au}=-490$mV，均相对于Ag/AgCl电极电位[66]。

上述类似的方法也可用来沉积Au/Co多层纳米线，采用脉冲电位，$U_{Co}=-1100$mV，$t_{Co}=400$ms，而$U_{Au}=-490$mV，$t_{Au}=15$s，脉冲函数重复1250次，总膜厚近似20μm[66]。

图4.9给出了2nm Au/4nm Co多层纳米线的暗场TEM图，这里的表面层类似于平面基板沉积的Au/Co多层膜[66]。图中看出，Au层和第一层Co之间的界面很平整，但当重复次数增加时，层间界面模糊且不规则，原因可能是Co和Au之间没有完全层层沉积。

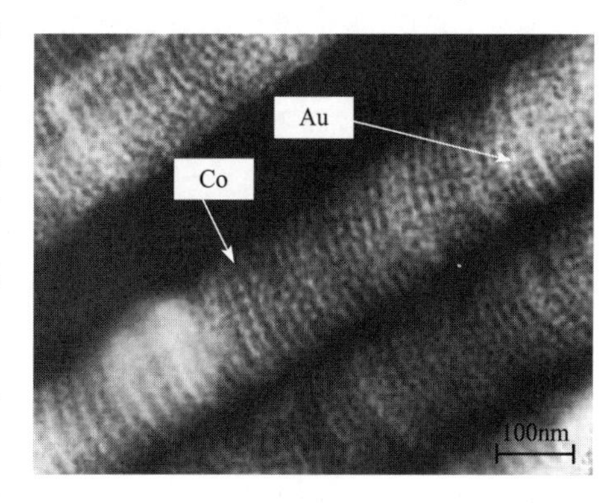

图4.9 2nm Au/4nm Co多层纳米线的暗场TEM图像

注：Co层对应暗对比度。

为了改善沉积纳米线的表面粗糙度和层界面之间的厚度均匀性，需要精细控制脉冲电位沉积法的操作参数。因此，设计了一种新的脉冲序列，称为“周期性置换反应”，用来沉积Au层和Co层之间具有清晰界面的Au/Co多层纳米线。在“开路条件”下，次贵金属（Co）的沉积被周期性终止，此时出现部分沉积金属被置换生成贵金属（Au）。开路电位是没有施加额外电流的重置电位。因为Co比Au活泼，发生置换反应如$Co+2Au^{+}\longrightarrow Co^{2+}+2Au$。当沉积的Co层被Ag完全覆盖，沉积过程停止。所以，开路条件下的步骤被定义为扩散控制反应，不存在法拉第反应[8,67]。为了估计开路条件下Au层的厚度，第一，计时电流法沉积了一系列长度4μm Co纳米线；第二，样品在电解液开路条件下时间间隔1～20s；最后，利用原子力显微镜（AFM）研究沉积纳米线厚度。开路条件下沉积的Au层厚度可从平均化学组成中计算（Au质量分数），从透射电子显微镜的能量色散X射线（EDX）获得化学组成。图4.10给出了Au的质量分数和基于这些数据计算的厚度[66]。应该指出的是，在置换反应过程中，Co沉积物中的Au质量分数需要减去百分之二。同时，开路20s期间，Co层溶解，钴离子进入溶液，而Au沉积在电极表面。Co溶解和Au沉积同时发生，在20s开路时间内Au沉积层的平均厚度估计为1.5nm。为避免变换到较小负电位 Au 沉积时 Co 严重溶解，施加开路条件并且 Au 和 Co 脉冲电位变换时要迅速。

简单来说，这种沉积方法是基于脉冲电位和周期性置换反应结合斜坡脉冲电位的沉积。显然，并没有其他团队报道这个沉积过程的细节。沉积顺序如下：在－1100mV 下沉积 Co 并保持 400ms；扫描到－800mV（速率 80mV/s）；保持 3s；开路保持 20s；－490mV 沉积 Au 保持 15s；斜坡下降至－1100mV（速率 80mV/s）；重复。Co 沉积同时发生析氢反应，为减少析氢，沉积电位－1100mV 斜坡增加至－800mV。析氢时会增加阴极表面局部的 pH 值，同时沉积物可能夹杂钴氢氧化物沉淀；称为“灼烧”。另外重要的一点是，金-钴合金（98% Co/2% Au）在－800mV 沉积。金-钴合金沉积后，20s 开路时发生置换反应，双层之间过渡区界面的锐度得到改进[66]。总之，这一步可获得 1.5nm 厚的 Au 层（见图 4.10）。然而，置换反应（同时 Co 溶解和 Au 沉积）可能存在严重的问题，如沉积过程中形成针孔。因此，在－490mV 电沉积 Au 以提高 Au 沉积的质量并得到所需的 Au 层厚度。这个过程限制了电极附近金离子浓度。最后，斜坡增加电位至 Co 沉积电位，可避免耗尽扩散层金离子的补充。图 4.11 给出了四个脉冲循环沉积下的实时电流，使用的是新的脉冲序列[66]。在孔隙填充的不同阶段，电流随着沉积层厚度增加而增加。

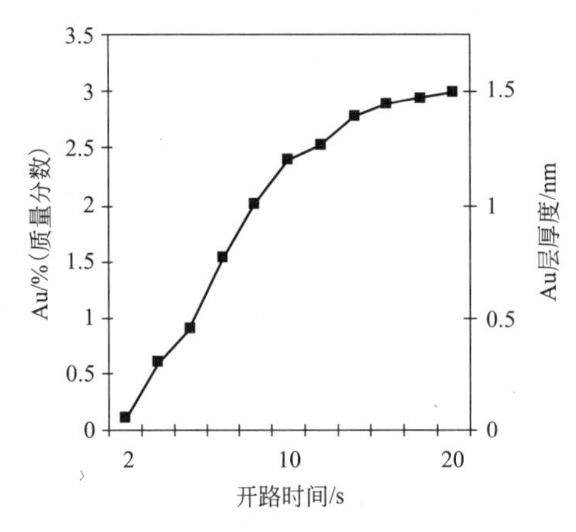

图 4.10 Au 置换沉积 Co 时，Au 层的厚度随开路时间的变化

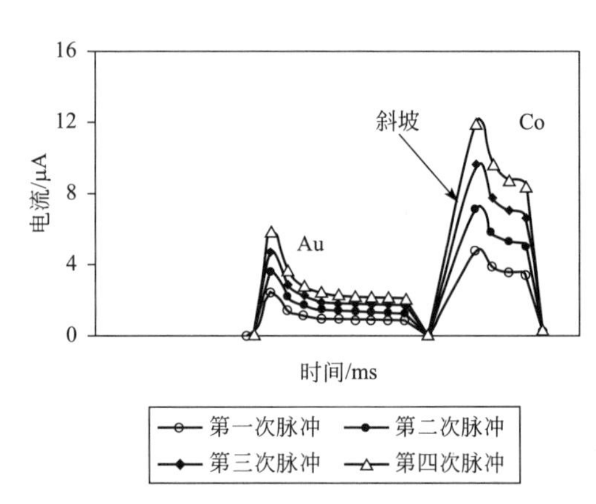

图 4.11 四脉冲序列的电流响应

最终，20μm 厚径迹蚀刻聚碳酸酯膜可成功制备出双层厚度分别为 16nm 和 42nm 的两种多层纳米线。层界面非常清晰，图 4.12 给出了其 TEM 图像：（a）4nm Au/12nm Co；

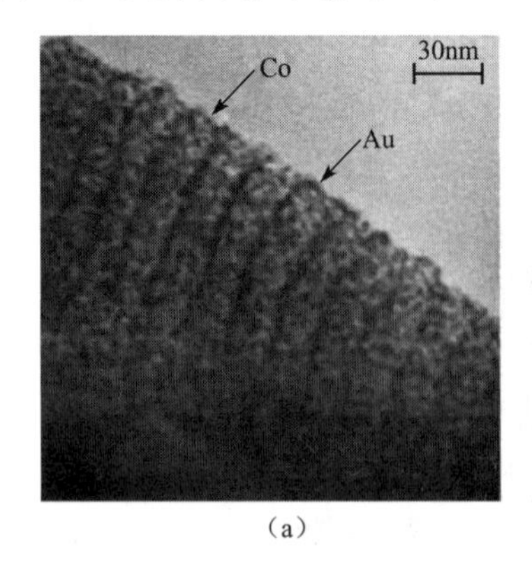

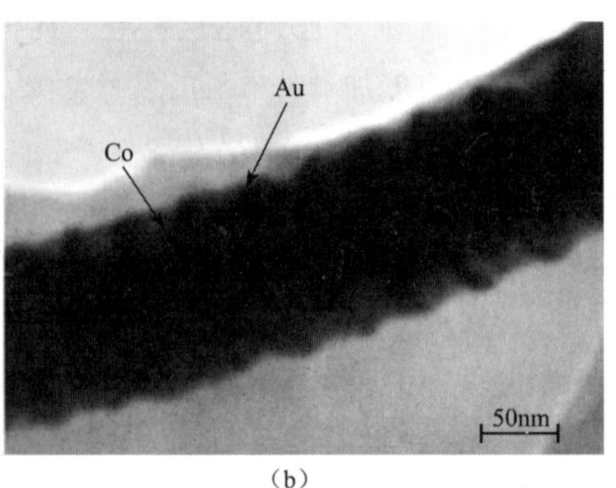

(a)　　(b)

图 4.12 径迹蚀刻聚碳酸酯膜制备出的多层纳米线 TEM 图

注：透射图像（a）4nm Au/12nm Co；（b）10nm Au/32nm Co 多层纳米线。亮对比度代表 Co 层（比 Au 原子数更小）。

(b) 10nm Au/32nm Co。图 4.13 给出了 Au/Co 多层纳米线初始生长过程的特征图。在 Au 成核后开始电化学沉积 Co 时[66]，随后的各个周期形成了半同心壳层。然而进入稳态生长后，沉积层或多或少垂直于孔壁；显然，成核点并不需要在孔的底部。Wang 等人[68]推测，膜背面蒸发沉积种子层——Au 层时，Au 可能进入孔洞，而且完全覆盖孔洞之前优先附着在孔壁的边缘。当开始沉积 Co 时，其在孔壁边缘的 Au 颗粒上生长，这将导致凹形生长。

图 4.13　Au/Co 多层纳米线开始生长时特征形态

注：开始电沉积时 Co 在内壁不规则表面上成核，之后 Co 及随后每一周期的沉积层形成半球心壳层。

4.3　电沉积纳米线的物理性质

4.3.1　纳米线阵列的磁性

模板合成磁性纳米线阵列具有非常高的磁各向异性，表现为当磁场垂直于薄膜时具有方形磁滞回线（平行于纳米线-易磁化轴）。这种阵列排列的优点是可探测微小的磁场，可用于磁数据存储和磁传感器等[13~15]。

用单一铁磁材料或二元磁性材料体系（多层）可制备磁性纳米线阵列。二元体系常采用铁磁和反铁磁材料如镍-R 和钴-R 合金（其中 R 代表 Au，Ag，Cu 或元素周期表中其他金属）。

制备一维磁性纳米线的重要性在于它们的择优磁化方向垂直于膜且平行于导线轴。具有大的垂直各向异性的一维磁性材料还有高矫顽力和高剩余磁化强度，可获得更小的比特尺寸和更高的记录密度。因此，填充铁磁材料的膜有很强的垂直磁各向异性，适用于垂直磁记录媒介。

电沉积 Co 纳米线的结构受组成和 pH 值等因素的影响。通常，HCP-Co 的 c 轴方向是室温易磁化方向。Co 纳米线具有<1 0 0>取向的 HCP 晶体结构。垂直和平行磁场的饱和磁场与块体 Co 的退磁化场一致（即，$2\pi M_s=8796\text{Oe}$）（见图 4.14）。

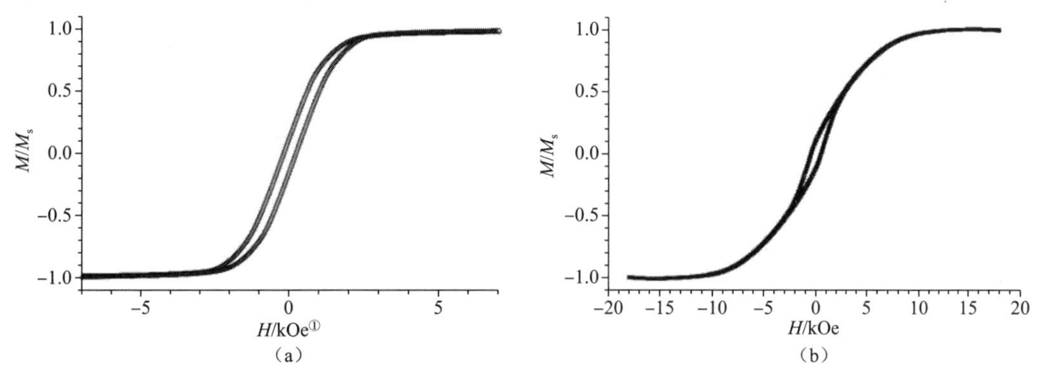

图 4.14　Co 纳米线阵列（250nm 直径）室温下磁滞回线

注：磁场方向：(a) 沿纳米线；(b) 垂直于纳米线。

① Oe，奥斯特，磁场强度单位，$4\pi\text{Oe}=1000\text{A/m}$。

Ag/Co 多层纳米线的磁性可通过施加平行和垂直纳米线方向的磁场测量。在完全填充模板之前停止电沉积，采用商业普林斯顿测量公司 AGM 仪器在室温测量膜内纳米线的磁性。Co 层厚度从 50nm 到 15nm（Ag 层厚度为 8nm），磁滞回线表现为易磁化轴从平行变为垂直于纳米线。这种改变是形状各向异性和偶极子作用的竞争结果，较小厚度的圆柱体（d_{Co}=15nm），理想状态下磁化垂直于线轴。此外，由于偶极子的相互作用，线磁化从一个圆柱体到另一个圆柱体形成反平行排列。这可以解释观察到的两个方向的低剩余磁化[55]。在更长的圆柱体中（d_{Co}=50nm），由于形状各向异性，线轴开始成为易磁化轴（更低饱和场），一个极端例子是 d_{Ag}=0（单 Co 纳米线）。再次，两个方向的低剩余极化导致零场下复杂的磁畴结构[67~71]，这需要更多的特性来说明（见图 4.15）。

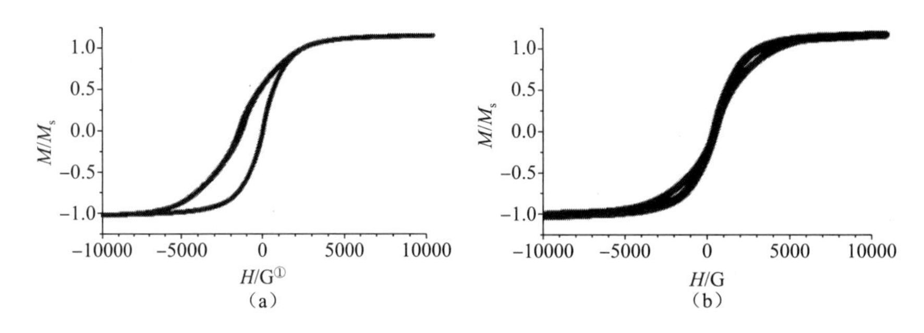

图 4.15 Co/Ag 纳米线磁滞回线

注：(a) 15nm Co/8nm Ag，磁场垂直或平行纳米线轴；(b) 50nm Co/8nm Ag 磁场垂直或平行纳米线轴。
① G，Gauss，高斯，磁感应强度单位，10000G=1T。

单电解液制备的 Au/Co 多层纳米线的磁性也通过施加平行和垂直纳米线方向的磁场进行了测量[66]。由于形状各向异性，两个方向（平行和垂直）的饱和磁场小于期望的值 $2\pi M_s$（钴 8796Oe）（见图 4.16a）。此结果与 Co/Cu 溶液中制备的 Co 体系的观察结果有关，其形状各向异性和磁晶各向异性的竞争导致在这个直径范围零磁场下的多畴结构[66,72,73]。垂直于线轴的磁晶各向异性结合平行和垂直方向的饱和磁化强度差（约 5000Oe），可粗略估计第一磁晶各向异性常数（K_1=2.7×10^6erg/cm^3），与 Co 的理论值相当（5×10^6erg/cm^3）。12nm Co/4nm Au 多层纳米线的磁性测量提供了一个低磁矩值的证据。其测量是在零场中进行，分别平行和垂直易磁化轴方向［见图 4.16(b)］。

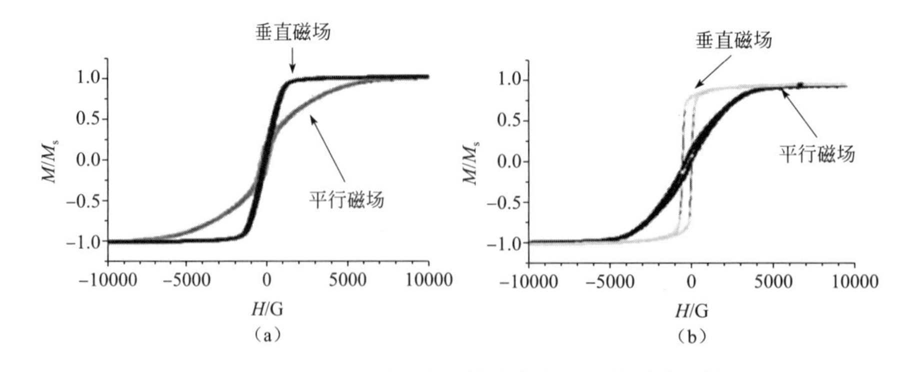

图 4.16 Co 和 Co/Au 多层纳米线室温下的磁滞回线

注：磁场垂直纳米线或平行纳米线：(a) Co 纳米线；(b) 12nm Co/4nm Au 多层纳米线。

使用标准的线性 AC 交流桥，两点接触模式下测量了 Co 12nm/Au 4nm 多层纳米线的磁阻。用于测量的样品中，电沉积线刚刚露出膜表面。一端接触底电极，一端接触聚碳酸酯膜的顶部。在这个系统中没有观察到巨磁电阻效应。然而，观察到了各向异性磁阻（AMR）（见图4.17）。AMR 来源于自旋轨道耦合，而电阻率取决于磁化强度和电流的相对取向[72]。零场下观察到了随机磁态系统的经典行为。高的电阻率（如果高电阻测量时单线连接，它有一个最小值 50$\mu\Omega\cdot$cm）表明一定数量的固有缺陷可平均两自旋方向，并可解释为何没有巨磁电阻效应。电沉积制备一维 Au/Co 多层纳米线可能在微电子和特别是磁记录媒介上有潜在的应用。

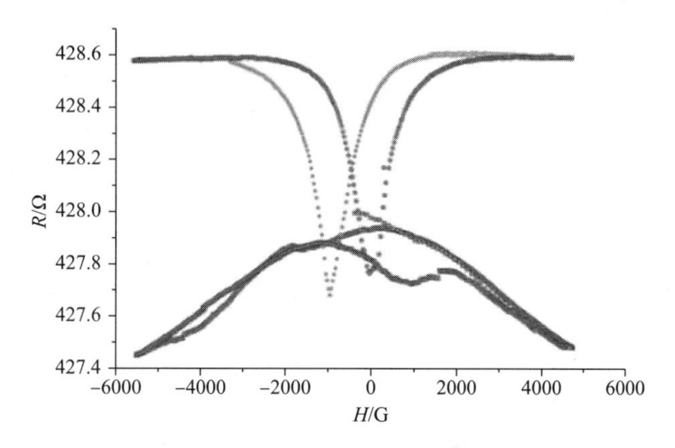

图 4.17 8nm Co/4nm Au 多层纳米线在磁场垂直和平行纳米线轴方向时的磁阻曲线

4.3.2 利用聚焦离子束沉积测量单纳米线电输运特性

一维纳米结构如纳米线或纳米管的电子和光学性能在基础研究和应用技术上非常重要，因此其电学性质也在最近受到了关注。典型金属纳米线（如 Au 纳米线）的电子输运在室温遵守经典行为；这是因为导线远长于电子的平均自由程。此外，电子在纳米线中的输运受声子、缺陷和杂质等的碰撞影响。构建新的纳米线电子设备时，需要深入理解其结构-性能关系和电子在纳米线上的输运特性，并利用其基本知识进行开发。

最近，基于扫描探针显微镜（SPM）和 AFM 的不同技术已用于制备 Au 纳米线及其电输运测量[74~77]。对纳米直径和宏观长度的单根纳米线的电学特性测量，不仅需要专业工具还需要拥有丰富的技术知识。

到目前为止，几个团队已经使用了聚焦离子束（FIB）沉积法直接沉积 Pt 以形成 Ag 和 Au 纳米线[78,79]和碳纳米管[80]的电接触。常用方法是，分散纳米线溶液至表面并定位纳米线于光刻[81,82]沉积电极。

FIB 技术已被用于许多应用，包括用局部 Pt 沉积[83,84]创建金属纳米线的电触点。FIB 技术提供的方法可以制备纳米结构、图形化和快速成型沉积，分辨率为几十个纳米。离子束辅助沉积（IBAD）进行如下：表面样品暴露在有机气体分子与聚焦离子束下，吸附在衬底上的气体分子分解，有机成分或片段在高气压下蒸发，金属原子保留在表面以至金属膜沉积。今天，计算机辅助的电子束扫描控制可制备三维结构[85~88]。其一个主要优势是 FIB 系统具有独特的能力即利用电子和离子束原位直接写入纳米图形，不破坏真空条件。

用 IBAD 和电子束辅助沉积（EBAD）技术可制造金属条纹，因此可用来制造纳米线和常规电极之间的电触头，从而测量其电学特性。

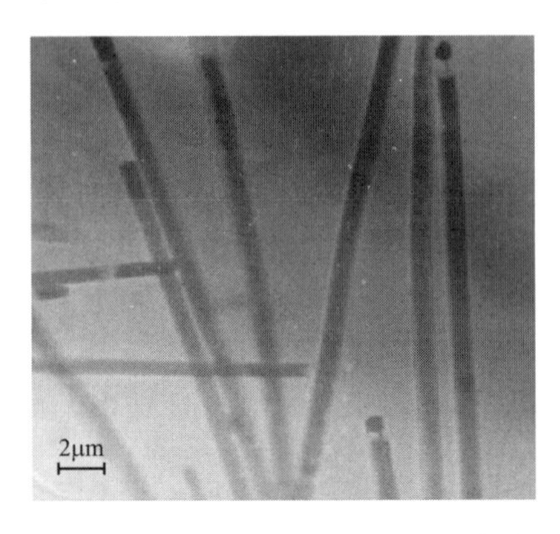

图 4.18 电沉积 100nm 直径金纳米线的亮场 TEM 图像

在这些研究中，四微探针（传统的硅微加工制备）用于测量电化学沉积 Au 纳米线的导电特性。图 4.18 给出了电沉积 100nm Au 纳米线的明场 TEM 图像。在硅/二氧化硅（热氧化）芯片基板上，使用光刻、金属蒸发和剥离等工艺制备了 Cr/Au 平面阵列微电极（总层厚 100nm）图形。四个接触台 $(50\times50)\mu m^2$，电极 $5\mu m$ 宽和 $15\mu m$ 长，分隔距离为 $(45\times45)\mu m^2$，如图 4.19(a) 所示。将溶解后得到的电沉积 Au 溶液滴加分散在预图案化的基板上，用四探针法测量了 Au 纳米线的室温电性能。所有测量的电阻可通过简单表达式 $R=L/A$ 计算出电阻率，A 和 L 分别是线的面积和长度。金属 Au 纳米线的测量，开始是使用 Pt-离子束辅助沉积，将两电极连接在纳米线的边缘。在进行的两个尝试实验中，结果显示当条纹截面从 $25\mu m^2$ 降到 $0.25\mu m^2$，电阻率值从 $1.5\Omega\cdot cm$ 增加至 $5.2\Omega\cdot cm$。其得到的电阻率值高于块体 Pt（$0.01\Omega\cdot cm$），这与其他报道结果一致[81]。这一高电阻值与高噪音电压信号有关，加大了信号测量的难度。

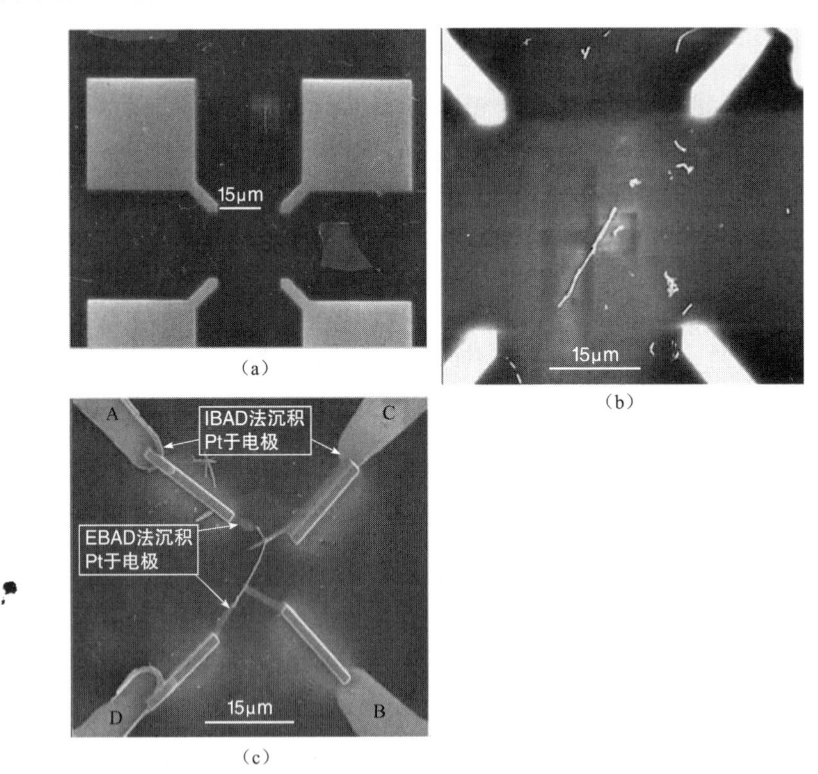

图 4.19 四探针电阻测量时构建四探针测试平台的 FIB/SEM 图像：焊接 Au 纳米线接触微台的桥

注：(a) 接触台和桥；(b) 电极间纳米线；(c) IBAD 和 EBAD 法制备微电极，通过电子束制备接近纳米线的触点；通过离子束在上述接触点之间制备了更宽的接触，接触台之间出现了桥。

用俄歇电子能谱（AES）分析沉积 IBAD 条纹的化学成分也表明其具有高浓度的杂质元素，如 C 和 Ga(65%C，27%Pt，8%Ga)。这些杂质来源于 Pt 沉积时金属有机前驱体的分解。然而，Pt-EBAD 沉积的电阻率比 Pt-IBAD 条纹电阻率高 100 到 1000 倍[89]。在目前的情况下，优先采用四探针测量技术，可避免 Pt-IBAD 条纹和 Au 电极之间的接触电阻，以及降低测量时 Pt 纳米接触点和纳米线之间的电阻。

图 4.19 显示了制备接触点的 FIB/SEM 图像，图 4.19(a) 显示了接触台和桥；图 4.19(b) 显示接触点制备前电极之间的一个特定的纳米线；图 4.19(c) 显示，用电子和离子束辅助沉积制作微电极，用电子束制备接近纳米线的触点，用离子束制备上述触点和桥之间更宽的触点。此外，图 4.19 还显示了在 Pt 沉积触点附近的光环，特别围绕离子束沉积的触点，这是来自样品的二次电子束的横向传播。对于四点探针测量，图 4.19(c) 中的触点 A 和 B 用来驱动纳米线电流，而 C 和 D 之间测量电压降。如图 4.20 所示，四探针法测量 Au 纳米线的电阻率是 $2.8\times10^{-4}\Omega\cdot cm$，这个值高于在室温下的块体 Au($2.8\times10^{-6}\Omega\cdot cm$)。其较高的值可能与纳米线壁的粗糙度有关（见图 4.13），这将增加纳米线晶界的电子散射[90~93]。

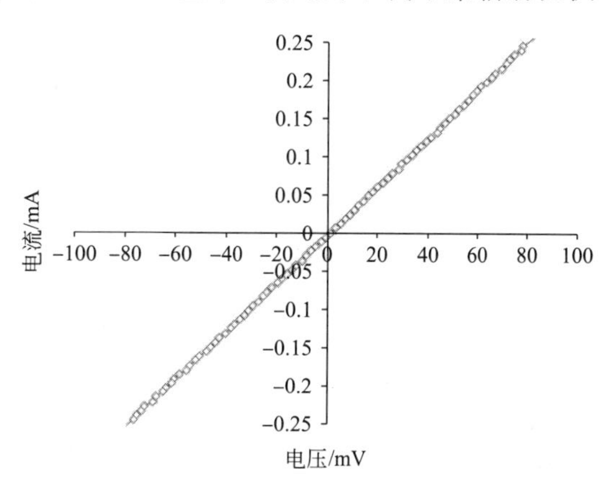

图 4.20 四探针法室温测量 100nmAu 纳米线电阻（电流-电压曲线）

4.4 总结

通过模板法合成了 Co 纳米线，包括 Co/Ag 和 Au/Co 多层纳米线。该方法主要是脉冲电镀，从单一溶液中通过恒压或恒流控制以及脉冲沉积技术可沉积两种金属。电沉积过程可通过连续积分每层沉积的电量由计算机控制。当非磁性层和磁性层电量到达设定值时，电位进行切换。

总之，这些研究已经清楚地表明，水性溶液电沉积填充纳米多孔介质是一种有效的制备大长径比磁性纳米线阵列和磁性多层纳米线的简单技术。尽管电解生长纳米线相对简单，但这些膜其实拥有几十层单晶颗粒组成的超晶格。事实表明，在一个封闭媒介中电沉积，可获得原子尺度上组成和结构可预设计、多变和可控的磁性多层膜。

最后，原位聚焦离子束和 IBAD 技术可在 Au 纳米线上建立微米尺寸四探针接触。此外，通过四探针法可测量单根 Au 纳米线的电流-电压特性，并显示直径为 100nm 的电阻率高一个数量级。四探针法的电学特性表明该方法可行。

参考文献

1 Martin, C.R. (1994) *Science*, **266**, 1961–1965.
2 Cai, Z. and Martin, C.R. (1991) *J. Electroanal. Chem.*, **300**, 35–50.
3 Al Mawlawi, D., Coombs, N. and Moskovits, M. (1991) *J. Appl. Phys.*, **70**, 4421–4425.
4 Lubin, J.A., Huber, T.E. and Huber, C.A. (1993) *Bull. Am. Phys. Soc.*, **38**, 2178.
5 Ferain, E. and Legras, R. (1993) *Nucl. Instrum. Methods Phys. Res. B*, **82**, 539–548.
6 Trautman, A.C. (1994) International Symposium on Ionizing Radiation Pol, Guadeloupe.

7 Hasegawa, N. and Saito, M. (1990) *J. Magn. Soc. Jpn.*, **14**, 313–318.
8 Whitney, T.M., Searson, P.C., Jiang, J.S. and Chien, C.L. (1993) *Science*, **261**, 1316–1319.
9 Cohen, U., Koch, F.B. and Sard, R. (1983) *J. Electrochem. Soc.*, **130**, 1987–1991.
10 Cohen, U. and Tau, M. (1987) Electrochemistry Society 172nd Meeting, 18–23 October.
11 Cohen, U. (1987) US Patent 4-678-722.
12 Kashiwabara, S., Jyoko, Y. and Hayashi, Y. (1996) *Mater. Trans. JIM*, **37**, 289.
13 Tsuya, N., Saito, Y., Nakamura, H., Hayano, S., Furugohri, A., Ohta, K., Wakui, Y. and Tokushima, T. (1986) *J. Magn. Magn. Mater.*, **54–57**, 1681–1682.
14 Cavallotti, P.L., Bozzini, B., Nobili, L. and Zangari, G. (1994) *Electrochim. Acta*, **39**, 1123–1131.
15 Possin, G.E. (1970) *Rev. Sci. Instrum.*, **41**, 772–774.
16 Baibich, M.N., Broto, J.M., Fert, A., Nguyen Van Dau, F., Petroff, F., Eitenne, P., Creuzet, G., Friederich, A. and Chazelas, J. (1988) *Phys. Rev. Lett.*, **61**, 2472–2475.
17 Binasch, G., Grünberg, P., Saurenbach, F. and Zinn, W. (1989) *Phys. Rev. B*, **39**, 4828–4830.
18 Krebs, J.J., Lubitz, P., Chaiken, A. and Prinz, G.A. (1989) *Phys. Rev. Lett.*, **63**, 1645–1648.
19 Krishnan, R., Cagan, V., Porte, M. and Tessier, M. (1990) *J. Magn. Magn. Mater.*, **83**, 65–66.
20 Valet, T. and Fert, A. (1993) *Phys. Rev. B*, **48**, 7099–7113.
21 Mosca, D.H., Barthelemy, A., Petroff, F., Fert, A., Schroeder, P.A., Pratt, W.P., Laloee, R. and Cabanel, R. (1991) *J. Magn. Magn. Mater.*, **93**, 480–484.
22 Xiao, J.Q., Jiang, J.S. and Chien, C.L. (1992) *Phys. Rev. Lett.*, **68**, 3749–3752.
23 Gijs, M.A.M., Lenczowski, S.K.J. and Giesbers, J.B. (1993) *Phys. Rev. Lett.*, **70**, 3343–3346.
24 Pratt, W.P., Jr, Lee, S.-F., Slaughter, J.M., Loloee, R., Schroeder, P.A. and Bass, J. (1991) *Phys. Rev. Lett.*, **66**, 3060–3063.
25 Blondel, A., Meier, J.P., Doudin, B. and Ansermet, J.-Ph. (1994) *Appl. Phys. Lett.*, **65**, 3019–3021.
26 Piraux, L., Dubois, S. and Fert, A. (1996) *J. Magn. Magn. Mater.*, **159**, L287–L292.
27 Yahalom, J. and Zadok, O. (1987) *J. Mater. Sci.*, **22**, 499–503.
28 Piraux, L., George, J.M., Despres, J.F., Leory, C., Ferain, E., Legras, R. Ounadjela, K. and Fert, A. (1994) *Appl. Phys. Lett.*, **65**, 2484–2486.
29 Valizadeh, S. (2001) PhD Thesis (Dissertation No. 685), Linköping University, Sweden.
30 Chlebny, I., Doudin, B. and Ansermet, J.-Ph. (1993) *Nanostruct. Mater.*, **2**, 637–642.
31 Ferain, E. and Legras, R. (2001) *Nucl. Instrum. Methods Phys. Res. B*, **174**, 116–122.
32 Schonenberger, C., van der Zande, B.M.I., Fokkink, L.G.J., Henny, M., Schmid, C., Kruger, M., Bachtold, A., Huber, R., Birk, H. and Staufer, U. (1997) *J. Phys. Chem. B*, **101**, 5497–5505.
33 Wang, L.W., Liu, Y. and Zhang, Z. (2002) *Handbook of Nanophase and Nanostructured Materials*, Kluwer Academic Publishers, Dordrecht.
34 Sulitanu, N.D. (2002) *Mater. Sci. Eng. B*, **95**, 230–235.
35 Valizadeh, S., George, J.M., Leisner, P. and Hultman, L. (2001) *Electrochim. Acta*, **47**, 865–874.
36 Widrig, C.A., Porter, M.D., Ryan, M.D., Strein, T.G. and Ewing, A.G. (1990) *Anal. Chem.*, **62**, 1R–20R.
37 Kissinger, P.T. (1996) *J. Pharm. Biom. Anal.*, **14**, 871–880.
38 Johnson, D.C., Weber, S.G., Bond, A.M., Wightman, R.M., Shoup, R.E. and Krull, I. S. (1986) *Anal. Chim. Acta*, **180**, 187–250.
39 Aoki, K. (1993) *Electroanalysis*, **5**, 627–639.
40 Edmonds, T.E. (1985) *Anal. Chim. Acta*, **175**, 1–22.
41 Kim, Y.T., Scarnulis, D.M. and Ewing, A. G. (1986) *Anal. Chem.*, **58**, 1782–1786.
42 Wightman, R.M. and Wipt, D.O. (1989) *Electroanal. Chem.*, **15**, 267–353.

43 Chiriac, H., Moga, A.E., Urse, M. and Óvári, T.A. (2003) *Sensors and Actuators A*, **106**, 348–351.

44 Gunawardena, G.A., Hills, G.J. and Montenegro, I. (1978) *Electrochim. Acta*, **23**, 693–697.

45 Bond, A.M., Fleischmann, M. and Robinson, J. (1984) *J. Electroanal. Chem.*, **168**, 299–312.

46 Scharifker, B. and Hills, G. (1981) *J. Electroanal. Chem.*, **130**, 81–97.

47 Sun, L., Chien, C.L. and Searson, P.C. (2000) *J. Mater. Sci.*, **35**, 1097–1103.

48 Avrami, M. (1939) *J. Chem. Phys.*, **7**, 1103–1112.

49 Slaughter, J., Bass, J., Pratt, W.P., Jr, Schroeder, P.A. and Sato, H. (1987) *Jpn. J. Appl. Phys.*, **26**, (Suppl 26-3),1451–1452.

50 Szymczak, H., Zuberek, R., Krishnan, R. and Tessier, M. (1990) *IEEE Trans. Magn.*, **26**, 2745–2746.

51 Barnard, J.A., Waknis, A., Tan, M., Haftek, E., Parker, M.R. and Watson, M.L. (1992) *J. Magn. Magn. Mater.*, **114**, L230–L234.

52 Zaman, H., Ikeda, S. and Ueda, Y. (1997) *IEEE Trans. Magn.*, **33**, 3517–3519.

53 Fedosyuk, V.M., Kasyutich, O.I. and Schwarzacher, W. (1999) *J. Magn. Magn. Mater.*, **198–199**, 246–247.

54 Valizadeh, S., Holmbom, G. and Leisner, P. (1998) *Surf. Coat. Tech.*, **105**, 213–217.

55 Valizadeh, S., George, J.M., Leisner, P. and Hultman, L. (2002) *Thin Solid Films*, **402**, 262–271.

56 Ferré, J., Grolier, V., Meyer, P., Lemerle, S., Maziewski, A., Stefanowicz, E., Tarasenko, S.V., Tarasenko, V.V., Kisielewski, M. and Renard, D. (1997) *Phys. Rev. B*, **55**, 15092–15102.

57 Murayama, A., Hyomi, K., Eickmann, J. and Falco, C.M. (1998) *Phys. Rev. B*, **58**, 8596–8604.

58 Forrer, P., Schlottig, F., Siegenthaler, H. and Textor, M. (2000) *J. Appl. Electrochem.*, **30**, 533–541.

59 Cagnon, L., Gundel, A., Devolder, T., Morrone, A., Chappert, C., Schmidt, J.E. and Allongue, P. (2000) *Appl. Surf. Sci.*, **164**, 22–28.

60 Darby, E.C. and Harris, S.J. (1975) *Trans. IMF*, **53**, 115.

61 Clenghorn, W.H., Crossly, J.A., Lodge, K.J. and Gnanasekaran, K.S.A. (1972) *Trans. IMF*, **73**, 50.

62 Holt, L., Ellis, R.J. and Stanyer, J. (1973) *Plating*, **9**, 24.

63 Takahata, T., Araki, S. and Shinjo, T. (1989) *J. Magn. Magn. Mater.*, **82**, 287–293.

64 Celis, J., Cavalloti, P., da Silva, J.M. and Zielonka, A. (1998) *Trans. IMF*, **76**, 163–170.

65 Valizadeh, S., Svedberg, E.B. and Leisner, P. (2002) *J. Appl. Electrochem.*, **32**, 97–104.

66 Valizadeh, S., Hultman, L., George, J.M. and Leisner, P. (2002) *Adv. Funct. Mater.*, **12**, 766–777.

67 Tench, D.M. and White, J.T. (1990) *J. Electrochem. Soc.*, **137**, 3061–3066.

68 Wang, L., Yu-Zhang, K., Metrot, A., Bonhomme, P. and Troyon, M. (1996) *Thin Solid Films*, **288**, 86–89.

69 Dubois, S., Marchal, C., Beuken, J.M., Piraux, L., Duvail, J.L., Fert, A., George, J. M. and Maurice, J.L. (1997) *Appl. Phys. Lett.*, **70**, 396–398.

70 Piraux, L., Dubois, S., Ferain, E., Legras, R., Ounadjela, K., George, J.M., Maurice, J.L. and Fert, A. (1997) *J. Magn. Magn. Mater.*, **165**, 352–355.

71 Belliard, L., Miltat, J., Thiaville, A., Dubois, S., Duvail, J.L. and Piraux, L. (1998) *J. Magn. Magn. Mater.*, **190**, 1–16.

72 Maurice, J.-L., Imhoff, D., Etienne, P., Durand, O., Dubois, S., Piraux, L., George, J.-M., Galtier, P. and Fert, A. (1998) *J. Magn. Magn. Mater.*, **184**, 1–18.

73 Campbell, I.A. and Fert, A. (1982) in *Ferromagnetic Materials*, (ed. E.P. Wohlfarth), North-Holland Publishing Co., Vol. 3, pp. 747–804.

74 Ramsperger, U., Uchihashi, T. and Nejoh, H. (2001) *Appl. Phys. Lett.*, **78**, 85–87.

75 Durkan, C., Schneider, M.A. and Welland, M.E. (1999) *J. Appl. Phys.*, **86**, 1280–1286.

76 Cronin, S.B., Lin, Y.-M., Rabin, O., Black, M.R., Ying, J.Y., Dresselhaus, M.S., Gai, P. L., Minet, J.-P. and Issi, J.-P. (2002) *Nanotechnology*, **13**, 653–658.

77 Molares, M.E.T., Höhberger, E.M., Schaeflein, Ch., Blick, R.H., Neumann, R. and Trautmann, C. (2003) *Appl. Phys. Lett.*, **82**, 2139–2141.

78 Gopal, V., Radmilovic, V.R., Daraio, C., Jin, S., Yang, P. and Stach, E.A. (2004) *Nano Lett.*, **4**, 2059–2063.

79 Smith, P.A., Nordquist, C.D., Jackson, T. N., Mayer, T.S., Martin, B.R., Mbindyo, J. and Mallouk, T.E. (2000) *Appl. Phys. Lett.*, **77**, 1399–1401.

80 Ebbesen, T.W., Lezec, H.J., Hiura, H., Bennett, J.W., Ghaemi, H.F. and Thio, T. (1996) *Nature*, **382**, 54–56.

81 Ziroff, J., Agnello, G., Rullan, J. and Dovidenko, K. (2003) *Mater. Res. Soc. Symp. Proc.*, **772**, M8.8.1.

82 Tao, T., Ro, J., Melngailis, J., Xue, Z. and Kaesz, H.D. (1990) *J. Vac. Sci. Technol. B*, **8**, 1826–1829.

83 van den Heuvel, F.C., Overwijk, M.H.F., Fleuren, E.M., Laisina, H. and Sauer, K.J. (1993) *Microelectron. Eng.*, **21**, 209–212.

84 De Marzi, G., Iacopino, D., Quinn, A.J. and Redmond, G. (2004) *J. Appl. Phys.*, **96**, 3458–3462.

85 Lipp, S., Frey, L., Lehrer, C., Frank, B., Demm, E. and Ryssel, H. (1996) *J. Vac. Sci. Technol. B*, **14**, 3996–3999.

86 Pascual, J.I., Méndez, J., Gómez-Herrero, J., Baró, A.M., García, N. and Binh, V.T. (1993) *Phys. Rev. Lett.*, **71**, 1852–1855.

87 Rubio, G., Agraït, N. and Vieira, S. (1996) *Phys. Rev. Lett.*, **76**, 2302–2305.

88 Ohnishi, H., Kondo, Y. and Takayanagi, K. (1998) *Nature*, **395**, 780–783.

89 Puretz, J. and Swanson, L.W. (1992) *J. Vac. Sci. Technol. B*, **10**, 2695–2698.

90 Hernández-Ramírez, F., Casals, O., Rodríguez, J., Vilà, A., Romano-Rodríguez, A., Morante, J.R., Abid, M. and Valizadeh, S. (2005) *MRS Symp. Proc.*, **872**, J5.2.1.

91 Romano-Rodríguez, A., Hernández-Ramírez, F., Rodríguez, J., Casals, O., Vilà, A., Morante, J.R., Abid, M., Abid, J.-P., Valizadeh, S., Hjort, K., Collin, J.-P. and Jouaiti, A. (2005) EUSPEN'05 France Montpellier 8–11May.

92 Hernández, F., Casals, O., Vilà, A., Morante, J.R., Romano-Rodríguez, A., Abid, M., Valizadeh, S. and Hjort, K. (2005) Microscopy of semiconducting materials conference UK 11–14 April.

93 Valizadeh, S., Abid, M., Hernández-Ramírez, F., Romano Rodríguez, A., Hjort, K. and Schweitz, J.Å. (2006) *Nanotechnology*, **17**, 1134–1139.

5

一维纳米结构电化学传感器

5.1 引言

时至今日，基于低维材料的传感器已不再新颖。事实上，化学和生物化学传感器的小型化有很长的历史，20 世纪 60 年代 Wise[1] 和 70 年代 Bergveld[2,3] 等人已开始了这方面的研究工作，他们是先驱者。然而，在过去几年中，大量高敏感性材料的出现再次激发出一股新的浪潮。这些纳米结构材料，如人们所认识的一样，除了新奇的尺寸相关特性外，还有着巨大的潜在新用途。诸如纳米线和纳米管等一维结构（1D）有希望用于制备性能优秀的换能器件，如生物传感器。这些一维材料与微电子技术集成相对容易，纳米尺度的线/管可作为有源元件形成一整套新纳米生物技术器件，如生物芯片。虽然纳米结构已在不同领域展示出应用潜力，但本章所关注的是纳米线/管的电化学合成，以及作为传感器对生物和化学物质的检测。在本章的开始部分，将着重介绍一些基本概念以及简单的金属和非金属线/管电化学制备技术，随后，将探讨一下应用和局限性。

5.2 模板法制备纳米线/管

制备纳米结构材料的核心问题是如何将原子或其他构建模块组装成直径远小于可用长度（1D 结构）的纳米尺度物体。虽然许多方法都可以制备 1D 纳米结构[4~7]，但通常使用的是"自上而下"和"自下而上"构筑策略。基于"自上而下"和"自下而上"策略的电化学方法适合于排列整齐、结构特定的 1D 结构体制备。

模板法是"自下而上"制备纳米线/管最成功方法之一[6~8]。这种方法基于具有电极的基片类材料，原位生成纳米结构材料，使其形状与模板形貌相一致。在过去数年里，诸多模板法已用于生长及图形化金属和聚合物材料[9,10]。常用的模板法是表面图形化，采用光刻和刻蚀技术在固态基片上形成纳米或微米阴阳图案。

对于阳模板，线状纳米结构，如脱氧核糖核酸（DNA）和碳纳米管（CNTs）[11~13]，可作为模板诱导目标材料电沉积在模板表面。用这种方法，不会因模板尺寸而有物理限制，纳米结构的直径可简单地通过调节材料的沉积数量来控制。通过阳模板法可以生长出 1Dπ 共轭聚合物纳米结构[14~17]。基于碘在含噻吩单体溶液中双重角色可实现电化学外延聚合[18]。碘作为一种氧化剂能促使噻吩自由基阳离子的形成，耦合后为低聚噻吩。当反应在金（1 1 1）电极表面发生时，碘吸附层包覆电极表面。施加电压脉冲，电化学聚合开始，单聚噻吩线迅速生成。在此例中，碘的存在至关重要，其在电极表面的吸附层起着纳米线取向和生长成核作用。对于阴模板法，V 形凹槽结构常用于沉积，由液相电化学镀可在每一 V 形凹槽底部生长出金属或半导体。通过这一简单过程，长度达微米的连续细线在固态基片表面形成，随后可以转换成自支撑态或转移至其他支撑体上[19]。这是模板技术的一个最大优势，模板仅起着规范 1D 纳米结构体几何特性的物理作用。合成完成后，模板可选择性地刻蚀或煅烧除去，便于纳米结构生成物的收集。

5.2.1 介孔材料模板

纳米多孔膜是很好的阴模板。将诸如聚碳酸酯和阳极氧化铝（甚至是沸石）等膜的纳米孔作为模板使用可约束纳米结构的生长[8,20~26]，合成出所需材料。例如，聚碳酸酯模板装载酶，如葡萄糖氧化酶、过氧化氢酶、枯草杆菌蛋白酶、胰蛋白酶和醇脱氢酶，可制成新的酶生物反应器或实现药物输送[74]。

纳米多孔膜中，阳极氧化铝膜（PAA）因几何特征（如厚度、孔和单元直径）和成分可控而引人注目。另一有趣特性是自组织六角密堆单元阵列，每个单元的中心孔相互平行且垂直于基片表面[27~29]。铝箔阳极氧化通常以硫酸、磷酸或草酸为电解液，在恒电压下进行[见图 5.1(a)]。孔径大小可通过选择电解液进行调控[30]。例如，硫酸下阳极氧化孔径小于 25nm，磷酸下孔径大，扩孔前甚至大于 200nm[69]。相比之下，草酸下孔径适中，典型的孔径大约为 30nm 至 100nm[29,30,69,70]。阳极氧化后，去除铝基体，酸性溶液中浸泡去除孔底部势垒层。其后，在 PAA 一侧沉积导电层作为电化学池阴极。此时，不同孔直径及长度的线或管不仅可通过电化学沉积生长，而且可由化学镀生长。

Martin 是率先进行两种沉积实验的团队之一[4,5,31]。他们的实验结果显示化学镀金比电化学镀金均匀性更好。多孔膜上场强分布不同可能是差异产生的主要原因。

他们同时发现，沉积时间对管和线形成有重要的影响[31]。电沉积/沉积初期，材料优先在孔壁上均匀附着形成管状纳米结构[6]。利用目标材料在管壁上的优先电沉积特性可以制备纳米管。关键点是电沉积前管壁的敏化或预活化步骤。最常见敏化工序之一是用氨丙基三乙氧基硅烷（APTES）使管壁硅烷化，通过管壁表面上的自由氨基锚住复杂金属纳米粒子[32]。其后，将改进后的多孔膜浸入电化学镀液中［见图 5.1(b)］，电沉积由孔底部沉积有金属层处开始。当孔壁出现不可移动纳米颗粒时，电沉积优先沿着纳米管道表面进行，形成一维管状结构。随着电沉积过程的继续，纳米管道的直径不断减小，最终生长出纳米线。虽然这种方法常见于湿法工艺[10]，但相似技术也可用于管状聚合物纳米结构的制备。碳纳米管同样可以通过纳米多孔膜化学气相沉积（CVD）生长。由于膜的纳米管道会限制和诱导碳纳米管 1D 方式生长，因而无需在孔底部沉积催化物[33]。如果需要更全面地了解多孔阳极氧化铝作为模板制备纳米材料，请见第一章。

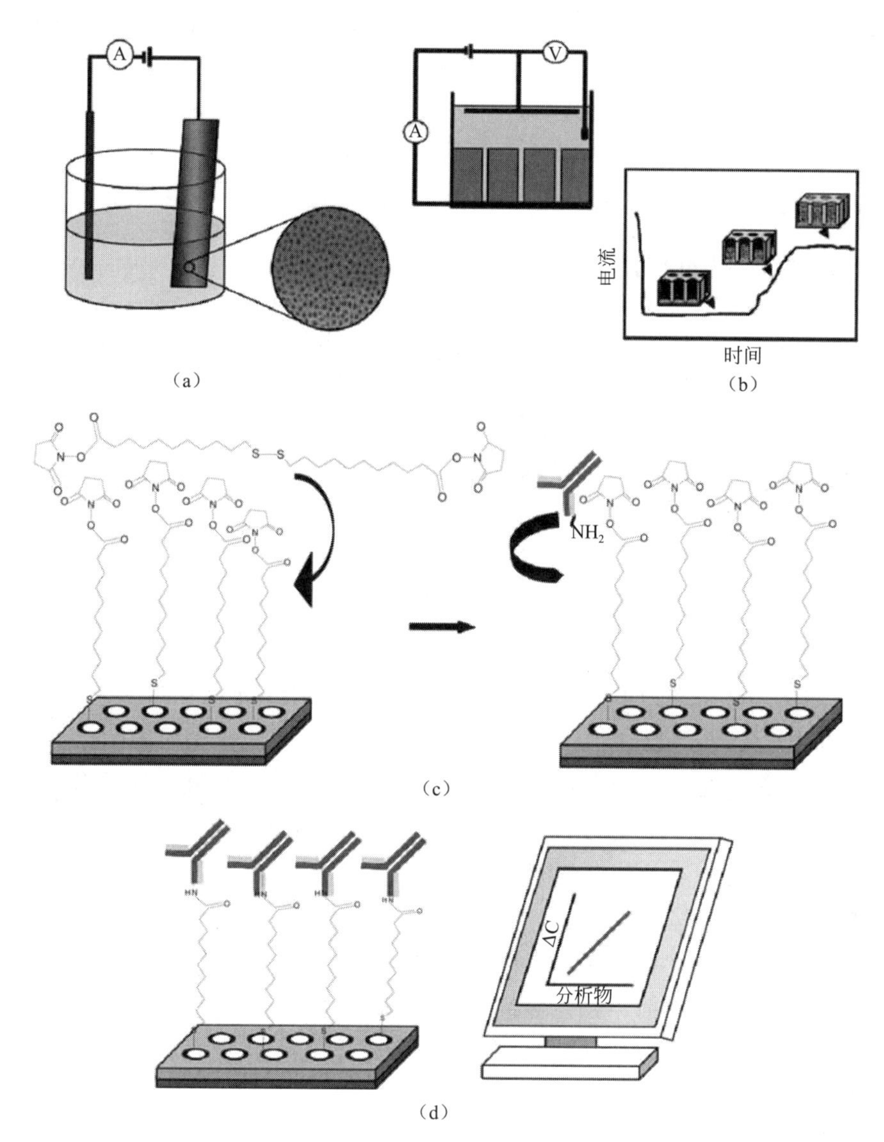

图 5.1 (a) 铝阳极氧化形成氧化物示意图；(b) 纳米多孔膜金属电沉积及纳米线生长电流-时间关系示意图；(c) 共价固定大肠杆菌抗体于硫代琥珀酰亚胺十一酸修饰纳米线表面示意图；(d) 大肠杆菌细胞检测及纳米线电容随细胞浓度的变化

注：翻印自参考文献 [24]。

纳米多孔材料电沉积的一个优势在于纳米线的生长可通过还原电流操控［见图 5.1(b)］。例如，起始阶段由于电活性基团需在孔内扩散，还原电流很小。当还原开始时，电流增大，纳米线或管开始生长，直到孔被完全填充至膜的上表面。此后，三个维度生长，半球形冠在纳米线顶端形成，随着尺寸的增大在膜表面合并。在这个阶段，生长在膜表面进行，还原电流趋于稳定。纳米线的成分可以通过电流密度和电解液成分调整；在含不同金属离子溶液里能同时组装多段不同材料[96]。这些多段纳米线有可能成为生物评价体系中的条形码。例如，Nicewarner-Pena 等人的研究显示：可控的多段纳米线能用作 DNA 或蛋白质生物评价的条形码[97]。案例的核心是单一纳米线上的每一个金属条纹都能选择性地吸收不同分子而具有遗传特性，如DNA低聚体。多段纳米线的光散射效率通过改变段尺寸可大幅度提高，每一个条纹因表面等离子体激发强度不同可用于检测不同分子附着物。

总之，模板法是一种简单、取向度高、低廉、可量产制备不同材料纳米线管的手段。令人感兴趣的是如果纳米多孔膜点阵常数为500nm，孔直径为400nm，理论上每平方厘米可由460000000个孔沉积出相同数量一维纳米结构体。

5.2.2 纳米线作为纳米电极

电化学纳米线的一个独特优势是在外电势下能注入电荷。由于电沉积沿最高导电路径进行快速电子传递，电沉积金属纳米线的一个最大优势是拥有高导电性[96]。电化学纳米线的功函数增大了大约1eV，这意味着零电荷电位偏移了相同数量。因此，在常见的水溶液电极电位下，纳米线总带负电。1D纳米结构最有希望作为用于高阻电化学系统的纳米电极。由于尺寸小，纳米线不仅能用于研究普通宏电极因响应速度不够快而无法研究的氧化还原反应动力学问题，而且是纳米技术与生物系统相结合进行非侵入式评价的一类新电极。就这点而言，纳米线的另一个明显优势是其尺度与诸如蛋白质、核酸等生物大分子相近。基于这些特殊性能，纳米线成为了传感器技术领域各种应用场合中引人关注的新工具代表。

例如，以纳米多孔材料为模板制备的能直接在多孔基片上充当有源纳米电极的金属纳米线[4,5,34]。纳米线作为纳米电极就可以用蛋白质膜伏安（PFV）技术研究蛋白质氧化还原反应中的快速电子传递。电子催化剂酶如细胞色素，由于核中心的阻碍难以用常规宏电极研究，现在有可能用与这些生物分子尺寸相当的纳米电极感测。早期研究表明，循环伏安法（CV）峰值电流检测是相当差的电分析技术，然而，当使用金纳米电极后，峰值电流可达皮安范围，CV就成为测试电子传递动力学的一个强有力的工具[5]。纳米电极以基体支撑，如聚碳酸酯，遇到的一个难点就是存在大的双层充电电流。这个电流源于孔壁与纳米电极间溶液的蔓延。对于聚碳酸酯，简单的热收缩可以引起聚合物分子链拉伸结构松弛，孔尺寸收缩。收缩致使孔壁与纳米线间的缝隙闭合，结果充电电流小至微乎其微。对于PAA，孔大多为纳米线填满，不存在这个问题。

5.2.2.1 纳米电极的电化学特性

Menon和Martin详细分析研究了纳米线作为纳米电极的性能[5]。以$Ru(NH_3)_6Cl_3$和三甲胺甲基二茂铁（TMAFc+）高氯酸作为水介质中的电活性物质，作者的研究表明，纳米电极上的扩散层遵循全重叠机制，也就是说，扩散层面积与纳米电极总的几何面积呈线性关系。因此，可获得峰形伏安曲线。当使用低浓度本底电解液时，电活性物质的伏安波形能很好地界定。比较10nm直径金电极和约3.2mm大直径金电极，循环伏安曲线结果表明：纳米电极总体探测灵敏度比微电极要高3个数量级。

结果分析普遍与定性和定量理论数据相对应，在大多数其他案例中可作为良好的参考点，预测纳米电极性能的外部影响。

考虑到这些，Martin等尝试以纳米电极作为生物传感器[35]，对常用于还原酶生物传感器的三种电子传递介质、两种吩噻嗪类药物（天青A和B）和甲基紫精进行研究。结果发现，纳米电极的检测阈值取决于所用介质的氧化还原半波电位$E_{1/2}$。纳米电极阵列可用来确定标准异构速率常数（k^0）。然而，由于纳米金盘在电极表面积中仅占一小部分，k^0 的真实值难于直接获得。为此，通过表观异构速率常数[26]（k^0_{app}）：

$$\psi = k^0_{app}\left[D_0\pi(nF\nu/RT)\right]^{-1/2} \tag{5.1}$$

式中，D_0 是氧化物质的扩散系数（假设 $D_0=D_R$），n 是扫描速率，T 是温度，F 是法拉第常数，R 是气体常数。k^0 的真实值由下式计算出：

$$k^0_{app} = k^0(1-\theta) = k^0 f \tag{5.2}$$

θ 为电极表面遮挡比例，f 为纳米金电极占电极表面积比例。f 值可由本底循环伏安曲线得出[5]。Textor 等[98]的研究表明，纳米金线适合于大内表面、低法拉第过程灵敏度电解传感器。由于垂直排列纳米线与电解液接触面积大，每一根纳米线在法拉第过程中的峰面面积相对较小，相比于宏观平面金电极，纳米金线的容性和法拉第电流显著减小。

5.2.2.2 表面化学改性纳米电极

由于表面容易改性，纳米线和纳米管有可能通过化学或生物分子识别基元改性成为选择元件［见图 5.1(c) 和（d)］。例如，Subhash Basu 等[24]在 PAA 中电化学沉积制备金纳米线阵列，随后用抗大肠杆菌抗体进行表面改性。采用这种方式，作者对不同大肠杆菌细胞浓度溶液进行了电化学阻抗谱法检测，检测阈值可达 0.173cm^2 面积 10 个细胞。该例中，检测极限取决于能使传感器表面电容特性改变的抗原-抗体络合物形成。大肠杆菌作为抗原，电容变化的检测限在 10^{-9}F 至 10^{-12}F 间。巯基乙胺或巯基丙酸自组装单层膜（SAMs）也被用于固定葡萄糖氧化酶在金纳米管电极集成传感器表面[71,72]。对于葡萄糖的安培检测，该传感器展现出了极好的稳定性和灵敏度。葡萄糖响应高达 400nm/(mM·cm^2)，为文献报道中可比系统的最高值之一。测试 38 次，重复再现性非常好，电位高达＋0.9V 时无诸如抗坏血酸和尿酸物种的干扰。

同样有趣的是分子尺寸和纳米管传输特性，管状 1D 纳米结构能分离分子。化学吸附特定分析物在管壁内表面，管内的化学和/或物理环境改变，结果是纳米管的输运特性改变[6,27,38]。基于分子尺寸，沉积在聚合物膜孔中的金纳米管由于内径小于 1nm 可以分离小分子。这个“过滤器”能分离吡啶（摩尔质量 79g/mol）和奎宁（摩尔质量 324g/mol），仅小吡啶分子能通过纳米管[73]。由于可测量离子液体温度-电导特性，这些所谓的“固态纳米孔”能用作灵敏的纳米尺度温度计。用激光焦点加热，三维温度分布可通过纳米孔扫描绘制。这样，水溶液环境下的温度分布测试精度可达纳米级别[75,76]。

今天，虽然我们生活在一个追求个性化医学时代，但对这些纳米多孔结构的兴趣绝不仅限于基因应用。个体染色体 DNA 大小测定和结构判定是目前的主要应用。将生物分子识别络合物引入孔中可以构建出传感器[75]。理论计算表明，测量单链 DNA 通过纳米孔时的横截面电流，完整的人类基因组可在数小时内高精度测定[77]。纳米电极间 DNA 片段横截面电导的第一性原理计算表明，由于 DNA 片段（碱基 A，C，G，T）受几何因素限制[78]，DNA 金电极接触直流测试不是 DNA 测序的简便方法。总的来说，固态纳米孔材料可能找到不同于生物分子检测的应用。事实上，纳米孔材料用作纳米电极已有文献报道[99]，纳米孔内带电物质高通量分析表明离子输运遵循非线性常规描述[100]。

目前，管状纳米结构作为蛋白质生物传感器受到极大关注[38~40,99]。特别是贵金属纳米管，硫醇可以在其表面自发吸附。硫醇修饰表面的交叉链接多种多样，使得药物和蛋白质及其他系统之间的化学相互作用可以进行分子层面的研究。

5.3 电化学阶梯边缘法

踏着导师 Charles Martin 的足迹，加州大学尔湾分校 Penner 和同事开发出一种新的电化学方法合成一维结构[41,42]。这种方法通过三个连续电压脉冲在高定向热解石墨（HOPG）表面电沉积贵金属或氧化物［见图 5.2(a)］，称为电化学阶梯边缘精饰法（ESED）。纳米线生长的核心在于电压脉冲序列［见图 5.2(b)］，第一个脉冲为氧化脉冲，用于激活 HOPE 阶梯边沿。第二个脉冲为持续数毫秒的负电位脉冲，起成核和金属沉积作用。第三个脉冲为一小幅度的脉冲，颗粒或不同直径线开始生长，线径大小取决于电解电位和时间。值得注意的是纳米线不能直接通过金属电沉积生长。其原因在于低表面自由能石墨基平面使得阶梯边

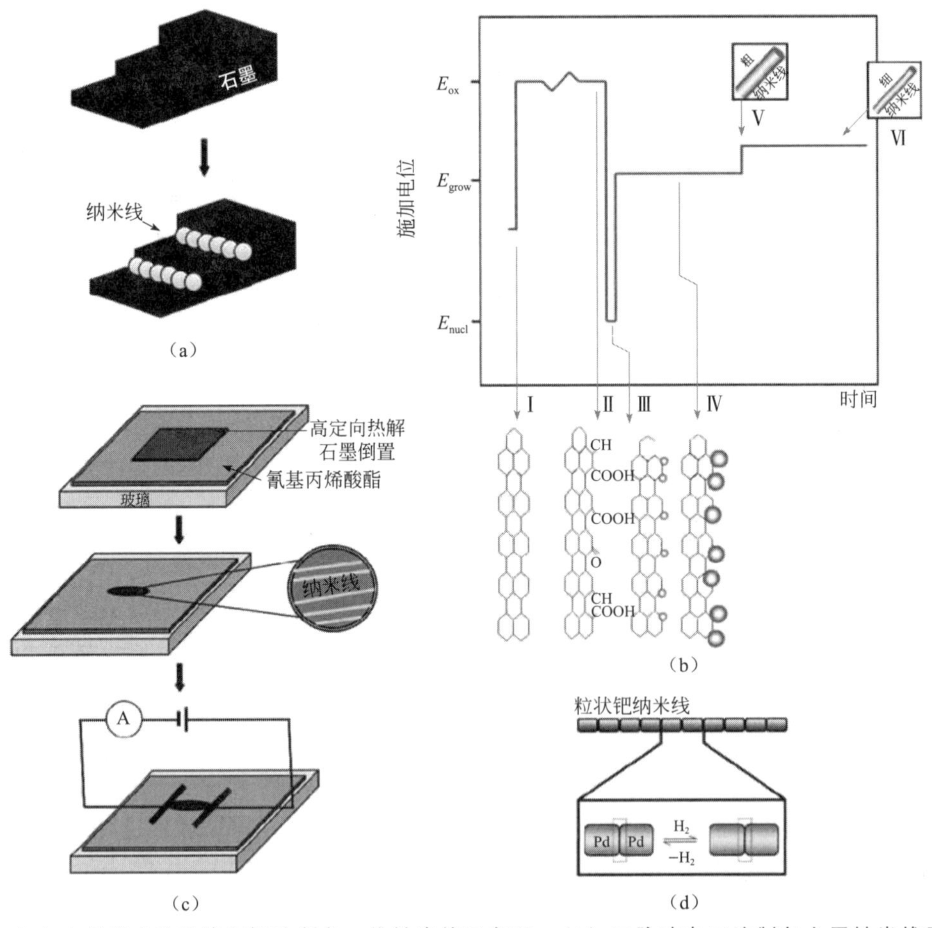

图 5.2 (a) 电化学台阶边缘沉积法制备一维纳米线示意图；(b) 三脉冲电压法制备金属纳米线示意图；(Ⅰ) 和 (Ⅱ) 为台阶边缘，处于氧化阶段；(Ⅲ) 纳米粒子成核与生长；(Ⅳ) 纳米粒子合并形成纳米线；(Ⅴ) 最后阶段，纳米线直径增大，但通过控制电氧化直径可减小 (Ⅵ)；(c) 纳米线转移至非导电基片，与电极横向接触形成传感器；(d) 粒状 Pd 纳米线的纳米间隙及 H_2 气氛下的可逆行为

注：翻印自参考文献［47，52］。

缘金属核密度低。但 HOPE 缺陷如阶梯边缘能催化电子转移至溶液中的金属离子，成核优先在石墨表面阶梯边缘出现。因此，如果沉积时间足够长，单个颗粒能沿阶梯边缘成核并合并，可以获得直径小至 13nm、长度达到 500mm 纳米线[41]。

5.3.1 预定机制

由于纳米线可外延至第三维度，这种电化学技术比物理方法，如气相沉积，具有更多优势。与此相反，化学气相沉积（CVD）是平台吸附、扩散。相互间的不同点在于沉积机制。表面结构生长通常以稳定核形成开始[43]。由于相互吸引作用，吸附原子抵达表面并在平台上扩散，偶然相遇粘连在一起。这个二维（2D）表面概念等同于 3D 水滴由过饱和水蒸气成核[44]。通过仔细调整 2D 气相过饱和度，也就是浓度，使平台上吸附原子很少扩散，有效地压制住成核。然而，对于阶梯边缘缺陷，吸附原子具有比光洁平台更强的附着力，可以成为成核点。因此，在足够低的过饱和度下，沉积材料可以仅在表面阶梯边缘呈岛状生长。真空沉积时，过饱和度受控于沉积速率或衬底温度。相似地，电化学沉积的过饱和度受控于电化学沉积。相比于真空沉积，外来原子沿表面外延生长，电化学电位可左右原子绝对沉积速率和溶解间的平衡，存在一个平衡点[45,46]。这一工艺（也是模板技术的一种形式）与传统模板类方法缺点相同，多晶材料直径往往大于观察量子现象所要求的下限值。

这些纳米线直径仍可能通过动力学控制电化学过程减小。如所期待的一样，Penner 及其同事的研究表明[47]，纳米线生成后将 ESED 与电氧化过程相结合，在低电流密度下电氧化，氧化电流正比于纳米线面积减小，也与氧化时间直接呈正比。基本要求是氧化产物具有溶解性。

利用这个策略，Penner 等已制备出一系列贵金属和其他纳米线（如，Au、Ag、Cu、Pd、Cd、Mo、Ni 等）[41,42,47,48]。并且，半导体纳米线如 CdS 也能用该方法制备，但电沉积后必须先形成半导体纳米线。

5.3.2 纳米线基气体传感器

为把纳米线制成化学传感器，先可以将所制备的纳米结构转移至固态非导电衬底上，然后用导电油墨如银胶横向连接［见图 5.2(c)］。事实上，Penner 和同事也是用这个简单方法制备出第一个钯纳米线氢传感器[42]。

相比于在纳米多孔材料中直接电沉积制备一维纳米结构体，阶梯边缘精饰法所制纳米线呈颗粒形态，直径分布更窄。当纳米线用于气体传感器时，颗粒形态起到阻抗变化作用。Penner 等人的早期研究表明[42]，钯纳米线阵列置于浓度 5% H_2 下施加恒电压，传感器的响应时间约为 75ms。而且，这些纳米线传感器对常见钯基氢传感器污染气体，如 O_2、CO、CH_4 不敏感。因此，作者认为采用纳米线后，钯基氢传感器的两个主要问题可以解决。有趣的是，相较于常见氢传感器，这种传感器在氢气下钯纳米线电阻暂时减小。这可能与上述纳米线颗粒形态相关。显微结构分析表明，纳米线在无氢环境下存在纳米缝隙；纳米线第一次暴露于氢环境下，钯金属形成一个热力学稳定 β 相-$PdH_{0.7}$，面心立方（FCC）钯晶格体积膨胀 3.5%(25℃，1 个大气压氢气下)。体积膨胀使纳米线沿轴线压缩 3.5%，导致晶界电阻减小。空气中重新氧化纳米线可以重新开启这些缝隙，令钯纳米线表现出有源开关行为[见图 5.2(d)]。这种传感器的灵敏度约为 0.5%，比空气中氢的燃爆阈值低 8 倍，有希望在未来能源领域得到应用[48,49]。

监控天然原料产生氢气是一个有趣应用，换句话说，氢化酶是一类由原始细菌产生的金属酶，在优化条件下能以 10×10^{-3}mol/min 产生氢气（每毫克蛋白质）[50,51]；传感器小型化有可能直接控制微生物的氢产生。除氢气外，其他气体也能用 ESBD 制备的贵金属纳米线感测[52]。贵金属纳米线因其颗粒形态也可用硫醇化合物进行表面改性。生物大分子绑定在表面，作为受体可开展与药物小分子相互作用的研究。由于药物小分子在尺寸上与纳米线相近，对电子电导的非弹性散射敏感，传感器可通过表面电荷效应进行检测。表 5.1 列出了不同纳米线传感器应用。

表 5.1 纳米线及其可能在高灵敏度传感器中的应用

纳米线	应用
Au，Ag	生物传感器，离子污染物
Pd	H_2 气体传感器
Bi，Fe，Ni，Co	磁传感器
Al_2O_3，ZnO，SnO_2，In_2O_3	空气质量（检测 CO、NH_3、NO、CH_4）
p-Si 或 n-Si	生物大分子，分子受体

纽约大学和麻省理工学院研究团队演示了纳米线作为纳米电极的应用前景，将纳米线植入动脉并连线至大脑，能够发送和接收信号。虽然目前临床应用尚不成熟，但未来这些纳米电极也许能将高频电脉冲传送至神经系统紊乱的大脑特定区域，如帕金森症病人。当然，在实际医疗应用前，必须先确认纳米线的生物兼容性。纳米传感器能转换和增强生物事件的事实，为纳米线或纳米管与生物处理系统相互连接应用奠定了基础[101]。

5.4 电化学刻蚀/沉积制备原子金属线

如果 20 世纪初被认为是量子力学的“黄金年代”，那么 21 世纪初就是纳米科技的黄金纪元。从这个角度讲，材料足够小时的一个有趣特征就是新的量子现象。例如，当金属线仅由数个原子串成时，线的纵向电导（G）就量子化了，G 可用朗道公式表达为[53]：

$$G=\frac{2e^2}{h}T_n \tag{5.3}$$

式中，e 为电子电荷，h 为普朗克常数，T_n 为输运概率函数。对于一个理想的线，$T_n=1$，单位量子电导 $2e^2/h=77.4\mu S$。在这种情况下，电子沿金属线弹道输运；也就是说，电子波在金属线中的传输无动量或相位的散射影响。那么，量子电导的物理意义是什么呢？式(5.3) 给出了电子沿长度方向运动的 1D 金属线理想模型，也就是，电子输运局限在单通道中，就像人走在窄桥上一样。和宏观金属线不同，宏观金属线中存在许多弹性散射碰撞，电导与金属线截面积成正比，与长度成反比关系，而原子级别细金属线中电子平均自由程大于金属线长度，因此无碰撞（弹道输运）。按照德布罗意关系式，电子电导波长 $\lambda_F = 2\pi/(2mE_F)^{1/2}$，$E_F$ 为费米能级（传导电子能量），对于宽度为 $W=\lambda_F/2$ 的 1D 线，仅有一个驻波，也就是 $N=1$。此时，线宽度与 λ_F 相比拟，横向传导电子具有明确的量子模式。与经典金属线不同，整数 N 随线宽度增大而增大，以致电导增大。这一现象称为电导量子化，电导不仅取决于截面积，而且受材料本征特性影响。实验上，当电导低于大约 5×10^{-4}S，电导会以 $2e^2/h$ 为单位分立阶梯减小；因而，量子模式能被严格控制[54~58]。

问题是如何制备这样神奇的纳米线？事实上，电化学就是一个简单的方法，Tao 团队率先用电化学方法制备出了量子金属线[54~56,58,59]。将一根几乎完全为胶包裹的细金属线固定在固态绝缘基片上，未包裹部分浸入电解液中进行电沉积和刻蚀。长度小于数微米的未包裹部分减小至原子尺度时，电导被量子化。这个方法的优点是过程通过电沉积可逆。线电导可原位用双恒电位仪控制［见图 5.3(a) 和 (b)］。

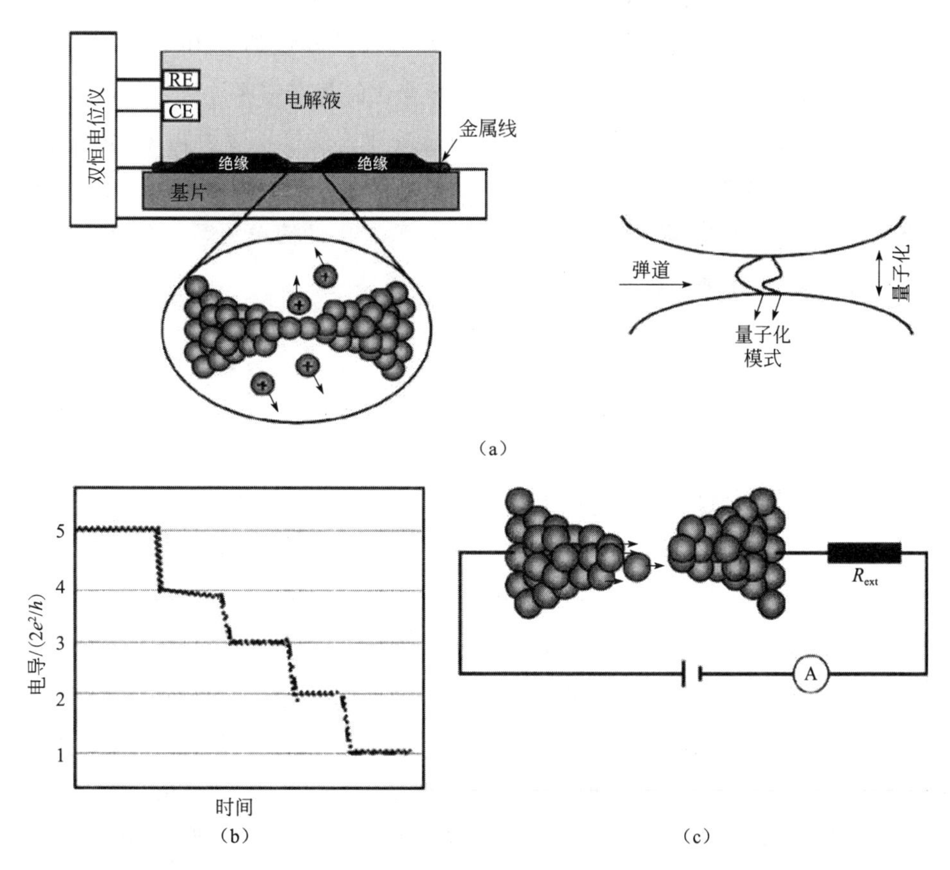

图 5.3 (a) 金属量子线制备和量子化电导示意图，导电电子沿纳米线弹道输运，横向展现量子化特性。(b) 贵金属溶解过程中量子化电导随时间的变化。(c) 通过自修复电化学法制备量子化金属线示意图

注：翻印自参考文献［55，59］。

Boussaad 和 Tao 等人还展示了另一种方法，这种方法的机制为同时刻蚀/沉积，无需双电位或反馈控制就能制备原子线［见图 5.3(c)］[59]。在该方法中，偏置电压加载在浸入电解

液中间隙相对较大的两电极上。原子从阳极刻蚀掉后沉积在阴极上。虽然整个阳极表面均被刻蚀，但沉积仅与阴极单点接触。一旦两电极间点接触形成就停止，整个过程可通过电极间电导连续监控（离子电导可忽略）。这种方法还具有自我修复机制；也就是说，一旦两电极间接触形成，再施加小偏置电压几分钟，接触很可能由于结构亚稳态而断开。此时，电导回落至零。电极间的电压又升至最大值，刻蚀和沉积过程重新开始。

这些量子金属线与那些如模板法制备的金属线在电导灵敏度上的两个本质区别是内在波长和电子平均自由程。金属，如 Au、Ag 和 Cu 的波长仅为几个埃，平均自由行程为几十个纳米，只要金属线直径达到这个原子尺度，电导量子化即使在室温下也显著。相比之下，直径数十个纳米的常见纳米线不可能存在明显的电导灵敏度。事实上，Tao 和同事观察到原子尺度细金属线量子电导对纳米线上吸附分子敏感[60,61]。由于具有敏感性，虽然许多不足仍待克服，如选择性，但这些材料可用作高灵敏度化学传感器。

Tao 等人报道了量子化电导灵敏度直接实验证据，表明分子或离子与纳米线的键合强度在吸附物诱导下电导变化很大[54,55]。为更好地了解量子线模型的适用范围，以及如何能应用于传感器领域，这里介绍一些分子吸附致使电导变化的基本原理。一个源自电子传输的基本概念是电子传导散射决定电导变化。Ishida 的显微理论创建了吸附物-衬底键合长度和吸附物-吸附物距离为对象的电导变化模型[63]。另一个有价值方法是 Persson 建立了吸附物诱导电导变化与吸附物分子在导体费米能级态密度 $\rho(E_F)$ 间的简单关系。在 Persson 模型里，每个吸附分子的电导变化都可表示为

$$\frac{\Delta G}{G}\alpha - \frac{\Gamma \rho_a(E_F)}{d} \tag{5.4}$$

式中，d 为金属膜的厚度，Γ 为态密度 $\rho(E)$ 宽度。由于每个吸附分子的态密度 $\rho(E_F)$ 不同，吸附分子的电导变化也不同。就经典导体而言，这一关系已得到证实[36,38]。如 (5.3) 式所见，对于传感器应用，由于电导变化与膜厚呈反比例关系，膜越薄意味着灵敏度越高。

基于这些参数，Persson 理论可用来构建动态分子测量传感器。然而，相对于量子线弹道区，这个模型仅描述了电子扩散输运方式，理论尚不够完善。模拟分析表明甲基硫醇吸附于金纳米线，四原子链形成强键合，使分子成为线的一部分。有趣的是，纳米线间相互作用距离比块体金属大，分子吸附也更大。金（1 1 1）电极表面扫描隧道（STM）显微照片证实了这些观察结果[65]。Tao 等人研究了不同键合强度分子对 Cu 量子线电导变化的影响，测得多巴胺、2，2′-二吡啶（22BPy）和巯基丙酸（MPA）的键合强度分别大约为 0.6kcal/mol，8.4kcal/mol，和 44kcal/mol。这些结果表明，随着线量子模式减少，电导灵敏度增大。事实上，单量子模式量子线吸附分子后电导明显减小[60]。

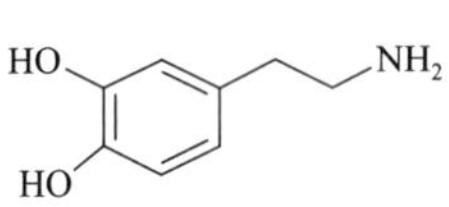

HO NH2 HO　　　N N　　　HS O OH

多巴胺 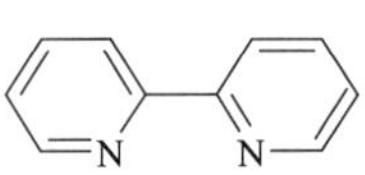　　2,2’-二吡啶 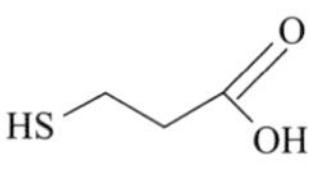　　巯基丙酸

一个有价值的现象是量子电导下降近一半。虽然电导在未加载分析物时也会减小，但分子吸附增大了其幅值。正像我们期盼的那样，电导随分子键合强度增大而减小。对于巯基丙酸，由于上述量子效应使纳米线击穿，电导会减小至零。电导变化的起因是吸附质导致量子线电子传导散射以及金属线原子组态重新排列。

Tao 团队也评估过带电物质对电导变化的影响。以 NaF、NaCl、NaBr 和 NaI 为电解液，他们研究了不同电位下阴离子的吸附。不出所料，当量子线处于负电势时，吸附无法进行。增大电势，所有电解液的电导均增大。电导变化幅值与阴离子吸附强度相对应，为 $F^- < Cl^- < Br^- < I^-$。电子散射被认为是高灵敏度电导变化的主要机制[55]。量子金属线为感测小物种和生物大分子奠定了扎实的基础。例如，蛋白质通常在水溶液中带电，纳米结仅具有检测单分子能力，而用 1D 纳米结构体甚至可以检测单个或多个小离子。就像早前的报道，传感器的选择性可通过纳米线表面吸附特定受体进一步改善[66]。

值得注意的是，理论计算表明，纳米线传感器的灵敏度更依赖于纳米线长度而不是半径[67]。这使得可制备高长径比纳米线的方法尤其受到重视。

5.5 未来前景和有潜力的技术

虽然 1D 纳米结构传感器的电化学制备仍处于研发阶段，但许多公司正竭尽全力围绕纳米科学开展三个方面工作，即生长、组装和纳米材料向功能网络阵列集成。大表面积使纳米线管成为感测基因组、蛋白质组、分子诊断和高通量筛选的有力工具。目前，美国帕罗奥图市的 Nanosys 公司计划针对纳米线密阵列高表面积有利于提高诊断灵敏度这一优势，推出第一款商业化产品。该产品无需任何样品制备能快速分析复杂生物流体样品中的小分子，可用于药物高效开发或直接快速地进行尿液药物检测[112]。Illuminex 公司用比气相沉积法更便宜且可批量制备的电化学法生长纳米线，将一端附着于衬底且垂直排列纳米线制备器件。目前，Illuminex 公司正致力于开发用于卵巢癌标记物检测和其他癌生物分子指示物的传感器。Illuminex 公司直接在光纤探针的尖端电化学生长金属纳米线，将抗体和核酸附着纳米线绑定靶蛋白或基因。分子绑定改变了高吸光纳米线的光学特性，使靶材料能用光谱仪识别。2005 年，纳米生物传感器在医学诊断的用量达 285 亿美元[113]。纳米线的多功能在生物组装领域也得到应用。如，Cambrios 科技公司将生物学与电子产品结合，显示器制造商正测试透明纳米线导体膜替代锡掺杂氧化铟（ITO）[114]。目前，大范围开发一维和其他纳米材料应用取得进展的公司有：Nanosys；Illuminex；Cambrios；Nanosens；Nano Clusters Devices Ltd.；NanoDynamics；Nanomix；Enable IPC；Atomate Corporation 和 QuNano。

在荷兰，Nanosens 公司[115]用绝缘硅（SOI）工艺将各种各样的纳米线集合在一起。在芯片上刻蚀出 200～500 根直径 5～50nm、长度 1～1000μm 平行纳米线。这些传感器阵列被认为是氢、环境气体检测直至癌诊断最有前途的技术。并且，可规模化生产的半导体工艺能将 1000 根独立处理的 Au 纳米线芯片价格降至 1 美元以下。

事实上，纳米线在绝缘硅片上集成的小系统能将 1D 纳米结构构造成检测 pH 值、基因序列、癌和其他疾病蛋白标记物、甚至单病毒分子的电子器件[83]。哈佛大学 Charles Lieber 团队将 p 型和 n 型半导体纳米线组装为场效应晶体管（FET）的平面栅电极，制备出了高灵敏度生物传感器。这些 FETs 的电性能相似或优于微电子工业制备的平面硅器件。相较于平面器件载流子耗尽或累积仅在表面区域，纳米线表面绑定生物分子载流子耗尽或累积在纳米直径结构体里。半导体纳米线这一独特性能使溶液中单病毒和单分子检测具有足够高的灵敏度[79~83]。纳米线检测的基本概念是基于 FETs 经典电特性，即表面电场或电压变化引起导电性的变化。对于 p 型硅，施加正栅极电压耗尽载流子，电导减小，而施加负栅极电压，载流子积累，电导增大。同样道理，绑定带电物质至栅极介质与施加电压至栅极的效果相同。从历史的角度看，这是一个受 FETs 启发的同时代传感器构型，Bergveld 几十年前提出了最初的构想，但由于离子敏感场效应晶体管的灵敏度有限，其对生物化学领域的影响远低于预期。Lieber 团队研究表明，纳米线能以非侵入方式检测、刺激和阻碍神经信号，具有良好的空间和时间分辨率[84]。同样，单壁和多壁碳纳米管也被构造成高灵敏度平面 FETs，用于检测气体[85,86]和生物分子如抗体[87,88]。Valcke 等人[89]的研究表明，用这种构造可对免标记 DNA 杂交检测以及单核苷酸多态性鉴别。通过将碳纳米管组装为 FETs 对 DNA 分子输运性能进行研究[90]，一些报告表明，对湿度、葡萄糖、细胞色素 C 以及其他蛋白质的检测是可行的[91~95]。FETs 传感器临床应用受限的原因在于检测灵敏度取决于溶液离子浓度。由于血清样品离子浓度高，分析前的任何诊断过程都需要预先脱盐以获得高灵敏度。

总之，纳米线/管技术的发展取决于全球领先研究团体和公司之间的合作。不同行业、不同背景的人将不可避免地成为技术进步的推动力。

5.6 结束语

本章列举了大量案例阐述过去几年中纳米科技是如何发展进步的，以及这些进展如何激发人类的创造力，促进新材料的生产和发展。在这个纳米尺度新领域里，着重关注了 1D 纳米材料与高灵敏度传感器的相关性。讨论了纳米线/管的多功能性、内在特性与应用间的关系。这些案例涉及一些重要且悬而未决的问题，需要用到新的物理或化学知识。

溶解粗金属线得到原子数量相对少的细金属线不仅有益于理解纳米尺度物理现象，而且可构建出模型预测小分子和大分子量子化学相互作用[116~118]。例如，实验证实，在简化单价离子和原子串相互作用框架下，离子电荷分布是纳米线电导变化的关键。此外，阶梯边缘精饰法制备的纳米线在某些气体环境下可起有源开关作用，表明他们对环境和条件如温度和压力是脆弱的，这为纳米线实用提供了线索，也解释了相关现象。

总之，维度研究表明，由于宏观系统中电子相互作用方式不同，所研究系统的特点能用尺寸函数描述。换句话说，几个分子的相互作用能完全改变 1D 结构特性。就这点而言，模板法制备纳米线传感器是一个伟大的成就[119]。由于分子和纳米线尺寸大体相当，为研究单分子检测，采用互补方法是必要的。

参考文献

1 Wise, K.D., Angell, J.B. and Starr, A. (1970) *IEEE Trans. Bio-Med. Eng.*, **17**, 238.

2 Bergveld, P. (1970) *IEEE Trans. Bio-Med. Eng.*, **17**, 70.

3 Bergveld, P. (1972) *IEEE Trans. Bio-Med. Eng.*, **19**, 342.

4 Penner, R.M. and Martin, C.R. (1987) *Anal. Chem.*, **59**, 2625.

5 Menon, V.P. and Martin, C.R. (1995) *Anal. Chem.*, **67**, 1920.

6 Kobayashi, Y. and Martin, C.R. (1999) *Anal. Chem.*, **71**, 3665.

7 Choi, J., Sauer, G., Nielsch, K., Wehrspohn, R.B. and Gösele, U. (2003) *Chem. Mater.*, **15**, 776.

8 Martin, C.R. (1994) *Science*, **266**, 1961.

9 Xia, Y., Yang, P., Sun, Y., Wu, Y., Mayers, B., Gates, B., Yin, Y., Kim, F. and Yan, H. (2003) *Adv. Mater.*, **15**, 353.

10 Steinhart, M., Wehrspohn, R.B., Gösele, U. and Wendorff, J.H. (2004) *Angew. Chem. Int. Ed.*, **43**, 1334.

11 Coffer, J.L., Bigham, S.R., Li, X., Pinizzotto, R.F., Rho, Y.G., Pirtle, R.M. and Pirtle, I.L. (1996) *Appl. Phys. Lett.*, **69**, 3851.

12 Braun, E., Eichen, Y., Sivan, U. and Ben-Yoseph, G. (1998) *Nature*, **391**, 775.

13 Zhang, Y. and Dai, H.J. (2000) *Appl. Phys. Lett.*, **77**, 3015.

14 Liang, W. and Martin, C.R. (1990) *J. Am. Chem. Soc.*, **112**, 9666.

15 De Vito, S. and Martin, C.R. (1998) *Chem. Mater.*, **10**, 1738.

16 Marinakos, S.M., Brousseau, L.C., Jones, A. and Feldheim, D.L. (1998) *Chem. Mater.*, **10**, 1214.

17 Nishizawa, M., Mukai, K., Kuwabata, S., Martin, C.R. and Honeyama, H. (1997) *J. Electrochem. Soc.*, **144**, 1923.

18 Sakaguchi, H., Matsumura, H. and Gong, H. (2004) *Nature*, **3**, 551.

19 Kapon, E., Kash, K., Clausen, E.M., Jr., Hwang, D.M. and Colas, E. (1992) *Phys. Phys. Lett.*, **60**, 477.

20 Brumlik, C.J. and Martin, C.R. (1991) *J. Am. Chem. Soc.*, **113**, 3174.

21 Brumlik, C.J., Menon, V.P. and Martin, C.R. (1994) *J. Mater. Res.*, **9**, 1174.

22 Hulteen, J.C. and Martin, C.R. (1997) *J. Mater. Res.*, **7**, 1075.

23 Tang, B.Z. and Xu, H. (1999) *Macromolecules*, **32**, 2569.

24 Whitney, T.M., Jiang, J.S., Searson, P.C. and Chien, C.L. (1993) *Science*, **261**, 1316.

25 Ajayan, P.M., Stephan, O. and Redlich, P. (1995) *Nature*, **375**, 564.

26 Wu, C.G. and Bein, T. (1994) *Science*, **266**, 1013.

27 Keller, F., Hunter, M.S. and Robinson, D. L. (1953) *J. Electrochem. Soc.*, **100**, 411.

28 Diggle, J.W., Downie, T.C. and Goulding, C.W. (1969) *Chem. Rev.*, **69**, 365.

29 Masuda, H. and Fukuda, K. (1995) *Science*, **268**, 466.

30 Li, A.P., Müller, F., Birner, A., Nielsch, K. and Gösele, U. (1998) *J. Appl. Phys.*, **84**, 6023.

31 Wirtz, M. and Martin, C.R. (2003) *Adv. Mater.*, **15**, 455.

32 Lee, W., Scholz, R., Nielsch, K. and Gösele, U. (2005) *Angew. Chem.*, **117**, 6204.

33 Ahn, H.J., Sohn, J.I., Kim, Y.S., Shim, H.S., Kim, W.B. and Seong, T.Y. (2006) *Electrochem. Commun.*, **8**, 513.

34 Basu, M., Seggerson, S., Henshan, J., Jiang, J., Cordona, R.A., Lefave, C., Boyle, P.J., Miller, A., Pugia, M. and Basu, S. (2004) *Glycoconjugate J.*, **21**, 487.

35 Brunetti, B., Ugo, P., Moretto, L.M. and Martin, C.R. (2000) *J. Electroanal. Chem.*, **491**, 166.

36 Amatore, C., Savéant, J.M. and Tessier, D. (1983) *J. Electroanal. Chem.*, **147**, 39.

37 Martin, C.R., Nishizawa, M., Jirage, K. and Kang, M. (2001) *J. Phys. Chem. B*, **105**, 1925.

38 Siwy, Z., Trofin, L., Kohli, P., Baker, L.A., Trautmann, C. and Martin, C.R. (2005) *J. Am. Chem. Soc.*, **127**, 5000.

39 Kriz, K., Kraft, L., Krook, M. and Kriz, D. (2002) *J. Agric. Food Chem.*, **50**, 3419.

40 Weber, J., Kumar, A., Kumar, A. and Bhansali, S. (2006) *Sens. Actuators B*, **117**,

308.
41 Walter, E.C., Murray, B.J., Favier, F., Kaltenpoth, G., Grunze, M. and Penner, R.M. (2002) *J. Phys. Chem. B*, **106**, 11407.
42 Walter, E.C., Ng, K., Zach, M.P., Penner, R.M. and Favier, F. (2002) *Microelectron. Eng.*, **61**, 555.
43 Brune, H. (1998) *Surf. Sci. Rep.*, **31**, 121.
44 Debenedetti, P.G. (1996) *Metastable Liquids: Concepts and Principles*, Princeton University Press, Princeton, NJ.
45 Bockris, J.O.M. and Reddy, A.K.N. (1970) *Modern Electrochemistry*, Plenum Press, New York.
46 Schmickler, W. (1996) *Interfacial Electrochemistry*, Oxford University Press, New York.
47 Thompson, M.A., Menke, E.J., Martens, C.C. and Penner, R.M. (2006) *J. Phys. Chem. B*, **110**, 36.
48 Walter, E.C., Favier, F. and Penner, R.M. (2002) *Anal. Chem.*, **74**, 1546.
49 Walter, E.C., Penner, R.M., Liu, H., Ng, K.H., Zach, M.P. and Favier, F. (2002) *Surf. Interface Anal.*, **34**, 409.
50 Darensbourg, M.Y., Lyon, E.J. and Smee, J.J. (2000) *Coord. Chem. Rev.*, **206**, 533.
51 Artero, V. and Fontecave, M. (2005) *Coord. Chem. Rev.*, **249**, 1518.
52 Murray, B.J., Walter, E.C. and Penner, R.M. (2004) *Nano Lett.*, **4**, 665.
53 Landauer, R. (1957) *IBM J. Res. Dev.*, **1**, 223.
54 He, H.X., Boussaad, S., Xu, B.Q., Li, C.Z. and Tao, N.J. (2002) *J. Electroanal. Chem.*, **522**, 167.
55 Xu, B., He, H. and Tao, N.J. (2002) *J. Am. Chem. Soc.*, **124**, 13568.
56 Li, C.Z., Bogozi, A., Huang, W. and Tao, N.J. (1999) *Nanotechnology*, **10**, 221.
57 Snow, E.S., Park, D. and Campbell, P.M. (1996) *Appl. Phys. Lett.*, **69**, 269.
58 Li, C.Z. and Tao, N.J. (1998) *Appl. Phys. Lett.*, **72**, 894.
59 Boussaad, S. and Tao, N.J. (2002) *Appl. Phys. Lett.*, **80**, 2398.
60 Bogozi, A., Lam, O., He, H., Li, C., Tao, N.J., Nagahara, L.A., Amlani, I. and Tsui, R. (2001) *J. Am. Chem. Soc.*, **123**, 4585.
61 Li, C.Z., He, H.X., Bogozi, A., Bunch, J.S. and Tao, N.J. (2000) *Appl. Phys. Lett.*, **76**, 1333.
62 Li, J., Kanzaki, T., Murakoshi, K. and Nakato, Y. (2002) *Appl. Phys. Lett.*, **81**, 123.
63 Ishida, H. (1995) *Phys. Rev. B*, **52**, 10819.
64 Persson, B.N.J. (1993) *J. Chem. Phys.*, **98**, 1659.
65 Kim, Y.T., McCarley, R.L. and Bard, A.J. (1992) *J. Phys. Chem.*, **96**, 7416.
66 Forzani, E.S., Zhang, H., Nagahara, L.A., Amlani, I., Tsui, R. and Tao, N.J. (2004) *Nano Lett.*, **4**, 1785.
67 Sheehan, P.E. and Whitman, L.J. (2005) *Nano Lett.*, **5**, 803.
68 Masuda, H. *et al.* (2006) *Jpn. J. Appl. Phys.*, **45**, L406–L408.
69 Shingubara, S. (2003) *J. Nanoparticle Res.*, **5**, 17.
70 Li, A.-P., Müller, F., Birner, A., Nielsch, K. and Gösele, U. (1999) *Adv. Mater.*, **11**, 483.
71 Delvaux, M., Champagne, S.D. and Walcarius, A. (2004) *Electroanalysis*, **16**, 190.
72 Delvaux, M. and Champagne, S.D. (2003) *Biosens. Bioelectron.*, **18**, 943.
73 Jirage, K.B., Hulteen, J.C. and Martin, C.R. (1997) *Science*, **278**, 655.
74 Martin, C.R. (1996) *Chem. Mater.*, **8**, 1739.
75 Dekker, C. (2007) *Nat. Nanotech.*, **2**, 209.
76 Keyser, U.F., Krapf, D., Koeleman, B.N., Smeets, R.M.M., Dekker, N.H. and Dekker, C. (2005) *Nano Lett.*, **5**, 2253.
77 Lagerqvist, J., Zwolak, M. and Di Ventra, M. (2006) *Nano Lett.*, **6**, 779.
78 Zhang, X.-G., Krstié, P.S., Zikié, R., Wells, J.C. and Cabrera, M.F. (2006) *Biophys. J.*, **91**, L04.
79 Cui, Y., Wei, Q., Park, H. and Lieber, C.M. (2001) *Science*, **293**, 1289.
80 Zheng, G., Patolsky, F., Cui, Y., Wang, W.U. and Lieber, C.M. (2005) *Nat. Biotech.*, **23**, 1294.
81 Wang, W.U., Chen, C., Lin, K.-H., Fang, Y. and Lieber, C.M. (2005) *Proc. Natl. Acad. Sci. USA*, **102**, 3208.
82 Hahm, J. and Lieber, C.M. (2004) *Nano Lett.*, **4**, 51.
83 Patolsky, F., Zheng, G., Hayden, O., Lakadamyali, M., Zhuang, X.W. and Lieber, C.M. (2004) *Proc. Natl. Acad. Sci.*

USA, **101**, 14017.
84 Patolsky, F., Timko, B.P., Yu, G., Fang, Y., Greytak, A.B., Zheng, G. and Lieber, C.M. (2006) *Science*, **313**, 1100.
85 Kong, J., Franklin, N.R., Zhou, C., Chapline, M., Peng, S., Cho, K. and Dai, H. (2000) *Science*, **287**, 622.
86 Collins, P.G., Bradley, K., Ishigami, M. and Zettl, A. (2000) *Science*, **287**, 1801.
87 Chen, R.J., Bangsaruntip, S., Drouvalakis, K.A., Wong, N., Kam, S.H., Shim, M., Li, Y., Kim, W., Utz, P.J. and Dai, H. (2003) *Proc. Natl. Acad. Sci. USA*, **100**, 4984.
88 Star, A., Gabriel, J.-C.P., Bradley, K. and Grüner, G. (2003) *Nano Lett.*, **3**, 459.
89 Star, A., Eugene, T., Niemann, J., Gabriel, J.-C.P., Joiner, C.S. and Valcke, C. (2006) *Proc. Natl. Acad. Sci. USA*, **103**, 921.
90 Sasaki, T.K., Ikegami, A., Mochizuki, M., Aoki, N. and Ochiai, Y. (2004) Proceedings 2nd Quantum Transport Nano-Hana International Workshop, Conference Series, **5**, 97.
91 Star, A., Han, T.-R., Joshi, V. and Stetter, J.R. (2004) *Electroanalysis*, **16**, 108.
92 Besteman, K., Lee, J.-O., Wiertz, F.G.M., Heering, H.A. and Dekker, C. (2003) *Nano Lett.*, **3**, 727.
93 Sotiropoulou, S. and Chaniotakis, N.A. (2003) *Anal. Bioanal. Chem.*, **375**, 103.
94 Boussaad, S., Tao, N.J., Zhang, R., Hopson, T. and Nagahara, L.A. (2003) *Chem. Commun.*, **13**, 1502.
95 Chen, R.J., Choi, H.C., Bangsaruntip, S., Yenilmez, E., Tang, X., Wang, Q., Chang, Y.-L. and Dai, H. (2004) *J. Am. Chem. Soc.*, **126**, 1563.
96 He, H. and Tao, N.J. (2003) in *Encyclopedia of Nanoscience and Nanotechnology* (ed. N.S. Nalwa), American Scientific Publishers, p. 1.
97 Nicewarner-Pena, S.R., Freeman, R.G., Reiss, B.D., He, L., Pena, D.J., Walton, I.D., Cromer, R., Keating, C.D. and Natan, M.J. (2001) *Science*, **294**, 137.
98 Forrer, P., Schlottig, F., Siegenthaler, H. and Textor, M. (2000) *J. Appl. Electrochem.*, **30**, 533.
99 Heng, J.B., Ho, C., Kim, T., Timp, R., Aksimentiev, A., Grinkova, Y.V., Sligar, S., Schulten, K. and Timp, G. (2004) *Biophys. J.*, **87**, 2904.
100 Krapf, D., Quinn, B.M., Wu, M.-Y., Zandbergen, H.W., Deeker, C. and Lemay, S.G. (2006) *Nano Lett.*, **6**, 2531.
101 Jones, W.D. (2005) *IEEE Spectrum*, **42**, 20.
102 De Leo, M., Kuhn, A. and Ugo, P. (2007) *Electroanalysis*, **19**, 227.
103 Liu, L., Jia, N.Q., Zhou, Q., Yan, M.M. and Jiang, Z.Y. (2007) *Mater. Sci. Eng. C*, **27**, 57.
104 Cumming, D.R.S., Bates, A.D., Callen, B.P., Cooper, J.M., Cosstick, R., Geary, C., Glidle, A., Jaeger, L., Pearson, J.L., Proupin-Perez, M. and Xu, C. (2006) *J. Vac. Sci. Technol. B: Microelectron. Nanometer Struct.-Process., Meas., Phenom.*, **24**, 3196.
105 Hassel, A.W., Smith, A.J. and Milenkovic, S. (2006) *Electrochim. Acta*, **52**, 1799.
106 Wang, Y.R., Hu, P., Chen, L.X., Liang, Q.L., Luo, G. and Wang, Y.M. (2006) *Chin. J. Anal. Chem.*, **34**, 1348.
107 Wang, C.Y., Shao, X.Q., Liu, Q.X., Mao, Y.D., Yang, G.J., Xue, H.G. and Hu, X.Y. (2006) *Electrochim. Acta*, **52**, 704.
108 Zhu, X.S. and Ahn, C.H. (2006) *IEEE Sens. J.*, **6**, 1280.
109 Pereira, F.C., Bergamo, E.P., Zanoni, M.V.B., Moretto, L.M. and Ugo, P. (2006) *Quim. Nova*, **29**, 1054.
110 Sandison, M.E. and Cooper, J.M. (2006) *Lab Chip*, **6**, 1020.
111 Hermann, M., Singh, R.S. and Singh, V.P. (2006) *Pramana-J. Phys.*, **67**, 93.
112 www.nanosysinc.com.
113 www.illuminex.biz.
114 www.cambrios.com.
115 www.nanosens.nl.
116 He, H.X., Boussaad, S., Xu, B.Q. and Tao, N.J. (2003) *Properties and Devices* (ed. Z.L. Wang), Kluwer Academic Press.
117 He, H.X., Li, C.Z. and Tao, N.J. (2001) *Appl. Phys. Lett.*, **78**, 811.
118 Nguyen, L. and Tao, N.J. (2006) *Appl. Phys. Lett.*, **88**, 043901/1.
119 Lee, W., Ji, R., Gösele, U. and Nielsch, K. (2006) *Nat. Mater.*, **5**, 741.

6
振荡电沉积法制备自组织层状纳米结构

6.1 简介

6.1.1 自组织有序纳米结构的形成

具有层、点、孔和槽（脊）等有序纳米结构的固体表面拥有独特的微电子、光、磁和微机械性能，最近一篇综述对其进行了总结[1]。聚焦光子、电子、离子和分子束光刻技术（自上向下）已被广泛用于在表面创建需要的纳米结构，然而，这些技术面临一些严重问题，如难于批量生产、由于使用昂贵专业设备导致成本增加等。自组织法（自下向上）因为有望克服传统技术产生的问题，而在最近备受关注。

化学自组织法通常可以分为两个不同类型。一种是在热力学平衡条件下的自组织，其有序结构的形成基于分子间作用力的特殊性质。自组织结构代表性实例有：脂质双层膜、纳米微球的紧密堆积层、金表面的硫醇单分子膜等。综述[2~10]总结了自组织法的众多研究。目前，这些方法要解决的主要问题是提高其规整性以及能够在期望的位置放置所需尺寸的纳米结构。在其他自组织类型中，有序结构在热力学非平衡条件下形成。各种时空动态有序，如振荡和时空模式，以一种自组织方式出现[10~13]。

动态自组织时的时空模式在获得有序结构材料方面具有独特和有吸引力的特性：

① 模式出现是自发的，无需任何外部控制；

② 观察到的模式有一个长程有序；

③ 通过简单改变实验参数，得到各种有序模式。

事实上，人们已经进行了一些关于动态自组织用于形成有序结构的研究，例如，通过使用 Risegang 环[14]、刻蚀[15,16]和去湿过程[17,18]，可自组织形成纳米和微米尺度的二维（2D）有序图形。这些固体表面上的有序二维图形已经实际应用于构建孵育生物细胞的三维（3D）结构和基底的模板。

6.1.2 电化学反应的动态自组织

由于电化学反应本身在非平衡条件下发生，其表现出各种动态自组织现象。通过复合化学和电学机制容易获得自催化。而自催化的出现是时空结构的关键因素。事实上，人们已经报道了所有类型电化学反应[19~130]的各种振荡和时空模式，其总结见表 6.1。

表 6.1 目前代表性电化学振荡实例

电催化反应		阳极溶解		阴极沉积	
反应	文献	阳极	文献	阴极	文献
Oxidation of H_2	[19-23]	Cu	[53-62]	Zn	[88-93]
Oxidation of HCHO	[24，25]	Fe	[63-71]	Sn	[94-98]
Oxidation of HCOOH	[26-32]	Co	[72-75]	Au	[99，100]
Oxidation of CO	[33，34]	Ni	[76-78]	Pb	[101]
Oxidation of S^{2-}	[35，36]	Si	[79-81]	Cu	[102-106]
Oxidation of thiourea	[37]	Ag	[82]	AgSb-alloy	[107-114]
Reduction of In^{3+}	[38，39]	Nb	[83，84]	Cu/Cu_2O	[115-125]
Reduction of H_2O_2	[40-47]	Al	[85]	SnCu-alloy	[126，127]
Reduction of $S_2O_8{}^{2-}$	[48-50]	InP	[86]	NiP-alloy	[129，130]
Reduction of IO^{3-}	[51，52]	Ti	[87]	—	—

相比于其他系统，电化学系统对于研究动态自组织现象有一定的明显优势：

① 反应的吉布斯自由能可通过调节电极电位连续可调且可逆；

② 可以在电信号如电流或电位中直接观察振荡；

③ 可以通过改变电化学电池电极的尺寸和几何排列灵活控制扩散过程；

④ 很容易通过改变电极的几何排列和施加的电位或电流，调节时空模式的模、周期和振幅。

图 6.1 是 H_2-氧化反应[131]中观察到的时空模式的一个典型例子。最近的理论研究相当精确地解释了动态模式的起源及电化学系统中的模式选择原则[131~133]。必须要记住，从结构形成的角度来看，只有在非平衡条件下出现能量流动，才能获得动态自组织模式，而当能量流动停止，自组织模式立即消失。例如，如图 6.1 所示，当电化学装置关闭时，时空模式瞬间消失。因此如果目标是通过电化学系统中的时空结构在固体（电极）表面产生一定的有序结构，需要一种新的方法。

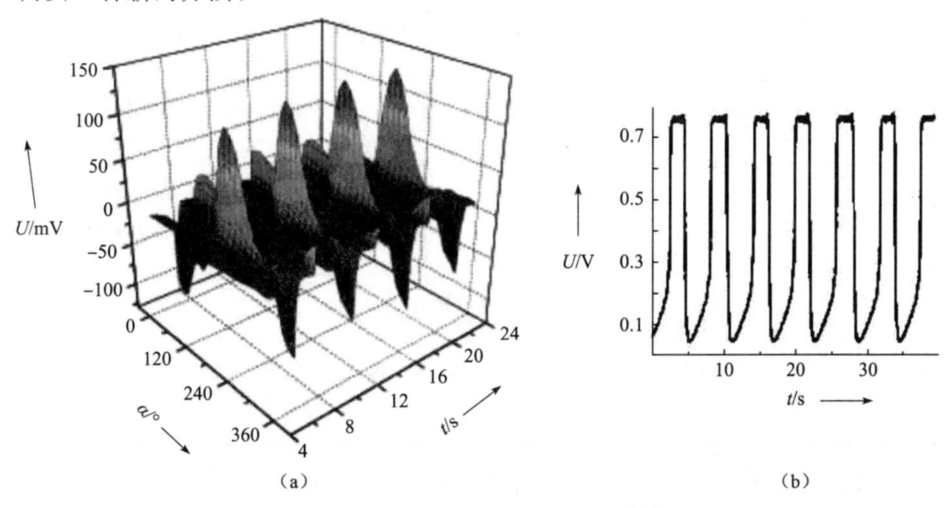

图 6.1 氧化 H_2 过程的时空模式[131]

注：(a) Cu^{2+} 和 Cl^- 存在时氧化 H_2 过程中 Pt 电极的电位时空变化；(b) 总电流随时间的变化。开始的四个振荡对应于 (a) 中的时间间隔。

振荡电沉积可以用来解决以上问题，因为不断变化的自组织时空模式的历史被记录在电极（固体）表面电沉积物的人工结构上。因此，有序结构以自下而上的方式制备在固体基板上。令人鼓舞的是，作者基于振荡电沉积的优势展开了一系列研究。虽然已有研究报道了振荡电沉积物和伴随生成的层状沉积物，但都是其仅报道了现象，并没有任何自组织机制的详细解释。Schlitte 等人，首先报道了通过振荡电沉积铜［见图 6.2(a)］[104]形成了一个层状结构。最近，Krastev 等人报道称，共沉积 Sb 和 Ag 引起电位的振荡可产生层状沉积物，其在振荡时沉积物表面出现动态的目标图案［见图 6.2(b)］[108]。后来，Switzer 等人报道称，Cu 在碱性水溶液中电沉积时引起的电位振荡，可产生一个交替的 Cu 和 Cu_2O 纳米多层膜［见图 6.2(c)］[115]。这些结果清楚地表明，振荡电沉积对自组织形成有序结构是非常有利的。

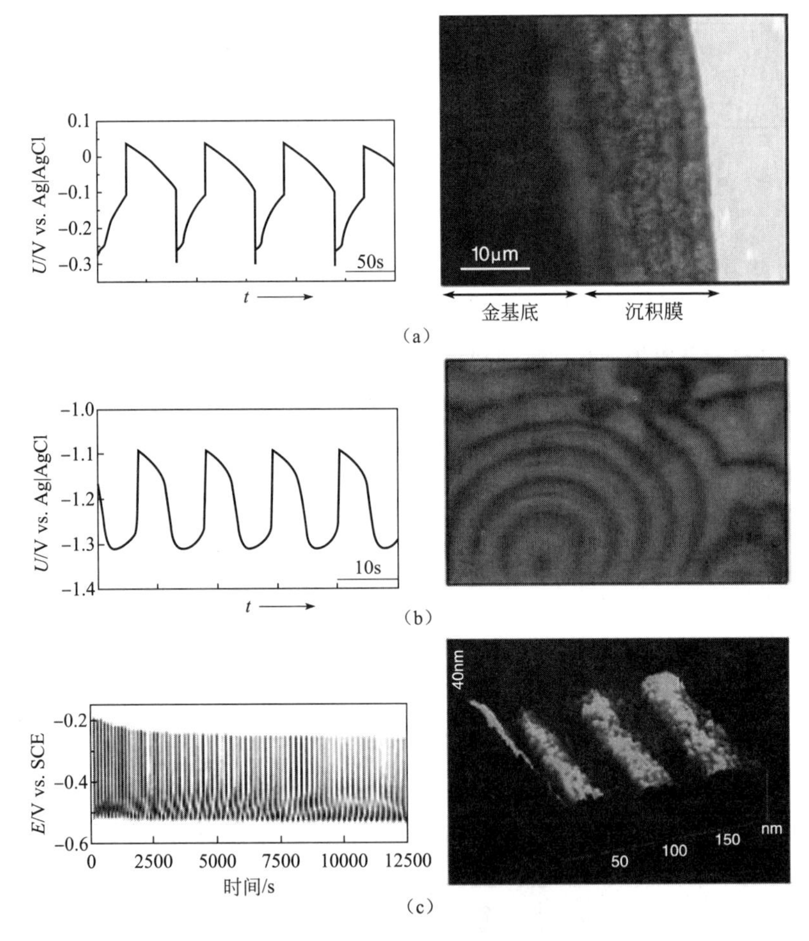

图 6.2 振荡电沉积及伴随生成的层状沉积物

注：(a) 左：Cu 在邻菲咯啉酸性水溶液电沉积时的电位振荡。右：Cu 在四个周期电位振荡中的沉积物剖面图；(b) 左：Ag-In 合金电沉积中的电位振荡。右：电沉积表面时空图案的俯视图；(c) 左：沉积 Cu/Cu_2O 层状纳米结构的电位振荡。右：振荡生长薄膜的扫描隧道显微镜图像。(a) 右：文献［105］；(c) 左：文献［118］；(c) 右：文献［115］。

6.1.3 负微分电阻（NDR）在电化学振荡中的重要作用

随后的讨论首先简单给出了电化学振荡一般模型的解释，此相关理论是在过去十年所建立的[134~136]。据文献报道，根据真实电极电位（或亥姆霍兹层电位，E）的作用，所有的电化学振荡可分为四[136]（或五[137]）类。

E 不起至关重要作用且保持基本恒定的电化学振荡被称为“严格恒电位型”（或Ⅰ类），这类被视为包含电化学反应的化学振荡。E 作为基本变量参与但仍然不是自催化变量的电化学振荡，称为 S-NDR 型（或Ⅱ类），因为这种情况下的振荡在电流密度（j）对 E 曲线上产生一个 S 形 NDR(S-NDR)。当 E 是自催化的变量，振荡来自于 N 型负阻（N-NDR），这些被称为 N-NDR 型。此外，在 N-NDR 振荡中，当 N-NDR 被另一电流增长过程隐藏时，其振荡称为隐藏 N-NDR 或 HN-NDR 类型（或类型四）。N-NDR 型仅显示电流振荡，而 HN-NDR 型显示电流和电位振荡。HN-NDR 振荡进一步分成三或四类，这取决于 NDR 如何隐藏。

如今，几乎所有的电化学振荡报道可分为 N-NDR 或 HN-NDR 类型，在电化学系统中，NDR 的起源应该用这一点来解释。在一般情况下，电化学反应电流，I_{reac}可表示为：

$$I_{\mathrm{reac}} = nFkAC \tag{6.1}$$

式中，n 是电子转移数，F 是法拉第常数，A 是有效电极面积，k 是速率常数，C 是反应物质的表面浓度。微分电阻，$\mathrm{d}I_{\mathrm{reac}}/\mathrm{d}E$（$E$，电极电位），因此可以表示如下：

$$\mathrm{d}I_{\mathrm{reac}}/\mathrm{d}E = nF(\mathrm{d}A/\mathrm{d}E)kC + nFA(\mathrm{d}k/\mathrm{d}E)C + nFAk(\mathrm{d}C/\mathrm{d}E) \tag{6.2}$$

从这个方程可知，NDR 三个起源为[138]：

① Ⅰ型：$\mathrm{d}A/\mathrm{d}E<0$，此例中，电极面积随电极极化增加而降低。例如：电极表面形成电位依赖性钝化层。

② Ⅱ型：$\mathrm{d}k/\mathrm{d}E<0$，此例中，电子转移速率常数随电极极化增加而降低。例如：吸附物质与电位有关的脱附特性是电化学反应的促进剂。

③ Ⅲ型：$\mathrm{d}C/\mathrm{d}E<0$，此例中，电活性物质的表面浓度随电极极化增加而降低。例如：电活性物质的表面浓度由于 Frumkin 效应而减少。

因为这些条件在电化学反应中很容易实现，电化学振荡经常出现在大量的电化学反应中。

6.1.4 本章概述

此前，笔者研究了各种振荡电沉积金属和合金，重点关注自组织形成有序结构[92,95～97,100,105,106,127,128,130]。虽然振荡电沉积研究包括 NDR 的不同类型，但是笔者发现层状结构随着振荡同步自发形成，与 NDR 类型无关。

最初，作为 N-NDR 振荡的典型例子，6.2 节提供了铂（Pt）电极还原过氧化氢（H_2O_2）时观察到的电化学振荡的详细细节。在这里，H_2O_2还原电流的自发振荡与电位控制的沉积氢（upd-H）吸附和解吸同步发生。由于电流振荡有关的电化学反应很简单，电极在反应中只简单作为催化剂，首先介绍振荡机制可以更好地了解振荡电沉积层状结构的形成（后面详细介绍）。6.3 节和 6.4 节介绍了两个层状结构的形成，CuSn 合金和 NiP 合金层的形成。前者代表 NDR 电流振荡，后者为隐藏的 NDR 电位振荡。振荡机制在本质上可以根据 H_2O_2还原振荡来进行解释。6.5 节简要介绍了振荡电沉积的其他各种有序沉积的形成。虽然此节振荡机制尚未完全清楚，但其沉积物的阐述足以说明产生具有独特形状有序结构的振荡电沉积电位。

6.2 Pt电极H_2O_2还原的振荡电流

Pt电极上的H_2O_2还原是一个非常有趣的反应，其实验条件的轻微变化导致不同的振荡[59~62]。各种振荡中，研究最广泛的是由H_2O_2还原和upd-H之间竞争引起的振荡。图6.3(a)显示了电位控制条件下电流密度（j）和电位（U）的关系曲线，溶液是0.2mol/L H_2O_2+0.3mol/L硫酸。虽然这种情况下没有观察到电流振荡，但约−0.3V处可观察到NDR。当H_2O_2浓度增加时，NDR的电位区出现电流振荡［见图6.3(b)］。图6.3(c)显示了−0.30V处电流密度（j）对时间（t）的曲线，条件与图6.3(a)和(b)中的一样。周期振荡持续约1h。

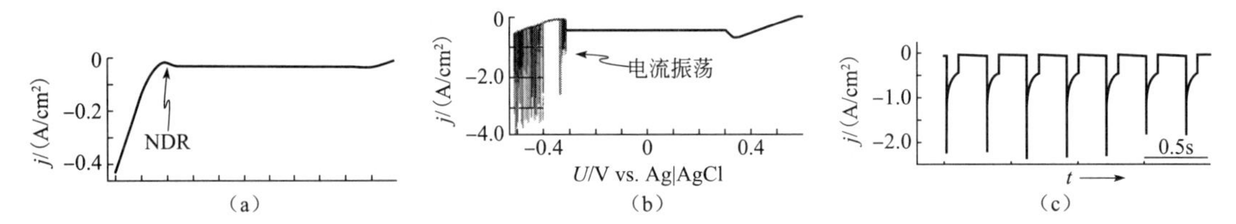

图6.3 在0.3mol/L H_2SO_4+0.2mol/L H_2O_2和0.3mol/L H_2SO_4+0.7mol/L H_2O_2中电位法下的$j-U$曲线[(a)、(b)]及0.30V $E_{Ag/AgCl}$下0.3mol/L H_2SO_4+0.7mol/L H_2O_2中电流振荡随时间的变化(c)

这里值得注意的一点是，图6.3(a)显示的NDR区对应于形成upd-H的电位区。图6.4(a)以示意图形式解释了覆盖upd-H对电位的依赖性（$\theta_{upd\text{-}H}$）。$\theta_{upd\text{-}H}$随着U（或真正的电极电位：E）的负移而增加。因形成的upd-H抑制了H_2O_2的解离吸附（H_2O_2还原的第一步），H_2O_2还原随着负电位偏移而减少，此时NDR将出现。

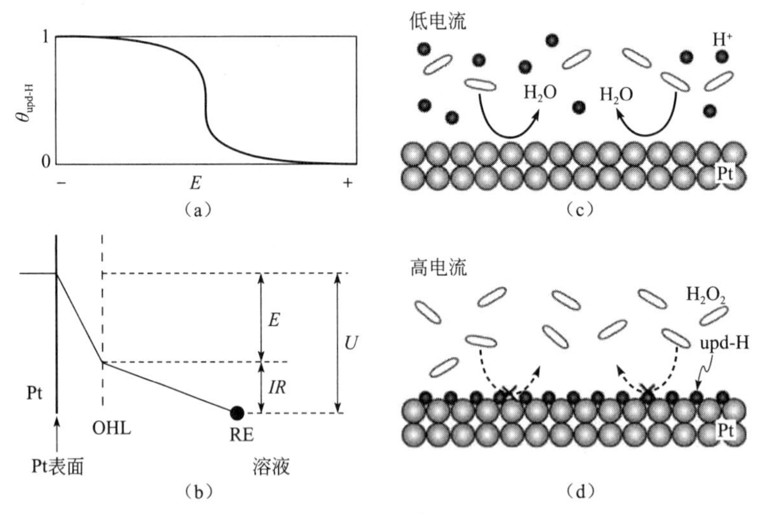

图6.4 示意图

注：(a) $\theta_{upd\text{-}H}$与E；(b) 电极Pt表面和RE位置之间电位分布；(c)、(d) 示意图：低电流和高电流下的表面反应。(b) 中OHL和RE分别代表外亥姆霍兹层和参比考电极。

一个振荡出现的另一个重要因素是电解质中的欧姆降。图6.4(b)是Pt电极表面和参比电极之间电位分布示意图，施加电位U采用恒电位法。因此，当阴极电流在系统中流动时，真正的电极电位（Helmholtz双层电位）E由公式$E=U-jAR$给出，其中A是电极的面积，R是电极表面和参比电极之间溶液的电阻，j还原电流为负值。

在这一观点的基础上，电流振荡机理解释如下。在电流振荡的高电流阶段［见图 6.4(c)］，因为欧姆降，E 比 U 更正。这意味着，即使 U 在 NDR 区是常数，E 比 U 更正，因此这个阶段 $\theta_{upd\text{-}H}$ 很小。因此，H_2O_2 还原反应效率高，没有被 upd-H 影响。然而，活化 H_2O_2 还原导致 H_2O_2 表面浓度（以下简称为 C）降低，原因是其溶液中的扩散缓慢。这导致了 j（绝对值）逐渐减少，从而欧姆降减小，E 值负移。E 值负移导致 $\theta_{upd\text{-}H}$ 增加［见图 6.4(a)］。因此，由于有效表面积减少，j 减少，系统进入低电流阶段［见图 6.4(d)］。在低电流阶段，只有空位发生（原子针孔）还原缓慢；因此，C 值因为溶液中的扩散而逐渐增加。C 的增加诱导了 j 的增加，这导致了 E 的正向移动（$\theta_{upd\text{-}H}$ 减少）。当 E 移向正值时，j 由于有效表面积增加而增加，高电流阶段再次恢复。因此，H_2O_2 还原电流随着 upd-H 的形成和脱离同步振荡。

6.3 纳米周期 Cu-Sn 合金多层膜

从铜离子和锡离子酸性溶液中振荡电沉积铜锡合金可获得纳米层状沉积物[127,128]。该系统的其中一个显著点是电流振荡同步获得宏观均匀纳米多层膜。

图 6.5(a) 比较了不同电解液中金属沉积的 j 对 U 曲线图。曲线 1(虚线) 为 0.15mol/L Cu^{2+} +0.6mol/L 硫酸中的 j 对 U 曲线图，其中 Cu 在 0.04V 开始电沉积。与电位无关的 Cu 还原扩散限制电流开始于 −0.3V，氢析出开始于 −0.7V。曲线 2(点线) 为 0.15mol/L Sn^{2+} + 0.6mol/L 硫酸中的 j 对 U 曲线图，其中 Sn 在 −0.43V 开始电沉积，沉积电位比 Cu 沉积电位更负。曲线 3(实线) 是 0.15mol/L Cu^{2+} +0.15mol/L Sn^{2+} +0.6mol/L 硫酸中的 j 对 U 曲线图。应该指出的是，它的曲线不是曲线 1 和 2 的简单加和。特别是，虽然 Sn 沉积还没有发生（曲线 2），电位在 −0.30 至 −0.45V 区间的电流（绝对值）高于曲线 1 中 Cu 沉积的扩散限制电流。X 射线衍射（XRD）和俄歇电子能谱（AES）结果表明该电位范围形成的 Cu-Sn 合金导致了电流增加。

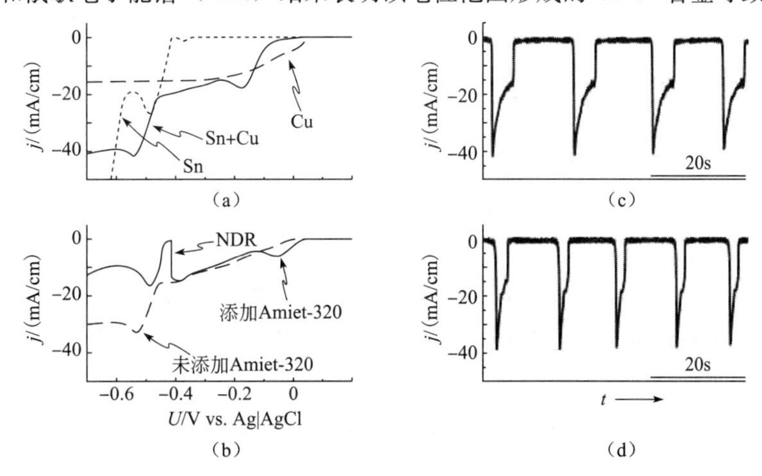

图 6.5 不同电解液中金属沉积的 j 对 U 曲线图及电流振荡与时间关系[127]

注：(a) j 与 U 的关系图，溶液为 0.6mol/L H_2SO_4 包含 0.15mol/L Cu^{2+}（虚线），0.15mol/L Sn^{2+}（点线）和 0.15mol/L Cu^{2+} +0.15mol/L Sn^{2+}（实线）。扫描速率为 10mV/s；(b) j 与 U 的关系图，溶液为 0.6mol/L H_2SO_4 + 0.15mol/L Cu^{2+} +0.15mol/L Sn^{2+}（虚线）以及加上 0.5mmol/L Amiet-320。扫描速率是 10mV/s。(c，d) 电流振荡与时间关系，溶液为 (c) 0.15mol/L $CuSO_4$ +0.15mol/L $SnSO_4$，和 (d) 0.1mol/L $CuSO_4$ +0.1mol/L $SnSO_4$，两者都含有 0.6mol/L 硫酸+0.5mol/L 柠檬酸+0.5mmol/L Amiet-320。

图 6.5(b) 显示的是 $Cu^{2+}+Sn^{2+}$+硫酸中的 j 对 U 曲线图，其中曲线 4（实线）加了阳离子表面活性剂（Amiet-320），而曲线 3（虚线）则没加 Amiet-320。加入表面活性剂导致 j 对 U 的急剧变化；CuSn 合金电沉积电位 −0.42V 附近，电位宽度约为 5mV 时出现 NDR。添加表面活性剂的另一点是当 U 在 NDR 电位区内（近）保持不变时出现电流振荡。图 6.5(c) 和（d）显示，在溶液 0.15mol/L Cu^{2+} +0.15mol/L Sn^{2+} 和 0.1mol/L Cu^{2+} +0.1mol/L Sn^{2+} 中分别观察到了电流振荡，两者溶液都含有 0.6mol/L 硫酸和 0.5mmol/L Amiet-320。因此，振荡周期和波形取决于电活性物质的浓度。应该指出的是，不仅 Amiet-320 而且其他阳离子表面活性剂（见图 6.6）在几乎相同的电位区域也可导致 NDR 和电流振荡。

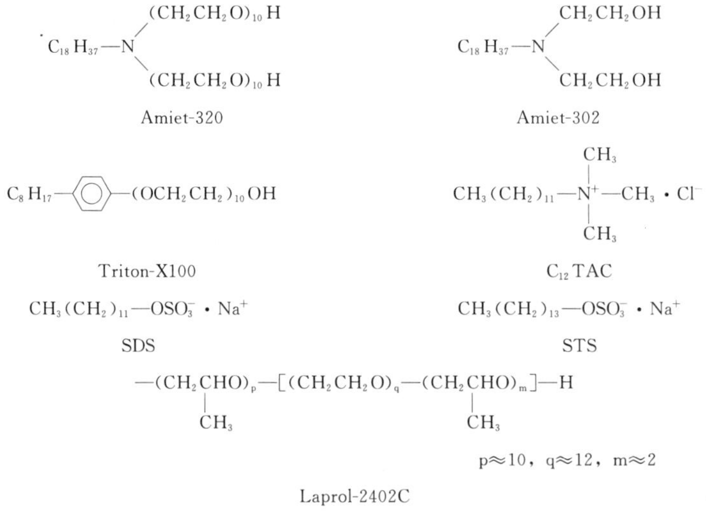

$C_{18}H_{37}$—N$[(CH_2CH_2O)_{10}H]_2$

Amiet-320

$C_{18}H_{37}$—N$(CH_2CH_2OH)_2$

Amiet-302

C_8H_{17}—C_6H_4—$(OCH_2CH_2)_{10}OH$

Triton-X100

$CH_3(CH_2)_{11}$—$N^+(CH_3)_3 \cdot Cl^-$

C_{12}TAC

$CH_3(CH_2)_{11}$—$OSO_3^- \cdot Na^+$

SDS

$CH_3(CH_2)_{13}$—$OSO_3^- \cdot Na^+$

STS

—$(CH_2CH(CH_3)O)_p$—$[(CH_2CH_2O)_q$—$(CH_2CH(CH_3)O)_m]$—H

p≈10，q≈12，m≈2

Laprol-2402C

图 6.6 用于研究的表面活性剂的化学结构[127]

用扫描电子显微镜（SEM）和扫描俄歇电子显微镜（AEM）研究了电流振荡过程中沉积的 CuSn 合金结构。图 6.7(a) 显示了样品制备过程示意图。沉积膜用 Ar^+ 束进行旋转蚀刻。这个过程在底部形成了一个直径约 1mm 的碗状中空结构，并获得了沉积膜的斜截面。图 6.7(b) 显示了制备样品的扫描电镜图（正面）。在斜截面区域均匀的灰色和黑色的同心环表明，获得了一个比较均匀的层状结构宏观可达到 1mm×1mm。经证实，灰色和黑色（一个周期）的层数同周期性电流振荡循环次数一致，表明一个振荡周期产生一层沉积。图 6.7（c）比较了斜截面的放大扫描电镜图像（白色曲线）以及这个区域的原子比 [（Cu/(Cu+Sn)]，可见黑层富 Cu 而灰层富 Sn。结果清楚表明，层状结构可在宏观大尺度区域形成。

振荡获得沉积膜的俄歇深度剖析显示每层厚度为几十纳米。图 6.8 显示了图 6.5(c) 和（d）振荡得到的薄膜的俄歇深度剖面。从 Ar^+ 溅射时间计算的多层膜一个周期的厚度分别是 87nm 和 38nm，表明层状结构周期可通过调制电化学振荡调整。

在这种振荡体系中，NDR 和电流振荡仅在溶液添加阳离子表面活性剂后出现，这意味着表面活性剂吸附导致 NDR 和振荡。因此，振荡机理可以用类似 6.2 节中描述的 H_2O_2 还原振荡的方式解释。因为静电力，吸附的阳离子表面活性剂覆盖范围（θ_s）随着负电位移动而增加 [见图 6.9(a)]。铜锡合金表面阳离子表面活性剂的吸附抑制了合金表面电活性金属离子（$Cu^{2+}+Sn^{2+}$）的扩散，从而降低了 j [见图 6.9(b)]。另外，当表面活性剂从表面脱附，获得了大 j [见图 6.9(c)]。因此，吸附的表面活性剂与 H_2O_2 还原振荡系统中 upd-H 作用相同。电沉积铜锡中，Cu 和 Sn 合金原子比取决于 U，富 Cu 和富 Sn 合金分别在更正和更负电位形成。当 E 振荡通过电解液中欧姆降与振荡电流同步，可获得 Cu 和 Sn 含量的周期调制的层状结构沉积物。

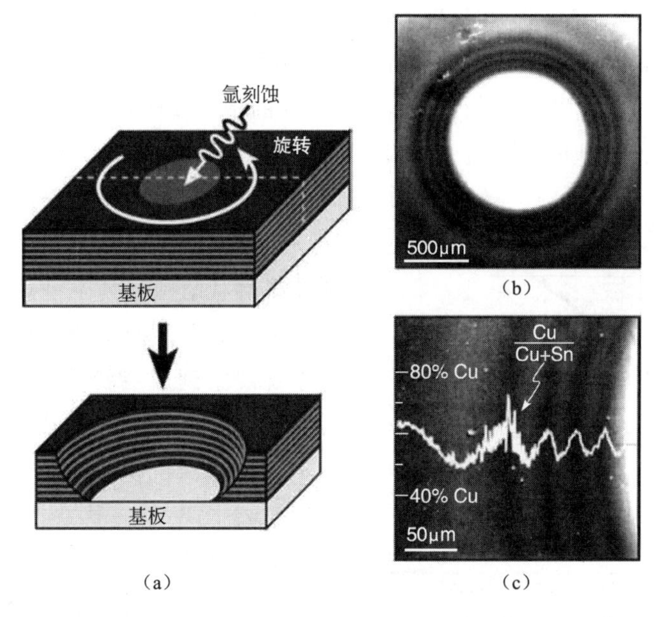

图 6.7 (a) SEM 和 AEM 样品制备示意图；(b) 碗状的中空倾斜的横截面 SEM (俯视图)，样品为氩离子刻蚀沉积合金薄膜；(c) 放大的 SEM 图像，与扫描 AEM 获得的原子比 [Cu/(Cu+Sn)] 分布进行比较

注：转载自参考文献 [127]。

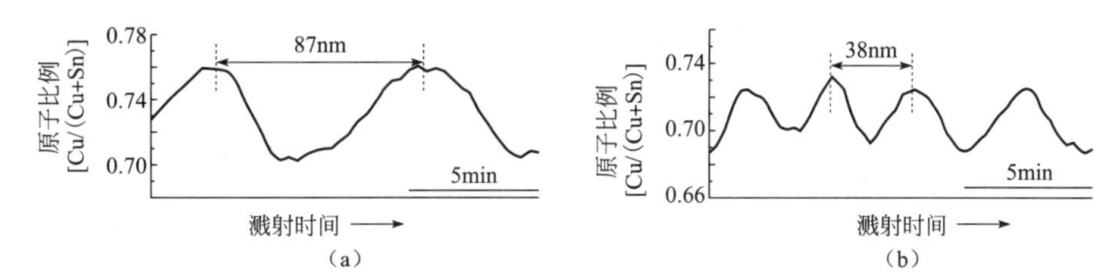

图 6.8 结合 Ar^+ [127] 溅射技术获得的两种沉积膜的俄歇深度剖面[127]

注：电解质 (施加电压)：(a) 0.15mol/L $CuSO_4$ + 0.15mol/L $SnSO_4$ (432mV) 和 (b) 0.1mol/L $CuSO_4$ + 0.1mol/L $SnSO_4$ (418mV)，都含 0.6mol/L 硫酸，0.5mol/L 柠檬酸和 0.5mmol/L Amiet-320。

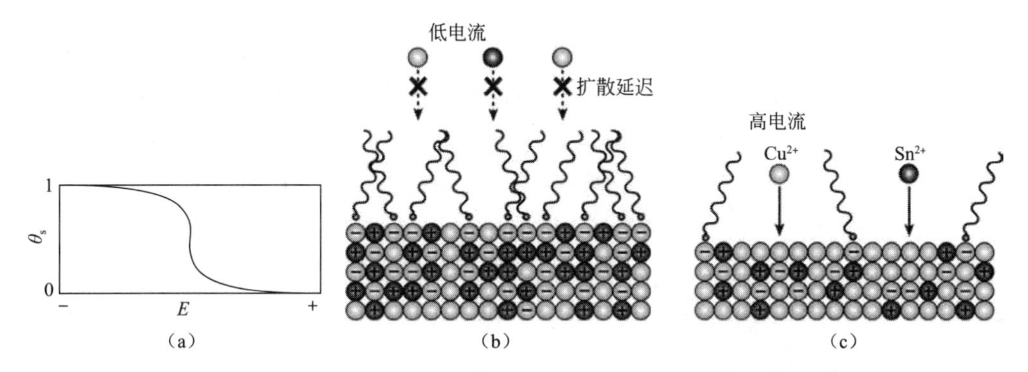

图 6.9 θ_S 与 E 关系的示意图 (a) 及低电流和高电流下表面反应的示意图 (b)、(c)

注：转载自参考文献 [127]。

6.4 纳米尺度层状结构铁族合金

铁族合金，铁族金属（Fe，Co，Ni）与其他金属或非金属元素（P，Mo，W）形成的合金，如 Fe-P、Co-W、Ni-P 和 Ni-W 由于其独特的性质在工业中得到广泛应用[139~144]。研究表明，合金中的添加元素（P，Mo，W）以其独特的性能起着决定性作用。铁族合金制备主要通过化学沉积[139~141,144]或电沉积[142,143]。已知的是，一些元素如 P、Mo 和 W 等不能单独进行电沉积。然而有趣的是，这些元素可以与铁族金属共沉积，获得铁族合金，这种现象被称为诱导共沉积[145]。

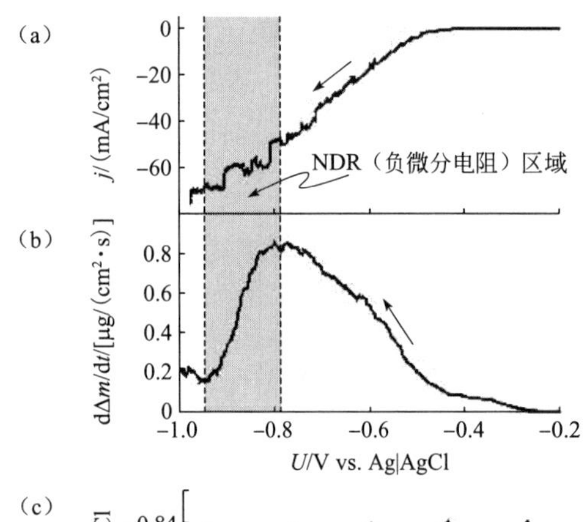

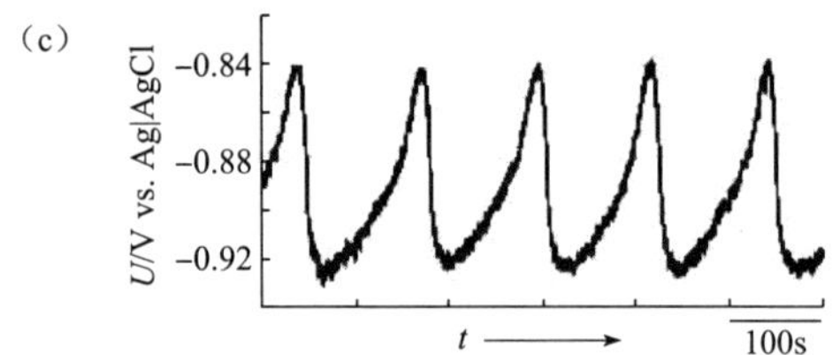

图 6.10 (a) EQCM-金电极在 0.65mol/L $NiSO_4$ + 0.25mol/L NaH_2PO_2 + 0.5mol/L H_3PO_4 + 0.3mol/L H_3BO_3 + 0.35mol/L NaCl 中电位法的 j 和 U 的关系；(b) 测量 j 和 U 时获得的 dΔm/dt 和 U 的关系。扫描速率 10mV/s；(c) 电流为常数 75mA/cm² 下 U 和 t 的关系

注：转载自参考文献 [130]。

诱导铁族合金共沉积的另一个有趣一面是能获得层状结构，其中铁族金属和添加的元素含量发生周期性的变化。所有报道的诱导共沉积系统观察到了层状结构，这一发现表明，诱导共沉积具有共同的形成机制。另据报道，层状 NiP 合金共沉积时观察到电化学振荡[129,130]。人们已经发现，诱导共沉积通常有一个隐藏 NDR，导致形成层状结构以及电化学振荡。

图 6.10(a) 显示 NiP 合金电位法电沉积的 j 对 U 曲线，采用 EQCM 电极。图 6.10(a) 的 j 值开始出现在−0.45V，随着电位负移单调增加（绝对值）。除了图 6.10(a) 测量的 j 对 U 曲线，研究人员还测量了 EQCM 电极由于质量变化（Δm）引起的频率偏移（Δf）。图 6.10(b) 显示了由Δf 计算的Δm 对 t 的导数，dΔm/dt。因为Δm 可以归因于电解液体系中 NiP 合金电沉积，dΔm/dt 与 NiP 合金沉积速率成正比。因此，从图 6.10(b) 可得出，NiP 合金沉积速率随着电位从−0.45 负移至−0.80V 单调增大，随后突然在−0.80V 附近开始下降，并持续下降直至−0.95V，不同于图 6.10(a) 中电流密度变化。这意味着，NiP 合金沉积电流在 $-0.95V<U<-0.80V$ 区域存在 NDR，以下简称 U_{NDR} 区。图 6.10(a) 中 j 对 U 不存在任何 NDR，表明 NDR 被析氢电流重叠而隐藏，析氢电流随电位负移而增加，其在一定电压范围内比 Ni-P 合金沉积电流下降更快。图 6.10(c) 显示了一个电位振荡过程，当 j 在 $-55mA/cm^2<j<-75mA/cm^2$范围保持恒定，自发出现电位振荡；即：当 U 在图 6.10(a) 的 UNDR 区，j 值处于一个范围。应该指出，图 6.10(c) 中振荡电位的最高和最低值几乎和 UNDR 区最高和最低电位一致。也应注意，存在 NaH_2PO_2时，NiP 合金开始沉积的电位比没有 NaH_2PO_2时更正。

图 6.11 说明了电位振荡过程中形成沉积膜的俄歇深度剖面。结果清楚表明，形成了具有层状结构的 NiP 合金。此外，沉积层数与电位振荡的循环次数一致，表明一个振荡周期产生一层沉积。通过沉积厚度（光学显微镜测量）除以振荡周期数，可得出一层厚度约为几百纳米。

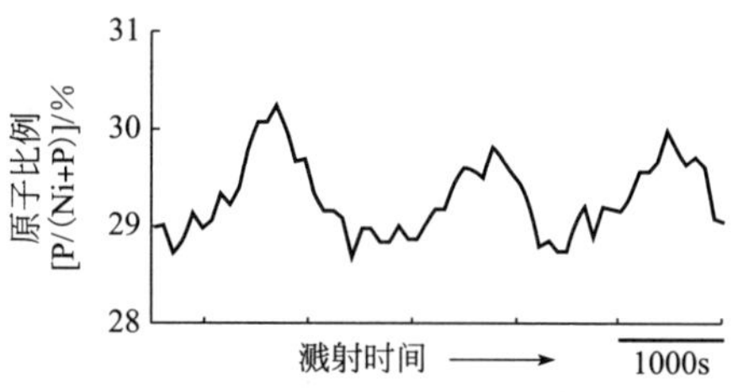

图 6.11 电位振荡下制备沉积物的俄歇深度剖面[130]

为了研究铁族合金形成机理的共性，进行了一些其他诱导共沉积体系的实验。图 6.12 显示了 Co-W和 Ni-W 合金的电沉积结果，其本质上与共沉积系统中 CoP 沉积行为相同。即，存在 Na_2WO_4 时沉积电流开始的电位比没有 Na_2WO_4 时的更正，Na_2WO_4 是沉积 Co-W 和 Ni-W 合金的钨源。此外，出现 Na_2WO_4 时 $d\Delta m/dt$ 对 U 有一明显的 NDR，而在没有 Na_2WO_4 时 $d\Delta m/dt$ 没有 NDR。这些结果表明，CoW 和 NiW 合金电沉积机制本质上与 NiP 合金相同，意味着诱导共沉积存在着通用机制。

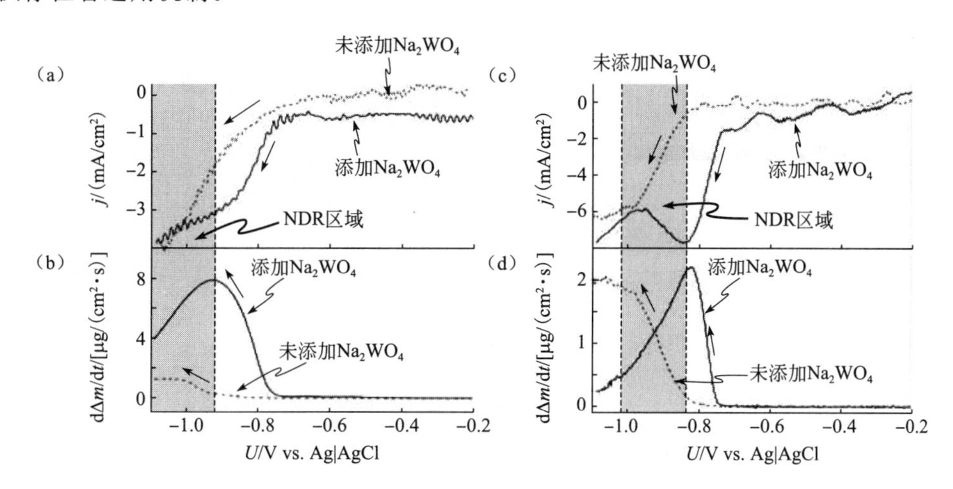

图 6.12 (a) 电位法下 j 和 U 的关系，溶液为 0.1mol/L $CoSO_4$ + 0.25mol/L Na_2SO_4 + 0.1mol/L 柠檬酸钠（虚线），及加上 50mmol/L Na_2WO_4（实线）；(b) 测量 j 和 U 时获得的 $d\Delta m/dt$ 和 U 的关系，扫描速率 10mV/s；(c) 电位法下 j 和 U 的关系，溶液为 0.1mol/L $NiSO_4$ + 0.25mol/L Na_2SO_4 + 0.1mol/L 柠檬酸钠（虚线），及加上 50mmol/L Na_2WO_4（实线）；(d) 测量 j 和 U 时获得的 $d\Delta m/dt$ 和 U 的关系，扫描速率 10mV/s

注：转载自参考文献 [130]。

如上所述，在 NaH_2PO_2 存在时 NiP 合金沉积电流开始的电位比没有 NaH_2PO_2 时更正。这表明，NaH_2PO_2（或相关种类）是 NiP 合金沉积反应的促进剂。此外，事实上 NiP 合金形成表明作为促进剂的 NaH_2PO_2 本身就参加了沉积反应。这意味着，该促进剂以吸附物的形式出现在电极表面（或沉积物）。基于以上考虑，NDR 很可能来自于吸附（阴离子）促进剂的解吸（脱离）。因此，这种振荡系统的 NDR 可以被归类为一个 HN-NDR 型。

NiP 合金电沉积的振荡机制可以解释如下。促进剂（这里是阴离子，最可能是 $H_2PO_2^-$）的吸附覆盖范围（θ_P）因为静电随着电位负移而减小［见图 6.13(a)］。阴离子吸附在 NiP 合金表面促进 NiP 沉积，从而增加了 j 值［见图 6.13(b)］。当促进剂从表面脱附时，j 减小［见图 6.13(c)］。因此，吸附促进剂的作用与 upd-H 在 H_2O_2 还原和阳离子表面活性剂在

CuSn 合金沉积中的作用相反。

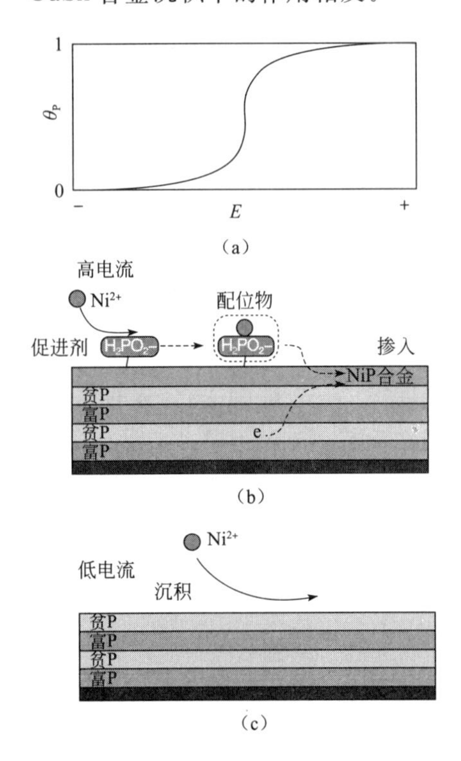

图 6.13 (a) θ_P 与 E 关系的示意图；(b)、(c) 作为 NDR 的起源，吸附 H_2PO_2 促进作用的示意图

根据电位振荡机理，NiP 合金沉积时在恒电流条件下施加恒定的 j 可获得层状结构［见图 6.10(c)］。在振荡的正值末端，高 θ_P［见图 6.13(a)］导致高 NiP 合金沉积速率。另一方面，NiP 合金的高速沉积导致表面 Ni^{2+} 浓度（C_S）降低，为使 j 保持常数需要 U 逐渐负移。当 U 转向负值，到达 UNDR 区时，吸附的促进剂开始解吸。在这个区域，U 的负移导致吸附促进剂 θ_P 减少，因此 NiP 合金沉积电流减小；为使 j 保持常数，需要进一步的 U 负移。因此，这是一个自催化过程，电位快速到达电位振荡负值末端。在这个阶段，电极表面几乎不存在吸附的促进剂，只有缓慢的 NiP 和 Ni 沉积发生，常数 j 主要由析氢电流组成。因此，随着镍离子从电解液扩散，C_S逐渐增加。C_S的增加诱导了 NiP 合金（Ni 金属）沉积电流逐渐增加，为保持恒定电位 j 向正移动。当 U 已转向正值，到达 UNDR 区时，促进剂吸附发生，导致 θ_P 增加。在 UNDR 区，U 正移导致 θ_P增加，从而 NiP 合金沉积电流增加；为保持恒定电位 j 进一步向正移动。这也是一个自催化过程，系统迅速重新回到电位振荡的正值末端。电位振荡下形成的沉积物中 P 含量的周期调制（见图 6.11）也可以被解释为负电位下金属 Ni 额外的沉积导致 P 含量减少。

6.5 其他系统

6.5.1 铜/氧化亚铜纳米多层膜

1998 年，Switzer 等发现碱性 Cu(Ⅱ)-乳酸溶液出现了自发电位振荡，这导致自组织形成纳米层状 Cu/Cu_2O。用扫描隧道显微镜[115]、扫描电子显微镜［见图 6.14(a)］[115]、俄歇电子显微镜[116]和二次谐波的产生[117]直接观察到了层状结构。非常有趣的是，这些技术显示所得的沉积物可以作为共振隧穿器件，垂直输运测量[118]表明其在室温下具有强 NDR 信号。此外，它也表明，可以通过调节振荡周期简单控制获得 NDR 最大值的偏压［见图 6.14(b)］。在 Switzer 等人的发现之后，Cu(Ⅱ)-柠檬酸[119]和 Cu(Ⅱ)-酒石酸盐[120,121]溶液中发现了类似的振荡。Leopold 和 Nyholm 以及同事们，利用各种技术，如原位电化学石英晶体微天平[120]、局部 pH 的测量[121]、共焦拉曼光谱[122]等对振荡的机理进行了广泛研究。随后，振荡的出现是由于 Cu(Ⅱ) 配位物中释放乳酸（或柠檬酸和酒石酸）引起的局部 pH 变化。

另外，Wang 和同事们发现，超薄电解液中沉积 Cu 可获得周期性纳米结构（见图 6.15）[123]。沉积物的透射电镜[124]和扫描近场光学显微镜（SNOM）[125]分析表明，纳米周期结构对应于

Cu 和 Cu_2O 交替生长。有趣的是，Cu/Cu_2O 纳米结构的形成与自发振荡电位同步，方式与 Switzer 等人确立的系统类似。这种情况还发生在不含任何配体如乳酸、柠檬酸和酒石酸等的 $CuSO_4$ 水溶液中，因此提出了一个基于 Switzer 模型的简单数字模型，其中局部 pH 的变化起着至关重要的作用。

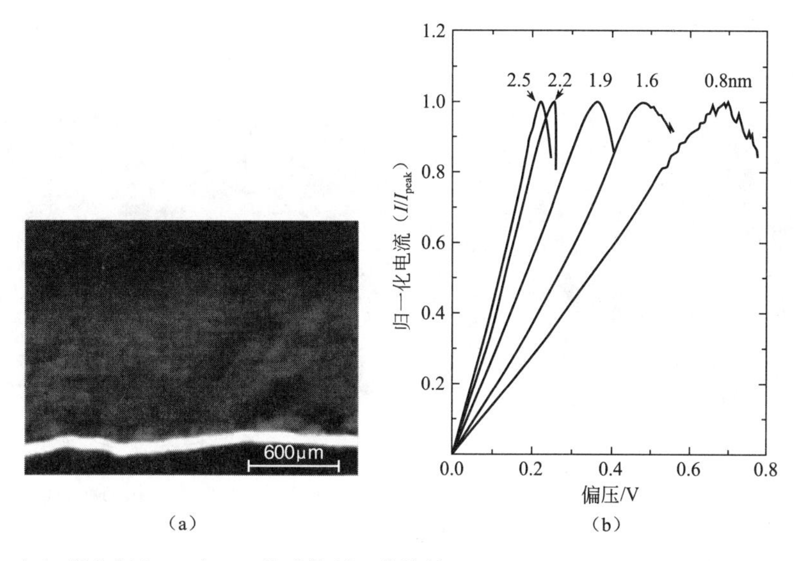

图 6.14 (a) 振荡制备 Cu/Cu_2O 薄膜的断面背散射图；(b) 不同 Cu_2O 层厚度下层状 Cu/Cu_2O 纳米结构的 NDR 曲线。Cu_2O 层越薄，NDR 最大值移向更高偏压

注：(a) 转载自参考文献 [116]；(b) 转载自参考文献 [118]。

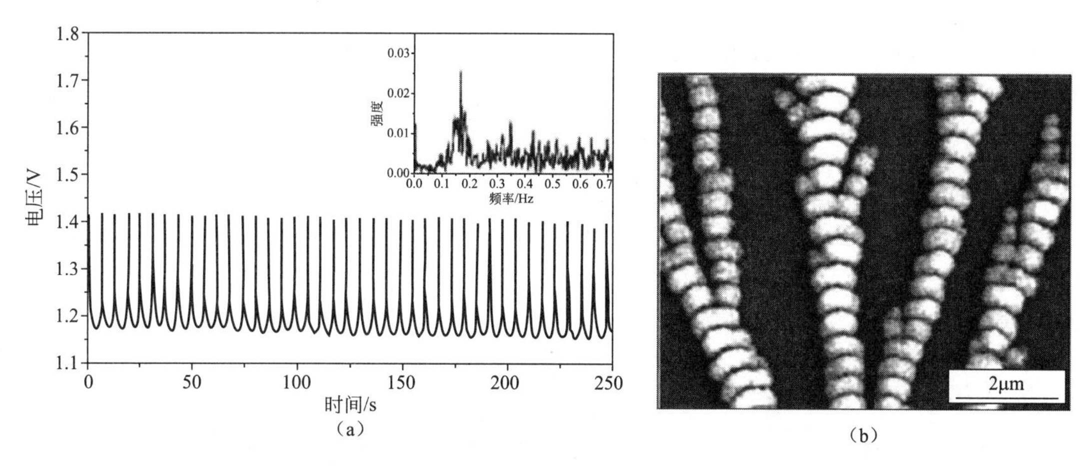

图 6.15 (a) 超薄电解质电沉积铜时的电压振荡。插图：电压振荡的傅里叶变换；(b) 振荡形成沉积物的细丝 SEM 图

注：转载自参考文献 [123]。

6.5.2 成分周期性调制 AgSb 合金

二十世纪初，Raub 和同事们发现，Ag-In 合金电沉积在沉积物表面可引起蔓延的螺旋图案[128]。虽然被遗忘很久，近 50 年后有人重新发现了同样的现象，如：Krastev 等电沉积 Ag-Sb [见图 6.16(a)][108] 和 Ag-Bi[109] 合金及 Saltykova 等电沉积 Ir-Ru 合金[110]。相同电解

液中也报道发现有电位振荡，其揭示螺旋模式的起源和振动是常见的。Ag-Sb 合金的剖面扫描电镜和 AES 深度分布分析显示沉积薄膜具有层状结构而成分不同［见图 6.16(b)］[111]。Nagamine 等人用原位光学显微镜和非原位电子（X 射线）探针详细分析了 Ag-Sb 合金沉积物。这些作者发现：(i) 出现的几种蔓延条纹图案依赖于所施加的电流密度[113]；(ii) 不仅银、锑，氧也在螺旋图案的形成中扮演了一个角色[114]。然而，目前对电位振荡和蔓延螺旋图形的起源知之甚少。

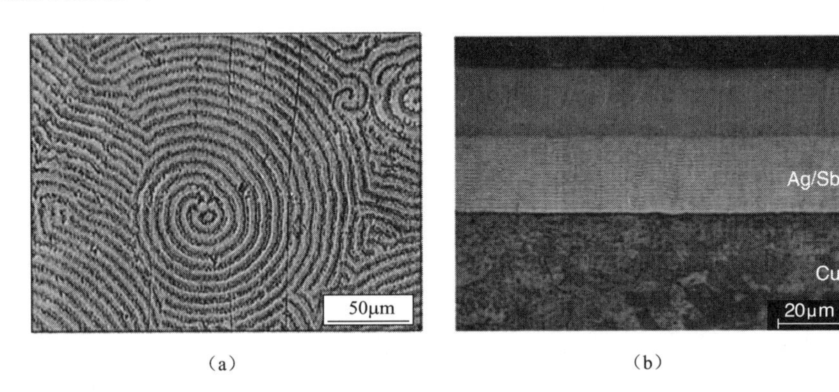

图 6.16 (a) AgSb 合金沉积物螺旋波状的光学显微图像；(b) AgSb 合金沉积物断面的扫描电镜图像
注：(a) 转载自参考文献［111］；(b) 转载自参考文献［112］。

6.6 总结

从微米和纳米有序结构自组织形成的角度看，振荡电沉积是一个有趣的课题，因为电沉积物可记录振荡下不断变化的时空模式。这一章主要关注振荡电沉积中层状纳米结构的自组织形成。尽管振荡机制不同，这里所描述的振荡系统都导致层状纳米结构的形成。结果表明，根据反应体系和电解液组成，NDR（导致振荡和层状结构的形成）的机制有所不同。这意味着振荡电沉积很可能产生有序微纳米结构。只有揭示了各种振荡沉积系统明确的机制，才能弄清这个重要事实。这些机制的阐明对设计和调节电化学振荡来系统调整层状结构非常重要。

参考文献

1 Geissler, M. and Xia, Y. (2004) *Adv. Mater.*, **16**, 1249.
2 Lehn, J.M. (1990) *Angew. Chem. Int. Ed.*, **29**, 1304.
3 Kunitake, T. (1992) *Angew. Chem. Int. Ed.*, **31**, 709.
4 Ringsdorf, H., Schlarb, B. and Venzmer, J. (1988) *Angew. Chem. Int. Ed.*, **27**, 113.
5 Murray, C.B., Kagan, C.R. and Bawendi, M.G. (2000) *Annu. Rev. Mater. Sci.*, **30**, 545.
6 Storhoff, J.J. and Mirkin, C.A. (1999) *Chem. Rev.*, **99**, 1849.
7 Ulman, A. (1996) *Chem. Rev.*, **96**, 1533.
8 Love, J.C., Estroff, L.A., Kribel, J.K., Nuzzo, R.G. and Whitesides, G.M. (2005) *Chem. Rev.*, **105**, 1103.
9 Li, X.M., Huskens, J. and Reinhoudt, D. N. (2004) *J. Mater. Chem.*, **14**, 2954.
10 Johannes, V.B., Giovanni, C. and Kern, K. (2005) *Nature*, **437**, 671.
11 Grzybowski, B.A., Bishop, K.J.M., Campbell, C.J., Fialokowski, M. and Smoukov, S.K. (2005) *Soft Mater.*, **1**, 114.
12 Teichert, C. (2002) *Phys. Rep.*, **365**, 335.

13 Hildebrand, M., Ipsen, M., Mikhailov, A. S. and Ertl, G. (2003) *New J. Phys.*, **5**, 61.
14 Smoukov, S.K., Bitner, A., Campbell, C.J., Kandere-Grzybowkia, K. and Grzyboski, B.A. (2005) *J. Am. Chem. Soc.*, **127**, 17803.
15 Höll, H., Langa, S., Carstensen, S.J., Christophersen, M. and Tiginyanu, I.M. (2003) *Adv. Mater.*, **15**, 183.
16 Nakanishi, S., Tanaka, T., Saji, Y., Tsuji, E., Fukushima, S., Fukami, K., Nagai, T., Nakamura, R., Imanishi, A. and Nakato, Y. (2007) *J. Phys. Chem. C*, **111**, 3934.
17 Karthaus, O., Maruyama, N., Cieren, X., Shimomura, M., Hasegawa, H. and Hashimoto, T. (2000) *Langmuir*, **16**, 6071.
18 Shimomura, M. and Sawadaishi, T. (2001) *Curr. Opin. Colloid Interface Sci.*, **6**, 11.
19 Horany, G. and Visy, C. (1979) *J. Electroanal. Chem.*, **103**, 353.
20 Yamazaki, T. and Kodera, T. (1989) *Electrochim. Acta*, **34**, 969.
21 Eiswirth, M., Lübke, M., Krischer, K., Wolf, W., Hudson, J.L. and Ertl, G. (1992) *Chem. Phys. Lett.*, **192**, 254.
22 Wolf, W., Lübke, L., Koper, M.T.M., Eiswirth, M. and Ertl, G. (1995) *J. Electroanal. Chem.*, **399**, 185.
23 Plenge, F., Varela, M. and Krischer, K. (2005) *Phys. Rev. Lett.*, **94**, 198301.
24 Schell, M., Albahadily, F.N., Safar, J. and Xu, Y. (1989) *J. Phys. Chem.*, **93**, 4806.
25 Karantonis, A., Koutsafits, D. and Kouloumbi, N. (2006) *Chem. Phys. Lett.*, **422**, 78.
26 Triplovic, A., Popovic, K. and Adzic, R.R. (1991) *J. Chim. Phys. Phys. Chim. Biol.*, **88**, 1635.
27 Nakabayashi, S. and Kita, A. (1992) *J. Phys. Chem.*, **96**, 1021.
28 Okamoto, H. (1992) *Electrochim. Acta*, **37**, 969.
29 Raspel, F., Nicholos, R.J. and Kolb, D.M. (1990) *J. Electroanal. Chem.*, **286**, 279.
30 Strasser, P., Lübke, L., Raspel, F., Eiswirth, M. and Ertl, G. (1997) *J. Chem. Phys.*, **107**, 979.
31 Lee, J., Christoph, J., Strasser, P., Eiswirth, M. and Ertl, G. (2001) *J. Chem. Phys.*, **115**, 1485.
32 Mukouyama, Y., Kikuchi, M., Samjeske, G., Osawa, M. and Okamoto, H. (2006) *J. Phys. Chem. B*, **110**, 11912.
33 Koper, M.T.M., Schmidt, T.J., Markovic, N.M. and Ross, P.N. (2001) *J. Phys. Chem. B*, **105**, 8381.
34 Malkahandi, S., Bonnefont, A. and Krischer, K. (2005) *Electrochem. Commun.*, **7**, 710.
35 Miller, B. and Chen, A.C. (2006) *J. Electroanal. Chem.*, **588**, 3141.
36 Chen, A.C. and Miller, B. (2004) *J. Phys. Chem. B*, **108**, 2245.
37 Xu, L.Q., Gao, Q.Y., Feng, J.M. and Wang, J.C. (2004) *Chem. Phys. Lett.*, **397**, 265.
38 Koper, M.T.M. and Gaspard, P. (1991) *J. Phys. Chem.*, **95**, 4945.
39 Koper, M.T.M., Gaspard, P. and Sluyters, J.H. (1992) *J. Phys. Chem.*, **96**, 5674.
40 Fetner, N. and Hudson, J.L. (1990) *J. Phys. Chem.*, **94**, 6505.
41 Strbac, S. and Adzic, R.R. (1992) *J. Electrochem. Chem.*, **337**, 355.
42 Cattarin, S. and Tributsch, H. (1990) *J. Electrochem. Soc.*, **137**, 3475.
43 Catterin, S. and Tributsch, H. (1993) *Electrochim. Acta*, **38**, 115.
44 Nakanishi, S., Mukouyama, Y., Karasumi, K., Imanishi, A., Furuya, N. and Nakato, Y. (2000) *J. Phys. Chem. B*, **104**, 4181.
45 Nakanishi, S., Mukouyama, Y. and Nakato, Y. (2001) *J. Phys. Chem. B*, **105**, 5751.
46 Mukouyama, Y., Nakanishi, S., Chiba, T., Murakoshi, K. and Nakato, Y. (2001) *J. Phys. Chem. B*, **105**, 7246.
47 Mukouyama, Y., Kikuchi, M. and Okamoto, H. (2005) *J. Solid. State Electrochem.*, **9**, 290.
48 Koper, M.T.M. (1996) *Ber. Bunsen-Ges. Phys. Chem. Chem. Phys.*, **100**, 497.
49 Flätgen, G., Krischer, K. and Ertl, G. (1996) *J. Electroanal. Chem.*, **409**, 183.
50 Nakanishi, S., Sakai, S.-I., Hatou, M., Mukouyama, Y. and Nakato, Y. (2002) *J. Phys. Chem. B*, **106**, 2287.
51 Strasser, P., Lübke, M., Eickes, C. and Eiswirth, M. (1999) *J. Electroanal. Chem.*,

462, 19.

52 Li, Z.L., Ren, B., Xiao, X.M., Chu, X. and Tian, Z.Q. (2002) *J. Phys. Chem. A*, **106**, 6570.

53 Lee, H.P. and Nobe, K. (2000) *J. Phys. Chem. B*, **104**, 4181.

54 Bassett, M.R. and Hudson, J.L. (1990) *J. Phys. Chem. B*, **137**, 1815.

55 Gu, Z.H., Olivier, A. and Fahiday, T.Z. (1990) *Electrochim. Acta*, **35**, 933.

56 Gu, Z.H., Chen, J., Fahiday, T.Z. and Plivier, A. (1994) *J. Electroanal. Chem.*, **367**, 7.

57 Gu, Z.H., Chen, J. and Fahiday, T.Z. (1993) *Electrochim. Acta*, **38**, 2631.

58 Albahadily, F.N., Gingland, J. and Schell, M. (1989) *J. Chem. Phys.*, **90**, 813.

59 Tsitsopoulos, L.T., Tsotsis, T.T. and Webster, I.A. (1987) *Surf. Sci.*, **191**, 225.

60 Dewald, H.D., Parmananda, P. and Rollins, R.W. (1991) *J. Electroanal. Chem.*, **306**, 297.

61 Dewald, H.D., Parmananda, P. and Rollins, R.W. (1993) *J. Electrochem. Soc.*, **140**, (1969) .

62 Cooper, J.F., Muller, R.H. and Tobias, C. W. (1980) *J. Electrochem. Soc.*, **127**, 1733.

63 Russell, P. and Newman, J. (1987) *J. Electroanal. Chem.*, **133**, 1051.

64 Diem, C.B. and Hudson, J.L. (1987) *AIChE J.*, **33**, 218.

65 Wang, Y., Hudson, J.L. and Jaeger, N.I. (1990) *J. Electrochem. Soc.*, **137**, 485.

66 Pearlstein, A.J. and Johnson, J.A. (1989) *J. Electrochem. Soc.*, **136**, 1290.

67 Pagitsas, M. and Sazou, D. (1991) *Electrochim. Acta*, **36**, 1301.

68 Li, W., Wang, X. and Nobe, K. (1990) *J. Electrochem. Soc.*, **137**, 1184.

69 Li, W. and Nobe, K. (1993) *J. Electrochem. Soc.*, **140**, 1642.

70 Moina, C. and Posadas, D. (1989) *Electrochim. Acta*, **34**, 789.

71 Shiomi, Y., Karantonis, A. and Nakabayashi, S. (2001) *Phys. Chem. Chem. Phys.*, **3**, 479.

72 Sazou, D., Pagitsas, M. and Kokkinidis, G. (1990) *J. Electroanal. Chem.*, **289**, 217.

73 Sazou, D. and Pagitsas, M. (1992) *J. Electroanal. Chem.*, **323**, 247.

74 Franck, U.F. and Meunier, L. (1953) *Z. Naturforsch B*, **8**, 396.

75 Bell, J., Jaeger, N.I. and Hudson, J.L. (1992) *Phys. Chem.*, **96**, 8671.

76 Lev, O., Wolffberg, A., Sheintuch, M. and Pisman, L.M. (1988) *Chem. Eng. Sci.*, **43**, 1339.

77 Haim, D., Lev, O., Pisman, L.M. and Sheintuch, M. (1992) *J. Phys. Chem.*, **96**, 2676.

78 Lev, O., Sheintuch, M., Piseman, L.M. and Yarnitzky, C. (1988) *Nature*, **336**, 458.

79 Ozanam, F., Chazalviel, J.N., Radi, A. and Etman, M. (1991) *Ber. Bunsen-Ges. Phys. Chem.*, **95**, 98.

80 Chazalviel, J.N. and Ozanam, F. (1992) *J. Electrochem. Soc.*, **139**, 2501.

81 Lewerenz, H.J. and Schlichthoerl, G. (1992) *J. Electroanal. Chem.*, **327**, 85.

82 Corcoran, S.G. and Sieradzki, K. (1992) *J. Electrochem. Soc.*, **139**, 1568.

83 Eidel'berg, M.I., Sandulov, D.B. and Utimenko, V.N. (1991) *Zh. Prikl. Khim.*, **64**, 665.

84 Eidel'berg, M.I., Sandulov, D.B. and Utimenko, V.N. (1990) *Elektrokhimiya*, **26**, 272.

85 Miadokova, M. and Siska, J. (1987) *Collect. Czech. Chem. Commun.*, **52**, 1461.

86 Taveira, L.V., Macak, J.M., Sirotna, K., Dick, L.F.P. and Schmuki, P. (2006) *J. Electrochem. Soc.*, **153**, B137.

87 Marvey, E., Buckley, D.N. and Chu, S.N.G. (2002) *Electrochem. Solid State Lett.*, **5**, G22.

88 Suter, R.M. and Wong, P.Z. (1989) *Phys. Rev. B*, **39**, 4536.

89 Argoul, F. and Arneodo, A. (1990) *J. Phys.*, **51**, 2477.

90 St-Pierre, J. and Piron, D.L. (1990) *J. Electrochem. Soc.*, **137**, 2491.

91 St-Pierre, J. and Piron, D.L. (1987) *J. Electrochem. Soc.*, **134**, 1689.

92 Fukami, K., Nakanishi, S., Tada, T., Yamasaki, H., Sakai, S.-I., Fukushima, S. and Nakato, Y. (2005) *J. Electrochem. Soc.*, **152**, C493.

93 Wang, M., Feng, Y., Yu, G.-W., Gao, W.-T., Zhong, S., Peng, R.-W. and Ming, N.-B. (2004) *Surf. Interf. Anal.*, **36**, 197.

94 Piron, D.L., Nagatsugawa, I. and Fan, C.L.

(1991) *J. Electrochem. Soc.*, **138**, 3296.
95 Nakanishi, S., Fukami, K., Tada, T. and Nakato, Y. (2004) *J. Am. Chem. Soc.*, **126**, 9556.
96 Tada, T., Fukami, K., Nakanishi, S., Yamasaki, H., Fukushima, S., Nagai, T., Sakai, S.-I. and Nakato, Y. (2005) *Electrochim. Acta*, **50**, 5050.
97 Fukami, K., Nakanishi, S., Yamasaki, H., Tada, T., Sonoda, K., Kamikawa, N., Tsuji, N., Sakaguchi, H. and Nakato, Y. (2007) *J. Phys. Chem. C*, **111**, 1150.
98 Wen, S.X. and Szpunar, J.A. (2006) *J. Electrochem. Soc.*, **153**, E45.
99 Saliba, R., Mingotaud, C., Argoul, F. and Ravaine, S. (2002) *Electrochem. Commun.*, **4**, 269.
100 Fukami, K., Nakanishi, S., Sawai, Y., Sonoda, K., Murakoshi, K. and Nakato, Y. (2007) *J. Phys. Chem. C*, **111**, 3216.
101 de Almeidi Lima, M.E., Bouteillon, J. and Diard, J.P. (1992) *J. Appl. Electrochem.*, **22**, 577.
102 Doerfler, H.D. (1989) *Nova Acta Leopold*, **61**, 25.
103 Pajdowski, L. and Podiadkly, J. (1977) *Electrochim. Acta*, **22**, 1307.
104 Schlitte, F.W., Eichkorn, G. and Fischer, H. (1968) *Electrochim. Acta*, **13**, 2063.
105 Nakanishi, S., Sakai, S.-I., Nishimura, K. and Nakato, Y. (2005) *J. Phys. Chem. B*, **109**, 18846.
106 Nagai, T., Nakanishi, S., Mukouyama, Y., Ogata, Y.H. and Nakato, Y. (2006) *Chaos*, **16**, 037106.
107 Raub, E. and Schall, A. (1938) *Z. Metallk*, **30**, 149.
108 Krastev, I. and Koper, M.T.M. (1995) *Phys. A*, **213**, 199.
109 Krastev, I., Valkova, T. and Zielonka, A. (2003) *J. Appl. Electrochem.*, **33**, 1199.
110 Saltykova, N.A., Estina, N.O., Baraboshkin, A.N., Pornyagin, O.V. and Pankratov, A.A. (1993) *Abstract Book of the 44th Meeting of the ISE*, Berlin, p. 376.
111 Nakabayashi, S., Krastev, I., Aogaki, R. and Inokuma, K. (1998) *Chem. Phys. Lett.*, **294**, 204.
112 Nakabayashi, S., Inokuma, K., Nakao, A. and Krastev, I. (2000) *Chem. Lett.*, **29**, 88.
113 Nagamine, Y. and Hara, M. (2004) *Physica A*, **327**, 249.
114 Nagamine, Y. and Hara, M. (2005) *Phys. Rev. E*, **72**, 016201.
115 Switzer, J.A., Hung, C.J., Huang, L.Y., Switzer, E.R., Kammler, D.R., Golden, T. D. and Bohannan, E.W. (1998) *J. Am. Chem. Soc.*, **120**, 3530.
116 Bohannan, E.W., Huang, L.Y., Miller, F.S., Shumsky, M.G. and Switzer, J.A. (1999) *Langmuir*, **15**, 813.
117 Mishina, E., Nagai, K., Barsky, D. and Nakabayashi, S. (2002) *Phys. Chem. Chem. Phys.*, **4**, 127.
118 Switzer, J.A., Maune, B.M., Raub, E.R. and Bohannan, E.W. (1999) *J. Phys. Chem. B*, **103**, 395.
119 Eskhult, J., Herranen, M. and Nyholm, L. (2006) *J. Electroanal. Chem.*, **594**, 35.
120 Leopold, S., Herranen, M. and Carlsson, J.-O. (2001) *J. Electrochem. Soc.*, **148**, C513.
121 Leopold, S., Herranen, M., Carlsson, J.O. and Nyholm, L. (2003) *J. Electroanal. Chem.*, **547**, 45.
122 Leopold, S., Arrayet, J.C., Bruneel, J.L., Herranen, M., Carlsson, J.O., Argoul, F. and Sarvant, L. (2003) *J. Electrochem. Soc.*, **150**, C472.
123 Zhong, S., Wang, Y., Wang, M., Zhang, M.-Z., Yin, X.-B., Peng, R.-W. and Ming, N.-B. (2003) *Phys. Rev. E*, **67**, 061601.
124 Zhang, M.-Z., Wang, M., Zhang, Z., Zhu, J.-M., Peng, R.-W. and Ming, N.-B. (2004) *Electrochim. Acta*, **49**, 2379.
125 Wang, Y., Cao, Y., Wang, M., Zhong, S., Zhang, M.-Z., Feng, Y., Peng, R.-W. and Ming, N.-B. (2004) *Phys. Rev. E*, **69**, 021607.
126 Schlitte, F., Eichkorn, G. and Fischer, H. (1968) *Electrochim. Acta*, **13**, 2063.
127 Nakanishi, S., Sakai, S.-I., Nagai, T. and Nakato, Y. (2005) *J. Phys. Chem. B*, **109**, 1750.
128 Nakanishi, S., Sakai, S.-I., Nagai, T. and Nakato, Y. (2006) *J. Surf. Sci. Soc. Jpn.*, **27**, 408.
129 Lee, W.G. (1960) *Plating*, **47**, 288.

130 Sakai, S.-I., Nakanishi, S. and Nakato, Y. (2006) *J. Phys. Chem. B*, **110**, 11944.

131 Krischer, K., Mazouz, N. and Grauel, P. (2001) *Angew. Chem. Int. Ed.*, **40**, 851.

132 Grauel, P., Varela, H. and Krischer, K. (2001) *Faraday Discussions*, **120**, 165.

133 Christoph, J. and Eiswirth, M. (2002) *Chaos*, **12**, 215.

134 Koper, M.T.M. and Sluyters, J.H. (1994) *J. Electroanal. Chem.*, **371**, 149.

135 Krischer, K. (2001) *J. Electroanal. Chem.*, **501**, 1.

136 Strasser, P., Eiswirth, M. and Koper, M.T.M. (1999) *J. Electroanal. Chem.*, **478**, 50.

137 Mukouyama, Y., Nakanishi, S., Konishi, H., Ikeshima, Y. and Nakato, Y. (2001) *J. Phys. Chem. B*, **105**, 10905.

138 Krischer, K. (1995) Principles of temporal and spatial pattern formation in electrochemical systems, in *Modern Aspects of Electrochemistry*, (eds R.W. White, O.M. Bockris and R.E. Conway), Vol. 32, Plenum, New York.

139 Tulsi, S.S. (1986) *Trans. Inst. Metal. Finish*, **64**, 73.

140 Parker, K. (1992) *Plat. Surf. Finish*, **79**, 29.

141 Williams, J.E. and Davison, C. (1990) *J. Electrochem. Soc.*, **137**, 3260.

142 Paseka, I. and Velicka, J. (1997) *Electrochim. Acta*, **42**, 237.

143 Burchardt, T. (2001) *Int. J. Hydrogen Energy*, **26**, 1193.

144 Flis, J. and Duguatte, D.J. (1984) *J. Electrochem. Soc.*, **40**, 425.

145 Brenner, A. (1963) *Electrodeposition of Alloys*, Academic Press, New York.

7 纳米晶材料的电化学腐蚀行为

7.1 引言

纳米晶材料由于其独特的物理、化学和机械性能而备受关注，并因此成为科学和工业界广泛深入研究的对象。

纳米晶材料是一种晶粒尺寸为纳米级的单相或多相多晶固体，是一种有前途的新材料。由于晶粒尺寸非常小（通常为1～100nm)，其具有大体积百分比的界面，导致各种性能的改进[1]。

目前，世界腐蚀问题上的花费超过全球生产总值（GDP）的3%，纳米晶材料的腐蚀行为无论是在潜在工程应用还是在基本理化性质理解上都很重要[2,3]。在许多情况下，新材料的工业应用将最终取决于它们在延长服务期的耐蚀性。因此，材料发展的适当阶段必须考虑其腐蚀问题。

目前只有少数研究关注纳米晶材料的腐蚀。Rofagha 等人[4,5]研究了电沉积制备纳米晶镍及镍磷，认为这些材料晶间区（即晶界和三叉点）对块体电化学行为有实质性的贡献。

Inturi 和 Szklarska-Smialowska[6]观察到溅射沉积304型不锈钢纳米晶在HCl中的局部耐腐蚀性优于常规材料，并将此归因于纳米晶材料晶粒的细小尺寸和均匀性。

Thorpe 等人[7]研究了晶化熔体快淬非晶薄带得到的 $Fe_{32}Ni_{36}Cr_{14}P_{12}B_6$ 纳米晶合金的腐蚀行为。这些作者认为，这种材料的耐腐蚀性能显著高于其无定形态，其改善归因于更多的铬通过快速相界扩散富集在电化学表面[8]。

从大晶粒多晶材料的已知性能很难预测纳米晶材料的电化学行为。因此，几个团队观察到纳米晶材料比传统的微米晶材料具有更强的抗氧化和耐腐蚀性能[9～12]。相反，也有其他研究结果表明，纳米材料具有更高的溶蚀率[13,14]。

本章的目的是概述目前纳米晶材料在水溶液中的腐蚀研究，以及过去几年这个领域出版的关键结果。本章将首先概述纳米晶材料的电化学腐蚀行为，随后对此主题进行更全面的阐述。最终，希望本章对目前纳米晶材料的研究者们提供帮助，希望实现这些产品的持续发展。

7.2 纳米晶材料的电化学腐蚀行为

通常，在评估纳米晶材料未来潜在应用时，其在水溶液中的耐蚀性非常重要。许多应用需要很好的理解材料耐腐蚀性能与晶粒尺寸的关系。过去的研究认为纳米结构中的晶界和三叉点缺陷密度的增加会对金属纳米晶的整体腐蚀性能产生不利影响，而过去15年的研究表明事实并非如此。

纳米晶材料晶粒尺寸的减小可在广泛的电化学条件下显著改善其腐蚀性能。许多研究已表明，这主要是由于消除了晶界处的局部攻击，而其在传统多晶材料中是一种最有害的机制。这种影响有几种解释，包括：① 晶粒细化的溶质稀释效应；② 晶粒尺寸减小的织构变化；③ 晶粒尺寸依赖的钝化层形成。

纳米晶材料中的纳米结构对腐蚀性能的有利和有害的影响都有报道。为了说明这些相互矛盾的结果，首先得提到 Jiang 和 Molian[15]，他们在 H-13 钢上用激光法制备微纳米 TiC 以提高性能并延长压铸模具在反复加热和冷却等恶劣环境下的寿命（实验中用 1.5 千瓦 CO_2 激光）。

他们用拟金属铸造条件对激光非晶合金样品的腐蚀/冲蚀特性进行了评估。图 7.1 显示了不同样品在静态融化物中的耐腐蚀性，研究了单位面积质量损失与时间的关系，样品包括原型制备、激光非晶、激光表面合金化 2μmTiC 粉末、激光表面合金化 2μmTiC 粉末并在 205℃回火、激光表面合金化 300nmTiC 粉末。原型制备的样品（图标：空白）具有更低的耐腐蚀性，因为 H-13 钢可以溶解于铝熔体中形成 Al_4FeSi 多层金属间化合物[16]。激光非晶材料由于二次碳化物分散均匀而性能有轻微改善。为获得性能实质性的改善显然需要控制表面组成的变化。

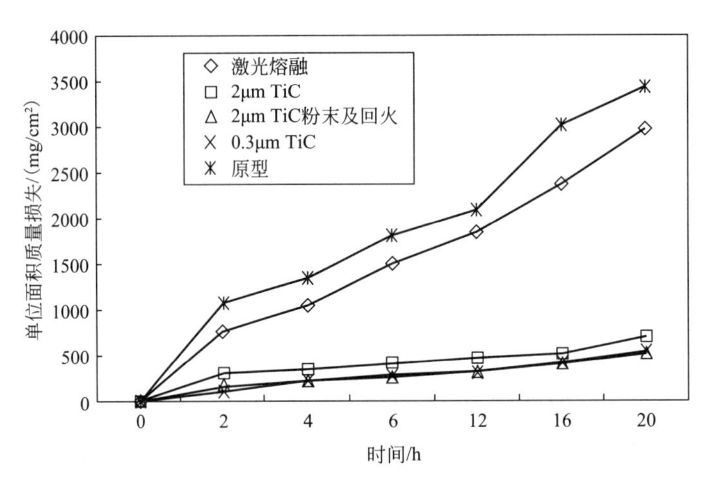

图 7.1 在静态 A390 熔融物中样品质量损失与浸泡时间的关系
（未处理 H13 钢的质量损失：3500mg/cm²）

激光表面合金化 300nm 和激光合金化 2μm 粉末并回火的样品获得了最好的耐腐蚀性，其质量损失因为纳米晶合金化从 3500mg/cm² 下降到 500mg/cm²。质量损失的减少相当于激光合金化的样品增加了 85%的耐腐蚀性。有趣的是，激光合金化 2μm 粉末样品（无回火）耐腐蚀性比合金化 300nm 粉末的样品更差。使用纳米 TiC 粉末改进耐腐蚀性的原因是表面光滑、气孔率低及可能的铁氧体结构。激光合金化 2μm 粉末及回火样品，耐腐蚀性的改进可能是回火过程中应力降低和形貌均一。

Pardo 和同事们[17~20]对纳米晶金属玻璃的电化学腐蚀行为进行了深入研究，在二氧化硫污染的模拟环境中（0.1mol/L 硫酸钠）[17]，研究了 Cr 含量对合金 $Fe_{73.5}Si_{13.5}B_9Nb_3Cu_1$ 金属玻璃的耐蚀性能的影响。其腐蚀动力学的分析采用直流电化学技术法。

图 7.2 显示了无铬及含 6%（质量分数）铬的非晶、晶化、纳米晶材料的阳极极化曲线。无铬的情况下，纳米晶材料在腐蚀介质测试中显示出最高的钝化趋势，阳极极化曲线的电流密度低于不定形和晶化材料。当材料中含有高达 6%的 Cr 时，阳极极化曲线表现出明显的钝化现象，阳极电流密度低于缺少 Cr 的材料。由于阳极极化曲线被转移到最低的电流密度和更高的腐蚀电位，纳米晶材料提供了最好的阳极行为。纳米晶材料表现出的一些性质证明了其高耐腐蚀。这些特性建立于结构均匀性（接近非晶态材料）和较小内部张力之间的平衡（与材料的玻璃态有关）。后者性质由制备工艺决定。

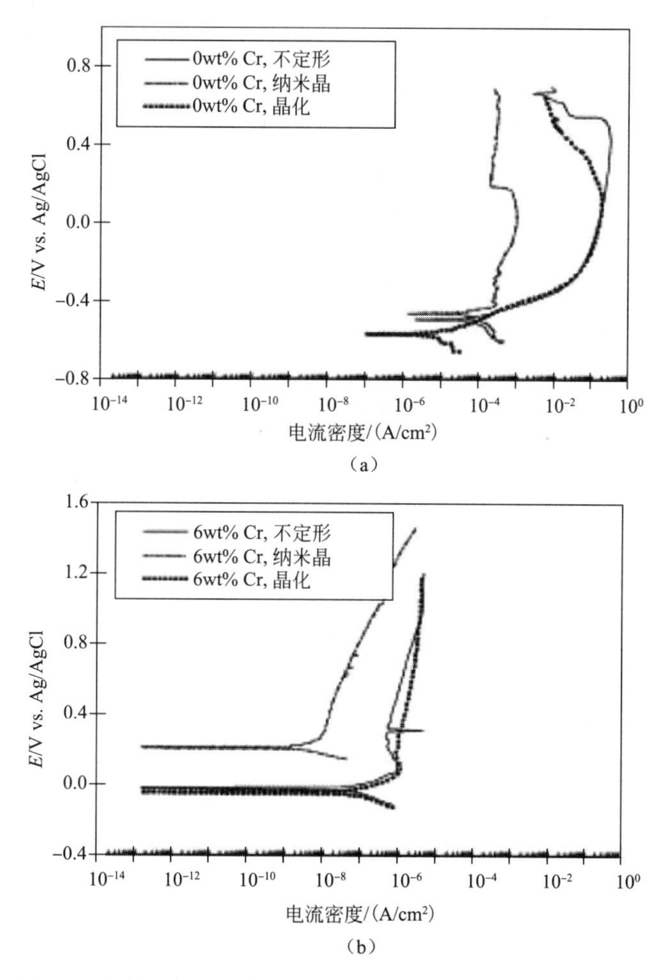

图 7.2 未含 Cr(a) 和含 6%Cr(b) 不定形、纳米晶和晶化样品在 0.1mol/L 硫酸钠溶液中的阳极极化曲线

盐雾试验和动电位极化法[21]研究了非晶和纳米晶 $Zr_{69.5}Cu_{12}Ni_{11}Al_{7.5}$ 带的腐蚀特性。图 7.3 给出了它们在碱性溶液中的极化曲线，结果表明它们行为类似，且与微结构无关。盐雾试验导致形成了 4～6μm 厚腐蚀层，组成为部分水合氧化锆（无定形或 t-ZrO_2，$A=0.512$nm，$C=0.525$nm）和铜（镍）-晶体(FCC，$A=0.37$nm)。玻璃合金由于具有较高的均匀性（没

有缺陷或偏析）而常被期望具有更好的耐腐蚀性能。然而，纳米晶材料也相对很均匀。另外，从非晶态前驱体材料中形成的纳米材料的腐蚀过程的驱动力应该更小。但只有很少的证据提出纳米晶结构在盐雾试验中具有稍高的耐腐蚀性。

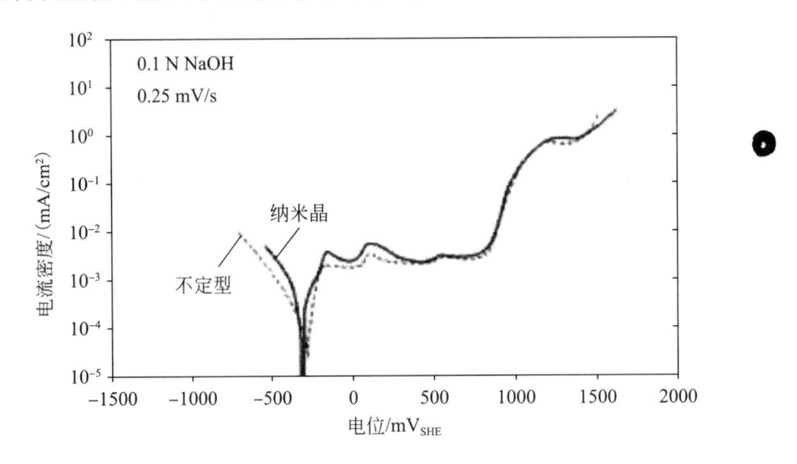

图 7.3 不定形和纳米晶 $Zr_{69.5}Cu_{12}Ni_{11}Al_{7.5}$ 的极化曲线

Cremaschi 等人[22]通过动电位极化技术分析了碱性和中性氯化物介质中的非晶、纳米晶和晶体 FeSiB，特别是研究了 pH 值和 Sn、Cu、Nb、Al[22]等对其腐蚀的影响。材料的电化学行为被认为在很大程度上取决于介质的 pH 值，通常腐蚀发生在中性 pH 值，而不是在碱性介质中电流突增的钝化区。相比之下，不管 pH 值大小，含 Nb 样品的表面都发现了轻微附着的沉积物。这些沉积物富含 O、Nb、Si、Na，而在未含铌的合金表面没有被发现。两组合金中，电化学反应基本相同。结构的变化并不能由 U_c 值体现，U_c 随着 pH 值上升而降低。电化学极化曲线的形状取决于退火温度。薄片钝化膜形成的可能原因是碱性介质中容易生长氢氧化物。

Nie 等人[23]研究了采用等离子体电解制备 Al_2O_3 涂层的磨损、腐蚀性能。图 7.4 给出了“厚”（250μm）氧化铝涂层合金样品和未经处理的铝合金基体的极化曲线。这两种类型的样品在腐蚀试验之前分别在 0.5mol/L 氯化钠溶液浸泡 1h、1 或 2 天。AISI 316L 不锈钢试样也进行了腐蚀试验用于比较，腐蚀极化曲线见图 7.4。从这些试验中计算了腐蚀电位、腐蚀速率和阳极/阴极塔菲尔斜率（β_A 和 β_C）（腐蚀电位 E_{corr} 处极化近似线性），极化电阻（R_p）可由下式决定[24]：

$$R_p = \beta_A \times \beta_C / 2.3 \times i_{corr}(\beta_A + \beta_C) \tag{7.1}$$

式中，i_{corr} 是腐蚀电流密度。

因为多孔表面完全钝化需要更多的电流，铝合金涂层在溶液中浸泡后的腐蚀电流略有增加。然而，E_{corr} 和氧化铝涂层的 R_p 值均随浸泡时间没有显著降低。虽然铝基体的 R_p 在浸渍 1h 后与浸渍前数量级相同，但它明显低于在腐蚀液中浸泡几天的样品。经过测试，大的腐蚀坑出现在没有涂层的铝表面。这是因为没有涂层的铝基板表面薄的保护氧化膜被腐蚀破坏，其耐腐蚀性大大降低。PEO 涂层的铝合金在溶液中具有优良的耐腐蚀性，甚至比不锈钢更好。

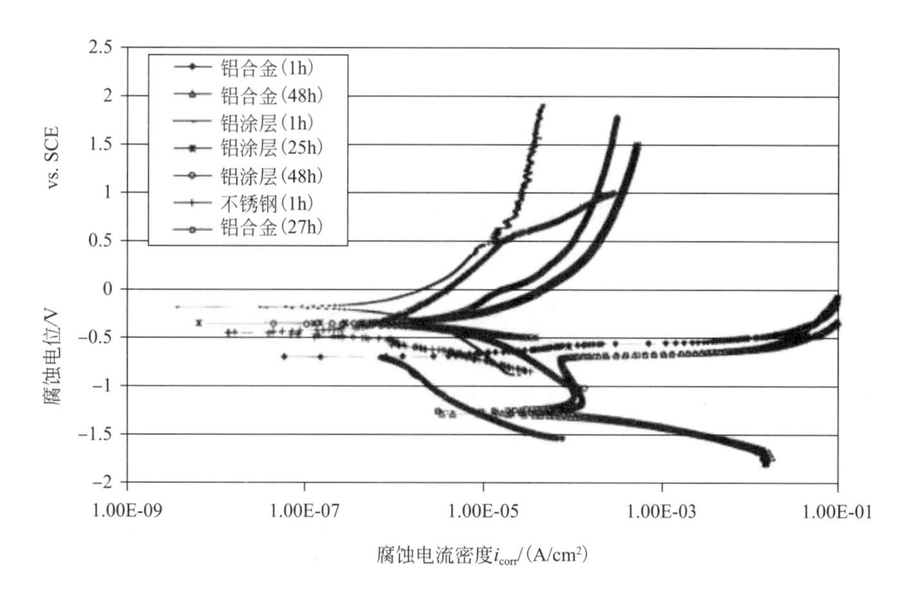

图 7.4 未处理基板材料和等离子体电解氧化（PEO）氧化铝涂层在 0.5mol/L 氯化钠溶液中不同浸泡时间后动电位极化曲线

El-Moneim 等[25~27]研究了纳米晶 NdFeB 磁体在通氮气 0.1mol/L 硫酸电解质中晶粒尺寸对腐蚀行为的影响，方法是原位电感耦合等离子体分析、重量法、电化学技术和热提取［H］分析[25]。图 7.5 给出了平均晶粒尺寸为 100nm 和 600nm 磁体的腐蚀速率与通氮气酸溶液浸泡时间的关系，样品转速为 720rpm。腐蚀速率代表了溶液浸泡过程中磁组分的部分溶出率的总和，使用在线电感耦合等离子体（ICP）方法分析（见图 7.5）。

还应该指出，平均粒径为 600nm 的退火后的 NdFeB 磁体腐蚀速率明显低于晶粒尺寸为 100nm 的热压样品。这表明晶粒生长对这些磁体耐腐蚀性的影响是有利的。图 7.6 中的数据进一步证实了腐蚀速率与铁磁相平均晶粒尺寸有关，其采用重量法估计样品在 0.1mol/L 硫酸溶液中 720rpm 下浸泡 1min 和 10min 的腐蚀率。很明显，钕铁硼磁体的腐蚀率一般随基体

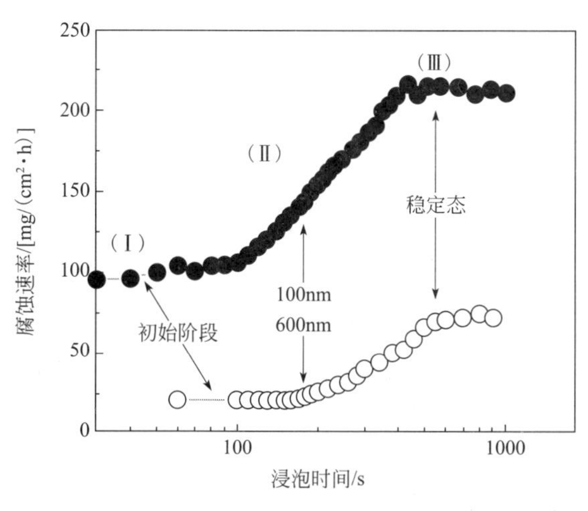

图 7.5 ICP 分析晶粒尺寸 100nm 和 600nm 的 NdFeB 磁体在通氮气硫酸中（25℃，720 转）腐蚀速率与浸泡时间的关系

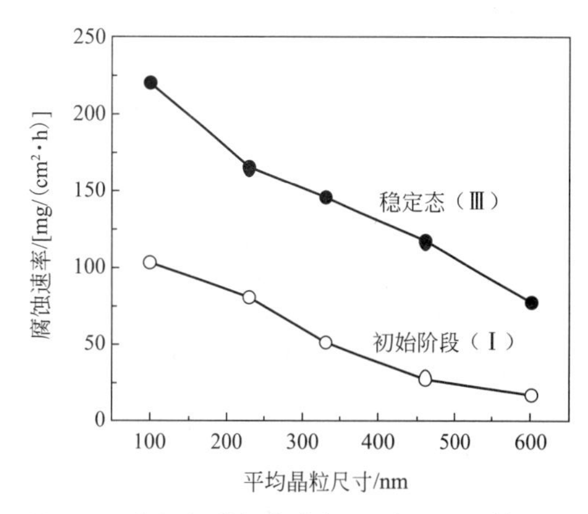

图 7.6 在氮气脱气硫酸中（25℃，720 转）浸泡 1min 和 10min 后，磁体腐蚀速率（重量法测量）与铁磁相平均晶粒尺寸的关系

相晶粒尺寸增大而减小。这种晶粒生长抑制腐蚀的行为归因于所观察到的退火时微结构的变化；即，不均匀性和富钕晶间相体积分数的减少。

各向同性的粒径范围从 60～600nm 的 $Nd_{14}Fe_{80}B_6$ 和 $Nd_{12}Dy_2Fe_{73.2}Co_{6.6}Ga_{0.6}B_{5.6}$ 纳米晶磁体可通过熔体快淬材料在 700℃热压随后 800℃退火 0.5～6h 获得[26]。Co 与 Ga 部分替代 Fe 导致了耐腐蚀性改善，同时也降低了氢在这些材料中的亲和力和结合能。材料中的微结构粗化导致获得更好的耐腐蚀性能。

合金添加剂（Co 和 Ga）和退火被用来解释钕铁硼纳米晶磁体在 0.1mol/L 硫酸溶液中腐蚀性能和微结构的关系，并得出以下的结论：

① 添加 Co 和 Ga 入钕铁硼纳米晶磁体改善了组成成分并使微结构精细化。此外，在 800℃不同时间退火导致晶粒生长和微结构的非均质性；

② 添加 Co 和 Ga 的纳米晶磁体具有更低的腐蚀氢吸收率，虽然它们氢还原的表面活性增加了。这种效应再次解释了 Co 和 Ga 对耐腐蚀的有益作用。通常，添加 Co 和 Ga 的有益作用归因于：(a) 减少晶间相和主相之间的电化学势差，随后降低电流腐蚀强度；(b) 氢通过 Co 和 Ga 改善的晶间相扩散降低；(c) 提高磁体表面吸附氢原子的复合速率。

Alves 等[28]研究了无定形晶化获得的 $(Ni_{70}Mo_{30})_{90}B_{10}$ 纳米晶合金的腐蚀行为，并与非晶和粗粒度材料进行了比较。图 7.7 给出了粗粒度的合金在脱氧 0.8mol/L 氢氧化钾溶液中室温下的动电位极化曲线。

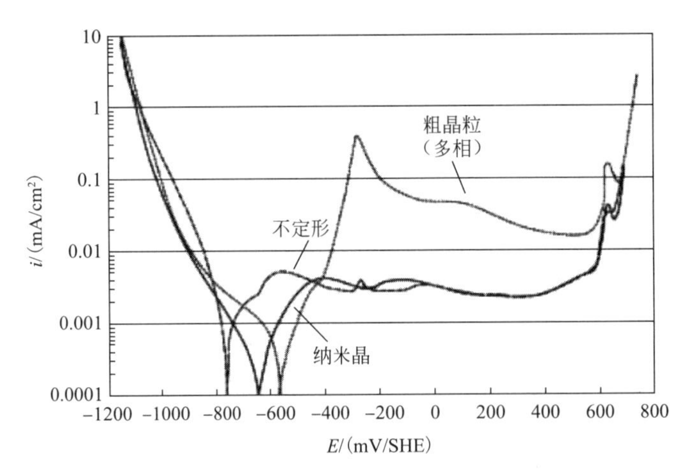

图 7.7 不定形、纳米晶和粗晶 $(Ni_{70}Mo_{30})_{90}B_{10}$ 合金在 0.8mol/L 氢氧化钾中的极化曲线
注：扫描速率 20mV/min。

$(Ni_{70}Mo_{30})_{90}B_{10}$ 合金通过形成钝化层而达到耐腐蚀效果，如图 7.7 中的极化曲线所示。非晶和纳米晶合金性能相似，具有良好的钝化行为，具有较低的临界被钝化电流密度以及较低的钝化电流密度。因此，当熔体快淬无定形材料结晶成精细纳米晶体微结构（在 600℃退火 1h)[28]时，耐腐蚀性无显著变化。

非晶合金具有高耐蚀性的部分原因是缺少晶体缺陷，而晶体缺陷常成为腐蚀的起始点。金属玻璃耐蚀性的改善是因为其化学均一的单相性质，其没有成分波动和晶体缺陷[29,30]。

Zander 和 KöSTER[31] 对 $Zr_{69.5}Cu_{12}Ni_{11}Al_{7.5}$ 纳米晶带腐蚀性的研究与非晶前驱体类似，

在5%的氯化钠溶液（pH=6.5）中进行盐雾试验。扫描电子显微镜（SEM）（见图7.8）和透射电子显微镜（TEM）（见图7.9）的结果都显示，存在晶粒尺寸10nm的纳米晶钝化层和成分可能为$Zr_{69.5}Cu_{12}Ni_{11}Al_{7.5}$的少量非晶区，其主要为不定形钝化层。纳米晶钝化层的电子衍射图还发现了未知的FCC相图像，晶格参数为0.37nm[可能是Cu(Ni，Al）固溶体]，与不定形相钝化层类似。

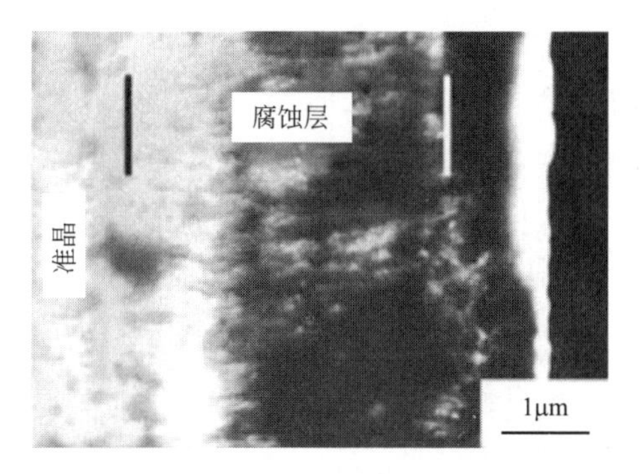

图7.8 纳米晶$Zr_{69.5}Cu_{12}Ni_{11}Al_{7.5}$盐雾试验后的腐蚀层（断面表面；扫描电镜图像）

Elkedim等[32]比较了机械活化场活化压力辅助合成（MAFAPAS）FeAl与1000℃挤出FeAl（球磨粉）块材料（见图7.10）的腐蚀行为。挤出材料具有亚微米晶粒尺寸（700～800nm）（Fe-40Al合金）。总之，MAFAPAS铁铝化合物具有更好的耐腐蚀性能，特别是纳米晶体材料因具有低钝化电流密度而具有良好的钝化行为。

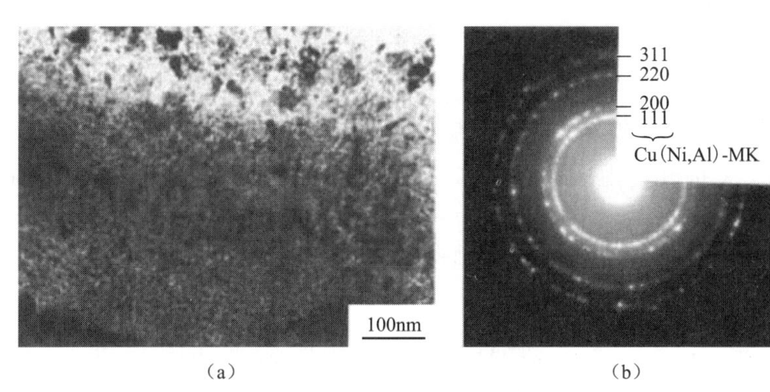

图7.9 纳米晶带$Zr_{69.5}Cu_{12}Ni_{11}Al_{7.5}$盐雾试验后的钝化膜[33]

注：(a) 透射电镜图像；(b) 电子衍射图像。

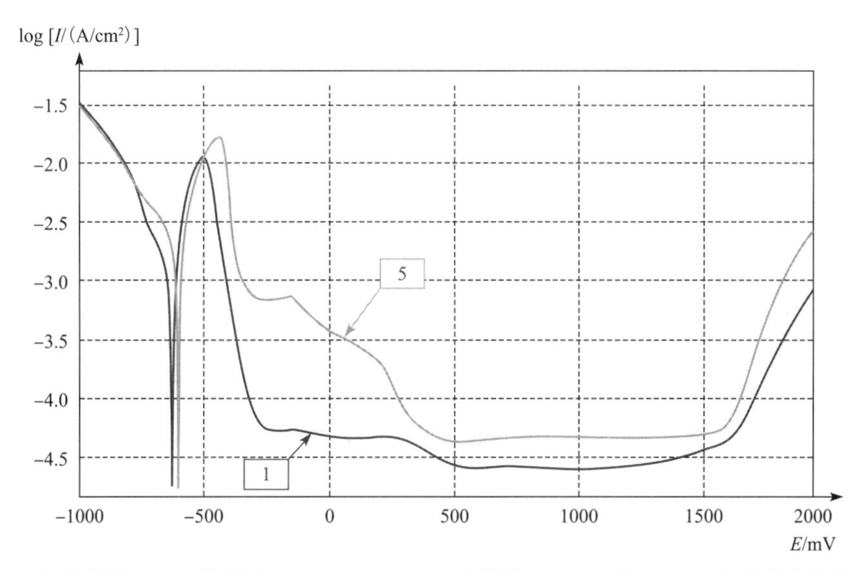

图7.10 极化曲线用于比较纳米晶MAFAPAS FeAl与块体Fe-40Al在0.5mol/L硫酸中的腐蚀行为

注：曲线1：纳米晶MAFAPAS FeAl；曲线5：挤出FeAl。

耐蚀性的提高归因于更大比例的相间边界和纳米晶体材料的快速扩散。由于快速扩散的影响，大量的铝将积累在样品表面形成保护膜。据报道，铝的存在对铁的腐蚀性有显著的影响，可提高其在硫酸中形成钝化膜的能力[33]。

Gang 等[34]比较了高速氧燃料（HVOF）喷涂 FeAl 纳米晶与量产挤压相同球磨粉获得的 FeAl 动电位极化曲线（见图 7.11）。当电位增加，所有的曲线表现出典型的活化-钝化-过钝化行为，且显示出由两个区间组成的钝化区。

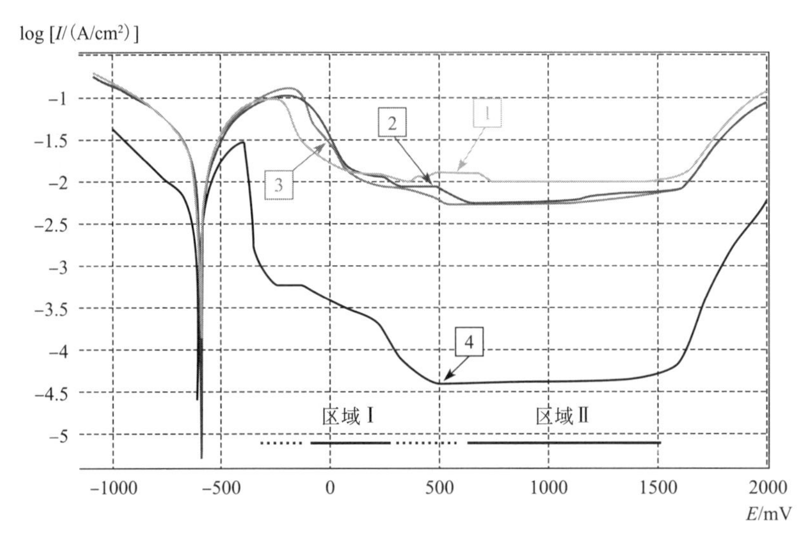

图 7.11 动电位极化曲线比较三种 HVOF 涂层的腐蚀行为
（涂层 1、2 和 3 分别对应曲线 1、2 和 3）。

与挤出材料相比，活化-钝化-过钝化纳米晶涂层具有更差的耐腐蚀性。然而，与相同性质的块材料相比，这个发现并不奇怪，其与其他金属如不锈钢、钛、镍基合金等的研究结果一致。粗糙和连通孔隙使其与溶液接触时具有更高的接触表面积，因此喷涂沉积物比没有气孔的块材料具有更高的电流密度。

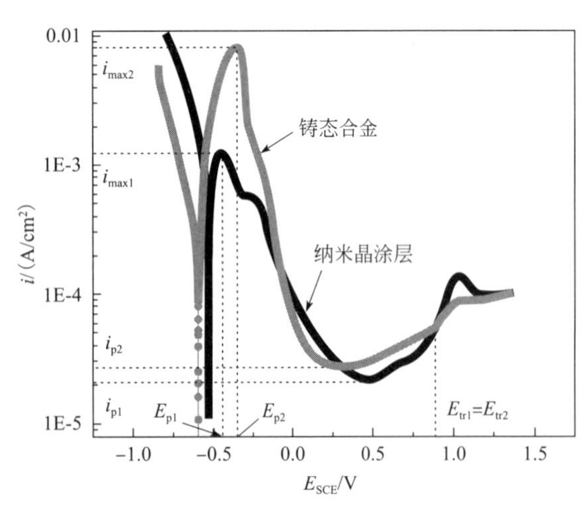

图 7.12 Fe-10Cr 纳米晶涂层和铸态合金在 0.05mol/L 硫酸和 0.25mol/L 硫酸钠混合溶液中的过电位极化曲线

图 7.12 给出了 Fe-10Cr 铸态合金和纳米晶涂层在 0.05mol/L 硫酸+0.25mol/L 硫酸钠中的动电位极化曲线，如 Meng 等报道[35]。Fe-10Cr 纳米晶涂层由磁控溅射法在玻璃基板上制备，晶粒尺寸 20～30nm。

与 Fe-10Cr 铸态合金相比，Fe-10Cr 纳米晶具有更高的 i_{corr}、更低的 i_{max} 和更低的 i_p，但两者具有类似的 E_{tr} 值。这表明，与 Fe-10Cr 铸态合金相比，Fe-10Cr 纳米晶活性溶解加速，钝化能力和化学稳定性提高。与 Fe-10Cr 铸态合金相比，Fe-10Cr 纳米晶涂层的活性溶解加速；由于大量的金属晶界（给铬提供扩散路径至表面）Cr 更容易富集在钝化膜上，因此其更容易钝化。两者的钝化膜在没有 Cl^- 的酸性溶液中是 n 型半导体，而在含 Cl^- 的酸性溶液中是 p 型半导体[35]。

Wang 等[36]研究了 Co 纳米晶与粗颗粒（CG）Co 涂层在不同腐蚀介质中的电化学腐蚀行为，采用动电位极化测试、电化学阻抗谱（EIS）和 X 射线光电子能谱（XPS）。

纳米晶和 CG Co 涂层在质量分数 10%氢氧化钠和质量分数 10%盐酸的典型阳极动电位极化曲线如图 7.13(a) 和 (b) 所示。尽管 Co 纳米晶在氢氧化钠溶液可以清楚地观察到典型活化-钝化-过钝化-活化行为，但其在盐酸溶液中只有活化没有钝化。

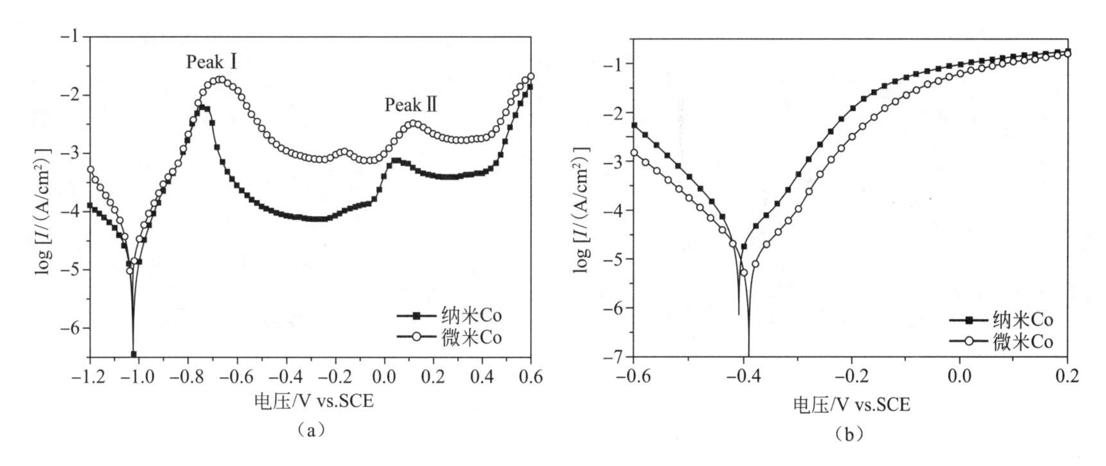

图 7.13 纳米晶 Co 和粗晶 Co 极化曲线

注：测量溶液分被为：(a) 质量分数 10%氢氧化钠；(b) 质量分数 10%盐酸。

结果表明，纳米结构改善了钝化膜的形成和钝化膜在 Co 涂层上的稳定性，这是与以前纳米晶 Fe-Cr 涂层的结果一致的[37]。因此，也许可得出结论，小晶粒尺寸的纳米晶涂层由于形成稳定的 Co $(OH)_2/Co_3O_4$ 双钝化膜，而极大地增强了其在氢氧化钠溶液中的耐腐蚀性。然而，与 CG Co 涂层相比，纳米晶 Co 涂层在盐酸溶液中存在更高的腐蚀电流密度和较低的耐蚀性，没有明显的钝化现象发生。

Jung 和 Alfantazi[38]用开路电位测量、极化测试、交流阻抗测量和 XPS 法研究了 Co 和 Co-1.1%P(质量分数) 微米和纳米晶合金在脱氧 0.1mol/L 硫酸溶液中的腐蚀性能。图 7.14 给出了微米 Co、纳米 Co 和纳米 Co-1.1P 在脱氧 0.1mol/L 硫酸溶液的典型动电位极化曲线，所有样品存在活性溶解但直到 $0.1V_{SCE}$ 都没有出现任何钝化的转变。

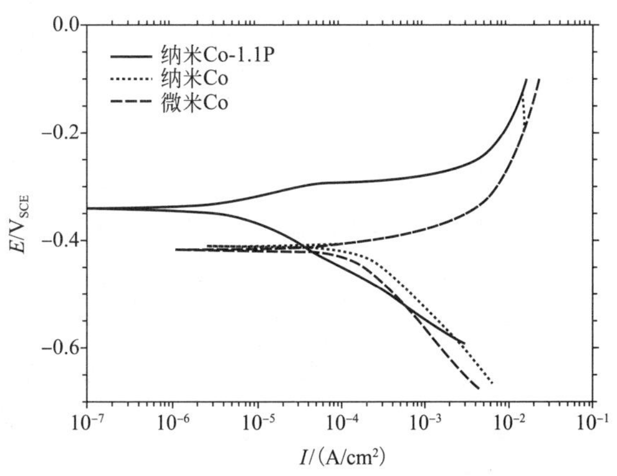

图 7.14 微米 Co、纳米 Co 和纳米 Co-1.1P 合金在去脱氧 0.1mol/L 硫酸溶液中的过电位极化曲线

注：扫描速率：0.5mV/s。

与纳米晶（纳米）Co 相比，纳米 Co-1.1P 阳极极化曲线向更正电位移动，并降低了阳极溶解速率（至 0.1V，SCE）。H_2 的析出过电位也得到降低，阴极电位增加时阴极反应速率迅速增加。

可得出结论，纳米 Co-1.1P 中 P 对氢析出反应的影响比晶粒尺寸减小更明显，这与其阳极行为一致。考虑到纳米 Co-1.1P(10nm) 比纳米 Co(20nm) 更小，纳米 Co-1.1P 的阳极溶解动力更大。然而 P 的添加导致 59mVE_{corr}的正向移动，与纳米 Co 相比阳极溶解率显著降低。因此可得出，在腐蚀方面，Co-1.1P 中的 P 比粒径减小对腐蚀结果有更大影响。

图 7.15 给出了微米 Co、纳米 Co 和纳米 Co-1.1P 在 0.1mol/L 硫酸动电位极化扫描后腐蚀表面的扫描电镜图像。如图 7.15 所示，微米 Co 沿着晶界和三叉点处腐蚀，而纳米 Co 腐蚀相对均匀且腐蚀表面保留了磨痕。这样的腐蚀形态表明，晶界在纳米化后并没有被优先腐蚀。

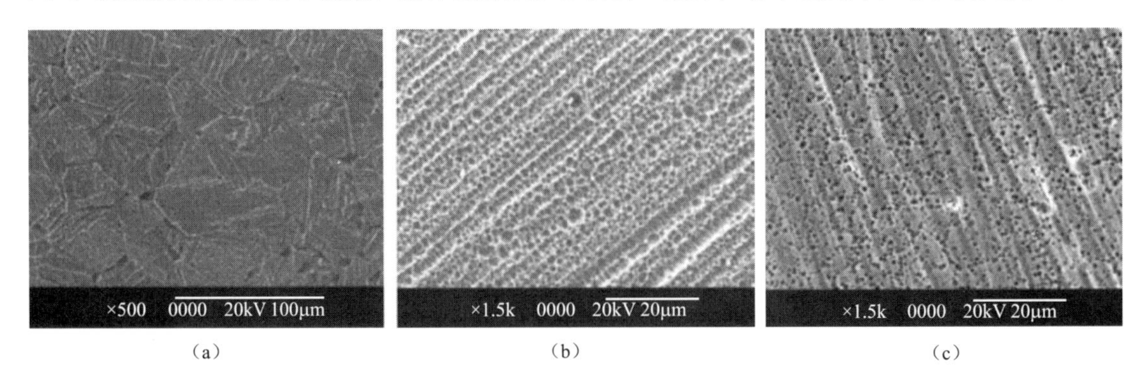

图 7.15 在脱氧 0.1mol/L 硫酸中动电位极化后腐蚀表面的扫描电镜图
注：(a) 微米 Co；(b) 纳米 Co；(c) 纳米 Co-1.1P。

人们用动电位极化、恒电位极化和交流阻抗技术[39]研究了纳米晶涂层和块体钢在 0.25mol/L 硫酸钠+0.05mol/L 硫酸和 0.5mol/L 氯化钠+0.05mol/L 硫酸的电化学腐蚀。

采用直流磁控溅射法在玻璃衬底上制备纳米晶 309 不锈钢（309ss）涂层。平均粒径小于 50nm 的涂层具有铁素体（BCC）结构而非块体钢的奥氏体（FCC）结构。

在硫酸钠溶液中，如图 7.16(a) 所示，三个腐蚀电位分别存在于活化、活化-钝化、钝化区，此时阳极电流密度等于阴极电流密度。块体钢的三个腐蚀电位表明钝化系统不稳定，而纳米晶涂层直接进入钝化区电位，表现出优异的钝化能力。两种材料在 0.9V_{SCE}电位下电流密度急剧增加，归因于析氧反应。因此，这两种材料的高局部耐腐蚀性的原因非常清晰。对于块体钢，由于硫酸根阴离子钝化膜及高含量的 Cr 导致高的耐蚀性[40]。纳米涂层具有更好的耐腐蚀性是由于其纳米晶微观结构。

纳米晶涂层和块体钢在氯化钠溶液中的电化学行为之间有一个主要的差异［图 7.16(b)］。纳米晶涂层不仅具有比块体钢更宽的钝化区且没有点蚀，而块体钢却具有约 0.08V_{SCE}的点蚀电位。也许耐点蚀方面的明显差异与晶格结构不同无关，但是铁素体不锈钢击穿电位通常比同 Cr 含量[41]的奥氏体不锈钢更低。因此，不是晶格结构而是纳米晶微结构产生了这种差异。

用动电位极化曲线、电化学阻抗谱和扫描电镜分别表征了溅射纳米晶 Cu-20Zr 薄膜及相应的铸铜-20Zr 合金在各种浓度的盐酸水溶液（0.1mol/L、0.5mol/L 和 1mol/L）中的腐蚀行为[42]。图 7.17(a)～(c) 给出了纳米 Cu-20Zr 薄膜和相应的铸合金在 0.1mol/L，0.5mol/L 和 1mol/L 盐酸溶液中的动电位曲线。从图 7.17 可见，这定性说明纳米化 Cu-20Zr 合金阳极溶解明显滞后。换句话说，与铸 Cu-20Zr 合金相比，纳米晶 Cu-20Zr 薄膜具有更好的耐腐蚀性。

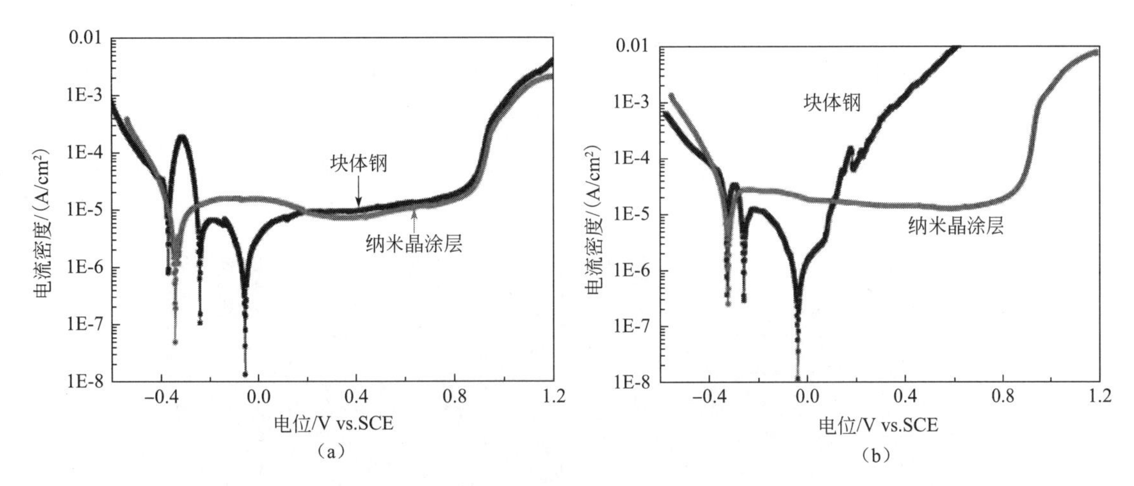

图 7.16　不同溶液中纳米晶（NC）涂层和块体钢的过电位极化曲线

注：(a) 硫酸；(b) 氯化钠。

图 7.18 显示了纳米 Cu-20Zr 薄膜和铸 Cu-20Zr 合金在同时溶解 Cu 和 Zr 的电位范围内腐蚀表面的 SEM 图像。纳米晶 Cu-20Zr 薄膜中，腐蚀产物覆盖表面。纳米 Cy-20Zr 薄膜的腐蚀表面的能谱分析（EDX）表明，腐蚀产物为铜-氯络合物。

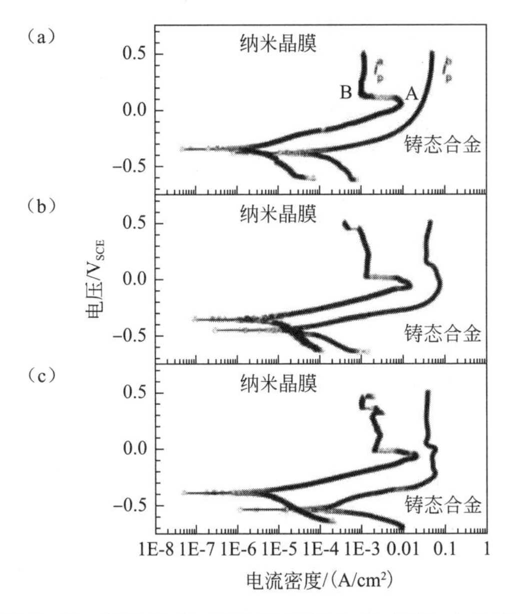

图 7.17　纳米晶 Cu-20Zr 膜和铸态 Cu-20Zr 合金在不同溶液中的过电位极化曲线

注：(a) 0.1mol/L；(b) 0.5mol/L；(c) 1mol/L HCl 溶液。

50μm

(a)

A

B

50μm

(b)

图 7.18　0.1mol/L 盐酸中动电位极化后的扫描电镜图像

注：(a) 纳米晶 Cu-20Zr 膜；(b) 铸态合金。

结果表明，溅射纳米 Cu-20Zr 薄膜要耐腐蚀性优于铸 Cu-20Zr 合金。纳米化使耐腐蚀性改进的原因是：①腐蚀电位处形成连续富铜层；②同时溶解 Cu 和 Zr[42] 的电位区间内形成铜-氯复合层。

研究人员进一步研究了纳米晶镍及其合金的腐蚀[43~48]。例如，Wang 等人[43]研究了晶粒尺寸减少对脉冲电沉积制备纳米晶镍的电化学腐蚀的影响。动电位极化、电化学阻抗谱和

X 射线光电子能谱用来保证其电化学测量并确认其内在机制。

从 TEM 暗场图像可测量出 500 个晶粒的粒度分布，得到的平均晶粒尺寸为 250nm、54nm 和 16nm。图 7.19 给出了平均晶粒尺寸为 16nm 的纳米晶镍镀层的亮场图像、暗场图像、电子衍射图和粒度分布。图 7.19(c) 的前四环分别代表纳米晶镍镀层的（1 1 1)、(2 0 0)、(2 2 0) 和 (3 1 1) 面。图像证实了 Ni 是单相面心立方结构。

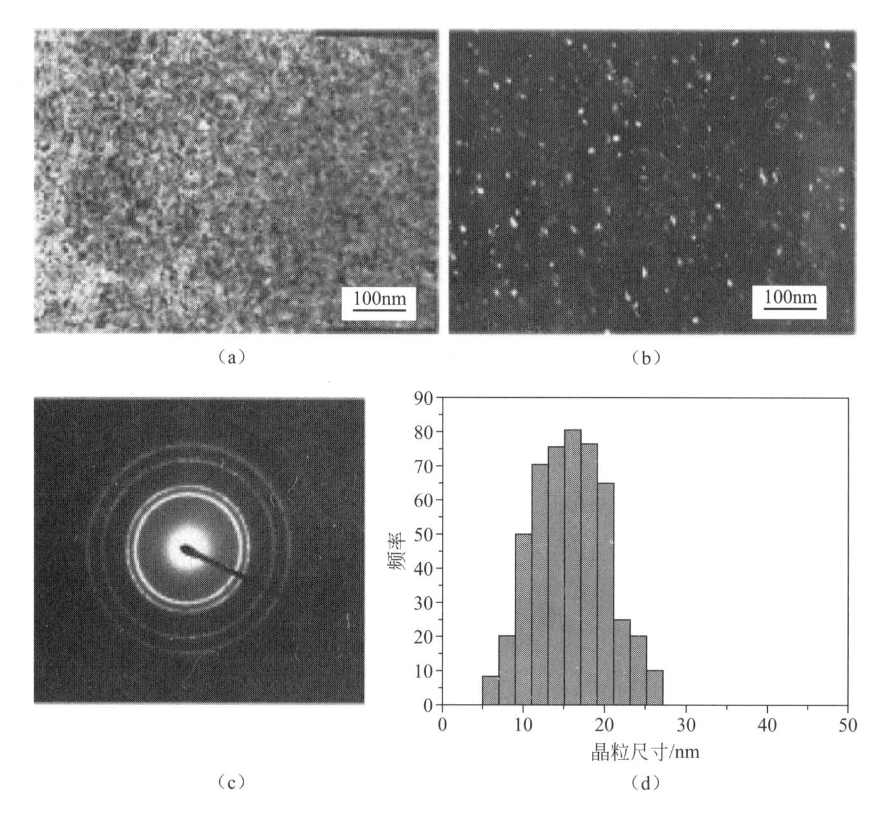

图 7.19 纳米晶涂层（平均晶粒尺寸 16nm）亮场图像（a)、暗场图像（b)、电子衍射图像（c）和晶粒尺寸分布（d)

具有不同晶粒尺寸的电沉积镍镀层在质量分数 10%的氢氧化钠溶液中的阳极动电位极化曲线如图 7.20(a) 所示，同时图 7.20(b) 给出了纳米晶镍镀层在钝化范围内的阳极塔菲尔曲线的放大图。由图 7.20(b) 中的数据可以看出，纳米晶镍镀层具有典型的钝化行为，其中电极在更高电位得到阳极极化，而相应的电流值也被抑制。研究认为电极在 200～300mV 钝化，水分子被吸附在电极表面，形成 $Ni(OH)_2$ 钝化膜。

XPS 分析（见图 7.21）表明，纳米晶 Ni 形成的钝化膜由稳定和连续的镍氢氧化物组成。纳米镍耐蚀性的提高是因为表面结晶缺陷处迅速形成了连续的镍氢氧化物钝化膜，纳米晶镍镀层[43]表面形成的光滑和起保护作用的钝化膜具有相对较高的完整性。

Liu 等人[46]报道了磁控溅射技术制备镍基高温合金纳米晶涂层的电化学腐蚀行为。镍基高温合金纳米晶涂层和铸态高温合金在 0.25mol/L 硫酸钠+0.05mol/L 硫酸和 0.5mol/L 氯化钠+0.05mol/L 硫酸溶液中的电化学极化曲线如图 7.22 所示。硫酸钠的酸性溶液中，纳米晶涂层和铸态高温合金在一定电位下能够钝化。虽然纳米晶涂层和铸态高温合金的 E_{corr} 和击穿电位相似，但涂层的最小钝化电流密度（i_{pass}）只比铸态合金的稍大。随后，纳米晶涂层形成的钝化膜被证明比铸态合金中的更不稳定。

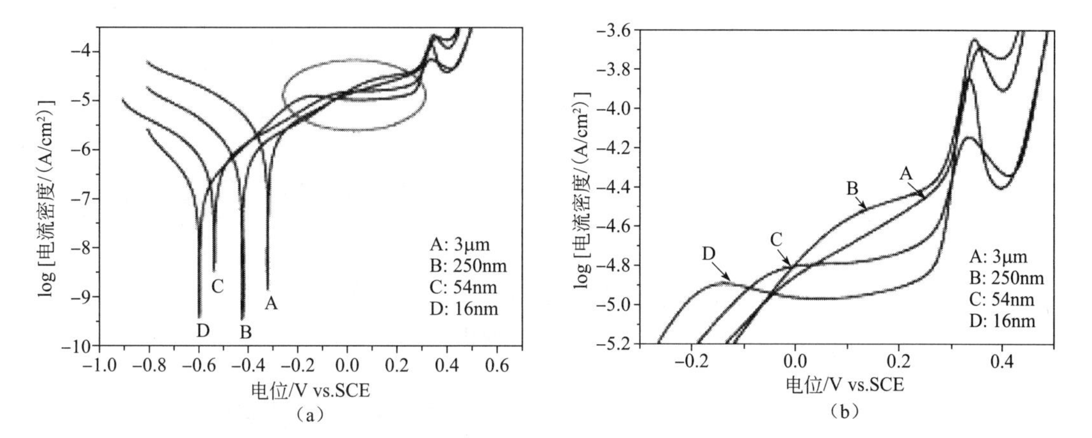

图 7.20　不同晶粒尺寸镍涂层在 10%（质量分数）氢氧化钠中的极化曲线（a）及纳米晶 Ni 涂层（16nm）钝化区间内阳极塔菲尔曲线的放大部分（b）

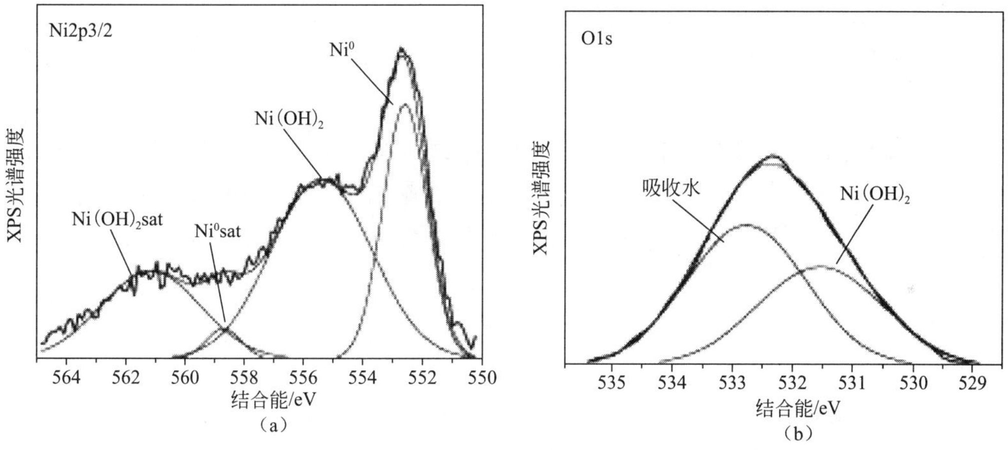

图 7.21　纳米晶 Ni 在 10%氢氧化钠溶液中阳极动电位极化后再 15min 恒电位极化后的 XPS 光谱（Ni 2p 3/2 和 O1s）

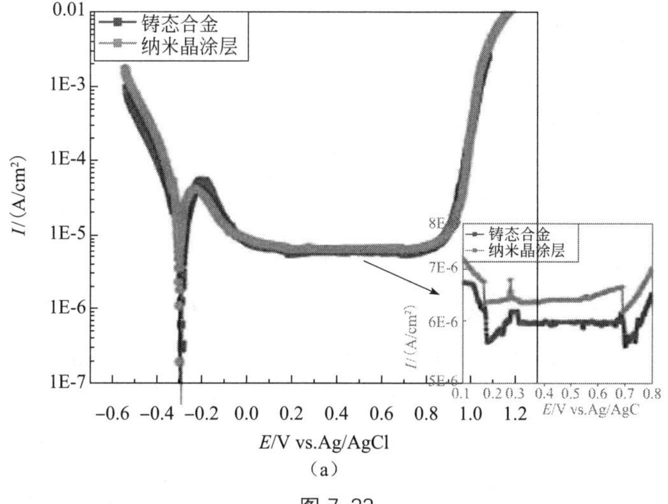

图 7.22

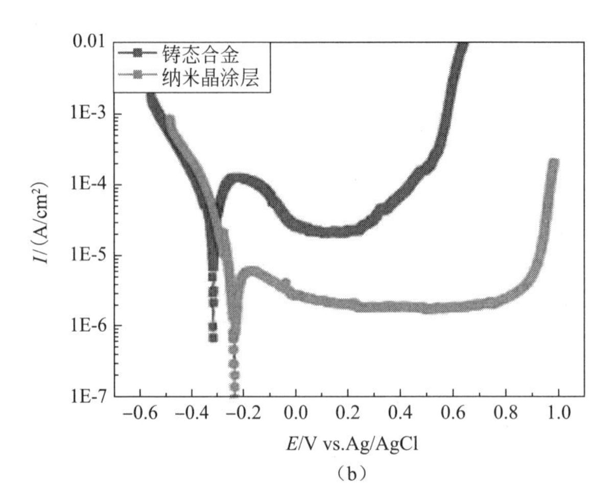

（b）

图 7.22 铸态合金和纳米晶涂层在不同溶液中的动电位极化曲线

注：（a）0.25mol/L 硫酸钠+0.05mol/L 硫酸；（b）0.5mol/L 氯化钠+0.05mol/L 硫酸。

纳米晶涂层和铸态合金在酸性氯化钠溶液之间的电化学行为有明显不同。这里，纳米晶涂层表现出比铸态合金更正的击穿电位和更宽的钝化区，而铸态合金最小的钝化电流密度（i_{pass}）比纳米晶涂层的大一个数量级。结果表明，纳米晶涂层对氯离子的腐蚀敏感性比铸态合金更少。

Yu 等人研究了电沉积纳米晶、超细晶和多晶铜箔在 0.1mol/L 氢氧化钠溶液的腐蚀行为[49]。图 7.23 显示了电沉积和商用电子级冷轧退火多晶（EG-CRA）的动电位极化曲线。随着复合钝化膜的形成，所有的样品表现出典型的活化-钝化-过钝化行为。

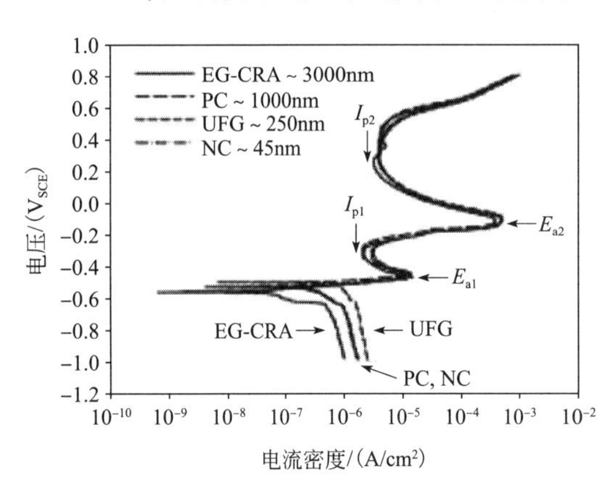

图 7.23 脱氧氢氧化钠中晶粒尺寸对动电位极化曲线的影响

结果表明，晶粒尺寸从 45nm 到 1μm 的电沉积铜箔和常规冷轧退火多晶铜箔在 0.1mol/L 氢氧化钠（pH=13）中都表现出活化-钝化-过钝化腐蚀行为。动电位极化曲线的形状没有受晶粒尺寸减小到纳米范围的影响。所有铜箔观察到一个相似的细针状腐蚀产物形貌。

后来，Luo 等人[50]研究了惰性气体冷凝法和原位温压法制备（IGCWC）块体纳米晶铜的腐蚀行为。图 7.24 和图 7.25 分别显示了粗晶粒、纳米晶和退火纳米晶铜的阳极极化曲线。这些研究中测量的电化学数据列于表 7.1。这些曲线定性地说明了其行为类似，但它们的电化学数据明显不同。与粗晶铜相比，纳米晶铜表现出更低的耐腐蚀性。纳米晶铜的主钝化电位 E_{cr}（$E_{cr}^{nc}=1V$）比粗晶铜的更低（$E_{cr}^{c}=1.26V$），表明前者比后者更容易钝化。显然，纳米晶铜具有比粗晶铜更低的钝化活化能。纳米晶铜的钝化 I_{cr}临界电流密度（$I_{cr}^{nc}=158mA/cm^2$）比粗晶铜的大得多（$I_{cr}^{c}=104mA/cm^2$），表明纳米结构增强了阳极溶解动力学，导致纳米晶铜的溶解速率更大。纳米晶铜表面形成的钝化电流密度 I_P（$I_P^{nc}=70mA/cm^2$）大于粗晶铜的（$I_P^{c}=50\sim60mA/cm^2$）。可以推断，纳米晶铜表面形成的钝化膜比粗晶铜的保护性更低。纳米晶铜的过钝化电位 E_{TP}（$E_{TP}^{nc}=5V$）比粗晶铜的更低（$E_{TP}^{c}=5.7V$），表明纳米晶铜形成的钝化膜比粗晶铜上形成的稳定性更低。此外，平均晶粒尺寸减少到纳米范围[51]和缺陷对纳米晶铜的腐蚀行为影响很大，如纳米铜块体制备产生的微间隙。随着晶粒尺寸的增加，纳米晶铜在 0.1mol/L 硫酸铜+0.05mol/L 硫酸溶液中的 E_{cr} 和 E_{TP} 值也增加，而 I_{cr} 值减小。

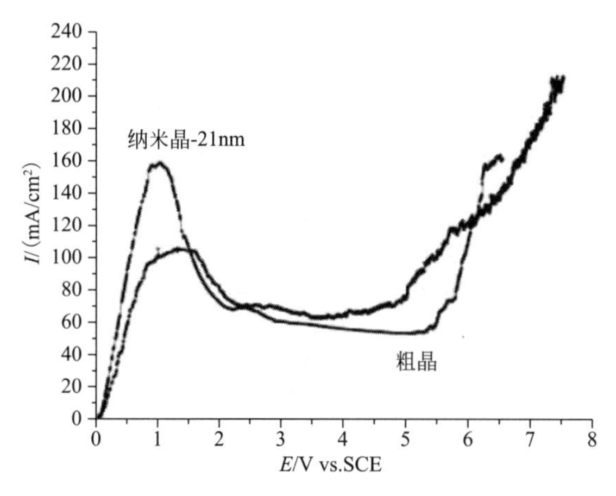

图 7.24 粗晶铜和纳米晶铜的阳极极化曲线

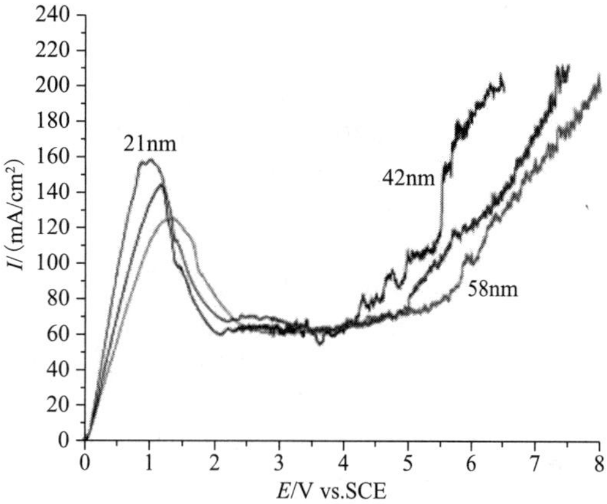

图 7.25 不同晶粒尺寸纳米晶铜的阳极氧化极化曲线

表 7.1 铜样品的阳极极化结果

样品	钝化临界电流密度 $I_{cr}/(mA/cm^2)$	钝化电流密度 $I_p/(mA/cm^2)$	过钝化电位 E_{TP}/V	初始钝化电位 E_{cr}/V	钝化电位范围 W_p/V
纳米晶铜-21nm	158	70	5.0	1.00	2.0～5.0
纳米晶铜-42nm	144	60	4.3	1.17	2.0～4.3
纳米晶铜-58nm	125	60～70	5.6	1.24	2.5～5.6
粗晶铜	104	50～60	5.7	1.26	2.5～5.7

最后，与粗晶铜相比，纳米晶铜耐腐蚀性降低的主要原因是由于表面原子和晶界原子的高活性。晶粒尺寸减少，表面原子和晶界原子产生高活性，因而钝化能力增强且钝化膜溶解速率增加。除了制备过程中的微间隙等缺陷，纳米晶样品仍对全面腐蚀性能有主要影响。

7.3 结论

本章强调了纳米晶材料的电化学腐蚀，其中一些作者报道，纳米晶材料具有相对较好的耐蚀性。此外，其他研究结果表明纳米晶材料具有比传统粗晶材料相对较高的溶解和腐蚀速率。众多报告表明，纳米晶材料与传统材料之间的腐蚀行为没有显著差异。显然，解释这些看似矛盾的结果需要更好地理解纳米晶材料在不同的环境中的腐蚀机理。

参考文献

1 Gleiter, H. (1989) *Prog. Mater. Sci.*, **33**, 223.

2 Koch, G.H., Brongers, M.P.H., Thompson, N.G., Virmani, Y.P. and Payer, J.H. (2001) Corrosion Cost and Preventive Strategies in the United States. Report FHWA-RD-01-156(Report by CC Technologies Laboratories Inc. to Federal Highway Administration (FHWA), Office of Infrastructure Research and Development, McLean.

3 Renner, F.U., Stierle, A., Dosch, H., Kolb, D.M., Lee, T.-L. and Zegenhagen, J. (2006) *Nature*, **439**, 707.

4 Rofagha, R., Langer, R., El-Sherik, A.M., Erb, U., Palumbo, G. and Aust, K.J. (1991) *Scr. Metall. Mater.*, **25**, 2867.

5 Rofagha, R., Erb, U., Ostrander, D., Palumbo, G. and Aust, K.T. (1993) *J. Nano Mater.*, **2**, 1.

6 Inturi, R.B. and Szklarska-Smialowska, Z. (1992) *Corrosion*, **48**, 398.

7 Thorpe, S.J., Ramaswami, B. and Aust, K. T. (1988) *J. Electrochem. Soc.*, **135**, 2162.

8 Tong, H.Y., Shi, F.G. and Lavernia, E.J. (1995) *Scripta Metall.*, **21**, 511.

9 Elkedim, O. and Gaffet, E. (1997) Organic and Inorganic Coatings for Corrosion Prevention, in *European Federation of Corrosion, No. 20* (eds P. Fedrizzi and L. Bonora), The institute of Materials, London, pp. 267–275.

10 Aita, C.R. and Tait, W.S. (1992) *Nanostruct. Mater.*, **1**, 269–292.

11 Heim, U. and Schwitzgebel, G. (1999) *Nanostruct. Mater.*, **12**, 19–22.

12 Kirchheim, R., Huang, X.Y., Cui, P., Birringer, R. and Gleiter, H. (1992) *Nanostruct. Mater.*, **1**, 167.

13 Lopez-Hirata, V.M. and Arce-Estrada, E.M. (1997) *Electrochim. Acta*, **42**, 61–65.

14 Vinogradov, A., Mimaki, T., Hashimoto, S. and Valiev, R. (1999) *Scripta Mater.*, **3**, 319–326.

15 Jiang, W. and Molian, P. (2001) *Surface and Coatings Technology*, **135**, 139–149.

16 Yu, M., Shivpuri, R. and Rapp, R.A. (1995) *J. Mater. Eng. Perform.*, **42**, 175–181.

17 Pardo, A., Otero, E., Merino, M.C., López, M.D., Vázquez, M. and Agudo, P. (2001) *Corrosion Sci.*, **43**, 689–705.

18 Pardo, A., Otero, E., Merino, M.C., López, M.D., Vázquez, M. and Agudo, P. (2001) *J. Non-Crystall. Solids*, **287**, 421–427.

19 Pardo, A., Otero, E., Merino, M.C., López, M.D., Vázquez, M. and Agudo, P. (2002) *Corrosion Sci.*, **44**, 1193–1211.

20 Pardo, A., Merino, M.C., Otero, E., López, M.D. and M'hich, A. (2006) *J. Non-Crystall. Solids*, **352**, 3179–3190.

21 Köster, U., Zander, D., Triwikantoro, Rüdiger, A. and Jastrow, L. (2001) *Scripta Mater.*, **44**, 1649–1654.

22 Cremaschi, V., Avram, I., Pérez, T. and Sirkin, H. (2002) *Scripta Mater. Surface Coatings Technol.*, **46**, 95–100.

23 Nie, X., Meletis, E.I., Jiang, J.C., Leyland, A., Yerokhin, A.L. and Matthews, A. (2002) *Surface Coatings Technol.*, **149**, 245–251.

24 Jones, D.A. (1996) *Principles and Prevention of Corrosion*, 2nd edn Prentice-Hall, UK.

25 El-Moneim, A.A., Gebert, A., Schneider, F., Gutfleisch, O. and Schultz, L. (2002) *Corrosion Sci.*, **44**, 1097–1112.

26 El-Moneim, A.A., Gebert, A., Uhlemann, M., Gutfleisch, O. and Schultz, L. (2002) *Corrosion Sci.*, **44**, 1857–1874.

27 El-Moneim, A.A., Gutfleisch, O., Plotnikov, A. and Gebert, A. (2002) *J. Magn. Magn. Mater.*, **248**, 121–133.

28 Alves, H., Ferreira, M.G.S. and Köster, U. (2003) *Corrosion Sci.*, **45**, 1833–1845.

29 Hashimoto, K. and Masumoto, T. (1981) Corrosion behavior of amorphous alloys in *Treatise on Material Science and Technology* (ed. H. Herman), Vol. 20, Academic Press, New York. p. 291.

30 Köster, U. and Alves, H. (1997) Electrochemical properties of rapidly solidified alloys. In *Proceedings of the 9th*

International Conference on Rapidly Quenched Material (eds P. Duhaj P. Mrafko, and P. Svec), Elsevier, Amsterdam, p. 368.

31 Zander, D. and Köster, U. (2004) *Mater. Sci. Eng. A*, **375–377**, 53–59.

32 ElKedim, O., Paris, S., Phigini, C., Bernard, F., Gaffet, E. and Munir, Z.A. (2004) *Mater. Sci. Eng. A*, **369**, 49–55.

33 Frangini, S., De Cristofaro, N.B., Mignone, A., Lascovitch, J. and Giorgi, R. (1997) *Corrosion Sci.*, **398**, 431.

34 Ji, G., Elkedim, O. and Grosdidier, T. (2005) *Surf. Coat. Technol.*, **190**, 406–416.

35 Meng, G., Li, Y. and Wang, F. (2006) *Electrochim. Acta*, **51**, 4277–4284.

36 Wang, L., Lin, Y., Zeng, Z., Liu, W., Xue, Q., Hu, L. and Zhang, J. (2007) *Electrochim. Acta*, **52**, 4342–4350.

37 Meng, G.Z., Li, Y. and Wang, F.H. (2006) *Electrochim. Acta*, **51**, 4277.

38 Jung, H. and Alfantazi, A. (2006) *Electrochim. Acta*, **51**, 1806–1814.

39 Ye, W., Li, Y. and Wang, F. (2006) *Electrochim. Acta*, **51**, 4426–4432.

40 Leinartas, K., Samuleviciene, M., Bagdonas, A., Juskenas, R. and Juzeliunas, E. (2003) *Surf. Coat. Technol.*, **168**, 70.

41 Fujimoto, S., Hayashida, H. and Shibata, T. (1999) *Mater. Sci. Eng. A.*, **267**, 314.

42 Lu, H.B., Li, Y. and Wang, F.H. (2006) *Thin Solid Films*, **510**, 197–202.

43 Wang, L., Zhang, J., Gao, Y., Xue, Q., Hu, L. and Xu, T. (2006) *Scripta Mater.*, **55**, 657–660.

44 Balaraju, J.N., Selvi, V.E., William Grips, V. K. and Rajam, K.S. (2006) *Electrochim. Acta*, **52**, 1064–1074.

45 Ghosh, S.K., Dey, G.K., Dusane, R.O. and Grover, A.K. (2006) *J. Alloys Compounds*, **426**, 235–243.

46 Liu, L., Li, Y. and Wang, F. (2007) *Electrochim. Acta*, **52**, 2392–2400.

47 Vara, G., Pierna, A.R., Garcia, J.A., Jimenez, J.A. and Delamar, M. (2007) *J. Non-Crystall. Solids*, **353**, 1008–1010.

48 Sriraman, K.R., Ganesh Sundara Raman, S. and Seshadari, S.K. (2007) *Mater. Sci. Eng. A*, **460–461**, 39–45.

49 Yu, B., Woo, P. and Erb, U. (2007) *Scripta Mater.*, **56**, 353–356.

50 Luo, W., Qian, C., Wu, X.J. and Yan, M. (2007) *Mater. Sci. Eng. A*, **452–453**, 524–528.

51 Kim, S.H., Aust, K.T., Erb, U., Gonzalez, F. and Palumbo, G. (2003) *Scripta Mater.*, **48**, 1379–1384.

8

锂离子电极材料力学完整性的纳米工程

8.1 引言

便携式电源技术在现代电子设备发展中起着关键作用。手提电脑、手机和多数便携式电子存储设备都需要使用充电电池，而生物医学设备，如心脏起搏器、植入式心脏除颤器等，也需要用到充电电池。因此，科技和商业应用的需求推动了可充电、高能量密度电源的发展。

虽然目前市场存在着各种类型的化学电池，如镍-氢电池和镍-镉电池等，但锂离子电池因为在能量密度上具有显著优势而占主导地位。与其他化学电池相比，锂离子电池的体积（质量）因单位体积（质量）能量密度大而可减少 20％（50％）；事实上，锂电池还可提供三倍于镍镉/镍氢电池的电压。此外，经长时间放置后，锂电池的自放电率非常小，这使得它们非常可靠，同时它们工作电压高可减少设备运行时的电池数量。所有上述属性都有助于电子设备的小型化。最后，需要提到的是，锂与其他电池的原材料（如镉、镍）相比是无毒的，而且锂电池与镍镉电池相比没有记忆效应。此外，锂电池反复充放电后，充电容量（电池单位质量的电流时间积分）不会衰减到不能工作，仍可以部分充电（电子设备运行时放电）。

锂离子电池能量密度和可靠性改善的一个主要技术障碍与阳极和阴极材料的稳定性有关。锂离子电池具有高能量密度的其中一个原因是具有相对较高的电池电压。这意味着放电时有一个大的热力学驱动力使锂离子从负极移动到正极，同时完全再充电时需施加较大的电压。因为锂离子电池具有热力学不稳定性，所以仍有众多研究者继续研究其材料的可靠性问题。这类研究的目的是提高锂离子电池的贮存寿命和循环寿命，同时减少成本，维护或提高能量密度。

锂离子电池中电极材料的可靠性问题与力学和化学不稳定性有关。这一章将介绍力学不稳定性的实验依据以及纳米复合材料结构的发展，这种结构会减少力学不稳定性的影响。此外，将用断裂力学法研究纳米复合材料结构力学完整性。相关方法可以给纳米复合材料结构提供额外的设计准则，并可初步研究容量和力学稳定性之间的关系。

8.2 电化学循环和电极的破坏

多次电化学循环后，二次锂离子电池容量会发生损失，其来自于各种材料的不稳定性

（一个电化学循环包含一个完整的充电和放电过程）。虽然众多研究者关心电解液和电极材料之间的化学不稳定性，但更应研究电极材料的力学完整性。电极材料与锂发生反应（锂化）和锂从电极材料脱出（脱锂）时会发生体积改变，上面提到的机械力就与这个体积改变有关。因此，在研究锂阳极和阴极的颗粒材料化学之前，本章将首先介绍金属在锂合金形成时的力学响应。

8.2.1 平面电极的断裂过程

锂离子电池电极的结构破坏，对其电化学性能（循环特性和容量）具有重要影响。因此，本文对电化学循环中应力对结构影响的相关文献进行了调研。这里，将介绍几何平面上电化学循环和机械破坏（或断裂）之间的作用。Beaulieu 等[1]将非活性铜溅射在不锈钢衬底上，并将 SiSn 膜（活性物质）溅射在铜膜上获得了阳极材料，并对其进行了电化学循环。这些薄膜电极对锂进行循环后，可作为正极材料。

图 8.1 给出了电化学循环对 SiSn/铜阳极的破坏影响[1]。图 8.1(a) 为循环前的膜（刀片划痕作为监控机械变形的标记），而图 8.1(b) 为完全锂化后的膜（即锂插入）；铜是惰性的，只有 SiSn 合金与 Li 反应。两个显微结构之间没有区别，因此可得出结论：膜在第一次放电时仅在平面外方向发生膨胀。如图 8.1(c) 所示，第一次充电 1h 后（即 Li 脱插），膜因为 Li 脱插而收缩并出现裂缝；当 Li 完全脱插后，裂缝宽度继续扩张［见图 8.1(d)］。为了更好地观察微结构，图 8.1(e) 给出了更高倍率的图，图中显示了由断裂产生的活性物质“岛”，尺寸为 100μm 数量级。然后对阳极再充电（即 Li 插入到 SiSn 合金中），得到图 8.1(f)。图 8.1(f) 和 (b) 相似，这意味着当 Li 插入时，开裂的活性粒子扩张以致裂缝闭合。特别是，开裂只在第一次充电时（即 Li 第一次脱插）发生一次。平面电极可以不断循环（活性物质可逆扩张和收缩），没有进一步开裂。需要指出，文献[1]报道，30μm 宽和 1～8μm 厚的

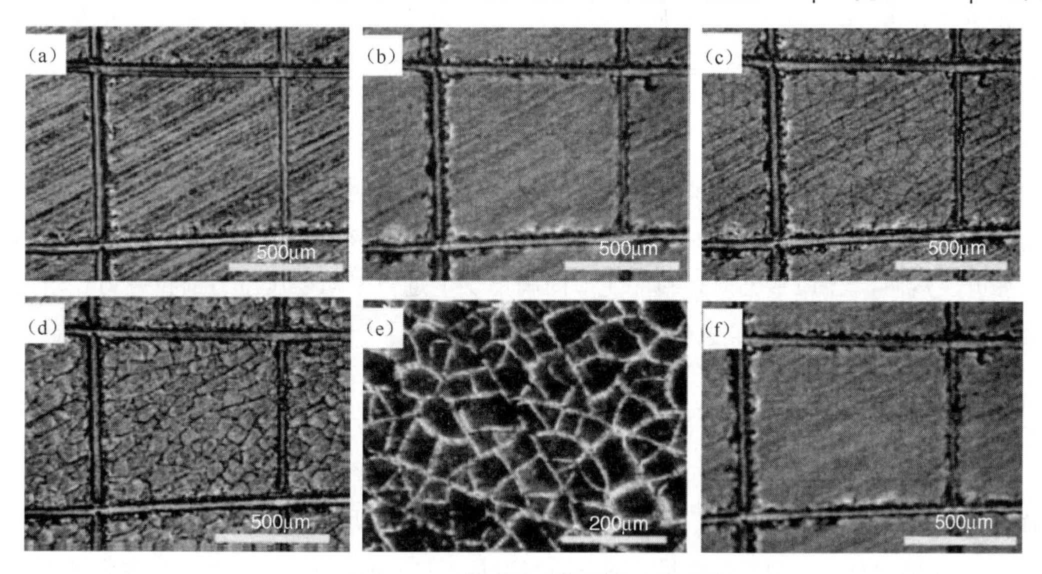

图 8.1 SiSn 薄膜电化学循环时的形貌

注：(a) 循环开始前；(b) 第一次放电后；(c) 第一次充电 1h；(d) 第一次完全充电后；(e) 完全放电后的微结构放大图；(f) 第二次放电后[1]。

片在循环时可以扩张和收缩100%，没有明显的破坏。SnSb和SnAg电极的扫描电子显微镜(SEM)图像显示，150次电化学循环后和前几个周期之后的图像类似[2]。这也证实了，严重的电极破坏发生在初始阶段，长时间运行后将获得一个稳定的形貌。

应强调的是，上述SnSi膜在一个放电/充电周期后类似于干涸的湖床开裂，对应于湖床底部的泥开始干燥时（见图8.2）[1]。大量的理论和实验[3,4]研究了干涸湖床的开裂过程，可以用其来解释开裂的薄膜如何与剩余电极进行电接触，即SiSn如何保持与铜接触并与衬底接触。文献[1]报道，Li从SnSi膜中脱插时，发生了类似与“泥”干燥时的一系列过程。Li开始脱插时，先形成一系列裂缝，从而获得分开的“类片状”颗粒，随后Li脱插导致这些类片状颗粒收缩。应该注意的是，在收缩过程中，颗粒的中心仍然固定且牢牢地附着在衬底，而边缘相对于衬底移动。当中心被牢固于衬底时，材料可发生电子转移，电化学循环得以完成。所以，即使膜开裂，其仍能反复扩张和收缩并对电压作出响应。

(a) (b)

图8.2 SiSn膜在一个放电/充电周期后的光学照片与开裂的干涸湖床图

注：(a) 锂合金膜由于电化学循环产生扩张和收缩后的光学照片；(b) 开裂的干涸湖床

SiSn膜在Li完全插入时体积膨胀超过200%，这使SiSn膜产生明显的压应力。在文献[5]中，对于无限厚衬底，这些压力的大小可用下式预测：

$$\sigma = -B\frac{\Delta V}{3V} \tag{8.1}$$

式中，σ是压力，ΔV是体积变化，B是薄膜的双轴弹性模量。根据Beaulieu等[1]的实验结果，这些压应力在Li插入时将引起活性物质的塑性变形。这些应力的压缩特性抑制裂纹的张开。然而，当Li脱插时，塑性变形的膜提供了近似于初始压应力的拉应力。当此拉应力超过临界断裂应力[5]，膜的断裂应力可用下式计算：

$$\sigma_{\text{fracture}} = \frac{K_{1c}}{\sqrt{\pi h}} \tag{8.2}$$

式中，K_{1c}是材料的断裂韧性，h是活性膜的厚度。应该注意，裂缝的阻抗随着膜厚下降而增加；原因是，当膜体积减少时，只有很少的应变能可用于创建裂缝。文献[6]的作者报道，Sn粒子的循环寿命随着颗粒尺寸的下降而增加，Huggins和Nix[5]的上述主张可以合理地解释文献[6]的实验观测结果。这个理论推断引入了以下假设：Li的插入和脱插诱导的颗粒应变能，不超过较小的微粒形成裂纹所需的能量。下面章节以更定量的方式给出论据。

8.2.2 颗粒电极的电化学循环

许多商业化多孔电极是由硬的活性颗粒和软的导电黏合剂组成的粉体集结而成。这些电极可能很厚，但同时保持大表面积与电解液接触，从而在充放电动力学上具有优势。在电化学循环中，阳极和阴极与扩散 Li 离子反应形成化合物或合金[7~10]，因此在充放电过程中体积发生变化，这在 8.2.1 节的平面薄膜阳极中进行了讨论。在多孔电极中，一个纯金属阳极材料体积变化可以高达 300%，如 Sn 和 Si。Huggins 和 Nix[5] 表明，颗粒通过厚度变化而得到了体积变化，当其所产生的压力足够大时可以使颗粒断裂，因此观察到的颗粒形貌在前几个周期发生改变[2]。阴极多孔电极材料在充放电过程中，体积也会发生变化，这也是最近一个研究较多的课题，研究对象是由单个 $LiMn_2O_4$ 颗粒构成的多孔阴极。

活性颗粒在压力诱导下产生破裂，其影响了锂离子电池阳极和阴极的电化学性能。压力和尺寸变化对性能影响研究最多的是 $LiMn_2O_4$，这将成为活性颗粒物质由于压力引起断裂从而性能产生衰减的一个典型例子。

$LiMn_2O_4$ 化合物，可用于正极，是一种立方尖晶石氧化物，充电后变为立方 Mn_2O_4。Mn_2O_4 全部放电得到四方结构的 $Li_2Mn_2O_4$。完全放电时，Li 插入到 Mn_2O_4 中使体积增加 14%。而从 $Li_2Mn_2O_4$ 变化为 Mn_2O_4 则有 14% 的体积减少[8]。因此，粒子部分充电时，Mn_2O_4 出现在氧化物颗粒的表面而 $Li_2Mn_2O_4$ 出现在颗粒内部，此时粒子内部和外部产生严重的体积不匹配。

就本文作者所知，$LiMn_2O_4$ 是唯一的锂离子阴极材料：其电化学循环时尺寸发生变化，实验上人们对其进行了纳米尺度的相关拓扑研究[12~16]。图 8.3 显示了 $LiMn_2O_4$ 颗粒（Li 插入材料，作为阴极）电化学循环前后的晶体形貌，说明应变的积累是锂离子在材料中插入/脱插/再插入的结果。事实上，随着电池的循环，锂离子从主体材料插入或脱插；固态扩散使得 Li 浓度在单个粒子上产生梯度，这将导致晶胞体积和对称性产生梯度。

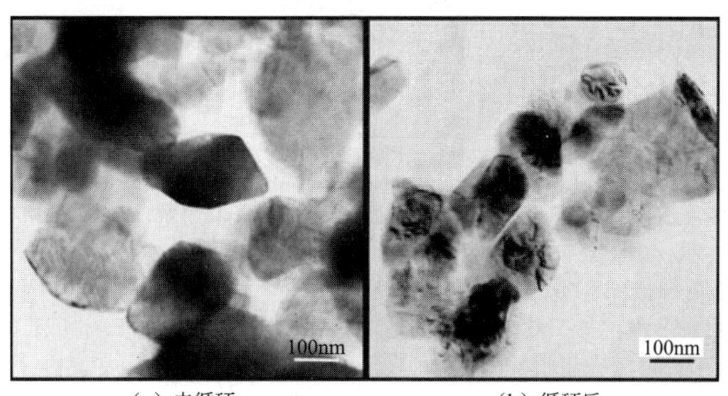

（a）未循环　　（b）循环后

图 8.3　$LiMn_2O_4$ 循环前后（4.2→3.3V）的形貌

注：未循环的粉末颗粒形貌由尺寸为 50～500nm 的单或双晶组成。在 Mn_2O_4 ⟷ $LiMn_2O_4$ 之间多次充放电循环后，透射电镜图像对比度在高频空间上的变化说明晶体内存在应力[1]。

图 8.4 显示的 $LiMn_2O_4$ 材料的倒易点阵，说明了阴极材料中 Li 插入/脱插的结构改变，此电池材料的充电/放电过程发生的是 Mn_2O_4 和 $Li_2Mn_2O_4$ 之间的转变。这种颗粒的结构/体积变化同时伴随应变失配，由于其内部和外部的摩尔体积和弹性模量的不同导致内部应力的

生长。弹性应力的直接结果是纳米颗粒表面附近的结构出现破坏，导致电池材料深度放电时断裂，如图 8.5 所示。详细的实验过程和类似电子显微图的进一步解释，可以参考 Hackney 和同事发表的论文[12~16]。

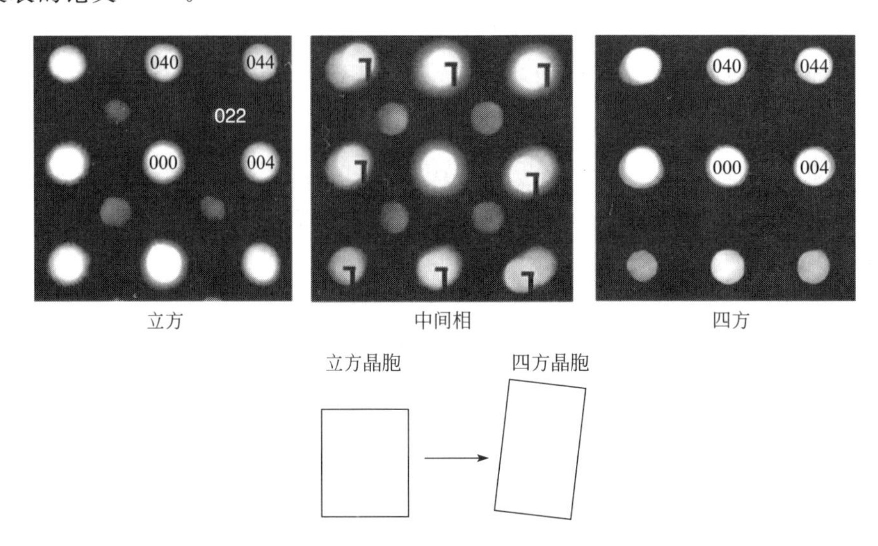

图 8.4 在 3.3V 以下深度放电时，结构从立方转变为四方，同时晶胞体积增加 14%。会聚束电子衍射图的倒易空间给出了晶格的扩张和旋转。立方[100]图为四次对称。立方和四方结构之间为两相结构，其中体积和对称性变化伴随着晶格旋转。立方和四方尖晶石结构的不匹配导致两个晶胞之间产生接近 −5 度的旋转[11]

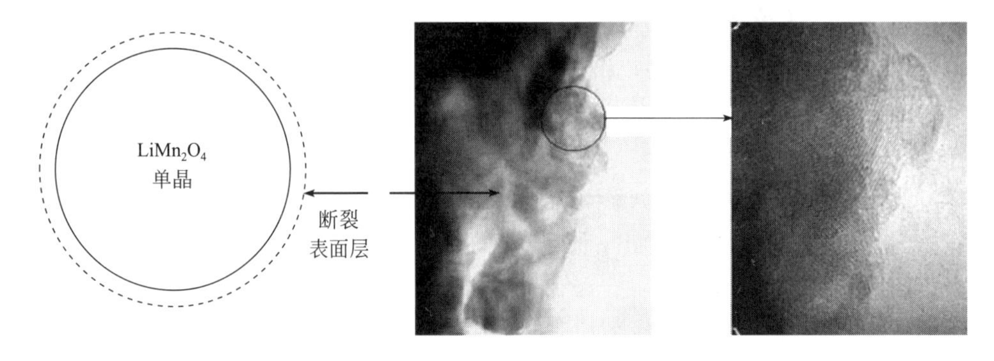

图 8.5 深度放电 $LiMn_2O_4$ 颗粒的断裂表面层及 Li 插入和脱插产生化学-机械应力[11]

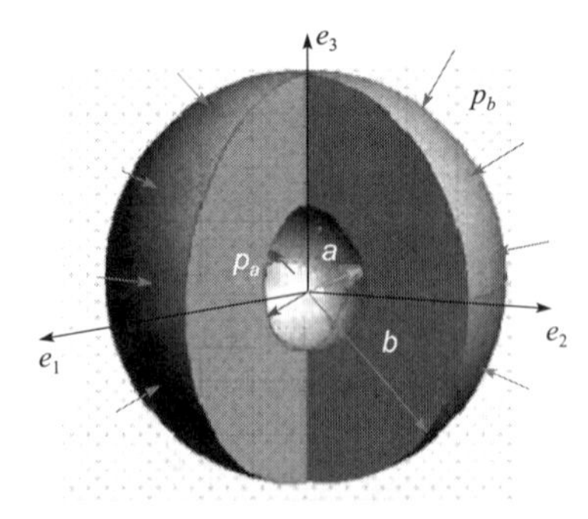

图 8.6 不匹配的同心球（半径 a）和球壳（半径 b）示意图

注：外球对内球的约束产生应力 Pa。

如果电化学活性颗粒形状近似球形，可以用基于各种弹性的解决方案，最简单的是如图 8.6所示的球壳内有不匹配的球核。作为部分脱 Li 的电化学活性颗粒的一个几何近似，粒子的内部比外部具有更大的摩尔体积，因此计算内外球之间体积不匹配产生的压力强度，必须要先解决三维（3D）弹性问题。这是最近 Christensen 和 Newman[17] 用一个非常严格的方法确定的。这里，Christensen 等人的方法扩展到了包括由 Huggins 和 Nix[5] 提出的脆性断裂理论。

球内外部体积变化的应力分析可以使用 Eshelby 类型[18,19]实验进行，这里一个球形部分从球的中心分离，得到一个球形空腔。球形部分尺寸增加后，然后再插到空腔内。由此产生的应力和应变被假定为模拟不匹配的球在一个球形颗粒内的物理情形。

这个问题可简化为各向同性弹性常数和球型对称。内球体的体积膨胀百分比可以表示为（相对于最初的半径 r_i，球体的半径改变了 Δ）：

$$\frac{\Delta V}{V}\times 100=\frac{\left[\frac{4}{3}\pi(r_i+\Delta)^3-\frac{4}{3}\pi(r_i)^3\right]}{\frac{4}{3}\pi(r_i)^3}\times 100 \tag{8.3}$$

式中，对于一个给定的 $\Delta V/V$ 值，Δ 与 r_i 是线性关系。使用平衡弹性方程的球对称各向同性法可得到球体不匹配中心部分产生的径向应力 σ_{rr}[20]：

$$\sigma_{rr}=\frac{E}{(1+v)(1-2v)}[(1+v)A-2(1-2v)B/r^3] \tag{8.4}$$

径向位移由下式给出

$$u_r=Ar+B/r^2 \tag{8.5}$$

常数 A 和 B 是由边界条件决定的积分常量，而 E 和 v 分别是弹性模量和泊松比。内部球体和外球壳都必须要解出这些方程；因此，边界条件要决定四个积分常量。这些边界条件：①内部球体中心的解必须有界（不是无限）；②内球体和外球壳之间界面处压力必须平衡；③外球壳表面（自由表面）径向应力为零；④球体内部和外部球壳的位移在界面处必须连续。在内部和外部材料拥有相同模量和泊松比的特殊情况时用下式：

$$\sigma_{rr}=2\Delta a^2(b^3-r^3)(5b^3+2a^3)\frac{E}{r^3(4a^3v-2a^3-b^3v-b^3)(3b^3+4a^3)} \tag{8.6}$$

式（8.6）表明，径向应力与 Δ 是线性关系，两个极端例子下颗粒外壳层的径向应力如图 8.7 所示。

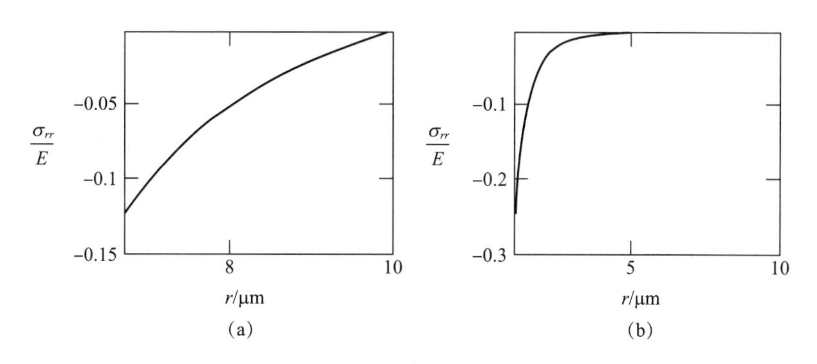

图 8.7 当外球壳脱插时，外球壳相对于弹性模量的压缩径向应力

注：(a) $v=0.33$，$b=10\mu m$，$a=6.67\mu m$，$\Delta=0.66\mu m$；(b) $v=0.33$，$b=10\mu m$，$a=1.1\mu m$，$\Delta=0.11\mu m$。

径向压应力不会导致颗粒中的径向裂纹生长，类似于一些脱 Li 研究过程中观察的薄膜断裂（Huggins 和 Nix 亦有预测）。然而[5]，切向应力（“环向应力”）特性上是拉伸，可能使脱 Li 表层产生径向裂纹。在球面对称以及内球面具有与外球壳相同弹性模量的特殊情况时，环向应力的弹性解（$\sigma_{\theta\theta}$）由下式来定义：

$$\sigma_{\theta\theta}=\sigma_{\phi\phi}=a^2(5b^3+2a^3)\Delta\times\frac{2r^3(2v+4v^2-1)+b^3(2v^2+v-1)}{r^3(4a^3v-2a^3-b^3v-b^3)(3b^3+4a^3)} \tag{8.7}$$

像径向应力一样，环向应力随着 Δ 线性增加。这些拉伸应力平行于球面导致部分脱 Li 粒子的表面裂纹张开和模式 I 的断裂。

由图 8.8 也许可观察到环向应力在自由表面的收缩并不为零，从而可能促使粒子表面裂纹的生长，类似于实验观察结果（见图 8.5）。此外，由图 8.8 很容易得到，对于内球给定一个 $\Delta V/V$ 值，脱 Li 层更薄时（$b-a$ 相对较小）表面的环向应力更大。

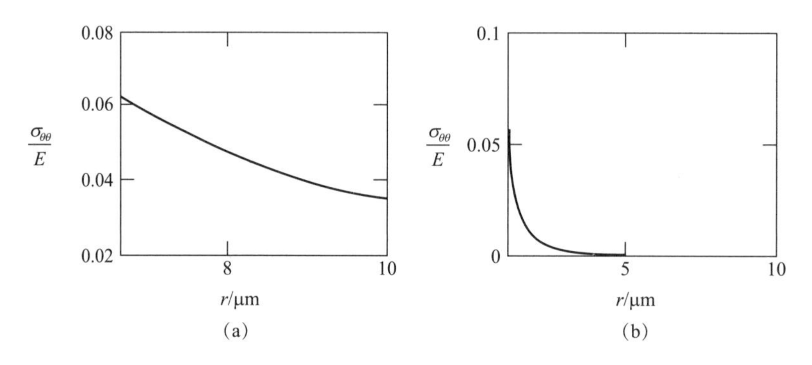

图 8.8　外球壳层脱插时，外球壳相对于弹性模量的切向拉伸应力（环向应力）

注：(a) $v=0.33$，$b=10\mu m$，$a=6.67\mu m$，$\Delta=0.66\mu m$；(b) $v=0.33$，$b=10\mu m$，$a=1.1\mu m$，$\Delta=0.11\mu m$。

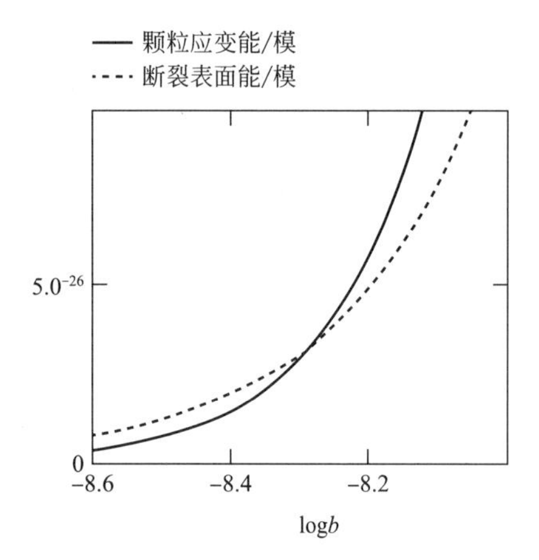

图 8.9　相对模量的全部应变能及相对模量的断裂表面能（单位：m）与 b 关系的比较（$a=0.67b$，$\Delta=0.1a$）

注：全部颗粒应变能大于断裂表面能（$4\pi\gamma b^2/E$）时，两线交叉处接近断裂开始时的颗粒尺寸。

将 Griffith 脆性裂纹理论应用[20]于失配的球面几何，可以按类似于 Huggins 和 Nix 的方法进行[5]，他们的方法是研究平面和薄膜几何时，通过球体局部的应变能在球体体积上积分，并与形成裂纹所需的能量进行比较。对于完全脆性断裂，形成裂纹的能量是裂纹的表面积乘以单位面积上的能量（γ）。当形成裂纹所需要的表面能大于可获得的应变能时，裂纹生长产生的断裂在能量上是不利的。然而，当可获得的应变能比形成裂纹的表面能高时，粒子可能开裂，电化学活性发生损失。在这里用了一个简化的假设，穿过粒子中心的裂纹将导致完全释放错配应力。采用这个假设，表面能和应变能作为粒子直径的函数进行了比较，如图 8.9 所示，同时使用了一些特定的辅助参数。曲线表明，表面能在纳米粒子直径升到 5nm 之前一直大于应变能。因此，这些假设下，粒子直径小于 10nm 时粒子不会断裂。这些观点是有实验事实支持的：如果电极由亚微米粒子[21,22]组成，其可以抑制 $LiMn_2O_4$ 基阴极材料容量的衰减（上述力学分析的更多细节可参阅 Aifantis 和 Hackney 的文献[23]）。

前面章节显示，电化学循环中的变形机制使电极材料产生断裂。有人认为这断裂过程是锂化和脱锂材料之间体积不匹配的结果。为避免力学完整性的损失，研究者采取的方法主要是降低电化学活性粒子的尺寸。这种方法的研究首先开始于 Yang 等人[6]，他们认为电极循环寿命的增加可能与颗粒尺寸的减少有关。Huggins 和 Nix 的理论[5]合理地解释了这一结果：对于给定的体积膨胀，平面薄膜电极的厚度在低于一个临界值时不会发生断裂。前面的小节给出了多孔电极中电化学活性颗粒断裂的实验结果。此外，在多孔电极中，将弹性理论和 Griffith 脆性裂纹法应用于近似球形活性颗粒，可获得电化学循环中断裂的颗粒尺寸依赖性的一个定量框架。结果表明，这种颗粒尺寸效应的物理基础是：粒径小于电化学循环中最大应变下的临界裂纹长度。

8.3 纳米结构阳极材料的电化学特性

由前面章节的实验和理论结果可得到结论：与 Li 反应的材料尺寸越小，电极的电化学性能越好。因此，本节将研究由 Sn、Si 和 Bi 组成的纳米阳极。目前商业锂离子电池用石墨作为负极活性材料有相当的局限性，因此需要发展纳米电极材料以获得高循环寿命。在碳夹层化合物（LiC_6）[24~28]中，全充满 Li 的石墨锂原子密度很低，因而锂体积容量很低。至少 20 年前，大家都知道某些金属形成的富锂合金其主原子具有非常高的锂夹层密度（即 $Li_{4.4}Si$，$Li_{4.4}Sn$），如 Si、Sn 和铝[29~34]有 900～4000mA・h/g[35]的容量，远高于形成 LiC_6 的 372mA・h/g[36]。然而，其缺点是，Li 最大量插入 Si 时体积增加 310%[35]；事实上，可作为活性点的所有金属（如：Sn、Bi、Si、Al）在锂合金形成后体积都增加超过 100%。锂化和脱锂过程的大 $\Delta V/V$ 值导致多孔电极单个活性颗粒内具有显著的内应力，当某些能量标准得到满足时，可能导致电化学活性材料的断裂（如图 8.9 所示）。由于力学完整性的损失，材料容量在最初几个充电/放电循环后显著降低。例如，室温沉积制备的 800nm 厚硅薄膜在第三个电化学循环后失效[37]。降低电极的电化学性能的原因是单个粒子的断裂，因为开裂后的活性物质，不再与剩余电极电接触，因此无法对充电电压响应或控制电池的放电[36]。此外，电池中的腐蚀物质（氢氟酸和残余水）攻击活性物质的表面，而单个粒子的开裂增加了被化学攻击的表面积。当然，活性粒子的高表面积带来的问题也使纳米颗粒活性材料的使用需要谨慎。因此，最有效减少材料开裂和破坏的方法不仅是使用纳米金属阳极[38~40]，而且需要埋置/封装纳米金属于碳或其他惰性材料内[41~46]，从而进一步抑制活性点扩张并保护活性点表面。

8.3.1 纳米结构金属阳极

8.3.1.1 纳米尺寸 Sn 和 Sn-Sb 阳极

Li 插入 Sn 后生成 $Li_{4.4}Sn$，产生的理论容量是 990mA・h/g，而 Sn 在 Li 插入后体积扩张了 290%。为了使扩张的影响达到最小，可采用直径为 100～300nm[47]的 Sn 纳米颗粒（也称超细粒子）构建阳极。这些阳极的容量在第一次循环时可达到理论容量 990mA・h/g，但 20 周期后迅速衰减到 220mA・h/g[47]。为了减少这种容量的衰减，可添加 Sb(使形成Li_3Sb，容量为 660mA・h/g[48]）到 Sn 中，形成 Sn-Sb 合金。这些 Sn-Sb 纳米粒子的初始容量虽然不如纯锡的高，但它在循环后能保留更多的容量。在研究的这些合金中（Sn-30.7%Sb，Sn-46.5%Sb，Sn-47.2%Sb，Sn-58.5%Sb，Sn-80.8%Sb），添加 46.5%的 Sb 是最有效的，开始容量为 701mA・h/g，20 周期后为 566mA・h/g。如图 8.10 所示，之前提到的纯锡纳米颗粒的透射电子显微镜（TEM）的图片显示平均直径 185nm，而 Sn-46.5at%Sb 合金平均直径为 138nm。

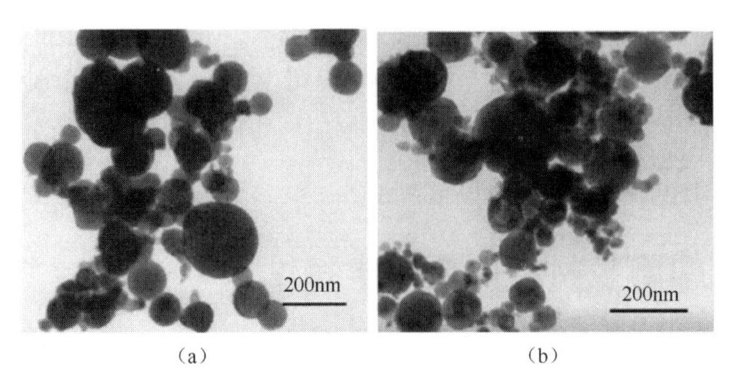

图 8.10 纯 Sn 纳米颗粒 (a) 和 Sn-46.5%Sb 合金纳米颗粒 (b) 的透射电镜照片[47]

8.3.1.2 纳米尺寸硅阳极

形成 $Si_{4.4}Li$ 的理论容量是 4200mA·h/g。然而，Li 等发现，在第五次电化学循环后，多孔硅的容量减少了 90%。这种容量损失的主要原因是，Si 形成锂合金后体积扩张 300%，导致颗粒粉碎。另一方面，纳米尺度的 Si 在几个电化学循环后可以保持高容量，因为变形不太严重。化学气相沉积制备的硅薄膜电极，在超过 10 次电化学循环[50]后仍能维持 4000mA·h/g 放电容量。此外，蒸发的硅薄膜 (40nm) 超过 25 周期[51]后得到稳定容量 3000mA·h/g，而非晶薄膜 (100nm) 开始容量 3500mA·h/g，50 周期后稳定容量为 2000mA·h/g[36][见图 8.11(b)]。这些结果与其他报道的预测结果一致[5]，其认为薄膜比块体材料更耐断裂。根据文献 [52]，直径 80nm 的硅纳米颗粒的容量比薄膜的小，但仍远高于其他活性材料。

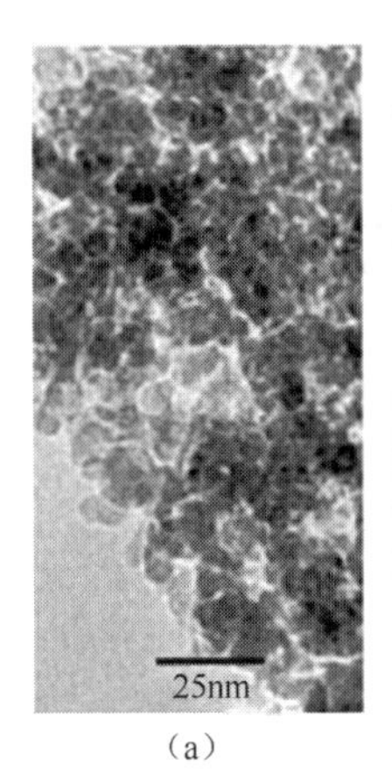

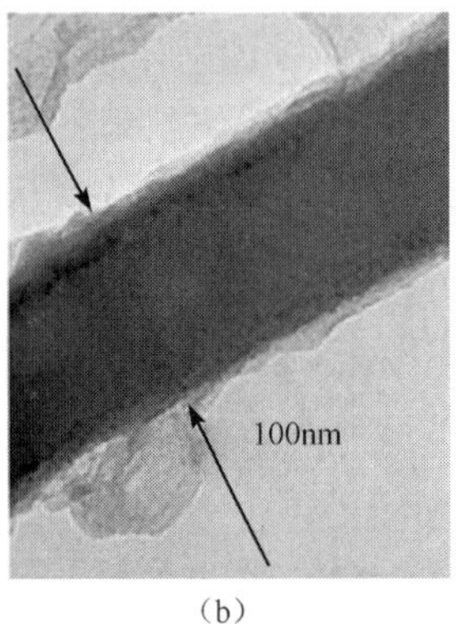

图 8.11 平面铜集流体上气相冷凝和弹道固化获得的 Si 纳米晶团簇 (平均直径 12nm) (a) 和平面镍集流体上蒸发制备的 100nm 厚纳米 Si 薄膜 (b)[36]

这些纳米粒子第十周期容量为 1700mA·h/g[52]。其他文献中[53]，用薄膜方法制备的平均直径 12nm 的纳米晶颗粒容量为 1100mA·h/g，50 周期后容量保留 50%。图 8.11 显示了 Si 的纳米簇，开始容量是 2400mA·h/g，但是 50 周期后他们的容量下降到了 525mA·h/g。

8.3.1.3 纳米尺寸 Bi 阳极

最后研究的候选阳极材料是 Bi。形成 Li_3Bi 后的理论容量是 385mA·h/g[53,54]。虽然这不能与形成 $Li_{4.4}Si$ 或 $Li_{4.4}Sn$ 后的高容量相比，但 Bi 电化学循环性能的研究仍然是有意义的，因为从其颗粒尺寸上可得出一些通用性结论。因为 Bi 的大体积扩张 (在 Li 最大插入时 Bi 扩张 210%[54])，块体 Bi 甚至微米 Bi 颗粒有一个非常差的循环特性。因而，研究中制备了平均直径为 300nm 的 Bi 颗粒[54]。为了限制 Bi 的扩张，将 Bi 非均匀地嵌入到作为黏结剂的石墨-PVDF/丙烯 SOLEF 共聚物 (Solvay) 当中 (见图 8.12)，从而获得一个多孔电极结构[54]。阳极含有 12%的 Bi 纳米粒子，10 个周期后相对容量减少到 50%。这是因为 Bi 团聚形成树突［见图 8.12(b)］[54]，从而失去电化学活性。

图 8.12 300nm 直径 Bi 纳米颗粒形貌（a）和 10 次循环之后的树突结构（b）[54]

作者在文献［54］中观察到 Bi 粒子形态改变，此时 Bi 粒子团聚变为树突结构。活性金属和电解液之间直接接触导致形态不稳定。其他高表面积电极材料也形成了类似树突[47]。随后阐述通过阻止活性点与电解液直接接触，改善容量保留率的技术。

8.3.2 在低活性材料中嵌入/封装活性材料

前面的例子表明，循环电极的容量损失是由于力学和电化学不稳定造成的（活性点的扩张及活性点与电解液之间的反应）。研究人员通过使活性颗粒的直径小于活性颗粒临界裂纹长度，以解决高能量密度材料的大体积扩张。然而，电解液和活性材料之间表面积将因此增大，增加电解液腐蚀固体的可能性。使用纳米尺寸活性粒子的研究者，非常重视电化学活性物质的表面和电解液之间的反应（8.3.1.3 部分中的 Bi）。因此研究人员试图开发一类纳米复合材料，其具有纳米尺度高能量密度材料（Sn、Si 等），并被锂低活性材料（Li_2O、FeC、C 等）包裹。复合材料可能为微米级，从而比纳米粒子表面积更小，同时纳米尺度活性点可以在大 $\Delta V/V$ 值的锂化/脱锂时，避免断裂的可能性。这似乎得到了一个理想的折衷，既拥有小比表面的复合颗粒防止与电解液的反应，又同时在保护性基体中保留了纳米级活性颗粒。因此，纳米复合材料电极法不仅减少了化学腐蚀的表面积，而且活性物质的纳米尺度增加了临界裂纹长度大于颗粒尺寸的可能性，增加了阻碍粒子断裂的可能性[5]。采用这种防止粒子断裂和电解液腐蚀的方法，电化学上的好处是活性材料在连续电化学循环后保留初始容量。

应该指出，Fuji 公司是第一个拥有惰性基质包含纳米活性物质制备纳米复合材料专利的公司[55]。Fujifilm Celtec 公司的研究人员[56]开发了由 SnO_2 初始锂化制备 Li_2O-Sn 基的纳米复合材料。可在电化学电池中进行化学反应形成这些材料，此时正电极 SnO_2 粒子对锂金属进行循环，第一次放电时氧化锡（SnO_2）通过反应不可逆转换为金属锡（Sn）和氧化锂（Li_2O）[6,56,57]：

$$4Li + SnO_2 \longrightarrow Sn + 2Li_2O \tag{8.8}$$

这一化学反应导致纳米 Sn 活性点嵌入在一个相对惰性 Li_2O 基体中获得微米颗粒。然后，Sn/Li_2O 纳米复合材料可以循环，可逆反应是 Sn 与 Li 的合金化/脱合金化[18,19]：

$$x\,Li^{+}+xe^{-}+Sn \longleftrightarrow Li_xSn,\quad 0\leqslant x\leqslant 4.4 \tag{8.9}$$

通过这项初步研究，获得了几种可供选择的化学反应和结构，但几乎所有方法都是基于活性物质（如 Sn）与低活性物质组成的复合结构。这些材料有：锡氧化物玻璃复合材料（如 SnO_2-B_2O_3-P_2O_5）[56,58~60]，锡金属间化合物（如 Sn-Fe[61]、Cu-Sn[32]、Sn-Sb[31]、Ni-Sn[62]、Sn-Ca[63]），和锡氧化物金属复合材料（SnO_2-Mo）等。应该注意，Si 与 Li 反应的方式与 Sn 一样，因此方程式（8.8）和（8.9）可以将 Sn 换成 Si。

8.3.2.1 Sn 基阳极

模板合成法[65,66]可以制备 SnO_2 纳米纤维[64]阳极，方法是将 SnO_2 沉积在微孔膜孔洞内。加热去除模板后，热处理可获得 SnO_2 纳米纤维晶体，其挂在底层集流板表面像刷子的刷毛（见图 8.13[64]）。为了比较，Li、Martin 和 Scorsati[64]合成了一个 SnO_2 薄膜电极，与纳米结构电极（又称为纳米纤维电极，见图 8.13）具有相同的 SnO_2 含量。研究者合成薄膜阳极的方式与合成纳米阳极一样，但是没有在 Pt 集流体上使用模板，因此产生的膜厚度是 550nm。为了比较两种类型的阳极，将它们进行分别的连续循环。薄膜阳极的容量随着电化学循环的次数增加而下降；虽然初始容量大约是 675mA·h/g，但在 50 周期后降至 420mA·h/g。正如先前所示，这是活性材料电化学循环后的通常趋势。然而，图 8.13 中纳米阳极循环并没有导致容量损失，而是容量增加。图 8.14 可以看出纳米阳极的初始容量是 700mA·h/g（远高于薄膜的值），50 个周期后，它高达 760mA·h/g。电容最终稳定下来，没有进一步增加。特别是，纳米 SnO_2 可以进行 800 次循环。

(a)

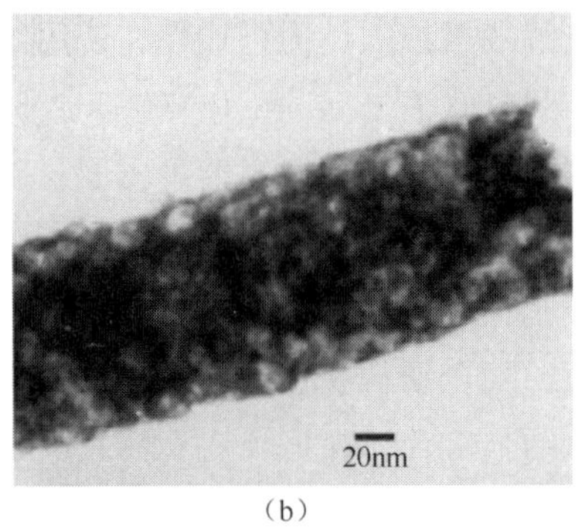

(b)

图 8.13 Pt 集流板上 SnO_2 纳米纤维纳米阳极的 SEM 图（a）和单根未循环 SnO_2 纳米纤维的 TEM 图（b）[64]

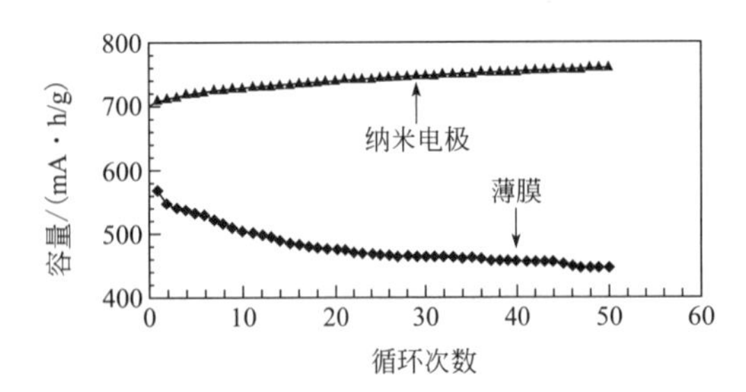

图 8.14 Sn 纳米结构和 Sn 薄膜电极的容量保持率比较[64]

注：充放电速率：8C；电位窗口：0.2～0.9V。

应该注意的是，如图 8.13 所示，使用 50nm 孔径聚碳酸酯模板[67]已经合成了类似的五氧化二钒纳米电极。相比薄膜电极，纳米五氧化二钒再次获得了更好的性能。进一步关于使用五氧化二钒作为阴极材料的信息可以查看文献［68］。应该指出的是，通过模板法制备的纳米阳极改善了循环特性，因为纳米纤维的绝对体积扩张很小，而且刷子型结构适应每个纤维的扩张[2,69]。

另一种方法也被证明可用于阻止活性点断裂，从而改善循环特性，方法是将 200nm 的 Sn 颗粒嵌入到微米尺寸碳颗粒中，可参考文献［70］。这些研究证实了其循环寿命相对于纯锡得到了重要改善。最近的一个研究是 Wang 等[30]将 Sn_2Sb 合金封装于 C 微球中，如图 8.15 所示。Sn_2Sb 合金粉末的首次可逆容量是 689mA・h/g，而 60 周期后只有 20.3%容量保留。Sn_2Sb 封装在 C 微球的起始可逆容量略低于 649mA・h/g，但在 60 周期后，87.7%容量得到保留（见图 8.16）。这些封装 Sn_2Sb 颗粒的优异循环特性是因为：

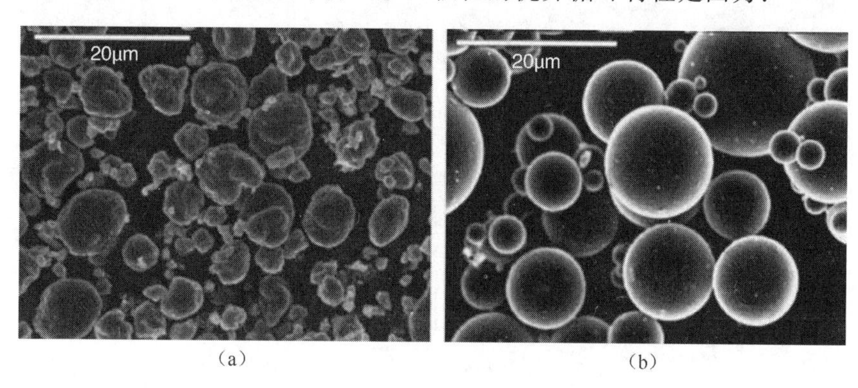

图 8.15 SEM 图[30]

注：(a) Sn_2Sb 合金颗粒；(b) 1000 度碳化合成 Sn_2Sb/C 微球 (CM/Sn_2Sb)。

①C 微球作为壁垒，避免了金属活性粒子和电解液之间的团簇（如图 8.12 中的 Bi 纳米颗粒，形成了有危害的树突）；

② C 微球作为缓冲基体（即作为一个垫子），减轻了活性金属在循环时体积的变化；

③ Sn 粒子的纳米尺寸通过限制裂纹形成需要的应变能抑制了裂纹的形成；

④ C 微球本身也是一个额外锂离子存储的活性物质；活性点对 Li 具有更高的化学活性，因此 Li 最初吸引到活性点，当 Li 在活性点获得最大存储后，C 可以储存额外的 Li。

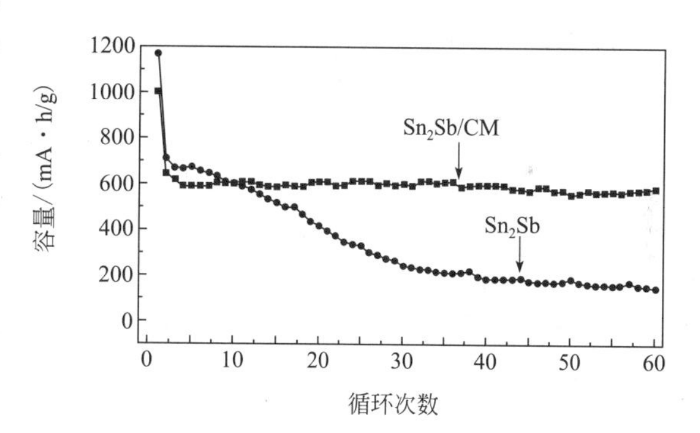

图 8.16 Sn_2Sb 粉末和 C 微球封装 Sn_2Sb(Sn_2Sb/CM) 循环特性比较[30]

8.3.2.2 硅基阳极

除了上述 C 封装 Sn_2Sb 合金的优势，Chen 等人[71]报道了球形纳米硅/C 复合粒子包覆 C 的一个额外优势［Si/C 纳米复合材料中包含 20%(质量分数) 硅、30%(质量分数) 石墨，和 50%(质量分数) 酚醛树脂热解碳］。如图 8.17(b) 所示，热处理后，C 包覆 Si/C 球形颗粒表面生成了硬碳。硬碳表面具有更好的电化学稳定性。循环过程中，电解液在电极上分解，在电极表面形成固态电解质界面（SEI）钝化层；钝化层覆盖 Si 活性点，从而影响其储存锂离子的能力。然而，因为硬碳壳层处形成了 SEI 钝化层，所以硬碳覆盖 Si/C 从而保护了 Si。此外，硬碳上稳定的 SEI 层减少了循环时容量的衰减。

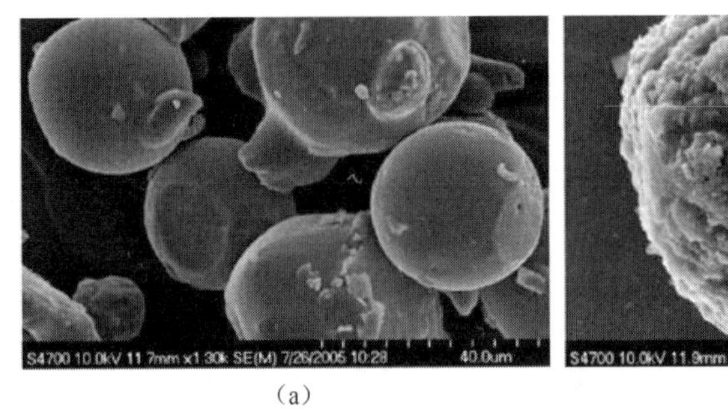

（a） （b）

图 8.17 纳米硅/C 封装在 C 中[71]

注：（a）热处理之前；（b）热处理后，碳涂层转化为硬碳。

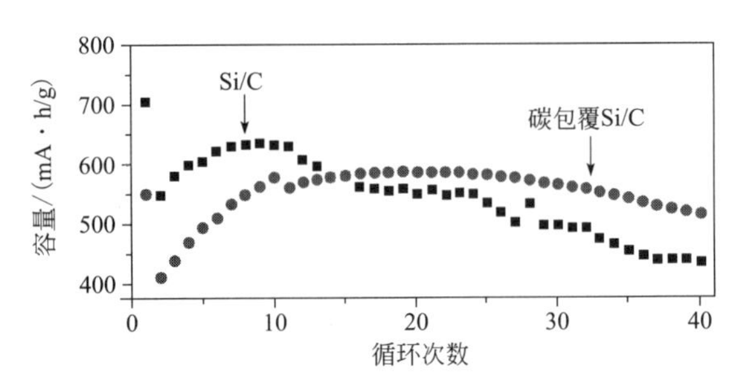

图 8.18 球形纳米结构 Si/C 和碳涂覆 Si/C 的放电容量比较[71]

图 8.18 比较了 Si/C 和碳包覆 Si/C 的容量保持能力。可以看出，在第二次循环后，两电极的容量都有所增加。这意味着需要一些周期激活 Si/C 复合材料。文献［72］中报道了更多的关于如何通过初始循环优化 Si/C 的电化学动力学。纳米硅/C 的循环特性比纯纳米硅[73]更好，原因是 C 缓冲了 Si 的扩张，因此 Si 活性点的机械破坏达到最小，可获得更好地进行电化学循环。然而从章节 8.3.2.1 结尾处描述力学和电化学的观点来看，因为碳涂层提供额外的稳定性，碳包覆 Si/C 的循环性能甚至更好。此时，Si 的扩张进一步变小，而且 Si 与电解液之间不产生直接接触。

尽管纳米复合材料法制备多孔电极活性物质得到了大力发展，但很少或没有关于这种结构力学完整性极限的进展。随后将考虑活性粒子在非活性（或低活性）基体体积膨胀的具体问题。具体来说，将研究活性材料体积变化引起的基体开裂与应力，这是其中一个纳米复合电极材料力学问题。

8.4 内部应力和 Li 阳极开裂模型

8.4.1 基体内的应力

如前面几节所示，纳米尺度活性点嵌入到低活性基体中，可以改善电化学循环性能。从力学的观点来看，是因为：① 纳米尺度的变形机制不太严重，因此整个电极的电化学连续性更好；② 周围的基体使活性点的扩张最小。

本节中，我们将介绍纳米复合材料基体的力学完整性极限的理论分析。理论主要采用由 Dempsey 等提出[74]的线弹性断裂力学法。为了对这些活性/非活性复合电极建模，它假定活性球（或圆柱）周期性分布在一个惰性基体中，如图 8.19 所示。下面的分析可参考文献［75～77］。

8.2 节显示，最初几个电化学循环之后，活性点坍塌。如果活性点被基体包围，可以认为连续循环后，活性点体积扩张导致断裂发生在活性点/基体界面处。因为基体比活性点更脆，基体内发生坍塌形成一个损伤区（见图 8.20）。因为这个区域严重受损，假设只存在径向压力（该区域其他压力消失），因此只存在一系列长度为 ρ-a 的径向裂缝。此外，值得注意的是，在图 8.20 中，a 和 b 是 Si 和基体的半径；Δ 是假设周围没有基体时活性点扩张后的径向位移，而 δ 是基体反作用于活性点扩张时撤回的径向距离。

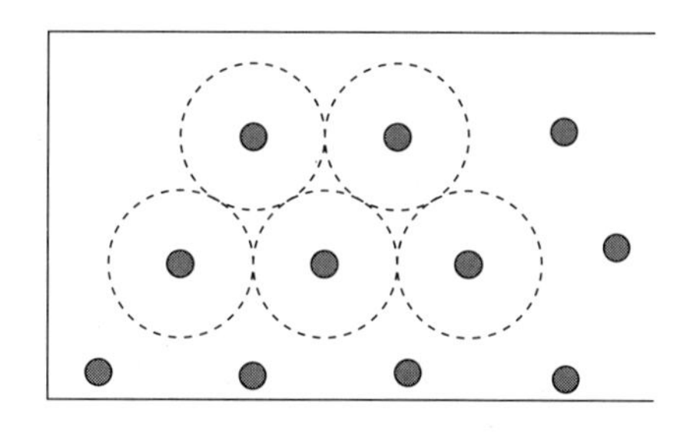

图 8.19 惰性基体中嵌入活性点（阴影）示意图

注：晶胞：活性点被圆形（惰性材料）包围。这是三维问题的二维模拟。

如 8.2.1 节所述，电极在充电时产生了内应力。一般的解决方案是应力分布在一个圆柱壳内，内部包含一个不匹配的核[78]

$$\sigma_r = \frac{A}{r^2} + 2C \tag{8.10}$$

而壳内相应的径向位移是

$$u_r(r) = \frac{1}{E_g}\left[-\frac{A(1+v_g)}{r} + 2C(1-v_g)r\right] \tag{8.11}$$

这里 E_g 和 v_g 是壳层的弹性模量和泊松比，而常数 A 和 C 来自于边界条件。如果假设电池系统是严格约束的［即 $u_r(b)=0$］，在核/壳界面位移是 $u_r(a)=\Delta-\delta$，然后

$$A = -\frac{E_g ab^2(\Delta-\delta)}{(b^2-a^2)(1-v_g)};$$

$$C = -\frac{E_g a(\Delta-\delta)}{2(b^2-a^2)(1-v_g)} \tag{8.12}$$

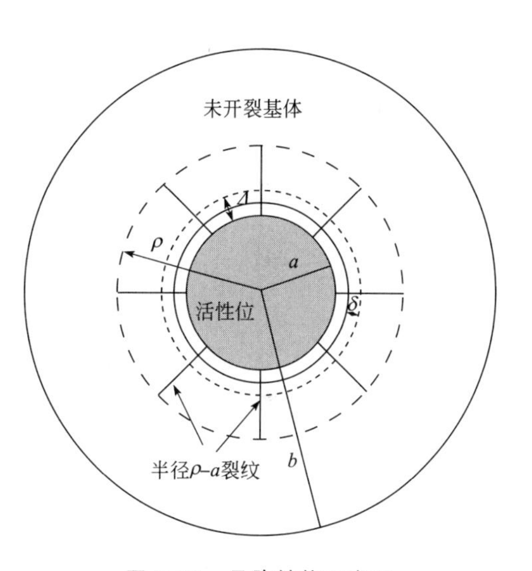

图 8.20 晶胞结构示意图

注：a 和 b 分别是活性位和基体的半径；Δ 是活性位的自由扩张（如果它没有被基体抑制）；δ 是基体对抗扩张时撤回的距离，ρ 是裂纹半径。

Δ 是已知参数（如对于硅，对应于 300% 的增加），而 Aifantis-Hackney（考虑到系统的应变能）认为 δ 为：

$$\delta = -\frac{E_g\Delta[a^2(1+v_g)+b^2(1-v_g)](a+\Delta)^2(1-v_s)}{E_s a^2(a^2-b^2)(1-v_g^2)-E_g[a^2(1+v_g)+b^2(1-v_g)](a+\Delta)^2(1-v_s)} \tag{8.13}$$

因此，通过插入式（8.13）和式（8.12）和相应的材料参数于式（8.10）中，可以获得一个基体在开裂前受到的弹性径向应力。现在，我们将研究电池系统的初始发展裂缝时的能量。Li 最大插入后，锂离子施加在活性点的压力是常数，因而活性点施加到基体的压力也是常数，并设为 p。同样，在研究中，邻近单元施加到单位晶胞的压力也是常数，设为 q。负责裂纹增长的裂纹尖端前的环向应力[76]，可以表示为：

$$\sigma_{\theta\theta}(\rho^+) = \frac{pa^2}{b^2}\left\{\frac{1-3S(\rho/b)^2+2(\rho/b)^3}{2(\rho/b)^2[1-(\rho/b)^3]}\right\} \tag{8.14}$$

式中，$S=qb^2/(pa^2)$。基于文献［77］，裂纹生长释放的能量可以写成：

$$G(\rho)=\frac{2(1-v_g)\rho\sigma_{\theta\theta}^2(\rho^+)}{nE_g} \tag{8.15}$$

稳定指数被定义为：

$$\kappa=\frac{b}{G}\times\frac{dG}{d\rho} \tag{8.16}$$

8.4.2 稳定的裂纹生长

8.2.1节解释，只要裂纹生长是稳定的，电池就可以继续充电和放电，因为开裂形成的颗粒仍然与电极电接触，电化学循环可以进行。然而，不稳定裂纹是无法控制的，而且这可能导致阳极完全断裂。所以，令人感兴趣的是确定一个电池系统的活性点更稳定时的尺寸。

为实现这一目的，可绘制稳定指数 k 对裂纹半径 r 的曲线，$b=1\mu m$，a 是变量；或者，活性点体积分数不同。图 8.21 给出了各种稳定性行为。活性点由 Si 组成，基体是钠玻璃[77]。

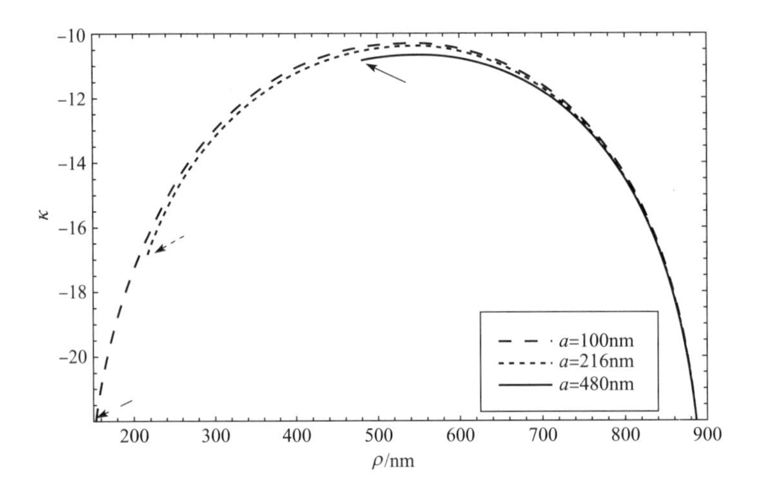

图 8.21　不同活性点体积百分比的稳定性图

注：箭头表示每条线开始之处[77]。

因为裂纹生长启动需要更大的能量差，得到稳定曲线时的值越负，系统越稳定。因此从图 8.21 可以预测，活性点越小（即活性点体积分数 f 小，这里 $f=a^3/b^3$），阳极越稳定，因为此时裂纹生长发生越困难。

8.4.3 Griffith 准则

基于 Griffith 理论，只要传播释放的能量（G）大于创建新裂纹表面所需的能量（G_c），裂纹将继续增长。因此，通过式（8.15）与基体材料的断裂能量（G_c）（材料常数）绘制曲线，可以确定两个能量相交时的裂纹半径，因此可以估计裂纹扩展停止时的距离。因此，图 8.22绘制了各种活性点体积分数下的 G 以及 G_c。活性点是 Si，Y_2O_3 是基体。可以看出，活性点的体积分数越小，裂纹扩展停止的距离越短。

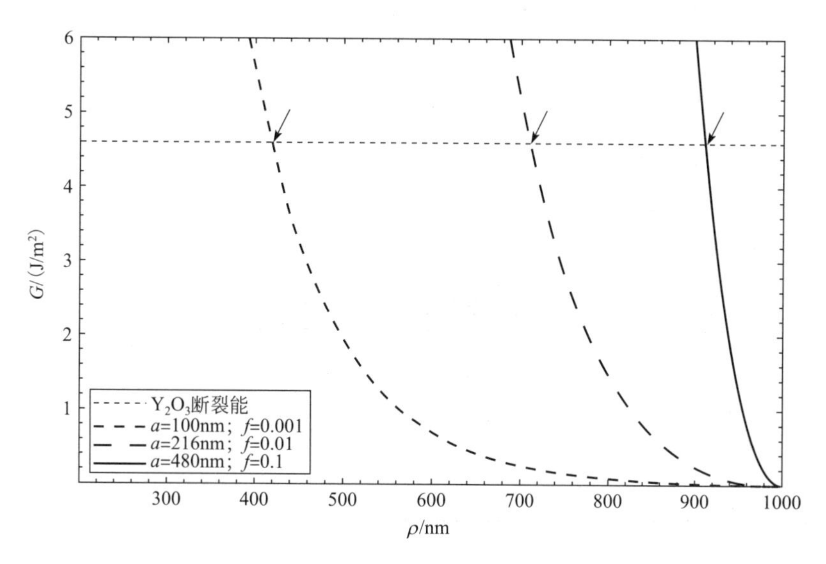

图 8.22 由 Si 活性点和 Y_2O_3 基体组成电极的 Griffith 准则；涉及到不同活性点体积百分比。箭头表示裂纹停止生长时的距离[77]

因此，可以断定，活性点体积分数越少越稳定，因为它们允许更少的开裂。此外，体积分数相同（即 $a=100\text{nm}$；$b=1\mu\text{m}$）、活性点材料相同，而基体材料不同时绘制 G 和 G_c，可预测基体材料允许开裂停止之前的裂纹扩展最短距离；结果如表 8.1 所示，基于这些考虑，可看出最可取的材料是 Y_2O_3（因此它被用在图 8.22 中）。应该注意的是，构建图 8.22 时，由式（8.15）可知，需要假定径向裂纹的数量 n。为了获得准确的值，必须进行各自实验，因为 n 不仅取决于基体材料，而且随着 ρ 变化。然而，由于缺乏这样的实验数据，这里假定 $n=20$。

表 8.1　裂纹停止的距离

基体材料	$G_c/(\text{J/m}^2)$	裂纹停止时临界裂纹半径 ρ/nm
SrF_2	0.36	725
ThO_2	2.5	450
Y_2O_3	4.6	425
KCl	0.14	840

从 8.4.2 和 8.4.3 节中可以看到，理论上，纳米尺度的活性点力学性能更加稳定。这在定量上与第 8.3 节的实验一致，因为纳米尺度的活性点不仅有较高的容量，而且能在循环中具有更多的容量保持率。

8.4.4 无开裂

最后，令人感兴趣的是研究为什么由纳米活性 Sn 和非活性 Li_2O 组成［见式（8.8）］的 SnO_2 纳米纤维（见 8.3.2.1 节）在循环中没有容量损失。人们相信，原因也许是机械损伤最小，即没有发生开裂。式（8.14）可以估计出活性点不会开裂的尺寸。当裂纹半径（r）等于活性点（a）的半径，这意味着裂纹长度（$\rho-a$）为零，因此没有裂缝。因此，式（8.14）中，定义外半径 b，和压力 p 并设 $\rho=a$，可以解出 a 值；即理论上此活性点半径不会开裂。应该注意，开裂时，$\sigma_{\theta\theta}$ 将等于基体的极限抗拉强度（UTS），因此表 8.2 给出了用于比较的各种材料的 UTS。

在文献［77］中，自平衡加载情况下内部压力 p 表达为：

$$p=\Delta\left\{\frac{a^2}{\rho E_g}\left[\frac{\rho}{a}-\frac{(1-v_g)}{2}-\frac{3(1-v_g)\rho^2}{2(b^2+b\rho+\rho^2)}\right]+\frac{(a+\Delta)1-2v_s}{E_s}\right\}^{-1} \tag{8.17}$$

从表 8.2 中的数据可以看出，无论是什么基体材料，活性点半径约为基体半径的 75% 时不会开裂（理论上）。纳米纤维中 Sn 和 Li_2O 粒子尺寸关系可能是这个数量级，因此裂纹受限，允许保留 100%的能力。上述分析的进一步的细节可以在文献［77］中找到。

表 8.2 没有裂纹活性硅的尺寸

基体材料	b 为 1μm 时不产生裂纹的活性位半径/nm
Al_2O_3	757
B_4C	781
BeO	746
WC	745
ZrO_2	758

8.5 结论和未来展望

通过实验，确定了具有先进电化学性能的活性/非活性纳米复合材料（最有前途的下一代锂离子电池阳极材料）。使用相关材料（如 Sn、Si、Bi）形成的锂化合物具有非常高的容量，但它们主要缺点是体积膨胀超过 200%；因此，连续电化学循环后，阳极发生断裂和力学衰减。因为更高的力学稳定性导致更好的阳极内电化学接触，从而获得更长的寿命，所以研究人员已经开发出两种制备方法以防止开裂：

① 所有的活性材料尺寸为纳米尺度时，容量保留力在电化学循环时显著增加。原因是：纳米尺度上变形不太严重。

② 将纳米活性材料封装于惰性或低锂活性基体中，可缓冲活性点扩张，从而最大程度减少机械损伤，并保护活性点表面不与电解液反应。

线弹性断裂力学分析，从理论上证明了纳米材料更稳定。因为可以预测任何材料系统的裂纹稳定性和开裂，所以材料设计时需参考相关理论。然而在理论联系实验时，缺点之一是活性点的力学性能作为 Li 浓度的函数是未知的。同时，人们对基体材料的开裂性质也不甚了解。虽然作为近似可以使用体积弹性模量、泊松比和假设开裂能已知的基体材料，但为能够开展理论和实验的系统研究，力学公式需要纳米尺度上的精确参数。上述理论公式将会促使获得更为完善的设计准则。

参考文献

1 Beaulieu, L.Y., Eberman, K.W., Turner, R. L., Krause, L.J. and Dahn, J.R. (2001) *Electrochem. Solid-State Lett.*, **4**, A137.

2 Besenhard, J.O., Yang, J. and Winter, M. (1997) *J. Power Sources*, **68**, 87.

3 Groisman, A. and Kaplan, E. (1994) *Europhys. Lett.*, **25**, 415.

4 Kitsunezaki, S. (1999) *Phys. Rev. E*, **60**, 6449.

5 Huggins, R. A. and Nix, W.D. (2000) *Solid State Ionics*, **6**, 5.

6 Yang, J., Winter, M. and Besenhard, J.O. (1996) *Solid State Ionics*, **90**, 281.

7 Huggins, R.A. (1989) *J. Power Sources*, **26**, 109.

8 Huggins, R.A. (1992) in *Fast Ion Transport in Solids* (eds B. Scrosati, A. Magistris, C.M. Mari and G. Mariotto), Kluwer Academic Publishers, p. 143.
9 Huggins, R.A. (1999) *J Power Sources*, **81–82**, 13.
10 Huggins, R.A. (1999) in *Handbook of Battery Materials* (ed. J.O. Besenhard), Wiley-VCH, p. 359.
11 Aifantis, K.E. and Hackney, S.A. (2003) *J. Mech. Behav. Mater.*, **14**, 403.
12 Thackeray, M.M., Johnson, C.S., Kahaian, A.J., Kepler, K.D., Vaughey, J.T., Shao-Horn, Y. and Hackney, S.A. (1999) *ITE Battery Lett.*, **1**, 26.
13 Shao-Horn, Y., Hackney, S.A., Armstrong, A.R., Bruce, P.G., Johnson, C.S. and Thackeray, M.M. (1999) *J. Electrochem. Soc.*, **146**, 2404.
14 Mao, O., Turner, O.R.L., Courtney, I.A., Fredericksen, B.D., Buckett, M.I., Krause, L.J. and Dahn, J.R. (1999) *Electrochem. Solid State Lett.*, **2**, 3.
15 Thackeray, M.M., Johnson, C.S., Kahaian, A.J., Kepler, K.D., Skinner, E., Vaughey, J. T., Shao-Horn, Y. and Hackney, S.A. (1999) *J. Power Sources*, **81–82**, 60.
16 Shao-Horn, Y., Hackney, A., Kahaian, A.J., Kepler, K.D., Vaughey, J.T. and Thackeray, M.M. (1999) *J. Power Sources*, **81–82**, 496.
17 Christensen, J. and Newman, J. (2006) *J. Electrochem. Soc.*, **153**, A1019.
18 Eshelby, J.D. (1957) *Proc. R. Soc. London*, **376**, A241.
19 Eshelby, J.D. (1959) *Proc. R. Soc. London*, **561**, A252.
20 Dieter, G.E. (1990) *Mechanical Mettallurgy*, 3rd edn. McGraw-Hill.
21 Kang, S.H. and Goodenough, J.B. (2000) *J. Electrochem. Soc.*, **147**, 3621.
22 Kang, S.H., Goodenough, J.B. and Rabenberg, L.K. (2001) *Electrochem. Solid-State Lett.*, **4**, A49.
23 Aifantis, K.E. and Hackney, S.A. submitted).
24 Guerard, D. and Herold, A. (1975) *Carbon*, **13**, 337.
25 Endo, M., Kim, C., Nishimura, K., Fujino, T. and Miyashita, T. (2000) *Carbon*, **38**, 183.
26 Kambe, N., Dresselhaus, M.S., Dresselhaus, G., Basu, S., McGhie, A.R. and Fischer, J.E. (1979) *Mater. Sci. Eng.*, **40**, 1.
27 Sato, K., Noguchi, M., Demachi, A., Oki, N. and Endo, M. (1994) *Science*, **64**, 556.
28 Dahn, J.R., Zheng, T., Liu, Y. and Xue, J.S. (1995) *Science*, **270**, 590.
29 Lindsay, M.J., Wang, G.X. and Liu, H.K. (2003) *J. Power Sources*, **119**, 84.
30 Wang, K., He, X.M., Ren, J.G., Jiang, C.Y. and Wan, C.R. (2006) *Electrochem. Solid State Lett.*, **9**, A320.
31 Yang, J., Takeda, Y., Imanishi, N. and Yamamoto, O. (1999) *J. Electrochem. Soc.*, **146**, 4009.
32 Kepler, K.D., Vaughey, J. and Thackeray, M.M. (1999) *Electrochem. Solid State Lett.*, **2**, 309.
33 Mao, O., Dunlap, R.A. and Dahn, J.R. (1999) *J. Electrochem. Soc.*, **146**, 405.
34 Vaughey, J.T., O'Hara, J. and Thackeray, M.M. (2000) *Electrochem. Solid State Lett.*, **3**, 13.
35 Beaulieu, L.Y., Eberman, K.W., Turner, R.L., Krause, L.J. and Dahn, J.R. (2001) *Electrochem. Solid-State Lett.*, **4**, A137.
36 Graetz, J., Ahn, C.C., Yazami, R. and Fultz, B. (2003) *Electrochem. Solid-State Lett.*, **6**, A194.
37 Moon, T., Kim, C. and Park, B. *J Power Sources* (in print).
38 Trifonova, A., Wachtler, M., Wagner, M.R., Schroettner, H., Mitterbauer, Ch., Hofer, F., Möller, K.C., Winter, M. and Besenhard, J.O. (2004) *Solid State Ionics*, **168**, 51.
39 Mukaibo, H., Osaka, T., Reale, P., Panero, S., Scrosati, B. and Wachtler, M. (2004) *J. Power Sources*, **132**, 225.
40 Yin, J.T., Wada, M., Tanase, S. and Sakai, T. (2004) *J. Electrochem. Soc.*, **151**, A583.
41 Wang, G.X., Yao, J. and Liu, H.K. (2004) *Electrochem. Solid-State Lett.*, **7**, A250.
42 Dimov, N., Kugino, S. and Yoshio, M. (2004) *J. Power Sources*, **136**, 108.
43 Hwang, S.-M., Lee, H.-Y., Jang, S.-W., Lee, S.-M., Lee, S.-L., Baik, H.-K. and Lee, J.-Y. (2001) *Electrochem. Solid-State Lett.*, **4**, A97.

44 Patel, P., Kim, I.-S. and Kumta, P.N. (2005) *Mater. Sci. Eng. B*, **116**, 347.

45 Kim, I.-S., Blomgren, G.E. and Kumta, P.N. (2003) *Electrochem. Solid-State Lett.*, **6**, A157.

46 Kim, I.-S., Kumta, P.N. and Blomgren, G.E. (2000) *Electrochem. Solid-State Lett.*, **3**, 493.

47 Wang, Z., Tian, W. and Li, X. (2006) *J. Alloys Compounds*, 247doi:10.1016/j.jallcom.2006. 08.247.

48 Wang, K., He, X., Ren, J., Wang, L., Jiang, C. and Wan, Chunron. (2006) *Electrochimica Acta*, **52**, 1221.

49 Li, H., Huang, X. and Chen, L. (1999) *J. Power Sources*, **81**, 340.

50 Sayama, K., Yagi, H., Kato, Y., Matsuta, S., Tarui, H. and Fujitani, S. (2002) Abstract 52, The 11th International Meeting on Lithium Batteries, Monterey, CA, June 23–28.

51 Takamura, T., Ohara, S., Suzuki, J. and Sekine, K. (2002) Abstract 257, The 11th International Meeting on Lithium Batteries, Monterey, CA, June 23–28.

52 Li, H., Huang, X., Chen, L., Wu, Z. and Liang, Y. (1999) *Electrochem. Solid-State Lett.*, **2**, 547.

53 Crosnier, O., Brousse, T., Devaux, X., Fragnaud, P. and Schleich, D.M. (2001) *J. Power Sources*, **94**, 169.

54 Crosnier, O., Devaux, X., Brousse, T., Fragnaud, P. and Schleich, D.M. (2001) *J. Power Sources*, **97**, 188.

55 Idota, Y., Mishima, M., Miyiaki, Y., Kubota, T. and Miyasaka, T. (1997) US Patent 5,618,641.

56 Idota, Y., Kubota, T., Matsufuji, A., Maekawa, Y. and Miyasaka, T. (1997) *Science*, **276**, 1395.

57 Courtney, I.A. and Dahn, J.R. (1997) *J. Electrochem. Soc.*, **144**, 2943.

58 Morimoto, H., Nakai, M., Tatsumisago, M. and Minami, T. (1999) *J. Electrochem. Soc.*, **146**, 3970.

59 Kim, J.Y., King, D.E., Kumta, P.N. and Blomgren, G.E. (2000) *J. Electrochem. Soc.*, **147**, 4411.

60 Lee, J.Y., Xiao, Y. and Liu, Z. (2000) *Solid State Ionics*, **133**, 25.

61 Mao, O. and Dahn, J.R. (1999) *J. Electrochem. Soc.*, **146**, 414.

62 Ehrlich, G.M., Durand, C., Chen, X., Hugener, T.A., Spiess, F. and Suib, S.L. (2000) *J. Electrochem. Soc.*, **147**, 886.

63 Fang, L. and Chowdari, B.V.R. (2001) *J. Power Sources*, **97–98**, 181.

64 Li, N., Martin, C.R. and Scorsati, B. (2001) *J. Power Sources*, **97**, 240.

65 Che, G., Lakshmi, B.B., Martin, C.R., Fisher, E.R. and Ruoff, R.A. (1998) *Chem. Mater.*, **10**, 260.

66 Che, G., Fisher, E.R. and Martin, C.R. (1998) *Nature*, **393**, 346.

67 Sides, C.R., Li, N., Patrissi, C.J., Scrosati, B. and Martin, C.R.August (2002) *MRS Bulletin*.

68 Pistoia, G., Pasquali, M., Geronov, Y., Manev, V. and Moshtev, R.V. (1989) *J. Power Sources*, **27**, 35.

69 Brousse, T., Retoux, R. and Schleich, D. (1998) *J. Electrochem. Soc.*, **145**, 1.

70 Kim, Il-seok, Blomgren, G.E. and Kumta, P.N. (2004) *Electrochem. Solid-State Lett.*, **7**, A44.

71 Chen, L., Xie, X., Wang, B., Wang, K. and Xie, J. (2006) *Mater. Sci. Eng. B*, **131**, 186.

72 Yang, J., Wang, B.F., Wang, K., Liu, Y., Xie, J.Y. and Wen, Z.S. (2006) *Electrochem. Solid-State Lett.*, **6**, A154.

73 Li, H., Huang, X.J., Chen, L.Q., Zhou, G. W., Zhang, Z., Yu, D.P., Mo, Y.J. and Pei, N. (2000) *Solid-State Ionics*, **135**, 181.

74 Dempsey, J.P., Slepyan, L.I. and Shekhtman, I.I. (1995) *Int. J. Fract.*, **73**, 223.

75 Aifantis, K.E. and Hackney, S.A. (2003) *J. Mech. Behav. Mater.*, **14**, 403.

76 Dempsey, J.P., Palmer, A.C. and Sodhi, D.S. (2001) *Eng. Fract. Mech.*, **68**, 1961.

77 Aifantis, K.E., Hackney, S.A. and Dempsey, J.P. (2007) *J. Power Sources*, **165**, 874.

78 Little, R.W. (1973) *Theory of Elasticity*, Prentice-Hall, Englewood Cliffs, NJ.

79 Aifantis, K.E. and Dempsey, S.A. (2005) *J. Power Sources*, **143**, 203.

9

机械合金化制备纳米结构储氢材料

9.1 引言

9.1.1 研究目标

当今世界，人口增长和经济发展使得能源需求大增[1]。据国际能源机构统计，2050 年世界人口将达 100 亿人，能源需求将从 2002 年的 13.6 太瓦上升至 33.2 太瓦，徒增 20 太瓦。如果 50%能源由核能供给，那么需要在 2050 年前兴建 10000 座年发电量 1 吉瓦电厂。然而，依现有的裂变反应堆推算，可用的铀资源仅能维持 13～16 年。

解决困局的一个可选方案是更多地开发利用可再生无碳能源，走可持续能源发展道路。为实现这一目标，除政策导向外，技术上要可靠可用，材料研究必须能为能源开发奠定一个扎实的技术创新平台。

1959 年，费曼教授提出了一个著名的思路：纳米材料制造[2]。他建议通过单原子组合来构筑新的特种功能材料，以期呈现非常规特性。如今，近似单分散粒度分布的金属/合金纳米晶体合成已成为可能，纳米科技发展有了可用关键构件，利用自下而上纳米合成方法，具有独特功能性的纳米结构已能够组装出来[3]。

在过去几年里，材料合成和表征技术的发展、材料新特性潜在的技术应用前景促进了纳米结构材料的研究，如，储氢纳米材料逐渐成为未来能源存储和电池工业的核心[4～6]。

1996 年，波兹南理工大学材料科学与工程学院启动了一个研究项目，尝试通过机械合金化（MA）、高能球磨（HEBM）、吸氢-歧化-脱氢-再复合（HDDR）、机械化学法（MCP）等方法合成出细晶金属间化合物[6～9]。纳米粉机械合成及随后固结就是实现金属自下而上构筑细晶金属间化合物的一个案例。此外，纳米材料也可以基于自下而上概念由常见块体材料合成制备。研究表明大塑性形变［例如，往复挤压法（CEC）或等径角挤压（ECAE）[10～13]］这一合成方法是可行的。

储氢合金是一类能在室温常压下可逆氢吸附和解吸的金属氢化物（MH），被视为解决能源与环境问题的重要材料。七十年代，对金属-氢的研究增长迅速[14～21]，人们研发出了许多氢化合金（如，TiNi，TiFe，$LaNi_5$）。八十年代早期，人们对 AB_2 类 Ti/Zr-V-Ni-M 系统和稀土基 AB_5 类 Ln-Ni-Co-Mn-Al 合金进行了研究。这些系统虽然能获得长寿命储氢电极合金，但容量还是 Ti/Zr 系统更高。八十年代后期和九十年代早期，研究人员对非化学计量比

AB_2和AB_5系统性能进行了改性，获得了更大的容量和更长的循环寿命的储氢合金[18]。

1990年，镍氢电池开始在市场销售。镍金属氢化（Ni-MH）电池是以储氢合金作为负极材料，具有能量密度比镍镉（NiCd）电池高、充放电循环过程电解液免维护等优点[18]。与NiCd电池比较，Ni-MH电池容量增大两倍、无记忆效应、无环境污染问题。

通常，微晶氢化物材料通过电弧或感应熔炼和退火制备。单位质量存储容量低、未经复杂激活吸附-解吸动力学差等因素限制了金属氢化物的实际应用。采用非平衡加工技术制备纳米晶结构，如机械合金化或高能球磨（HEBM）[5,6,17,18]，或许能实质性地改善金属氢化物的吸放氢特性。MA的原料为元素粉体材料，HEBM的原料为所需成分合金[6]。

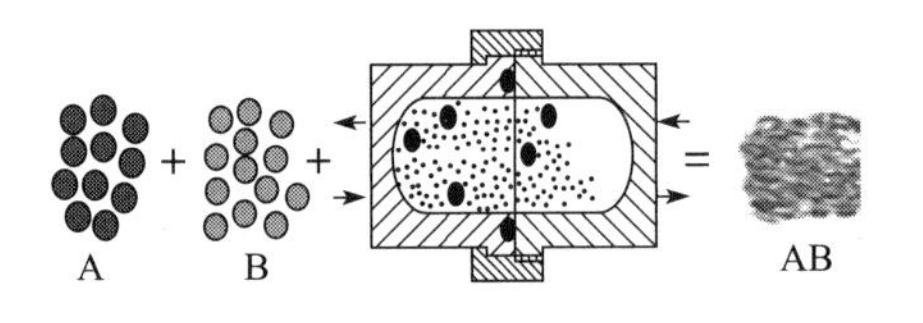

图9.1 机械合金化制备纳米粉体装置剖面示意图（SPEX 8000混合磨）

20世纪70年代，国际镍业公司采用金属合金化技术将纳米掺杂物分散于镍基合金中[22]。近几年，MA技术被成功用于制备各种合金粉体，其中包括超饱和固溶体、准晶、无定型相、纳米金属间化合物等各种合金粉体[22,23]。实际上，MA技术已被证明是一种新颖的、有发展前景的合金制备方法（见图9.1）。

MA的原材料是粒径1～100 μm商用高纯粉体。机械合金化过程中，粉体周期性地为磨球挤压碰撞发生塑性形变，产生大量的位错和晶格缺陷。磨球碰撞使粉体颗粒断裂和冷焊，形成原子级清洁界面。进一步球磨，界面数量增加，颗粒尺寸从微米级减小至亚微米级。随着颗粒尺寸分布变窄，一些纳米晶中间相出现在颗粒内或表面上。球磨时间越长，中间化合物含量就越高，最终生成物特性为球磨条件的函数。机械金属化能制备无定形相金属，与真正的无定形材料，尤其是细晶材料，或含微晶无定形材料相比较，其差别用X射线衍射难于分辩[23]。只有中子衍射才能够明确地确认MA制备的相是真正的无定形相。球磨粉体经热处理后可获得所需的微观结构和特性。退火促进晶粒生长和微应变能释放。

由于极细晶粒为“玻璃状”无序晶界隔离，纳米晶体材料表现出与晶体材料和无定形材料完全不同的特性。新的亚稳相或无定形晶界相为氢提供了更多吸附位置，呈现出完全不同的加氢特性。MA制备无定形相的机理是化学固相反应，球磨导致多层结构生成[23]。

最近的研究表明，因颗粒尺寸减小和新鲜洁净表面的产生，TiFe、ZrV_2、$LaNi_5$、Mg_2Ni机械合金化有效地提高了初始吸氢速率[5,6]。非传统加工微观结构工程技术使纳米晶金属间化合物成为了新一代的金属氢化物材料。

为优选电池用金属间化合物，深入了解合金成分与材料电特性关系具有重要的意义。半经验模型表明：金属-氢的相互作用能取决于几何和电子因素[6,24]。

本章着重阐述了一些纳米结构材料及其在电化学领域应用的优势。分析了TiFe、ZrV_2、$LaNi_5$、Mg_2Ni类纳米合金化学组成对结构特性的影响。揭示了纳米晶储氢化合物在可充电Ni-MH电池中的电化学行为。最后，比较了纳米晶合金和微晶合金的电特性。

9.1.2 氢化物种类

氢与许多元素反应生成氢化物。作为反应产物，二元氢化物有不同种类：

① 离子氢化物（LiH）；

② 共价分子氢化物（CH_4）；

③ 金属间氢化物；

所有二元氢化物均可由氢与金属直接反应生成（见图 9.2）。在大多数金属间氢化物中，氢的密度要大于液体氢（见表 9.1）。室温下，大多数金属氢化物可用纯氢气合成。

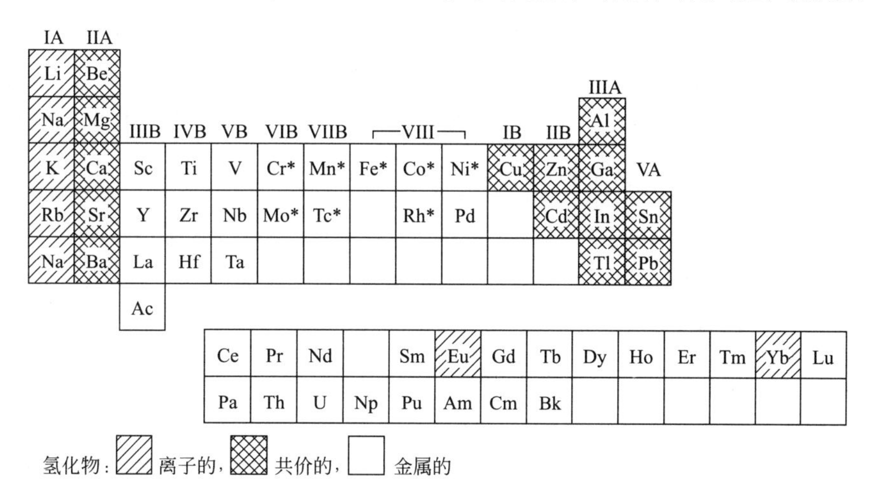

图 9.2 合成二元氢化物的金属

注：* 表示氢气压力高于 0.1×10^6 Pa 可形成氢化物的金属。

表 9.1 一些金属间氢化物和液体氢的氢密度比较

化合物	$PdH_{0.8}$	MgH_2	TiH_2	VH_2	液氢
氢密度（大气压×10^{-22}/cm^3）	4.7	6.6	9.2	10.4	4.2

9.1.3 吸附-解吸过程

金属氢化物储氢的关键是压力平台，在这个平台上材料能可逆地吸附/解吸大量的氢气。图 9.3 为氢化物形成过程中氢气压力与氢/金属原子比例关系。随着氢气压力增大，氢在金属中溶解形成固溶体（α 点）。在恒定压力 p 下，氢化物相开始沉积直至金属完全转化为氢化物（β 点）。其后，氢气压力进一步增大。当压力减小时，通常会出现滞后，氢化物分解平台压力要比形成时低。

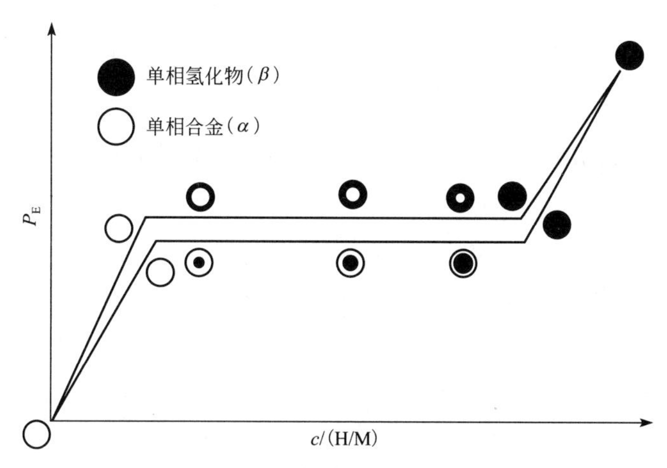

图 9.3 金属中氢的压力组成

在许多应用中，平台压力与大气压力接近，使用轻质存储容器即可。对于特殊用途，平台压力可通过合金化进行调整。如，引入少量锡，可以降低 $LaNi_5$ 的平台压力[18]。

9.1.4 过渡金属的金属间氢化物

如果二元系中包括过渡金属的金属间氢化物，金属氢化物种类大为增加。目前，一大类由稀土（RE）与镍组成的合金（AB_5 型）、锆和钒与镍组成的合金（AB_2 型）、以及钛和镁与镍组成的合金（AB 或 A_2B 型）均可用作氢存储材料（其组成及特性见表 9.2 和表 9.3）。

表 9.2 二元金属间化合物及其氢化物

系统	氢化物
AB	$TiFeH_2$
AB_2	$ZrV_2H_{5.5}$
AB_5	$LaNi_5H_6$
A_2B	$Mg_2NiH_{3.6}$

表 9.3 储氢材料用合金特性

合金种类	结构	密度/(g/cm^2)	P_d(大气压)	$(H/M)_{最大}$(质量分数)
AB_5-$LaNi_5$	$CaCu_5$	6.6 ÷8.6	0.024 ÷23	1.1 ÷1.9
AB_2-ZrV_2	$MgCu_2$/$MgZn_2$	5.8 ÷7.6	10^{-3}÷182	1.5 ÷2.4
AB-TiFe	CsCl	6.5	0.1 ÷41	1.3 ÷1.9
A_2B-Mg_2Ni	Mg_2Ni	3.46	10^{-5}	3.6

在所有合金中，组元 A 形成稳定氢化物。组元 B 有以下几个功能：

① 改善氢吸放动力学特性，起催化剂作用；

② 改变氢吸放过程中平衡压力；

③ 增强合金稳定性，避免组元 A 溶解或形成致密氧化层。

TiFe 相、ZrV_2 相和 $LaNi_5$ 相是人们熟知的材料，在温和的温度和压力下可大量吸附氢气。最近的研究表明，所形成的氢化合物可用作 Ni-MH 充电电池负极材料[17~19]。此外，镁基储氢合金也有可能用作 Ni-MH 电池负极材料[6,25,26]。

TiFe 和 ZrV_2 合金晶化成立方 CsCl 和 $MgCu_2$ 结构，室温下每个化学式单元（f. u.）分别能吸收 2 个和 5.5 个氢原子。$LaNi_5$ 合金晶化为六角 $CaCu_5$ 结构，室温下每个化学式单元能吸收 6 个氢原子[18,20]。然而，未经复杂激活过程，氢吸放动力学进程过慢，并不适合电池使用。通过合金化，氢基体材料能得到本质性地改善，获得所希望的储氢特性，如在合适的氢压力下具有特定的容量。TiFe 合金比 $LaNi_5$ 轻且便宜，可由几种方法提高活性。例如，适量地用过渡金属取代 Fe 形成第二相可以改善 TiFe 的活化性能。以 Ti 部分取代 Zr、过渡金属（Cr，Mn，Ni）部分取代 V，可提高 ZrV_2 类材料的化学活性[18]。分别用少量的 Zr 和 Al 取代 $LaNi_5$ 中的 La 和 Ni 可显著增大循环寿命，容量不会大幅减小[18]。在过去几年间，人们对镁基合金也有广泛的研究[25,26]。Mg_2Ni 微晶合金仅能在高温下可逆地吸收/释放氢。250℃下氢化作用，Mg_2Ni 转化为 Mg_2NiH_4 氢化物相。若形成纳米晶结构，Mg_2Ni 金属氢化物的氢吸放特性能有实质性地改善[5]。Mg_2NiH_4 的氢含量较高，达到 2.6%(质量分数)，$LaNi_5H_6$的氢含量较低，仅有 1.5%(质量分数)。

为能储氢，氢化物应该具备如下特性：

① 能大量储氢；

② 容易吸放，系统反应动力学满足充-放要求；

③ 系统寿命期内，在不改变压力-温度特性下能保持一定的循环容量；

④ 低滞后；

⑤ 抗腐蚀能力好；

⑥ 成本低；

⑦ 至少和其他能源载体一样，安全可靠。

9.1.5 纳米结构金属氢化物前景

虽然一些现有技术能够实现氢直接以物理气态或液态存储，但这些方法尚难满足以下的要求[15,16]：

① 单位质量和单位体积高氢含量；

② 使用过程中低能量损耗；

③ 加氢速度快；

④ 循环稳定性高；

⑤ 循环利用和加氢设施成本低；

⑥ 日常维护或事故时安全。

目前，针对氢存储系统的研发，无论是纳米结构金属还是合金氢化物或碳纳米结构体，人们都已经做了大量工作。就汽车应用而言，以氢吸/放温度 150℃为分界线，合金氢化物可分为高温和低温材料。除成本外，合金氢化物的主要缺点是低温下氢含量低（如，La 基合金）、降低氢释放温度困难、高氢存储容量与压力相关以及难于高速率吸/放（如，Mg 基合金）。为了解决上述问题，人们对 La 或 Mg 合金复合材料和新的催化金属氢化物进行了系统的研究。在后者中，铝氢化物和轻元素（Li，B，Na）氢化物特性令人关注，$NaBH_4$氢含量达 5%～6%(质量分数)，$LiBH_2$更高达 18%(质量分数)[15]。

此外，高吸氢量富勒烯令科学家更加关注碳结构合成[27]。理论上，这些新材料的储氢容量十分可观，一个氢原子结合一个碳原子，其储氢能力可高达 7.7%(质量分数) H_2。这个值达到并超过了期望值。因此，找到进行可逆全反应途径［见式 (9.1)］并了解其结构特征和特性后，有可能将该材料作为储氢系统应用于诸多工程技术领域中。这类材料的缺乏将阻碍氢作为燃料和能源载体的广泛应用。

$$C_x + x/2H_2 \longleftrightarrow C_xH_x \tag{9.1}$$

时至今日，纳米金属氢化物已成为一类新材料代表，通过合理的微观结构和表面工程改性可以获得优异的氢吸附性能[4~6]。这些材料很重要，因为它们可应用于储氢系统和 Ni-

MH 电池。MA 和 HEBM 技术已成功地提高了各种金属氢化物的氢吸附特性。相比传统氢化物，纳米晶粉体合金无需激活就很容易吸附氢。这些材料即使在相对低的温度下也具有良好的氢吸附/解吸能力。因此，纳米结构材料将在 Ni-MH 电池领域发挥重要作用。

9.2 氢化物电极和 Ni-MH 电池基本概念

9.2.1 氢化物电极

氢与金属 M 的相互作用可表示为[21]：

$$M + x/2H_2 \longleftrightarrow MH_x(s) \tag{9.2}$$

式中，MH_x 是金属 M 氢化物。

一些合金能够进行电化学充放电。式（9.3）为电化学充放电反应：

$$M + xH_2O + xe \longleftrightarrow MH_x + xOH^- \tag{9.3}$$

9.2.2 Ni-MH 电池

一个 Ni-MH 电池的电化学反应可以用半个电池反应来表示[19]。

9.2.2.1 正常的充放电反应

充电过程中，氢氧化镍 Ni（OH)$_2$正电极氧化成氢氧氧镍 NiOOH，而合金 M 通过水电解形成 MH。每个电极的反应均通过氢固态转变进行。总反应可以氢在合金 M 和Ni（OH)$_2$间转移表示：

① 镍正电极

$$Ni(OH)_2 + OH^- \longrightarrow NiOOH + H_2O + e \tag{9.4}$$

② 氢化物负电极

$$M + H_2O + e \longrightarrow MH + OH^- \tag{9.5}$$

③ 总反应

$$Ni(OH)_2 + M \longrightarrow NiOOH + MH \tag{9.6}$$

9.2.2.2 过充反应

在一个密封的 Ni-MH 电池里，M 电极比 Ni(OH)$_2$电极容量高，易产生气体复合反应。过充时，MH 电极连续充电形成氢化物，而 Ni 电极开始逐渐产生氧气，见式（9.7)：

① 镍正电极

$$2OH^- \longrightarrow H_2O + 1/2O_2 + 2e \tag{9.7}$$

② 氢化物负电极

$$2M + 2H_2O + 2e \longrightarrow 2MH + 2OH^- \tag{9.8}$$

$$2MH + 1/2O_2 \longrightarrow 2M + H_2O \tag{9.9}$$

③ 实际（非理想）情况

$$H_2O + e \longrightarrow 1/2H_2 + OH^- \tag{9.10}$$

$$2MH + 1/2O_2 \longrightarrow 2M + H_2O \tag{9.11}$$

氧通过分离隔膜扩散至 MH 电极发生化学反应，生成水［见式（9.11）］并使电池内压力升高。

9.2.2.3 过放电反应

过放电时，氢气开始逐渐在 Ni 电极处产生［见式（9.12）］。氢气通过分离隔膜扩散至 MH 电极，化学反应［见式（9.13）］裂解为氢原子，产生电荷传递反应［见式（9.14）］，理想情况下电池内压力不升高：

① 镍正电极

$$2H_2O + 2e \longrightarrow H_2 + 2OH^- \tag{9.12}$$

② 氢化物负电极

$$H_2 + 2M \longrightarrow 2MH \tag{9.13}$$

$$2OH^- + 2MH \longrightarrow 2H_2O + 2e + 2M \tag{9.14}$$

9.3 储氢系统概述

鉴于 Ni-MH 电池特性展现出的前景，目前已有大量储氢系统被研究[6,8,24,28,29]。此外，运用 MA 技术最近也制备出系列纳米晶 TiFe、ZrV_2、$LaNi_5$ 和 Mg_2Ni 合金（见图 9.4）。

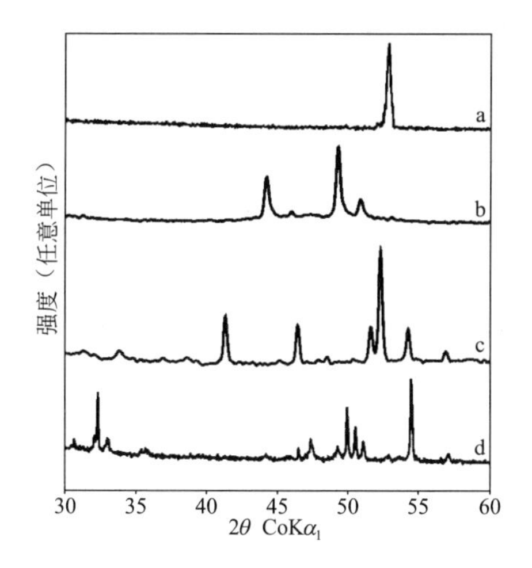

图 9.4 机械合金化制备并经热处理的纳米晶 $TiFe_2$(a)，ZrV_2(b)，$LaNi_5$(c) 和 Mg_2Ni(d) 合金 X 射线衍射谱

注：TiFe 机械合金化 20h 后 700℃热处理 30min；TiFe 机械合金化 20h 后 700℃热处理 30min；ZrV_2 机械合金化 40h 后 800℃热处理 30min；$LaNi_5$ 机械合金化 30h 后 700℃热处理 30min；Mg_2Ni 机械合金化 90h 后 450℃热处理 30min。

9.3.1 TiFe 系统

图 9.5 为球磨时间增加机械合金化 Ti-Fe 粉体混合物 53.85%（质量分数）Ti+46.15%（质量分数）Fe 的 X 射线衍射谱。由图可见，随着球磨时间增加，原先尖锐的 Ti 和 Fe 衍射峰逐渐变宽（见图 9.5 谱线 b），强度减小。球磨大约 20h 无其他相生成，粉体混合物完全转化为无定形相（见图 9.5 谱线 c）。在 MA 过程中，Ti 晶粒尺寸随时间而减小，球磨 15h 后达到一稳定值 20nm。这一尺寸有利于在 Ti-Fe 界面形成无定形相。在纯氩气氛中 700℃

热处理 30min 可获得 TiFe 纳米合金体（见表 9.4 和图 9.4 谱线 a 和图 9.5 谱线 d）。所有的衍射峰对应于 CsCl 结构，晶胞参数为 $a=0.2973$nm。掺入镍后 $TiFe_{1-x}Ni_x$，晶格常数 a 增大。

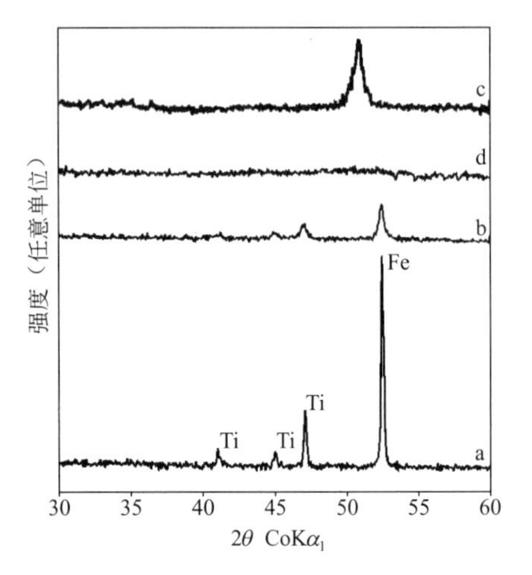

图 9.5　Ti 和 Fe 粉体混合物氩气氛下 MA 不同时间的 X 射线衍射谱

注：(a) 起始状态（元素粉末混合物）；(b) MA 2h；(c) MA 20h；(d) 700℃热处理 30min。

表 9.4　不同方法制备的 TiFe 合金 3 个循环放电后的容量（充电和放电电流密度为 4mA/g）

微观结构	处理方法	晶格常数/nm	放电容量/(mA·h/g)
微晶	电弧熔炼和热处理	0.2977	0.00
无定形	MA	—	5.32
纳米晶	MA 和热处理	0.2973	7.50

注：900℃/3 天

用透射电子显微镜（TEM）分析 TiNi 样品的微观结构和局域有序。由高分辨率图像可见［见图 9.6(a)］，样品球磨 5h 后绝大部分为无定形结构。选区电子衍射（SAED）花样［见图 9.6(a) 插图］呈宽环结构，位置与 CsCl 结构 TiNi 对应。但是，存在一些可能对应于 TiO_2 的微弱弥散环。无定形合金在电子束辐射下不稳定，可部分晶化。在电子束曝光 25min 后的照片里［见图 9.6(b)］，可见有序化区域（晶格条纹平行区域）。同时，额外的尖锐反射出现的 SAED 花样中［见图 9.6(b) 插图］。除无定形相外，球磨样品还含有少量 CsCl 结构晶相合金［见图 9.6(c)］。XRD 谱中无任何尖锐反射表明结晶相含量应非常低，少量结晶相或许是在 TEM 观察中形成的。

图 9.7 为热处理样品的微观结构。高分辨图像［见图 9.7(a) 和 (b)］显示存在发育良好的晶体，尺寸从 4nm 至 30nm。大面积（200 μm）SAED 花样中［见图 9.7(c)］包含有 CsCl 结构 TiNi 合金尖锐环。

用差热分析（DSC）法研究材料非晶形成过程。发现 MA 样品在 DSC 加热过程中会放出大量的热，XRD 分析显示，放热是由于晶化生成了有序化合物。

恒电流密度下间歇性测试充放电循环，由 Nernst 方程通过电极间的平衡电势可获得吸附/解吸氢电化学压力-组成等温线[30]。热处理前合金呈无定形特性，与纳米晶 TiFe 相比，氢吸附/解吸特性差，存储容量很小（见图 9.8）。热处理致使无定形向晶相结构转化，产生晶界。Anani 等人[17]发现晶界对于氢在合金中迁移至关重要。虽然微米晶和纳米晶的氢含量相近，但平台压力有小的差别。当 $TiFe_{1-x}Ni_x$ 中镍含量增加时，平台压力不断减小，氢存储容量不断增大。无定形结构的氢化行为不同于热力学稳定晶体材料。对于无定形 TiFe 材料，平台几乎完全消失。

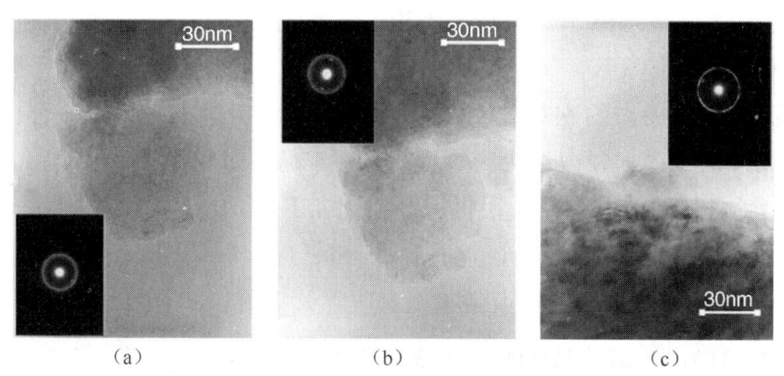

图 9.6 球磨 TiNi 样品的 TEM 照片和电子衍射花样（插图）

注：(a) 典型的无定形碎片；(b) 相同区域 25min 电子束曝光；(c) 晶粒。

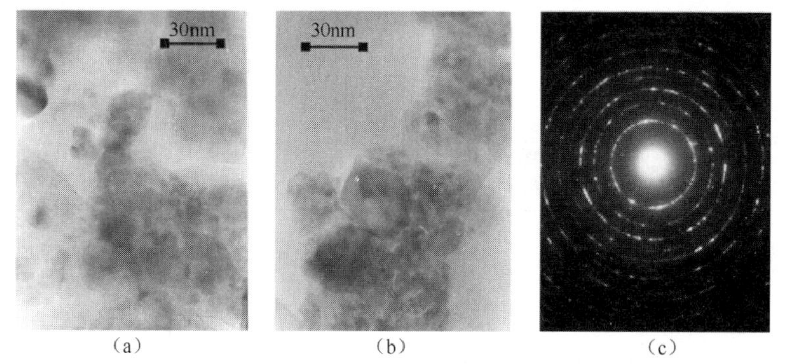

图 9.7 热处理后样品的 TEM 照片 (a)、(b) 和电子衍射花样 (c)

注：(a) 和 (b) 合金样品中纳米晶清晰可见。

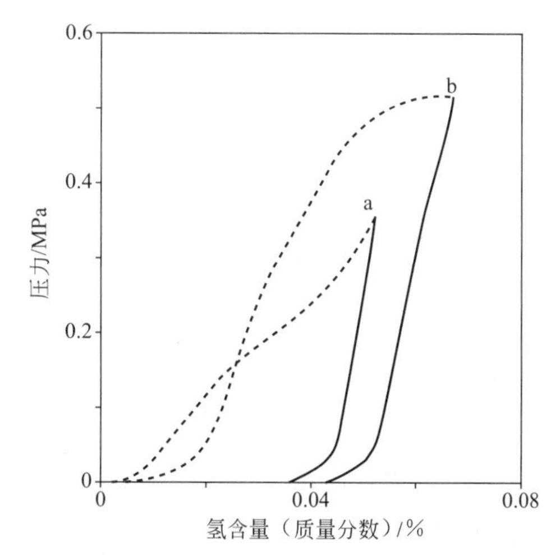

图 9.8 氢吸附（实线）和解吸（虚线）压力-组成电化学等温线

注：(a) 无定形和 (b) TiFe 纳米合金。

表 9.4 列出了微米晶、无定形和纳米晶 TiFe 材料的放电容量。MA 并热退火 TiFe 合金

粉体制备的电极放电容量非常低（在 4mA/g 放电电流下为 7.50mA・h/g），电弧熔炼电极无容量[31]。减小粉体粒径，增大新表面对改善氢吸附速率十分有效。

Ni 取代 TiFe 中的 Fe 可以大幅度改善电极的活性。研究发现，增大 $TiFe_{1-x}Ni_x$ 中的镍含量可以增大放电容量，$x=0.75$ 达到最大值[32]。对于热处理后的 $TiFe_{0.25}Ni_{0.75}$ 纳米晶粉体，放电容量可达 155mA・h/g（在 40mA/g 放电电流下）（见表 9.5）。用机械合金化并热退火元素粉体制备的电极大约在第三个循环容量达到最大，$TiFe_{1-x}Ni_x$ 合金中 $x=0.5$ 和 0.75 例外，随循环次数增加轻微退化。这可能是由于循环过程中易形成 TiO_2 氧化层。

表 9.5 列出了材料的放电容量。用机械合金化 TiFe 合金粉体制备的电极放电容量非常低（见图 9.9）。但机械合金化 TiFe 合金的放电容量（0.7mA・h/g）仍比电弧熔炼电极高（0.0mA・h/g）。减小粉体粒径，增大新表面对改善氢吸附速率有效。

表 9.5 $TiFe_{1-x}Ni_x$ 纳米晶材料的结构参数和放电容量（充放电流密度为 40mA/g）

x	a/nm	V/nm³	循环 3 次的放电容量/(mA・h/g)
0.0	0.2973	0.02628	0.7
0.25	0.2991	0.02676	55
0.5	0.3001	0.02703	125
0.75	0.3010	0.02727	155
1.0	0.3018	0.02749	67

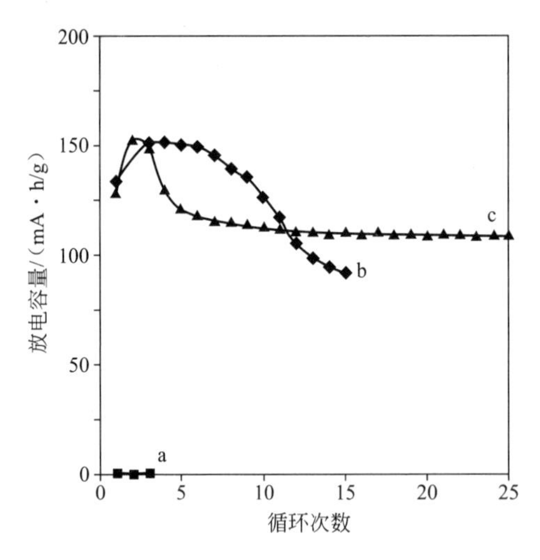

图 9.9 循环次数与放电容量的关系

注：a：TiFe 纳米晶电极；b：$TiFe_{0.25}Ni_{0.75}$ 电极；c：$TiNi_{0.6}Fe_{0.1}Mo_{0.1}Cr_{0.1}Co_{0.1}$ 电极（溶液为 6mol/L KOH，温度 20℃）。充电条件：40mA/g；相对于 Hg/HgO/6mol/L KOH 的截止电势为－0.7V。

Ni 取代 $TiFe_{1-x}Ni_x$ 中的 Fe 可以大幅度改善电极的活性。增大 $TiFe_{1-x}Ni_x$ 合金中镍含量可增大放电容量，$x=0.75$ 达到最大值[33]。

另一方面，$TiNi_{0.6}Fe_{0.1}Mo_{0.1}Cr_{0.1}Co_{0.1}$ 纳米晶粉体循环过程的放电容量基本不变（见图 9.9）。合金元素 Mo、Cr 和 Co 同时取代 Ti（Fe-Ni）纳米母合金中的 Fe 原子防止电极材料的氧化。

9.3.2 ZrV_2系统

MA 制备纳米晶 ZrV_2、$Zr_{0.35}Ti_{0.65}V_{0.85}Cr_{0.26}Ni_{1.30}$合金，随后热处理[34,35]。测试纳米晶粉体的电化学特性并与无定型材料比较。用 XRD 研究 MA 过程，可见粉体混合物球磨大约25h 全部转化为无定形相。在高纯氩气氛中 800℃热处理无定形材料 30min 形成有序合金（图 9.4 中 b 谱线）。

图 9.10 为无定形和纳米晶电极放电容量与充/放电循环次数的关系。$Zr_{0.35}Ti_{0.65}V_{0.85}Cr_{0.26}Ni_{1.30}$纳米晶材料电极表现出较好的活性和较高的放电容量。性能改善的原因是由于沿晶界有了氢原子扩散通道。表 9.6 列出了 ZrV_2型材料的放电容量。不像纳米、微米晶粉体与无定形粉体间存在本质差别，微米晶粉末与纳米晶粉末差别很小。由 MA 和退火处理制备的 $Zr_{0.35}Ti_{0.65}V_{0.85}Cr_{0.26}Ni_{1.30}$纳米晶粉体，放电容量可高达 150mA·h/g（160mA/g 放电电流下）[35]。

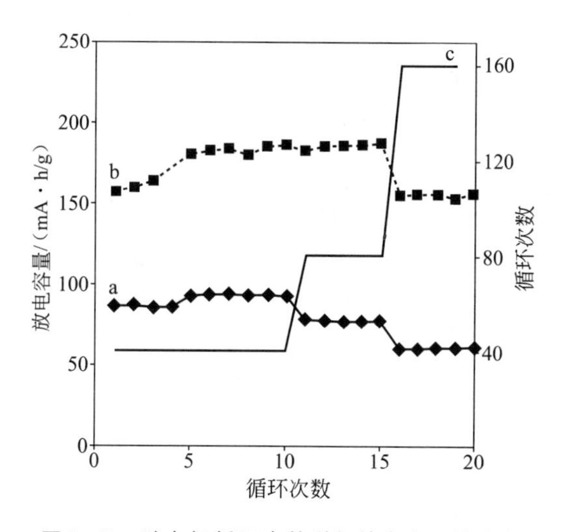

图 9.10 随电极循环次数增加放电容量的变化

注：(a) 无定形和 (b) 纳米晶 $Zr_{0.35}Ti_{0.65}V_{0.85}Cr_{0.26}Ni_{1.30}$电极（6mol/L KOH 溶液，20℃）。放电条件：40mA/g；参比于 Hg/HgO/6mol/L KOH 溶液截止电势为 0.7V。

表 9.6 微米晶、无定形和纳米晶 $Zr_{0.35}Ti_{0.65}V_{0.85}Cr_{0.26}Ni_{1.30}$材料的放电容量（充放电电流密度为 160mA/g）

制备方法	结构类型	第 18 个循环的放电容量/(mA·h/g)
电弧熔炼并热处理①	微晶（$MgZn_2$）	135
MA	无定形	65
MA 并热处理	纳米晶（$MgZn_2$）	150

①1000℃/7 天。

与少量镍粉 HEBM，不含镍储氢合金的电化学特性能可得到改善[34]。用这种方法制备的 ZrV_2和 $Zr_{0.5}Ti_{0.5}V_{0.8}Mn_{0.8}Cr_{0.4}$合金，加入 10%（质量分数）镍粉，$ZrV_2$/Ni 和 $Zr_{0.5}Ti_{0.5}V_{0.8}Mn_{0.8}Cr_{0.4}$/Ni 电极的放电容量大为改善，分别从 0 增加至 110mA·h/g 和 214mA·h/g（见表 9.7）。

表 9.7 含及未含 10%(质量分数) Ni 粉体纳米晶 ZrV_2 材料的放电容量(充放电电流密度为 4mA/g)

组分	放电容量/(mA·h/g)
ZrV_2	0
ZrV_2/Ni	110
$Zr_{0.5}Ti_{0.5}V_{0.8}Mn_{0.8}Cr_{0.4}$	0
$Zr_{0.5}Ti_{0.5}V_{0.8}Mn_{0.8}Cr_{0.4}/Ni$	214

在 ZrV_2/Ni 基材料中用 Ti 取代 Zr 和 Mn，Cr 取代 V，可大幅度提高电极的活性。热处理纳米晶 ZrV_2/Ni 基粉体可获得比无定形母系合金粉体更大的容量（约 2.2 倍）。通常，电化学特性与组分晶粒的尺寸和晶体完整性紧密相关，也就是与制备储氢合金处理方法或晶粒细化方法紧密相关。

9.3.3 $LaNi_5$系统

$LaNi_5$氢基体材料的特性可以通过合金化获得实质性改善。用少量 Al、Mn、Si、Zn、Cr、Fe、Cu 或 Co 取代 $LaNi_5$ 中的 Ni，储氢容量、氢化物相稳定性以及抗腐蚀性可以改变[18,20,36~41]。通常，在 $LaNi_5$ 类过渡金属化合物子晶格中，Mn、Al 和 Co 取代能很好地平衡高容量和高抗腐蚀性[6,18]。在 MA 过程中，La 和 Ni 原有的尖锐衍射线逐渐展宽，衍射强度随球磨时间减小。粉体混合物球磨大约 30h 完全转化为无定形相。高纯氩气中 700℃热处理 30min（见图 9.4c 谱线）可以形成纳米晶合金。原子力显微镜（AFM）分析显示，La-Ni 粉体的平均尺寸为 25nm 数量级（见图 9.11）。

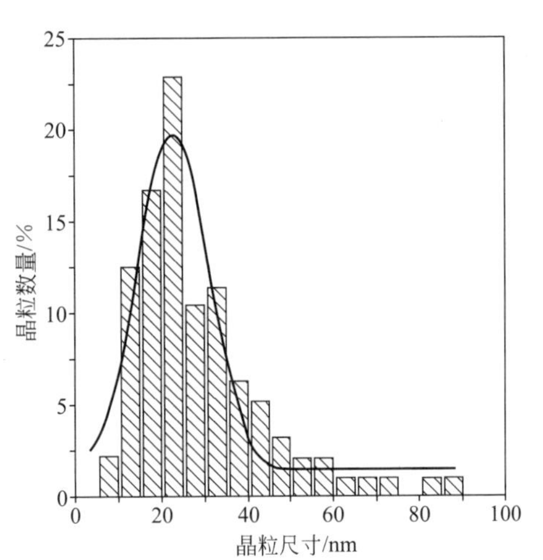

图 9.11 氩气中 La 和 Ni 粉体混合物机械合金化 30h 的直方图

纳米晶 $LaNi_5$ 合金粉体电极的放电容量很低（见图 9.12）[37,38]。Al 或 Mn 取代 Ni 的 $La(Ni,M)_5$ 合金的放电容量增大。机械合金化并热处理后，$LaNi_4Mn$ 电极第一个循环的放电容量最大，但随放电循环次数增加衰减严重。Al、Mn 和 Co 元素取代 Ni 可大大改善 $LaNi_5$类材料的循环寿命（见图 9.12）。

随着 Co 含量在 $LaNi_{4-x}Mn_{0.75}Al_{0.25}Co_x$ 中的增加，材料的放电容量一直随 x 增大直至 $x=0.25$[40]。纳米晶 $LaNi_{3.75}Mn_{0.75}Al_{0.25}Co_{0.25}$ 的放电容量高达 258mA·h/g（40mA/g 放电电流），可以与 Iwakura 所报道的微米晶 $MmNi_{4-x}Mn_{0.75}Al_{0.25}Co_x$ 合金（金属网）结果相媲美[41]。

用 X 射线光电能谱仪（XPS）和俄歇电子能谱仪（AES）分析微米晶和纳米晶 $LaNi_5$类合金的表面洁净度[37,42]。微米晶 $LaNi_{4.2}Al_{0.8}$样品元素的俄歇强度与溅射时间和深度关系示于图 9.13(a) 中。

由图可见，表面有相当高的碳和氧浓度，这可能是碳酸盐或大气中 CO_2的吸附。碳在样品内浓度急剧减少。氧仅在金属界面存在，可能是由于形成了一层氧化层，其他化合物存在的概率不高。在氧化物与金属界面上主要存在镧和镍。考虑到镍和铝原子俄歇电子的逃逸深度大约为 2nm，这些元素在金属表面的浓度明显低于块体平均组成。因此，有可能是在大气条件下偏析至表面的镧原子形成了镧基氧化物层。氧化的深度是受限的，也就是说，氧化物覆盖层厚度是一定的，底层的金属阻止了进一步氧化。可能形成了自稳定的氧化物-金属结构。大气环境下微晶 Co 薄膜氧化也有非常相似的行为。从峰-峰幅值可以计算出样品中最大氧原子浓度为 2%，碳杂质浓度低于 0.5%。图 9.13(b) 示出了纳米晶 $LaNi_{4.2}Al_{0.8}$ 样品特定元素的俄歇强度与溅射时间换算为深度的关系。与微米晶样品结果相同，在表面碳和氧的浓度相对高，但碳在样品内部浓度急剧减小。在氧化物-金属界面，仅有铁杂质和镧原子存在。

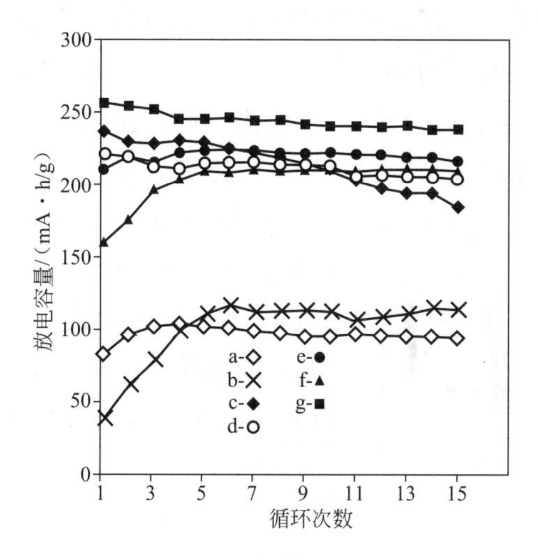

图 9.12 MA 并热处理制备的纳米晶粉体 $LaNi_5$ 类负电极放电容量与循环次数关系

注：a—$LaNi_5$；b—$LaNi_4$ Co；c—$LaNi_4$ Mn；d—$LaNi_4$ Al；e—$LaNi_{3.75}$ $CoMn_{0.25}$；f—$LaNi_{3.75}$ $CoAl_{0.25}$；g—$LaNi_{3.75}Mn_{0.75}Al_{0.25}Co_{0.25}$(6mol/L KOH 溶液，20℃)。充电条件：40mA/g，参比于 Hg/HgO/6mol/L KOH 截止电势为 0.7V。

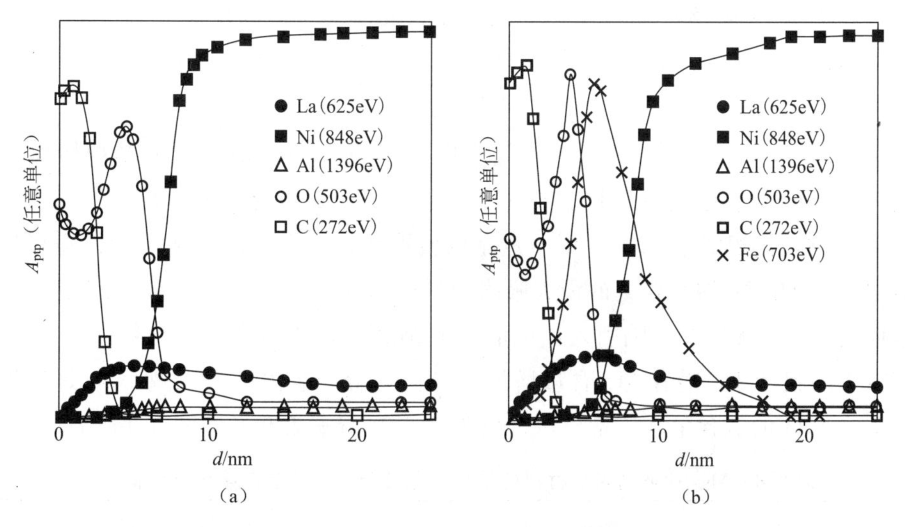

图 9.13 微米晶 (a) 和纳米晶 (b) $LaNi_{4.2}Al_{0.8}$ 合金俄歇电子谱与溅射时间，换算为深度的关系

注：样品表面在左边。

由于镍和铝原子的俄歇电子逃逸深度约为 2nm，因此这些元素在金属表面实际上不存在。换句话说，镧原子和铁杂质偏析至表面，在大气条件下形成了氧化层。低层镍原子形成金属表面亚层是高氢化速率的原因，这和早期的发现是一致的。上述偏析过程比微米晶样品要强。在纳米晶 $LaNi_{4.2}Al_{0.8}$ 合金表面层存在一定量铁原子是由于磨介腐蚀导致铁杂质掺入在 MA 粉体中。铁杂质在样品亚表面的量大为减少。从峰-峰值上看，样品内部氧原子的最大浓度估计为 2%。与以往报道的多晶 $LaNi_{4.2}Al_{0.8}$ 合金结果一样，样品中碳杂质浓度低于 0.5%。

9.3.4 Mg_2Ni 系统

镁-镍相图中有两种化合物，Mg_2Ni 和 $MgNi_2$。第一种在室温下缓慢与氢反应形成三元氢化物 Mg_2NiH_4。在高温高压下（如，200℃，1.4MPa[25]），氢吸附-解吸反应很快。

用机械合金化制备的 Mg-Ni 合金是一种很好的储氢材料[25,43~46]。Ling 等人[44] 发现，HEBM 产生的新鲜表面和裂纹，对改善初始氢化特性动力学有很有帮助。

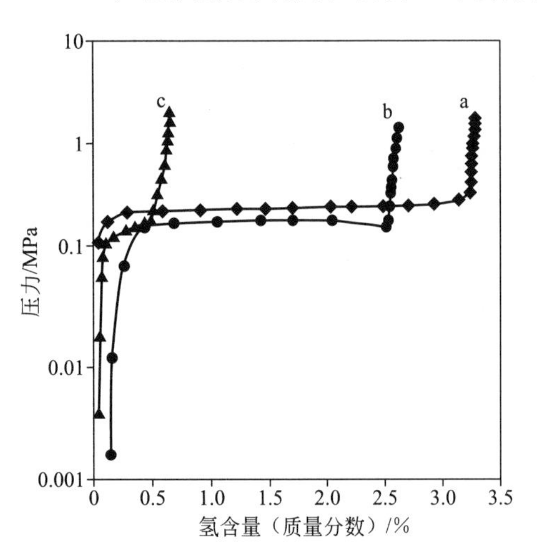

图 9.14 $Mg_{2-x}Mn_xNi$-H 纳米合金 300℃ 下压力-成分等温线

注：(a) $x=0$；(b) $x=0.25$；(c) $x=0.5$。

早期研究表明，由 MA 制备并经热处理的 Mg_2Ni 纳米合金，当粉体混合物球磨大约 90h 后完全转化为无定形相，无其他杂相生成。在高纯氩气氛下 400℃热处理 30min 可获得纳米合金。所有 X 射线衍射峰均与六角晶体结构对应，晶胞参数为 $a=0.5216$nm，$c=0.13246$nm（见图 9.4 中 d 谱线）[25]。AFM 分析显示，无定形 Mg-Ni 粉体的平均尺寸为 30nm 量级。

室温下 Mg_2Ni 纳米合金吸附氢气，解吸很少。高于 250℃，氢吸附-解吸动力学过程明显变化，Mg_2Ni 纳米合金与氢的反应可逆。300℃下，氢含量达 3.25%（质量分数）。氢化使 Mg_2Ni 转化为氢化物 Mg_2NiH_x 相。重要的是，210℃至 245℃间，氢化物 Mg_2NiH_x 相从高温立方结构转化为低温单斜相。当每个 Mg_2Ni 化学式吸氢超过 0.3 个氢原子，系统结构重组为复杂的正化学计量比 Mg_2NiH_x 氢化物，体积膨胀 32%。用一定量的锰取代镁，合金的电化学特性得以提高。实验结果表明，纯 Mg_2Ni 纳米合金的最大吸附容量为 3.25%（质量分数），由于机械合金过程中有大量应变、化学无序和缺陷引入，该值小于 Mg_2Ni 微米合金质量分数 3.6%。增大 Mn 含量可以减小晶胞尺寸。随着 Mn 含量增加，Mg_2Ni 合金氢浓度大大减小。300℃时，纳米晶 $Mg_{1.5}Mn_{0.5}NiH$ 的氢含量（质量分数）仅为 0.65%（见表 9.8 和图 9.14）。

表 9.8 Mg_2Ni 类纳米晶材料的结构、晶格参数、放电容量和氢含量[15]

合金	结构和晶格参数	放电容量/(mA·h/g)	300℃下氢含量(质量分数)/%
Mg_2Ni 纳米晶	六角 $a=0.5216$nm，$c=0.13246$nm	100	3.25

续表

合金	结构和晶格参数	放电容量/(mA·h/g)	300℃下氢含量(质量分数)/%
$Mg_{1.75}Mn_{0.25}Ni$ 纳米晶	六角 $a=0.5185nm$，$c=0.13097nm$	148	2.50
$Mg_{1.5}Mn_{0.5}Ni$ 纳米晶	立方 $a=0.3137nm$	241	0.65
$Mg_{1.75}Al_{0.25}Ni$ 纳米晶	六角 $a=0.5193nm$，$c=0.13173nm$	105	1.75
$Mg_{1.5}Mn_{0.5}Ni$ 纳米晶	立方 $a=0.3149nm$	175	0.26
Mg_2Ni 微米晶	六角 $a=0.5223nm$，$c=0.1330nm$	—	3.6

注：为好比较，Mg_2Ni 微米母合金数据也列于表中

机械合金化并热处理后，Mg_2Ni 电极第一个循环容量最大（100mA·h/g），但随循环次数增加迅速退化。Mg_2Ni 循环特性劣化是由于充放电形成了 Mg（$OH)_2$。为避免表面氧化，对 Mn 或 Al 取代 Mg_2Ni 中的镁进行了研究，发现放电特性得到极大改善。$Mg_{1.5}Mn_{0.5}Ni$ 和 $Mg_{1.5}Al_{0.5}Ni$ 合金的放电容量分别可达 241mA·h/g 和 175mA·h/g[25]。

用 XPS 分析 Mg_2Ni 类纳米合金的表面化学组成，结果显示机械合金化 Mg_2Ni 纳米合金中的镁原子在高真空下会向表面大量偏析。这一现象或许会严重影响氢化过程。

9.3.5 纳米复合材料

有人提议用纳米复合氢化物这一类新电极材料作为氢化物基可充电电池阳极[47~50]。这些材料可通过机械混合两种组分制备：主组分具有优良的储氢特性；次组分是表面活性剂。主组分从常见的氢化物电极材料中选择，如 TiFe，ZrV_2，$LaNi_5$ 和 Mg_2Ni 类合金。次组分通常为镍、铜、钯或石墨。到目前为止，纳米复合氢化物电极已经展现出如下优势：

① 无需初始活化；

② 放电容量增大；

③ 充放电稳定性提高；

④ 充电效率增大；

⑤ 反复充放电不易出现表面退化。

为了改进所研究纳米晶电极材料的电化学特性，用镍和石墨元素作为表面改性剂，球磨法制备 TiFe 类合金[49,50]。1h 球磨合成 $TiFe_{0.25}Ni_{0.75}$/M 类复合材料，这里 M 为 10%（质量分数）镍或碳。$TiFe_{0.25}Ni_{0.75}$类材料与镍或碳一起球磨使 $TiFe_{0.25}Ni_{0.75}$ 的衍射峰大为展宽。此外，与石墨一起球磨使 $TiFe_{0.25}Ni_{0.75}$/C 的晶体尺寸从 60nm 减小至 20nm。

图 9.15 为所研究纳米复合材料放电容量与循环次数的关系。当用镍包覆时，$TiFe_{0.25}Ni_{0.75}$纳米晶粉体的放电容量增大。元素镍均匀地分布于球磨合金颗粒表面，这些颗粒起到了催化合金表面氢分子分解作用。机械包覆镍和石墨有效地减小了电极材料的退化速率。与未包覆材料相比，包覆粉体的性能退化得到压制。最近的拉曼光谱和 XPS 光谱研究表明，

石墨与 MgNi 合金的相互作用发生在合金的镁部位[36]。在球磨过程中一旦自然氧化层被打破，石墨可以阻止新的氧化物在表面生成。

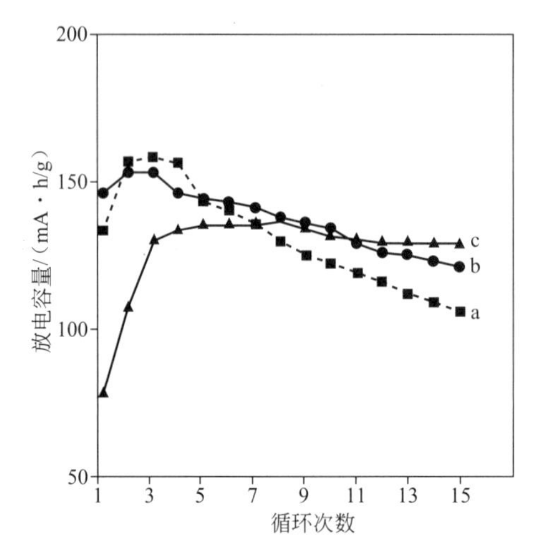

图 9.15 MA 并热处理 $TiFe_{0.25}Ni_{0.75}$ (a)，以及 $TiFe_{0.25}Ni_{0.75}$/Ni(b) 和 $TiFe_{0.25}Ni_{0.75}$/C (c) 复合电极循环次数与放电容量关系

注：6mol/L KOH 溶液，20℃。

同样的特性在 Mg_2Cu 基电极纳米材料中也被观察到[26]。机械合金化并热处理 Mg_2Cu 纳米晶在第一个循环的充电容量最大（26.5mA·h/g），但随循环次数增加衰减很快（见表 9.9）。Mg_2Cu 电极循环特性的劣化是由于在充放电过程中 Mg $(OH)_2$ 的形成。为避免表面氧化，对钯包覆 Mg_2Cu 类材料做了研究。钯包覆 Mg_2Cu 纳米晶粉体的放电特性得到了改进。元素钯均匀地分布于球磨合金粉体的表面，这些颗粒使合金表面的氢分子得以催化分解。机械包覆钯有效地减小了电极材料的退化速率。与非包覆粉体相比较，包覆粉体的退化受到了压制（见表 9.9）。

表 9.9 Mg_2Ni 类纳米晶和微米晶材料的结构、晶格参数、放电容量以及氢含量

材料	结构和晶格参数/nm	放电容量/(mA·h/g)		300℃下氢含量（质量分数）/%
		第一个循环	第三个循环	
纳米晶 Mg_2Cu	正交 a=0.9119 (4) b=0.18343 (4) c=0.5271 (1)	26.5	4.7	2.25
纳米晶 Mg_2Cu/Pd	正交/FCC a=0.9046 (6) b=0.18463 (3) c=5.274 (1) /a=0.3890 (7)	26.3	19.3	1.75

对于 Mg_2Cu 类合金，合金电极的容量与氢吸附量（质量分数，%）的关系可通过输入/输出电荷进行计算。按照方程：$E_s=-0.9325-0.0291\times \log p(H_2)/p_0$，合金中一个数量级氢压力的电荷产生 29mV 电极电势[18]。图 9.16 为 Mg_2Cu 类材料的电化学压力-组成等温线。等温线显示，与微米晶（曲线 a）和纳米晶（曲线 b）合金相比较，Mg_2Cu/Pd 纳米复合材料（曲线 c）的平衡氢压力和氢的数量均增大。

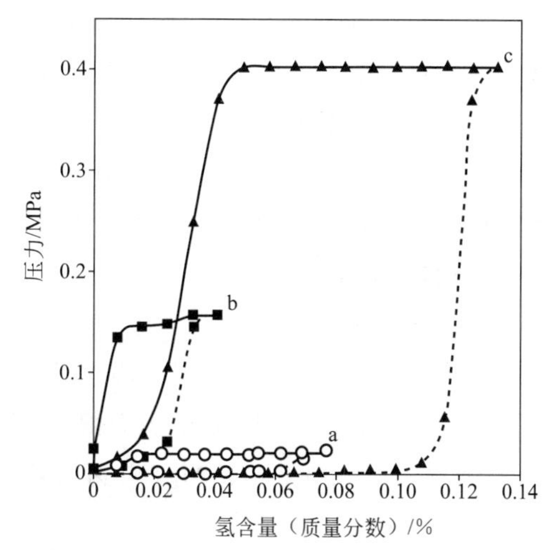

图 9.16 Mg_2Cu 微米晶（a）和纳米晶（b）合金以及 Mg_2Cu/Pd 纳米复合材料（c）吸氢（实线）放氢（虚线）电化学压力-成分等温线

注：6mol/L KOH 溶液；充放电条件为 4mA/g，截止电势为 0.700V。

同样，Mg_2Ni/Pd 和 $Mg_{2-x}Al_xNi$/Pd 类纳米复合储氢合金（x=0，0.5）也可通过 MA 制备。MA 过程对镁基合金的影响也详细地进行了研究（见图 9.17和图 9.18）。所有研究材料的晶胞参数列于表 9.10。对于 $Mg_{1.5}Al_{0.5}Ni$、Ti_2Ni 类合金形成一个立方结构晶相（a=0.3149nm）。钯包覆 Mg_2Ni 和 $Mg_{1.5}Al_{0.5}Ni$ 类纳米晶材料的放电容量得以改善。元素钯均匀地分布于球磨合金粉体的表面，这些颗粒使合金表面的氢分子得以催化分解[13]。机械包覆钯有效地减小了电极材料的退化速率。与非包覆粉体相比较，包覆粉体的退化受到了压制（见图 9.19）。

表 9.10 纳米复合 $Mg_{2-x}Al_xNi$/Pd 类储氢材料（x=0，0.5）的结构、晶格参数和放电容量

材料	结构和晶格常数/nm	第一个循环的放电容量/(mA·h/g)
纳米复合物 Mg_2Ni/Pd	六角/FCC a=0.5254，c=0.13435/a=3.8907	305
纳米复合物 $Mg_{1.5}Al_{0.5}Ni$/Pd	立方/FCC a=0.3171/a=0.38907	240

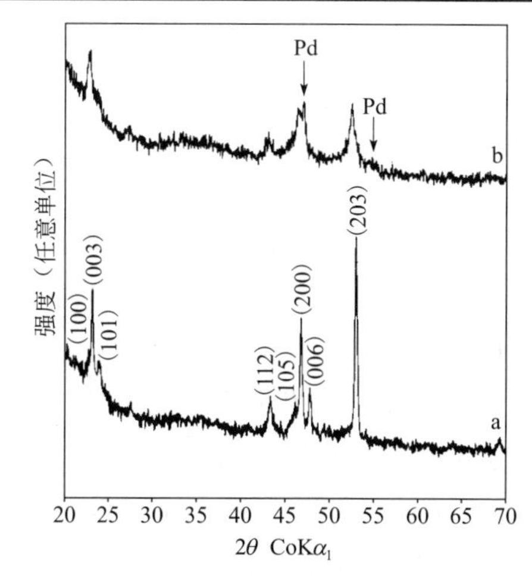

图 9.17 机械合金化后热处理纳米晶 Mg_2Ni 和纳米复合 Mg_2Ni/Pd 类储氢材料的 X 射线衍射谱

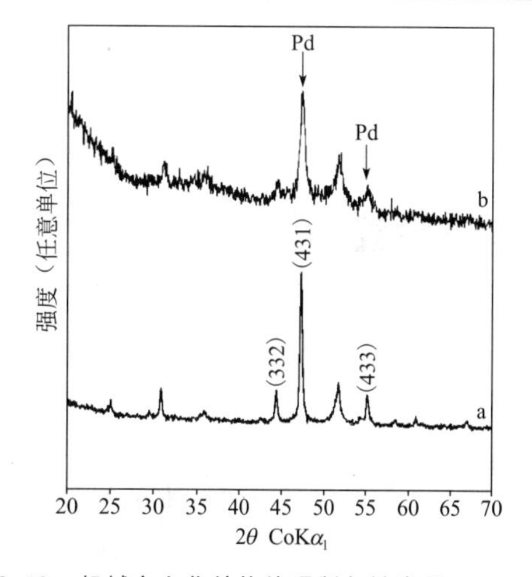

图 9.18 机械合金化并热处理制备纳米晶 $Mg_{1.5}Al_{0.5}Ni$ 和纳米复合 $Mg_{1.5}Al_{0.5}Ni$/Pd 类储氢材料的 X 射线衍射谱

X射线荧光光谱（XRF）测出多晶和纳米晶 Mg_2Ni 类合金的块体化学组成。XPS核能级测量表明，MA纳米晶试样中Mg原子的表面偏析强于微米晶薄膜试样。对于 Mg_2Ni/Pd 复合材料，Mg原子表面偏析尤为强烈。图9.20为Mg、O、Ni以及Pd XPS峰归一化积分强度与 Mg_2Ni/Pd 复合材料溅射时间换算为深度的关系。XPS Mg-1s、Ni-2p3/2、Pd-3d5/2峰分别被归一化为原位制备的纯Mg、Ni、Pd薄膜的强度。O-1s峰被归一化为MgO单晶强度。图9.20中的结果表明复合材料表面实际缺少Ni和Pd原子。在大气条件下Mg强烈偏析至表面形成Mg基氧化物层。氧化过程是受限的，一定厚度氧化物区域的底层金属不再氧化。因此，可以得到自稳定的氧化物——金属层。底层Ni和Pd原子形成金属亚层，使氢化速率迅速增大。在 Mg_2Ni/Pd 复合材料中，Mg原子表面偏析比 Mg_2Ni 纳米晶合金更强。然而，原位制备微米晶 Mg_2Ni 薄膜没有偏析效应。Mg_2Ni 薄膜空气中自然氧化24h仅有少量Mg原子偏析至表面。

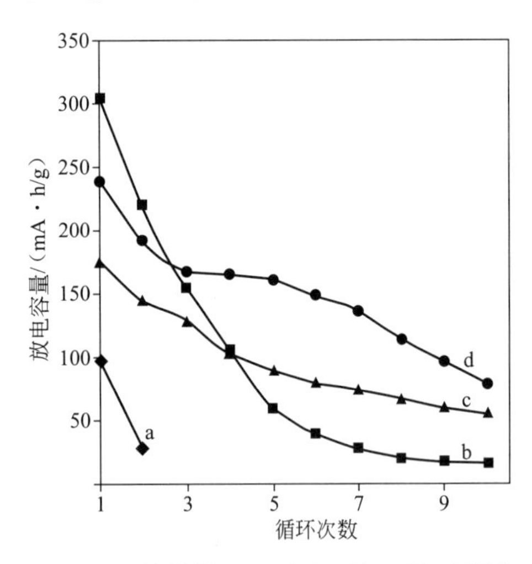

图9.19　纳米晶 Mg_2Ni(a)、$Mg_{1.5}Al_{0.5}Ni$(b)和纳米复合 Mg_2Ni/Pd(c)、$Mg_{1.5}Al_{0.5}Ni/Pd$(d)储氢材料放电容量

注：冲放电电流密度为4mA/g。

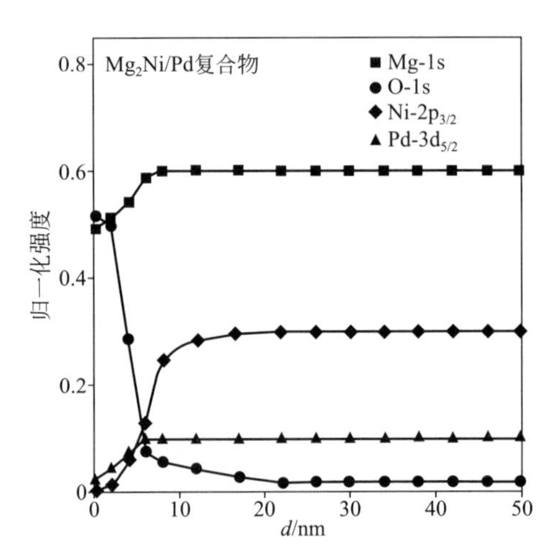

图9.20　Mg、O、Ni和Pd XPS峰归一化积分强度与 Mg_2Ni/Pd 复合材料溅射时间换算为深度的关系

注：XPS Mg-1s、Ni-$2p_{3/2}$、Pd-$3d_{5/2}$ 峰分别被归一化为原位制备的纯Mg、Ni、Pd薄膜的强度。O-1s峰被归一化为MgO单晶强度。XPS测试是在超高真空条件下热处理后立刻进行，去除了吸附碳（主要是碳酸盐），但不包括上表面层稳定氧化物。

9.4 电性能

储氢合金作为阳极材料应用也关注TiFe、ZrV_2、$LaNi_5$ 或 Mg_2Ni 的电子结构，以及Ni原子和Al、Co、Cr、Mo杂质改性[51~60]。到目前为止，对于金属氢化物的生成热和溶解热已经建立了数个半经典模型[61,62]，以试图使金属基体获得最大氢吸收容量。

最近，有人采用紧束缚版本的线性Muffin-tin法研究了原子球面近似下Ti基系统的电子结构（TB-LMTO ASA）[53]。发现对于 $TiFe_{1-x}Ni_x$ 合金，增大Ni杂质含量扩展了价带，费米能级态密度增大。$TiNi_{0.6}Fe_{0.1}Mo_{0.1}Cr_{0.1}Co_{0.1}$ 也有同样的效果。

用XPS研究微米晶和纳米晶 $TiFe_{0.25}Ni_{0.75}$ 合金的电子特性[54]。通常，Ni取代 $TiFe_{1-x}Ni_x$ 中

Fe会引起晶格膨胀，Ni-Ni相互作用减小，Ni的d轨道能级变窄。上述现象使价带出现相对最大值[54,63]。此外，由于Ni取代Fe的无序效应，价带也能被展宽。纳米晶$TiFe_{0.25}Ni_{0.75}$合金的XPS价带形状也比多晶$TiFe_{0.25}Ni_{0.75}$样品宽，这很可能是由于纳米晶体发生了强烈畸变。正常地，纳米晶内部是受约束的，晶界处原子间距扩张。对于MA纳米晶$TiFe_{0.25}Ni_{0.75}$合金，Ni原子也能占据畸变晶粒中的亚稳态位置。上述特性也能改变价带的电子结构。

有人也研究过Zr（V-Ni）$_2$类化合物的电子结构[56]。发现Ni杂质引起电荷从Zr和V原子向Ni转移，价带展宽，费米能级处的电子态密度减小大约30%。

最近，Ni取代对$LaNi_5$类化合物电子结构的影响也被研究过[57,58,65]。实验结果与ab-initio LMTO全态密度（DOS）计算非常一致[57]。Ni-3d态对La-5d态不可忽略的键合贡献使导带被部分占据。La-5d态主要分布在费米能级之上。费米能级处XPS信号很强，由于La-5d的实际贡献可以忽略，其主要由Ni-3d态构成[57,64]。

与$LaNi_5$相比，微米晶$LaNi_4Al$的XPS价带谱大为改善。通常，与铝取代Ni相关的晶格膨胀由于Ni-Ni相互作用减弱会引起Ni-3d能级变窄，价带出现相对最大值。$LaNi_4Al$合金的价带宽度比$LaNi_5$系统大很多，这是价带底部的Al-s和p能级的贡献[57]。此外，Al取代Ni引起的无序效应也能使价带展宽。相比于微米晶$LaNi_4Al$试样，纳米晶$LaNi_4Al$合金的XPS价带变得更宽[59]。

二元$LaNi_5$晶化为$CaCu_5$结构，La占据1(a）位置，Ni占据2(c）和3(g）位置。$LaNi_4Al$电池电极材料是$LaNi_5$的取代衍生物，La占据点群P6/mmm的1(a）位置，Ni和Al占据2(c）和3(g）位置。实验结果表明，La位置不能容纳Ni和Al原子。TB-LMTO计算结果与实验数据相对应，杂质Al原子倾向于3g位置[64]。对于MA纳米晶$LaNi_4Al$合金，Al原子也能占据畸变晶粒的亚稳态（2c）位置。上述特性也使价带的电子结构得以改善。

至今为止，Mg-Ni化合物的大量实验研究均与电化学特性相关[25,26,66~68]。对P6222点群理想六角Mg_2Ni类结构的能带结构进行计算，在这种结构中，每一个Mg和Ni原子占据两个晶相位置：Mg(6i)，Mg(6f)，Ni(3d)，Ni(3b)。两种情况（$Mg_{11/6}Al_{1/6}Ni$和$Mg_{11/6}Mn_{1/6}Ni$）的总能量计算表明，杂质原子Al和Mn倾向于占据6i位置。Al原子使价带底部发生了改变，比Mg_2Ni系统增宽了大约0.5eV。对于Mn原子，4d电子改变了费米能级下3eV范围的价带，使$E=E_F$的态密度值增大[25]。

有人研究了纳米晶Mg_2Ni和$Mg_{1.5}Mn_{0.5}Ni$的XPS价带[24,69]。与观察到的纳米晶TiFe和$LaNi_5$类合金能带宽化效应相似，同样的变化也存在于Mg_2Ni类合金。纳米晶Mg_2Ni能带展宽的原因与上述纳米晶FeTi和$LaNi_5$类合金一样。可以相信，对于纳米晶$Mg_{1.5}Mn_{0.5}Ni$类合金，价带比微米晶合金更宽。

纳米晶Mg_2Ni和$Mg_{1.5}Mn_{0.5}Ni$的XPS价带如图9.21所示。MA纳米晶合金的XPS价带比理论计算能带宽化了很多。特别是对于Mg_2Ni合金，实验和计算相比较，能带的宽化是显而易见的。纳米晶Mg_2Ni合金能带的宽化可能与MA试样纳米晶体严重畸变密切相关[69]。正常情况下，纳米晶内部是受约束的，晶界处原子间距扩张。然而，Al和Mn原子也能占据畸变晶粒中的亚稳态位置。

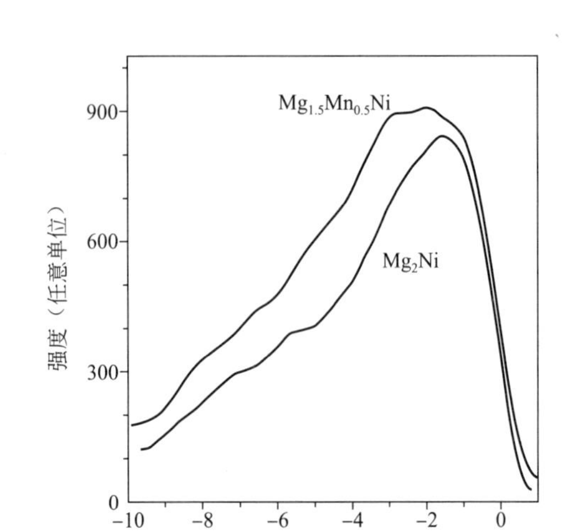

图 9.21 纳米晶 Mg_2Ni 和 $Mg_{1.5}Mn_{0.5}Ni$ 合金的 X 射线光电子谱（XPS）

注：XPS 测试是在超高真空下热处理后立即进行，为去除自然氧化物和可能存在的杂质层使用了离子枪刻蚀系统。

为改进纳米晶电极材料的电化学特性，以石墨和钯为表面改性剂对 Mg 基合金进行球磨（见图 9.22）。当包覆石墨或钯后，纳米晶 $Mg_{1.5}Mn_{0.5}Ni$ 和 $Mg_{1.5}Al_{0.5}Ni$ 粉末的放电容量增大[66,68]。石墨均匀地分布在球磨合金颗粒表面（这些粒子在合金表面催化分解氢分子）。机械包覆石墨和钯有效地减小了电极材料的劣化速率。与未包覆粉体相比较，包覆粉体的劣化得到压制。最近，Iwakura 等的研究表明，MgNi 石墨复合物中石墨对 MgNi 合金的改性主要在表面[70]。拉曼光谱和 XPS 分析显示，石墨与 MgNi 合金的相互作用发生在合金的 Mg 区域。球磨过程中自然氧化物层被打破时，石墨阻止了新氧化层在材料表面的形成。

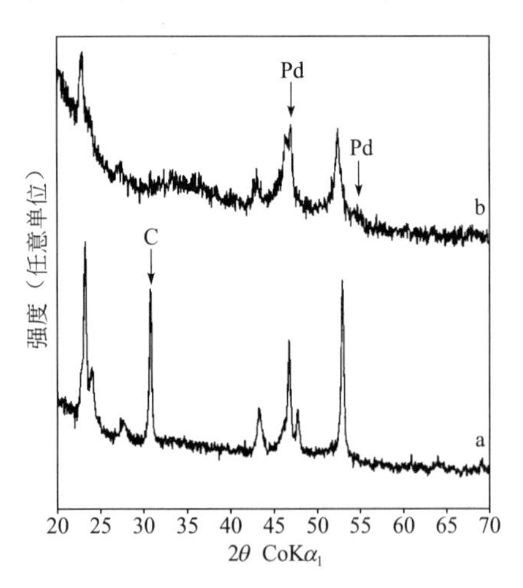

图 9.22 纳米复合 Mg_2Ni/C(a) 和 Mg_2Ni/Pd(b) 材料的 X 射线衍射谱

图 9.23 示出了 Mg_2Ni/Pd 和 Mg_2Cu/Pd 复合物的 XPS 价带。与微米晶 Mg_2Cu 或 Mg_2Ni 合金比较，纳米复合合金价带有明显展宽[68]。纳米晶 Mg_2Ni 价带谱的最大值比纳米复合 Mg_2Ni/Pd 距离费米能级更近大约 1.78eV。这一结果也表明，纳米复合物价带比理论能带计算明显宽化。值得注意，与纳米晶 Mg_2Cu 合金和纳米复合 Mg_2Cu/Pd 材料相比较，宽化是显而易见的。纳米晶 Mg_2Ni 和 Mg_2Cu 合金能带宽化的原因可能与 MA 试样纳米晶体

严重畸变密切相关[42]。正常情况下，纳米晶内部是受约束的，晶界处原子间距扩张。然而，在纳米晶结构形成过程中额外的无序使 MA 试样价带谱展宽。

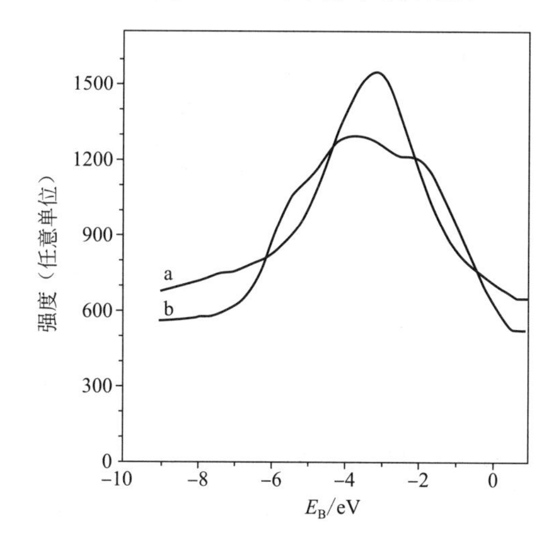

图 9.23 Mg_2Cu/Pd(a) 和 Mg_2Ni/Pd(b) 纳米复合物的 X 射线光电子（XPS）价带谱（Al-Kα）

注：XPS 测试是在超高真空下热处理后立即进行，为去除自然氧化物和可能存在的杂质层使用了离子枪刻蚀系统。

纳米晶 Mg_2Ni 类合金电子结构的很大改变对氢化特性有显著的影响，纳米晶 FeTi 和 $LaNi_5$ 类合金早前也观察到同样特性[24]。对于纳米晶 $Mg_{1.5}Mn_{0.5}Ni$ 类合金，相信其实验价带比多晶合金的测量值或计算值要宽。

目前的理论研究对进一步的实验研究是有帮助的，可以加深对那些重要储氢材料电子特性的理解。

9.5 Ni-MH 电池封装

一些纳米结构合金的循环特性用 HB116/054 电池封装进行了测试（按国际标准 IEC no. 61808，与氢化物纽扣可充电单电池相关内容）[71]。活性材料的质量为 0.33g。为制备 MH 负电极，合金粉体与 5%（质量分数）四羰基镍混合，混合物压制成圆片放置于镍网（作为电流收集器）制成的小框中。每一个测试纽扣电池的直径为 6.6mm，厚度为 2.25mm。封装的 Ni-MH 电池由压制的正负电极、聚酰胺隔膜构成，KOH（$\rho=1.20\times10^3kg/m^3$）作为电解液。由纳米晶材料电极电池在电流密度 $i=3mA/g$ 下充电 15h，暂停 1h，然后在电流密度 $i=7mA/g$ 下放电至电压 1.0V。所有电化学测试在（20±1）℃下进行。

为了研究活性 $TiFe_{0.25}Ni_{0.75}$ 和 TiNi 作为 Ni-MH 电池电极材料的品质，记录阳极和阴极恒电流脉冲 15s 下过电位与电流关系（i=10、20、40 和 80mA/g）（见图 9.24）。可以看到，相对于静态电位电极，纳米晶体电极的阳极和阴极部分几乎是对称的。由此得到的结论是，对所有的研究电极都可以达到很快的速率。

图 9.25 为纳米晶 Ti 基合金封装纽扣电池放电容量与放电循环次数关系。在 TiNi 类材料中，最高放电容量是 $TiFe_{0.25}Ni_{0.75}$ 合金。纳米晶 $TiFe_{0.25}Ni_{0.75}$ 合金封装电池与多晶（$Zr_{0.35}Ti_{0.65}$）（$V_{0.93}Cr_{0.28}Fe_{0.19}Ni_{1.0}$）具有几乎相同的容量[72]。

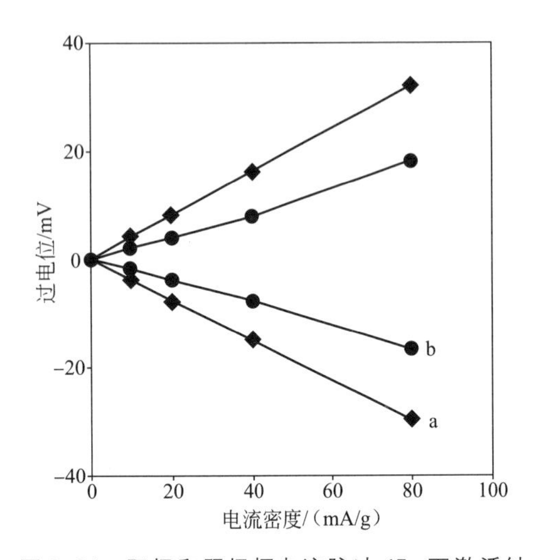

图 9.24 阳极和阴极恒电流脉冲 15s 下激活纳米晶过电势与电流密度关系

注：(a) $TiFe_{0.25}Ni_{0.75}$和 (b) TiNi 电极。

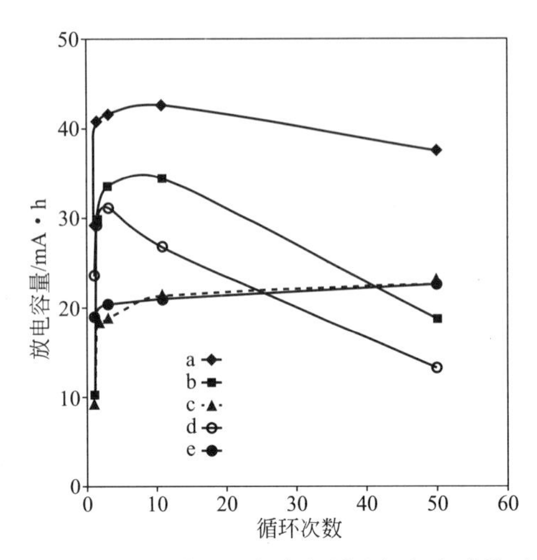

图 9.25 纳米晶 Ti 基合金负电极封装纽扣电池的耐久性

注：(a) $TiFe_{0.25}Ni_{0.75}$；(b) TiNi；(c) $TiNi_{0.875}Zr_{0.125}$；(d) $TiNi_{0.6}Fe_{0.1}Mo_{0.1}Cr_{0.1}Co_{0.1}$；(e) NiCd 合金。活性材料质量为 0.33g。

纳米晶 $La(Ni，Mn，Al，Co)_5$粉体电极封装纽扣电池的放电容量比微米晶粉体负电极放电容量略高。

9.6 结论

MA 制备的纳米晶 TiFe，ZrV_2、$LaNi_5$和 Mg_2Ni 类合金能可逆地实现氢化物储氢，电化学释放氢。机械合金化是获取容量高和吸氢特性好纳米晶储氢材料的合适工艺。当前，MA 在制备储氢材料方面具有两个主要优势：

① 可使熔点相去甚远的元素形成合金（如，Mg、Ni、Cu），通常的电弧熔炼或感应熔炼难于实现；

② 它是一个成熟的粉体制备技术，很容易实现由实验室至工业化放大（如，从几克至几吨粉体）。

由 MA 制备并热处理纳米晶 ZrV_2和 $LaNi_5$类粉体的储氢特性与熔铸（微米）合金不存在大的差别。纳米晶 TiFe 和 Mg_2Ni 类氢化物本质上提高了吸附特性，优于常见方法制备出的材料。纳米晶电极特性取决于 MA 化合物的结构特征。目前，Ni-MH 电池是先进信息和通讯系统的关键元器件。高科技 Ni-MH 电池材料将以纳米结构储氢合金为主导。

参考文献

1 http://www.emrs.c-strasbourg.fr.

2 http://www.zywex.com/nanotech/feynman.html.

3 Gleiter, H. (1990) *Progr. Mater. Sci.*, **33**, 223.

4 Wang, Z.-L., Liu, Y. and Zhang, Z. (eds), (2003) *Handbook of nanophase and nanostructured materials*, Kluwer Academic/Plenum Publishers, New York.

5 Zaluski, L., Zaluska, A. and Ström-Olsen, J.O. (1997) *J. Alloys Comp.*, **253–254**, 70.

6 Jurczyk, M. (2004) *Bull. Pol. Ac.: Tech.*, **52** (1), 67.

7 Jurczyk, M. (1996) *J. Alloys Comp.*, **235**, 232.

8 Jurczyk, M., Smardz, L., Smardz, K., Nowak, M. and Jankowska, E. (2003) *J. Solid State Chem.*, **171**, 30.

9 Jurczyk, M. (1995) *J. Alloys Comp.*, **228**, 172.

10 Wojciechowski, S. (2000) *J. Mater. Proc. Techn.*, **106**, 230.

11 Richert, J. and Richert, M. (1986) *Aluminium*, **62**, 604.

12 Valiev, R.Z., Korrznikov, A.V. and Mulyukov, R.R. (1993) *Mater. Sci. Eng. A*, **168**, 141.

13 Sun, P.I., Kao, P.W. and Chang, C.P. (2000) *Mater. Sci. Eng. A*, **283**, 82.

14 Bradhurst, D.H. (1983) *Metals Forum*, **6**, 139.

15 Conte, M., Prosini, P.P. and Passerini, S. (2004) *Mater. Sci. Eng. B*, **108**, 2.

16 Sandrock, G. (1999) *J. Alloys Comp.*, **293–295**, 877.

17 Anani, A., Visintin, A., Petrov, K., Srinivasan, S., Reilly, J.J., Johnson, J.R., Schwarz, R.B. and Desch, P.B. (1994) *J. Power Sources*, **47**, 261.

18 Kleparis, J., Wojcik, G., Czerwinski, A., Skowronski, J., Kopczyk, M. and Beltowska-Brzezinska, M. (2001) *J. Solid State Electrochem.*, **5**, 229.

19 Sakai, T., Matsuoka, M. and Iwakura, C. (1995) In: (eds K.A. GschneiderJr. and L. Eyring)*Handbook of the Physics and Chemistry of Rare Earth*, Vol.**21** Elsevier Science B.V p. 135. Chapter 142

20 Buschow, K.H.J., Bouten, P.C.P. and Miedema, A.R. (1982) *Rep. Prog. Phys.*, **45**, 937.

21 Hong, K. (2001) *J. Alloys Comp.*, **321**, 307.

22 Benjamin, J.S. (1976) *Sci. Am.*, **234**, 40.

23 Suryanarayna, C. (2001) *Progr. Mater. Sci.*, **46**, 1.

24 Jurczyk, M., Smardz, L. and Szajek, A. (2004) *Mater. Sci. Eng. B*, **108**, 67.

25 Gasiorowski, A., Iwasieczko, W., Skoryna, D., Drulis, H. and Jurczyk, M. (2004) *J. Alloys Comp.*, **364**, 283.

26 Jurczyk, M., Okonska, I., Iwasieczko, W., Jankowska, E. and Drulis, H. (2007) *J. Alloys Comp.*, **429**, 316.

27 Tarasov, B.P., Fokin, V.N., Moravsky, A.P., Shul'ga, Yu.M. and Yartys, V.A. (1997) *J. Alloys Comp.*, **253–254**, 25.

28 Jurczyk, M., Rajewski, W., Wojcik, G. and Majchrzycki, W. (1999) *J. Alloys Comp.*, **285**, 250.

29 Jankowska, E. and Jurczyk, M. (2002) *J. Alloys Comp.*, **346**, L1.

30 Kopczyk, M., Wojcik, G., Mlynarek, G., Sierczynska, A. and Beltowska-Brzezinska, M. (1996) *J. Appl. Electrochem.*, **26**, 639.

31 Jurczyk, M., Jankowska, E., Nowak, M. and Wieczorek, I. (2003) *J. Alloys Comp.*, **354**, L1.

32 Jurczyk, M., Jankowska, E., Nowak, M. and Jakubowicz, J. (2002) *J. Alloys Comp.*, **336**, 265.

33 Jurczyk, M., Smardz, L., Makowiecka, M., Jankowska, E. and Smardz, K. (2004) *J. Phys. Chem. Sol.*, **65**, 545.

34 Jurczyk, M., Rajewski, W., Majchrzycki, W. and Wojcik, G. (1998) *J. Alloys Comp.*, **274**, 299.

35 Majchrzycki, W. and Jurczyk, M. (2001) *J. Power Sources*, **93**, 77.

36 Jurczyk, M. (2003) *Curr. Top. Electrochem.*, **9**, 105.

37 Jurczyk, M., Smardz, K., Rajewski, W. and Smardz, L. (2001) *Mater. Sci. Eng. A*, **303**, 70.

38 Jurczyk, M., Nowak, M., Jankowska, E. and Jakubowicz, J. (2002) *J. Alloys Comp.*, **339**, 339.

39 Jurczyk, M., Smardz, L., Smardz, K., Nowak, M. and Jankowska, E. (2003) *J. Solid State Chem.*, **171**, 30.

40 Jurczyk, M., Nowak, M. and Jankowska, E. (2002) *J. Alloys Comp.*, **340**, 281.

41 Iwakura, C., Fukuda, K., Senoh, H., Inoue, H., Matsuoka, M. and Yamamoto, Y. (1998) *Electrochim. Acta*, **43**, 2041.

42 Smardz, L., Smardz, K., Nowak, M. and Jurczyk, M. (2001) *Cryst. Res. Techn.*, **36**, 1385.

43 Aymard, L., Ichitsubo, M., Uchida, K., Sekreta, E. and Ikazaki, F. (1997) *J. Alloys Comp.*, **259**, L5.

44 Ling, G., Boily, S., Huot, J., Van Neste, A. and Schultz, R. (1998) *J. Alloys Comp.*, **268**, 302.

45 Orimo, S., Züttel, A., Ikeda, K., Saruki, S., Fukunaga, T., Fujii, H. and Schlapbach, L. (1999) *J. Alloys Comp.*, **293–295**, 437.

46 Mu, D., Hatano, Y., Abe, T. and Watanabe, K. (2002) *J. Alloys Comp.*, **334**, 232.

47 Bouaricha, S., Dodelet, J.P., Guay, D., Huot, J. and Schultz, R. (2001) *J. Alloys Comp.*, **325**, 245.

48 Chen, J., Bradhurst, D.H., Don, S.X. and Liu, H.K. (1998) *J. Alloys Comp.*, **280**, 290.

49 Jurczyk, M. (2004) *J. Mater. Sci.*, **39**, 5271.

50 Iwakura, C., Inoue, H., Zhang, S.G. and Nohara, S. (1999) *J. Alloys Comp.*, **293–295**, 653.

51 Gupta, M. (1982) *J Phys. F: Metal Phys.*, **12**, L57.

52 Garcia, G.N., Abriata, J.P. and Sofo, J.O. (1999) *Phys. Rev. B*, **59**, 11746.

53 Szajek, A., Jurczyk, M. and Jankowska, E. (2003) *J. Alloys Comp.*, **348**, 285.

54 Smardz, K., Smardz, L., Jurczyk, M. and Jankowska, E. (2003) *Phys. Stat. Sol. (a)*, **196**, 263.

55 Szajek, A., Jurczyk, M. and Jankowska, E. (2003) *Phys. Stat. Sol.*, **196**, 256.

56 Szajek, A., Jurczyk, M. and Rajewski, W. (2000) *J. Alloys Comp.*, **302**, 299.

57 Szajek, A., Jurczyk, M. and Rajewski, W. (2000) *J. Alloys Comp.*, **307**, 290.

58 Smardz, L., Smardz, K., Nowak, M. and Jurczyk, M. (2001) *Cryst. Res. Techn.*, **36**, 1385.

59 Szajek, A., Jurczyk, M., Nowak, M. and Makowiecka, M. (2003) *Phys. Stat. Sol. (a)*, **196**, 252.

60 Szajek, A., Makowiecka, M., Jankowska, E. and Jurczyk, M. (2005) *J. Alloys Comp.*, **403**, 323.

61 Griessen, R. (1988) *Phys. Rev.*, **B38**, 3690.

62 Bouten, P.C. and Miedema, A.R. (1980) *J. Less Common Metals*, **71**, 147.

63 Jankowska, E., Makowiecka, M. and Jurczyk, M. (2006) *Polish J. Chem. Techn.*, **8**, 59.

64 Joubert, J.M., Latroche, M., Percheron-Guégan, A. and Bourée-Vigueron, F.B. (1988) *J. Alloys Comp.*, **275–277**, 118.

65 Jurczyk, M. (2006) *J. Optoelectron. Adv. Mater.*, **8**, 418.

66 Jurczyk, M., Smardz, L., Okonska, I., Jankowska, E., Nowak, M. and Smardz, K. Int. J. Hydrogen Energy (2007), doi: 10.1016/j.ijhydene.2007.07.022.

67 Szajek, A., Jurczyk, M., Smardz, L., Okonska, I. and Jankowska, E. (2007) *J. Alloys Comp.*, **436**, 345.

68 Smardz, K., Smardz, L., Okonska, I., Nowak, M. and Jurczyk, M. Int. J. Hydrogen Energy (2007), doi: 10.1016/j.ijhydene.2007.07.032.

69 Smardz, K., Szajek, A., Smardz, L. and Jurczyk, M. (2004) *Mol. Phys. Rep.*, **40**, 131.

70 Iwakura, C., Inoue, H., Zhang, S.G. and Nohara, S. (1999) *J. Alloys Comp.*, **293–295**, 653.

71 Jankowska, E. and Jurczyk, M. (2004) *J. Alloys Comp.*, **372**, L9.

72 Skowronski, J.M., Sierczynska, A. and Kopczyk, M. (2002) *J. Solid State Electrochem.*, **7**, 11.

10 纳米钛氧化物的能量存储和转换

10.1 引言

二氧化钛（TiO_2）是一种产量很大的无机材料（每年四百万吨[1]），广泛应用于牙膏、油漆和颜料等日常生活中，也可用于催化剂（光催化剂）、气体传感器和光学涂料等。更多的应用可参考 Diebold 关于 TiO_2 表面科学的综述[2]。这里，本文只关注纳米 TiO_2 在电化学中的应用。TiO_2 的三种晶型分别是：金红石、锐钛矿和板钛矿。金红石和锐钛矿（见图 10.1）在工业上受到了广泛关注。锐钛矿向金红石的转化温度在 450℃ 以上[3]。TiO_2 与锂源如 LiOH、Li_2CO_3 或 $LiNO_3$ 反应生成尖晶石型钛酸锂 $Li_4Ti_5O_{12}$。

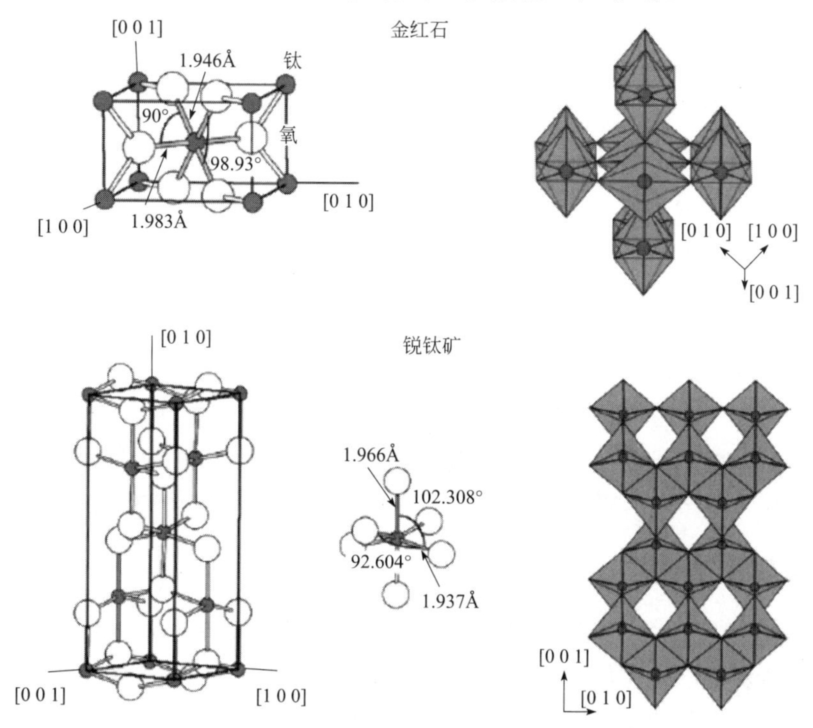

图 10.1 锐钛矿和金红石 TiO_2 结构

本章介绍的所有应用研究都是从纳米锐钛矿开始。因此，首先介绍工业上很重要的纳米

TiO_2合成，其次是$Li_4Ti_5O_{12}$的转化，最后是电池和太阳能电池中的应用。

10.2 纳米二氧化钛粉体的制备

10.2.1 湿化学法

$TiCl_4$水解生成包含少量金红石的锐钛矿纳米颗粒。四氯化钛/水的体积比控制了结晶度和粒度。$TiCl_4$/水体积比为1：50时，可获得晶粒为12nm的粉末，BET比表面积高达$250m^2/g$[4]。纳米TiO_2可通过溶胶凝胶前驱体水解法简单获得，如钛酸丁酯（TTIP）在70℃的纯净水中先水解，随后在100℃干燥。粉末具有很高的比表面积（$750m^2/g$），但是为板钛矿和锐钛矿的混合物[5]。此混合物不适合如光催化分解水中有机污染物等的应用，但在染料敏化太阳能电池应用中只是影响效率，而纯锐钛矿相是染料敏化太阳能电池的优选。

Altair纳米技术公司已经开发了一种湿法工艺生产超细或纳米二氧化钛，用的是含钛溶液尤其是氯化钛溶液[6]。该过程涉及到溶液的全部蒸发，此时温度高于溶液的沸点，但低于晶体明显生长的温度。化学添加剂可控制粒子的大小，煅烧后可获得纳米颗粒。二氧化钛既可能是锐钛矿也可能是金红石。煅烧后，研磨分散二氧化钛，可获得高质量、窄粒径分布的纳米TiO_2。

氯化钛水溶液一般是由水、盐酸、钛的氯氧化物和钛的氯化物构成。此方法中盐酸和钛组成范围可能很大。此办法可进一步获得氧化钛固体，涉及到溶液的可控蒸发和二氧化钛薄膜的形成。这个过程的温度高于溶液沸点和低于晶体明显生长温度。水和盐酸被蒸发掉，而盐酸可能会重新生成。

为诱导并控制结晶，钛氧化物随后在高温下进行煅烧。化学添加剂的浓度和种类，以及煅烧条件一起决定了超细二氧化钛的结晶形态和晶体尺寸。

研磨或分散（如喷雾干燥）煅烧后最终获得具有窄粒径分布的纳米或超细二氧化钛。此发明方法的优点有：高品质窄粒径分布的超细二氧化钛、易控制的物理和化学特性和低成本。

10.2.2 化学气相沉积

$TiCl_4$气相氧化也被称为二氧化钛工业中的氯化法[7]，是一种气相制备法或化学气相沉积（CVD）法，其中所有反应物进行气或汽相化学反应形成粉末。$TiCl_4$是一种低成本无机前驱体，可氧化或水解制备TiO_2粉体，反应方程为：

$$TiCl_4(g) + O_2(g) \longrightarrow TiO_2(s) + 2Cl_2(g) \tag{10.1}$$

较高的反应温度下平衡常数的增加有利于获得纳米颗粒。反应温度通常在1400℃和1500℃之间，预热温度为900℃，在这些条件下，可得到锐钛矿型TiO_2。

10.2.3 气相水解

CVD氯化法的缺点之一是制备温度高，可能导致反应设备的快速腐蚀。气相水解法在氯化过程中自然发生，反应方程为：

$$TiCl_4(g) + 2H_2O(g) \longrightarrow TiO_2(s) + 4HCl(g) \tag{10.2}$$

虽然$TiCl_4$有时可伴随着氧化过程发生水解，但它主要是作为成核剂[8]。然而，众所周知，$TiCl_4$在较低的温度水解可获得更细TiO_2颗粒。德固赛公司开发了一种气相合成TiO_2的方法，是一种使用氢焰的另类气相水解法。

德固赛 P25 是其他 TiO_2 纳米材料的参比光催化剂。它组成是 80％锐钛矿和 20％的金红石，平均晶粒尺寸 20nm，BET 比表面积为 $50m^2/g$。

10.2.4 物理气相沉积

Nanophase 技术公司已经获得电弧等离子体法（物理气相沉积 PVD）合成纳米材料（包括 TiO_2）的相关专利[9]。此系统包括一个室，一个被工作气体化学保护的非自耗阴极（不包括氧化气体，但包括惰性气体），一个可被阴极和阳极之间的电弧气化的自耗阳极，以及可在电弧的边界喷射淬火和反应气体的一个喷嘴。这一过程中，反应气体为氧气，钛阳极上可获得纳米 TiO_2。

10.3 其他的 TiO_2 纳米结构

除了纳米 TiO_2 微球，人们已经可制备用于能量存储和转换的其他各种 TiO_2 纳米结构。大多数这些结构可以通过锂化转换为钛尖晶石结构。有几种方法可获得特殊的 TiO_2 形貌，如：钛在氟溶液中阳极氧化制备 TiO_2 纳米管[10~13]；此方法类似于铝阳极氧化（见第 1 章）。另一个常见的介孔纳米结构的制备方法是以嵌段共聚物为模板进行溶胶-凝胶法自组装[14~16]。当以球作为模板，可得到蜂窝状结构[17~21]（见表 10.1）。水热合成法也可获得纳米线[22,23]、纳米片[24]、或纳米带[25]（见表 10.2）。

表 10.1 钛阳极氧化和溶胶-凝胶法制备的二氧化钛纳米结构

类型	SEM	制备方法	文献
纳米管阵列	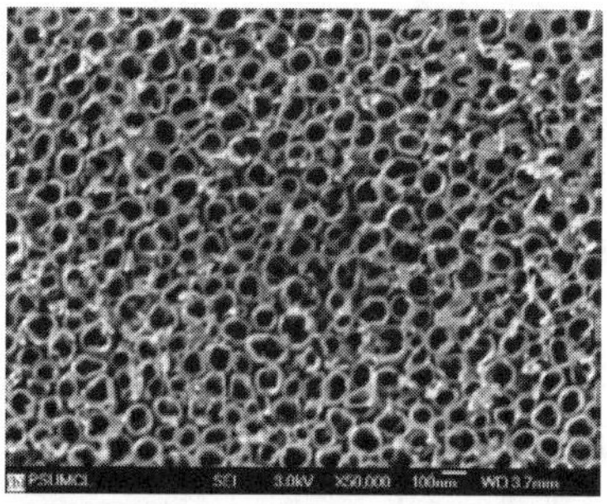	氢氟酸阳极氧化钛	[10~13]
介孔阵列		自组织溶胶凝胶前驱体和嵌段共聚物	[14~16]

续表

类型	SEM	制备方法	文献
蜂窝阵列	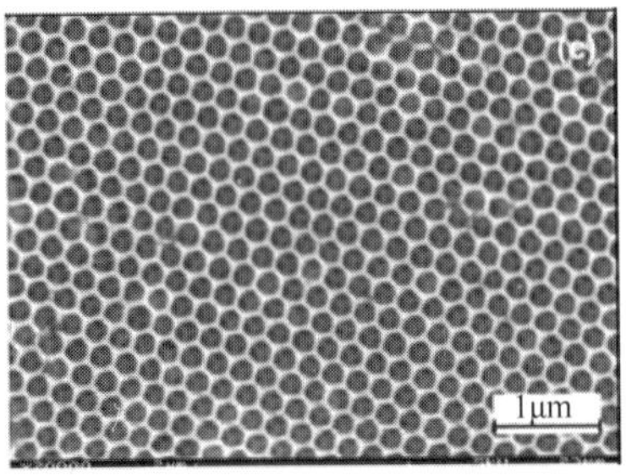	聚苯乙烯球模板法溶胶凝胶合成	[17～21]

表 10.2　水热反应制备二氧化钛纳米结构

类型	SEM	制备方法	文献
纳米线	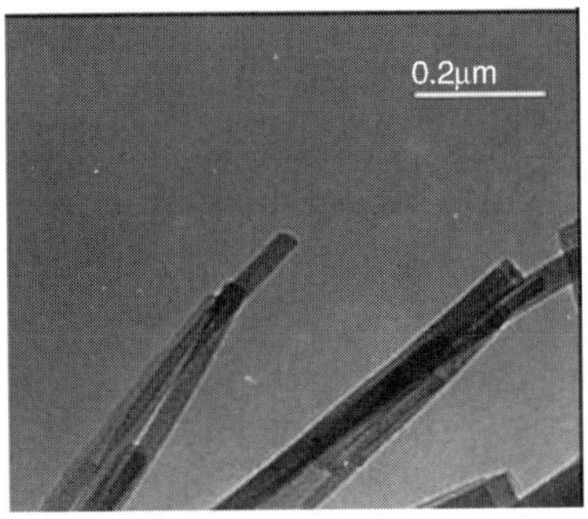	NaOH 和 TiO_2 水热反应，随后酸洗，并在 400℃ 热处理	[22，23]
纳米片阵列	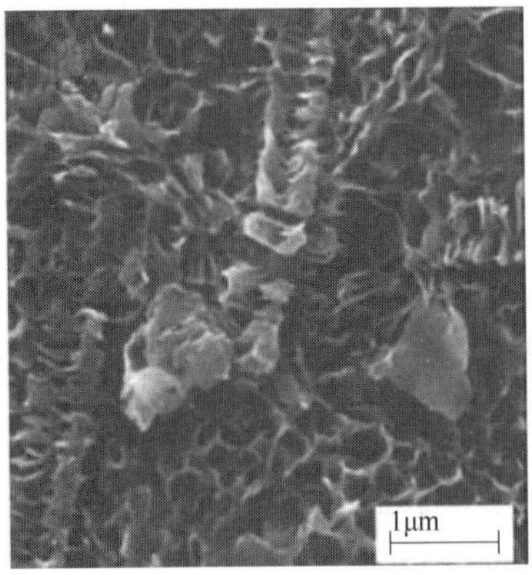	钛酸异丙酯结合溶胶-凝胶法及水热致相分离法	[24]
纳米线和纳米带	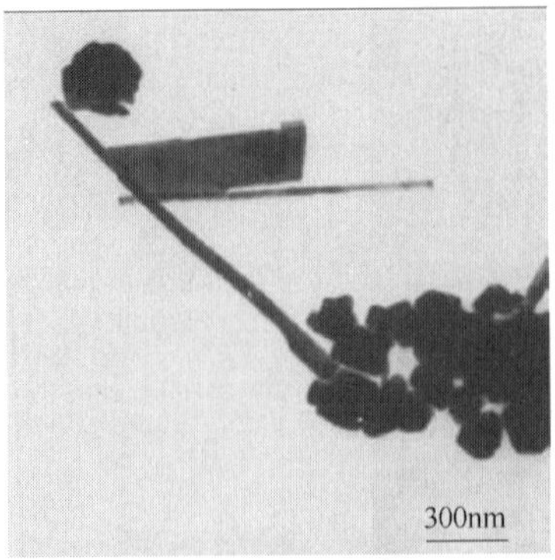	微乳液中 $TiCl_4$ 水解	[25]

10.4 制备纳米 $Li_4Ti_5O_{12}$

Aamatucci 等人[26]以纳米（32nm）锐钛矿为前驱体，以 $LiNO_3$ 为锂源，快速热处理，通过固体化学法制备了纳米钛酸锂(n-LTO)。他们得到的颗粒粒径小于 100nm，退火时间少于 1000s(见图 10.2)。Guerfi 等人[27]还用纳米锐钛矿与碳酸锂固相反应法制备了 n-LTO。在有碳的情况下，他们用球磨法和罐磨法混合前驱体。Zaghib 等人通过球磨微晶尖晶石，高能破碎法制备了纳米晶钛酸锂，获得颗粒尺寸为 600nm。然而，这些材料的电化学性能并无明显不同[28]。

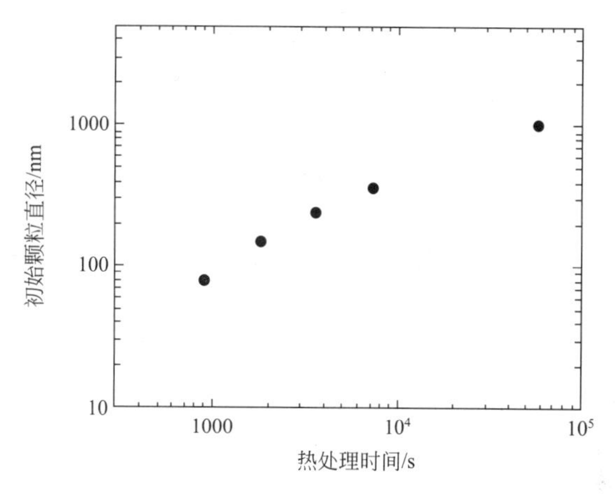

图 10.2 淬火前不同时间快速热处理的 $Li_4Ti_5O_{12}$ 颗粒尺寸（场发射扫描电子显微镜）

Graetzel 等人开发的溶胶凝胶法中[29]，以乙醇锂和 Ti(IV) 醇盐作为反应体，制备了纳米 $Li_4Ti_5O_{12}$(尖晶石)。优化后的材料中主要杂质为锐钛矿（少于 1%），BET 的比表面积为 53～183m^2/g，具体数值取决于合成条件。另一种溶胶-凝胶法是由 Shen 等人提出的[30]，以钛酸丁酯与醋酸锂在异丙醇中反应得到。X 射线衍射（XRD）谱计算的颗粒尺寸为 100nm。Kim 等提出了在乙二醇中，由四异丙醇钛和氧化锂制备 n-LTO 的多元醇辅助法[31]。值得注意的是，当热处理温度是 320℃时，颗粒直径为 5nm。

10.5 纳米 $Li_4Ti_5O_{12}$ 尖晶石在储能装置中的应用

Deschanvers 等人在 1971 年发表了一篇详细介绍尖晶石型氧化物 $Li_{1+x}Ti_2XO_4$ ($0\leqslant x\leqslant 1/3$) 的重要论文[32]。Murphy 等人在 1983 年发表了 $Li_4Ti_5O_{12}$ 作为锂嵌入材料的最早论文[33]。

自 20 世纪 90 年代初开始，Colbow 团队[34]、Ferg 团队[35]和 Ohzuku 团队[36]对这种材料进行了电化学表征。在该系列的各种成员中，$Li_4Ti_5O_{12}$ 是半导体，并具有嵌锂电化学。钛酸锂嵌锂电位为 1.55～1.56V[37,38]。这种材料可以容纳 1mol 的锂，理论容量 175mA·h/g（基于起始主体材料的质量）。这是为数不多可容纳锂离子没有任何晶格膨胀的锂插层材料。因为在充放电过程中没有电化学粉化发生，因此电池具有优良的循环寿命。此外，LTO 晶粒尺寸减少将导致放电倍率性能的提高（见图 10.3）。用低温水热锂离子交换法，从钛酸盐纳米管/纳米线前驱体中可制备具有碳纳米管/纳米线形态和高表面积的新奇结构尖晶石型 $Li_4Ti_5O_{12}$。虽然报告[39]没有比较 $Li_4Ti_5O_{12}$ 纳米管/纳米线和 $Li_4Ti_5O_{12}$ 纳米粉两种材料，但其声称前者比后者具有更高的倍率性能。

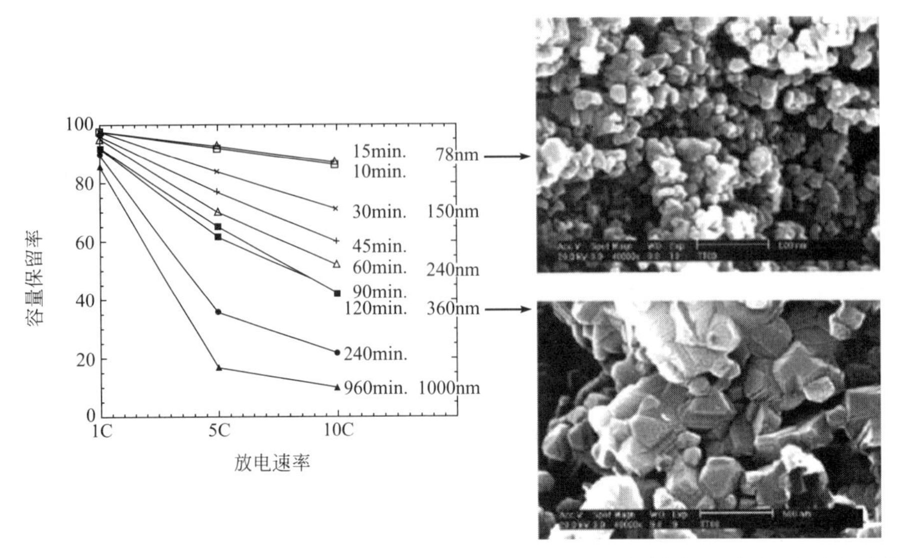

图 10.3 快速热处理不同时间制备的不同尺寸 $Li_4Ti_5O_{12}$ 的容量保持率（测试阳极为锂金属）

10.5.1 混合非对称超级电容器

2001 年，Amatucci 等人报道了 $Li_4Ti_5O_{12}$ 纳米晶与超级电容器用活性炭组成混合电池时，其表现出良好的充电速率和稳定性[40]。这种新型的电池被称为非水性非对称混合超级电容器（NAH）[41]，因为它组合了具有法拉第反应的阳极和双电层电容效应的阴极（见图 10.4）。这种方法的两个优点是：①能量密度比超级电容器高，因为 n-LTO 的恒流放电电压提高了电池的平均电压（见图 10.5）；②比传统的电池更长的循环寿命，因为阳极晶格不膨胀和阴极不发生插层反应（见图 10.6）。由此制备的电池封装为 500F 时，能量密度为 11W・h/kg，循环次数可超过 100000 个周期[42]。此电池结构已由罗格斯大学申请了相关专利。

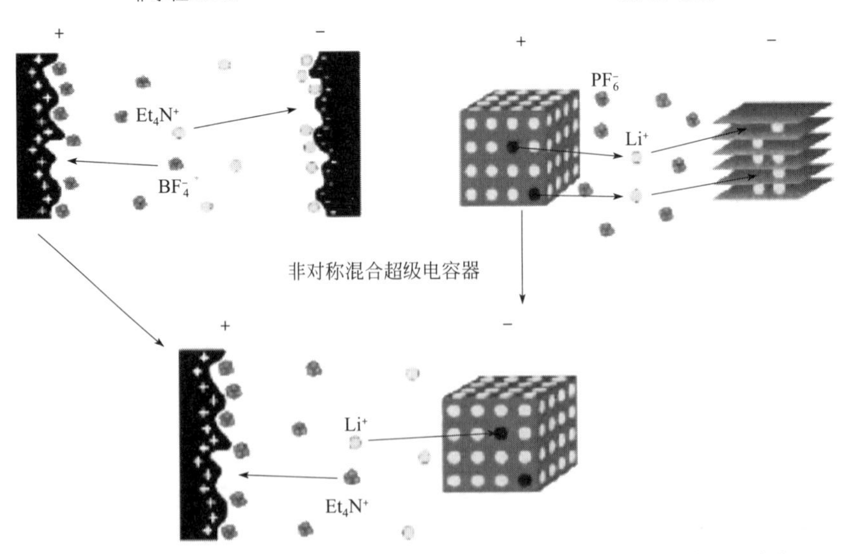

图 10.4 示意图传统非水性双电层电容器（EDLC）电极用活性炭正电极和锂离子化学电池用插层负电极组装 NAH 单元的示意图

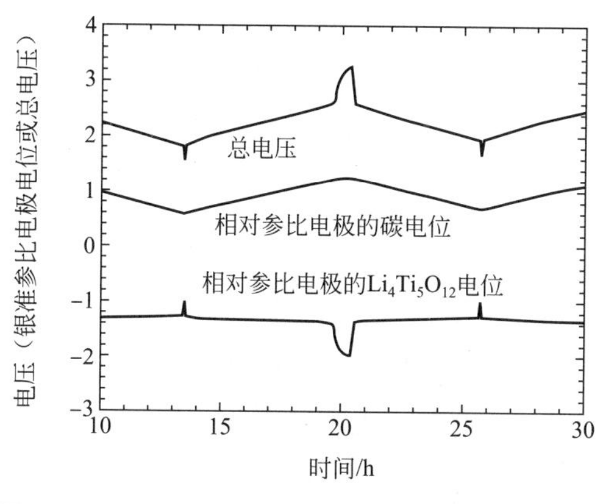

图 **10.5** **n-LTO/**活性炭混合非对称超级电容器阳极、阴极和组件的电压随时间变化

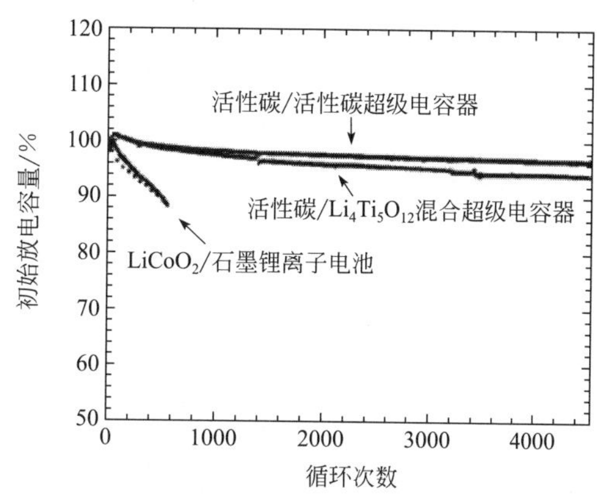

图 **10.6** 锂离子电池，碳/碳超级电容器和 **n-LTO/**活性炭非对称混合超级电容器循环寿命比较

为提高比能量密度，电池的各个组成部分都得到了研究。其中一个涉及共轭聚合物赝电容阴极，如聚氟苯基噻吩[43]或聚甲基噻吩[44]。然而，虽然这两种材料能量密度高，但其循环寿命低，因为阴极充放电赝电容机制涉及反离子在共轭聚合物结构中的嵌入-脱嵌，这个电荷存储机制比纯双电层电容机制可逆性更差。

10.5.2 高功率锂离子电池

Abraham 等最早提出在聚（丙烯腈）基凝胶电解质中组合微米 $Li_4Ti_5O_{12}$ 阳极和 $LiMn_2O_4$ 阴极[45]。最近，Kavan 和 Graetzel 报道了通过溶胶凝胶法制备的纳米尖晶石型 $Li_4Ti_5O_{12}$ 的嵌锂活性[29]。其由纳米晶构成的薄膜电极（2～4μm）对嵌锂表现出优异的活性，充电速率甚至高达 250C，同时得到了清晰的比表面积和充电速率的关系（见图 10.7）。

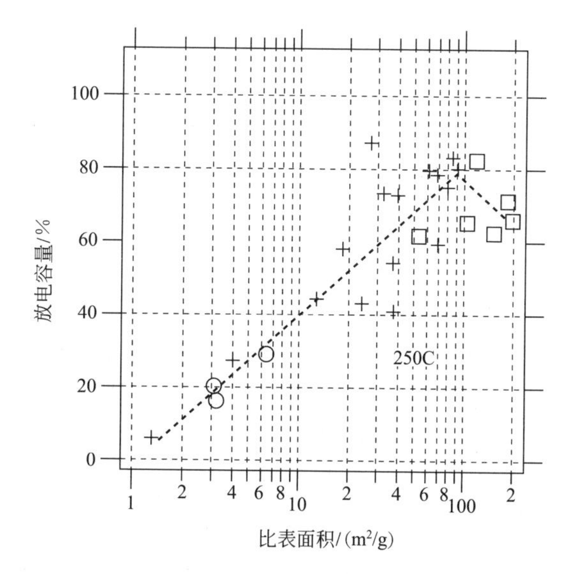

图 10.7 不同表面积 $Li_4Ti_5O_{12}$ 材料在 250C 时的充电容量

注：电荷容量由恒电流计时电位法测定，截止电压分别为 3V 和 1V。额定充电容量由循环伏安法计算，扫描速率为 1mV/s，或由 2C 下充电计算。电解液：1mol/L $LiN(CF_3SO_2)_2$＋1EC/DME，质量之比为 1∶1[29]。

Bellcore 型塑料电池构成为：PVDF-HFP 增塑 n-LTO 阳极、Celgard 微孔聚烯烃隔膜和 2mol/L $LiBF_4$ 乙腈溶液电解质。如果再加上常见的锂离子电池正极材料 $LiCoO_2$ 或 $LiMn_2O_4$，n-LTO 阳极组成的锂离子电池具有高能量密度 50Wh/kg、快充电速率（20C 或 3min）、高比功率（>2000W/kg）（见图 10.8）和优良的循环寿命（>10000 周期）[46]（见图 10.9）。

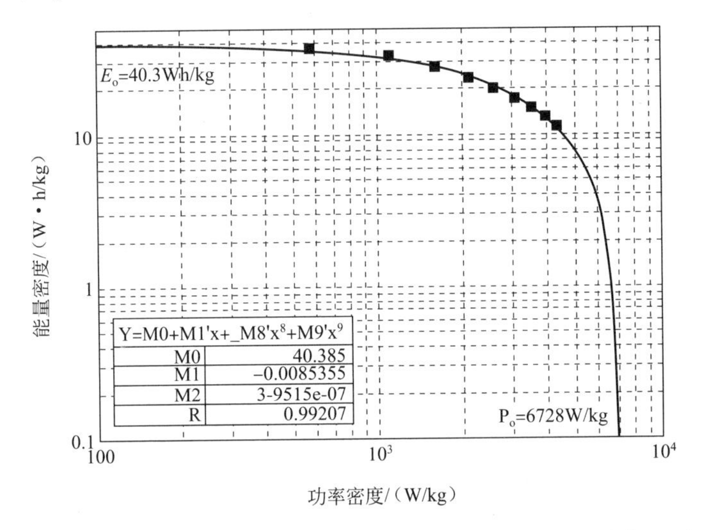

图 10.8 匹配比例为 1.2 的 n-LTO/65% $LiCoO_2$-10% 活化 SuperP 电池的能量-功率关系曲线

注：SuperP：一种导电炭黑。

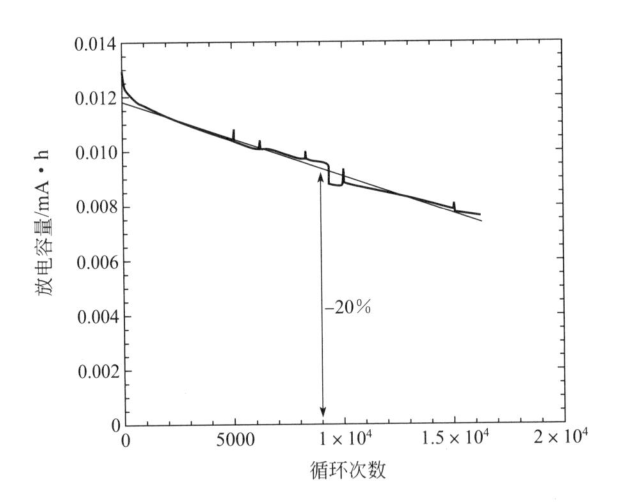

图 10.9 匹配比 1.67 的 n-LTO/55% $LiCoO_2$-20% 活性 SuperP 电池放电容量随循环次数的变化

注：恒流充电速率 20C；充放电在 1.6V 和 3V 之间。

这样的高功率锂离子电池的其他优点有：安全（无锂枝晶风险）、较低温度下比石墨倍率性能更好［没有固体电解质界面（SEI）的钝化层］。这使它们在电动和混合动力电动汽车方面很有吸引力。目前，Atlar 纳米技术公司在大力开发这些应用[47]。这种新型的锂离子电池在很多方面都不同于使用石墨阳极的电池，特别是可以用腈溶液代替碳酸盐溶液，用腈溶液时放电电压（相对于 Li^+/Li 电极）可稳定在 1.5V。例如，高电导率和低黏度溶剂如乙腈[48]，甲氧基丙腈[49]或乙氧基丙腈[50]，具有高功率容量，在低温下比碳酸盐具有更好的倍率性能。第二个好处是缺少锂枝晶的风险，这使锂离子电池具有过多的阴极容量，这是改进组件循环寿命的一个简单方法。最后，缺少阳极钝化反应可以抑制频繁氧化还原衰老机制造成的阴极钝化或溶解。因此，用 n-LTO 阳极而不是石墨阳极，可使绿色和低成本的阴极材料如 $LiMn_2O_4$ 达到更好的循环寿命。

10.6 太阳能转换用纳米锐钛矿型 TiO_2

10.6.1 染料敏化太阳能电池中 TiO_2 的作用

纳米 TiO_2 在染料敏化太阳能电池（DSSC）中的应用已获得巨大成功[51]，同时它也可以用于光催化电极[52]。不同于固体太阳能电池中的半导体，氧化钛的应用中光存储和电传输是分开进行的。这大大放宽了半导体对纯度的要求，并大大节省了太阳能电池的制造成本。TiO_2 是一种宽禁带半导体（3.2eV），并不能吸收任何可见光。为了在可见光下具有活性，它必须由单层染料进行敏化。1978 年[53]提出 *N*-甲基吩嗪离子敏化 TiO_2 以进行太阳能转换，但能量转换效率低、染料不稳定。突破性的研究是 Graetzel 和 O. Reagan 等在 1991 年[54]提出使用大表面积锐钛矿型纳米 TiO_2 和更稳定的钌基染料[55]。相比微米级 TiO_2，大表面积纳米 TiO_2 大大增加了能量转换效率。

染料敏化太阳能电池的工作原理如式（10.3）～(10.6）所示。染料吸收光子后跃迁到激发态［式（10.3)］；然后电子从染料注入到 TiO_2 导带［式（10.4)］。染料被 I^- 还原重新激活，I^- 反应成 I_3^-［式（10.5)］，I_3^- 在铂对电极处还原为 I^-［式（10.6)］：

$$\mathrm{Dye} + h\nu \longrightarrow \mathrm{Dye}^* \tag{10.3}$$

$$\mathrm{Dye}^* + \mathrm{TiO_2} \longrightarrow \mathrm{Dye}^+\,\mathrm{TiO_2} + \mathrm{e} \tag{10.4}$$

$$\mathrm{Dye}^+ + \mathrm{I}^- \longrightarrow \mathrm{Dye} + 1/3\mathrm{I}_3^- \tag{10.5}$$

$$\mathrm{I}_3^- + 2\mathrm{e}\ (\mathrm{Pt}) \longrightarrow 3\mathrm{I}^- \tag{10.6}$$

随后，Graetzel 及其同事利用全色黑色染料获得的能量转换效率（*Z*）高达 10.4%[56]。比较锐钛矿和金红石基 DSSCs，锐钛矿对光活性更高[57]。金红石相的形貌会降低染料覆盖率并减少颗粒间的连通性，从而减缓电子输运。添加微米 TiO_2 晶体至纳米 TiO_2 电极可增加霾因子，可更好地捕获光和增加能量转换效率。利用这一概念，制备出了转换效率高达 11.1%的染料敏化太阳能电池[58]。

在所有类型的太阳能电池，η 表示为：

$$\eta = \frac{I_{sc}^* V_{oc}^* FF}{P_{in}} \tag{10.7}$$

这函数有四个参数，I_{sc} 是短路电流，V_{oc} 是开路电压，FF 是填充因子，P_{in} 是入射光功率。TiO_2 的电子输运性质对短路电流有直接影响，下面将会阐述。

10.6.2 纳米 TiO_2 中的陷阱限制电子输运

TiO_2 电极电子输运机制包括，扩散和捕获-脱离[59]。通过研究光诱导电子密度和 TiO_2 电极粗糙度之间的关系，最近发现陷阱位置主要发生在 TiO_2 纳米粒子的表面[60]。在介孔 TiO_2 中，电子化学扩散系数与陷阱密度的关系如下式[61]：

$$D = C1 N_{tot}^{-1/\alpha} n^{[(1/\alpha)-1]} \quad (10.8)$$

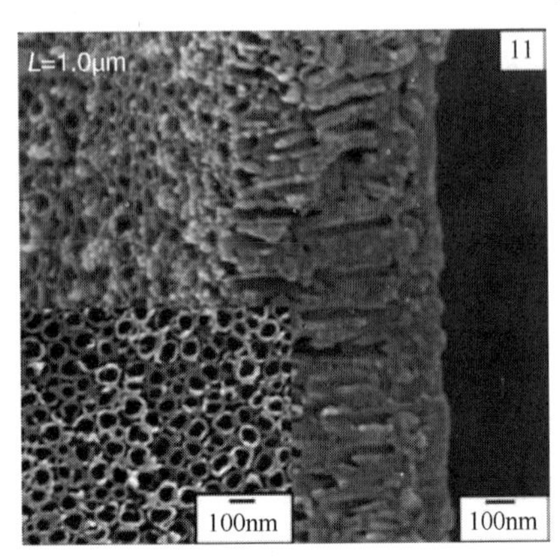

图 10.10 通过阳极氧化形成 TiO_2 纳米管阵列的侧向和前视图[63]

式中，N_{tot}是总陷阱密度，N 是光诱导电子密度，C1 是一个与粒子大小无关的常数，α 是一个分散参数（$0<\alpha<1$）来自于一个电子在一个陷阱中的时间分布[62]。因此，通过 450℃ 退火可改善 TiO_2 电极的电子输运特性，原因是其使纳米粒子间颈部收缩，获得更好的渗透效应。其他形貌的 TiO_2，如 TiO_2 纳米管阵列[63]等，也进行了提高电子输运特性的研究（见图 10.10）。然而，由于比 TiO_2 纳米粒子薄膜的染料吸附率更低，其能量转换效率最多达到 4.7%。此外发现，电子输运越快导致电子逆转移越快，例如其与染料再复合得到电损耗[64]。

10.6.3 染料敏化太阳能电池的电子重组

在 TiO_2 染料敏化太阳能电池中，电子与染料阳离子重组比电子注入慢几个数量级，因此电子注入率接近于 1。然而，电子逆转移至染料仅比染料被电解液中 I^- 还原的再生速率慢一个数量级。在高偏压或高光照条件下，TiO_2 导带内热化电子的积聚导致其与染料阳离子的重组更快（见图 10.11）。这反过来阻止染料的再生，因为染料被 TiO_2 电子还原的速度快于被 I^- 还原的速度。这导致光电流和填充因子减少，因此能量转换效率减小。

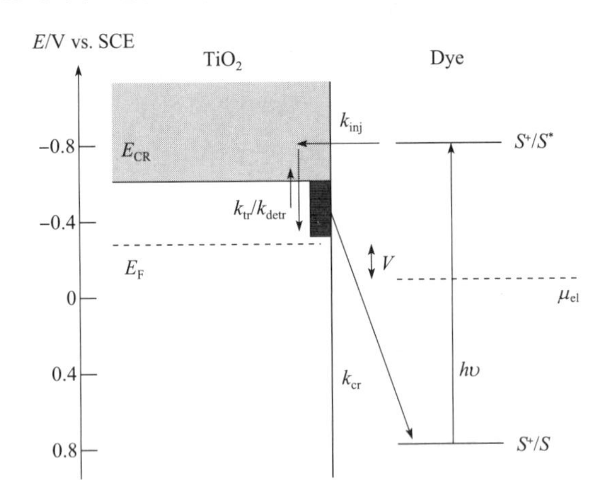

图 10.11 TiO_2 染料敏化太阳能电池电子转移路径图[65]

注：在光照下，染料的激发态（S^*）引起超快（k_{inj}）电子注入到 TiO_2 的导带。注入电子随后与 TiO_2（k_{tr}/k_{detr}）导带/带内积聚电子一起热化。氧化染料阳离子被逆转移 TiO_2 导带/带内积聚或光注入电子再还原（k_{cr}＝电荷重组）。

利用纳秒级瞬态吸收光谱可测量染料电子在 TiO_2 中的注入和重组动力学[65]。该方法中，当电解液没有 I^-/I_3^- 对时，注入到金属氧化物导带的电子与染料阳离子重组，染料在脉冲激光激励下瞬态吸收衰减[66]。同时，表面锂嵌入至 TiO_2 电极降低了表面的电子扩散速率，同时降低了电子的重组率[67]。

10.6.4 柔性 TiO_2 光阳极的制备

低温制备 TiO_2 光阳极用于染料敏化太阳能电池，是产业低成本制造上的一个挑战。它不仅在沉积过程中节能，更重要的是，它能使用铟锡氧化物涂覆聚（对苯二甲酸乙二醇酯）（ITO/PET）等柔性衬底，可采用高通量的卷对卷制造工艺。此外，这些基板重量轻、抗冲击。在 ITO/PET 中，最高退火温度为基板的熔点 150℃。这使 TiO_2 纳米粒子难以颈缩，导致基底附着力差，颗粒间连接性差。无添加剂的低温退火 TiO_2 电极，获得的电池转换效率只有 1.22%[68]。有好几种方法可用来解决这个问题，下面介绍最成功的方法。

10.6.4.1 溶胶-凝胶添加剂

Konarka 技术公司（Lowell，MA，USA）开发了一种低温卷对卷涂覆工艺制备 TiO_2 染料敏化太阳能电池。该专利文献[69,70]提出使用聚（*N*-丁基）钛酸为 TiO_2 纳米颗粒的线性聚合物交联剂，反应温度为 100～200℃。这种材料的优点是在薄膜涂覆和干燥步骤中既作为黏合剂又作为表面活性剂；随后转换为纯 TiO_2，可使纳米 TiO_2 互连。

本文作者实验室使用四异丙氧基钛（TTIP）作为 Degussa P25 TiO_2 胶体甲醇悬浮液的有效交联剂。用这种方法，在 ITO/PET 衬底上刮刀沉积，在 48mW/cm² 下获得转换效率可达 3.55%，条件为 130℃退火 30min（见图 10.12 及表 10.3）。最近，Zhang 等人报道了类似的方法，先预热 TiO_2 纳米颗粒，然后对 TiO_2 电极进行紫外线（UV）臭氧处理[71]。紫外臭氧处理有利于消除电极残留的任何有机副产物。用导电玻璃和塑料薄膜，太阳能转换效率已分别达到 4%和 3.27%。存在 TTIP 的 TiO_2 薄膜的扫描电子显微镜（SEM）图中，可观察到了纳米晶颈缩状态，当使用大量的 TTIP 时，纳米晶体出现融合，见图 10.13。

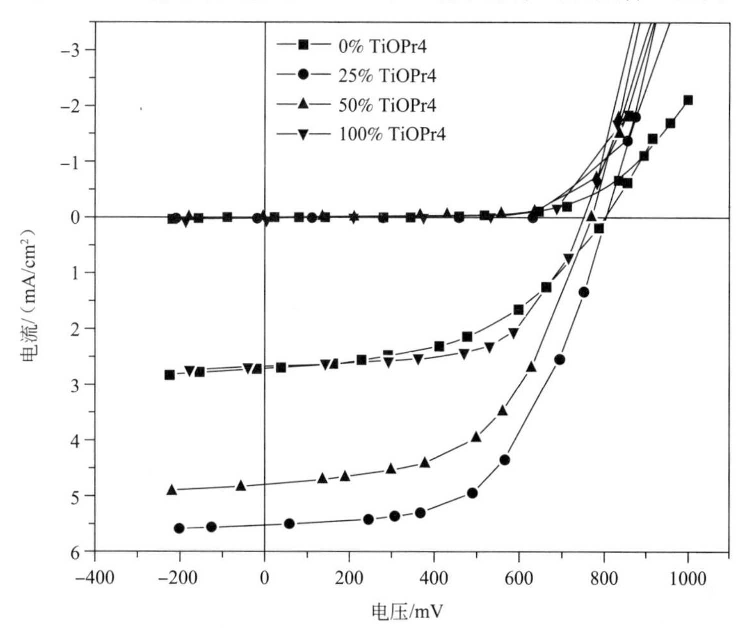

图 10.12 添加不同量异丙醇钛在 FTO 基板上制备 DSSC 电池的电流-电压（*I*-*V*）特性（在 101mW/cm² AM1.5G 照明）

表 10.3 FTO 和 ITO/PET 衬底上制备 DSSC 电池在不同退火温度下的光伏参数（48.7mW/cm² 照明）

样品	η/%	FF	I_{sc}(mA/cm²)	V_{oc}/mV	R_s/Ω·cm²	R_p/Ω·cm²
FTO，450℃	4.01	0.56	4.53	767	50	519
FTO，130℃	4.10	0.63	4.37	723	52	782
PET，130℃	3.55	0.48	4.84	747	84	693

图 10.13 ITO/PET 上室温制备的 TiO_2 薄膜 SEM 图[71]
注：TTIP/TiO_2摩尔比为（a）0.36，（b）0.036。

10.6.4.2 机械压缩

最早提出压制工艺的是瑞典 Uppsala，Ångström 太阳能中心的 Hagfeldt 和同事们[72]，他们将 TiO_2 粉末膜（Degussa P-25）静态或持续压制在柔性薄膜电极（ITO/PET）上。制备高效太阳能电池的一个常用压力工艺是 1000kg/cm²，保持几秒钟。使用此方法时，光阳极进一步退火对能量转换效率没有改善。采用 ITO/PET 基板，整体电池效率在 10mW/cm² 下（有效面积为 0.32cm²）为 4.9%。因为导电塑料的串联电阻的损失（ITO/PET，方块电阻：60Ω/sq），在100mW/cm² 照度下，η 值只有 2.3%。Durrant 等人[73]用同样的方法，但电池用的是聚合物电解质［NaI/I_2 与聚（环氧氯丙烷-环氧乙烷)］，在 10mW/cm² 光照下 η 值为 5.3%，在 100mW/cm² 光照下 η 值为 2.5%。

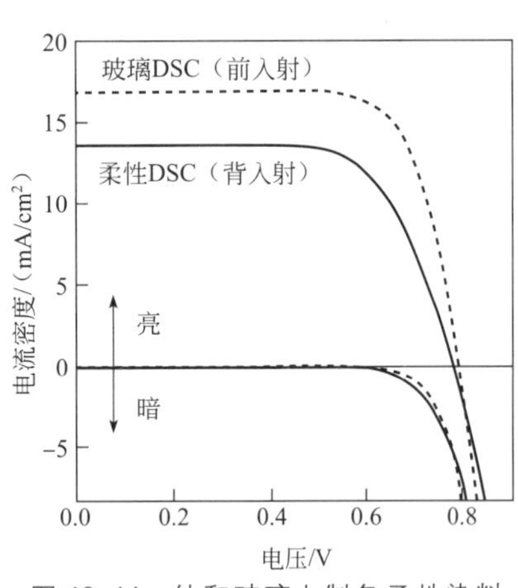

图 10.14 钛和玻璃上制备柔性染料敏化太阳能电池（DSC）转化效率 7.2% 时的电流电压（I-V）特性[76]
注：辐照是 AM1.5（100mW/cm²）。

10.6.4.3 金属箔

为了使用柔性基板和高温退火的 TiO_2 电极，一个很好的方法是使用柔性金属箔作为光阳极基板，通过一个透明的铂涂覆 ITO/PET 对电极进行电池照明。为获得良好的欧姆接触，需要金属的功函数接近 TiO_2 的功函数（4.3eV），并耐 I/I_3^- 氧化电解质的腐蚀。这方面的金属主要有锌、钨、钛和不锈钢等[74]。这种方法的另一个优点是它比较适合太阳能电池的大面积制备，而 FTO 薄膜电阻可提高器件的串联电阻。有研究指出，在 ITO/二氧化硅/不锈钢[75]上制备纳米晶 TiO_2 膜，在 100mW/cm² 入射功率下，效率为4.2%。最近，在Ti箔上也制备了厚度优化的TiO_2电极，烧结温度500℃，其柔性染料敏化太阳能电池在100mW/cm^2 AM1.5的入射功率下效率为7.2%（见图10.14）[76]。（注：AM1.5是太阳模拟器的ASTM标准谱，模仿北美地面的太阳照射条件，相当于太阳能照明面向太阳倾斜37°。）然而应该指出，两种柔性电池测试都是采用液体电解质。

10.7 结论

纳米TiO_2锐钛矿材料的两个重要应用是能量存储和能量转换。目前，几家公司正在低成本生产这种材料，它将很快在电动和混合动力汽车用电池以及低成本的太阳能电池中起重要作用。纳米TiO_2的性能使其有望于同时复合能量转换和能量存储两种功能。然而，仍有许多问题需要解决，因为锂离子在光电能量转换和能源储存的关键步骤中起相反的作用。当锐钛矿用于DSSCs时，嵌锂降低了电子扩散系数，这种效果缓慢且仅影响表面。然而，当锐钛矿相转变为锂钛尖晶石，它在染料敏化太阳能电池中变为非活性，电子扩散速率远低于电子俘获和重组速率。相反，虽然锐钛矿因较低的锂离子扩散系数而在DSSCs应用中没有吸引力，但其可作为一个可逆嵌锂的主体，且锂钛尖晶石是首选。目前仍然需要获得更稳定的电解质，使这两种类型的器件在实际应用中获得理论上的性能。$Li_4Ti_5O_{12}$基电池和染料敏化太阳能电池报道的最高性能均使用乙腈基电解质。尽管乙腈具有黏度非常低和介电常数高等优点，但高挥发和潜在毒性使其在商业化上不是一个好选择。电池的高温应用需要使用低蒸气压溶剂，要使染料敏化太阳能电池能工作10年需要开发固态电解质。对于DSSCs领域的积极研究[77]将导致纳米TiO_2和$Li_4Ti_5O_{12}$优异性能的进一步大力开发，并用于商业产品。

参考文献

1 Kronos International, (1996).
2 Diebold, U. (2003) *Surf. Sci. Rep.*, **48**, 53.
3 Kumar, K.-N.P., Keizer, K. and Bruggraaf, A.J. (1994) *J. Mater. Sci. Lett.*, **13**, 59–61.
4 Addamo, M. *et al.* (2005) *Colloids and Surfaces A: Physicochem. Eng. Aspects*, **265**, 23.
5 Liu, A.R. *et al.* (2006) *Mater. Chem. Phys.*, **99**, 131.
6 US Patent. 6,440,383, (2000).
7 Suyama, Y. and Kato, A. (1976) *J. Am. Ceram. Soc.*, **59**, 146.
8 Akhtar, M. Kamal, Vemury, Srinivas and Pratsinis, Sotiris E. (1994) *AIChE J.*, **40**, 1183.
9 US Patent 5,874,684, (1999).
10 Gong, D., Grimes, C.A., Varghese, O.K., Hu, W., Singh, R.S., Chen, Z. and Dickey, E.C. (2001) *J. Mater. Res.*, **16**, 3331.
11 Mor, G.K., Varghese, O.K., Paulose, M., Mukherjee, N. and Grimes, C.A. (2003) *J. Mater. Res.*, **18**, 2588.
12 Cai, Q., Paulose, M., Varghese, O.K. and Grimes, C.A. (2005) *J. Mater. Res.*, **20**, 230.
13 Mor, G.K., Shankar, K., Paulose, M., Varghese, O.K. and Grimes, C.A. (2005) *Nano Lett.*, **5**, 191.
14 Zukalova, M., Zukal, A., Kavan, L., Nazeeruddin, M.K., Liska, P. and Gra1tzel, M. (2005) *Nano Lett.*, **5**, 1789.
15 Jiu, J., Wang, F., Sakamoto, M., Takao, J. and Adachi, M. (2005) *Solar Energy Mater. Solar Cells*, **87**, 77.

16 Wijnhoven, J.E.G.J. and Vos, W.L. (1998) *Science*, **281**, 802.

17 Jiang, P., Cizeron, J., Bertone, J.F. and Colvin, V.L. (1999) *J. Am. Chem. Soc.*, **121**, 7957.

18 Lai, Qi. and Birnie, D.P., III (2007) *Mater. Lett.*, **61**, 2191.

19 Sakamoto, Y., Kaneda, M., Terasaki, O., Zhao, D.Y., Kim, J.M., Stucky, G.D., Shin, H.J. and Ryoo, R. (2000) *Nature*, **408**, 449.

20 Hwang, Y.K., Lee, K.C. and Kwon, Y.U. (2001) *Chem. Commun.*, 1738.

21 Alberius-Henning, P., Frindell, K.L., Hayward, R.C., Kramer, E.J., Stucky, G.D. and Chmelka, B.F. (2002) *Chem. Mater.*, **14**, 3284.

22 Kasuga, T., Hiramatsu, M. and Hoson, A. (1998) *Langmuir*, **14**, 3160.

23 Armstrong, A.R., Armstrong, G., Canales, J. and Bruce, P.G. (2004) *Angew. Chem.*, **116**, 2336.

24 Ho, W., Yu, J.C. and Yu, J. (2005) *Langmuir*, **21**, 3486.

25 Wang, J., Sunb, J. and Bian, X. (2004) *Mater. Sci. Eng. A*, **379**, 7.

26 Plitz, I., Dupasquier, A. and Badway, F. *et al.* (2006) *Appl. Phys. A: Mater. Sci. Process.*, **82**, 615.

27 Guerfi, A., Sévigny, S., Lagacé, M., Hovington, P., Kinoshita, K. and Zaghib, K. (2003) *J. Power Sources*, **119–121**, 88.

28 Zaghib, K., Simoneau, M., Armand, M. and Gauthier, M. (1999) *J. Power Sources*, **81–82**, 300.

29 Kavan, L. and Graetzel, M. (2002) *Electrochem. Solid-State Lett.*, **5**, A39.

30 Shen, C.-M., Zhang, X.-G., Zhou, Y.-K. and Li, H.-L. (2003) *Mater. Chem. Phys.*, **78**, 437.

31 Kim, D.H., Ahn, Y.S. and Kim, J. (2005) *Electrochem. Commun.*, **7**, 1340.

32 Deschanvers, A., Raveau, B. and Sekkal, Z. (1971) *Mater. Res. Bull.*, **6**, 699.

33 Murphy, D.W., Cava, R.J., Zahurak, S.M. and Santoro, A. (1983) *Solid State Ionics*, **9–10**, 413.

34 Colbow, K.K., Dahn, J.R. and Haering, R. R. (1989) *J. Power Sources*, **26**, 397.

35 Ferg, E., Gummov, R.J., de Kock, A. and Thackeray, M.M. (1994) *J. Electrochem. Soc.*, **141**, L147.

36 Ohzuku, T., Ueda, A. and Yamamoto, N. (1995) *J. Electrochem. Soc.*, **142**, 1431.

37 Harrison, M.R., Edwards, P.P. and Goodenough, J.B. (1985) *Philos. Mag. B*, **52**, 679.

38 Pyun, S.I., Kim, S.W. and Shin, H.C. (1999) *J. Power Sources*, **81–82**, 248.

39 Li, J., Tang, Z. and Zhang, Z. (2005) *Electrochem. Commun.*, **7**, 894.

40 Amatucci, G.G., Badway, F., Du Pasquier, A. and Zheng, T. (2001) *J. Electrochem. Soc.*, **148**, A930.

41 Pell, W.G. and Conway, B.E. (2004) *J. Power Sources*, **136**, 334.

42 Pasquier, A.D., Plitz, I., Gural, J., Menocal, S. and Amatucci, G. (2003) *J. Power Sources*, **113**, 62.

43 Du Pasquier, A., Laforgue, A., Simon, P., Amatucci, G.G. and Fauvarque, J.-F. (2002) *J. Electrochem. Soc.*, **149**, A302.

44 Du Pasquier, A., Laforgue, A. and Simon, P. (2004) *J. Power Sources*, **125**, 95.

45 Peramunage, D. and Abraham, K.M. (1998) *J. Electrochem. Soc.*, **145**, 2615.

46 Pasquier, A.D., Plitz, I., Gural, J., Badway, F. and Amatucci, G.G. (2004) *J. Power Sources*, **136**, 160.

47 http://www.altairnano.com.

48 Du Pasquier, A., Plitz, I., Menocal, S. and Amatucci, G. (2003) *J. Power Sources*, **115**, 171.

49 Wang, Q., Zakeeruddin, S.M., Exnar, I. and Grätzel, M. (2004) *J. Electrochem. Soc.*, **151**, A1598.

50 Wang, Q., Pechy, P., Zakeeruddin, S.M., Exnar, I. and Grätzel, M. (2005) *J. Power Sources*, **146**, 813.

51 Grätzel, M. (2003) *J. Photochem. Photobiology C: Photochem. Rev.*, **4**, 145.

52 Grätzel, M. (2005) *Chem. Lett.*, **34**, 8.

53 Chen, S., Deb, S.K. and Witzke, H. (1978) U.S. Patent 4,080,488.

54 O'Regan, B. and Graetzel, M. (1991) *Nature*, **353**, 737.

55 Kalyanasundaram, K. and Graetzel, M. (1998) *Coord. Chem. Rev.*, **177**, 347.

56 Nazeeruddin, M.K., Kay, A. and Rodicio, I. *et al.* (1993) *J. Am. Chem. Soc.*, **115**, 6382.
57 Park, N.-G., Van De Lagemaat, J. and Frank, A.J. (2000) *J. Phys. Chem. B*, **104**, 8989.
58 Chiba, Y., Islam, A., Komiya, R., Koide, N. and Han, L. (2006) *Appl. Phys. Lett.*, **88**, 223505.
59 Eppler, A.M., Ballard, I.M. and Nelson, J. (2002) Physica E: Low-Dimensional Systems.*Nanostructures*, **14**, 197.
60 Kopidakis, N., Benkstein, K.D., Van De Lagemaat, J. and Frank, A.J. (2005) *Appl. Phys. Lett.*, **87**, 1.
61 Van de Lagemaat, J. and Frank, A.J. (2001) *J. Phys. Chem. B*, **105**, 11194.
62 Nelson, J. (1999) *Phys. Rev. B - Condensed Matter Mater. Phys.*, **59**, 15374.
63 Mor, G.K., Varghese, O.K., Paulose, M., Shankar, K. and Grimes, C.A. (2006) *Solar Energy Mater. Solar Cells*, **90**, 2011.
64 Frank, A.J., Kopidakis, N. and Lagemaat, J.V.D. (2004) *Coord. Chem. Rev.*, **248**, 1165.
65 Haque, S.A., Tachibana, Y., Klug, D.R. and Durrant, J.R. (1998) *J. Phys. Chem. B*, **102**, 1745.
66 Tachibana, Y., Moser, J.E., Grätzel, M., Klug, D.R. and Durrant, J.R. (1996) *J. Phys. Chem.*, **100**, 20056.
67 Kopidakis, N., Benkstein, K.D., Van De Lagemaat, J. and Frank, A.J. (2003) *J. Phys. Chem. B*, **107**, 11307.
68 Pichot, F., Pitts, J.R. and Gregg, B.A. (2000) *Langmuir*, **16**, 5626.
69 US Patent 6,858,158, (2005).
70 US Patent 7,094,441, (2006).
71 Zhang, D., Yoshida, T., Oekermann, T., Furuta, K. and Minoura, H. (2006) *Adv. Funct. Mater.*, **16**, 1228.
72 Lindström, H., Holmberg, A., Magnusson, E., Malmqvist, L. and Hagfeldt, A. (2001) *J. Photochem. Photobiol. A: Chemistry*, **145**, 107.
73 Haque, S.A., Palomares, E. and Upadhyaya, H.M. *et al.* (2003) *Chem. Commun.*, **24**, 3008.
74 Man, G.K., Park, N.-G. and Ryu, K. *et al.* (2005) *Chem. Lett.*, **34**, 804.
75 Kang, M.G., Park, N.-G. and Ryu, K. *et al.* (2006) *Solar Energy Mater. Solar Cells*, **90**, 574.
76 Ito, S., Ha, N.L.C. and Rothenberger, G. *et al.* (2006) *Chem. Commun.*, **38**, 4004.
77 Li, B., Wang, L. and Kang, B. *et al.* (2006) *Solar Energy Mater. Solar Cells*, **90**, 549.

11

基于纳米材料的DNA生物传感器

11.1 引言

随着具有独特物理和化学特性的新型材料不断被发现，将其用于构建高性能生物传感器引起了科学界的广泛兴趣。之前，较低的再现性和信号稳定性影响了生物传感器的大规模生产和商业应用[1]。然而今天，纳米技术对生物传感器的发展起到了重要的推动作用[2]，最新研究进展表明纳米材料可以作为转导基体和电极材料在化学传感器和生物传感器领域获得应用[3]。

纳米科学和纳米技术涉及合成、表征、探索、操控和利用纳米材料，其特点是至少一个维度小于100nm。独立的纳米结构包括团簇、纳米粒子、纳米晶、量子点、纳米线、纳米管，而纳米结构的集合包括独立纳米结构的阵列、组合、以及超晶格[4,5]。

电化学DNA（脱氧核糖核酸）生物传感器是基于单链DNA（ssDNA）或双链DNA（dsDNA）在工作电极表面或内部的固定化来进行构建的。其工作原理是基于特异性相互作用的检测而非对DNA进行结构上的破坏，比如利用DNA的杂交和结合与低分子量化合物（药物，危险化学品）之间的相互作用。近年来，纳米粒子和碳纳米材料如碳纳米管、纳米纤维、富勒烯和纳米金刚石（见图11.1）已经被广泛应用于DNA生物传感器的制备。事实上，它们与DNA的结合一直被许多研究所关注，其中纳米粒子已经被用于新型电子设备、药物输送系统、生物材料、生物医学等领域[6~8]。

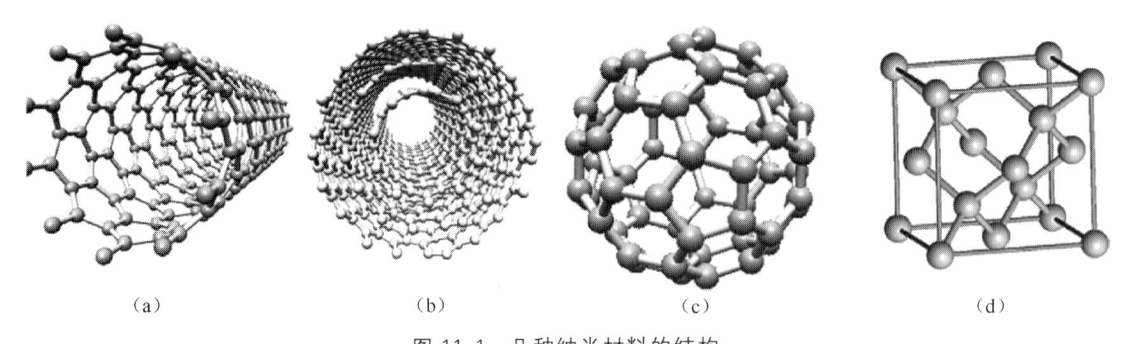

(a) (b) (c) (d)

图11.1 几种纳米材料的结构

注：(a) 单壁碳纳米管；(b) 多壁碳纳米管；(c) 富勒烯C60；(d) 金刚石。

将纳米材料应用于电化学DNA生物传感器的主要目的是提高DNA分子的固定化，以及增强分子识别和信号转导事件[9]。虽然纳米材料的主要优点在于它们大的表面积，但利用酶和电活性分子（介体、标记物）对纳米材料进行化学改性，可以显著提升其电化学传感特性。

11.2 DNA 生物传感器与纳米材料

11.2.1 碳纳米管

碳纳米管（CNTs）在 1991 年首先以多壁碳纳米管（MWNTs）的形式被发现[10]，而单壁碳纳米管（SWNTs）则在 1993 年被发现[11]。从那时起，研究人员对它们进行了大量研究并且已经明确其可以在不同科技领域获得广泛应用[12]。CNTs 独特的物理化学性质，如吸附特性、电子传输和导电性，使它们可以被应用于分析科学领域（见参考文献 [13] 和 [14] 的综述文章）。通常情况下，CNTs 展现了极佳的生物相容性[15]，并为生物成分的固定化提供了有利环境。因此，它们也可以广泛被用于构建传感器和生物传感器（见图 11.2）[16~24]。

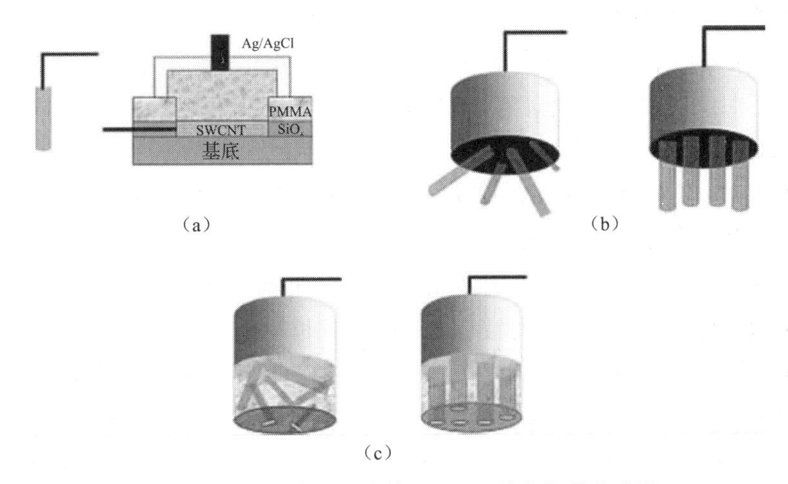

图 11.2 装配有碳纳米管（CNT）的电化学传感器

注：(a) 单个的单壁碳纳米管（SWCNT）；(b) 电极表面修饰：无取向（左）和取向（右）碳纳米管；(c) 具有无取向（左）和取向（右）碳纳米管的复合材料。PMMA 为聚甲基丙烯酸甲酯；SiO_x 为纳米氧化硅；Substrate 为基底。图片经 Elsevier 出版社许可，翻印自参考文献 [20]。

碳纳米管是由六边形排列的碳原子片卷起而形成的。相比较而言，单壁碳纳米管[图 11.1(a)]是由典型直径在 0.4～2nm、长度为几微米的碳纳米管所构成。多壁碳纳米管[图 11.1(b)]是由若干同心碳纳米管所构成，其直径通常超过 2nm，长度可能超过 10μm[25]。

11.2.1.1 碳纳米管

碳纳米管的电特性和活性在它们生物传感器的应用中扮演了重要角色。人们应用电化学方法、电化学阻抗谱以及电化学石英晶体微天平对水溶液和非水溶液中以纳米纸形式存在的多孔单壁碳纳米管进行了研究[26~28]。碳纳米管的电导率取决于它们的结构[29]。例如，多壁碳纳米管被认为是金属导体，而对于单壁碳纳米管，其电导率较难确定。单壁碳纳米管可能拥有不同的手性，其取决于石墨原子片的卷起角度。其中手性碳纳米管具有金属特性，而扶手椅型碳纳米管和锯齿形碳纳米管具有半导体特性。

碳纳米管的活性会随着其直径的减小而增大，同时也取决于它们的手性。纳米管的这一特点受到它们的官能化、掺杂以及预处理等因素的影响。目前所广泛使用的一种方法是应用一些无机酸如硝酸或硫酸（或其混合物）来对碳纳米管进行纯化[30,31]，从而形成较短的、开口的碳纳米管。同时，进行酸预处理还会使碳纳米管的侧壁或尖端携带羟基、羧基和羰基化合物，从而可以进行进一步的修饰。

碳纳米管的操控和应用所面临的主要问题是它们不溶于水和极性介质。在这样的环境下，碳纳米管在疏水性相互作用以及范德华力强吸引力的作用下有凝结的倾向。然而，我们仍然可以应用多种方法来对碳纳米管进行分散[32~34]：

① 氧化酸处理（在稀硝酸中进行回流）；

② 在非极性有机溶剂中进行非共价稳定化（如二甲基甲酰胺），使用表面活性剂（十二烷基硫酸钠、聚四氟磺酸树脂）和 γ-环糊精；

③ 共价稳定化（利用葡萄糖、DNA 和酶）。

11.2.1.2 碳纳米管-DNA 相互作用

近年来，关于各种生物大分子与碳纳米管之间相互作用的研究引起了研究人员的广泛兴趣。对这些相互作用形成正确理解将会对其实际应用产生重要影响，例如应用其来制备 DNA 生物传感器。

有研究团队利用理论方法对碳纳米管和 DNA 之间的相互作用进行了研究，分别展示了两种类型的相互作用：①嵌入到宽的纳米管中［见图 11.3(a)］；②缠绕在窄纳米管上［见图 11.3(b)］[35,36]。Song 等人[37]报道了生物分子功能化的单壁碳纳米管（碱基功能化单壁碳纳米管），其可能被用作由于嘌呤和嘧啶碱基之间的氢键相互作用而具有自组装特性的生物纳米材料，这种相互作用会在天然的 DNA 中发生。锯齿形和扶手椅型单壁碳纳米管与 DNA 之间的相互作用表明，任何由单壁碳纳米管侧壁功能化所导致的局部原子结构扭曲都可以改变碳纳米管的电子结构。分子动力学模拟表明，在含水条件下单链 DNA 分子能够自发地嵌入到碳纳米管中[38]。相关研究表明范德华力和疏水性会对这种相互作用产生重要影响。通过对封装了铂标记 DNA 的多壁碳纳米管进行光谱研究，这些结果已经得到了实验的证实[39]。根据理论模拟，如果存在一个外部触发电压，核苷即便在真空下也能够与碳纳米管产生相互作用[40]。荧光显微测量表明，膜中的多壁碳纳米管也可以作为通道来传输具有合适尺寸的 DNA[41]。

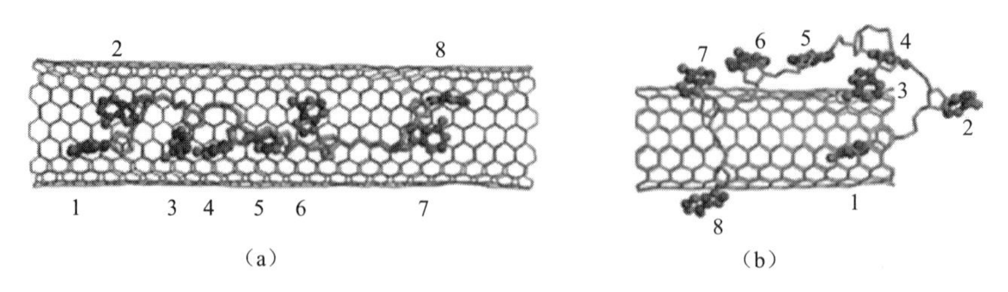

图 11.3 碳纳米管与包含有八个腺嘌呤碱基（编号 1~8）单链 DNA 低聚物的相互作用模拟

注：(a) 在宽碳纳米管中嵌入一个 DNA 寡聚核苷酸；(b) DNA 缠绕在窄碳纳米管上。图片经 Elsevier 出版社许可，翻印自参考文献［35］。

研究人员利用表面增强红外吸收光谱来研究 DNA 与单壁碳纳米管之间的相互作用[42,43]。DNA-单壁碳纳米管复合物的振动模式显示了 DNA 中存在结构变化，这一变化可以用一些 DNA 片段中的 DNA 结构发生了 A-B 转换与稳定来进行解释。已提出的 DNA-单壁碳纳米管相互作用模型是基于 DNA 分子缠绕碳纳米管来构建的。此外，研究人员还发现 DNA 可能有助于分散碳纳米管以及改变其电特性[44~46]。

研究人员制备了共价连接的 DNA-单壁碳纳米管加合物，并利用 X 射线光电子能谱（XPS）对其进行了研究[47]。这些加合物非常稳定，其结合的 DNA 分子更易于杂交，同时对互补序列展现了高特异性。结果表明，DNA 寡聚核苷酸与单壁碳纳米管的外表面形成了化学结合，而非缠绕在纳米管上或嵌入于纳米管中。由此可见，这些加合物可能在高选择性和可逆型生物传感器领域获得应用。

11.2.1.3 DNA 生物传感器与碳纳米管

DNA 分子在共价或非共价功能化碳纳米管领域获得了广泛应用[48,49]。生物传感器中的碳纳米管可能作为电极修饰剂使 DNA 可以更好地固定在电极表面，而当使用电活性标记物或酶来进行修饰时，会显著改善 DNA 的识别和转导事件。这些方法可以用于超灵敏 DNA 电生物传感领域[48,50]。

碳糊：碳纳米管可以以糊的形式掺入到电极中，类似于一种简单的碳糊电极（CPE）。这种方法结合了碳糊和碳纳米管材料的优点，为掺入不同的物质提供了可能，其具有低背底电流、可再生性以及复合材料特性[51]。一些传统的物质例如溴仿[52]、矿物油[51,53]或液体石蜡[54]可以作为黏结剂来使用。聚四氟乙烯也可以作为黏结剂用于碳纳米管/聚四氟乙烯复合物的制备[55]。碳纳米管糊电极（CNTPE）对生物活性材料表现出极佳的电化学催化特性，由此，研究人员进一步研究了生物分子例如 DNA 的电化学行为[56]。

将多壁碳纳米管粉末与矿物油按照 60∶40 的比例进行混合，并利用电刺激吸附过程及醋酸盐缓冲液，可以使 DNA 固定于碳纳米管糊电极的表面。我们知道，碳纳米管糊电极是进行微量核酸吸附溶出测量的合适工具，同时其还可以为鸟嘌呤的氧化提供一个增强的信号。此外，在特定条件下自由鸟嘌呤可以吸附在碳纳米管糊电极上，而在传统的碳糊电极上却观察不到吸附现象。核酸与碳纳米管糊电极之间的相互作用具有疏水性。

固定 DNA 的另一个方法是将其与碳纳米管和黏结剂进行混合[57]。利用这种方法可以制备一种对多巴胺高度敏感的 DNA 生物传感器，多巴胺浓度可以达到 10^{-11} mol/L 量级。此外，也可以利用电化学聚合过程将 DNA 包封于导电聚合物中，从而使 DNA 固定于电极表面。聚吡咯（ppy）由于具有离子交换能力强、吸附能力好以及导电性高等优点，成为了经常被使用的一种材料[58]。针对这种材料可以用多种方法来固定 DNA，包括将氨基基团简单吸附或者共价结合在 ppy 表面，也可以固定于电聚合的 ppy 中。由于 DNA 探针具有负电荷，其可以作为聚合物基体中的抗衡阴离子。为了制备具有高灵敏度和选择性的 DNA 生物传感器，单链 DNA 被掺入到多壁碳纳米管糊电极表面的电聚合聚吡咯中[59]。制备这种生物传感器需要在多壁碳纳米管糊电极表面包覆一层 ppy 膜，这层膜是在含有吡咯和 DNA 寡聚核苷酸的溶液中通过循环伏安扫描的电聚合过程得到的。当选用溴化乙锭作为电化学指示物，这种生物传感器可用来对 DNA 杂交进行电化学检测。

可以使用简单的吸附将单链 DNA 固定于多壁碳纳米管修饰的丝网印刷碳电极（SPCE）上[50]。单链 DNA/多壁碳纳米管/丝网印刷碳电极的循环伏安曲线呈现了两个峰，其可以归因于单链 DNA 中鸟嘌呤和残留腺嘌呤的氧化（见图 11.4）。这两个峰的电位负移表明多壁碳纳米管/丝网印刷碳电极中的单链 DNA 比预处理玻碳电极（GCE）中的单链 DNA 更容易被氧化（腺嘌呤为+0.8V，鸟嘌呤为+1.1V[60]）。该方法不需要指示剂，其通过测量鸟嘌呤的信号就可以进行单链 DNA 的检测。

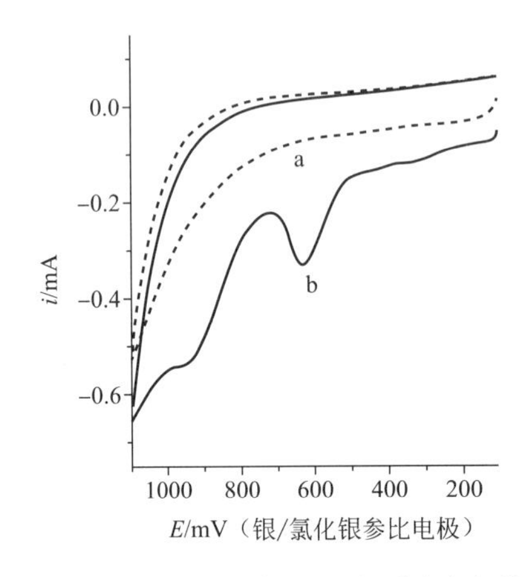

图 11.4　单链 DNA/多壁碳纳米管/丝网印刷碳电极的循环伏安曲线

注：上图为在 pH 值为 5.5 的 0.1mol/L 磷酸盐缓冲溶液中，当扫描速率为 50mV/s 时测量得到的循环伏安曲线。(a) 多壁碳纳米管/丝网印刷碳电极；(b) 单链 DNA/多壁碳纳米管/丝网印刷碳电极。图片经 Elsevier 出版社许可，翻印自参考文献 [50]。

研究人员用分散于二甲基甲酰胺中的单壁碳纳米管和共价固定化的 DNA 来对丝网印刷碳电极进行了修饰[61]。这一新的检测手段结合了蛋白质的识别能力以及 DNA 的电化学活性等优点。应用以上方法可以实现 DNA 杂交的无标记电化学检测。此外，研究人员对丝网印刷碳电极表面多壁碳纳米管和多壁碳纳米管与 DNA 混合物的吸附特性进行了研究[62]。对此，研究人员使用了两种修饰方法，即层间包覆和复合（混合）包覆。对于第一种方法，首先将多壁碳纳米管悬浮液涂于电极表面，待其干燥后再添加 DNA 层。利用 $[Co(phen)_3]^{3+}$ 标示物、溶液中的 $[Fe(CN)_6]^{3-}$ 以及鸟嘌呤部分的信号，可以得到所制备电极的基本电化学性能；此外，研究人员将这些信号与经其他纳米材料（蒙脱石和羟基磷灰石）修饰的电极所发出的信号进行了比较研究。多壁碳纳米管可以极大的增大表面积，从而可以获得比其他材料修饰或未经修饰的电极更高的电化学信号（见图 11.5）。因此，利用多壁碳纳米管和 DNA 的混合物来对电极表面进行复合包覆更加有效，这很大程度上可以归因于纳米薄膜中的标示物粒子可以为 DNA 提供一个更好的通道。

阻抗光谱测量显示其对 DNA 损伤的探测具有较好的灵敏度。该生物传感器已成功用于检测锡（Ⅱ）和砷（Ⅲ）化合物对 DNA 造成的损伤[63]。同简单的 DNA 生物传感器相比，多壁碳纳米管有效增大了电化学 DNA 标示物 $[Co(phen)_3]^{3+}$ 的信号，从而为观察 DNA 的损伤提供了一个合适的探测窗口。此外，研究人员还将多壁碳纳米管以及多壁碳纳米管和金纳米粒子（GNPs）的混合物分散于十二烷基硫酸钠（SDS）溶液与二甲基甲酰胺（DMF）中[64]。对应用层间包覆和复合（混合）包覆的电极进行测试，结果表明 SDS 可以使多壁碳纳米管在含水媒质中得到更好的分散效果。与简单的 MWNTs 相比，GNPs-MWNTs 纳米混合物的生物传感性能并没有发生显著的改变。DNA-MWNTs 生物传感器已被成功应用于检测小檗碱衍生物对DNA造成的损伤，由此证明这种DNA生物传感器也可被用作高效的化学毒性传感器。

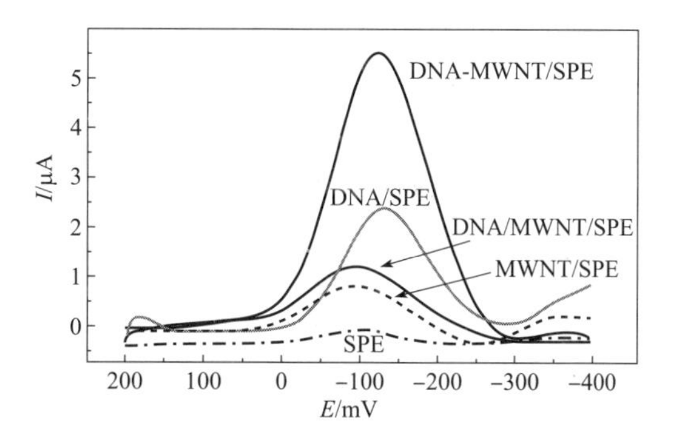

图 11.5 不同电极下 [Co (phen)$_3$]$^{3+}$ 微分脉冲伏安信号的比较

注：条件：5×10^{-7}mol/L的 [Co (phen)$_3$]$^{3+}$ 溶于 5×10^{-3}mol/L的磷酸盐缓冲液中，pH值为7，开路下富集时间为120s。DNA-MWNT/SPE为DNA-多壁碳纳米管/丝网印刷电极；DNA/SPE为DNA/丝网印刷电极；DNA/MWNT/SPE为DNA/多壁碳纳米管/丝网印刷电极；MWNT/SPE为多壁碳纳米管/丝网印刷电极；SPE为丝网印刷电极。

固体电极改性： CNTs可以有效增大传感器的表面积并为DNA在玻碳电极和金属电极上的固定化提供了良好条件。目前，可以利用几种方法来对CNT和DNA进行固定化处理。通常情况下，是将CNTs进行预处理（使用无机酸或超声过程来进行分散），之后将其涂覆于电极表面来形成CNT薄膜。例如，可以将MWNT分散于双十六烷基磷酸（DHP）表面活性剂中，之后将其涂覆于GCE表面[65]。由峰值电流的显著增强和氧化电压的降低可以证实，这种电极对腺嘌呤和鸟嘌呤的氧化有强烈的电催化活性［见图11.6(a)］。同时，也可以观察到经MWNT修饰的电极具有很好的吸附特性。此外，在dsDNA的检测方面，未经修饰的GCE无法观察到电化学响应；然而，应用经MWNT修饰的GCE却可以观察到明显的氧化峰（源于DNA中腺嘌呤和鸟嘌呤的氧化），特别是在富集2min之后［见图11.6(b)］。相关研究人员还列举了一些其他优点，例如可以进行直接检测、灵敏度高、响应速度快、再现性好以及方法简单等。

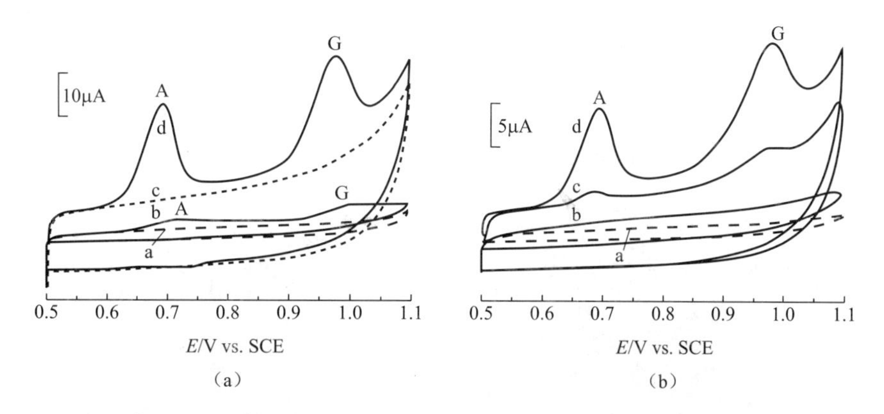

图 11.6 鸟嘌呤（G）和腺嘌呤（A）的循环伏安（CV）曲线比较及dsDNA的CV曲线比较

注：(a) 鸟嘌呤（G）和腺嘌呤（A）的循环伏安（CV）曲线比较：曲线a：DHP/GCE；曲线b：未修饰的GCE；曲线c：MWNT-DHP/GCE在空白溶液中的CV曲线；曲线d：MWNT-DHP/GCE；(b) dsDNA的CV曲线比较：曲线a：未修饰的GCE；曲线b：DHP/GCE；曲线c：MWNT-DHP/GCE；曲线d：经2min富集的MWNT-DHP/GCE。SCE为甘汞参比电极。图片经Springer Science and Business Media出版社许可，翻印自参考文献 [65]。

另外一种制备DNA-CNTs生物传感器的方法是利用一种自组装过程。这一过程可以使电极表面形成一层高质量的单层膜，从而使其官能化。这种方法可以使用大量的有电活性或无电活性的官能团来对单层膜的头基进行灵活的设计，因此这种方法尤其适合被用来制备生物传感器[66~68]。已有研究发现 DNA 可能会引导 SWNTs 的组装，研究人员利用原子力显微镜（AFM）来对这一过程进行了研究[69]。利用互补链 ssDNA1 和 ssDNA2 来对 SWNTs 进行官能化，ssDNA1-SWNTs 和 ssDNA2-SWNTs 的杂交过程与 dsDNA-SWNTs 的杂交过程类似（见图 11.7）。随后，其良好的分支结构得到了证实，研究人员在含有非官能化 SWNTs 或 ssDNA-SWNTs 的溶液中观察到了它们更松散和随机的分布结构。这种方法可以用于构建各种 SWNTs 纳米结构，在电传感与分子传感领域获得应用。

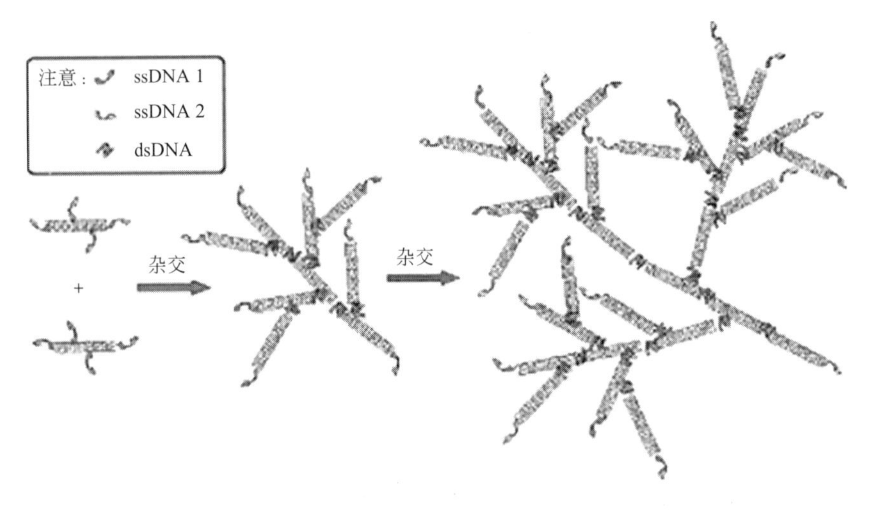

图 11.7　dsDNA-SWNTs 自组装过程示意图

注：图片经 Elsevier 出版社许可，翻印自参考文献［69］。ssDNA1 为单链 DNA1；ssDNA2 为单链 DNA2；dsDNA 为双链 DNA。

在制备电子器件时，DNA 也可能起到连接作用从而控制 SWNTs 的自组装过程[70]。将 Au（金）触点与 SWNTs 通过巯基进行 ssDNA 修饰，随后 ssDNA 互补链之间会形成杂交（见图 11.8）。该方法可以应用简单的生产过程来实现数以百计器件的高产量生产，同时其测试电流比直接金属-SWNTs 触点大两个数量级。

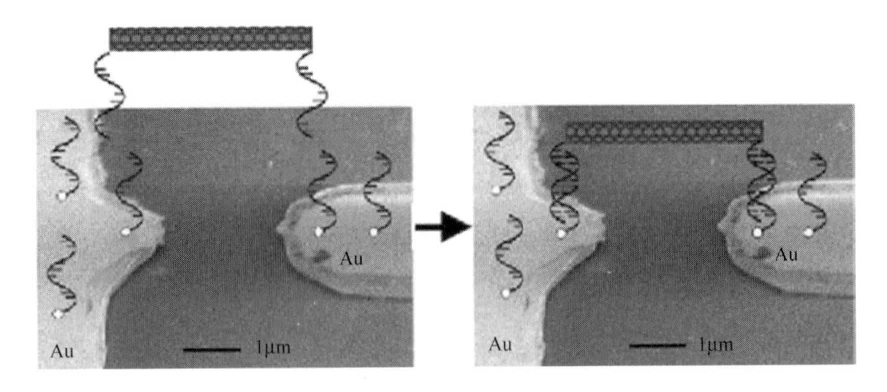

图 11.8　两个金电极之间经 DNA 修饰的 SWNTs 沉积示意图。

注：图片经 Elsevier 出版社许可，翻印自参考文献［69］。

此外，可以利用化学气相法在金基底上直接生长自组装的MWNTs[71]。实验结果首次展示了纳米管可以垂直于金基底进行生长，之后可以将羧酸基团引入到MWNTs表面，从而形成共价键，从而实现DNA探针的固定化。以亚甲基蓝为电化学指示剂，所制备的生物传感器可用来检测DNA探针与目标DNA之间的杂交过程。相比于基于随机MWNT的生物传感器，这种基于自组装MWNT的生物传感器展现了更高的杂交效率。

自组装方法不仅可以用来固定CNTs，也可以用来固定DNA探针[72]。例如可以将巯基化ssDNA探针附到Au-CNT混合物中（见图11.9），该混合物为自组装巯基化DNA的一种异质结构，其中金纳米粒子起到锚点的作用。相关固定化过程可以用电化学阻抗谱和伏安法来进行监控。通过以［Ru（bpy)$_3$］$^{3+}$为氧化还原活性介质来对鸟嘌呤进行催化氧化，该生物传感器能够识别互补和错配的杂交事件。在巯基己醇存在的情况下杂交事件会得到加强，同时也会使非特异性吸附DNA产生移位。

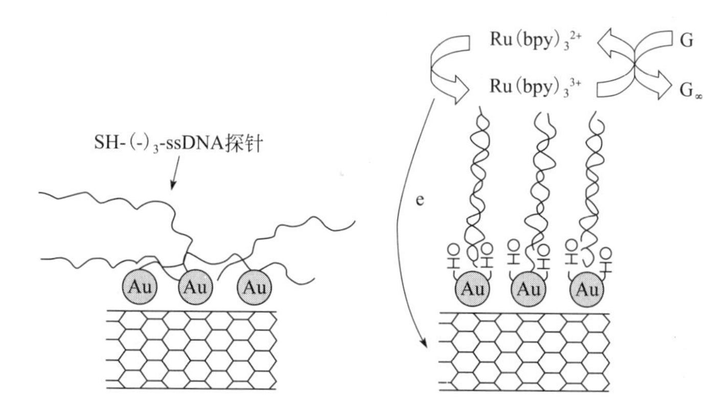

图11.9 巯基化寡聚核苷酸在Au-CNT混合物上的自组装过程示意图。

注：SH-(-)$_3$-ssDNA probes为巯基化ssDNA探针；Ru（bpy)$_3$为三联吡啶钌。图片经Elsevier出版社许可，翻印自参考文献［72］。

DNA分子和CNTs之间的共价相互作用也被用于构建生物传感器。将MWNT悬浮液滴在金电极[73]和GCEs[74]的表面并进行干燥，可以对其进行修饰。随后，利用MWNTs上的羧酸基团与DNA碱基上的氨基基团的二酰亚胺活化过程，可以将小牛胸腺DNA固定在MWNTS上。此外，研究人员还利用电化学方法对固定化的DNA与分子（例如溴化乙锭[73]）之间的相互作用，以及利用红必霉素作为插入指示剂的杂交反应进行了研究[74]。

碳纳米管同样可以直接在石墨电极上生长[75]。经乙二胺改性后，dsDNA可以经电化学过程固定在其表面。通过一种阳离子聚电解质可以使DNA在静电力的作用下附着在经MWNT改性的金电极上[76]。这种生物传感器可以被用来确定低分子量分子的存在，例如盐酸异丙嗪[75]和盐酸氯丙嗪[76]，这两种分子都可以插入到DNA中。

有研究将分散MWNT与DNA溶液的混合物涂覆于铂电极的表面，并进行蒸发干燥[77]。以该方法获得的DNA/MWNT层非常稳定。在细胞色素C溶液中对DNA/MWNT修饰的电极进行培养，由于带负电的DNA/MWNT层和带正电的细胞色素C之间存在静电相互作用，因而可以获得均匀的固定化。此外，MWNTs在促进细胞色素C的氧化还原过程中起到了至为关键的作用。

研究人员应用随机分散的竹节型碳纳米管（BCNT）对GCE进行了修饰，同时对经修饰的SWNTs和未经修饰的GCEs进行了比较研究[78]。其将分散的CNTs涂覆于电极表面并进行了蒸发干燥。通过一个外加电位可以从溶液中吸附DNA，由此可以对这三种电极上DNA鸟嘌呤和腺嘌呤碱基的氧化进行比较研究。鸟嘌呤和腺嘌呤更高的峰值电流（见图11.10）表明，BCNTs上电活性位点的数量要远远多于SWNTs。

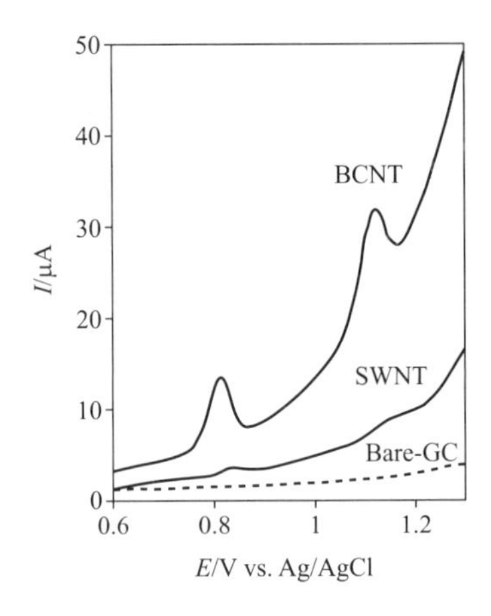

图11.10 GCE，SWNT/GCE以及BCNT/GCE上腺嘌呤与鸟嘌呤碱基的微分脉冲伏安信号的比较。

注：BCNT为竹节型碳纳米管；SWNT为单壁碳纳米管；Bare-GC为裸玻碳电极。图片经Elsevier出版社许可，翻印自参考文献［78］。

环糊精（CDs）也可以使碳纳米管固定于电极表面。这些化合物可以有效促进CNTs的分散[79,80]，并将其包封于聚合物中，从而实现其固定化[81]。众所周知，CDs具有很好的形成超分子复合物的能力，原因在于其可以作为有效的分子受体。包含有CDs和CNTs的复合物同时具有这两种材料的优点。因此，研究人员利用核磁共振（NMR）和拉曼光谱对CDs和CNTs的配合物进行了研究，结果表明，g-CD和SWNTs存在分子间的相互作用[79]。同时可以发现，在大环糊精（Z-CD）的穿入作用下，SWNTs具有可溶性[80]。已有文献报道，包覆了CD/CNT膜的电极可以应用于测定生物分子和其他有机分子，包括多巴胺和肾上腺素[82]、胸腺嘧啶[83]、多巴胺[84]和芦丁[85]。此外，研究人员对DNA的识别过程进行了报道，其将MWNTs和b-CD的混合物修饰于石墨电极的表面并进行了蒸发干燥[86,87]。该传感器被用于测定自由鸟嘌呤和腺嘌呤的水平。针对于DNA的测定，在开路下经过60s的富集后可以观察到明显的鸟嘌呤和腺嘌呤基团特征峰。此外，电极表面的b-CD也可以作为过滤膜来使用[87]。

导电聚合物也可用来制备DNA生物传感器，其原因在于它们可以提高CNTs的化学相容性和可溶性。其中应用最广泛的一种高分子材料是聚吡咯（ppy），其可以通过电化学方法制备并沉积于导体表面。ppy膜的主要优点是通过调节电流和电位可以使膜厚以及膜形态均匀可控[88]。ppy膜可以在中性pH值下进行沉积，其具有两大主要特征，即良好的导电性以及可以使生物传感器足够稳定。尽管有很多研究团队报道了应用ppy来设计和制备DNA生物传感器，而基于CNT的DNA生物传感器却鲜有报道。

目前报道的相关研究主要使用了两种方法。第一种方法是应用羟酸基团功能化的MWNTs悬浮液来对GCE进行修饰。其后应用电聚合过程在含有吡咯和DNA的溶液中制备掺杂DNA寡聚核苷酸的ppy膜[89,90]，并应用电化学阻抗法来检测杂交过程。将DNA寡聚核苷酸掺杂于ppy膜中可以使ssDNA更容易与靶DNA序列发生杂交。第二种方法是利用电聚合过程在含有吡咯和MWNTs的溶液中于GCE表面制备了掺杂有MWNTs的ppy膜[91]。这些膜表面布满了结合有磁性纳米粒子的DNA探针，从而形成了DNA杂交生物传感器。

另一种聚合物即壳聚糖也可以用于DNA-CNTs生物传感器，这种阳离子聚合物能够增强CNTs的分散[92]。同时，壳聚糖也为进一步的修饰和生物分子的有效固定化提供了一个合适的环境[93]。研究人员利用各种微观方法以及X射线衍射（XRD）对CNTs和壳聚糖复合物的特性进行了研究[94]。通过静电吸引作用，DNA可以有效固定于壳聚糖聚阳离子聚合物膜上，而利用高离子强度可以避免出现非特异性DNA吸附[95]。将壳聚糖-MWNTs溶液均匀地涂在石墨电极表面并进行蒸发干燥[96]，之后通过简单的吸附过程就可以使DNA固定于经修饰电极的表面。作为一种阳离子聚合物，壳聚糖可以吸附带有阴离子的物质例如带有羟酸基团的CNTs。因此，CNTs在壳聚糖水溶液中可以得到更均匀的分散，由此可以增强CNTs溶液的稳定性。可以通过监控 $[Fe(CN)_6]^{3-}$ / $[Fe(CN)_6]^{4-}$ 氧化还原对来确认DNA/壳聚糖-CNTs膜的形成与否。

为了对CNTs的特性进行改进，可以用多种材料来对其进行掺杂，例如金属纳米粒子、氧化还原介质以及聚合物等。这种方法可以结合两种材料的特性，从而产生协同效应。DNA可以固定于经MWNT/纳米多孔二氧化锆/壳聚糖复合膜修饰的电极上，从而形成DNA生物传感器[97]。纳米多孔二氧化锆和MWNTs对红必霉素的氧化还原行为展现了协同效应。由于有效地增大了表面积以及良好的电荷输运特性，ssDNA的负载量和DNA杂交的检测灵敏度都得到了提升。

在DNA的杂交检测中碳纳米管也可用作纳米粒子示踪剂的载体，例如CdS[98]和Pt纳米粒子[99,100]。Wang等人报道了一种方法，可以对DNA杂交的电检测进行放大[98]。为此，利用疏水作用使CNTs的侧壁包覆上CdS纳米晶。与单独的CdS示踪剂相比，引入CNTs的CdS示踪剂，其溶出伏安信号可以得到极大的增强（见图11.11）。

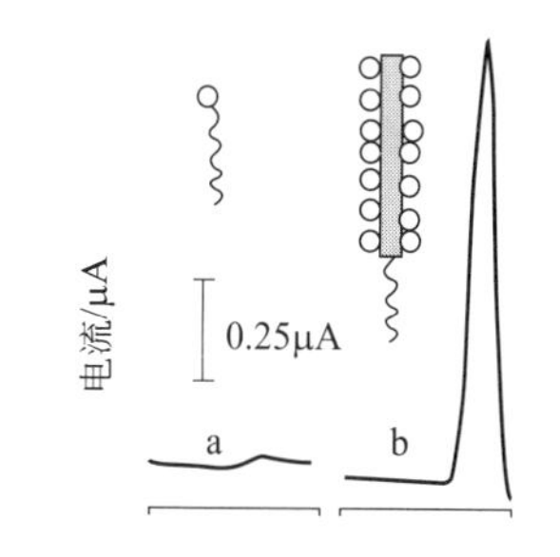

图 11.11 溶出伏安镉杂交信号示意图
a—单独的CdS示踪剂；b—引入CNTs的CdS示踪剂。图片经Elsevier出版社许可，翻印自参考文献［98］

研究人员将MWNTs悬浮液与Pt溶液进行混合，并且将混合物涂覆于GCE的表面[100]。随后，将干燥后的电极放在DNA溶液中进行培养，从而实现DNA探针的固定。使用循环伏安法对修饰后电极的电化学性能进行研究，结果表明经MWNT/Pt混合物修饰的电极的有效面积要大于单纯Pt或MWNT修饰的电极。同时，基于MWNT/Pt混合物的杂交试验也证实其具有很高的选择性。

11.2.2 富勒烯

富勒烯（C_{60}）及其衍生物作为碳族材料的一份子在众多科学领域获得了广泛关注。它们具有一些众所周知的生物特性与活性，例如DNA的断裂、抗病毒活性以及电子传递等特性[101,102]。迄今为止，富勒烯在分析领域的应用并没有得到广泛认可[103]。然而，其独特的结构和特性与 CNTs 类似，使其可以用作吸附剂和色谱固定相，从而引起了研究人员的关注。此外，随着化学修饰传感器和生物传感器的不断发展，将富勒烯沉积在不同衬底上可能会引起人们的兴趣，因为这可以使电极材料的电阻率下降。

富勒烯［见图 11.1(c)］是由五元环或六元环闭合碳分子笼所构成。关于其电催化特性及其在制备化学修饰电极方面的应用，目前已经有较多的综述文章对其进行报道[104,105]。经富勒烯修饰的电极在化学和生物化学反应中展现了有效的电催化特性[104]，因此它们可能会作为电子传递介质应用于生物传感器领域。例如，可以应用富勒烯/环糊精（C_{60}：γ-CD）复合物来调解 DNA 的电子传递，其对 DNA 展现了双向活性[106]。在这种情况下，可以通过简单的吸附过程使用 C_{60}：γ-CD 复合物来对 GCE 进行修饰。由于这种复合物可以溶于水，经修饰后的表面将涂覆全氟聚苯乙烯磺酸，从而防止 C_{60}：γ-CD 层的溶解。该电极具有良好的稳定性和再现性，此外，在不存在 C_{60} 的情况下不会出现 DNA 相对应的氧化还原峰。

研究人员利用经 DNA 修饰的金电极对 C_{60} 衍生物和 DNA 之间的相互作用进行了研究[107]。由于 C_{60} 衍生物是非电活性的，可以使用［$Co(phen)_3$］$^{3+/2+}$ 氧化还原对作为指示剂来研究这种相互作用。此外，可以使用循环伏安法来研究结合和解离的动力学，研究表明 C_{60} 衍生物的结合目标是 dsDNA 双螺旋结构和磷酸骨架的大沟。

研究人员通过 3，4-乙烯二氧噻吩的聚合将 C_{60} 衍生物/卟啉/DNA 复合物沉积在电极表面，并利用 ITO 电极对其进行了研究[108]。卟啉衍生物可以作为嵌入剂来与 DNA 进行结合，无论富勒烯还是卟啉衍生物都可以被 DNA 支架所捕获。经 DNA 修饰的电极可以用来对大肠杆菌中提取的 16S rDNA 进行电化学检测[109]。其将 DNA 探针固定于浸透富勒烯的丝网印刷电极上，所用电极经空气等离子体活化处理。由于加入了富勒烯，可以观察到［Co（phen)$_3$］$^{3+}$ 的信号得到了很好的加强。此外，这种生物传感器在寡聚核苷酸失配的情况下也可以探测目标的寡聚核苷酸。

11.2.3 金刚石和碳纳米纤维

11.2.3.1 金刚石

虽然金刚石［如图 11.1(d) 所示］被认为是一种超硬材料，但其同我们前文中所提到的碳材料相类似，都具有独特的电化学性能，因而可以用来制备各种经修饰的电极。利用电化学阻抗谱测量可以研究金刚石薄膜作为电极的基本电化学性能和电极动力学，Pleskov 对相关研究进行了综述[110]。此外，其也对金刚石电极作为探测器在色谱以及流动注射等方面的实际应用进行了论述。

金刚石通常通过受主掺杂来提高电化学性能。研究人员利用 4-硝基苯酚的电化学氧化对掺硼金刚石（BDD）、玻璃碳（GC）、热解石墨（PG）这三种碳表面的电化学行为进行了比较[111]。对亚铁氰化物的氧化还原行为研究表明，BDD 的电荷传递电阻和位移电流要比 GC 和 PG 的低。此外，在 BDD 电极上可以获得最好的检出限、重复性以及再现性。

由于金刚石具有很好的生物相容性[112]，可以用生物分子来对其表面进行修饰。研究人员利用漫反射红外光谱法对 DNA 在金刚石上的共价固定化进行了研究[113]，而另外一些研究人员利用X射线光电子能谱（XPS）和阻抗谱对DNA修饰的金刚石薄膜进行了研究[114~117]。结果表明，经DNA修饰的金刚石具有高稳定性和敏感性，可以用来检测DNA的杂交事件。基于化学气相沉积（CVD）可以生产出金刚石芯片，而利用一种固化技术可以使DNA与衬底垂直结合，从而将DNA包覆在金刚石芯片上[118]。研究结果表明，经CVD过程制备的金刚石芯片，其表面上的寡聚核苷酸数量要大于硅芯片上的数量。应用这一成果可以开发各种微阵列型DNA芯片，并将其应用于DNA诊断。

在硅基底上制备BDD膜并利用电聚合过程包覆聚苯胺/聚丙烯酸复合物薄层，可以用来制备DNA杂交生物传感器[119]。将该传感器放入DNA溶液中进行培养可以实现DNA探针的固定化。聚合物膜中的羧基可以作为DNA探针实现共价结合的活性点。此外，在聚合物膜上并没有发现非特异性吸附的DNA。然而，该DNA生物传感器在DNA传感应用中却展现了相当的稳定性和选择性。利用低本底电流的BDD膜电极，可以对天然以及热变性鱼DNA的电化学行为进行研究[120]。对热变性DNA进行循环伏安测试可以观察到两个明显的峰，分别对应于残留鸟嘌呤和腺嘌呤的氧化。此外，研究发现在胞嘧啶存在的情况下鸟嘌呤的峰值会降低，这表明胞嘧啶和变性DNA可以通过氢键来发生相互作用，而阳离子型卟啉可以通过夹层和离子相互作用使变性DNA更为稳定。

研究人员在经氨基修饰的BDD电极上涂覆了交联剂和巯基修饰的DNA寡聚核苷酸探针[121]。使用荧光标记的互补/非互补靶DNA寡聚核苷酸来进行DNA杂交，可以证实DNA探针的存在。利用电化学原子力显微镜可以对DNA的官能化杂交表面进行测试表征，结果显示得到了闭环的致密DNA膜。此外，BDD电极也可以用作高效液相层析仪（HPLC）的探头来检测嘌呤和嘧啶[122]。由于BDD电极具有很宽的电压窗口，因此可以观察到胞嘧啶和胸腺嘧啶明显的氧化峰，而其低检出限、高灵敏度和高稳定性也有很多相关报道。由此，这种电极被成功应用于HPLC分析中，用来测定DNA样品中的5-甲基胞嘧啶，其可以获得近95%的容许采收率，同时具有良好的再现性。

11.2.3.2 碳纳米纤维

碳纳米纤维代表了另外一类碳材料，获得了深入的研究[123]。例如，它们不仅是在催化领域具有吸引力的材料[124]，其不寻常的电化学性能[125,126]使其还可以作为新型电极材料应用于电化学领域[127]。垂直取向的碳纳米纤维已经在化学传感器和生物传感器领域获得了应用[128]，同时也有研究对其在酶[129]和DNA生物传感器领域的应用进行了报道[130]，即利用氨基来对纳米纤维表面进行修饰，从而使其可以与经巯基修饰的DNA探针相结合[131]。应用该方法所制备的生物传感器可以对与固定探针互补的经荧光标记的靶DNA进行识别。

利用光化学和化学方法也可以对垂直取向的碳纳米纤维进行共价修饰[132]。在识别互补和非互补序列的过程中，其展现了极佳的特异性和可逆性。其杂交DNA的数量是GCEs的8倍以上，除此之外，碳纳米纤维还拥有高的表面积。此外，也可以利用纳米纤维上的羧基来对垂直取向的碳纳米纤维进行DNA修饰，并用于哺乳动物细胞中外源基因的直接物理导入与表达[133]。而利用聚合酶链式反应和体外转录，可以对DNA转录的可接近性进行研究。

11.2.4 黏土

黏土属于层状硅酸盐型矿物，其在化学传感器方面的应用已有很多综述报道[134~136]。黏土可以作为离子交换剂，也因此可以用来制备修饰电极[137]。利用电化学方法可以对 CPEs 中不同黏土的离子交换性能进行研究[138,139]。因为黏土具有吸附特性，其也可以作为生物传感器的组成部分。此外，其在酶电极领域也有很多应用实例[136]。然而，其在 DNA 生物传感器方面的应用却鲜见于报道。

使用钠蒙脱土（MMT）作为修饰剂可以对 CPE 进行改性[140]。利用这种电极可以对鸟嘌呤的测定和电化学行为进行研究。同未经修饰的 CPE 相比，经 MMT 修饰的 CPE 具有更好的电子传递特性，从而使鸟嘌呤的峰值电流增大，氧化过电势降低。使用未改性 MMT 和改性蒙脱土（MMTmod）对碳糊丝网印刷电极进行修饰主要有两种方式[62]：①将 MMT 或者 MMTmod 分散于聚乙烯醇中，并将其涂覆于电极表面，待其干燥后在表面包覆 DNA 层（逐层包覆）；②将 MMT 或 MMTmod 与 DNA 的混合物涂覆于电极表面并进行蒸发干燥（复合包覆）。可以利用 $[Co(phen)_3]^{3+}$ 标记物的伏安信号、剩余鸟嘌呤以及 $[Fe(CN)_6]^{3-}$ 来对所制备 DNA 生物传感器的性能进行评价。结果表明复合包覆更为有效，其原因在于纳米结构薄膜具有更大的活性表面积，因此在薄膜内 DNA 和标记物粒子之间具有更好的通道。MMT 修饰剂和 MMTmod 修饰剂的比较研究结果表明，后者的效率比前者更高，这可以归因于纳米材料中层间距的增大。

11.2.5 金属纳米颗粒

金属纳米颗粒（NPs）是由几百到几千个原子所组成的原子簇，在尺度上通常只有几纳米[141]。其作为染料化合物而被人们所熟知，由于它们具有独特的物理特性（包括基于小尺寸的高表面体积比），因此在传感领域也吸引了研究人员的广泛兴趣[142]。在各种 NPs 中，金（Au）和银（Ag）是制备纳米颗粒最常用的金属材料。

金纳米颗粒（GNPs）可以通过电化学或非电化学过程的化学还原作用来进行制备［通常使用 $NaBH_4$ 来将 $HAuCl_4 \cdot 3H_2O$ 中的 Au（III）还原成 Au（0）］，应用该方法通常可以制备出胶体金[143]。胶体金由均匀分散在液相中的金八面体单元所组成。可以使用寡聚核苷酸或蛋白质等生物分子来对 GNPs 进行修饰，然后将其用于 DNA 寡聚核苷酸的标记以及增强 DNA 杂交事件的检测灵敏度[144~146]。通过使用 DNA 来对金进行修饰，可以得到更稳定的金胶体，这是进行进一步生化控制和分子生物控制的先决条件[147]。GNPs 具有疏水性，因此必须对其进行改性以使其具有水溶性（亲水性），然后才可能将它们附于生物分子上。通过生物素-亲和素键合以及巯基-金键合，可以应用简单的吸附过程来将寡聚核苷酸附于 GNPs 的表面。这种纳米颗粒可以用作定量标记物以及编码电化学基质[146]。

量子点（QDs）也是纳米材料的一种，即零维材料[148]。量子点是一个包含有一个单电荷和一个单电子的单元。电子的存在与否将会改变 QDs 的特性，从而使其具有多种用途，包括信息存储或作为传感器的转换器。QDs 是外观近似球体的半导体纳米晶体，直径为 1～12nm。由于 QDs 具有很小的尺寸，其展现了跟体材料不同的特性，这些让人瞩目的特性可以归因于 QDs 的量子限域效应。由于前体容易获得且晶化过程简单，因此通常使用 CdS 和 CdSe 来制备 QDs。目前，可以用以下方法来制备 QDs，例如基于图案化制备（利用表面活性剂胶粒化使胶体自组装形成图案），有机金属热解或电化学沉积。此外，也可以通过简单的吸附过程应用DNA或蛋白质来对其进行修饰，通过巯基键合、静电相互作用以及链霉亲和素-生物素键合来进行链接。

由于胶体金具有超大的表面积，可以用其来增强DNA在电极表面的固定效果。基于大肠杆菌ssDNA结合蛋白（SSB）和GNPs上共轭ssDNA之间的结合事件，可以制备电化学DNA杂交生物传感器[149]。研究人员对SSB的识别能力，GNPs、链霉亲和素包覆磁珠以及生物素改性CPE的电化学特性进行了研究，结果表明链霉亲和素包覆的磁珠可以对失配和非互补DNA序列进行特异性识别。应用这种GNPs可以将检出限降低到2.17×10^{-12}mol/L。

此外，GNPs还会对DNA和［Co（phen）$_3$］$^{3+}$之间的相互作用产生影响[150]。为此，研究人员将不同尺寸的GNPs通过二巯基化物分子组装到金盘电极的表面，然后将DNA溶液涂覆于经GNP修饰的表面从而制备了DNA生物传感器。研究表明，电极表面吸附的DNA浓度取决于GNP的尺寸。所制备的DNA生物传感器在水溶液和含乙腈无水环境中进行了测试，结果表明在这两种介质中都可以观察到明显的［Co（phen）$_3$］$^{3+}$氧化还原峰。随着GNP尺寸的增大，经GNP修饰表面所吸附的DNA浓度和［Co（phen）$_3$］$^{3+}$的氧化还原电流都会随之减小。

将靶DNA固定于胶体GNPs上，然后使其在单层巯乙胺修饰的金电极上进行自组装，可以制备DNA杂交生物传感器[151]。GNPs可以显著增大电极面积和固定化ssDNA的数量。利用在杂交过程中释放的银纳米颗粒可以对寡聚核苷酸探针进行修饰。对于一个互补的寡聚核苷酸序列而言，其可溶性Ag(Ⅰ)的电化学信号要大于包含单碱基失配的寡聚核苷酸序列。利用阳极溶出伏安法可以使靶核苷酸的检出限降低到5×10^{-12}mol/L。

通过与壳聚糖形成稳定的静电复合物，可以将靶ssDNA固定于GCE表面[152]。将所制备的生物传感器浸入经GNP修饰的DNA探针媒介中，可以发生杂交反应。经过杂交过程后，GNPs的电化学信号由于银颗粒的修饰而得到了增强［见图11.12(a)］。此外，由于银的增强作用，所制备生物传感器的灵敏度也提高了两个数量级。这种生物传感器已经可以对包含单核苷酸失配目标的寡聚核苷酸序列进行成功识别［见图11.12(b)］。

研究人员通过电沉积过程在GCE表面制备了GNPs掺杂的DNA薄膜[153]。这种生物传感器可以对去甲肾上腺素（NE）的氧化过程进行监控，从而可以在抗坏血酸存在的情况下对NE的浓度进行检测。

此外，可以将聚2，6-吡啶羧酸膜修饰的GCE进行进一步修饰，即通过纳米金吸附和电沉积过程来进行GNPs修饰[154]。随后，通过在溶液中进行吸附过程来将ssDNA探针固定于经修饰的电极上，而应用电化学阻抗谱可以对杂交过程进行检测。可以应用DNA探针生物传感器以及杂交电极来对［Fe(CN)$_6$］$^{3-}$/［Fe(CN)$_6$］$^{4-}$溶液中表面电子传递阻抗的差异进行测试和评价。将DNA探针与互补DNA进行杂交可以迅速增加表面电子传递阻抗，所制备生物传感器可以对序列特异的草丁膦抗性基因进行检测，其检出限低至2.4×10^{-11}mol/L。

研究人员基于附在寡聚核苷酸探针和密集插指电极上的GNPs，制备了一种DNA杂交电子器件[155]。寡聚核苷酸探针附在两个微电极的空隙处，利用靶DNA和连接有纳米颗粒探针之间的杂交可以将GNPs带到空隙处。经过后续银沉积处理后，当发生DNA杂交事件时便会得到电导信号。

量子点也可以起到跟GNPs相似的作用，其可以作为DNA杂交检测的标记物。例如可以将 PbS、CdS 和 ZnS 附于各种检测探针序列上，随后在不同电位下溶出标记物，因此可以对不同目标序列进行检测和定量（见图 11.13）[146]。同样的，也可以通过测量不同的抗原来进行蛋白的多路复用免疫测定。

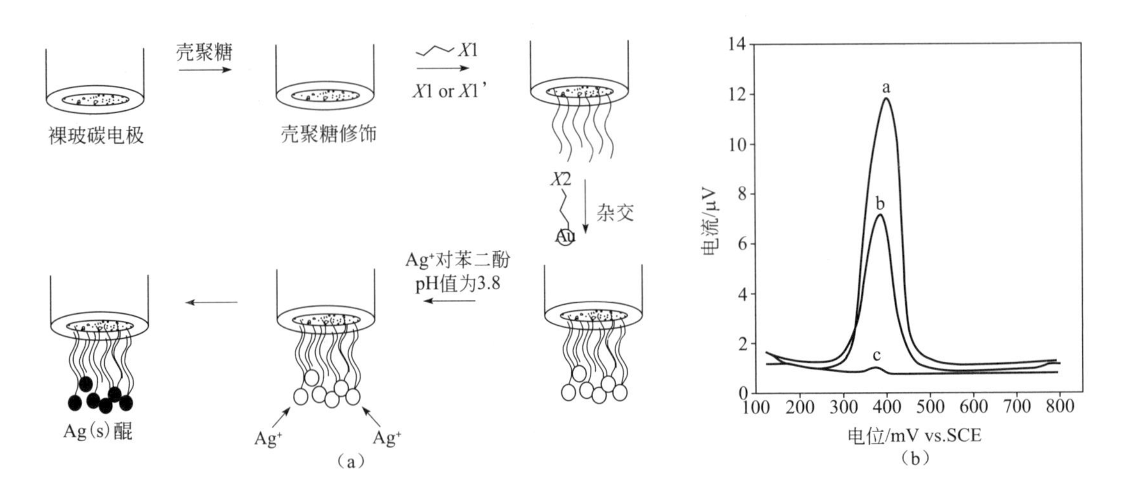

图 11.12 使用银增强胶体金对 DNA 杂交过程进行电化学检测的示意图及通过监测银的微分脉冲伏安曲线

注：(a) 使用银增强胶体金对 DNA 杂交过程进行电化学检测的示意图；(b) 通过监测银的微分脉冲伏安响应来检测 dsDNA：将 GNPs 标记的 DNA 寡聚核苷酸与 a 互补寡聚核苷酸、b 包含单碱基失配的寡聚核苷酸、c 非互补寡聚核苷酸，来进行杂交。图片经 Elsevier 出版社许可，翻印自参考文献 [152]。

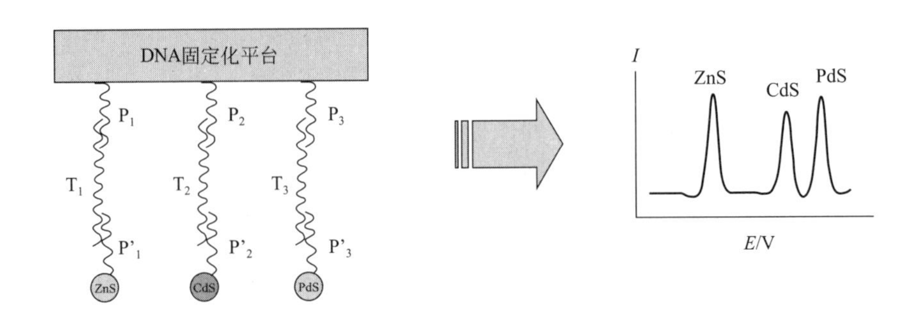

图 11.13 DNA 的多重检测示意图

注：P_1、P_2 和 P_3 是 QDs 上连接的 DNA 探针；T_1、T_2 和 T_3 是与相应 DNA 捕获探针（P_1、P_2 和 P_3）杂交的 DNA 靶。图片经 Elsevier 出版社许可，翻印自参考文献 [146]。

11.3 结论

随着生物传感器的不断发展，纳米科技和纳米材料的应用为控制转换器、固定生物分子的基体、标记物、指示剂以及其他重要组成部分的性能提供了新的可能。生物传感器在分析物测定领域的众多应用已经突显了纳米材料的用途，其可以使检出限明显降低（见表 11.1）。尤其是纳米材料的小尺寸可以实现生物传感器的小型化，制备出纳米电极阵列，同时在环境、生物医学和体内领域获得应用。

表 11.1 纳米材料在 DNA 生物传感器领域的应用

纳米材料	分散剂	固定化方法	测量的信号/分析物	电化学方法	线性浓度范围/(mol/L)	检出限/(mol/L)	参考文献
MWNTs	矿物油	糊	溴化乙锭	微分脉冲伏安法	$1\times10^{-10}-1.1\times10^{-8}$	8.5×10^{-11}	[59]
MWNTs	硝酸	涂于玻碳电极上	α-萘酚	计时电位法	(20－120)ppb	2pg	[61]
MWNTs	DMF	涂于玻碳电极上	红必霉素	微分脉冲伏安法	$2.0\times10^{-10}-5.0\times10^{-8}$	1×10^{-10}	[74]
MWNTs	DMF	涂于玻碳电极上	红必霉素	电化学阻抗谱法	$1\times10^{-10}-1\times10^{-6}$	5×10^{-11}	[90]
MWNTs	—	用聚吡咯进行电聚合	红必霉素	微分脉冲伏安法	$6.9\times10^{-14}-8.6\times10^{-13}$	2.3×10^{-14}	[91]
MWNTs	壳聚糖	涂于玻碳电极上	红必霉素	微分脉冲伏安法	$1.49\times10^{-10}-9.32\times10^{-8}$	7.5×10^{-11}	[97]
MWNTs	全氟聚苯乙烯磺酸	涂于玻碳电极上	红必霉素	微分脉冲伏安法	$2.25\times10^{-11}-2.25\times10^{-7}$	1×10^{-11}	[100]
GNPs	—	自组装	Au	方波伏安法	$3\times10^{-11}-9.55\times10^{-9}$	2.17×10^{-12}	[149]
GNPs	—	自组装	溶解银	阳极溶出伏安法	$1\times10^{-11}-8\times10^{-10}$	5×10^{-12}	[151]
CNTs	矿物油	糊	多巴胺	方波伏安法	$1\times10^{-8}-1.1\times10^{-7}$	2.1×10^{-11}	[57]
CNTs	—	沉积于石墨基底上	盐酸异丙嗪	方波伏安法	$2.5\times10^{-8}-2.1\times10^{-6}$	—	[75]

参考文献

1 Sotiropoulou, S., Gavalas, V., Vamvakaki, V. and Chaniotakis, N.A. (2003) *Biosens. Bioelectronics*, **18**, 211.

2 Jianrong, C., Yuqing, M., Nongyue, H., Xiaohua, W. and Sijiao, L. (2004) *Biotechnol. Adv.*, **22**, 505.

3 Vamvakaki, V. and Chaniotakis, N.A. (2007) *Sens. Actuat. B* **22**, 193.

4 Rao, C.N.R. and Cheetham, A.K. (2001) *J. Mater. Chem.*, **11**, 2887.

5 Kuchibhatla, S.V.N.T., Karakoti, A.S., Bera, D. and Seal, S. (2007) *Prog. Mater. Sci.*, **52**, 699.

6 Singh, K.V., Pandey, R.R., Wang, X., Lake, R., Ozkan, C.S., Wang, K. and Ozkan, M. (2006) *Carbon*, **44**, 1730.

7 Xu, T., Zhang, N., Nichols, H.L., Shi, D. and Wen, X. (2007) *Mater. Sci. Eng. C*, **27**, 579.

8 Sun, Y. and Kiang, C.-H. (2005) DNA-based Artificial Nanostructures: Fabrication Properties, and Applications. in *Handbook of Nanostructured Biomaterials and Their Applications in Nanobiotechnology* (ed. H.S. Nalwa), Vol. 2, American Scientific Publishers, California,. pp. 224.

9 Fortina, P., Kricka, L.J., Surrey, S. and Grodzinski, P. (2005) *Trends Biotechnol.*, **23**, 168.

10 Iijima, S. (1991) *Nature*, **354**, 56.

11 Iijima, S. and Ichihashi, T. (1993) *Nature*, **363**, 603.

12 Paradise, M. and Goswami, T. (2007) *Mater. Design*, **28**, 1477.

13 Trojanowicz, M. (2006) *Trends Anal. Chem.*, **25**, 480.

14 Merkoci, A. (2006) *Microchim. Acta*, **152**, 157.

15 Smart, S.K., Cassady, A.I., Lu, G.Q. and Martin, D.J. (2006) *Carbon*, **44**, 1034.

16 He, P., Xu, Y. and Fang, Y. (2006) *Microchim. Acta*, **152**, 175.

17 Zhao, Q., Gan, Z. and Zhuang, Q. (2002) *Electroanalysis*, **14**, 1609.

18 Wang, J. (2005) *Electroanalysis*, **17**, 7.

19 Lin, Y., Yantasee, W., Lu, F., Wang, J., Musameh, M., Tu, Y. and Ren, Z. (2004) Biosensors Based on Carbon Nanotubes. in *Dekker Encyclopedia of Nanoscience and Nanotechnology.* (eds J.A. Schwarz, C. Contescu and K. Putye), Marcel Dekker, New York, p. 361.

20 Merkoci, A., Pumera, M., Llopis, X., Perez, B., del Valle, M. and Alegret, S. (2005) *Trends Anal. Chem.*, **24**, 826.

21 Gooding, J.J. (2005) *Electrochim. Acta*, **50**, 3049.

22 Gruner, G. (2006) *Anal. Bioanal. Chem.*, **384**, 322.

23 Wanekaya, A.K., Chen, W., Myung, N.V. and Mulchandani, A. (2006) *Electroanalysis*, **18**, 533.

24 Balasubramanian, K. and Burghard, M. (2006) *Anal. Bioanal. Chem.*, **385**, 452.

25 Rao, C.N.R., Satishkumar, B.C., Govindaraj, A. and Manaschi, N. (2001) *Chem. Phys. Chem.*, **2**, 78.

26 Barisci, J.N., Wallace, G.G. and Baughman, R.H. (2000) *Electrochim. Acta*, **46**, 509.

27 Barisci, J.N., Wallace, G.G. and Baughman, R.H. (2000) *J. Electroanal. Chem.*, **488**, 92.

28 Barisci, J.N., Wallace, G.G., Chattopadhyay, D., Papadimitrakopoulos, F. and Baughman, R.H. (2003) *J. Electrochem. Soc.*, **150**, E409.

29 Avouris, P. and Chen, J. (2006) *Mater. Today*, **9**, 46.

30 Saito, T., Matsushige, K. and Tanaka, K. (2002) *Physica B*, **323**, 280.

31 Hilding, J., Grulke, E.A., Zhang, Z.G. and Lockwood, F. (2003) *J. Disper. Sci. Technol.*, **24**, 1.

32 Lin, Y., Taylor, S., Li, H., Fernando, K.A.S., Qu, L., Wang, W., Gu, L., Zhou, B. and Sun, Y.-P. (2004) *J. Mater. Chem.*, **14**, 527.

33 Valcarcel, M., Simonet, B.M., Cardenas, S. and Suarez, B. (2005) *Anal. Bioanal. Chem.*, **382**, 1783.

34 Vaisman, L., Wagner, H.D. and Marom, G. (2006) *Adv. Colloid Interface Sci.*, **128–130**, 37.

35 Rink, G., Kong, Y. and Koslowski, T. (2006) *Chem. Phys.*, **327**, 98.

36 Gao, H. and Kong, Y. (2004) *Annu. Rev. Mater. Res.*, **34**, 123.

37 Song, C., Xia, Y., Zhao, M., Liu, X., Li, F. and Huang, B. (2005) *Chem. Phys. Lett.*, **415**, 183.

38 Gao, H., Kong, Y. and Cui, D. (2003) *Nano Lett.*, **3**, 471.

39 Cui, D., Ozkan, C.S., Ravindran, S., Kong, Y. and Gao, H. (2004) *Mechanics and Chemistry Biosystems*, **1**, 113.

40 Meng, S., Maragakis, P., Papaloukas, C. and Kaxiras, E. (2007) *Nano Lett.*, **7**, 45.

41 Ito, T., Sun, L. and Crooks, R.M. (2003) *Chem. Commun.*, 1482.

42 Dovbeshko, G.I., Repnytska, O.P., Obraztsova, E.D., Shtogun, Y.V. and Andreev, E.O. (2003) *Semicond. Phys. Quantum Electron. Optoelectron.*, **6**, 105.

43 Dovbeshko, G.I., Repnytska, O.P., Obraztsova, E.D. and Shtogun, Y.V. (2003) *Chem. Phys. Lett.*, **372**, 432.

44 Zheng, M., Jagota, A., Semke, E.D., Diner, B.A., Mclean, R.S., Lustig, S.R., Richardson, R.E. and Tassi, N.G. (2003) *Nature Mater.*, **2**, 338.

45 Zheng, M., Jagota, A., Strano, M.S., Santos, A.P., Barone, P., Chou, S.G., Diner, B.A., Dresselhaus, M.S., Mclean, R.S., Onoa, G.B., Samsonidze, G.G., Semke, E.D., Usrey, M. and Walls, D.J. (2003) *Science*, **302**, 1545.

46 Malik, S., Vogel, S., Rösner, H., Arnold, K., Hennrich, F., Köhler, A-K., Richert, C. and Kappes, M.M. (2007) *Compos. Sci. Technol.*, **67**, 916.

47 Baker, S.E., Cai, W., Lasseter, T.L., Weidkamp, K.P. and Hamers, R.J. (2002) *Nano Lett.*, **2**, 1413.

48 Daniel, S., Rao, T.P., Rao, K.S., Rani, S.U., Naidu, G.R.K., Lee, H.-Y. and Kawai, T. (2007) *Sens. Actuat. B*, **122**, 672.

49 Dwyer, C., Guthold, M., Falvo, M., Washburn, S., Superfine, R. and Erie, D. (2002) *Nanotechnology*, **13**, 601.

50 Ye, Y. and Ju, H. (2005) *Biosens. Bioelectron.*, **21**, 735.

51 Rubianes, M.D. and Rivas, G.A. (2003) *Electrochem. Commun.*, **5**, 689.

52 Britto, P.J., Santhanam, K.S.V. and Ajayan, P.M. (1996) *Bioelectrochem. Bioenerg.*, **41**, 121.

53 Valentini, F., Orlanducci, S., Terranova, M.L., Amine, A. and Palleschi, G. (2004) *Sens. Actuat. B*, **100**, 117.

54 Lin, X.-Q., He, J.-B. and Zha, Z.-G. (2006) *Sens. Actuat. B*, **119**, 608.

55 Wang, J. and Musameh, M. (2003) *Anal. Chem.*, **75**, 2075.

56 Pedano, M.L. and Rivas, G.A. (2004) *Electrochem. Commun.*, **6**, 10.

57 Ly, S.Y. (2006) *Bioelectrochemistry*, **68**, 227.

58 Saoudi, B., Despas, C., Chehimi, M.M., Jammul, N., Delamar, M., Bessiere, J. and Walcarius, A. (2000) *Sens. Actuat. B*, **62**, 35.

59 Qi, H., Li, X., Chen, P. and Zhang, C. (2007) *Talanta*, **72**, 1030.

60 Wang, H.S., Ju, H.X. and Chen, H.Y. (2001) *Electroanalysis*, **13**, 1105.

61 Kerman, K., Morita, Y., Takamura, Y. and Tamiya, E. (2005) *Anal. Bioanal. Chem.*, **381**, 1114.

62 Ferancová, A., Ovádeková, R., Vaníčková, M., Šatka, A., Viglaský, R., Zima, J., Barek, J. and Labuda, J. (2006) *Electroanalysis*, **18**, 163.

63 Ferancová, A., Adamovski, M., Gründler, P., Zima, J., Barek, J., Mattusch, J., Wennrich, R. and Labuda, J. (2007) *Bioelectrochemistry*, **71**, 33.

64 Ovádeková, R., Jantová, S., Letašiová, S., Štěpánek, I. and Labuda, J. (2006) *Anal. Bioanal. Chem.*, **386**, 2055.

65 Wu, K., Fei, J., Bai, W. and Hu, S. (2003) *Anal. Bioanal. Chem.*, **376**, 205.

66 Chaki, N.K. and Vijayamohanan, K. (2002) *Biosens. Bioelectron.*, **17**, 1.

67 He, P., Li, S. and Dai, L. (2005) *Synth. Met.*, **154**, 17.

68 Chechik, V., Crooks, R.M. and Stirling, C. J.M. (2000) *Adv. Mater.*, **12**, 1161.

69 Lu, Y., Yang, X., Ma, Y., Du, F., Liu, Z. and Chen, Y. (2006) *Chem. Phys. Lett.*, **419**, 390.

70 Hazani, M., Hennrich, F., Kappes, M., Naaman, R., Peled, D., Sidorov, V. and Shvarts, D. (2004) *Chem. Phys. Lett.*, **391**, 389.

71 Wang, S.G., Wang, R., Sellin, P.J. and Zhang, Q. (2004) *Biochem. Biophys. Res. Commun.*, **325**, 1433.

72 Lim, S.H., Wei, J. and Lin, J. (2004) *Chem. Phys. Lett.*, **400**, 578.

73 Guo, M., Chen, J., Liu, D., Nie, L. and Yao, S. (2004) *Bioelectrochemistry*, **62**, 29.

74 Cai, H., Cao, X., Jiang, Y., He, P. and Fang, Y. (2003) *Anal. Bioanal. Chem.*, **375**, 287.

75 Tang, H., Chen, J., Cui, K., Nie, L., Kuang, Y. and Yao, S. (2006) *J. Electroanal. Chem.*, **587**, 269.

76 Guo, M., Chen, J., Nie, L. and Yao, S. (2004) *Electrochim. Acta*, **49**, 2637.

77 Wang, G., Xu, J.-J. and Chen, H.-Y. (2002) *Electrochem. Commun.*, **4**, 506.

78 Heng, L.Y., Chou, A., Yu, J., Chen, Y. and Gooding, J.J. (2005) *Electrochem. Commun.*, **7**, 1457.

79 Chambers, G., Carroll, C., Farrell, G.F., Dalton, A.B., McNamara, M., in het Panhuis M. and Byrne, H.J. (2003) *Nano Lett.*, **3**, 843.

80 Dodziuk, H., Ejchart, A., Anczewski, W., Ueda, H., Krinichnaya, E., Dolgonos, G. and Kutner, W. (2003) *Chem. Commun.*, 986.

81 Liu, P. (2005) *Eur. Polym. J.*, **41**, 2693.

82 Wang, Z., Wang, Y. and Luo, G. (2003) *Electroanalysis*, **15**, 1129.

83 Wang, G.Y., Liu, X.J., Luo, G.A. and Wang, Z.H. (2005) *Chin. J. Chem.*, **23**, 297.

84 Yin, T., Wei, W. and Zeng, J. (2006) *Anal. Bioanal. Chem.*, **386**, 2087.

85 He, J.L., Yang, Y., Yang, X., Liu, Y.L., Liu, Z.H., Shen, G.L. and Yu, R.Q. (2006) *Sens. Actuat. B*, **114**, 94.

86 Wang, Z., Xiao, S. and Chen, Y. (2005) *Electroanalysis*, **17**, 2057.

87 Wang, Z., Xiao, S. and Chen, Y. (2006) *J. Electroanal. Chem.*, **589**, 237.

88 Ramanavičius, A., Ramanavičiene, A. and Malinauskas, A. (2006) *Electrochim. Acta*, **51**, 6025.

89 Cai, H., Xu, Y., He, P.G. and Fang, Y.Z. (2003) *Electroanalysis*, **15**, 1864.

90 Xu, Y., Jiang, Y., Cai, H., He, P.G. and Fang, Y.Z. (2004) *Anal. Chim. Acta*, **516**, 19.

91 Chen, G.F., Zhao, J., Tu, Y., He, P. and Fang, Y. (2005) *Anal. Chim. Acta*, **533**, 11.

92 Moulton, S.E., Minett, A.I., Murphy, R., Ryan, K.P., McCarthy, D., Coleman, J.N., Blau, W.J. and Wallace, G.G. (2005) *Carbon*, **43**, 1879.

93 Tkac, J. and Ruzgas, T. (2006) *Electrochem. Commun.*, **8**, 899.

94 Wang, S.F., Shen, L., Zhang, W.-D. and Tong, Y.-J. (2005) *Biomacromolecules*, **6**, 3067.

95 Xu, C., Cai, H., Xu, Q., He, P. and Fang, Y. (2001) *Fresenius J. Anal. Chem.*, **369**, 428.

96 Li, J., Liu, Q., Liu, Y., Liu, S. and Yao, S. (2005) *Anal. Biochem.*, **346**, 107.

97 Yang, Y., Wang, Z., Yang, M., Li, J., Zheng, F., Shen, G. and Yu, R. (2007) *Anal. Chim. Acta*, **584**, 268.

98 Wang, J., Liu, G., Jan, M.R. and Zhu, Q. (2003) *Electrochem. Commun.*, **5**, 1000.

99 Yang, M., Yang, Y., Yang, H., Shen, G. and Yu, R. (2006) *Biomaterials*, **27**, 246.

100 Zhu, N., Chang, Z., He, P. and Fang, Y. (2005) *Anal. Chim. Acta*, **545**, 21.

101 Jensen, A.W., Wilson, S.R. and Schuster, D.I. (1996) *Bioorg. Med. Chem.*, **4**, 767.

102 Bosi, S., Da Ros, T., Spalluto, G. and Prato, M. (2003) *Eur. J. Med. Chem.*, **38**, 913.

103 Baena, J.R., Gallego, M. and Valcarcel, M. (2002) *Trends Anal. Chem.*, **21**, 187.

104 Sherigara, B.S., Kutner, W. and D'Souza, F. (2003) *Electroanalysis*, **15**, 753.

105 Winkler, K., Balch, A.L. and Kutner, W. (2006) *J. Solid State Electrochem.*, **10**, 761.

106 Li, M.X., Li, N.Q., Gu, Z.N., Zhou, X.H., Sun, Y.L. and Wu, Y.Q. (1999) *Microchim. Acta*, **61**, 32.

107 Pang, D.W., Zhao, Y.D., Fang, P.F., Cheng, J.K., Chen, Y.Y. Qi, Y.P. and Abruna, H.D. (2004) *J. Electroanal. Chem.*, **567**, 339.

108 Bae, A.H., Hatano, T., Sugiyasu, K., Kishida, T., Takeuchi, M. and Shinkai, S. (2005) *Tetrahedron Lett.*, **46**, 3169.

109 Shiraishi, H., Itoh, T., Hayashi, H., Takagi, K., Sakane, M., Mori, T. and Wang, J. (2006) *Bioelectrochemistry*, **71**, 195.

110 Pleskov, Y.V. (2002) *Russ. J. Electrochem.*, **38**, 1275.

111 Pedrosa, V.A., Suffredini, H.B., Codognoto, L., Tanimoto, S.T., Machado, S.A.S. and Avaca, L.A. (2005) *Anal. Lett.*, **38**, 1115.

112 Cui, F.Z. and Li, D.J.A. (2000) *Surf. Coat. Technol.*, **131**, 481.

113 Ushizawa, K., Sato, Y., Mitsumori, T., Machinami, T., Ueda, T. and Ando, T. (2002) *Chem. Phys. Lett.*, **351**, 105.

114 Yang, W., Auciello, O., Butler, J.E., Cai, W., Carlisle, J.A., Gerbi, J.E., Gruen, D.M., Knickerbocker, T., Lasseter, T.L., Russell, J.N., Jr., Smith, L.M. and Hamers, R.J. (2002) *Nature Mater.*, **1**, 253.

115 Knickerbocker, T., Strother, T., Schwartz, M.P., Russell, J.N., Jr., Butler, J., Smith, L. M. and Hamers, R.J. (2003) *Langmuir*, **19**, 1938.

116 Hamers, R.J., Butler, J.E., Lasseter, T., Nichols, B.M., Russell, J.N., Jr., Tse, K.-Y. and Yang, W. (2005) *Diamond Relat. Mater.*, **14**, 661.

117 Yang, W., Butler, J.E., Russell, J.N., Jr. and Hamers, R.J. (2004) *Langmuir*, **20**, 6778.

118 Takahashi, K., Tanga, M., Takai, O. and Okamura, H. (2003) *Diamond Relat. Mater.*, **12**, 572.

119 Gu, H., Su, X. and Loh, K.P. (2004) *Chem. Phys. Lett.*, **388**, 483.

120 Apilux, A., Tabata, M. and Chailapakul, O. (2006) *Bioelectrochemistry*, **71**, 202.

121 Shin, D., Tokuda, N., Rezek, B. and Nebel, C.E. (2006) *Electrochem. Commun.*, **8**, 844.

122 Ivandini, T.A., Honda, K., Rao, T.N., Fujishima, A. and Einaga, Y. (2007) *Talanta*, **71**, 648.

123 Thostenson, E.T., Li, C. and Chou, T.-W. (2005) *Compos. Sci. Technol.*, **65**, 491.

124 Serp, P., Corrias, M. and Kalck, P. (2003) *Appl. Catal. A*, **253**, 337.

125 Takeuchi, K.J., Marschilok, A.C., Lau, G.C., Leising, R.A. and Takeuchi, E.S. (2006) *J. Power Sources*, **157**, 543.

126 Zou, G., Zhang, D., Dong, C., Li, H., Xiong, K., Fei, L. and Qian, Y. (2006) *Carbon*, **44**, 828.

127 Marken, F., Gerrard, M.L., Mellor, I.M., Mortimer, R.J., Madden, C.E., Fletcher, S., Holt, K., Foord, J.S., Dahm, R.H. and Page, F. (2001) *Electrochem. Commun.*, **3**, 177.

128 Baker, S.E., Tse, K.-Y., Lee, C.-S. and Hamers, R.J. (2006) *Diamond Relat. Mater.*, **15**, 433.

129 Vamvakaki, V., Tsagaraki, K. and Chaniotakis, N. (2006) *Anal. Chem.*, **78**, 5538.

130 Chaniotakis, N., Sotiropoulou, S. and Vamvakaki, V. (2006) Carbon nanostructures as matrices for the development of chemical sensors and biosensors. In *Book of Abstracts, ICAS-2006, International Conference of Analytical Sciences*, June 25–30, Moscow, p. 29.

131 Lee, C.-S., Baker, S.E., Marcus, M.S., Yang, W., Eriksson, M.A. and Hamers, R.J. (2004) *Nano Lett.*, **4**, 1713.

132 Baker, S.E., Tse, K.-Y., Hindin, E., Nichols, B.M., Clare, T.L. and Hamers, R.J. (2005) *Chem. Mater.*, **17**, 4971.

133 Mann, D.G.J., McKnight, T.E., Melechko, A.V., Simpson, M.L. and Sayler, G.S. (2007) *Biotechnol. Bioeng.*, **97**, 680.

134 Guth, U., Brosda, S. and Schomburg, J. (1996) *Appl. Clay Sci.*, **11**, 229.

135 Macha, S.M. and Fitch, A. (1998) *Microchim. Acta*, **128**, 1.

136 Mousty, C. (2004) *Appl. Clay Sci.*, **27**, 159.

137 Zen, J.M. and Kumar, A.S. (2004) *Anal. Chem.*, **76**, 205A.

138 Navrátilová, Z. and Kula, P. (2000) *J. Solid State Electrochem.*, **4**, 342.

139 Navrátilová, Z. and Kula, P. (2003) *Electroanalysis*, **15**, 837.

140 Huang, W., Zhang, S. and Wu, Y. (2006) *Russ. J. Electrochem.*, **42**, 153.

141 Riu, J., Maroto, A. and Rius, F.X. (2006) *Talanta*, **69**, 288.

142 Fritzsche, W. (2001) *Rev. Molec. Biotechnol.*, **82**, 37.

143 Welch, C.M. and Compton, R.G. (2006) *Anal. Bioanal. Chem.*, **384**, 601.

144 Wang, J. (2003) *Anal. Chim. Acta*, **500**, 247.

145 Ozsoz, M., Erdem, A., Kerman, K., Ozkan, D., Tugrul, B., Topcuoglu, N., Ekren, H. and Taylan, M. (2003) *Anal. Chem.*, **75**, 2181.

146 Merkoci, A., Aldavert, M., Marin, S. and Alegret, S. (2005) *Trends Anal. Chem.*, **24**, 341.

147 Sharma, P., Brown, S., Walter, G., Santra, S. and Moudgil, B. (2006) *Adv. Colloid Interface Sci.*, **123–126**, 471.

148 Costa-Fernandez, J.M., Pereiro, R. and Sanz-Medel, A. (2006) *Trends Anal. Chem.*, **25**, 207.

149 Kerman, K., Morita, Y., Takamura, Y., Ozsoz, M. and Tamiya, E. (2004) *Anal. Chim. Acta*, **510**, 169.

150 Jin, B., Ji, X. and Nakamura, T. (2004) *Electrochim. Acta*, **50**, 1049.

151 Wang, M., Sun, C., Wang, L., Ji, X., Bai, Y., Li, T. and Li, J. (2003) *J. Pharm. Biomed. Anal.*, **33**, 1117.

152 Cai, H., Wang, Y., He, P. and Fang, Y. (2002) *Anal. Chim. Acta*, **469**, 165.

153 Lu, L.-P., Wang, S.-Q. and Lin, X.-Q. (2004) *Anal. Chim. Acta*, **519**, 161.

154 Yang, J., Yang, T., Feng, Y. and Jiao, K. (2007) *Anal. Biochem.*, **365**, 24.

155 Park, S., Taton, T.A. and Mirkin, C.A. (2002) *Science*, **295**, 1503.

156 Koehne, J.E., Chen, H., Cassell, A.M., Ye, Q., Han, J., Meyyappan, M. and Li, J. (2004) *Clin. Chem.*, **50**, 1886.

157 He, L. and Toh, C.-S. (2006) *Anal. Chim. Acta*, **556**, 1.

158 Huang, X.-J. and Choi, Y.-K. (2007) *Sens. Actuat. B*, **122**, 659.

12 金属纳米颗粒在电分析领域的应用

12.1 引言

纳米技术是分析化学领域的前沿问题，各种纳米材料，尤其是纳米颗粒展现了各种不同的特性，被广泛应用于各种分析方法中[1]。同宏观体材料相比，小尺寸的纳米颗粒(1～100nm)展现了特殊的化学[2～4]、物理[5～8]和电学特性[9]，获得了研究人员的广泛关注。各国政府在相关课题上投入了大量的资金和研究力量，而数量众多的综述文章和书籍也见证了纳米材料研究和应用的巨大进步（例如参考文献［10～13］)。

由于纳米颗粒具有各种新奇特性，开创了其在电分析和电化学传感器领域的应用[14～20]。通过对相关文献进行分析可以发现，传统的微电极已经逐渐被纳米颗粒电极所取代。同传统微电极相比，经纳米颗粒修饰的电极，其最主要的优势是有效表面积大、质量传递增强、催化活性高、可以对电极表面的局部环境进行控制[17]。

金属纳米颗粒最为重要的应用是在化学催化领域，目前已有众多综述性文章对相关应用进行了报道，凸显了其重要作用[21～23]。纳米颗粒的小尺寸使其具有大的表面积，从而为催化反应提供了更多的活性点。人们推测，金属纳米颗粒具有大表面积，且与反应物分子之间存在电相互作用，从而使其展现出极佳的探测和催化特性。

图 12.1(a) 为纳米颗粒修饰电极示意图，电极表面经金属纳米颗粒修饰后，其 SEM 图片如图 12.1(b) 所示。同平面电极相比，其具有更大的表面积，加上纳米颗粒具有高催化活性（可以降低氧化还原过电位)，因此，这种电极可以用作高选择性、高灵敏度的化学传感器。此外，相比于纳米颗粒，金、铂和钯等贵金属电极造价昂贵，而纳米颗粒电极成本低廉，因此，该电极将对商业化传感器的发展产生极大的推动作用。

在存在磷化氢、硫醇、聚合物和胺等表面稳定剂（保护剂）的情况下，通常可以应用金属前体的还原过程来进行金属纳米颗粒的制备[23～25]。保护剂除了可以稳定和分散纳米颗粒外，还可以改进颗粒的化学特性[14,15]。例如它可以引入一些具有氧化还原活性、催化活性、生物活性或可以作为选择性识别位点的功能基团。这些经修饰的纳米颗粒可以在生物电子[14～17]、电子线路[26,27]、光电子[19,28]和传感[29]等领域获得广泛应用。

本章将会对金属离子在电分析领域的应用进行综述，并对金属纳米颗粒在关键领域的应用进行讨论。表 12.1 列出了各种金属纳米颗粒在电分析领域的应用情况。该表展示了不同的分析物，并对纳米颗粒在检测过程中的作用进行了简单总结：有些是通过直接分析信号，而有些是通过跟酶进行结合，例如生物传感器（详见第 11 章）。通过阅读本章内容我们会发现，如何将纳米颗粒固定于各种导电衬底上，是开发相关传感器的关键，因此，在本章中将会对相关过程进行着重阐述。

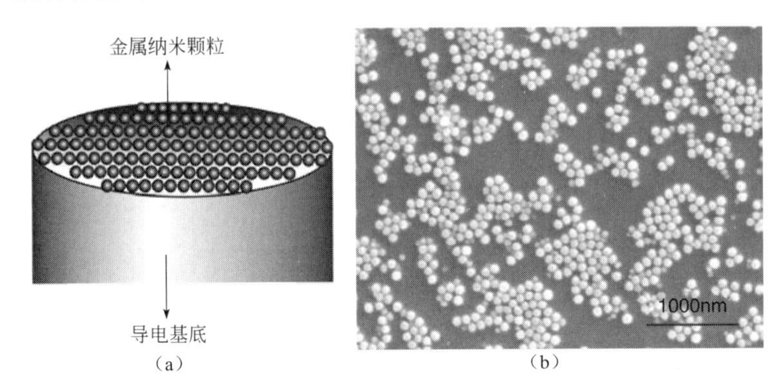

图 12.1 经纳米修饰的电极示意图及表面 SEM 图

注：(a) 经纳米颗粒修饰的电极示意图；(b) 经金属纳米颗粒修饰的表面 SEM 图片。

表 12.1 不同纳米颗粒对不同分析物的线性范围和检出限比较

纳米颗粒/参考文献	分析物	方法	动态范围	检出限
Au[37]	H_2O_2	生物传感器	0.05～30.6mm	0.02mm
Au[38]	葡萄糖	生物传感器	0.001～1.0mm	0.69μm
Au[39]	葡萄糖	生物传感器	0.02～5.7mm	8.2μm
Au[40]	葡萄糖	生物传感器	最高达 60.0mm	3.0μm
Au[41]	H_2O_2	生物传感器	0.005～1.4mm	0.401μm
Au[42]	NADH	生物传感器	最高达 5mm	5nm
Au[44]	H_2O_2	生物传感器	2～24μm	0.91μm
Au[45]	H_2O_2	生物传感器	0.008～15.0mm	2.4μm
Au[46]	H_2O_2	生物传感器	0.01～7.0mm	4.0μm
Au[47]	邻苯二酚	生物传感器	2～110μm	0.32μm
Au[47]	苯酚	生物传感器	2～110μm	0.60μm
Au[47]	对甲酚	生物传感器	2～55μm	0.18μm
Au[48]	胆固醇	生物传感器	0.075～50μm	5nm
Au[49]	H_2O_2	生物传感器	0.0025～0.5mm	0.48μm
Au[51]	H_2O_2	生物传感器	0.1～1mm	无相关数据
Au[52]	胆固醇	生物传感器	10～70μm	无相关数据
Au[53]	亚硝酸盐	生物传感器	0.3～700μm	0.1μm
Au[54]	兔免疫球蛋白 G	免疫	6.4～3200fm	1.6fm
Au[55]	乙型肝炎	免疫	4～800ng/mL	1.3ng/mL
Au[56]	对氧磷	免疫	1920μg/L	12μg/L
Au[57]	DNA	DNA	无相关数据	10^{-11}m
Au[58]	DNA	DNA	0.51～8.58pm	无相关数据
Au[59]	DNA	DNA	无相关数据	1.2mm

续表

纳米颗粒/参考文献	分析物	方法	动态范围	检出限
Au[60]	DNA	DNA	0.050～10fm	10fm
Au[62]	DNA	DNA	6.9～150.0pm	2.0pm
Au[63]	异丙嗪	DNA	20～160μm	10μm
Au[63]	氯丙嗪	DNA	10～120μm	7μm
Au[65]	多巴胺	直接法	2.5～20μm	0.13μm
Au[65]	抗坏血酸	直接法	6.5～52μm	无相关数据
Au[66]	肾上腺素	直接法	0.1～200μm	60nm
Au[67]	葡萄糖	直接法	最高达 8mm	无相关数据
Au[69]	As(Ⅲ)	直接法	$0.09\sim4\times10^{-6}$	0.09×10^{-9}
Au[70]	As(Ⅲ)	直接法	1～5μm	5×10^{-9}
Au[71]	As(Ⅲ)	直接法	无相关数据	6nm
Au[72]	As(Ⅲ)	直接法	0.005～2.5μm	0.0096×10^{-9}
Au[73]	As(Ⅲ)	直接法	最高达 15×10^{-9}	0.25×10^{-9}
Au[74]	Cr(Ⅲ)	直接法	0.1～0.4mm	无相关数据
Au[75]	亚硝酸盐	生物传感器	0.1～9.7μm	0.06μm
Pt[80]	H_2O_2	直接法	0.0005～2mm	7.5nm
Pt[80]	乙酰胆碱	直接法	无相关数据	2.5fm
Pt[80]	胆碱	直接法	无相关数据	2.3fm
Pt[82]	H_2O_2	直接法	0.00064～3.6mm	0.35μm
Pt[83]	葡萄糖	生物传感器	0.5～5000μm	0.5μm
Pt[84]	葡萄糖	生物传感器	1～25mm	1mm
Pt[85]	葡萄糖	生物传感器	0.1～13.5mm	0.1mm
Pt[86]	葡萄糖	直接法	2～14mm	1μm
Pt[87]	凝血酶	核苷酸	无相关数据	1nm
Pt[88]	多巴胺	直接法	3～60μm	10nm
Pt[89]	胆固醇	生物传感器	0.01～3mm	无相关数据
Pt/Fe[90]	亚硝酸盐	直接法	0.0011～1.1mm	0.47μm
Pt/Fe[91]	一氧化氮	直接法	0.084～7800μm	0.018μm
Pt/Fe[92]	尿酸	直接法	0.0038～1.6mm	1.8μm
Pt[93]	As(Ⅲ)	直接法	无相关数据	2.1×10^{-9}
Ag[103]	对苯二酚	直接法	0.003～2mm	0.172μm
Ag[104]	H_2O_2	生物传感器	0.0033～9.4mm	0.78μm
Ag[105]	DNA	DNA	8～1000nm	4nm
Ag[106]	H_2O_2	直接法	5～40μm	2.0μm
Ag[107]	次黄嘌呤	直接法	1.0～100mg/mL	1.0mg/mL
Ag[108]	硫氰酸盐	直接法	0.5～400μm	40nm
Ag[109]	亮甲酚蓝	直接法	10～210μm	无相关数据

续表

纳米颗粒/参考文献	分析物	方法	动态范围	检出限
Ag[110]	H_2O_2	生物传感器	0.001～1mm	0.4μm
Ag[111]	H_2O_2	生物传感器	0.003～0.7mm	1μm
Ag[112]	亚硝酸盐	生物传感器	0.2～6.0mm	34.0μm
Ag[113]	一氧化氮	生物传感器	1～10μm	0.3μm
Hg/Ag[114]	半胱氨酸	直接法	0.4～13μm	0.1μm
Pd[122]	甲烷	直接法	空气中 0.125%～2.5%	0.125%
Pd[123]	联氨	直接法	31～204μm	2.6μm
Cu/Pd[126]	联氨	直接法	2～200μm	0.27nm
Pd[127]	葡萄糖	生物传感器	最高达 12mm	0.15mm
Cu[130]	硝酸盐	直接法	无相关数据	1.5μm
Cu[131]	丙氨酸	直接法	5～500μm	24nm
Cu[132]	硝酸盐	直接法	1.2～124μm	0.76μm
Cu[133]	丁胺卡那霉素	直接法	2～200μm	1μm
Cu[134]	H_2O_2	直接法	最高达 200μm	0.97μm
Cu[135]	亚硝酸盐	直接法	0.1～1.25mm	0.6μm
Cu/SnO_2[136]	H2S	直接法	无相关数据	20×10^{-6}
Cu[138]	亚硝酸盐	直接法	0.05～30mm	0.02mm
Cu[146]	氧	直接法	$1\sim8\times10^{-6}$	无相关数据
Cu[148]	葡萄糖	直接法	最高达 26.7mm	无相关数据
Cu[149]	邻苯二酚	直接法	最高达 200μm	3μm
Cu[149]	多巴胺	直接法	最高达 300μm	5μm
Cu[150]	葡萄糖	直接法	最高达 500μm	250nm
Cu[151]	氟烷	直接法	10～50μm	4.6μm
Cu/Au [153]	DNA	DNA	0.015～5nm	5pm
Ni[172]	硫化氢	直接法	20～90μm	5μm
Ni[173]	葡萄糖	直接法	0.05～500μm	20μm
Ni[173]	果糖	直接法	0.05～500μm	25μm
Ni[173]	蔗糖	直接法	0.10～250μm	50μm
Ni[173]	乳糖	直接法	0.08～250μm	37μm
Ni[174]	乙酰胆碱	直接法	4.46～22.30μm	无相关数据
Co_3O_4/Ni[175]	一氧化碳	直接法	$10\sim500\times10^{-6}$	无相关数据
Co_3O_4/Ni[175]	氢	直接法	$20\sim850\times10^{-6}$	无相关数据
$NiFe_2O_4$[176]	液化气	直接法	空气中最高达 25×10^{-6}	无相关数据
Fe[188]	湿度	直接法	5%～98%	无相关数据
Fe/In[188]	臭氧	直接法	无相关数据	30×10^{-9}
Fe[191]	葡萄糖	生物传感器	0.006～10mm	3.17μm
Fe[192]	葡萄糖	生物传感器	最高达 20mm	无相关数据
Ir[205]	葡萄糖	生物传感器	最高达 12mm	无相关数据

12.2 电分析的应用

12.2.1 金纳米颗粒

在过去的几年里，由于金纳米颗粒具有生物相容性及容易官能化，因而基于金纳米颗粒的生物传感器获得了研究人员的广泛关注[30～36]。根据文献报道，目前的生物传感器主要分为两种。图 12.2 为其中一种生物传感器的示意图，首先将介体沉积于电极的表面，其可以通过酶反应来对产物的氧化或还原过程进行催化。随后，纳米颗粒将吸附于介体-电极表面，而酶也将固定于介体表面[37～40]。此外，图 12.2 也概述了生物传感器的检测机理，纳米颗粒的存在会增强传感器的敏感度：纳米颗粒层具有更大的活性表面，因而可以增加传感器表面的酶浓度，从而使敏感度得到增强。

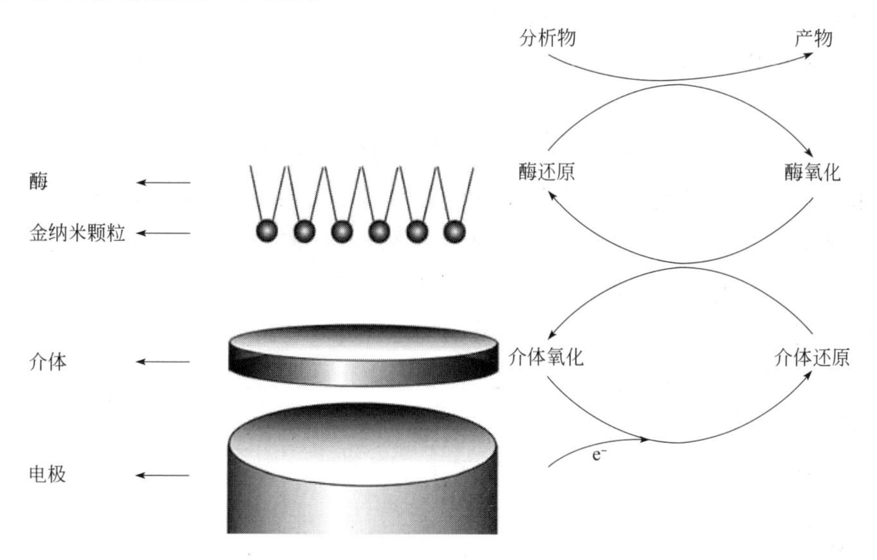

图 12.2 基于纳米颗粒的介体生物传感器及其检测机理示意图

第二种生物传感器并不需要介体，通过特定的固定过程，例如硫醇封端的溶胶-凝胶法[41,42]、胺-半胱胺键合[39,43]以及硫醇膜[44]，可以使纳米颗粒直接附着于电极表面，随后再将酶附着在纳米颗粒层上。应用该方法，纳米颗粒可以对酶反应的产物进行催化氧化或还原。相比于基于介体的传感器，这种生物传感器的结构更为简单。可以将蛋白质和酶附着于金纳米颗粒上来制备这种传感器，包括辣根过氧化物酶[37,41,45,46]、酪氨酸酶[47]、胆固醇氧化酶[48]、肌红蛋白[49]、葡萄糖氧化酶[38～40,50]、微过氧化物酶[51]、细胞色素 P450scc[52]以及血红蛋白[43,53]等。

由于可以用多种化合物来对金进行表面改性，因此可以用其制备免疫传感器和 DNA 传感器（详见第 11 章）。当用于表面免疫传感器时，其表面可以用特定的抗原或抗体来进行修饰，例如抗兔免疫球蛋白 G[54]、乙型肝炎表面抗体[55]或对氧磷抗体[56]。为了实现 DNA 的固定，需要对金表面或 DNA 链进行修饰，即进行特定的官能化[57～62]。固定化的 DNA 可以用来检测 DNA 和多种分析物，包括基于吩噻嗪的药物[63]、尿酸和去甲肾上腺素[64]。

尽管大多数基于Au纳米颗粒的传感器都需要对纳米颗粒表面进行修饰，但利用金和分析物之间的相互作用，有些分析物仍然可以由纳米颗粒层来进行直接检测。由于神经递质与抗坏血酸在未经修饰的电极作用下具有相似的氧化还原电位，因此生物分析的重要工作之一就是在抗坏血酸存在的情况下，分辨并测定神经递质的浓度。研究表明，在抗坏血酸盐存在的情况下，应用金纳米颗粒可以对多巴胺进行选择性测定。在这种情况下，由于金纳米颗粒具有高催化活性，因而可以使抗坏血酸的氧化电位降低，而多巴胺的电化学可逆性会得到显著改善[65]。此外，可以用纳米金电极来制备肾上腺素传感器，同传统平面电极相比，纳米金电极具有更大的表面积，因而可以使电化学灵敏度得到增强[66]。而通过将葡萄糖氧化酶固定在金纳米颗粒上，也可以制备上述两种类型的生物传感器。但是，在强碱性条件下葡萄糖将被直接氧化，并被金、金/银合金纳米颗粒层所探测[67,68]。由于存在大量可被氧化的干扰物，因此研究人员仅对直接氧化技术进行了小范围的应用研究。可以预见，当直接检测技术与分析分离技术相结合后，会对其相关应用产生促进作用。

由于金与砷酸盐、铬酸盐会产生强烈的相互作用，因此可以用来对这类化合物进行检测[69~74]。在第三世界国家的河水中，砷酸盐中的三价砷是一种常见的污染物，因此对其进行有效检测具有重要意义。表面结合或电沉积的金纳米颗粒可以聚集三价砷并与其发生相互作用，利用这一点可以对样品中的三价砷进行直接检测[69~72]，或者利用端柱检测单元来进行检测[73]。此外，应用金纳米颗粒也可以对亚硝酸盐进行检测，可以用血红蛋白来对纳米颗粒进行修饰[75]，或利用一氧化氮的直接氧化作用[76,77]。

虽然纳米颗粒的有些新奇应用并不是本章所重点讨论的内容，但却引起了化学家的普遍关注。例如金纳米颗粒可以与基于芯片的毛细管电泳相结合，用于分离而非检测领域。研究表明，进入到微管道中的金纳米颗粒可以增强溶质间的选择性，从而使分离效率获得提升，在存在纳米颗粒的条件下，分辨率和溶质的塔板数都将翻倍[78]。

12.2.2 铂纳米颗粒

铂跟金类似，也是电化学领域研究最为广泛的一种金属。铂具有化学惰性，并且具有合适的溶剂窗口，因而可以用来对氧化作用、还原作用以及电子转移速率进行研究[79]。此外，铂同碳不同，其可以对多种化合物的氧化还原过程进行催化。铂可以对H_2O_2的氧化/还原过程进行催化，这意味着铂纳米颗粒可以作为灵敏的H_2O_2探测器来使用。因而，可以应用铂纳米颗粒来对碳膜电极[80,81]、碳纤维超微电极[82]和碳纳米管（CNTs）[83]进行修饰。由于H_2O_2是多种酶反应的产物，这表明铂纳米颗粒在电化学生物传感器领域具有重要的潜在应用价值。

研究表明，可以通过葡萄糖氧化酶来对葡萄糖进行检测，这种酶很容易吸附在铂、掺有铂纳米颗粒的碳膜[80]、CNTs[83~85]以及有序的铂纳米管阵列上[86]，从而制备出高效的葡萄糖传感器。图12.3(a)为掺有铂纳米颗粒碳膜的典型TEM图片[80]，其中的暗点对应铂纳米颗粒，而明亮的区域为碳膜。测量结果显示，所获得的铂纳米颗粒直径约为2.5nm。图12.3(b)为掺有铂纳米颗粒的碳膜（a和c）和平面铂电极（b和d），分别在H_2O_2（1mmol/L）存在（a和b）和不存在（c和d）情况下的响应对比图。从图中可以清楚地看到，同平面电极相比，铂纳米颗粒层具有更低的氧化电位，这表明纳米颗粒层具有更快的电子转移速率。

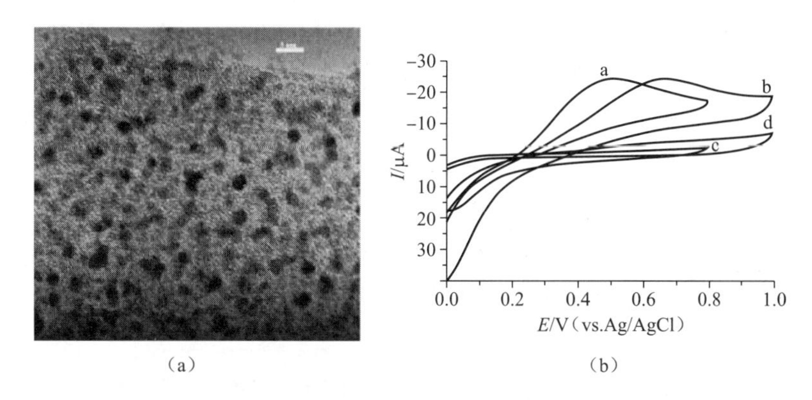

图 12.3 掺有铂纳米颗粒碳膜的 TEM 图片和循环伏安图[80]

注：（a）掺有铂纳米颗粒碳膜的 TEM 图片；（b）掺有铂纳米颗粒的碳膜（a 和 c）和平面铂电极（b 和 d），分别在 H_2O_2（1mmol/L）存在（a 和 b）和不存在（c 和 d）情况下的循环伏安响应对比图。

同以上所讨论的金纳米颗粒相比，铂纳米颗粒更容易进行官能化，这意味着可以制备出核酸修饰的铂纳米颗粒，并将其作为催化标记物，用于 DNA 杂化过程的放大电化学检测，以及核酸适体/蛋白质的识别[87]。

应用铂纳米结构，可以对一些重要物质进行直接检测，包括多巴胺[88]、胆固醇[89]、亚硝酸盐[90]、一氧化氮[91]、尿酸[92]和三价砷[93]等。铂纳米结构电极与体电极相比具有高的表面积和活性，因而具有更高的敏感度和更低的检出限。与平面铂电极相比，掺有铂纳米颗粒的碳膜电极，其检出限可以低一个数量级[80]。此外，纳米多孔氧化铂可以被用作氢离子/pH 探头。这些氧化物纳米结构可以在较宽的 pH 值范围内（2～12）展现出近能斯特行为[94]。铂纳米颗粒很容易被 pH 敏感的聚喹恶啉所包覆，应用该方法也可以制备出基于铂纳米颗粒的 pH 传感器[95]。

迄今为止，绝大多数的铂纳米结构相关研究都主要关注甲醇氧化、甲酸氧化以及氧还原过程[96～99]。这些研究并非出于电分析的目的，更多的是为了寻找替代性的燃料电池能源。

12.2.3 银纳米颗粒

在金属材料中，纯银具有最高的热导率和电导率，其在空气和水中具有高度稳定性，且储量远比金要丰富。以上特点使其获得了电分析领域的广泛关注。事实上，银不仅可以用作电化学传感器的传感元件，还可以作为参比电极的积分元件。Ag/AgCl 氧化还原对的稳定性使其可以作为饱和甘汞电极的廉价替代品，广泛应用于各类电化学系统中。此外，银和金一样，表面可以化学吸附各种物质，因此银纳米颗粒的固定很容易实现。

如何将银纳米颗粒附着于传感表面获得了研究人员的普遍关注。其中最简单的方法是电化学法，溶液中的银离子可以在电极上进行电化学还原，从而形成胶体[100]或分散的纳米颗粒[101]。应用电化学法来制备纳米颗粒层，需要对沉积电位和时间进行精确控制，而应用化学法也可以将纳米颗粒束缚在电极表面。例如无需桥连剂就可以将银纳米球和纳米柱附着于氧化铟锡（ITO）上[102]。同未经修饰的 ITO 电极相比，经修饰后的电极，其铁/亚铁氰化物氧化还原对的氧化还原行为会得到很大改善。通常情况下，可以使用膀胺或半胱氨酸连接剂将银纳米颗粒共价固定在金电极上[103,104]。通过将胶体银自组装为含有巯基的溶胶-凝胶网，可以制备DNA生物传感器，该制备过程与前述讨论的金纳米颗粒相关制备过程类似[41,42]。溶胶-凝胶网中的巯基可以作为金电极和银纳米颗粒之间的共价连接点[105]。

固定后的银纳米颗粒可以直接用来对分析物进行检测，也可以作为生物传感器中的模板。银表面具有很高的催化活性，使其可以对对苯二酚[103]、过氧化氢[106]、次黄嘌呤[107]、硫氰酸盐[108]以及亮甲酚蓝[109]等进行直接测定。

在有些生物传感器中，酶可以直接附着于银纳米颗粒上。这种传感器利用辣根过氧化物酶[104,110]或肌红蛋白[111]，可以对过氧化氢进行间接测定；而利用血红蛋白修饰的电极，可以对亚硝酸盐或一氧化氮进行测定[112,113]。

此外，银纳米颗粒还可以对汞电极进行修饰，汞膜电极在掺有银纳米颗粒后，对半胱氨酸的检测能力会得到增强。同未经修饰的汞膜电极相比，修饰后的电极层会对半胱氨酸产生强烈的吸附作用，因而会对半胱氨酸的电极反应进行更为高效的催化[114]。

12.2.4 钯纳米颗粒

钯无论是在空气中还是在水中都不活泼，因而在电分析中应用广泛。利用钯纳米颗粒可以更好地研究钯/氢系统中的电化学响应过程。由于氢原子在钯晶格中具有高迁移率，因而可以快速扩散，从而使钯和氢之间产生很强的相互作用。研究人员对钯电极上氢离子的还原过程进行了广泛研究[115~117]，结果表明氢原子会进入到钯的晶格中。这就是溶出吸附机制，在该机制作用下，H^+首先吸附于钯表面，随后被还原为吸附氢原子（H_{ad}）。这种氢原子会扩散到钯的内部，进入到距离表面约几个原子层的深度，从而形成吸收氢原子（H_{ab}）。当使用体电极时，仅可以观察到单一的氧化峰，代表着H_{ab}的氧化和H_{ad}向H^+的转变。然而，通过电沉积均匀合成的钯纳米颗粒，H_{ad}和H_{ab}都可以被氧化[118~120]，因而可以得到两个峰（如图12.4所示）。在这种情况下，纳米技术在氧化过程中将起到重要作用：为了使钯纳米颗粒附着在金纳米颗粒上，必须能够对纳米颗粒的尺寸和结构进行精确控制，从而可以对钯/氢之间的相互作用进行调制。研究发现，通过控制溶液中钯盐的浓度，可以对金表面钯颗粒的覆盖情况进行调制，从而对电化学信号进行调节。图12.5为金/钯样品的XRD图，其中H_2PdCl_4的浓度从样品1到7依次递减。可以看到，随着H_2PdCl_4浓度的减小，钯的峰逐渐减小，而金的峰则逐渐增大。图12.6为不同样品的典型TEM图片，可以看到钯层的厚度随H_2PdCl_4浓度的减小而逐渐减小。通常情况下，会使用高分辨透射电镜（HRTEM）来对这两种金属纳米颗粒的结构进行表征。

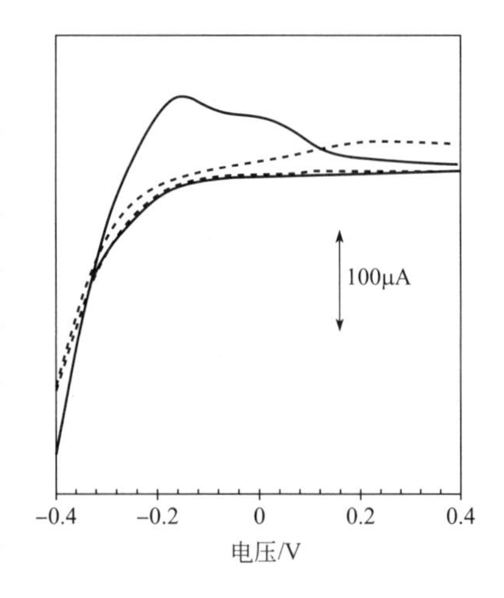

图12.4 在1mol/L硫酸溶液中，扫描速率为0.1V/s时，金/钯分散层（实线所示）和平面钯电极（虚线所示）的典型循环伏安响应曲线

图 12.7 为金/钯样品的 HRTEM 图，在高倍率下可以对钯纳米颗粒的结构进行观察，并且可以更好地研究这些颗粒的成核/生长机制。观察结果表明，所形成的纳米颗粒具有金/钯核壳结构，尺寸较小的钯颗粒沉积面为平面而非球面。为了对纳米颗粒的结构进行研究，图 12.5～图 12.7 中所使用的表征技术是至关重要的，但若需研究颗粒的化学特性，则需要用到电化学法。图 12.8(a) 和 (b) 展示了 1mol/L 的硫酸溶液中不同电极的循环伏安（扫描速率为 0.1V/s）响应，两种电极分别由金纳米颗粒和金/钯纳米颗粒分散于掺硼金刚石（BDD）电极上所构成。从图 12.8 中可以清楚看到，具有较大钯覆盖面积的样品（样品 1）有两个氧化峰，而较小钯覆盖面积的样品（样品 7）仅有一个氧化峰。相关机制可以解释如下：降低起始溶液中 H_2PdCl_4 的浓度可以使钯纳米颗粒在金上形成良好的分散；由于这些钯纳米颗粒具有较大的表面积，因此其表面可以吸附氢原子；随着表面包覆程度的降低，吸收或吸附氢原子的点会相应增加，因而可以对输出信号进行调制。电沉积的纳米颗粒[118,119]以及钯纳米线阵列[121]都可用作氢气的检测。由于钯与氢之间会产生强烈的相互作用，因而钯纳米结构会对富氢化合物具有高灵敏度，例如甲烷[122]和联氨[118,122～126]。

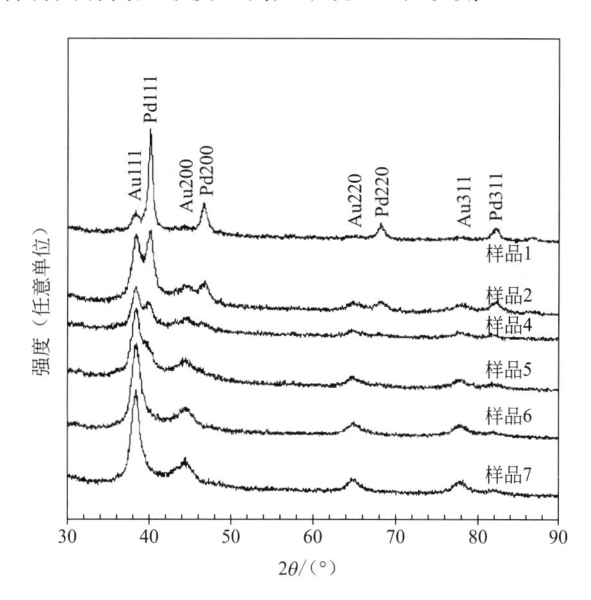

图 12.5 当溶液中的 H_2PdCl_4 含量不同时，所得到金/钯核壳纳米颗粒的 X 射线衍射（XRD）图[120]

通过电沉积过程将钯沉积到 CNT 膜上，有效促进了钯纳米颗粒在电分析领域的发展。当 CNT 层的电活性表面积增大后，可以使电分析信号得到进一步增强。为此，研究人员通过将钯纳米颗粒和葡萄糖氧化酶沉积到 CNT 层上，获得了一种新型的葡萄糖传感器，在葡萄糖存在的情况下，钯可以对新生成的过氧化氢进行高效的氧化和还原[127]。

在铂微盘上电沉积介孔钯膜可以制备 pH 微传感器。新生成的膜在电化学过程作用下与氢发生作用，得到两种不同相的氢化钯，从而可以在很宽的 pH 值范围内测定电极的电位响应。有研究表明，利用上述方法可以在 2～12 的 pH 值范围内观察到高稳定且再现性好的能斯特响应[128]。

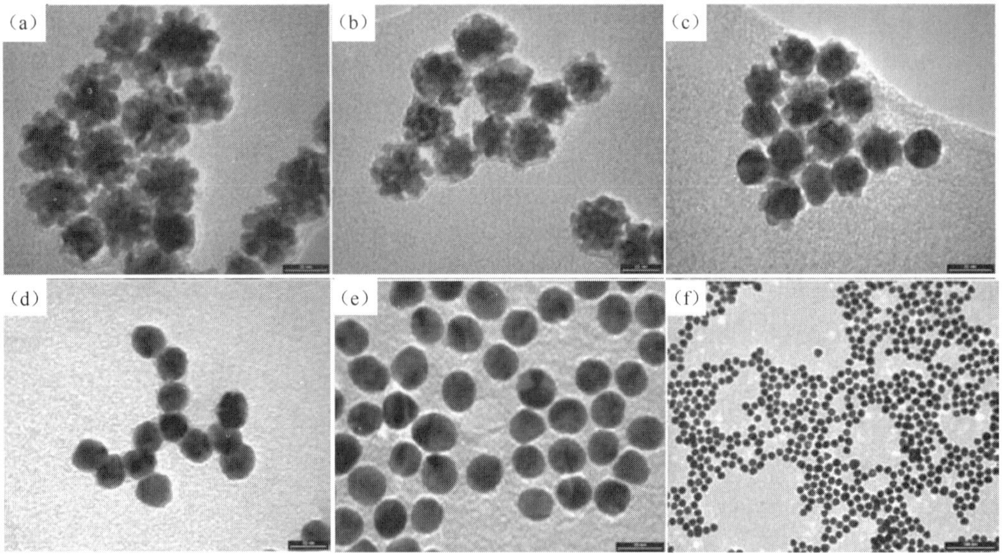

图 12.6　典型高倍 TEM 图片

注：(a) 样品 2；(b) 样品 3；(c) 样品 5；(d) 样品 6；(e) 样品 7；(f) 为样品 7 的低倍 TEM 图片。样品的数字编号与图 12.5 中的编号相对应，(a) ～ (e) 中的标尺为 20nm，(f) 的标尺为 100nm。

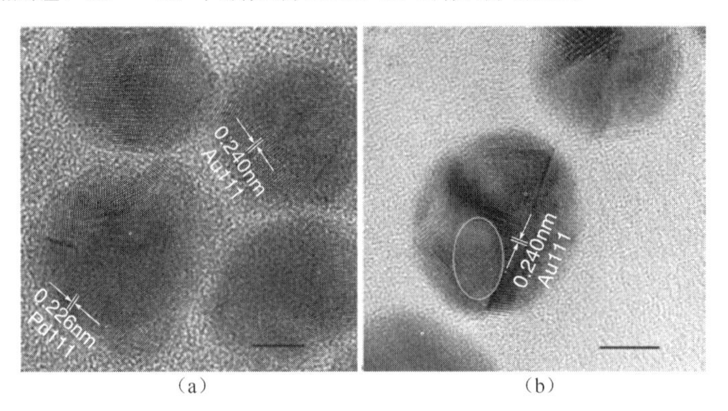

图 12.7　两种金/钯核壳结构的典型高分辨透射电镜 (HRTEM) 图[120]

注：标尺为 5nm。

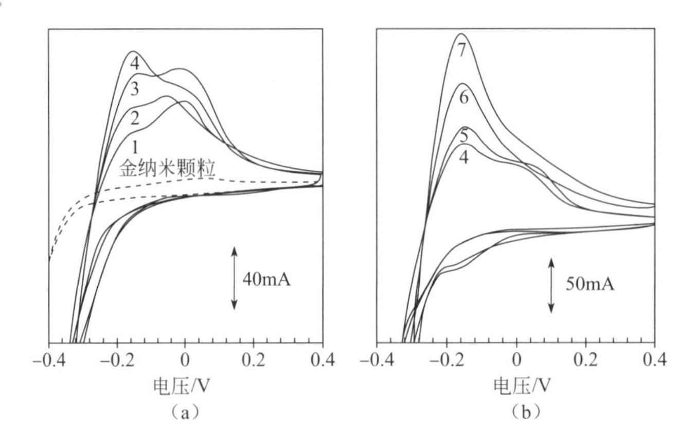

图 12.8　不同金/钯核壳结构的循环伏安响应曲线[120]

注：(a) 样品 1～4；(b) 样品 4～7。溶液中的钯浓度从样品 1 到样品 7 逐渐减小，样品的数字编号与图 12.5 中的编号相对应，所使用的溶液为 1mol/L 的硫酸，图中实线所使用的电极为掺硼金刚石 (BDD) 电极，而虚线为金纳米颗粒的响应。

此外，人们还对双金属纳米结构的合成和表征进行了研究。在这种结构下，材料的催化特性将得到增强，目前普遍认为这是由于电子和结构效应所导致的。例如，铜/钯纳米颗粒在联氨检测方面具有更高的电催化活性[126]，而同纯钯催化剂相比，钯/铁催化剂对氧还原过程表现出更高的催化性能[129]。

12.2.5 铜纳米颗粒

由于铜很容易被氧化，因此很难制备出纯铜纳米颗粒，这也是为什么在很多分析技术领域都会用氧化铜纳米颗粒的原因，相关技术所使用的工艺主要如下：电沉积[130~132]、或将纳米颗粒掺入到丝网印刷碳糊[133~135]和氧化锡[136,137]膜中。此外，研究人员开发了各种半胱氨酸修饰胶体铜的制备方法，例如 Brust 法[138]、反胶束法[139]、微乳剂法[140]以及辐射法[141]等。

铜电极可以用来对碳水化合物[142]、氨基酸[143]和氮氧化物[144,145]等进行检测，其对检测物会产生催化响应，具体检测过程取决于铜所处的环境。在强碱性环境下，经氧化铜纳米颗粒修饰的电极可以对氨基酸进行检测，而不会或仅轻微出现电极的钝化现象。这主要可以归因于 CuO/Cu_2O 的氧化还原催化剂的独特作用机制[131]。经铜纳米颗粒修饰的电极也可用于对硝酸盐[130,132]、丁胺卡那霉素[133]、过氧化氢[134]、亚硝酸盐[135,138]、氧[146]、葡萄糖[147,148]和其他邻苯二酚衍生物[149]进行检测。

此外，铜纳米颗粒也可以与 CNTs 进行共沉积，同单独的 CNTs 或铜纳米颗粒相比，其对氨基酸的检测能力会显著增强[150]。这种结构结合了 CNT 的大表面积、铜纳米颗粒以及 CNT 端面点的高催化活性。此外，如果不是对铜纳米颗粒和 CNTs 进行直接混合，而是在 CNT 的制备过程中就掺入铜，那么所得到的产物就会对氟烷的氧化过程产生催化作用[151]。

值得一提的是，当敏感层中掺入了这些颗粒后，固态气敏传感器的响应会得到显著改善[136,137]。与单纯的 SnO_2 层相比，沉积有均匀 CuO 薄层的 SnO_2 衬底对 H_2S 的敏感特性显著增强，并且在更低的工作温度（150℃）下具有更快的响应速度[152]。将 CuO 薄层的厚度以及 CuO 纳米颗粒的尺度降低到纳米级，可以进一步提升传感器的性能。同传统薄膜传感器相比，这种 SnO_2-CuO 纳米传感器可以在更低的工作温度下对气体产生高灵敏度响应[136,137]。

由于铜很容易与其他金属形成合金，因此可以基于此开发出很多双金属纳米颗粒，例如铜/金合金纳米颗粒可以作为电化学法检测 DNA 杂交过程的标记物[153]，而铜/钯纳米颗粒可以增强联氨的电催化检测效果[126]。研究表明，对银和铜进行电沉积可以制备两种典型的双金属颗粒[154]。尽管目前为止，在电分析领域并没有用到银/铜结构，但是这种双金属结构同单独的金属颗粒相比，很可能更具优势。

12.2.6 镍纳米颗粒

研究人员对镍电极的化学稳定性以及氧化膜的形成过程进行了深入研究，包括钝化现象，以及不同水性介质中镍氧化膜的成分等[155~157]。在强碱性环境下，可以用多种方法来合成氢氧化镍，例如恒电位法[158,159]、动电位法[160,161]或恒流法[162,163]，此外，也可以通过镍盐的阴极电化学沉积来进行制备[164]。由于镍及镍氧化物具有优良的特性，因此在镍电池、电致变色器件、水电解、电合成以及燃料电池等技术领域获得了广泛应用[155,156]。

此外，镍纳米颗粒的合成与固定化过程，对颗粒的结构和所形成氧化膜的形态是至关重要的。通常情况下，可以利用电化学沉积法来合成 Ni 纳米颗粒[165]，以及镍、铜纳米线阵列[166]，此外，也可以利用沉淀法[167~169]和反相微乳液法来进行制备[170,171]。

目前，镍已经在分析领域获得了应用，而氧化镍则对硫化氢[172]、糖[173]和乙酰胆碱[174]的检测具有催化作用。将这些氧化物纳米颗粒掺入到 Co_3O_4 多孔溶胶-凝胶膜、$NiFe_2O_4$ 尖晶石和铂催化剂中，可以分别对一氧化碳[175]、液化石油气[176]和氢气[177]进行更好的测定。

Ni 纳米颗粒也可用于非分析领域，其中常见的电化学应用是在充电电池领域[178]。研究结果表明，结晶良好的氢氧化镍纳米颗粒，其质量比容量高达 380～400mA・h/g，具有极佳的放电容量性能，而且在重复电化学循环过程中可以长时间保持稳定。

此外，研究人员开发了填充有镍的 CNTs，尽管目前为止这种材料并没有在分析领域获得应用，但其在 2K 的温度条件下会产生 2T 的磁场，同块体镍相比具有更好的铁磁特性[179]。

12.2.7 铁纳米颗粒

氧化铁纳米颗粒在工业和环境过程中都扮演着重要角色，其会以胶体的形式在海洋和地下水中出现[180]，也会以淤泥的形式出现于水和选矿过程中。通常情况下，Fe_2O_3 纳米颗粒所参与的过程主要包括直接电子转移[181]、微量金属和有机物的表面吸附[182]、光致激发以及光诱导电子转移[183,184]等。因此，在应用这些颗粒作为分析工具之前，对相关氧化还原过程进行深入研究是十分必要的。研究人员对吸附的以及基于溶液法获得的 Fe_2O_3 纳米颗粒进行了深入研究，发现其氧化还原过程与溶液的 pH 值密切相关，在不同 pH 值下会得到不同形式的铁氧化物[185]。

由于纯铁纳米颗粒的表面极易被氧化，因而限制了其在电分析传感器领域的应用。但氧化铁纳米颗粒却可用于制备多种传感器，例如湿敏传感器[186~188]。这些应用与传统的电分析传感器有些偏离。在这些应用中，通常将氧化铁固定于溶胶-凝胶[186]和聚吡咯膜[187]中，或海泡石粉末[188]上。传感器的电阻会随湿度的变化而变化。将氧化铁纳米颗粒与各种不同物质相结合可以形成其他的固态系统，可以用于对臭氧进行检测[189]，或是对甲醇进行催化氧化[190]。

同以上所讨论的所有金属纳米颗粒一样，由于 Fe_2O_3 纳米颗粒可以对过氧化氢进行直接的电催化氧化[191,192]，因而可以结合葡萄糖氧化酶来对葡萄糖进行检测。事实上，CNTs 也可以对类似的氧化过程进行催化，这可以归因为合成过程中所产生的铁纳米颗粒，而并不是 CNT 的端面缺陷[193]所导致。

12.2.8 其他金属纳米颗粒

其他一些金属纳米颗粒如钌、铑和铱等，也在电分析领域获得了有限应用。当应用钌纳米颗粒对氧进行电化学还原时，伴随过氧化氢的形成，会发生多电荷转移过程[194]。尽管这一技术目前尚未用于氧传感领域，但基于钌-碳纳米复合膜的固态氧传感器已经获得了研究人员的关注。将直径约为 5～20nm 的钌纳米颗粒分散于无定形碳基中，所制备的钌-碳复合电极与 Y_2O_3 掺杂 ZrO_2 电解质之间的界面电荷转移比铂电极要高 100～1000 倍[195]。虽然目前钌纳米颗粒在电分析领域的应用少见于报道，但钌/铂双金属层对甲醇的催化氧化却多有报道[196～199]。

铱纳米颗粒通常是以氧化铱的形式存在的，可以由多种方法来进行合成，例如通过溶胶-凝胶法来合成纳米柱[200]和纳米颗粒[201]，或是包含多种金属氧化物的胶体悬浮液[202]。尽管目前人们已经制备了多种铱结构，但由于其可以对过氧化氢进行催化氧化和还原，因此它们最主要的应用还是在生物传感器领域[203～206]。

目前，尽管铑纳米颗粒在电化学传感器领域应用较少，但由于它们可以对硝酸盐进行催化还原[207]，以及对甲醇和乙醇进行催化氧化[208]，因而其在不远的将来很可能在电化学传感领域占有一席之地。

12.3 未来的展望

通过本章的介绍，读者应该对目前各种纳米颗粒在电分析化学领域的应用有了清晰的了解。考虑到金属电极在电分析领域的应用每年都会有大量的研究报道，因此可以预见相关研究会聚焦于纳米颗粒层上（由于电活性面积的增大，将会使传感器的灵敏度得到进一步增强）。随着纳米科技的发展以及更多新制备方法的不断涌现[209～211]，这些纳米颗粒在电分析领域的应用会变得越来越重要。此外，随着纳米颗粒制备能力的不断提高，结合其催化能力以及表面容易进行化学修饰的特性，它们在电分析领域的地位会进一步提升。目前，制备此类传感器所面临的最大挑战是如何将纳米颗粒层均匀地分散在不同衬底上。尽管本章对其中一些制备过程进行了着重介绍，但研究的重点必须放在如何制备再现性好、稳定且成本低的传感器上。如果可以解决目前存在的问题，那么纳米颗粒电化学传感器的发展将取决于以下能力：可以基于任意分析物来对颗粒表面和结构进行相应调整的能力。基于此，纳米颗粒可以捕获人们感兴趣的分析物并对其进行催化检测。

参考文献

1 Penn, S.G., He, L. and Natan, M.J. (2003) *Curr. Opin. Chem. Biol.*, **7**, 609.

2 Lewis, L.N. (1993) *Chem. Rev.*, **93**, 2693.

3 Kesavan, V., Sivanand, P.S., Chandrasekaran, S., Koltypin, Y. and Gedankin, A. (1999) *Angew. Chem. Int. Ed.*, **38**, 3521.

4 Ahuja, R., Caruso, P.-L., Mobius, D., Paulus, W., Ringsdorf, H. and Wildburg, G. (1993) *Angew. Chem. Int. Ed.*, **32**, 1033.

5 Mulvaney, P. (1996) *Langmuir*, **12**, 788.

6 Alvarez, M.M., Khoury, J.T., Schaaff, T.G., Shafigullin, M.N., Vezmar, I. and Whetten, R.L. (1997) *J. Phys. Chem. B*, **101**, 3706.

7 Alivisatos, A.P. (1996) *J. Phys. Chem.*, **100**, 13226.

8 Brus, L.E. (1991) *Appl. Phys. A*, **53**, 465.

9 Khairutdinov, R.F. (1997) *Colloid J.*, **59**, 535.

10 Fahrner R. (Ed.) (2005) *Nanotechnology and Nanoelectronics, Materials, Devices,*

Measurement Techniques, Springer, New York.

11 Lockwood D.J. (Ed.) (2002) *Nanostructure Science and Technology*, Springer, New York.

12 Wang Z.L. (Ed.) (2006) *Micro-manufacturing and Nanotechnology Nanowires and Nanobelts: Volume 1: Metal and Semiconductor Nanowires, Volume 2: Nanowires and Nanobelts of Functional Materials*, Springer, New York.

13 Cao, G.Z. (Ed.) (2004) *Nanostructures & Nanomaterials: Synthesis, Properties & Applications*, Imperial College Press, London.

14 Wang, J. (2005) *Analyst*, **130**, 421.

15 Wilner and Wilner B. (2002) *Pure Appl. Chem.*, **74**, 1773.

16 Luo, X., Morrin, A., Killard, A.J. and Smyth, M.R. (2006) *Electroanalysis*, **18**, 319.

17 Katz, E., Willner, I. and Wang, J. (2004) *Electroanalysis*, **16**, 19.

18 Hernadez-Santos, D., Gonzalez-Garcia, M.B. and Garcia, A.C. (2002) *Electroanalysis*, **14**, 1225.

19 Crouch, S.R. (2005) *Anal. Bioanal. Chem.*, **381**, 1323.

20 Welch, C.M. and Compton, R.G. (2006) *Bioanal. Chem.*, **384**, 601.

21 Schloglm, R. and Hamid, S.B.A. (2004) *Angew. Chem. Int. Ed.*, **43**, 1628.

22 Astruc, D., Lu, F. and Aranzaes, J.R. (2005) *Angew. Chem. Int. Ed.*, **44**, 7852.

23 Roucoux, A., Schulz, J. and Patin, H. (2002) *Chem. Rev.*, **102**, 3757.

24 Bonnermann, H. and Richards, F.J.M. (2001) *Eur. J. Inorg. Chem.*, 2455.

25 Niemeyer, C.M. (2001) *Angew. Chem. Int. Ed.*, **40**, 4129.

26 Willner, I., Helg-Shabtai, V., Blonder, R., Katz, E., Tao, G., Buckmann, A.F. and Heller, A. (1996) *J. Am. Chem. Soc.*, **118**, 10321.

27 Xiao, Y., Patolsky, F., Katz, E., Hainfeld, J.F. and Willner, I. (2003) *Science*, **299**, 1877.

28 Sheeney-Haj-Ichia, L., Wasserman, J. and Willner, I. (2002) *Angew. Chem. Int. Ed.*, **41**, 2323.

29 Lahav, M., Shipway, A.N. and Willner, I. (1999) *J. Chem. Soc. Perkin Trans.*, **2**, 1925.

30 Liu, S.Q., Leech, D. and Ju, H.X. (2003) *Anal. Lett.*, **17**, 1674.

31 Crumbliss, A.L., Perine, S.C., Stonehuerner, J., Tubergen, K.R., Zhao, J. and Henkins, R.W. (1992) *Biotechnol. Bioenerg.*, **40**, 483.

32 Xiao, Y., Ju, H.X. and Chen, H.Y. (1999) *Anal. Chim. Acta*, **391**, 73.

33 Riboh, C., Haes, A.J., Macfarland, A.D., Yonzon, C.R. and Van Duyne, R.P. (2003) *J. Phys. Chem. B*, **107**, 1772.

34 Krasteva, N., Besnard, I., Guse, B., Bauer, R.E., Mullen, K., Yasuda, A. and Vossmeyer, T. (2002) *Nano Lett.*, **2**, 551.

35 Vossmeyer, T., Guse, B., Besnard, I., Bauer, R.E., Mullen, K. and Yasuda, A. (2002) *Adv. Mater.*, **14**, 238.

36 Krasteva, N., Guse, B., Besnard, I., Yasuda, A. and Vossmeyer, T. (2003) *Sensor. Actuat. B Chem.*, **92**, 137.

37 Zhu, Q., Yuan, R., Chai, Y., Zhuo, Y., Zhang, Y., Li, X. and Wang, N. (2006) *Anal. Lett.*, **39**, 483.

38 Xue, M.-H., Xu, Q., Zhou, M. and Zhu, J.-J. (2006) *Electrochem. Commun.*, **8**, 1468.

39 Zhang, S., Wang, N., Yu, H., Niu, Y. and Sun, C. (2005) *Bioelectrochemistry*, **67**, 15.

40 Zhao, W., Xu, J.J. and Chen, H.Y. (2005) *Front. Biosci.*, **10**, 1060.

41 Xu, Q., Mao, C., Liu, N.-N., Zhu, J.-J. and Sheng, J. (2006) *Biosens. Bioelectron.*, **22**, 768.

42 Jena, B.K. and Raj, C.R. (2006) *Anal. Chem.*, **78**, 6332.

43 Downard, A.J., Tan, E.S.Q. and Yu, S.S.C. (2006) *New J. Chem.*, **30**, 1283.

44 Zhang Jiang, X., Wang, E. and Dong S. (2005) *Biosens. Bioelectron.*, **21**, 337.

45 Luo, X.-L., Xu, J.-J., Zhang, Q., Yang, G.-J. and Chen, H.-Y. (2005) *Biosens. Bioelectron.*, **21**, 190.

46 Xu, S. and Han, X. (2004) *Biosens. Bioelectron.*, **19**, 1117.

47 Liu, Z.M., Wang, H., Yang, Y., Yang, H.F., Hu, S.Q., Shen, G.L. and Yu, R.Q. (2004) *Anal. Lett.*, **37**, 1079.

48 Zhou, N., Wang, J., Chen, T., Yu, Z. and Li, G. (2006) *Anal. Chem.*, **78**, 5227.

49 Zhang, J. and Oyama, M. (2005) *J. Electroanal. Chem.*, **577**, 273.

50 Ren, X., Meng, X. and Tang, F. (2005) *Sensor. Actuat. B Chem.*, **110**, 358.

51 Patolsky, F., Gabriel, T. and Willner, I. (1999) *J. Electroanal. Chem.*, **479**, 69.

52 Shumyantseva, V.V., Carrara, S., Bavastrello, V., Riley, D.J., Bulko, T.V., Skryabin, K.G., Archakov, A.I. and Nicolini, C. (2005) *Biosens. Bioelectron.*, **21**, 217.

53 Xu, X., Liu, S., Li, B. and Ju, H. (2003) *Anal. Lett.*, **36**, 2427.

54 Liao, K.-T. and Huang, H.-J. (2005) *Anal. Chim. Acta*, **538**, 159.

55 Tang, D.P., Yuan, R., Chai, Y.Q., Zhong, X., Liu, Y., Dai, J.Y. and Zhang, L.Y. (2004) *Anal. Biochem.*, **333**, 345.

56 Hu, S.-Q., Xie, J.-W., Xu, Q.-H., Rong, K.-T., Shen, G.-L. and Yu, R.-Q. (2003) *Talanta*, **61**, 769.

57 Liu, S.-F., Li, Y.-F., Li, J.-R. and Jiang, L. (2005) *Biosens. Bioelectron.*, **21**, 789.

58 Zhang, Z.-L., Pang, D.-W., Yuan, H., Cai, R.-X. and Abruna, H.D. (2005) *Anal. Bioanal. Chem.*, **381**, 833.

59 Zheng, H., Hu, J.-B. and Li, Q.-L. (2006) *Acta Chim. Sinica*, **64**, 806.

60 Zhang, J., Song, S., Zhang, L., Wang, L., Wu, H., Pan, D. and Fan, C. (2006) *J. Am. Chem. Soc.*, **128**, 8575.

61 Lee, T.M.-H., Cai, H. and Hsing, I.-M. (2005) *Analyst*, **130**, 364.

62 Wang, J., Li, J., Baca, A.J., Hu, J., Zhou, F., Yan, W. and Pang, D.-W. (2003) *Anal. Chem.*, **75**, 3941.

63 Zhong, J., Qi, Z., Dai, H., Fan, C., Li, G. and Matsuda, N. (2003) *Anal. Sci.*, **19**, 653.

64 Lu, P. and Lin, X.Q. (2004) *Anal. Sci.*, **20**, 527.

65 Raj, C.R., Okajima, T. and Ohsaka, T. (2003) *J. Electroanal. Chem.*, **543**, 127.

66 Wang, L., Bai, J., Huang, P., Wang, H., Zhang, L. and Zhao, Y. (2006) *Electrochem. Commun.*, **8**, 1035.

67 Jena, B.K. and Raj, C.R. (2702) *Chem. Eur. J.*, **2006**, 12.

68 Tominaga, M., Shimazoe, T., Nagashima, M., Kusuda, H., Kubo, A., Kuwahara, Y. and Taniguchi, I. (2006) *J. Electroanal. Chem.*, **590**, 37.

69 Song, Y.-S., Muthuraman, G., Chen, Y.-Z., Lin, C.-C. and Zen, J.-M. (2006) *Electroanalysis*, **18**, 1763.

70 Dai, X. and Compton, R.G. (2006) *Anal. Sci.*, **22**, 567.

71 Dai, X. and Compton, R.G. (2005) *Electroanalysis*, **17**, 1325.

72 Dai, X., Nekrassova, O., Hyde, M.E. and Compton, R.G. (2004) *Anal. Chem.*, **76**, 5924.

73 Majid, E., Hrapovic, S., Liu, Y., Male, K.B. and Luong, J.H.T. (2006) *Anal. Chem.*, **78**, 762.

74 Welch, C.M., Nekrassova, O., Dai, X., Hyde, M.E. and Compton, R.G. (2004) *ChemPhysChem.*, **5**, 1405.

75 Liu, S. and Ju, H. (2003) *Analyst*, **128**, 1420.

76 Zhang, J. and Oyama, M. (2005) *Anal. Chim. Acta*, **540**, 299.

77 Yu, A., Liang, Z., Cho, J. and Caruso, F. (2003) *Nano Lett.*, **3**, 1203.

78 Pumera, M., Wang, J., Grushka, E. and Polsky, R. (2001) *Anal. Chem.*, **73**, 5625.

79 Watkins, J.J., Chen, J.Y., White, H.S., Abruna, H.D. and Maisonhaute, E. (2003) *C. Amatore, Anal. Chem.*, **75**, 3962.

80 You, T., Niwa, O., Tomita, M. and Hirono, S. (2003) *Anal. Chem.*, **75**, 2080,

81 You, T., Niwa, O., Horiuchi, T., Tomita, M., Iwasaki, Y., Ueno, Y. and Hirono, S. (2002) *Chem. Mater.*, **14**, 4796.

82 Wu, Z., Chen, L., Shen, G. and Yu, R. (2006) *Sensor. Actuat. B Chem.*, **119**, 295.

83 Hrapovic, S., Liu, Y.L., Male, K.B. and Luong, J.H.T. (2004) *Anal. Chem.*, **76**, 1083.

84 Yang, M., Yang, Y., Liu, Y., Shen, G. and Yu, R. (2006) *Biosens. Bioelectron.*, **21**, 1125.

85 Tang, H., Chen, J., Yao, S., Nie, L., Deng, G. and Kuang, Y. (2004) *Anal. Biochem.*, **331**, 89.

86 Yuan, J.H., Wang, K. and Xia, X.H. (2005) *Adv. Funct. Mater.*, **15**, 803.

87 Polsky, R., Gill, R., Kaganovsky, L. and Willner, I. (2006) *Anal. Chem.*, **78**, 2268.

88 Selvaraju, T. and Ramaraj, R. (2005) *J. Electroanal. Chem.*, **585**, 290.

89 Yang, M., Yang, Y., Yang, H., Shen, G. and Yu, R. (2006) *Biomaterials*, **27**, 246.

90 Wang, S., Yin, Y. and Lin, X. (2004) *Electrochem. Commun.*, **6**, 259.

91 Wang, S. and Lin, X. (2005) *Electrochim. Acta*, **50**, 2887.

92 Wang, S., Lu, L. and Lin, X. (2004) *Electroanalysis*, **16**, 1734.

93 Dai, X. and Compton, R.G. (2006) *Analyst*, **131**, 516.

94 Park, S., Boo, H., Kim, Y., Han, J.-H., Kim, H.C. and Chung, T.D. (2005) *Anal. Chem.*, **77**, 7695.

95 Li, X., Zhang, Z., Zhang, J., Zhang, Y. and Liu, K. (2006) *Microchim. Acta*, **154**, 297.

96 Liu, H.S., Song, C.J., Zhang, L., Zhang, J.J., Wang, H.J. and Wilkinson, D.P. (2006) *J. Power Sources*, **155**, 95.

97 Antolini, E. (2003) *Mater. Chem. Phys.*, **78**, 563.

98 Zhang, J., Sasaki, K., Sutter, E. and Adzic, R.R. (2007) *Science*, **315**, 220.

99 Ye, H.C. and Crooks, R.M. (2005) *J. Am. Chem. Soc.*, **127**, 4930.

100 Rodrigues Blanco, M.C. and Lopez-Quintela M.A. (2000) *J. Phys. Chem. B*, **104**, 9683.

101 Zoval, J.V., Stiger, R.M., Biernacki, P.R. and Penner, R.M. (1996) *J. Phys. Chem.*, **100**, 837.

102 Chang, G., Zhang, J., Oyama, M. and Hirao, K. (2005) *J. Phys. Chem. B*, **109**, 1204.

103 Fang, B., Wang, G.-F., Li, M.-G., Gao, Y.-C. and Kan, X.-W. (2005) *Chem. Anal. Warsaw*, **50**, 419.

104 Ren, C., Song, Y., Li, Z. and Zhu, G. (2005) *Anal. Bioanal. Chem.*, **381**, 1179.

105 Fu, Y., Yuan, R., Xu, L., Chai, Y., Liu, Y., Tang, D. and Zhang, Y.J. (2005) *Biochem. Biophys. Methods*, **62**, 163.

106 Welch, C.M., Banks, C.E., Simm, A.O. and Compton, R.G. (2005) *Anal. Bioanal. Chem.*, **382**, 12.

107 Zhu, X., Gan, X., Wang, J., Chen, T. and Li, G. (2005) *J. Mol. Cat. A Chem.*, **239**, 201.

108 Wang, G.-F., Li, M.-G., Gao, Y.-C. and Fang, B. (2004) *Sensors*, **4**, 147.

109 Li, M.-G., Gao, Y.-C., Kan, X.-W., Wang, G.-F. and Fang, B. (2005) *Chem. Lett.*, **34**, 386.

110 Xu, J.-Z., Zhang, Y., Li, G.-X. and Zhu, J.-J. (2004) *Mat. Sci. Eng. C*, **24**, 833.

111 Gan, X., Liu, T., Zhong, J., Liu, X. and Li, G. (2004) *Chem. Bio. Chem.*, **5**, 1686.

112 Zhao, S., Zhang, K., Sun, Y. and Sun, C. (2006) *Bioelectrochem.*, **69**, 10.

113 Gan, X., Liu, T., Zhu, X. and Li, G. (2004) *Anal. Sci.*, **20**, 1271.

114 Li, M.-G., Shang, Y.-J., Gao, Y.-C., Wang, G.-F. and Fang, B. (2005) *Anal. Biochem.*, **341**, 52.

115 Breiter, M.W. (1980) *J. Electroanal. Chem.*, **109**, 253.

116 Breiter, M.W. (1977) *J. Electroanal. Chem.*, **81**, 275.

117 Mengoli, G., Fabrizio, M., Manduchi, C. and Zannoni, G. (1993) *J. Electroanal. Chem.*, **350**, 57.

118 Gimeno, Y., Creus, A.H., González, S., Salvarezza, R.C. and Arvia, A.J. (2001) *Chem. Mater.*, **13**, 1857.

119 Batchelor-McAuley, C., Banks, C.E., Simm, A.O., Jones, T.G.J. and Compton, R.G. (2006) *Chem. Phys. Chem.*, **7**, 1081.

120 Liang, H.-P., Lawrence, N.S., Jones, T.G.J., Banks, C.E. and Ducati, C. (2007) *J. Am. Chem. Soc.*, **129**, 6068.

121 Paillier, J. and Roue, L. (2005) *J. Electrochem. Soc.*, **152**, E1.

122 Bartlett, N. and Guerin, S. (2003) *Anal. Chem.*, **75**, 126.

123 Batchelor-McAuley, C., Banks, C.E., Simm, A.O., Jones, T.G.J. and Compton, R.G. (2006) *Analyst*, **131**, 106.

124 Ji, X.B., Banks, C.E., Xi, W., Wilkins, S.J. and Compton, R.G. (2006) *J. Phys. Chem. B*, **110**, 22306.

125 Li, F.L., Zhang, B.L., Dong, S.J. and Wang, E.K. (1997) *Electrochim. Acta*, **42**, 2563.

126 Yang, C.C., Kumar, A.S., Kuo, M.C., Chien, S.H. and Zen, J.M. (2005) *Anal. Chim. Acta.*, **554**, 66.

127 Lim, S.H., Wei, J., Lin, J.Y., Li, Q.T. and KuaYou, J. (2005) *Biosens. Bioelectron.*, **20**, 2341.

128 Imokawa, T., Williams, K.-J. and Denuault, G. (2006) *Anal. Chem.*, **78**, 265.

129 Shao, M.-H., Sasaki, K. and Adzic, R.R. (2006) *J. Am. Chem. Soc.*, **128**, 3526.

130 Welch, C.M., Hyde, M.E., Banks, C.E. and Compton, R.G. (2005) *Anal. Sci.*, **21**, 1421.

131 Zen, J.-M., Hsu, C.-T., Kumar, A.S., Lyuu, H.-J. and Lin, K.-Y. (2004) *Analyst*, **129**, 841.

132 Ward-Jones, S., Banks, C.E., Simm, A.O., Jiang, L. and Compton, R.G. (2005) *Electroanalysis*, **17**, 1806.

133 Xu, J.-Z., Zhu, J.-J., Wang, H. and Chen, H.-Y. (2003) *Anal. Lett.*, **36**, 2723.

134 Zen, J.-M., Chung, H.-H. and Kumar, A.S. (2000) *Analyst*, **125**, 1633.

135 Šljukic, B., Banks, C.E., Crossley, A. and Compton, R.G. (2007) *Electroanalysis*, **19**, 79.

136 Chowdhuri, A., Gupta, V., Sreenivas, K., Kumar, R., Mozumdar, S. and Patanjali, P.K. (2004) *App. Phys. Lett.*, **84**, 1180.

137 Zhang, G. and Liu, M. (2000) *Sensor. Actuat. B Chem.*, **69**, 144.

138 Wang, H., Huang, Y., Tan, Z. and Hu, X. (2004) *Anal. Chim. Acta*, **526**, 13.

139 Kitchens, C.L., McLeod, M.C. and Roberts, C.B. (2003) *J. Phys. Chem. B*, **107**, 11331.

140 Kitchens, C.L., McLeod, M.C. and Roberts, C.B. (2005) *Langmuir*, **21**, 5166.

141 Zhao, Y., Zhu, J.-J., Hong, J.-M., Bian, N. and Chen, H.-Y. (2004) *Eur. J. Inorg. Chem.*, **20**, 4072.

142 Prabhu, S.V. and Baldwin, R.P. (1989) *Anal. Chem.*, **61**, 852.

143 Luo, Zhang, F. and Baldwin R.P. (1991) *Anal. Chem.*, **63**, 1702.

144 Davis, J., Moorcroft, M.J., Wilkins, S.J., Compton, R.G. and Cardosi, M.F. (2000) *Analyst*, **125**, 737.

145 Davis, J., Moorcroft, M.J., Wilkins, S.J., Compton, R.G. and Cardosi, M.F. (2000) *Electroanalysis*, **12**, 1363.

146 Zen, J.-M., Song, Y.-S., Chung, H.-H., Hsu, C.-T. and Kumar, A.S. (2002) *Anal. Chem.*, **74**, 6126.

147 Ren, X. and Tang, F. (2000) *Chin. J. Cat.*, **21**, 458.

148 Kumar, A.S. and Zen, J.-M. (2002) *Electroanalysis*, **14**, 671.

149 Zen, J.-M., Chung, H.-H. and Kumar, A.S. (2002) *Anal. Chem.*, **74**, 1202.

150 Male, K.B., Hrapovic, S., Liu, Y., Wang, D. and Luong, J.H.T. (2004) *Anal. Chim. Acta*, **516**, 35.

151 Dai, X., Wildgoose, G.G. and Compton, R.G. (2006) *Analyst*, **131**, 901.

152 Chowdhuri, A., Gupta, V. and Sreenivas, K. (2003) *Sensor. Actuat. B Chem.*, **93**, 572.

153 Cai, H., Zhu, N., Jiang, Y., He, P. and Fang, Y. (2003) *Biosens. Bioelectron.*, **18**, 1311.

154 Ng, K.H. and Penner, R.M. (2002) *J. Electroanal. Chem.*, **522**, 86.

155 Arvia, A.J. and Posadas, D. (1975) in *Encyclopedia of electrochemistry of the elements*, (ed. A.J. Bard) Marcel Dekker, New York, p. 211.

156 Cordeiro, G., Mattos, O.R., Barcia, O.E., Beaunier, L., Deslouis, C. and Tribollet, B. (1996) *J. Appl. Electrochem.*, **26**, 1083.

157 Epelboin, I. and Keddam, M. (1972) *Electrochim. Acta*, **17**, 177.

158 Burke, L.D. and Twomey, T.A.M. (1984) *J. Electroanal. Chem.*, **162**, 101.

159 Burke, L.D. and Whelan, D.P. (1980) *J. Electroanal. Chem.*, **109**, 85.

160 Weininger, J.L. and Breiter, M.W. (1964) *J. Electrochem. Soc.*, **111**, 707.

161 Weininger, J.L. and Breiter, M.W. (1963) *J. Electroanal. Chem.*, **110**, 484.

162 Wolf, J.F., Yeh, L.S.R. and Damjanovic, A. (1981) *Electrochim. Acta*, **26**, 409.

163 Wolf, J.F., Yeh, L.S.R. and Damjanovic, A. (1981) *Electrochim. Acta*, **26**, 811.

164 Wohlfahrt-Mehrens, M., Oesten, R., Wilde, P. and Huggins, R.A. (1996) *Solid State Ionics*, **86–88**, 841.

165 Motoyama, M., Fukunaka, Y., Sakka, T., Ogata, Y.H. and Kikuchi, S. (2005) *J. Electroanal. Chem.*, **584**, 84.

166 Singh, V.B. and Pandey, P. (2005) *J. New Mater. Electrochem. Sys.*, **8**, 299.

167 Guan, X.-Y. and Deng, J.-C. (2007) *Mater. Lett.*, **61**, 621.

168 Li, Z.-P., Yu, H.-Y., Sun, D.-B., Wang, X.-D., Fan, Z.-S. and Meng, H.-M. (2006) *Chin. J. Nonferrous Metals*, **16**, 1288.

169 Zheng, M.-B., Cao, J.-M., Chen, Y.-P., He, P., Tao, J., Liang, Y.-Y. and Li, H.-L. (2006) *Chem. J. Chin. Univ.*, **27**, 1138.

170 Zhou, H., Peng, C., Jiao, S., Zeng, W., Chen, J. and Kuang, Y. (2006) *Electrochem. Commun.*, **8**, 1142.

171 Liu, H., Zhu, L. and Du, Y. (2005) *Mater. Sci. Forum*, **475**, 3835.

172 Giovanelli, D., Lawrence, N.S., Wilkins, S.J., Jiang, L., Jones, T.G.J. and Compton, R.G. (2003) *Talanta*, **61**, 211.

173 You, T., Niwa, O., Chen, Z., Hayashi, K., Tomita, M. and Hirono, S. (2003) *Anal. Chem.*, **75**, 5191.

174 Shibli, S.M.A., Beenakumari, K.S. and Suma, N.D. (2006) *Biosens. Bioelectron.*, **22**, 633.

175 Cantalini, C., Post, M., Buso, D., Guglielmi, M. and Martucci, A. (2005) *Sensor. Actuat. B Chem.*, **108**, 184.

176 Satyanarayana, L., Reddy, K.M. and Manorama, S.V. (2003) *Mater. Chem. Phys.*, **82**, 21.

177 Matsumiya, M., Shin, W., Izu, N. and Murayama, N. (2003) *Sensor. Actuat. B Chem.*, **93**, 309.

178 Hu, W.-K., Gao, X.-P., Noreius, D., Burchardt, T. and Nakstad, N.K. (2006) *J. Power Sources*, **160**, 704.

179 Tyagi, K., Singh, M.K., Misra, A., Palnitkar, U., Misra, D.S., Titus, E., Ali, N., Cabral, G., Gracio, J., Roy, M. and Kulshreshtha, S.K. (2004) *Thin Solid Films*, **127**, 469.

180 Stumm, W. (1993) *Colloids Surf. A–Physicochem. Engineer. Aspects*, **73**, 1.

181 Mulvaney, P. (1998) in *Nanoparticles and Nanostrucured Films: Preparation, Characterisation and Applications*, (eds Fendler J.H.)VCH, Weinheim. p. 275.

182 Stumm, W., Sulzberger, B. and Sinniger, J. (1990) *Croat. Chem. Acta*, **63**, 277.

183 Wu, F. and Deng, N.S. (2000) *Chemosphere*, **41**, 1137.

184 Nikandrov, V.V., Grätzel, C.K., Moser, J.E. and Grätzel, M. (1997) *J. Photochem. Photobiol. B Biology*, **41**, 83.

185 McKenzie, K.J. and Marken, F. (2001) *Pure Appl. Chem.*, **73**, 1885.

186 Tongpool, R. and Jindasuwan, S. (2005) *Sensor. Actuat. B Chem.*, **106**, 523.

187 Tandon, P., Tripathy, M.R., Arora, A.K. and Hotchandani, S. (2006) *Sensor. Actuat. B Chem.*, **114**, 768.

188 Esteban-Cubillo, A., Tulliani, J.-M., Pecharromain, C. and Moya, J.S. (2007) *J. Eur. Ceram. Soc.*, **27**, 1983.

189 Baratto, C., Ferroni, M., Benedetti, A., Faglia, G. and Sberveglieri, G. (2003) *Proc. IEEE Sens.*, **2**, 932.

190 Rumyantseva, M., Kovalenko, V., Gaskov, A., Makshina, E., Yuschenko, V., Ivanova, I., Ponzoni, A., Faglia, G. and Comini, E. (2006) *Sensor. Actuat. B Chem.*, **118**, 208.

191 Wu, J., Zou, Y., Gao, N., Jiang, J., Shen, G. and Yu, R. (2005) *Talanta*, **68**, 12.

192 Rossi, L.M., Quach, A.D. and Rosenzweig, Z. (2004) *Anal. Bioanal. Chem.*, **380**, 606.

193 Sljukic, B., Banks, C.E. and Compton, R. G. (2006) *Nano Lett.*, **6**, 1556.

194 Duron, S., Rivera-Noriega, R., Nkeng, P., Poillerat, G. and Solorza-Feria, O. (2004) *J. Electroanal. Chem.*, **566**, 281.

195 Kimura, T. and Goto, T. (2006) *Ceramic Trans.*, **195**, 13.

196 Tsai, M.-C., Yeh, T.-K., Juang, Z.-Y. and Tsai, C.-H. (2007) *Carbon*, **45**, 383.

197 Tsai, M.-C., Yeh, T.-K. and Tsai, C.-H. (2006) *Electrochem. Commun.*, **8**, 1445.

198 Dubau, L., Hahn, F., Coutanceau, C., Leger, J.-M. and Lamy, C. (2003) *J. Electroanal. Chem.*, **554–555**, 407.

199 Zhang, X. and Chan, K.-Y. (2003) *Chem. Mater.*, **15**, 451.

200 Chen, S., Huang, Y.S., Liang, Y.M., Tsai, D.S. and Tiong, K.K. (2004) *J. Alloys Compounds*, **383**, 273.

201 Birss, I., Andreas, H., Serebrennikova, I. and Elzanowska, H. (1999) *Electrochem. Solid-State Lett.*, **2**, 326.

202 Reetz, M.T., Lopez, M., Grunert, W., Vogel, W. and Mahlendorf, F. (2003) *J. Phys. Chem. B*, **107**, 7414.

203 Luque, G.L., Ferreyra, N.F. and Rivas, G.A. (2006) *Microchim. Acta*, **152**, 277.

204 Abu Irhayem, E.M., Jhas, A.S. and Birss, V.I. (2004) *Procs. Electrochem. Soc.*, **18**, 152.

205 Elzanowska, H., Abu-Irhayem, E., Skrzynecka, B. and Birss, V.I. (2004) *Electroanalysis*, **16**, 478.

206 You, T., Niwa, O., Kurita, R., Iwasaki, Y., Hayashi, K., Suzuki, K. and Hirono, S. (2004) *Electroanalysis*, **16**, 54.

207 Tucker, M., Waite, M.J. and Hayden, B.E. (2004) *J. Appl. Electrochem.*, **34**, 781.

208 Salazar-Banda, G.R., Suffredini, H.B., Calegaro, M.L., Tanimoto, S.T. and Avaca, L.A. (2006) *J. Power Sources.*, **162**, 9.

209 Liang, H.-P., Zhang, H.-M., Hu, J.-S., Guo, Y.-G., Wan, L.-J. and Bai, C.-L. (2004) *Angew. Chem. Int. Ed.*, **43**, 1540.

210 Hu, Y.S., Guo, Y.-G., Sigle, W., Hore, S., Balaya, P. and Maier, J. (2006) *Nat. Mater.*, **5**, 713.

211 Bell, A.T. (2003) *Science*, **299**, 1688.

主要名词

第一章

多孔阳极氧化铝（PAA）模板法制备纳米结构
多孔阳极氧化铝的多种特性
多孔阳极氧化铝的后处理
多孔阳极氧化铝的再阳极氧化
多孔阳极氧化铝的稳态生长
多孔阳极氧化铝的结构
阳极氧化电流密度-时间曲线
原子力显微镜（AFM）
俄歇电子能谱（AES）
蓝色光致发光（PL）带
布里渊光谱法
电容电压法
化学气相沉积（CVD）法
Csokan 理论
Delaunay 三角剖分
电桥模型
电化学分离法
电化学阻抗谱（EIS）
电子探针微量分析（EPMA）
法拉第常数
快速傅里叶变换
含氟草酸电解液
聚焦离子束（FIB）曝光
辉光放电发射光谱
高取向热解石墨
朗格缪尔膜
激光辅助直接压印法
光刻图形技术
低压化学气相沉积（LPCVD）
Macdonald 模型
介孔薄膜
金属有机化学气相沉积
纳米压印
纳米球刻印术
光子晶体
光子扫描隧道显微镜
物理气相沉积（PVD）
Pilling-Bedworth 比
孔填充法
扩孔过程
多孔氧化铝生长
Akahori 关于多孔氧化铝生长的假说
多孔氧化铝生长的唯象模型
多孔氧化铝生长的理论模型
电压-时间曲线
压力注射填充技术
脉冲电压法
半导体量子点
准马尔可夫过程
射频磁控溅射系统
卢瑟福背散射法（RBS）
扫描近场光学显微镜（SNOM）
扫描探针显微镜（SPM）技术

扫描热分析（STP）
扫描隧道显微镜
二次离子质谱（SIMS）
自组织阳极氧化铝的结构特征
自组织多孔阳极氧化铝的形成动力学
小角 X 射线散射（SAXS）技术
磺化三苯甲烷酸染料
三维（3D）光子晶体
图灵系统建模
二维傅里叶变换
二维光子晶体
气-液-固（VLS）生长机制
X 射线光电子能谱
杨氏模量

第二章

阳极化合成
阳极氧化
电抛光
二辛可宁酸（BCA）法
生物传感器接口制备
分枝氧化铝纳米管（bANTs）
循环伏安法（CV）
双层阳极氧化物
电化学阳极氧化技术
电化学电容器（ECs）
电化学双层电容器
电化学法
阳极法
阴极法
电子束曝光（EBL）系统
扩展 X 射线吸收精细结构（EXAFS）
场发射扫描电子显微（FESEM）照片
薄膜各向异性纳米结构
巨磁阻现象
掠入射 X 射线散射（GIXS）
全息光学光刻
蜂窝状氧化铝
水热合成
单一氧化铝纳米管（ANT）
体外羟基磷灰石
横向微构造技术
横向逐步阳极氧化（LSA）结构
发光二极管（LED）
磁纳米线
磁流体动力学（MHD）效应
微薄膜电阻器制备
纳米制造技术
纳米结构场发射阴极
垂直逐步阳极氧化（NSA）结构
开路过程
有机发光二极管（OLED）
坡莫合金层
光电催化
平面铝互连
铂纳米线（PtNW）
多孔阳极氧化铝作为模板
多孔聚碳酸酯（PC）膜
精密薄膜电阻器
量子点
量子点接触
雷达透明结构
快速并行法
氧化钌纳米结构的电合成
扫描电化学显微镜（SECM）
扫描电子显微镜（SEM）
自组装单层（SAM）
溶胶-凝胶合成
表面活性剂辅助水热处理
氧化钽-氧化铝对
模板法
薄膜电容器
掺锡氧化铟层
钛基合金

透射电子显微镜（TEM）
二步阳极氧化法
超高真空沉积工艺
欠电位沉积（UPD）
单轴各向异性
均匀纳米线阵列
Voronoi 网格概念

第三章

生物素化标记的功能性脂质囊泡
自下而上法
牛血清白蛋白（BSA）
牛红血球（CAB）
计时安培分析法
电子束曝光（EBL）系统
二茂铁二羧酸
高分辨离子束曝光
人血清蛋白
微机电系统
纳米电极
选择纳米电极的注意事项
自上而下法制备纳米电极
负型纳米压印法
非高分辨率制备法
光刻技术
聚二甲基硅氧烷
扫描束曝光
硅基纳米结构印模

第四章

各向异性磁阻（AMR）
计时电流法
Cottrell 公式
平面电流（CIP）
垂直电流（CPP）
电沉积纳米线的物理性质
电子束辅助沉积（EBAD）
X 射线能谱（EDX）分析
法拉第定律
巨磁电阻（GMR）现象
离子束辅助沉积（IBAD）
多层磁性纳米线阵列
分子束外延（MBE）
纳米线基电子器件
一维量子现象
多孔阳极氧化铝模板
脉冲电沉积
脉冲电镀
超导量子干涉器件（SQUID）
径迹蚀刻聚碳酸酯膜
X 射线粉末衍射

第五章

氨丙基三乙氧基硅烷（APTES）
阳极氧化铝膜（AAM）
电化学沉积
电化学镀法
电化学台阶边沿精饰法（ESED）
场效应晶体管（FET）
高定向热解石墨（HOPE）
离子敏感场效应晶体管（ISFET）
纳米电极的电化学特性
表面化学改性纳米电极
纳米线基气体传感器
蛋白质膜伏安（PFV）技术
量子电导
自组装单层（SAM）
绝缘硅（SOI）技术

第六章

非原位电子（X 射线）探针
分子束光刻
拉曼光谱
Risegang 环

X 射线衍射谱

第七章

交流阻抗
高速氧燃料（HVOF）
原位温压法制备（IGCWC）
机械活化场活化压力辅助合成（MAFAPAS）
纳米晶材料
在线电感耦合等离子体（ICP）

第八章

硅基阳极
锡基阳极
嵌入活性材料
平衡弹性方程
Griffith 脆性裂纹理论
Griffity 准则
纳米复合材料电极法
纳米金属阳极
平面电极的断裂过程
泊松比

第九章

吸附-解吸过程
球磨法
往复挤压法（CEC）
差热分析（DSC）
高能球磨（HEBM）
共价氢化物（CH_4）
离子氢化物（LiH）
金属氢化物
吸氢-歧化-脱氢-再复合（HDDR）
储氢系统概述
$LaNi_5$ 系统
机械合金化
机械化学法（MCP）
金属氢化物（MH）
纳米复合氢化物
纳米结构金属氢化物前景
Nernst 方程
镍镉（NiCd）电池
过放电反应
选区电子衍射（SAED）花样
半经验模型
XPS 价带
ZrV_2 系统

第十章

Altair 纳米技术公司
非对称混合超级电容器
BET 比表面积
染料敏化太阳能电池（DSSC）
染料敏化太阳能电池的电子重组
柔性 TiO_2 光阳极的制备
高功率锂离子电池
Konarka 技术公司
纳秒级瞬态吸收光谱
纳米二氧化钛粉体的制备
非水性非对称混合超级电容器
Bellcore 型塑料电池
铂对电极
溶胶-凝胶添加剂
溶胶-凝胶自组织
固体电解质界面（SEI）钝化层
四异丙氧基钛（TTIP）
紫外线（UV）臭氧处理
气相水解
湿化学法

第十一章

经氨基修饰的 BDD 电极
原子力显微镜
掺硼金刚石（BDD）表面

碳纳米管-DNA 相互作用
双十六烷基磷酸
DNA 杂交生物传感器
电分析应用
金纳米颗粒
电化学石英晶体微天平法
环糊精（CD）膜包覆电极
富勒烯修饰的电极
玻碳电极（GCE）
高效液相层析仪
阻抗谱测量
低分子量分子
盐酸氯丙嗪
盐酸异丙嗪
多壁碳纳米管（MWNT）
核磁共振（NMR）
草丁膦抗性基因
热解石墨（PG）表面
丝网印刷碳电极（SPCE）
单壁碳纳米管（SWNT）
钠蒙脱土修饰剂
链霉亲和素-生物素键合
表面增强红外吸收光谱

第十二章

掺硼金刚石（BDD）表面
碳纤维超微电极
毛细管电泳
铜纳米颗粒
直接检测技术
溶出吸附机制
金纳米颗粒的电分析应用
钯纳米颗粒的电分析应用
铂纳米颗粒的电分析应用
银纳米颗粒的电分析应用
过氧化氢的电催化氧化
端柱检测单元
铁氰化物氧化还原对
亚铁氰化物氧化还原对
铁纳米颗粒
基于吩噻嗪的药物